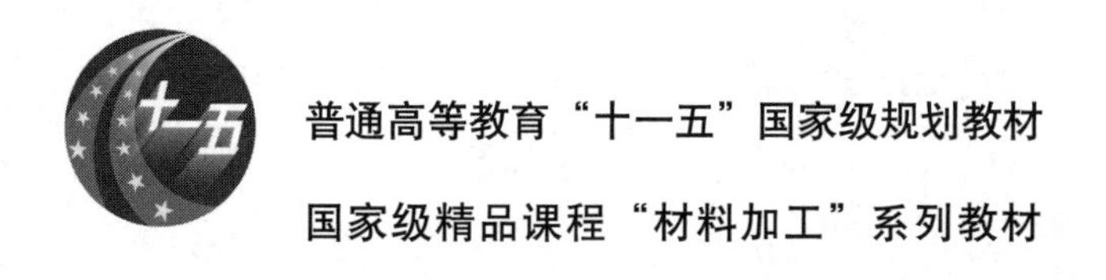

普通高等教育“十一五”国家级规划教材

国家级精品课程“材料加工”系列教材

清华大学材料加工系列教材

材料加工工艺（第2版）

Materials Processing Technology 2nd Edition

主　编　黄天佑

副主编　都　东　方　刚

清华大学出版社

北京

图书在版编目(CIP)数据

材料加工工艺/黄天佑主编. —2 版. —北京：清华大学出版社，2010.10(2025.1 重印)
(清华大学材料加工系列教材)
ISBN 978-7-302-23899-7

Ⅰ. ①材… Ⅱ. ①黄… Ⅲ. ①工程材料－加工工艺－高等学校－教材
Ⅳ. ①TB30

中国版本图书馆 CIP 数据核字(2010)第 186702 号

责任编辑：宋成斌
责任校对：王淑云
责任印制：曹婉颖

出版发行：清华大学出版社
网　　址：https://www.tup.com.cn，https://www.wqxuetang.com
地　　址：北京清华大学学研大厦 A 座　　**邮　　编**：100084
社 总 机：010-83470000　　**邮　　购**：010-62786544
投稿与读者服务：010-62776969，c-service@tup. tsinghua. edu. cn
质量反馈：010-62772015，zhiliang@tup. tsinghua. edu. cn
印 装 者：三河市东方印刷有限公司
经　　销：全国新华书店
开　　本：175mm×245mm　　**印　　张**：23.75　　**字　　数**：445 千字
版　　次：2010 年 10 月第 2 版　　**印　　次**：2025 年 1 月第13次印刷
定　　价：66.50 元

产品编号：026918-04

序言

材料加工技术是制造业的关键共性技术之一，也是生产高质量产品的基础。材料加工工艺在制造业及国民经济中具有十分重要的作用和地位，从交通运输、通信到航空、航天，从日常生活用品到军事国防，都离不开材料加工技术。

一方面，铸造、焊接、锻压、金属材料热处理等材料成形加工技术仍然是今天制造业，特别是装备制造业的主要成形加工技术，而且在相当长的时间里是不可能被其他技术完全替代的；另一方面，由于这些加工技术的不断进步，并和信息技术等高新技术融合、渗透，赋予这些成形加工技术新的内涵。同时，由于新材料及高新技术的出现，新一代成形加工工艺也日新月异。

在21世纪，以“精确成形”及“短流程”为代表的材料成形加工技术将得到快速发展。从宏观到微观的多尺度模拟仿真是材料成形加工计算机集成制造的主要内容，而高性能、高保真、高效率则是基于知识的材料成形加工工艺模拟仿真的目标。以“集成的产品与工艺设计”思想为核心的并行工程已成为产品及相关制造过程集成设计的系统方法。以计算机模拟仿真与虚拟现实技术为手段的敏捷制造技术将继计算机网络技术、知识库技术，成为先进制造技术的重要支撑环境。网络化、智能化是21世纪产品与制造过程设计的趋势，而绿色制造将是21世纪材料成形加工技术的新的发展方向。

清华大学是全国高校中最早按“材料加工工程”二级学科对原有的铸造、焊接、锻压、金属材料及热处理几个专业的教学内容、课程设置进行合并与重组的学校之一。本书作者经过几年的辛勤努力，编写出版的这本教材重点突出，既有一定的深度，同时也有一定的广度，反映了当前材料成形加工领域的最新技术进展。相信《材料加工工艺》等系列教材的出版将有助于全国高等院校相关专业教学改革的进一步深化，希望这本教材在今后的使用中不断得到改进和完善，成为一本精品教材。

柳百成

中国工程院院士

2004年4月1日

前言

材料加工在机械制造业中占有重要地位，是制造业中各行业的基础，在今天计算机、信息技术产业飞速发展的时代，它仍然在国民经济中起主导作用。材料加工所包含的范围很广，主要有液态金属成形、金属塑性成形、焊接、金属的表面处理、粉末成形等，而且不断有新的工艺出现。材料加工是一门涉及材料、物理和化学、力学、机械、电子、信息等许多学科交叉的学科。

在我国的高等学校里，从20世纪50年代开始按照前苏联的模式，将材料加工类的专业分为铸造、锻压、焊接和金属学及热处理等几个窄专业。随着科学技术的迅猛发展，各学科间的渗透和交叉越来越多，专业面过窄的情况已不适应科学技术的发展。按照教育部1999年关于专业设置的调整意见，已将原来的铸造、锻压、焊接、热处理4个专业合并为"材料加工工程"专业(二级学科)，清华大学机械工程系原有的4个专业也合并为"机械工程及自动控制"专业。从1999年秋季开始对全系本科生开设"材料加工工艺"和"材料加工原理"两门必修主干课，并编写了相应的教材。

我国绝大部分有工科专业的高等学校也先后根据教育部的意见将原来材料加工类的窄专业合并为"材料成型及控制工程"一个专业，一些出版社也出版了相应的教材。在国外，例如美国、德国、日本，在材料和机械类工科学校里，一般也开设"材料加工工艺"(materials processing technology)课程，内容一般包括铸造、金属塑性变形、焊接、表面处理等加工方法。

本书打破原有机械系各专业课程的体系，进行重组形成新的体系，是一次重大的改革。书中既介绍目前材料加工领域的主要工艺方法，又反映最新发展的材料加工领域的前沿技术。通过本书的学习使学生对材料加工的重要工艺方法有较深入和全面的了解,并且为今后研究生阶段的学习打下基础。本书在每章的最后还附有足够的参考书目、复习思考题,便于课后复习。配合课堂教学,通过另外开设的“材料加工系列实验”课程,使学生在材料加工工艺的系列实验中加深对各种工艺的理解、感性认识和动手能力。

本书第1,2章由黄天佑编写,第3章由方刚编写,第4章由都东编写,第5、7章由唐靖林编写,第6章由吕志刚编写。本书第1版已在清华大学本科教学中使用了10届,2005年列入“普通高等教育‘十一五’国家级规划教材”。本书和由我校编写的《材料加工原理》和《材料加工系列实验》以及相应的教师手册(均由清华大学出版社出版)共五本教材是由本书主编负责的国家级精品课“材料加工”所使用的系列教材。

本书得到清华大学“985”教材建设项目的资助,在此表示感谢。

本书的体系和具体内容将在本书今后的使用过程中不断改进和完善,恳切希望广大教师、学生和其他读者提出宝贵意见。

清华大学 黄天佑

2010年9月于北京清华园

目录

1 绪　论

1.1　材料加工工艺在制造业中的地位

材料加工工艺(materials processing technology)又称材料成形技术,是金属液态成形、焊接、金属塑性加工、激光加工及快速成形、热处理及表面改性、粉末冶金、塑料成形等各种成形技术的总称。它是利用熔化、结晶、塑性变形、扩散、相变等各种物理化学变化使工件成形,达到预定的机器零件设计要求。材料加工成形制造技术与其他制造加工技术的重要不同点是工件的最终微观组织及性能受控于成形制造方法与过程。换句话说,通过各种先进的成形加工工艺,不仅可以获得无缺陷工件,而且能够控制、改善或提高工件的最终使用特性。材料加工工艺与机械切削加工方法不同,在加工过程中机器零件不仅会发生几何尺寸的变化,而且会发生成分、组织结构及性能的变化。因此材料加工工艺的任务不仅要研究如何获得必要几何尺寸的机器零部件,还要研究如何通过加工过程的控制而使零件具有设定的化学成分、组织结构和性能,从而保证机器零部件的安全性、可靠性和寿命。

材料的使用性能取决于材料的组织结构和成分,然而材料的应用最终取决于材料的制备与成形加工。因而,材料的成形加工工艺是制造高质量、低成本产品的中心环节,是材料科学与工程四要素中极为关键的一个要素(图 1-1),也是促进新材料研究、开发、应用和产业化的决定因素。

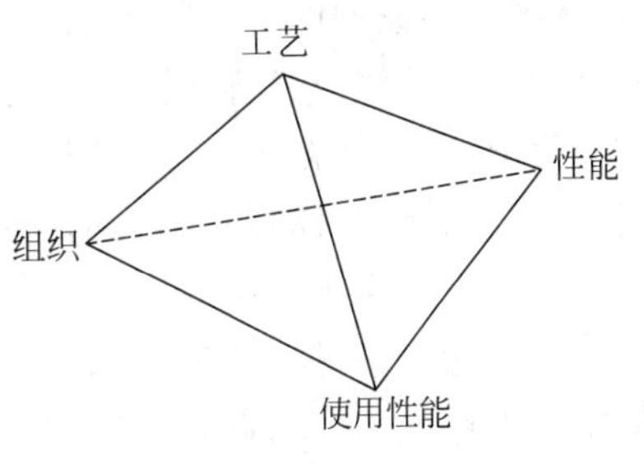

图 1-1　材料科学与工程四要素关系三角锥

材料加工技术不仅在机械电子工业领域、而且对制造业中的纺织工业、资源加工业及其他工业领域都起着重要作用。机械工业是国民经济的支柱产业。我国机械工业近年来取得了飞速的发展。根据中国机械工业联合会提供的统计数字,2006 年我国机械工业的工业增加值占同期国内生产总值(GDP)的 6.86%,国际上通常认为:当一个产业的增加值超过国内生产总值的5%即为支柱产业,我国机械工业长期以来高于此值。我国的机械工业无论产值、利润、新产品产值、进出口总额都在我国有着重要地位。

2006年,我国机械工业总产值突破5万亿元大关,全行业连续4年以20%以上的增幅快速发展。在主要机械产品中,2006年发电设备产量为1.1亿千瓦,比2005年创造的9200万千瓦的历史纪录又增加了1800万千瓦。汽车产量为728万辆,比上年增长27.6%,已超过德国,仅次于美国、日本,居世界第三位。金属切削机床,按销售额计仅次于日本、德国,居世界第三位。在其他重要机械产品中,产量已居世界第一位的还有大中型拖拉机、铲土运输机械、数码相机、复印机械、塑料加工机械、起重设备、工业锅炉、变压器、电动工具、金属集装箱、摩托车等。

以铸造、塑性加工、焊接、热处理、电镀为代表的材料成形与改性加工技术是国民经济的基础制造技术,它所提供的产品零件具有精密化、轻量化、高质量和高精度、形状复杂、生产效率高的特点,同时又能做到材料和能源消耗少、污染低,节约资源和能源,是一种可持续发展的技术。它对我国国民经济的发展和国防力量的增长起着重要作用,占有重要地位。

在汽车、石化、钢铁、电力、造船、纺织、装备制造等支柱产业中,铸件都占有较大的比重。全世界钢材的75%要进行塑性加工,65%的钢材要用焊接得以成形,80%以上的零件需经过热处理提高其性能;汽车重量的65%以上仍由钢材、铝合金、铸铁等材料通过铸造、塑性加工、焊接、热处理等加工方法而成形。

铸造是制造业的基础,也是国民经济的基础产业,各行业都离不开铸件,从汽车、机床到航空、航天、国防以及人们的日常生活等都需要铸件。汽车中铸件重量占整车重量的19%(轿车)~23%(卡车);手机、笔记本电脑和许多照相机、录像机的壳体都是铝镁轻合金铸件。我国铸件总产量2007年已达3127万t,超过美国和日本铸件年产量的总和,占世界产量的30%。我国铸件出口数量呈逐年递升趋势,目前每年铸件出口总量占铸件总产量的1/10左右。

我国也是世界塑性成形的第一大国,我国锻造、冲压、零件轧制成形超过2000万t。我国生产大型锻件的能力和拥有自由锻造水压机的数量、压力等级及大型锻件生产能力等均已跨入世界大型锻件生产大国之列。通过技术引进、技术改造和科技创新,我国大型锻件的生产技术水平大大提高,能提供如300MW核电机组及火电机组成套锻件和轧钢设备等用大型锻件,已具备走向国际市场的能力。

我国2007年粗钢产量达到4.8966亿t,成品钢材5.6894亿t,成为世界最大的钢生产与消费国,而焊接结构的用钢量也相当于美国或日本一年的钢产量,成为世界上最大的焊接钢结构制造国。

我国每年钢材热处理的总重量约为全国钢材总产量的30%,年实际热处理生产量超过1亿t。我国现有热处理厂点约为2余万家,主要分布在钢铁和机械行业中。

世界制造业的发展史告诉我们,要制造一部好的机器,不仅需要好的设计,更重要的是靠良好的制造工艺来保证,特别是要保证有好的零件毛坯;用劣质的、不良的毛坯是无法装配出优质的产品来。现在我国生产的汽车质量与工业发达国家相比仍有较大的差距,其原因主要不在于设计水平,而在于制造工艺水平较差;汽车的使用寿命、耗油量、可靠性、安全性等无不与毛坯的制造工艺水平有密切关系。所以,材料加工工艺在制造业中占有非常重要的作用。

1.2 材料加工工艺的展望

展望未来,材料成形制造技术一方面正在从主要制造毛坯向直接制造成工件即精确成形或称净成形工艺的方向发展;另一方面为控制或确保工件质量,成形制造技术已经从主要凭经验走向有理论指导的生产过程,成形制造过程的计算机模拟仿真技术已经进入实用化阶段。

近年来,精确铸造成形技术发展迅速,方法繁多,在诸多的工业领域中,轿车铸件的生产往往最集中地反映了精确铸造成形技术发展的新动向。为了提高轿车的运行速度和节约能源,轿车铸件生产朝着轻量化、精确化、强韧化和复合化方向发展。国外正在研究 3mm 壁厚的灰铸铁缸体,3mm 壁厚的耐热合金钢排气管和 2.0~2.5mm 壁厚的球墨铸铁件。扩大铝镁合金的应用是轿车工业的重要发展趋势,国外汽车材料铝合金用量以每年 10%的速度递增。日本全部轿车缸盖已采用高强度铝合金生产,预计越来越多的汽缸体也将采用铝合金生产。国外已经提出从近精确成形铸造向精确成形铸造发展。为了实现这一目标,除继续发展低压铸造及压力铸造等工艺外,各种新一代精确铸造成形技术应用也更加普遍,水平更高。与此同时,各种铸造工艺的复合、传统铸造合金与新型工程材料的复合成为铸造生产的另一重要动向。

21 世纪的金属塑性成形产品将朝着轻量化、高强度、高精度、低消耗的方向发展。同时,要有效地利用能源、改善环境。加工材料仍会是以汽车业为代表的大规模制造业所用的材料为主,但也有难加工的高价格材料的塑性成形。上述客观需求将汇聚在精确塑性成形这个焦点上。1997 年,我国的锻件年产量为 253 万 t,其中模锻件占 151 万 t,占锻件总产量的 59.6%。而 1991 年日本锻件年产量就已达到 243 万 t,其中,模锻件占 70%,而冷温精锻件(不包括传统的紧固件和轴承)估计为 70 万 t/年。

展望 21 世纪,焊接技术仍将是金属与非金属材料重要的成形制造技术之一,从而也是先进制造技术领域的重要组成部分。精确焊接成形、特种材料及特种环境下的焊接技术、焊接过程的智能控制、胶接与复合材料构件的成形是当今世界焊接技术的主要发展趋势。焊接生产自动化将突出表现为生产系统的柔性化和焊接控制系统的智能化。

随着金属间化合物材料、金属基复合材料、各种新型功能材料、超导材料等高新技术材料的不断出现,传统的加工方式或多或少地遇到了困难。与新的材料制备和合成技术相适应,新的加工方法成为材料加工研究开发的一个重要领域。材料制备和材料加工一体化是一个发展趋势。新材料的发展与新的成形加工技术密切相关。因此,要使材料达到极端状态,则往往要改变材料的原有属性。从新材料的合成与制造来看,往往利用极端条件作为必要的手段。如超高压、超高温、超高真空、极低温、超高速冷却及超高纯等。

激光加工技术多种多样,包括电子元件的精密微焊接、汽车和船舶制造中的焊接、坯料制造中的切割、雕刻与成形等。有不同种类的表面改性处理方法,如热处理、表面修整、合金化、打标等,使用的激光器主要是大功率 CO_2 激光器、YAG 激光器。

纳米材料是现代材料科学的一个重要的发展方向。作为新的结构功能材料的纳米材料,其未来的应用在很大程度上取决于纳米材料零件的成形技术的发展,以保证纳米微结构的稳定性,保留成形加工后的纳米团组良好的机械、磁学、固化性能等。

计算机技术的发展引起了机械制造工业一场新的革命。计算机模拟仿真或称计算机辅助工程(CAE),并行工程技术及虚拟制造技术的相继出现为成形制造技术注入了新的活力。计算机模拟仿真是在人类的大量生产实践与实验研究基础上,建立物理及数学模型,充分利用计算机的强大计算功能而发展起来的多学科交叉的学科前沿领域。因此,在大力发展成形制造过程仿真研究的同时,仍然要重视成形制造过程的机理及基础理论的实验研究。并行工程的出现正在改变着制造工业的企业结构和工作方式,而材料成形制造过程模拟技术将成为与产品设计开发和制造加工紧密相连、必不可少的重要环节。

环境与资源是当今世界的两个重大课题。遵循“减量化、再循环、再利用和再制造”的 4R 原则,实现可持续发展,这也是摆在材料加工领域的重要课题,所谓集约化制造和清洁生产是指整个制造生产过程中应满足对环境无害、合理使用和节约自然资源、依靠科学技术得到最大的产出和效益等几个要求。因此,在材料加工工艺的应用和发展中,必须充分重视环境保护和资源的合理利用,体现“以人为本”的思想,包括对企业周边环境和工人作业环境、安全的保障。

1.3 “材料加工工艺”课程的任务

“材料加工工艺”课程的任务是讲授材料加工的一些主要方法及其相关的工艺装备,使“材料成形与控制工程”专业或相近专业的学生对材料加工领域的技术现状和发展趋势有一个较为系统和全面的了解。与本门课程同时(或先后)讲授的另一门课——“材料加工原理”则主要阐述材料加工过程中的内在规律和物理本质,从而揭示材料加工过程中所出现的共性现象。这两门课程都是“材料加工工程”类专业学生所必须掌握的专业基础知识。由于学时的限制,本书不可能介绍所有的加工方法,只能有重点地介绍一些常用的方法,对其他方法只作简单介绍,学生如有兴趣或需要,可以通过查阅有关书籍或选修课来了解。配合本门课程和“材料加工原理”开设的

"材料加工系列实验"则向同学提供了亲自动手的机会，通过一系列实验加深对各种工艺的感性认识和对课程的理解；同时还可以了解由于篇幅和时间的限制在教材和课堂上没有介绍的其他材料加工工艺。

参考文献

1 柳百成，沈厚发．21世纪的材料成形加工技术与科学．香山科学会议第184次学术讨论会．北京，2002，1

2 柳百成，李敏贤，吴浚郊，等．材料加工成形制造，国家自然科学资金优先资助领域战略研究报告——先进制造技术基础．北京：高等教育出版社，1998，144～182

3 石力开．新材料的发展趋势及其在我国的发展状况．科技成果纵横，1996(5)，25～27

4 中国工程院咨询研究项目．装备制造业自主创新战略研究．北京：高等教育出版社，2007，12

5 谢建新．材料加工新技术与新工艺．北京：冶金工业出版社，2004，3

6 柳百成主编．工程前沿，第1卷：未来的制造科学与技术．北京：高等教育出版社，2004，12

液态金属成形

2.1 概　　述

液态金属成形，通常也称铸造，是将液态金属注入铸型中使之冷却、凝固而形成零件的方法。所铸出的金属制品称为铸件。绝大多数铸件用作毛坯，需要经机械加工后才能成为各种机器零件；少数铸件当达到使用的尺寸精度和表面粗糙度要求时，可作为成品或零件直接应用。

2.1.1 铸造生产的特点

1. 适用范围广

铸造方法几乎不受零件大小、厚薄和复杂程度的限制，适用范围广，可以铸造壁厚范围为0.3mm～1m，长度从几个毫米到几十米，重量从几克到500多吨的各种铸件。铸件形状可以非常复杂，例如汽车发动机汽缸体铝合金铸件(图2-1)。

图2-1　戴姆勒-克莱斯勒12缸汽车发动机铝合金汽缸体铸件

2. 可制造各种合金铸件

用铸造方法可以生产铸钢件、铸铁件、各种铝合金、铜合金、镁合金、钛合金及锌合金等铸件。对于脆性金属或合金，铸造是唯一可行的加工方法。在生产中以铸铁件应用最广，约占铸件总产量的70%以上。

3. 铸件的尺寸精度高

一般比锻件、焊接件尺寸精确，可节约大量金属材料和机械加工工时。

4. 成本低廉

铸件在一般机器生产中约占总重量的40%～80%，而成本只占机器总成本的25%～30%。成本低廉的原因是：①容易实现机械化生产；②可大量利用废、旧金属料；③与锻件相比，其动力消耗低；④尺寸精度高，加工余量小，节约加工工时和金属。

2.1.2 铸造方法

铸造方法有许多种，一个铸件到底选择什么铸造方法来制造，必须根据这个铸件的合金种类、重量、尺寸精度、表面粗糙度、批量、铸件成本、生产周期、设备条件等方面的要求综合考虑才能决定。表2-1是一些铸件基本尺寸的公差等级(CT)，表2-2是各种铸造方法应用范围，可根据铸造企业的实际情况适当选择。在所有各种铸造方法中，砂型铸造是应用最广的方法，我国和世界范围内，大部分铸件(约为铸件总产量的60%～70%)是应用砂型铸造方法生产的，其次是熔模铸造、离心铸造、金属型铸造、压铸等铸造方法。因此，本章以介绍砂型铸造工艺为主，其他工艺方法为辅。

表2-1 一些铸件基本尺寸的公差等级 mm

铸件基本尺寸	铸件公差等级CT															
	1	2	3	4	5	6	7	8	9	10	11	12	13	14	15	16
10	0.1	0.14	0.20	0.28	0.38	0.54	0.78	1.1	1.6	2.2	3	4.4	—	—	—	—
100	0.15	0.22	0.30	0.44	0.62	0.88	1.2	1.8	2.5	3.6	5	7	10	12	16	20
400	—	—	—	0.64	0.90	1.2	1.8	2.6	3.6	5	7	10	14	18	22	28
4000	—	—	—	—	—	—	—	—	7.0	10	14	20	28	35	44	56

注：此表为一些铸件基本尺寸所对应的公差等级举例，详细内容见国家标准GB/T 6414—1999。

表2-2 各种铸造方法应用范围

序号	铸造工艺	适用合金种类	铸件质量范围	最小壁厚/mm	铸件表面粗糙度 $Ra/\mu m$	铸件尺寸公差等级CT	批 量
1	砂型铸造	不限	不限	3	12.5～100	8～10	不限
2	壳型铸造	不限	几十克～几十千克	2.5	1.6～50	6～9	中、大批量

续表

序号	铸造工艺	适用合金种类	铸件质量范围	最小壁厚/mm	铸件表面粗糙度 $Ra/\mu m$	铸件尺寸公差等级CT	批 量
3	熔模铸造	不限(主要是合金钢、碳钢、不锈钢)	几克～几百千克	约0.5,最小孔径0.5	0.8～6.3	4～7	大、中、小批量
4	金属型铸造	不限(主要是非铁合金)	几十克～几百千克	2～3(铝)5(铁)	3.2～12.5	6～9	中、大批量
5	低压铸造	非铁合金	几百克～几十千克	2(铝)2.5(铸铁)	3.2～25	5～8	大、中、小批量
6	压力铸造	非铁合金	几克～几十千克	0.3～1.0,2(铜)	1.6～6.3(铝)0.2～6.3(镁)	4～8	大批量
7	离心铸造	不限	管件、套筒类	最小内径8	1.6～12.5	—	大、中、小批量
8	陶瓷型铸造	钢、铁	中、大件	2	3.2～12.5	5～8	单件、小批
9	石膏型铸造	以非铁合金为主	几克～几百千克	约0.5,最小孔径0.5	0.8～6.3	4～7	大、中、小批量
10	连续铸造	不限	坯料或型材	4	12.5～100	—	大批
11	真空铸造	不限	小件	5	—	—	中、大批量
12	挤压铸造	不限	几十克～几十千克	1	1.6～6.3	5	中、大批量
13	消失模铸造	不限	不限	2～3	3.2～50	6～9	不限

2.2 金属的熔炼

液态金属的凝固成形，首先必须获得符合要求(化学成分、温度等)的液态金属(熔体)，即把固态金属，例如生铁锭、铝锭、废钢、回炉料等在专门的熔炉里进行熔炼；然后进行必要的熔体处理，例如孕育、球化、净化、除气等，并达到规定的温度范围，然后浇入铸型凝固成形。

2.2.1 铸铁的熔炼

铸铁熔炼炉种类较多，主要有冲天炉和感应电炉，因为小型冲天炉造价低，上马容易，所以目前我国铸造企业中冲天炉应用更普遍。

1. 冲天炉

冲天炉靠焦炭燃烧加热金属使之熔化，其结构见图2-2(a)。从热交换角度分析，冲天炉的工作过程是焦炭燃烧放出热量和金属炉料吸热熔化并过热的过程；从冶金角度分析，冲天炉的工作过程又是各种元素或物质发生一系列物理、化学变化达到冶炼的过程。冲天炉熔化后的铁液温度一般为1300～1500℃。冲天炉内炉气气氛、炉气温度、金属温度的变化曲线，如图2-2(b)所示。

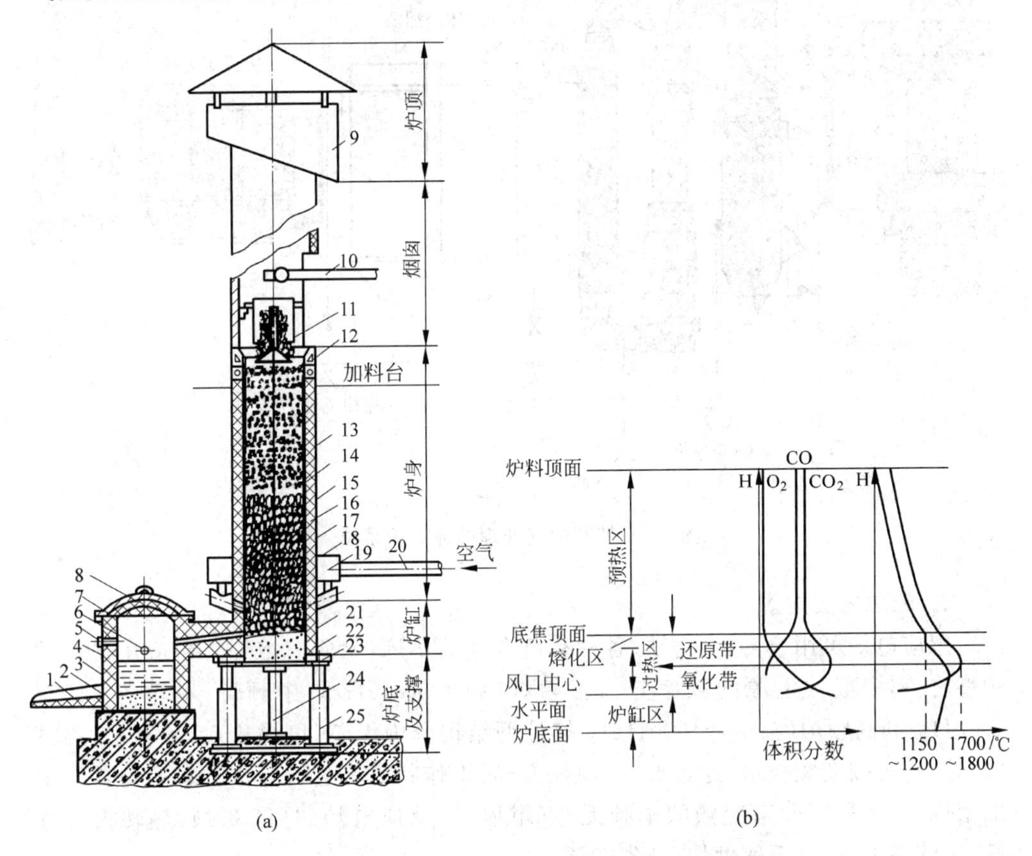

图2-2 冲天炉结构(a)及其炉内温度、炉气成分分布曲线(b)

1—铁槽；2—出铁口；3—前炉炉壳；4—前炉炉衬；5—过桥窥视孔；6—出渣口；7—前炉盖；8—过桥；9—火花捕集器；10—加料机械；11—加料桶；12—铸铁砖；13—层焦；14—金属炉料；15—底焦；16—炉衬；17—炉壳；18—风口；19—风箱；20—进风管；21—炉底；22—炉门；23—炉底板；24—炉门支撑；25—炉腿

为了实现冲天炉的节能、减排和冶金质量的提高，国内外近年来出现了热风冲天炉、水冷长炉龄冲天炉、外热式冲天炉等热效率高、烟气排放少的新型冲天炉。图2-3就是带有炉气点燃、鼓热风、炉气冷却、布袋除尘器的冲天炉系统。冲天炉排出的炉气温度在200℃左右，经过燃烧室时将CO点燃，炉气温度可达950℃，与新鼓入的冷风混合后的温度可达450℃。需要排放的废气温度经过气体冷却器降温达到200℃以下，然后经布袋除尘器除去粉尘颗粒再排放到大气中，达到国家规定的排放标准。

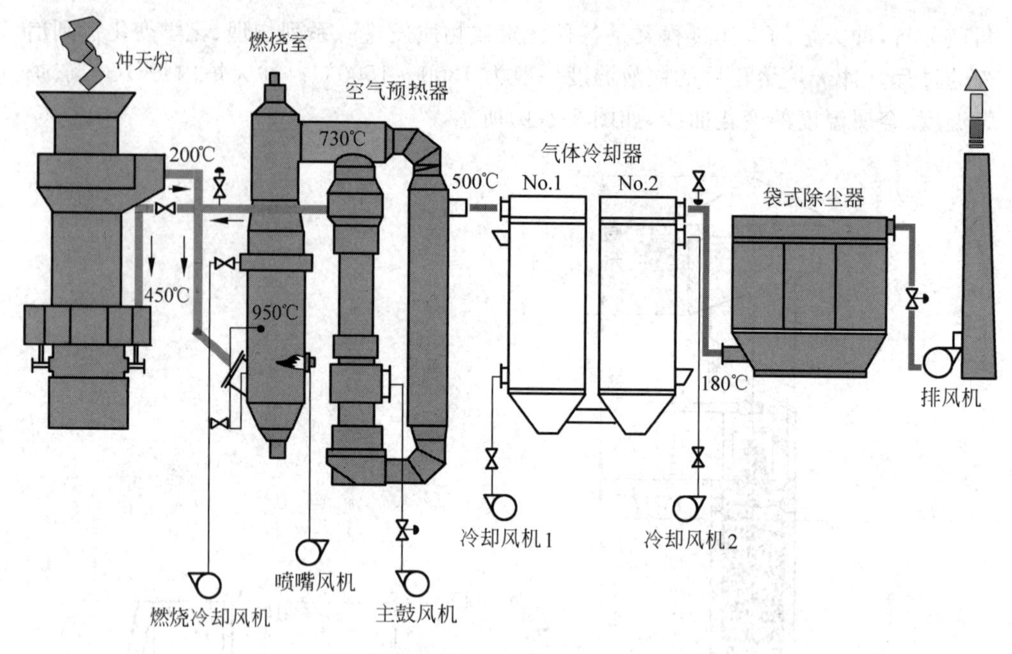

图 2-3 带有炉气处理的冲天炉系统

2. 无芯感应电炉

感应电炉可用于铸钢、铸铁、各种有色合金的熔炼,是所有熔炼炉中应用最广的炉型之一,一般按电源的频率分为工频炉(频率为 50Hz)、中频炉(频率为 500~1000Hz)和高频炉(频率≥1000Hz);按炉型结构分为无芯(坩埚式)炉和有芯(沟槽式)炉,还可按变频技术、连接形式、调控方式、工作状态等进行分类。对于铸铁合金的熔炼,大多采用静态变频的中频无芯(坩埚式)感应电炉(见图 2-4),热转换效率高、铁液温度高、升温速度快、节省能源。

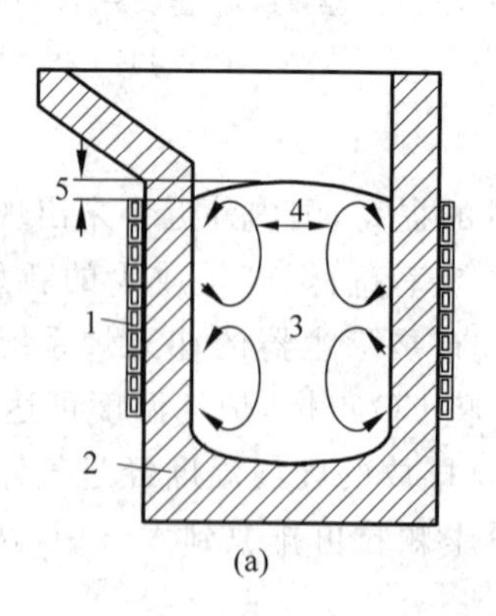

(a)

(b)

图 2-4 无芯(坩埚式)中频感应电炉结构示意图(a)和外形(b)

1—感应线圈;2—坩埚炉;3—金属液;4—金属液内部的运动;5—液面升高

一些公司制造的感应电炉使用一套供电系统可以同时给两个炉体供电，其中一个炉体用于熔化金属，而同时另一个炉体用于金属液的保温，即所谓的“一拖二”，可以实现与造型流水线速度的较好匹配。

3. 冲天炉——感应炉双联熔炼

目前国内外的铸铁熔炼设备采用冲天炉与感应电炉双联熔炼的企业不断增加。美国汽车及铸管工业几乎全部采用双联熔炼工艺。日本、德国、意大利等发达国家的大部分铸铁车间都已采用双联熔炼。我国第一汽车集团公司铸造厂采用15t冲天炉与30t工频炉双联。

双联熔炼是将经冲天炉熔化后的低温（如1300～1400℃）铁液倒入感应电炉进行保温或提温，并进行铁液成分调整，然后进行浇注铸件。采用双联熔炼工艺的优点是：(1)可以获得高温、低硫铁液；(2)缓解冲天炉熔炼与生产需要量间的矛盾（即“造型流水线等铁水”）；(3)可在保温炉内调整铁水成分；(4)降低铁液成本，取得较好的经济效益。

4. 孕育处理

灰口铸铁中石墨以片状存在，如石墨片粗大对灰铸铁金属基体的割裂作用，使其机械性能偏低（σ_b＝100～200MPa）。因此，提高灰铸铁性能的途径是改善其基体组织，减少石墨数量及其尺寸大小，并使石墨分布均匀。因此孕育处理是提高灰铸铁性能的有效方法，其原理是：先熔炼出相当于白口或麻口组织的低碳、硅含量（w(C)＝2.7%～3.3%、w(Si)＝1.0%～2.0%）的高温铁水（1400～1450℃），然后向铁水中冲入少量细颗粒状孕育剂。孕育剂占铁水重量的0.25%～0.6%，其材质一般为含Si75%质量分数的硅铁（有时也用硅钙）。孕育剂在铁水中形成大量弥散的石墨结晶核心，使石墨化作用骤然提高，从而得到细晶粒珠光体和分布均匀的细片状石墨组织。经孕育处理后的铸铁称为孕育铸铁，它的强度、硬度显著提高（σ_b＝250～350MPa，HB＝170～270）。原铁水中含碳量愈少，则石墨愈细小，其强度、硬度愈高。但因石墨仍为片状，故其塑性、韧性仍然较低。

孕育铸铁的另一优点是冷却速度对其组织和性能的影响很小，因此铸件上厚大截面的性能较均匀。

孕育铸铁适用于静载下，要求较高强度，耐磨或气密性的铸件，特别是厚大铸件，如重型机床床身、汽缸体、缸套及液压件等。

5. 球化处理

球墨铸铁是20世纪40年代末发展起来的一种新型铸造合金。它是向铁水中加入一定数量的球化剂和孕育剂，直接得到球状石墨的铸铁。

(1) 球铁对原铁水的要求及制备

① 铁水成分。与一般灰铸铁基本相同，但成分控制较严，其中硫、磷对球铁危害很大，其含量越低越好，一般应控制w(S)≤0.07%、w(P)≤0.1%，并要求适当提高

含碳量($w(C)=3.6\%\sim4.0\%$),以保证良好的铸造性能和消除白口。

② 铁水温度。出炉温度应高于1400℃,以防止球化及孕育处理操作后铁水温度过低,产生铸件“浇不足”等缺陷。

③ 球化和孕育处理是制造球墨铸铁的关键,必须严格控制。

球化剂的作用是使金属液凝固时石墨呈球状析出,常用的球化剂有纯镁和稀土-镁合金两类。稀土-镁球化剂的加入量为铁水质量的1.0%~1.6%,视铁水化学成分和铸件大小而定。

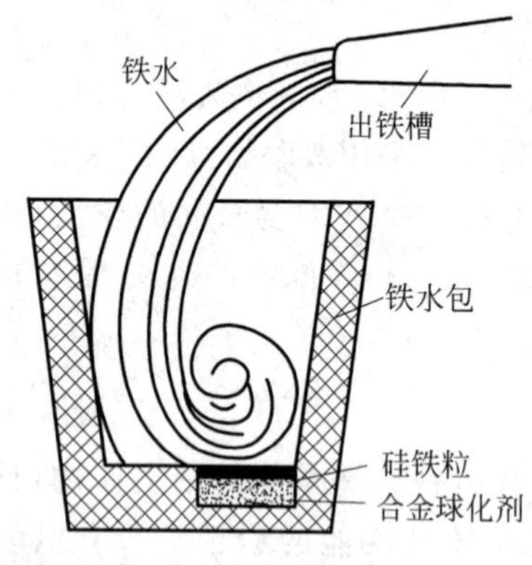

图2-5 冲入法球化处理

孕育剂的主要作用是促进石墨化,防止球化元素所造成的白口倾向。同时通过孕育还可使石墨圆整、细化,改善球铁的机械性能。常用的孕育剂为含硅75%的硅铁,加入量为铁液质量的0.4%~1.0%。

目前应用较普遍的球化处理工艺有冲入法和型内球化法。冲入法首先将球化剂放在铁水包底部的“堤坝”内(图2-5),在其上面铺以硅铁粒,以防止球化剂上浮,并使球化作用缓和。然后冲入占2/3铁水包容量的铁水,使球化剂与铁水充分反应,扒去熔渣。最后将孕育剂置于冲天炉出铁槽内,再冲入剩余1/3的铁水,进行孕育处理。

处理后的铁水应尽快浇注,否则,球化作用衰退会引起铸件球化不良,从而降低铸件性能。

2.2.2 铸钢的熔炼

对于大多数铸钢件生产企业一般采用中频感应电炉或电弧炉(图2-6)熔炼;对于特大型铸钢件,因所需钢液量大(每包100~300t),原钢液的来源一般来自转炉(图2-7)。

1. 电弧炉

三相交流电弧炉是冶炼电炉钢的主要设备,主要用于浇注铸钢件,也可用于熔炼铸铁合金。图2-6是交流三相电弧炉的结构示意图。三相交流电弧炉的优点如下:

(1) 能量集中,熔池表面功率可达560~1200kW/m^2,电弧温度可达3000℃以上。

(2) 工艺灵活性大,能有效地去除硫、磷等杂质,温控方便。

(3) 与转炉相比,可全部以废钢为炉料。

(4) 生产率高,电耗低(熔炼电耗为350~600kW·h/t)。

(5) 占地面积小,投资费用少。

其缺点如下:

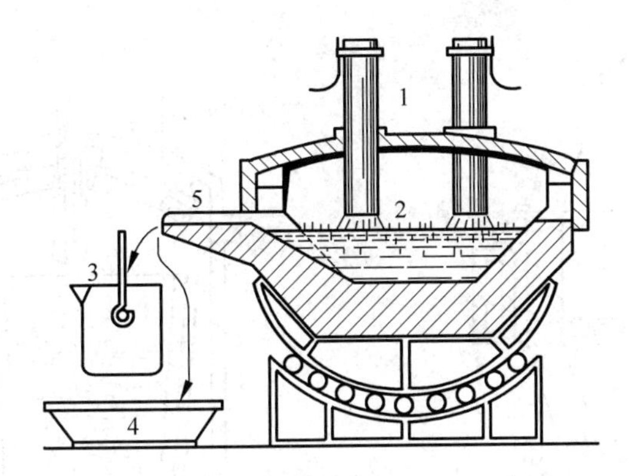

图 2-6 交流三相电弧炉的结构示意图

1—电极；2—钢液表面；3—浇注包；4—盛渣包；5—出钢槽

(1) 烟尘多,每吨钢落灰为 2.5～8kg。

(2) 噪声大,可达 90～120dB。

2. 钢液精炼

生产一些质量要求高的铸钢件,原钢液需要经过炉外精炼处理,以提高钢液的纯净度,并使钢液中有害元素的含量达到严格的范围以内。特别是对于一些容易出现裂纹的不锈钢、高合金钢等铸件,钢液的磷、硫等元素的含量必须严格控制在最低允许值范围。

目前钢液的炉外精炼方法有 AOD 法(氩氧脱碳精炼)(图 2-8)、VOD 法(真空氩氧脱碳转炉精炼)(图 2-9)和 LF 法(钢包电弧加热精炼)(图 2-10)。

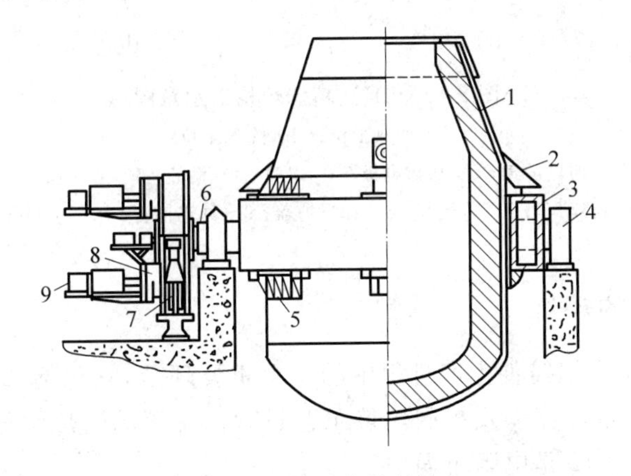

图 2-7 转炉炉体结构

1—炉壳；2—挡渣板；3—托圈；4—轴承及轴承座；5—支撑系统；6—耳轴；7—制动装置；8—减速机；9—电机及制动器

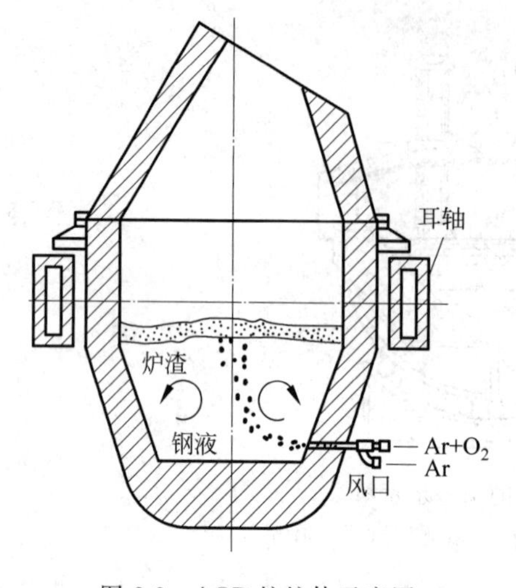

图 2-8 AOD炉炉体示意图

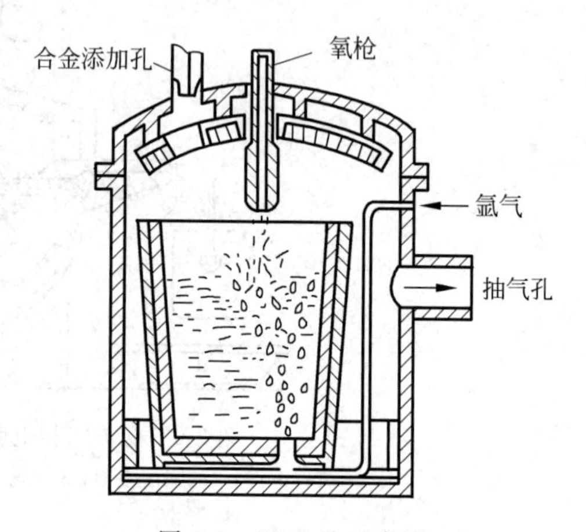

图 2-9 VOD法示意图

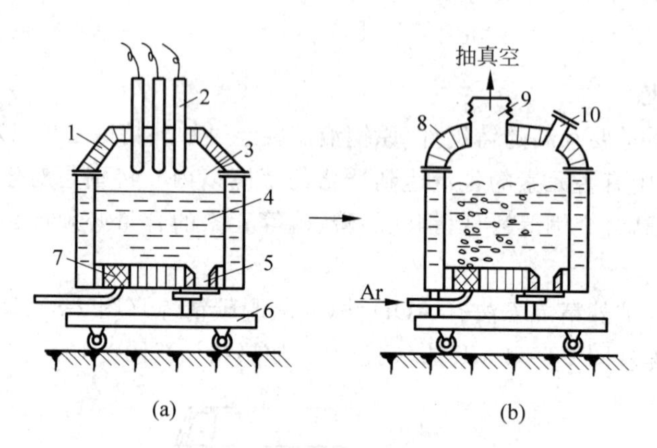

图 2-10 LF法精炼炉构造示意图

(a) 加热工位；(b) 除气工位

1—加热炉盖；2—加热电极；3—电弧；4—钢液；5—滑动水口；6—移动车；7—透气塞；8—真空炉盖；9—真空接管；10—加料孔

2.2.3 铝合金的熔炼

铝合金的熔炼是铝铸件生产过程中的一个重要环节，它包括选择熔炼设备和工具、炉料处理与配料计算以及控制熔炼工艺过程。常用的熔炼炉见表2-3。图2-11是焦炭坩埚炉，图2-12是电阻坩埚炉。

铝合金以及其他铸造有色合金熔炼中的问题是元素氧化烧损量大，合金液吸气量多。因此熔炼炉应保证金属炉料快速熔化，缩短熔炼时间，以减少合金元素烧损和吸气；降低燃料、电能消耗；延长炉龄。

表 2-3 铝合金常用的熔炼炉

类别	优点	缺点	适用范围
电阻坩埚炉	控制温度准确，金属烧损少，合金吸气少，操作方便	熔化速度较慢，生产率不高，耗电量大	所有牌号铸铝合金
电阻反射炉	炉子容量大，金属烧损少，温度控制准确，操作方便	发热元件寿命较短，熔化速度较慢	适用于大批量连续生产
红外熔炼炉	热效率高，金属熔化快，金属烧损少，控制温度准确，调节方便	熔化量较小	铸铝合金都适用
中频感应炉	熔炼可达较高温度，熔化速度快，灵活方便，合金受磁场搅拌均匀	设备较复杂，熔化量较小	适用于配制中间合金，含钛的 Al-Cu 合金
无芯工频感应炉	熔化速度快，金属液成分均匀，温度控制准确，操作简单	熔炼过程中金属液有翻腾，金属烧损较大	适宜作熔化炉使用
焦炭坩埚炉	设备简单，熔化速度快	炉温较难控制，金属烧损大，合金吸气量大，燃料耗量大，效率低	铸铝合金、铜合金都适用
煤气或重油坩埚炉	设备简单，熔化速度快，熔炼可达较高温度，温度易控制，使用灵活，金属烧损较少	燃料消耗量大，温度控制的准确度不如电炉高	铸铝合金都适用
燃烧型（火焰）反射炉	熔化速度快，熔化量大	温度不易控制，金属烧损多，燃料消耗量大	适用于大批量连续生产

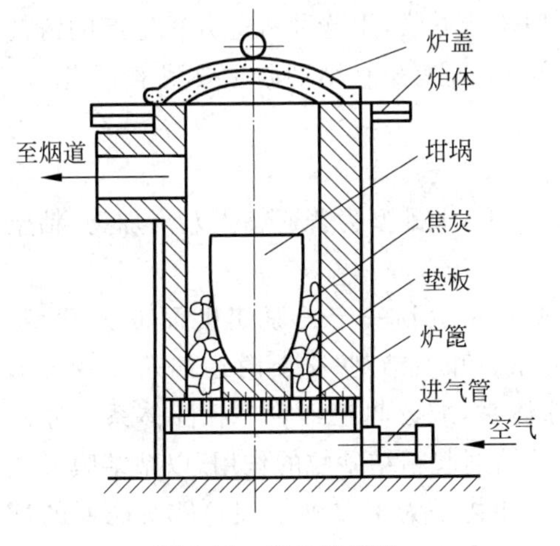

图 2-11 焦炭坩埚炉

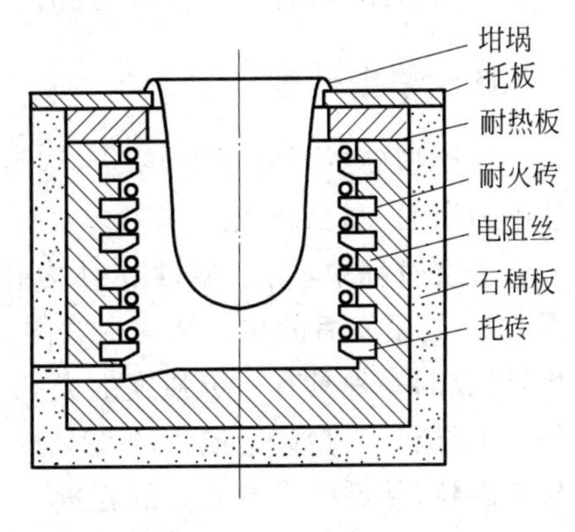

图 2-12 电阻坩埚炉

铝合金的氧化物 Al_2O_3 的熔点高达2050℃，密度稍大于铝。所以熔化搅拌时容易进入铝液，呈非金属夹渣。铝液还极易吸收氢气，使铸件产生针孔缺陷。

为此，一般铝液在出炉浇注之前通入惰性气体(N_2 或 Ar)或添加由氯盐和氟化物组成的熔剂进行除气精练，以提高铝合金液的纯净度。

燃烧型反射炉是使用重油、柴油、液化天然气和液化石油气等液体、气体燃料，通过喷嘴直接加热炉料和合金液面，其熔化速度快，熔化量大，但存在合金液吸气、氧化和温度控制等问题，由于炉子结构、喷嘴设计和控温手段等差异，不同型式的反射炉使用功能和效果很不一样。

图2-13为一种较典型的竖式(或称塔式)燃烧型反射炉结构简图。它是以油或气体为燃料，采用集预热、熔化、保温于一体的铝合金熔炼保温炉。炉料从炉子上部加料口加入，利用熔化产生的废气进行预热，并同时除去附着在炉料上的油污和水污，从而可降低铝液含气量和熔炼能耗和铝烧损率；在熔化区炉料熔化后随即流入保温池。炉衬为优质耐火材料，适于三班连续运行，大批量生产。

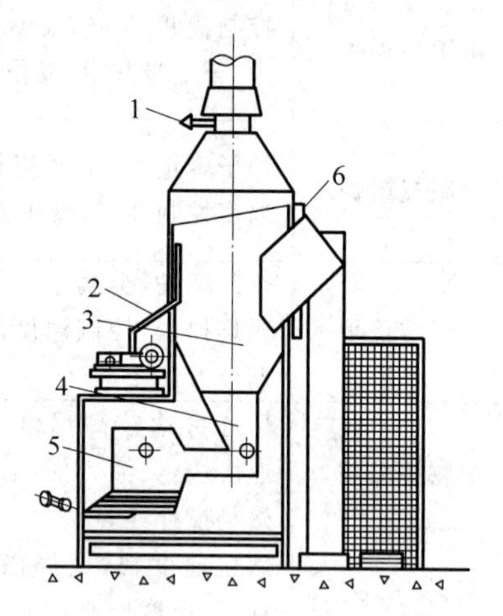

图2-13 竖式燃烧型结构反射炉结构简图

1—废气温度控制；2—炉盖；3—预热区；4—炉身；5—保温池；6—加料门

2.3 砂型铸造

砂型铸造是指以原砂为主要骨料的铸造工艺，依所用粘接剂的不同又可以分为粘土砂型、水玻璃砂型和有机粘接剂砂型等不同种类的砂型铸造方法(图2-14)。在这些砂型铸造方法中，最为常用的是粘土砂型铸造方法，用这种铸造方法生产的铸件大约占所有用砂型生产铸件产量的60%～70%；而有机粘结剂砂主要用来制芯。

2.3.1 粘土砂型

粘土型砂主要由原砂、粘土(湿型砂为膨润土，干砂型为普通粘土)、附加物(粘土砂中为煤粉)和水组成。

造型过程中，粘土型砂在外力作用下成形并达到一定的紧实度而成为砂型。图2-15是紧实后的型砂结构示意图，它是由原砂和粘结剂(必要时还加入一些附加物)组成的一种具有一定强度的微孔-多孔隙体系，或者叫毛细管多孔隙体系。原砂是骨干材料，占型砂总质量的82%～99%；粘结剂起粘结砂粒的作用，以粘结膜形式包覆砂粒，使型砂具有必要的强度和韧性；附加物是为了改善型(芯)砂所需要的性能而加入的物质。

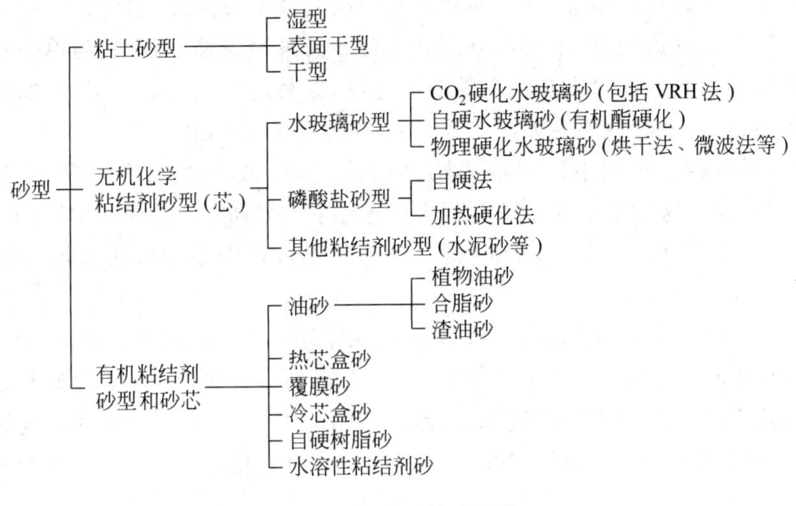

图 2-14 砂型铸造分类

用原砂作为型(芯)砂的主要骨干材料,不只是因为其来源广,供应有保障,更重要的是它能满足优质铸件生产的最基本的要求。一方面,它为砂型(芯)提供了必要的耐高温金属液顺利充型、以及使金属液在铸型中冷却、凝固并得到所要求形状和性能的铸件。另一方面,原砂砂粒能为砂型(芯)提供众多孔隙,保证型、芯具有一定的透气性,在浇铸过程中,使金属液在型腔内受热急剧膨胀形成的气体和铸型本身产生的大量气体能顺利逸出。但孔隙大小要适当,孔隙过大将恶化铸件的表面质量,不仅增大表面粗糙度、降低铸件尺寸精度,甚至引起铸件严重粘砂。通常使用的原砂为石英质硅砂,为了提高某些合金铸钢件特别是重大型铸钢件的表面质量,也采用非石英质原砂,例如铬铁矿砂、镁橄榄石砂、钻砂,等等。

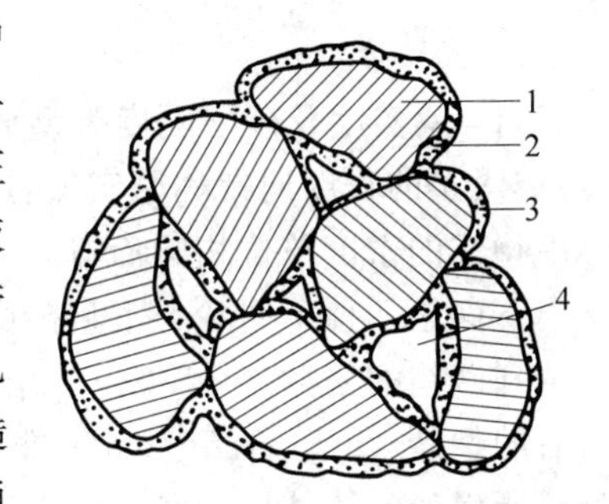

图 2-15 型砂结构示意图
1—原砂砂粒; 2—粘结剂; 3—附加物; 4—微孔(孔隙)

2.3.2 粘土砂型的类别

粘土砂型根据在合箱和浇注时的状态不同可分为湿砂型(湿型)、干砂型(干型)和表面烘干砂型(表干型)三种。三者之间的主要差别在于: 湿型是造好的砂型不经烘干,直接浇入高温金属液体; 干砂型是在合箱和浇注前将整个砂型送入窑中烘干; 表面烘干砂型只在浇注前对型腔表层用适当方法烘干一定深度(一般为 5～10mm,大件 20mm 以上)。

湿型砂按造型时的情况可分为面砂、背砂和单一砂。面砂是指特殊配制的在造型时铺覆在模样表面上构成形腔表面层的型砂。背砂是在模样上覆盖面砂背后,填充砂箱用的型砂。在砂型浇注时,面砂直接与高温金属液接触,它对铸件质量有重要影响。一般中小件造型时,往往不分面砂与背砂而只用一种型砂,称为单一砂。使用单一砂能够简化型砂的管理和造型的操作过程,提高造型生产率。但是,如对铸件质量要求较高,单一砂的性能不能满足要求时,通常仍有使用面砂的。

目前,湿型砂是使用最广泛的、最方便的造型方法,大约占所有砂型使用量的60%~70%,但是这种方法还不适合很大或很厚实的铸件。表面烘干型与干型相比,可节省烘炉,节约燃料和电力,缩短生产周期,所以曾在中型和较大型铸铁件的生产中推广过。

干型主要用于重型铸铁件和某些铸钢件,为了防止烘干时铸型开裂,一般在加入膨润土的同时还加入普通粘土。干型主要靠涂料保证铸件表面质量。其型砂和砂型的质量比较容易控制,但是砂型生产周期长,需要专门的烘干设备,铸件尺寸精度较差。因此,近些年的干型,包括表面烘干的粘土砂型已大部分被化学粘结的自硬砂型所取代。

2.3.3 砂型的紧实

砂型在浇注液态金属之前必须经过紧实,使型砂保持所需要的形状。型砂紧实的方法有许多种,例如手工紧实、机器压实、震实、气流冲击或射压等。

1. 紧实度

(1) 紧实度及砂型硬度　型砂或芯砂经过紧实后成为砂型或砂芯。型砂(或芯砂)被紧实的程度通常称紧实度,用单位体积内型砂的质量表示。型砂紧实度和物理学中物体的密度单位相同而概念不同,因为型砂体积中包括了砂粒间的空隙。

下面是几种不同状态下型砂的紧实度:十分松散的型砂:0.6~1.0g/cm^3;从砂斗填到砂箱的松散砂:1.0~1.2g/cm^3;一般紧实的型砂:1.2~1.5g/cm^3;高压紧实后的型砂:1.5~1.6g/cm^3;非常紧密的型砂:1.6~1.7g/cm^3。用不同紧实度的型砂所生产的铸件尺寸精度和表面粗糙度值也不同(表2-4)。

(2) 对砂型紧实的工艺要求　从铸造工艺来说,对紧实后的砂型有以下几点要求:

① 砂型紧实后要有一定的强度,最低的要求是要能经受住搬运或翻转过程中的振动而不脱落。其次,要求型腔表面能抵抗住浇注时铁水的压力。在铸件浇注和凝固过程中,铁水及铸件对砂型型壁有一种膨胀压力,这种压力有时可以很大。如果砂型的紧实度不足,往往产生较大的型壁移动,造成铸件尺寸偏差。如果砂型的紧实度较高,能抵抗住这种膨胀压力,就能减少型壁移动,提高铸件的尺寸精确度。

② 紧实后的砂型应使起模容易,起模后能够保持铸型的精确度,特别是不发生损坏、脱落等现象。

③ 砂型应具有必要的透气性,避免产生气孔等缺陷。

以上这些要求,有时互相矛盾。例如:紧实度高的砂型往往起模困难,透气性低。所以,具体要求应根据造型机的实际情况以及铸件的复杂程度而定。一般砂型的表面硬度在 70 单位左右即可。高压造型时,砂型硬度可达 90 单位以上。

表 2-4 各种造型方法的特点及所生产的铸件尺寸精度和表面粗糙度值

<table>
<tr><th rowspan="3">造型方法</th><th rowspan="3">压实比压
/MPa</th><th rowspan="3">砂型平均
密度
/(g/cm³)</th><th rowspan="3">砂型硬度</th><th colspan="4">铸件尺寸公差等级 CT</th><th rowspan="3">铸件表面
粗糙度
Ra/μm</th></tr>
<tr><th colspan="4">基本尺寸/mm</th></tr>
<tr><th>40~63</th><th>63~100</th><th>100~160</th><th>160~250</th></tr>
<tr><td>普通机器造型</td><td>0.13~0.4</td><td>1.2~1.3</td><td>50~70</td><td rowspan="2">8~9</td><td rowspan="2">8~9</td><td rowspan="2">8~9</td><td rowspan="2">9~10</td><td rowspan="2">50~400</td></tr>
<tr><td>微震压实</td><td>0.4~0.7</td><td>1.4~1.5</td><td>70~90</td></tr>
<tr><td>射压造型</td><td>>0.7</td><td>1.5~1.6</td><td>>90</td><td>6~7</td><td>6~7</td><td>6~7</td><td>7~8</td><td rowspan="2">6.3~50</td></tr>
<tr><td>多触头高压造型</td><td>>0.7</td><td>1.5~1.6</td><td>>90</td><td>5~6</td><td>6~7</td><td>6~7</td><td>7~8</td></tr>
</table>

2. 加压紧实

(1) 压实紧实 压实造型就是用直接加压的方法使型砂紧实(图 2-16)。压实时压板压入辅助框中,砂柱高度降低,型砂紧实。因紧实前后型砂的重量不变,可得:

$$H_0\delta_0 = H\delta$$

其中:H_0,H——砂柱初始高度及紧实后高度;

δ_0,δ——型砂紧实前及紧实后密度。

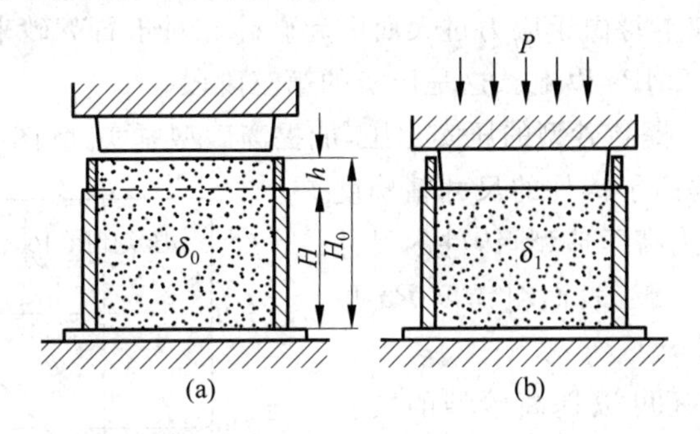

图 2-16 压实造型

(a) 压实前;(b) 压实后

若砂箱的高度为 H,辅助框的高度为 h,则 $H_0=H+h$;由上面的公式可得:

$$\text{辅助框高度 } h = H\left(\frac{\delta}{\delta_0}-1\right) \tag{2-1}$$

(2) 紧实度与压实比压的关系

压实时,砂型的平均紧实度与砂型单位面积上的压实力(压实比压)的大小有关。图 2-17 是三条性能不同型砂的压实紧实曲线,表示了砂型平均紧实度 δ 与压实比压 P 的变化关系。由图可见,不论哪一种型砂,在压实开始时,P 增加很小,就引起 δ 很大的变化;但当压实比压逐渐增高时,δ 的增长减慢,在高比压阶段,虽然 P 增大很多,然而δ的增加很微小。

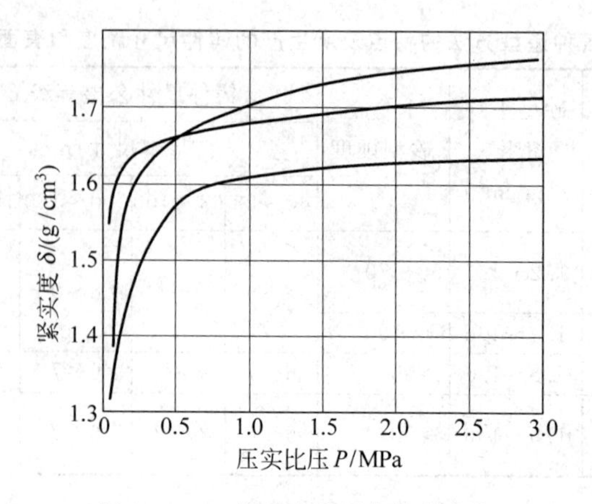

图 2-17 三种型砂的压实紧实曲线

(3) 压实过程的三个阶段 压实过程大致可分三个阶段。第一阶段,首先是砂粒之间一些大孔隙被压变小,这时,虽然比压只有十分微小的增加,而砂柱的高度却降低很多,紧实度增长较快。待到砂粒基本互相接触,再加大比压,型砂的紧实必须通过砂粒之间互相移位,形成比较紧密的排列才能达到,这是压实的第二阶段。这时砂粒之间的摩擦力和粘结力都对进一步紧实起阻碍作用,紧实度的增加显著减慢。在高比压阶段,砂粒本身由于应力过大而引起破碎。对于石英砂来说,这一使砂粒破碎的压实比压约在2MPa以上。这是压实的第三阶段。

(4) 高压造型 提高砂型的压实比压,能提高砂型紧实度(图2-18),减少浇注时的型壁移动,从而提高了铸件的尺寸精确度和表面光洁程度。用高压造型,铸件的尺寸精确度可达CT5～7级,表面粗糙度Ra可低达12.5～25μm。

提高压实比压还可以提高砂型的紧实度,使砂型内紧实度分布更均匀。

在高压紧实型砂时,由于型板上模样表面往往高低不平,整块的平压板不能适应模样上不同的压缩比,所以将它分成许多小压板,称为多触头压头(图2-19)。每个小压头的后面是一个油缸,而所有油缸的油路是互相连通的。因此在压砂型时,每个小压头的压力大致相等。这样即使对应于模样高点的一些压头被顶住,也不妨碍其他压头继续下压。所以压实时,各个触头能随

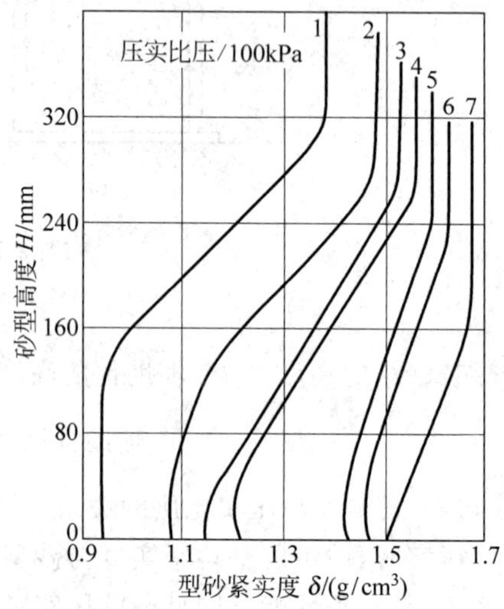

图 2-18 不同比压对砂箱内紧实度分布影响的曲线

着模样的高低，压入不同的深度，使砂型的压缩比均匀化(图 2-19(b))。因而对于比较复杂的模样，多触头压头一次压实可以得到紧实度大体均匀的砂型。但是如果砂型上的深凹处的宽度小于触头的宽度，触头不能进入，就不能使这些地方得到充分的紧实。

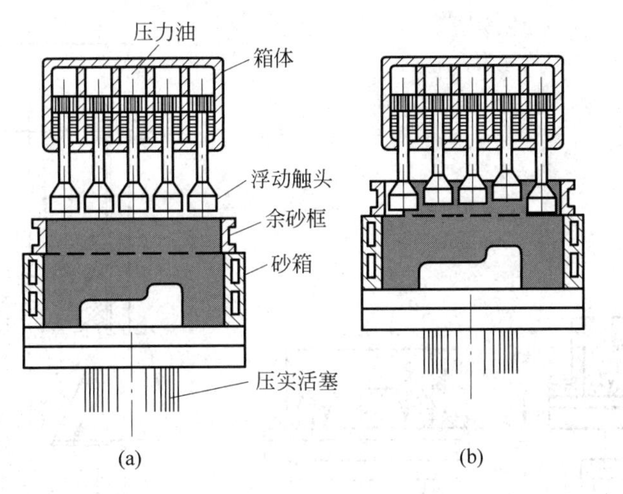

图 2-19 多触头压头的紧砂原理

(a) 原始位置；(b) 压实位置(微震)

多触头压头能自行调整砂型各部分的实砂压力，不需要为每一种模板设计和制造专用成形压板，用于成批生产比较合适。多触头高压造型机是目前自动化铸造车间中应用得较多的造型机。这种紧实方法也可以与气流紧实方法结合，使砂型紧实效果更好。

3. 震击紧实

震击紧实就是工作台将砂箱连同型砂举升到一定高度(图 2-20 中 h)，然后让其下落，与机体发生撞击。撞击时，型砂的下落速度变成很大的冲击力，作用在下面的砂层上，使型砂每层都得到紧实。震击若干次后，砂型可以达到很大的紧实度。震击过程中，砂箱下层的型砂受到上面各层型砂的作用，受的力大，紧实度大，上层砂层受的力小，所以紧实度小。至于最上层砂，没有受力，仍呈疏松状态。由于震击主要借型砂的冲力紧实，所以模样对紧实度分布的影响不大。而且越是靠近模板的砂型深凹部，受的冲力越高，因而紧实度也越高。这是震击紧实的一个突出优点。

4. 射砂及气流紧实

(1) 射砂紧实

射砂法紧实就是利用压缩空气将型砂以很高的速度射入芯盒(或砂箱)而得到紧实，可以用来制芯或造型。射砂机构的原理可见图 2-21，先将型砂或芯砂装在射砂筒2中,射砂时,打开快速进气阀,压缩空气从储气筒快速由1进入射砂筒。射砂筒中气压急剧升高,压缩空气穿过砂层空隙,推动砂粒,将砂粒夹在气流之中,通过射孔4射入芯盒5或砂箱中,将芯盒填满。同时在气压的作用下,将砂紧实。气砂流射入芯盒,砂在芯盒中紧实,而气体由开在射砂头上的排气孔排出。

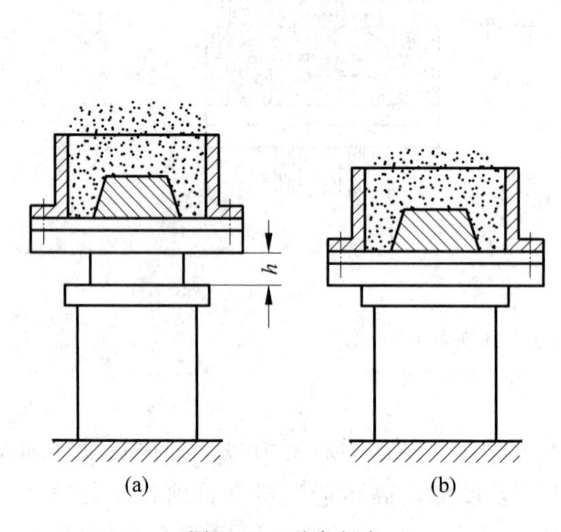

图2-20 震击紧实

(a) 造型机台面升起;(b) 造型机台面落下

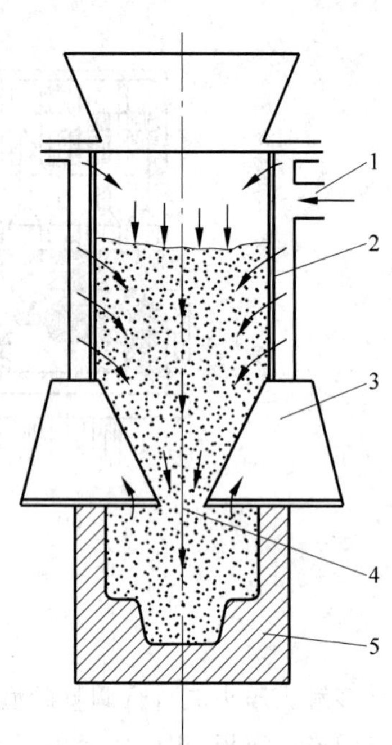

图2-21 射砂法紧实原理

1—压缩空气进口;2—射砂筒;3—射砂头;4—射孔;5—芯盒

(2) 气流冲击紧实

气流冲击紧实方法主要用于造型,是用一种特殊的快开进气阀,将压缩空气以极高的速度引入砂型上部,急剧升高的气体压力冲击将砂紧实。图2-22是一种这类气流冲击造型机的原理。造型机上部是一次压缩空气室1和二次压缩空气室2,砂箱4填砂后压在储气室下面。储气室下面是快开阀盘3。当二次压缩空气室排气时,一次压缩空气室中的气体推开快开阀盘3,并迅速到达砂箱中的砂层顶面,使砂型上部以极高的速度升压。升压的速度可达每秒80～100MPa。瞬时的升压,将型砂迅速下压,高速运动的砂层在模板上滞止,砂粒的动能产生冲击作用,使型砂紧实。

(3) 静压造型

静压造型又称气流-高压压实。它是在进行高压压实之前,利用压缩空气的气流对靠重力填充到砂箱中的型砂进行预紧实(图2-23),然后再进行高压压实。这种紧实方法近20年来在生产中得到推广应用。

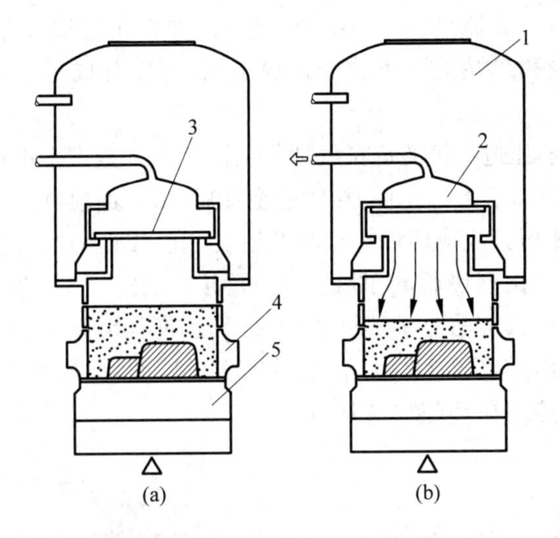

图 2-22 气流冲击造型机的原理

(a) 初始状态；(b) 气流冲击紧实

1——一次压缩空气室；2—二次压缩空气室；3—快开阀盘；4—砂箱；5—垫板

可以认为，向已经用重力加砂方法填充了型砂的砂箱通入压缩空气，其作用就是使型腔周围某些型砂填充得不够理想的部位的填砂状况得到改善。为此必须在模板及模样的相应部位安置排气塞。提高所通入的压缩空气压力或增加排气塞的开口率(即排气面积)都会强化上述填砂效果。

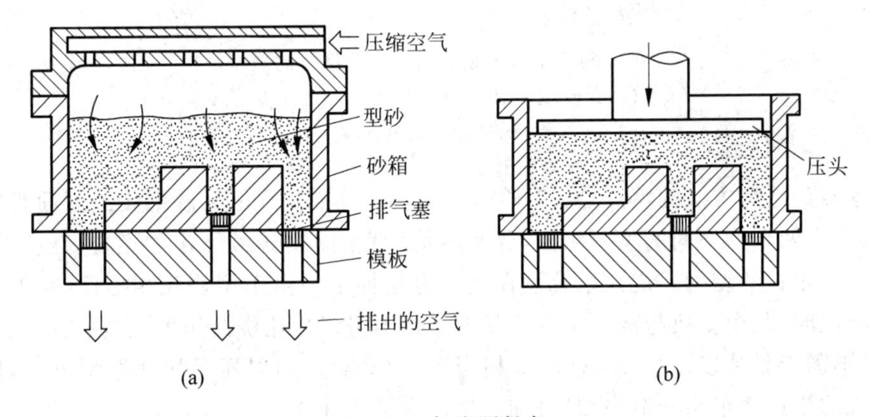

图 2-23 气流预紧实

(a) 气流紧实；(b) 高压压实

(4) 垂直分型无箱射压造型机

通常造型都用砂箱，有了砂箱便于砂型的合箱及搬运。但是砂箱同时也使砂型重量增大、落砂不便，而且在落砂后需将砂箱送回造型机，增加了造型生产线的复杂性。20 世纪 70 年代，无箱和脱箱造型机发展很快，尤其在中小型铸件的成批或大批生产中应用广泛,有代替原来的一些小型造型机(如震压造型机等)的趋势。无箱和脱箱造型机的类型很多,按其砂型分型情况不同,可以分成垂直分型和水平分型两大类。

垂直分型无箱射压造型机的造型原理可见图2-24。造型室由造型框及正(A)、反压板(B)组成。正、反压板上有模样,封住造型室后,由上面射砂填砂(图2-24(a)),再由正、反压板两面加压紧实成两面有型腔的型块(图2-24(b))。然后反压板(B)退出造型室并向上翻起让出型块通道(图2-24(c)),接着,压实板将造好的型块从造型室推出,且一直前推,使其与前一块型块推合,并且还将整个型块列向前推过一个型块的厚度,然后进行浇注(图2-24(d))。之后压实板退回,反压板放下并封闭造型室,机器即进入另一个造型循环(图2-24(a))。

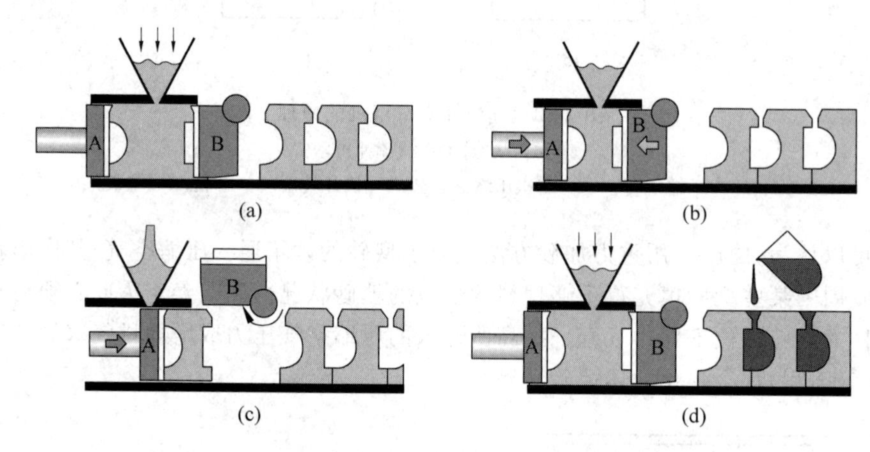

图2-24 垂直分型无箱射压造型机的造型

(a) 射砂;(b) 压实;(c) 砂块推出;(d) 浇注

A—正压板;B—反压板

这样的造型方法的特点是:①砂型块紧实度高而均匀;②砂型块的两面都有型腔,铸型由两个型块间的型腔组成,分型面是垂直的;③连续造出的型块,互相推合,形成一个很长的型列。浇注系统设在垂直分型面上。由于型块互相推住,在型列的中间浇注时,几个型块与浇注平台之间的摩擦力可以抵住浇注压力,型块之间仍保持密合,不需卡紧装置;④一个型块即相当于一个铸型,而射压是快速造型方法,所以造型机的生产率很高。造小型铸件时,生产率可达300型/h以上。

图2-25是应用以上所介绍的几种不同紧实方法对砂型进行紧实后的砂型高度与强度之间的关系曲线,人们可以根据对砂型强度的不同要求选择相应的紧实方法。一般对于生产薄壁、复杂铸件的工厂,宜选用能获得高密度砂型的高压造型、气流冲击造型或气流加压造型等造型方法,因为这种砂型硬度高、刚度好,浇注金属后不易变形;而生产结构简单的、尺寸精度要求不高的铸件,可选用振动加压造型。

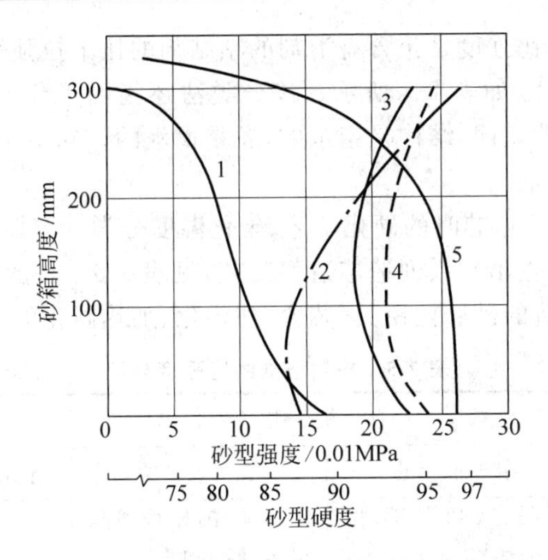

图 2-25 几种不同造型方法的紧实度曲线

1—震击造型；2—高压造型；3—微震加高压造型；4—气流加压实(静压)造型；5—气冲造型

2.3.4 制芯工艺

1. 概述

1) 砂芯的分级

砂芯主要用来形成铸件的内腔、孔洞和凹坑等部分。在浇注时,砂芯的大部分或部分表面被液态金属包围,经受铁液的热作用、机械作用都较强烈,排气条件也差,浇注后铸件的出砂、清理困难,因此对芯砂的性能要求一般比型砂高。为了便于合理地选用砂芯用芯砂的粘结剂和有利芯砂的生产,根据砂芯形状特征及在浇注期间的工作条件以及产品质量的要求,生产上常将砂芯分为Ⅰ～Ⅴ级,芯剖面细薄、形状复杂、芯头窄小,大部表面被金属包围的砂芯为Ⅰ级；Ⅴ级砂芯是在大铸件中构成很大内腔的简单大砂芯；其余类推。

2) 砂芯粘结剂的分类

各级砂芯的要求不同,而目前铸造生产上可应用的粘结剂和造芯工艺名目繁多,新的粘结剂和新的制芯工艺不断涌现。为了便于合理选用粘结剂和造芯工艺,有必要对粘结剂加以分类。通常采用以下两种方法分类:

(1) 按比强度　比强度(或称单位强度)是指每1%的粘结剂可获得的芯砂干态抗拉强度,假如粘结剂内含有溶剂,那么它真正的比强度为

$$\sigma_{比} = \frac{\sigma}{c} = \frac{\sigma}{\frac{a(100-b)}{100}} = \frac{100\sigma}{a(100-b)} \tag{2-2}$$

式中：σ——工艺试样的干拉强度总值,MPa；

a——在工艺试样内粘结剂的质量分数,%；

b——粘结剂中溶剂的质量分数,%；

c——粘结剂活性部分的质量分数,%。

我国目前采用的比强度是包含有溶剂的粘结剂的比干拉强度。根据各种粘结剂的比强度提出的分类法如表2-5所示。该分类法还指明了化学属性(有机、无机);粘结剂是否易吸湿,即基团、结构是亲水的,还是憎水的。知道粘结剂比强度,就有利按砂芯级别挑选粘结剂。

(2) 按粘结剂用于造芯时的硬化工艺、硬化温度分类 有模具内冷硬、模具中热硬和模具外热硬并派生出一系列造芯造型工艺,见表2-6。一般来讲,模具(芯盒)内硬化、冷法硬化所制造的砂芯比模具(芯盒)外硬化、加热硬化的砂芯尺寸精度高。

表2-5 按粘结剂的比强度分类

组别	比强度/(MPa/1%)	有机类		无机类	有机-无机混合类
		亲水的	憎水的	亲水的	
1	>0.5	脲醛、呋喃脲醛、聚乙烯醇	干性油、酚尿烷酚醛树脂、酚-呋喃		有机酯-水玻璃
2	0.3~0.5	糊精	合脂、渣油	水玻璃、磷酸盐	水溶性有机化合物-水玻璃
3	<0.3	亚硫酸盐纸浆废液、糖浆	沥青、松香	水泥、粘土	硅酸-乙酯

表2-6 按制芯(型)工艺、硬化温度分类

模具内冷硬						模具内热硬		模具外热硬	
吹气冷芯盒法			自硬冷芯盒法			热活化法		炉内烘干	
硬化温度	硬化时间	方法名称	硬化温度	硬化时间	方法名称	硬化温度	方法名称	硬化温度	方法名称
室温	以秒计算	酚醛-尿烷-胺法(Isacure)、呋喃-SO_2法(Hardox)、环氧-SO_2法(Rutapox)、丙烯酸尿烷-SO_2法(FRC法)、酚醛-SO_2法、酚醛-酯法、红硬法、水溶性树脂-粉状硬化剂-CO_2法、酚醛-CO_2法、冷壳法、钠水玻璃-CO_2法	室温	以分计算	呋喃-酸、酚醛-酸、酚醛-酯、油尿烷、酚醛尿烷、多元醇尿烷、钠水玻璃-酯、磷酸盐-碱性氧化物、快硬水泥砂法	约100℃(属温芯盒法体系)	改进了的酚醛-尿烷-胺法、聚丙烯酸系/促进剂(Arbond)、呋喃-酸-真空处理(IQU)	800~900℃焙烧	水溶芯(氢氧化钡)
						150~175℃	温芯盒法(呋喃磺酸的金属盐)	300~360℃	粘土砂
						200~250℃	热芯盒法:呋喃-酸性盐、酚醛-酸性盐、酚-尿醛-酸性盐	200~220℃	干性油砂制芯、合脂砂制芯
						250~300℃	热壳法	160~180℃	纸浆砂
						450℃	热冲击法		

2. 油砂

1）植物油砂

植物油分子中含有较多双键的油叫干性油。在加热过程中，不饱和双键不稳定，易与氧化合，形成过氧化物，生成的过氧化物不稳定，易与含有双键的其他油分子通过“氧桥”进行聚合。随着氧化、聚合反应不断地、重复地进行，分子逐步增大（靠聚合反应），液态油膜变为溶胶，随着分散介质的逐渐消失，溶胶转变为凝胶，最后成为坚韧的粘结剂膜，从而使砂芯具有高的干强度。

因此，并非所有的植物油都可以用来作砂芯的粘结剂，可以使用的只有干性油和半干性油。植物油粘结剂硬化反应应具备的条件是：

(1) 油分子中必须含有双键。

(2) 在烘干过程中宜供应适量的氧气，一般为向烘炉中鼓入较足够的新鲜空气。

油砂芯的烘干温度对获得最大强度有很大影响。低温长时间烘烤，能得到最大强度，但不经济，一般以 200～220℃为宜。如需缩短烘干时间，可将温度提高到250℃，但绝不能超过 300℃，否则粘结性能将被破坏。

2）合脂粘结剂及合脂砂

合脂粘结剂是我国于 1962 年研制成功的植物油代用品，来源丰富，价格低廉。我国一些工厂近十几年曾广泛用来制造Ⅲ、Ⅳ级砂芯。

合脂是合成脂肪酸蒸馏残渣的简称，是从炼油厂原料脱蜡过程中得到的石蜡，制皂工业再将石蜡制取合成脂肪酸时所得的副产品。上述组分中可皂化成分是合脂具有强粘结能力成分，其含量越高，则合脂的质量越高。在常温下合脂为黑褐色膏状物，温度低时呈固体块状。为便于混砂，使用时加溶剂稀释，就成为合脂粘结剂。

常用的溶剂为煤油，也可用油漆溶剂油作溶剂。煤油馏程适中（初馏点 83℃，终馏点 319℃），成本较低，对人体皮肤无大刺激，所以应用较广。煤油在合脂残渣中的加入量一般为 44%～50%；热天或对砂芯流动性要求不高时为 33%～42%。大批量造芯要求缩短砂芯烘干时间，提高生产效率时采用油漆溶剂油稀释。

合脂砂的烘干温度范围比油砂宽些，但是最适宜范围为 200～220℃。

合脂粘结剂的加入量一般为砂质量的 2.5%～4.5%，过多，强度增加不显著，而发气量明显增大，粘膜加重，蠕变加大，出砂性变差。

3. 热芯盒制芯

热芯盒制芯，是用液态热固性树脂粘结剂和固化剂配制成的芯砂，射砂填入加热到一定温度的芯盒内，贴近芯盒表面的砂芯受热，其粘结剂在很短时间即可缩聚而硬化。而且只要砂芯的表层有数毫米结成硬壳即可自芯盒取出，中心部分的砂芯利用余热和硬化反应放出的热量可自行硬化。它为快速生产尺寸精度高的中小砂芯（砂芯最大壁厚一般为 50～75mm）提供了一种非常有效的方法，特别适用于汽车、拖拉机或类似行业的铸件生产。

1) 热芯盒法用粘结剂及固化剂

(1) 热芯盒法用粘结剂　热芯盒用的树脂有呋喃树脂和酚醛树脂,大多数是以尿醛、酚醛和糠醇改性为基础的一些化合物,根据所使用的铸造合金和砂芯的不同以及市场供应情况,进行树脂的选择。一般使用的呋喃树脂按糠醇含量分为三级,树脂中糠醇的质量分数越高,砂芯的比强度也越高,氮的质量分数也越低,不易产生铸件的气孔缺陷。

(2) 热芯盒法硬化用固化剂　我国很多工厂使用的呋喃Ⅰ型树脂砂常用的固化剂是氯化铵和尿素的水溶液,其配比(质量比)为氯化铵∶尿素∶水=1∶3∶3。

2) 热芯盒法砂的工艺性能及树脂砂的配制

热芯盒法可以使用含泥量低的、干燥的原砂(擦洗砂)。要求砂芯有较好的透气性时,可选用稍粗的原砂;对铸件内表面要求很光洁的,可选用较细的原砂。

(1) 混制工艺　混制工艺简单,可用一般碾轮式混砂机。混砂时间不宜长,混匀即可放砂,以免造成温度升高,影响芯砂的流动性。混制工艺如下:

(2) 工艺性能及其影响因素　由于热芯盒法造芯时要求芯砂在热芯盒内快速硬化成形,因此要求热芯盒砂流动性好,可射制出形状复杂、紧实度均一的砂芯;硬化速度快,硬化温度范围宽,硬化强度高,以提高制芯生产率和使砂芯具有高的尺寸精度;可使用时间长,以利于生产管理和减少废砂。

热芯盒制芯工艺通常采用射芯机射芯(图2-26)。呋喃Ⅰ型树脂砂的固化温度在140~250℃之间,芯盒温度保持在200~250℃较适宜。一般几十秒即可从芯盒中取出砂芯。芯盒温度高时硬化快,但砂芯容易烧焦,表面酥脆;芯盒也易变形;反之芯盒温度低时,硬化时间延长,但能得到较好的砂芯表面质量和较高的冷拉强度。

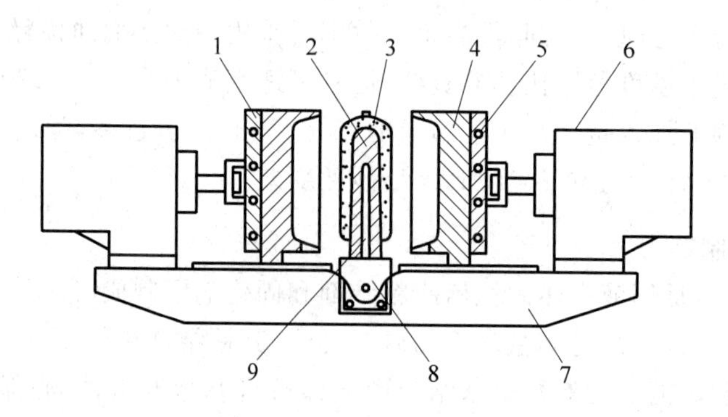

图2-26　热芯盒射芯原理图

1—加热板;2—芯棒;3—砂芯;4—芯盒;5—加热板;6—夹紧汽缸;7—底座;8—砂芯移出道板;9—芯棒固定杆

4. 覆膜砂制芯(型)工艺

铸造生产中,砂芯(型)直接承受液态金属作用的只是表面一层厚度仅数毫米的砂壳,其余的砂只起支承这一层砂壳的作用,因此铸造工作者寻求用壳型、壳芯来制造铸件。Johannes Croning 发明用热法制造壳型,称为"C 法"(Croning process)或"壳法",现在此法不仅可用于造型,更主要的是用于制造壳芯。

该法采用线性热塑性酚醛树脂作粘结剂,它预先包覆在原砂表面。配制的型(芯)砂叫做覆膜砂,像干砂一样松散。由于硬化剂乌洛托品的加入,热塑性酚醛树脂在制造壳型、壳芯过程中由线型转变成体型结构,从而使芯砂建立强度。其制壳的方法有两种:翻斗法和吹砂法。

图 2-27 为用腹膜砂制造壳型及浇注铸件的工序示意图。模型预热到 250～300℃,喷涂分型剂;然后向砂箱内填入松散的覆膜砂,保持 15～50s(常称结壳时间),砂上树脂软化重熔,在砂粒间接触部位形成连接"桥",将砂粒粘在一起,并沿模

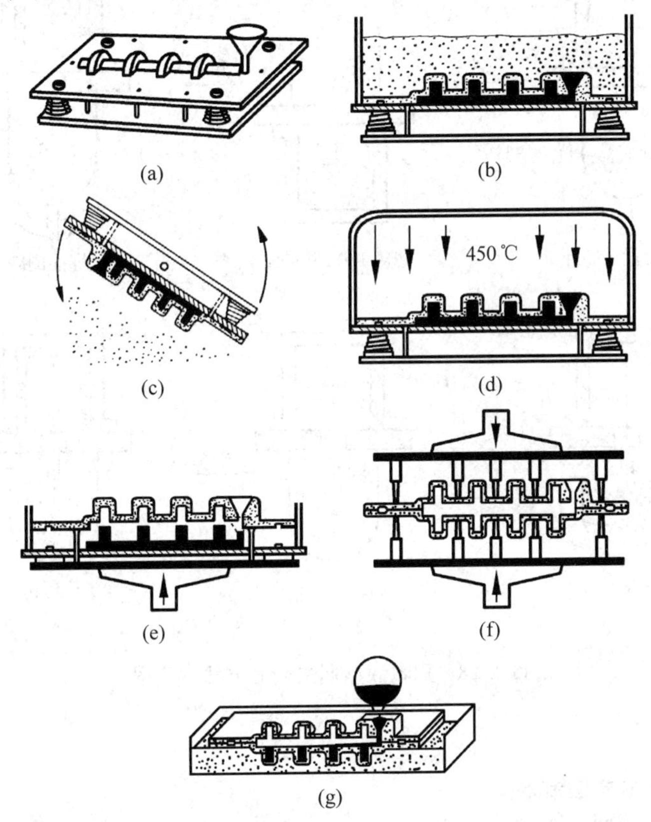

图 2-27 用覆膜砂制造壳型的铸造方法示意图

(a) 温度为 250℃的模具;(b) 加入腹膜砂并加热一段时间;(c) 模具翻转将尚未硬化的覆膜砂倒出;(d) 加热(450℃);(e) 起模(将硬化好的壳型取走);(f) 将上下壳型对粘;(g) 浇注金属液(下面铺上松散砂,以免壳型浇注时变形)

板形成一定厚度塑性状态的壳；将型板和砂箱一起翻转180°，未硬化的覆膜砂落回料斗中；对塑性薄壳继续加热30～90s(常称烘烤时间)；顶出，即得壳厚为5～15mm的壳型。然后再将上下型壳粘接、夹紧即可浇注铸件。

吹砂法制壳芯分顶吹法和底吹法两种(图2-28)。吹砂压力一般顶吹法为0.1～0.35MPa，吹砂时间为2～6s；底吹法压力为0.4～0.5MPa，时间为15～35s。顶吹法可以制造较大型复杂的砂芯；底吹法常用于小砂芯的制造。最小的硬化时间为90s，但一般为2min，硬化时间长，壳厚增加；而硬化温度提高，对硬化速率几乎没有影响，但使靠近芯盒或模板的砂有过硬化的危险。芯盒加热温度一般250℃。芯盒材料为铸铁，避免使用钢或黄铜，因为硬化过程中释放出氨，将引起腐蚀。模板或芯盒的加热采用电热或煤气，且为连续加热。

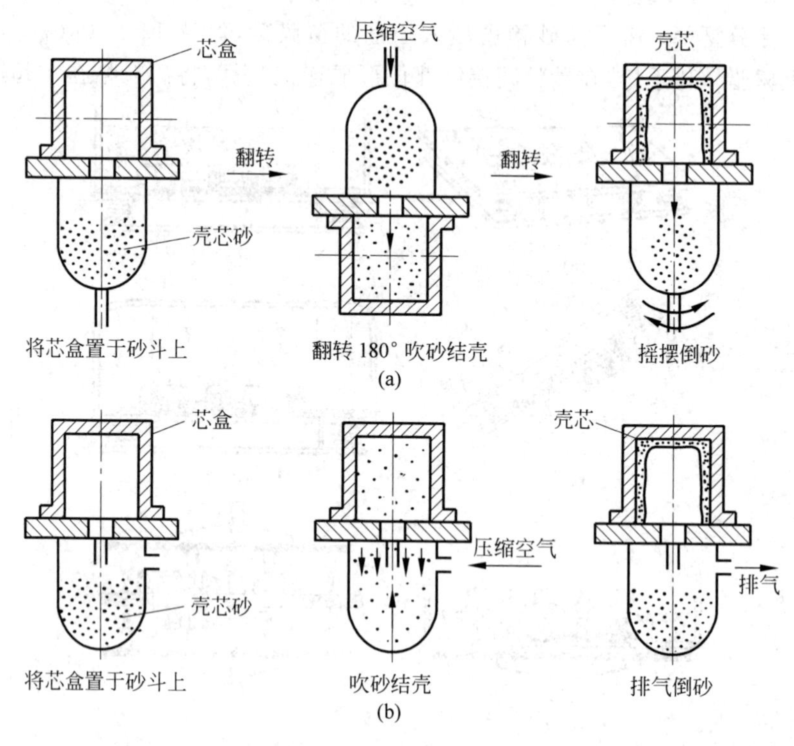

图2-28 用覆膜砂制造壳芯方法示意图

(a) 顶吹法；(b) 底吹法

5. 气硬冷芯盒法制芯

热芯盒法、覆膜砂制芯因耗能高；芯盒工装的设计和制造周期长，成本高；造芯时工人需在高温及强烈刺激气味下操作等，从而限制了它们的应用。采用自硬冷芯法造芯，芯砂可使时间短，脱模时间长，不利于高效大批量造芯，而气硬冷芯盒法基本可以弥补它们的不足。

气硬冷芯盒法制芯是将树脂砂填入芯盒，而后吹气硬化制成砂芯。根据使用的粘结剂和所吹气体及其作用的不同，分为三乙胺法、SO_2 法、酯硬化法、低毒和无毒气体促硬造芯法等方法，目前在我国和国外主要采用的是三乙胺法。

三乙胺法由美国 Ashland 油脂化学公司研制成功，1968 年开始向铸造厂推广并取得应用，国外常称 Isocure 法，或称酚醛-尿烷冷芯盒法，我国叫三乙胺法。粘结剂由两部分液体组成：组分Ⅰ是酚醛树脂；组分Ⅱ为聚异氰酸酯。催化剂为液态叔胺，可用三乙胺[$(C_2H_5)_3N$](TEA)、二甲基乙胺(DMEA)、异丙基乙胺和三甲胺[$(CH_3)_3N$](TMA)，一般用三乙胺，因其价格便宜，对砂芯厚大或芯砂温度、室温较低时，最好用易汽化的二甲基乙胺(三乙胺沸点 89℃、二甲基乙胺沸点 35℃)。一般用干燥压缩空气、CO_2 或 N_2 作液态胺的载体气体，稀释到质量分数约 5%的浓度，且常用 N_2 气，这是因为空气中含有大量的氧气，若混合于气体中，氨气浓度较大时易发生爆炸，故常用惰性气体代替压缩空气，而 CO_2 在使用中常有降温冷冻的现象，故以使用氮气为宜。制芯时，其工艺过程如图 2-29 所示。填砂后向树脂砂中吹入催化剂气雾(压力 0.14～0.2MPa)，便能在数秒至数十秒内硬化，达到满足脱模搬运的强度。

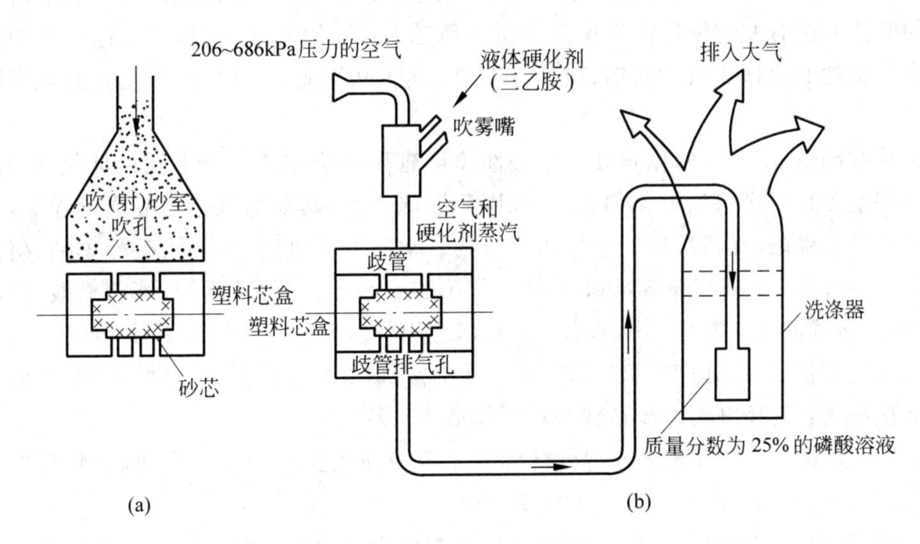

图 2-29 三乙胺法制芯工艺过程

(a) 射砂；(b) 吹气硬化

2.3.5 树脂自硬砂型(芯)

将原砂、液态树脂及液态催化剂混合均匀后，填充到砂箱(或芯盒)中，稍加紧实、即于室温下在砂箱(或芯盒)内硬化成形，叫做树脂自硬砂造型(芯)工艺。这类工艺从 20 世纪 50 年代末问世以来，即引起了铸造界的重视，发展很快，主要是：①提高了铸件的尺寸精度，改善了表面粗糙度。一些工厂原采用粘土砂造型，采用自硬树脂砂造型后，铸铁件表面粗糙度值由开始时的 100μm 改善到 50～6.3μm，铸件尺寸精度等级由原来的CT13提高到CT8～CT11；②节约能源，节约车间面积；③砂中的树脂的质量分数，由早期的3%～4%降到了0.8%～1.2%，这是通过对原砂的处理及对树脂、催化剂、混砂设备、工艺等方面进行改进得到的，从而降低了成本；④大大减轻了造芯、造型、落砂、清理工人的劳动强度，便于实现机械化；⑤旧砂可再生，有利于防止二次公害。由于自硬法具有上述许多独特优点，故目前不仅用于造芯，亦用于造型，特别适用于单件和小批量生产，可生产铸铁、铸钢和有色合金铸件。有些工厂已用它取代粘土干砂型、水泥砂型和部分水玻璃砂型。树脂自硬砂工艺主要有酸催化树脂自硬法、尿烷系树脂砂自硬法和酚醛-脂树脂自硬法等几种，其中以酸催化树脂自硬法应用最为广泛，主要用于生产铸铁件，少量用于生产铸钢件。因此，以下主要介绍酸催化树脂自硬砂。

(1) 酸催化树脂自硬砂用的树脂和催化剂　树脂自硬砂常用粘结剂为呋喃树脂和液态热固性酚醛树脂。

在铸造生产中，用于铸钢件的树脂，大多要求氮质量分数小于3%，甚至用无氮树脂，主要是因为氮质量分数大于3%时，铸件易发生气孔，耐火度也会降低，但价格较便宜。我国有些铸钢厂也使用氮质量分数达7.5%的呋喃树脂，因为他们采用了具有屏蔽性的合适涂料。对铝、镁合金来说，则宜用含氮高的树脂，既使高温强度降低，也有利出砂。

从呋喃系、酚醛系树脂自硬砂用酸性催化剂看，与热芯盒法造芯用的催化剂的主要差别是不采用潜伏型催化剂，而是采用活性催化剂，其本身就是强酸或中强酸，一般采用芳基磺酸、无机酸以及它们的复合物。常用的无机酸为磷酸、硫酸单酯、硫酸乙酯；芳基磺酸为对甲苯磺酸(PTSA)、苯磺酸(BSA)、二甲苯磺酸、苯酚磺酸、萘磺酸、对氯苯磺酸等。其中二甲苯磺酸在我国应用较多。从催化效果来看，强酸使树脂砂硬化速度快，但终强度较低；弱酸硬化速度慢，但终强度较高。几种不同酸的酸性强弱次序为：硫酸单酯＞苯磺酸＞对甲苯磺酸＞磷酸。

(2) 偶联剂——硅烷　在冷硬峡喃树脂砂中加入少量的硅烷作偶联剂，可以明显地提高树脂砂强度、热稳定性和抗吸湿性。

硅烷能提高树脂的强度，主要是靠硅烷在树脂与砂粒这两种性质差异很大的材料的表面之间架一个“中间桥梁”，以获得良好的结合，因此常称硅烷为偶联剂。

(3) 混砂工艺　合理地选用混砂机，采用正确的加料顺序和恰当的混砂时间有助于得到高质量的树脂砂。树脂砂的各种原材料称量要准确。其混砂工艺如下：

$$\text{砂}+\text{催化剂}\xrightarrow{\text{搅拌}}\text{加树脂}\xrightarrow{\text{搅拌}}\text{出砂}$$

上述顺序不可颠倒，否则局部会发生剧烈的硬化反应，缩短可使用时间，影响树脂砂性能。砂和催化剂的混合时间的确定，应以催化剂能均匀地覆盖住砂粒表面所需的时间为准。太短了混合不匀，树脂强度低，个别地方树脂砂型硬化不良或根本不硬化；太长了，影响生产率使砂温上升。树脂加入后的混拌时间也不能过短(混拌不均)和过长(砂温升高,可使时间变短)。混拌时间一般通过实验确定。生产中一般采用连续式混砂机和间歇式混砂机来混砂。对于生产大型铸件或大量流水线生产,由于用砂量大,较多采用连续式混砂机。

2.3.6 水玻璃砂型(芯)

到目前为止,铸造生产中应用最广泛的无机化学粘结剂是钠水玻璃,其次为水泥,近年来又开发出磷酸盐聚合物粘结剂。它们主要是通过发生物理-化学反应而达到硬化的。无机化学粘结剂型(芯)砂与粘土砂比较有下列优点:

(1) 型(芯)砂流动性好,易于紧实,故造型(芯)劳动强度低。

(2) 硬化快,硬化强度较高,可简化造型(芯)工艺,缩短生产周期,提高劳动生产率。

(3) 可在型(芯)硬化后起模,型、芯尺寸精度高。

(4) 可取消或缩短烘烤时间,降低能耗,改善工作环境和工作条件。

(5) 提高铸件质量,减少铸件缺陷。

1) 水玻璃 水玻璃别名泡花碱,是硅酸钠、硅酸钾、硅酸锂和硅酸季铵盐在水中以离子、分子和硅酸胶粒并存的分散体系。它们处在特定模数和含量范围内,分别称为钠水玻璃、钾水玻璃、锂水玻璃和季铵盐水玻璃。在本书中除特别指明外,水玻璃一般指钠水玻璃。其化学通式为 $Na_2O \cdot mSiO_2 \cdot nH_2O$。

水玻璃有几个重要参数,直接影响它的化学和物理性质,也直接影响水玻璃砂的工艺性能,这就是水玻璃的模数、密度、含固量和黏度等。

(1) 模数 SiO_2/Na_2O 物质的量的比值称模数,用 M 表示。

$$M=\frac{SiO_2\ 物质的量}{Na_2O\ 物质的量}=\frac{SiO_2\ 质量分数}{Na_2O\ 质量分数}\times 1.033 \tag{2-3}$$

铸造中使用的水玻璃的模数通常为 2~4。

(2) 密度、含固量和黏度 除模数外,能说明水玻璃主要技术特性的还有密度、含固量、水分、黏度和杂质含量。

水玻璃的密度 ρ 取决于水玻璃中水的质量分数,而不是它的模数,因为 Na_2O(62)和 SiO_2(60)(括号中数值为相对分子质量)的相对分子质量数值很近似。密度低,水的质量分数高,含固量(硅酸钠含量)少,不宜用作型(芯)砂粘结剂;反之,密度过大,粘稠,也不便定量和不利与砂子混合。铸造上通常采用密度 $\rho=1.32\sim1.68\text{g/cm}^3$ 的水玻璃。

2) CO_2 硬化水玻璃砂及砂型(芯)的制造工艺 水玻璃砂 CO_2 法是某些铸造车间常用的制芯造型工艺。此法既可用于大量生产和单件小批生产,也适用于大小型、芯。目前广泛采用的 CO_2-水玻璃砂,大都由硅砂加入质量分数 4.5%~8.0%的水玻璃配制而成。对于几十吨的质量要求高的大型铸钢件砂型(芯),面砂全部或局部采用镁砂、铬铁矿砂、橄榄石砂、锆砂等特种砂代替硅砂较为有利。有的要求水玻璃砂具有一定湿态强度和可塑性,以便脱模后再吹 CO_2 硬化,可加入 1%~3%膨润土

(质量分数)或3%~6%普通粘土(质量分数),或加入部分粘土砂。为改善出砂性,有的芯砂中往往还加入1.5%的木屑(质量分数)或加入其他附加物等。

水玻璃砂可使用各种混砂机混制。水玻璃砂流动性好,制芯时可用手工或靠微震紧实,也可采用吹射制芯(型)。为增加容让性和便于排气,大的砂芯内部放置块度为30~40mm的焦炭块、炉渣或干砂,并在中心挖出气孔,上部通至箱口。型和芯一般要扎通气孔,使CO_2气体可以通过,加速硬化。

吹CO_2的方法可根据型(芯)的大小和形状加以选择。要求CO_2能迅速、均匀进入型(芯)的各个部分,以最少CO_2消耗量达到使型、芯各部分硬化均匀,避免出现死角。目前应用较多的是插管法(图2-30)和盖罩法(图2-31)。

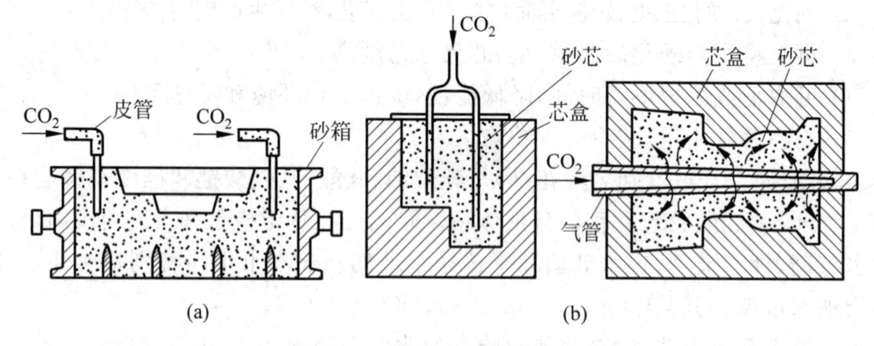

图2-30 插管法硬化示意图

(a) 砂型硬化;(b) 砂芯硬化

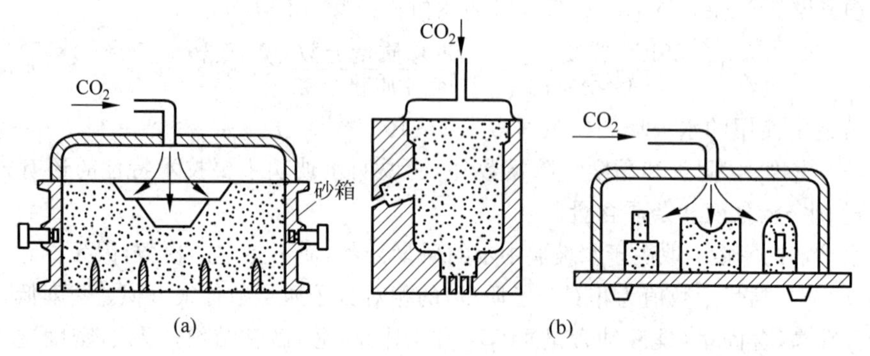

图2-31 盖罩法硬化示意图

(a) 砂型硬化;(b) 砂芯硬化

插管法是将带小孔的空心金属杆直接插入砂型(芯)中,吹入CO_2气体,待型(芯)硬化后将杆取出。此法适用大型砂型或砂芯。

盖罩法是用木板或金属制成罩盖,扣在修好的型(芯)上,吹入CO_2气体使其硬化。它适用于较小砂型或砂芯。

脉冲吹气:当吹CO_2时,若采取吹吹停停,总时间不变,CO_2消耗量可减少约40%。

还可以将造好的砂型或砂芯连同芯盒(或砂箱)一道放入真空室抽至预定的真空度后,然后吹一定量的CO_2,使水玻璃硬化。在抽真空过程中,使存在于砂粒间孔隙中的空气也被抽走,使CO_2气体易于填补这些孔隙并与水玻璃膜进行均匀、有效的反应,因而得到的水玻璃凝胶胶粒细小,强度高。通常将水玻璃加入量从普通CO_2法的5%~8%(质量分数,下同)降到3%左右,仍可保持要求的硬化强度。这种方法称为真空置换硬化法(VRH法)。

3) 自硬水玻璃砂　自硬水玻璃砂由原砂、水玻璃、粉状催化剂或液态有机酯硬化剂以及为改善砂芯(型)的保存性、出砂性、减少铸件缺陷、提高铸件表面质量的附加物所组成。

液态有机酯硬化剂自硬砂是一种在20世纪60年代后期出现的水玻璃自硬砂新工艺。可采用的各种液体硬化剂中,以甘油单醋酸酯硬化水玻璃砂的反应速度很快,但硬化性能差;甘油双醋酸酯的反应速度也快,型(芯)砂可使用时间只有3.5~4min;而甘油三醋酸酯硬化水玻璃砂的速度相当慢,可使用时间大于2.4h;二甘醇二醋酸酯硬化的可使用时间为1.5h(水玻璃模数$M=2.7\sim2.8$)。因此,单独使用都不适宜,通常市售的铸造用有机酯大都是由上述酯以不同比例混合而成,以满足生产上所需不同的使用时间和硬化速度的要求。

酯硬化的型、芯的存放性比吹CO_2硬化的好。在潮湿的环境中,像使用任何其他粘结剂一样强度降低,但在正常条件下,存放3个星期性能仍符合要求。其存放性受制芯(型)工艺过程的影响。例如:有机酯加入量不够,硬化不足;砂的含水量高,使用了超过可使用时间的水玻璃砂等都显著缩短存放期。

2.4 涂　料

2.4.1 涂料的作用

砂型铸造用涂料是指用来涂敷在砂型型腔和砂芯表面形成薄层的材料。其主要作用是:

(1) 砂型和砂芯是微孔-多孔隙体系,涂敷涂料,既填塞了砂型和砂芯表面孔隙,也在铸型与金属液之间建立起一道有效的耐火屏障,避免铸件产生表面粗糙、机械粘砂、化学粘砂,使铸件表面粗糙度得到改善。

(2) 涂敷涂料也可防止或减少铸件产生与砂子有关的其他铸造缺陷或质量问题。例如由于砂型或砂芯表面出现裂纹而使铸件形成毛刺,通常可在涂料的耐火粉料中掺合呈薄片状的粉料,例如云母、滑石,或者掺合氧化铁粉来解决;由于砂型(芯)表面强度不够而产生冲砂、掉砂、砂眼等缺陷,可用粘结强度好的涂料来保护或加固砂型型壁;由于采用某些树脂砂而使铸件出现增碳、增硫、增磷,以及固氮引起的皮下气孔,涂敷具有高温气密性的涂料进行屏蔽;或者采用能分解出CaO的碳酸钙、赤泥($2CaO \cdot SiO_2$),使其与硫进行反应;或在涂料中加入能释放氧的氧化剂,使其与碳进行反应;或者在涂料中加氧化铁粉(防止因氮引起的皮下气孔),大都有助于上述问题的解决。

(3) 用涂料来产生冶金效应,改善铸件局部的表面性能和内在质量。

例如,在砂型、砂芯表面涂敷含铋和碲的涂料,可消除灰铸铁件的局部疏松(porosity);使用含硅铁合金粉的涂料,可以防止铸铁件局部产生白口;涂敷由难熔的高硬度粉末物质(例如碳化物:WC、TiC、SiC、Cr_3C_2、B_4C 等;铁合金:Cr-Fe、W-Fe、Mo-Fe、Mn-Fe 等)为主组成的涂料,让铸件金属液渗入涂层的毛细孔隙,使铸件表面具有某些特殊性能,例如抗蘑、抗蚀、耐热等。

2.4.2 涂料的基本组成

铸造涂料是由多种不同性质的材料组成的分散体系,通常由耐火粉料、载液、悬浮剂、粘结剂和改善某些性能的添加剂所组成,加有粘结剂、悬浮剂的载体一般属于胶体的范围,而耐火粉料分散在载体中属于悬浊液。

(1) 耐火粉料　耐火粉料是涂料中的最主要组分,在涂料中的比例占50%以上。它悬浮在载液中,并涂敷于型芯的工作表面,用来填塞砂粒间孔隙,隔离和减轻金属液对型、芯的热作用、机械作用和化学作用,以获得光洁的铸件。国外常称为耐火填料或耐火、基料,本书则称为耐火粉料,因其主要组成物皆为耐火材料粉碎而成的细粉。

(2) 载体　载体的作用是使耐火粉料分散或悬浮在载体液体内,使涂料保持一定黏度和密度,便于喷涂、浸涂、流涂或刷涂到型、芯工作表面。涂料过分粘稠,则不易涂刷均匀,过稀又会使涂层过薄,防粘砂效果不好。载体液体的选用主要取决于所用粘结剂类别、操作条件和使用方法等。其中最常用的是水。水无毒、价廉,易于调节流变性,但需要烘干,而且软化水玻璃和尿烷砂芯(型);乙醇是我国目前醇基涂料最常用的液体载体,其优点是不需烘干设备,可自然风干或点燃干燥;其弱点是涂敷的涂料点燃时,散发出的烟气对环境产生污染,另外还降低有机粘接剂砂芯、砂型表面的强度。

(3) 悬浮剂　它是稠化载体液体,促使涂料中耐火粉料在载体液体中保持悬浮,防止沉淀、分层和防止载体液体过分渗入造型材料而加入的物质;也是保证涂料质量均一,以及用最少的搅动就可应用的组分;它也支配涂料的流动性,使其具有适用不同涂敷工艺的适当触变性。另外,它还起粘结剂的作用。水基涂料常用的悬浮剂大体上可分为两大类,一类是使水形成胶体溶液的无机粘结剂,例如膨润土、凹凸棒石等;一类是能与水形成高分子溶液的有机悬浮剂,例如羧甲基纤维素(CMC)、海藻酸钠、聚乙烯醇(PVA)、糖浆、聚丙烯酸钠、聚丙烯酸胺等。当前应用较普遍的是膨润土和 CMC 或海藻酸钠复合稠化体系。

(4) 粘结剂　它使涂料中的耐火粉料彼此粘结在一起,并使涂料能牢固粘附在型、芯的表面。涂料中的悬浮剂一般都能起粘结剂作用，但由于其加入量不能多，不能保证涂层具有足够的强度，因此经常需要补充其他粘结剂。常用的涂料粘结剂可分为低温粘结剂和高温粘结剂。对水基涂料来说，除上述悬浮剂中介绍的有机物和无机物以外，属于低温型的还有水溶性合成树脂、聚醋酸乙烯乳液(乳白胶)、淀粉、干性植物油、亚硫酸盐纸浆废液、水柏油等；属于高温型的有钠水玻璃、硅溶胶、聚合磷酸等，后者中大多在低温时也起粘结作用。

醇基涂料用的粘结剂属于低温型的有松香、漆片(虫胶)、PVB等；属于较高温型或高温型的有加了六亚甲基四胺的线性酚醛树脂、热固性酚醛树脂、硅酸乙酯等。对于烧结型涂料，其热强度和耐冲蚀性主要依靠涂层的适度烧结。

(5) 其他添加剂　涂料中除了以上所述的主要组分外，有时为了改善涂料的某种性能还须另加少量物质，例如对某些树脂砂用涂料，有时在涂料中加氧化剂(Fe_2O_3 或 $KMnO_4$)防止渗碳；有时加滑石和云母等薄层状填料防止或减少铸件毛刺等，其他方面还有：

① 表面活性剂　用以改善涂料对型、芯表面的浸润、渗透能力；

② 消泡剂　消除涂料在制备或搅拌时所引起的气泡，以及醇基涂料的涂层在点燃干燥时可能产生的气泡或麻坑；

③ 防腐剂　防止涂料中海藻酸钠、纤维素衍生物、糖浆、淀粉等多糖类有机物发酵变质。可应用的有甲醛液、酚类及其衍生物等；

④ 防潮剂　涂料中含水溶性粘结剂和悬浮剂较多时，在形成涂层以后，常能吸收空气中水分使涂层性能恶化。加入少量起偶联剂作用的硅烷或某些表面活性剂有一定防潮效果；

⑤ 减水剂　要求涂料的黏度不增高又能降低水的质量分数时，可适量加入减水剂；

⑥ 防渗剂　防止载体液体渗透过深。通常采用增稠效果较好的粘结剂、悬浮剂，以延缓和减少载体的渗入速度。

2.4.3 涂料的制备与涂敷方法

1) 涂料的制备

涂料的组分及配比确定后，制备工艺是很重要的一环，其关键是要保证各种组分达到高度分散，使涂料稳定具备所要求的性能。

为使涂料各组分高度分散，可采用多种制备工艺。例如：①先使用轮碾机或球磨机对涂料进行充分碾压或球磨，制成膏状(用轮碾机时)或液态涂料，使用时再稀释和用搅拌机搅拌；②单纯用搅拌机搅拌；③用搅拌机搅拌后的涂料再经胶体磨(或对滚机)使涂料受到很大的剪切力、摩擦力、离心力和高频振动等作用，达到被有效地粉碎、搅拌、均质和分散的目的。

2）涂料的涂敷方法

涂料的涂敷方式通常有刷涂、浸涂、喷涂和流涂等。涂敷方式的选用主要取决于生产方式及其节奏、砂型(芯)的大小、结构及其批量等。

(1) 刷涂法　刷涂法是用刷子将涂料刷到型、芯上的一种涂敷方法。它是最简易、灵活和最常用的涂敷方式。在单件和小批量生产中被广泛应用。

(2) 浸涂法　浸涂法是将砂芯浸入涂料槽中，经短时间后取出，使砂芯获得涂层的涂敷方式。浸涂法的生产效率高，容易获得光洁、均匀的涂层，也容易实现机械化作业，既适用于大批量、流水线生产，也适用于小批量、单件、手工作业，但不适用于砂型。

(3) 喷涂法　在一定的压力下，使涂料呈雾状、细小的液滴状或粉状喷射到型、芯表面形成涂层的涂敷方法为喷涂法。喷涂法生产效率较高，适用于机械化流水生产线，用于大面积的型、芯，容易得到光洁、无刷痕、厚度较均匀的涂层。喷涂法可分为有气喷涂、无气喷涂和静电喷涂等。

(4) 流涂法　流涂法是一种低压浇涂，水基和有机溶剂涂料都适用。它是靠流涂机的泵，将涂料压送出流涂嘴后浇到型、芯表面的涂敷方法。多余的涂料则流入位于型、芯下面的涂料槽中，供继续使用。流涂法的生产效率高、涂层无刷痕、表面光洁、涂料浪费少、对环境污染小、容易操作，但涂层的厚度不易控制，对涂料性能的要求较严格。流涂法一般适用于树脂砂生产线。

(5) 转移法　转移法又称不占位法，它是将涂料涂敷(通常用喷涂法)在模样或芯盒表面，经填砂、紧实和硬化，使涂层与型、芯粘合，起模时涂层与模样或芯盒脱离后转移到型、芯表面。这种方法能较精确地复制出模样或芯盒的尺寸和形状，模样设计时，不需要考虑涂料余量，铸件尺寸也不受涂层厚薄的影响，从而明显提高铸件的尺寸精度和轮廓的清晰度。采用转移法时，要使用专用的涂料，适用范围也较窄，一般只用于要求精确成形的铸件上。

2.5　铸造工艺设计

铸造工艺设计就是根据铸造零件的结构特点、技术要求、生产批量和生产条件等，确定铸造方案和工艺参数，绘制铸造工艺图，编制工艺卡等技术文件的过程。铸造工艺设计的有关文件是生产准备、管理和铸件验收的依据，并用于直接指导生产操作。因此，铸造工艺设计的好坏，对铸件品质、生产率和成本起着重要作用。

2.5.1　零件结构的工艺性

零件结构的铸造工艺性指的是零件的结构应符合铸造生产的要求，易于保证铸件品质，简化铸造工艺过程和降低成本。实际上一个好的铸造零件是经过以下设计步骤完成的：①功用设计；②依铸造经验修改和简化设计；③冶金设计(铸件材质的选择和适用性)；④考虑经济性。

进行零件结构工艺性分析首先必须对产品零件图进行审查、分析，它的作用是：第一，审查零件结构是否符合铸造工艺的要求。因为有些零件的设计并未经过上述4个步骤，设计者往往只顾及零件的功用，而忽视了铸造工艺要求。在审查中如发现结构设计有不合理之处，应与有关方面进行研究，在保证使用要求的前提下予以改进。第二，在既定的零件结构条件下，考虑铸造过程中可能出现的主要缺陷，在工艺设计中采取措施予以防止。

1. 从避免缺陷方面审查铸件结构

(1) 铸件应有合适的壁厚　为了避免浇不到、冷隔等缺陷，铸件不应太薄。铸件的最小允许壁厚和铸造合金的流动性密切相关。合金成分、浇注温度、铸件尺寸和铸型的热物理性能等显著地影响铸件的充填。在普通砂型铸造的条件下，铸件最小允许壁厚如表2-7所列。

表2-7　砂型铸造时铸件最小允许壁厚　mm

合金种类	铸件轮廓尺寸					
	＜200	200～400	400～800	800～1250	1250～2000	＞2000
碳素铸钢	8	9	11	14	16～18	20
低合金钢	8～9	9～10	12	16	20	25
高锰钢	8～9	10	12	16	20	25
不锈钢、耐热钢	8～10	10～12	12～16	16～20	20～25	—
灰铸铁	3～4	4～5	5～6	6～8	8～10	10～12
孕育铸铁(HT300以上)	5～6	6～8	8～10	10～12	12～16	16～20
球墨铸铁	3～4	4～8	8～10	10～12	12～14	14～16
高磷铸铁	2	2	—	—	—	—

铸件也不应设计得太厚。超过临界壁厚的铸件中心部分晶粒粗大，常出现缩孔、缩松等缺陷，导致力学性能降低。各种合金铸件的临界壁厚可按最小壁厚的三倍来考虑。铸件壁厚应随铸件尺寸增大而相应增大，在适宜壁厚的条件下，既方便铸造又能充分发挥材料的力学性能。设计受力铸件时，不可单纯用增厚的方法来增加铸件的强度(图2-32)。

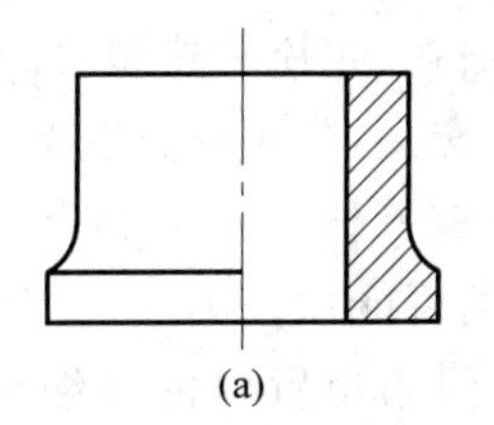
(a)

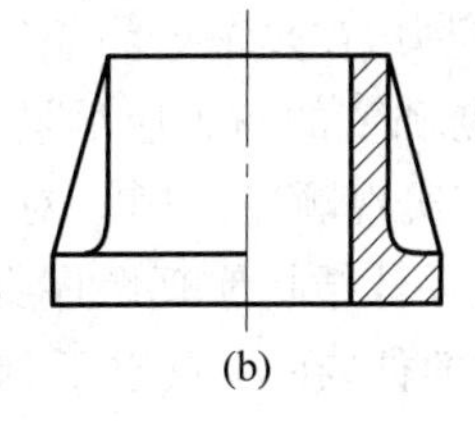
(b)

图2-32　采用加强肋减小铸件厚度

(a) 不合理；(b) 合理

(2) 铸件结构不应严重阻碍收缩,注意壁厚过渡和圆角　图 2-33 中示出两种铸钢件结构,图 2-33(a)的结构,两壁交接呈直角形构成热节,且铸件收缩时阻力较大,故在此处经常出现热裂。图 2-33(b)为改进后的结构,热裂消除。

铸件薄、厚壁的相接、拐弯、等厚度的壁与壁的各种交接,都应采取逐渐过渡和转变的形式,并应使用较大的圆角相连接,避免因应力集中导致裂纹缺陷(图 2-34)。

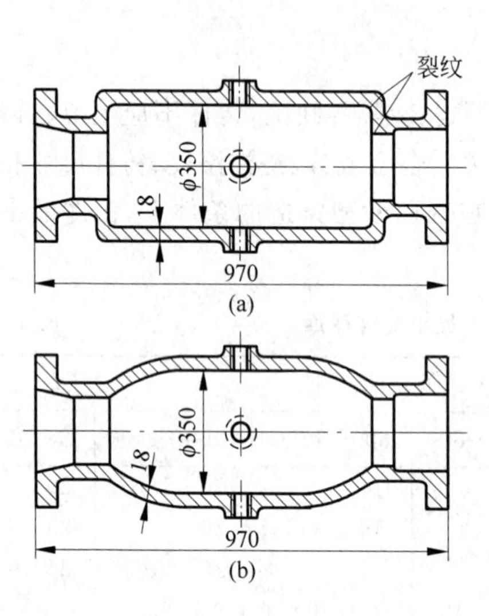

图 2-33　铸钢件结构的改进
(a) 不合理;(b) 合理

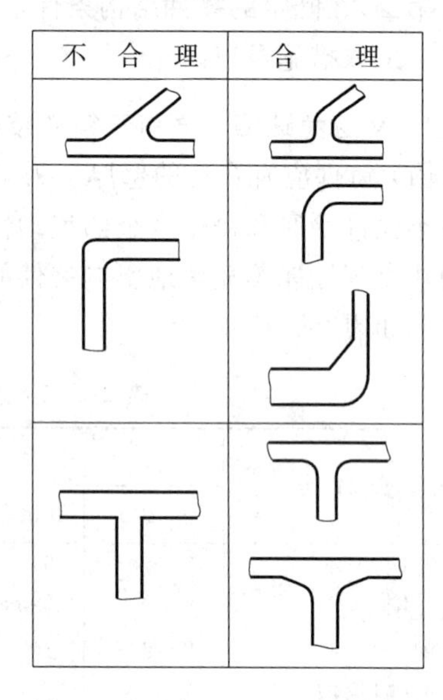

图 2-34　壁与壁相交的几种形式

(3) 铸件内壁应薄于外壁　铸件的内壁和肋等散热条件较差,应薄于外壁,以使内、外壁能均匀地冷却,减轻内应力和防止裂纹。内、外壁厚相差值见表 2-8。

表 2-8　砂型铸造铸件的内外壁厚相差值

合金种类	铸铁件	铸钢件	铸铝件	铸铜件
内壁比外壁应减薄的值/%	10～20	20～30	10～20	15～20

(4) 壁厚力求均匀,减少肥厚部分,防止形成热节　薄厚不均的铸件在冷却过程中会形成较大的内应力,在热节处易于造成缩孔、缩松和热裂纹。因此应取消那些不必要的厚大部分。肋和壁的布置应尽量减少交叉,防止形成热节(图 2-35)。

(5) 利于补缩和实现顺序凝固　对于铸钢等体收缩大的合金铸件,易于形成收缩缺陷,应仔细审查零件结构实现顺序凝固的可能性。图 2-36 为壳型铸造的合金钢壳体。(a)方案铸出的件,在 A 点以下部分,因超出冒口的补缩范围而有缩松,水压试验时出现渗漏;(b)方案中,只在底部 76mm 范围内壁厚相等,由此向上,壁厚以 1°～3°角向上增厚,有利于顺序凝固和补缩,铸件品质良好。

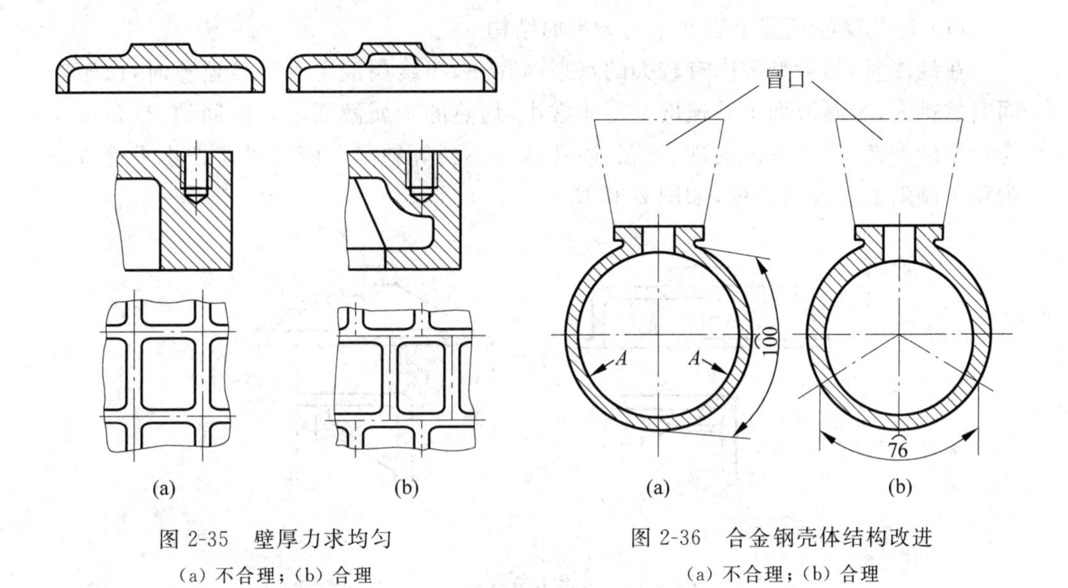

图 2-35 壁厚力求均匀
(a) 不合理；(b) 合理

图 2-36 合金钢壳体结构改进
(a) 不合理；(b) 合理

(6) 防止铸件翘曲变形 生产经验表明：某些壁厚均匀的细长形铸件、较大的平板形铸件以及壁厚不均的长形箱体件如机床床身等，会产生翘曲变形。前两种铸件发生变形的主要原因是结构刚度差，铸件各面冷却条件的差别引起的内应力不大，但却使铸件显著翘曲变形。后者变形原因是壁厚相差悬殊，冷却过程中引起较大的内应力，造成铸件变形。可通过改进铸件结构、铸件热处理时矫形、对于合金性能延伸率大的铸件进行机械矫形和采用反变形模样等措施予以解决。图 2-37 为合理与不合理的铸件结构。

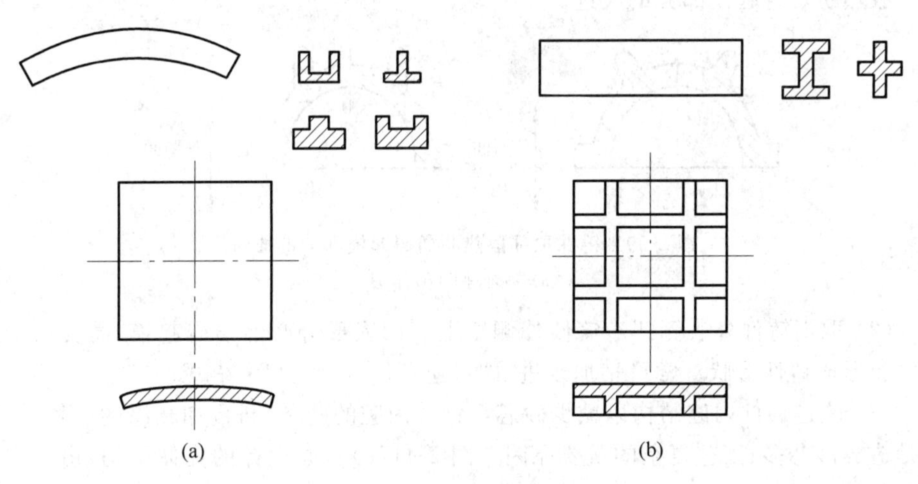

图 2-37 防止变形的铸件结构
(a) 不合理；(b) 合理

(7) 避免浇注位置上有水平的大平面结构

在浇注时,如果型腔内有较大的水平面存在,当金属液上升到该位置时,由于断面突然扩大,金属液面上升速度变得非常小,灼热的金属液面较长时间地、近距离烘烤顶面砂型壁,极易造成夹砂、渣孔、砂孔或浇不到等缺陷。应尽可能把水平壁改进为稍带倾斜的壁或曲面壁,如图2-38所示。

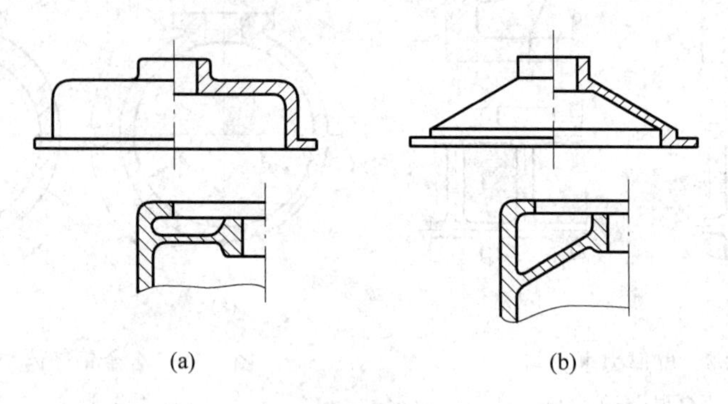

图2-38 避免水平壁的铸件结构

(a) 不合理;(b) 合理

2. 从简化铸造工艺方面改进零件结构

(1) 改进妨碍起模的凸台、凸缘和肋板的结构　铸件侧壁上的凸台(搭子)、凸缘和肋板等常妨碍起模,为此,机器造型中不得不增加砂芯;手工造型中也不得不把这些妨碍起模的凸台、凸缘、肋板等制成活动模样(活块)。无论哪种情况,都增加造型(制芯)和模具制造的工作量。如能改进结构,就可避免这些缺点。图2-39为一铸件顶部散热肋妨碍起模部分的改进。

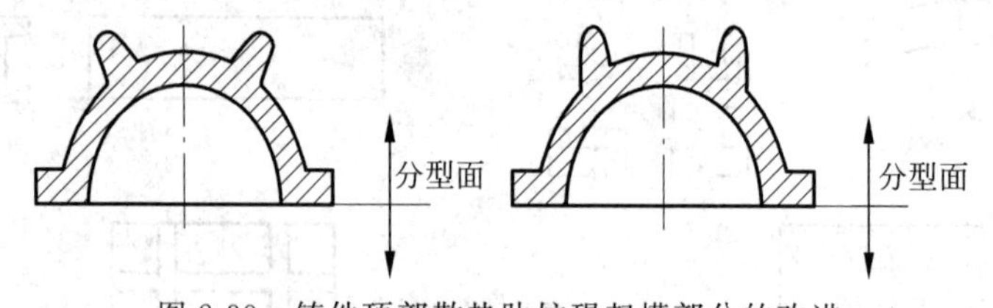

图2-39 铸件顶部散热肋妨碍起模部分的改进

(a) 不合理;(b) 合理

(2) 取消铸件外表侧凹　铸件外侧壁上有凹入部分必然妨碍起模,需要增加砂芯才能形成铸件形状。常可稍加改进,即可避免凹入部分(图2-40)。

(3) 改进铸件内腔结构以减少砂芯　铸件内腔的肋条、凸台和凸缘的结构欠妥,常是造成砂芯多、工艺复杂的重要原因。图2-41(a)为原设计的壳体结构,由于内腔两条肋板呈120°分布,铸造时需要6个砂芯,工艺复杂,成本很高;图2-41(b)为改进后的结构和铸造工艺方案。把肋板由2条改为3条、呈90°分布,外壁凸台形状相应改进,只需要3个砂芯即可,工艺、工装都大为简化,铸件成本降低。

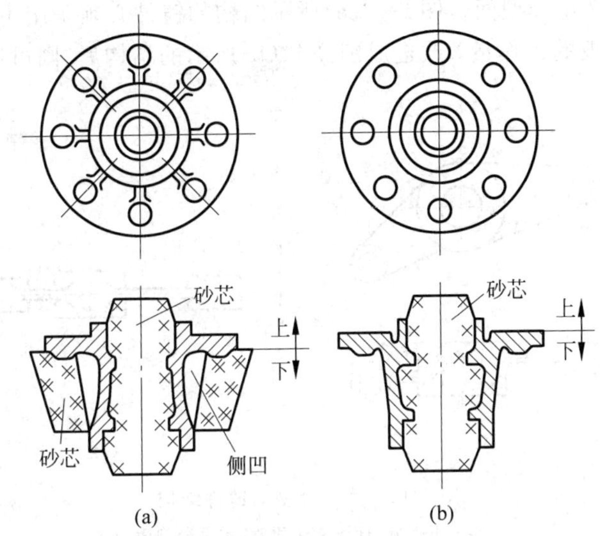

图 2-40 带有外表侧凹的铸件结构之改进

(a) 不合理；(b) 合理

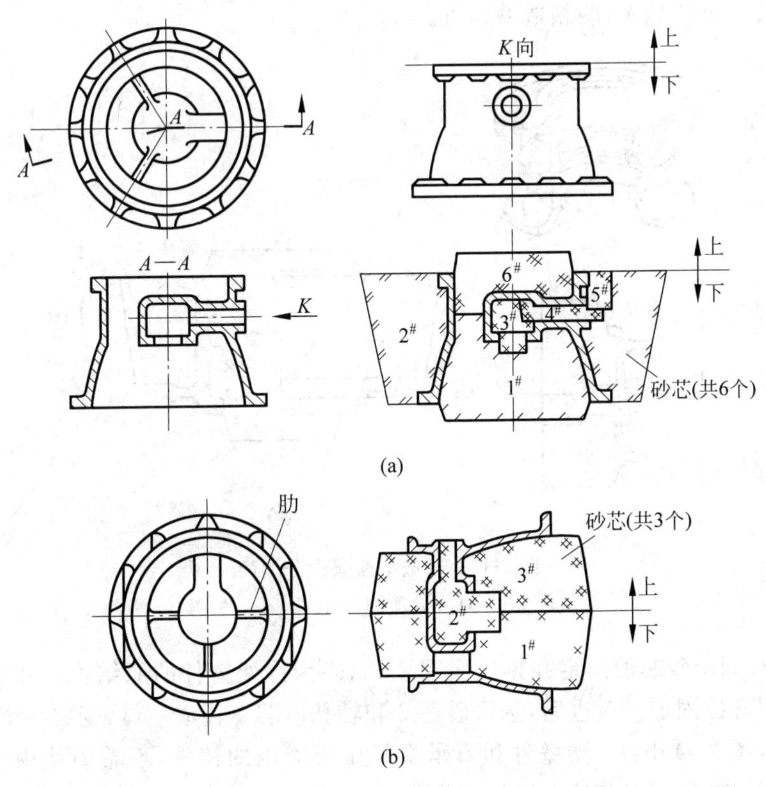

图 2-41 铸件内腔结构的改进

(a) 不合理；(b) 合理

(4) 减少和简化分型面　图2-42(a)所示结构的铸件必须采用不平分型面,增加了制造模样和模板的工作量;改进成图2-42(b)所示的结构后,则可用一平直的分型面进行造型。

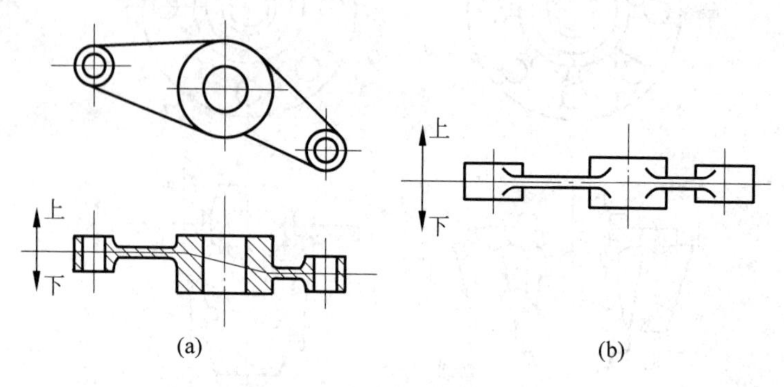

图2-42　简化分型的铸件结构
(a) 不平分型面;(b) 垂直、水平分型面

图2-43所示为一种铸件结构。原设计需采用3个分型面的四箱造型;结构改进后,只需要一个分型面,两箱造型即可。

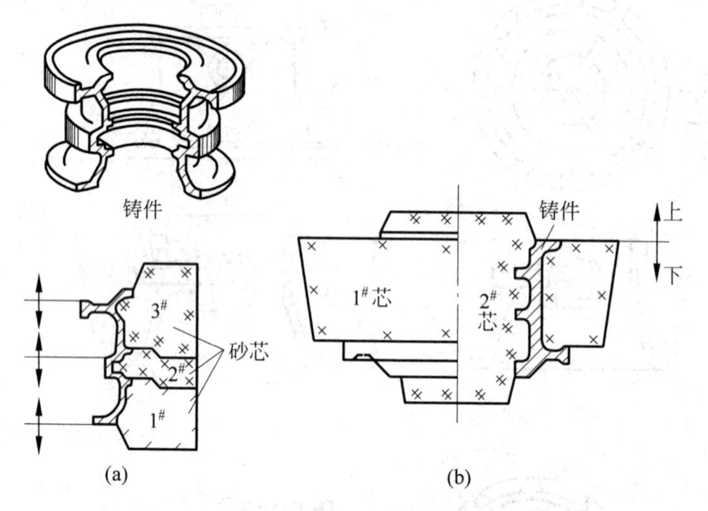

图2-43　改进结构减少分型面
(a) 不合理;(b) 合理

(5) 有利于砂芯的固定和排气　图2-44(a)为撑架铸件的原结构。砂芯2呈悬臂式,需用芯撑固定。改进后,悬臂砂芯2和轴孔砂芯1连成一体,变成一个砂芯,取消了芯撑(图2-44(b))。薄壁件和要承受气压或液压的铸件,不希望使用芯撑。若无法更改结构时,可在铸件上增加工艺孔,这样就增加了砂芯的芯头支撑点。铸件的工艺孔可用螺丝堵头封住,以满足使用要求,如图2-45所示。

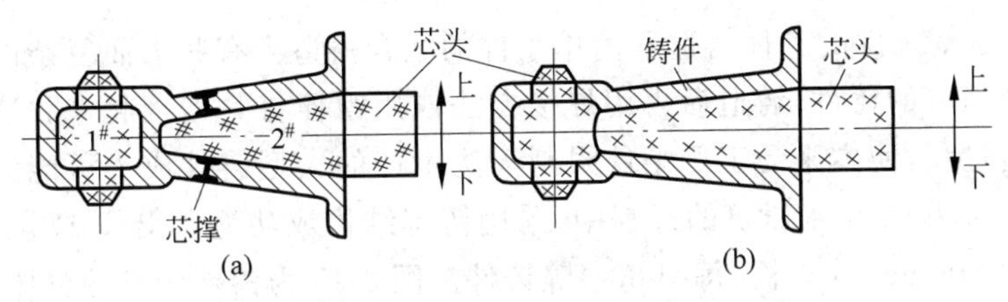

图 2-44 撑架结构的改进

(a) 不合理；(b) 合理

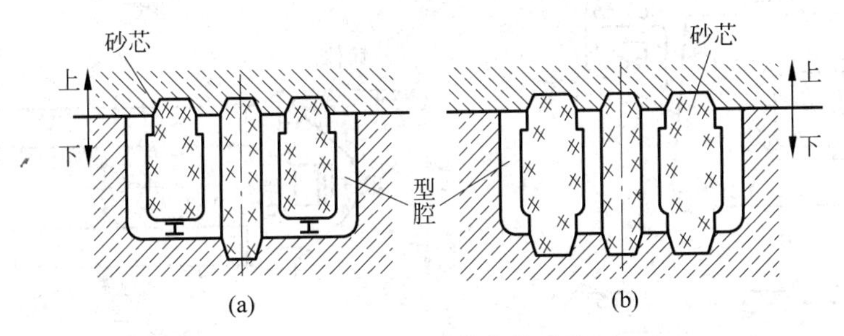

图 2-45 活塞结构的改进

(a) 不合理；(b) 合理

(6) 减少清理铸件的工作量 铸件的清理包括：清除表面粘砂、内部残留砂芯，去除浇注系统、冒口和飞翅等操作。这些操作劳动量大且环境恶劣。铸件结构设计应注意减轻清理的工作量。图 2-46 所示的铸钢箱体，结构改进后可减少切割冒口的困难。

(7) 简化模具的制造 单件、小批生产中，模样和芯盒的费用占铸件成本的很大比例。为节约模具制造工时和材料，铸件应设计成规则的、容易加工的形状。图 2-47 为一阀体，原设计为非对称结构(实线所示)，模样和芯盒难于制造；改进后(虚线所示)呈对称结构，可采用刮板造型法，大大减少了模具制造的费用。

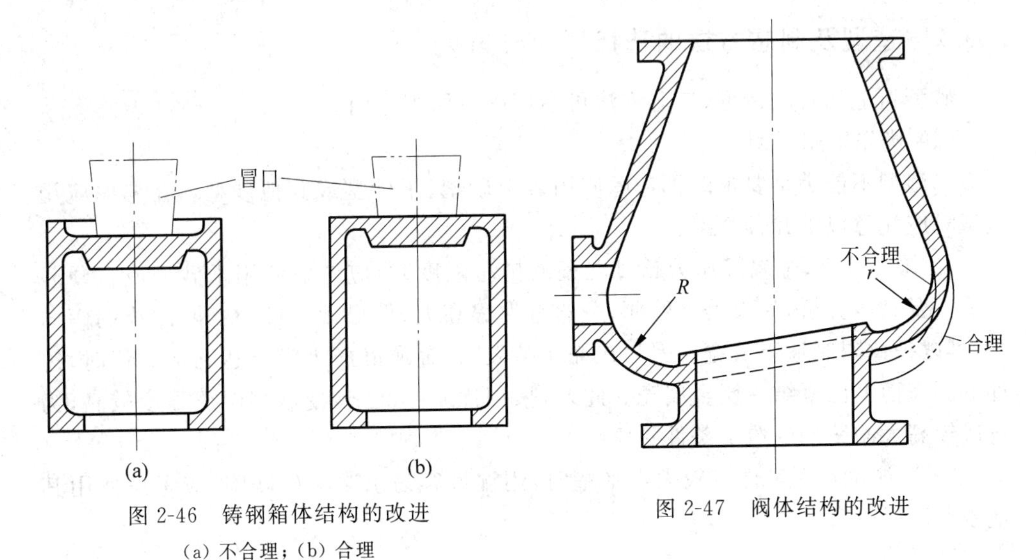

图 2-46 铸钢箱体结构的改进

(a) 不合理；(b) 合理

图 2-47 阀体结构的改进

(8) 大型复杂件的分体铸造和简单小件的联合铸造　有些大而复杂的铸件可考虑分成几个简单的铸件，铸造后再用焊接方法或用螺栓将其连接起来。这种方法常能简化铸造过程，使本来受工厂条件限制无法生产的大型铸件成为可能。例如在我国生产第一台12000t水压机的过程中，采用铸焊结构成功地做出长17960mm、直径1000mm、厚300mm的立柱(每根80t)等铸件。图2-48为铸铁床身的分体铸造结构，图2-49为轧钢机架的铸焊结构(255t)。

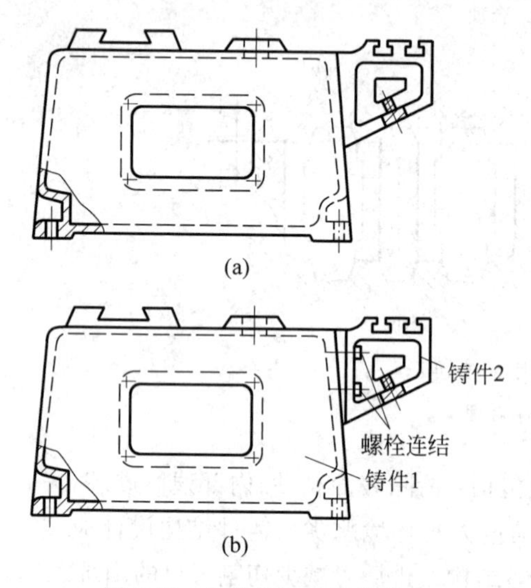

图2-48　分体铸造的床身结构

(a) 整体方案；(b) 分体方案

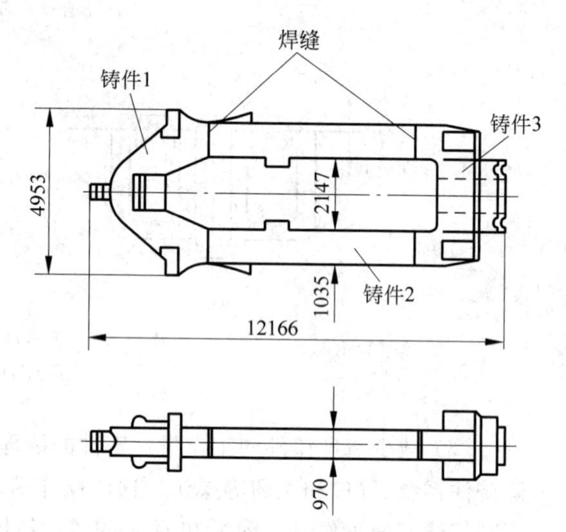

图2-49　铸焊结构的轧钢机架(255t)

与分体铸造相反，一些很小的零件，如小轴套等，常可把许多小件毛坯连接成为一个较长的大铸件，这对铸造和机械加工都方便，这种方法称为联合铸造。

2.5.2　造型及制芯方法的选择

砂型铸造的各种造型、造芯方法可参照以下原则选用。

(1) 优先采用湿型

当湿型不能满足要求时再考虑使用表干砂型、干砂型或其他砂型。在考虑应用湿型时应注意以下几种情况：

① 铸件过高，金属静压力超过湿型的抗压强度时，应考虑使用干砂型或自硬砂型等。要具体分析，如果铸件壁薄，虽然铸件很高大，但出现胀砂、粘砂、跑火的倾向小，可以把此限制适当放宽。因为在浇注结束前，金属静压力尚未达到最高值时，铸件下部表面上已凝结一层金属壳。此外，采用优质膨润土，使砂型湿压强度较高，为铸造较高大的铸件创造了条件。

② 浇注位置上铸件有较大水平壁时，用湿型容易引起夹砂缺陷，应考虑使用其他砂型。

③ 造型过程长或需长时间等待浇注的砂型不宜用湿型。例如在铸件复杂，砂芯多，下芯时间长且铸件尺寸大等情况下，湿型放置过久会风干，使表面强度降低，易出现冲砂缺陷。因此湿型一般应在当天浇注。如需次日浇注，应将造好的上、下半型空合箱，防止水分散失，于次日浇注前开箱、下芯，再合箱浇注。更长的过程应考虑用其他砂型，例如干型粘土砂或树脂自硬砂。

④ 型内放置冷铁较多时，应避免使用湿型。如果湿型内有冷铁时，冷铁应事先预热，放入型内要及时合箱浇注，以免冷铁生锈或变冷而凝结"水珠"，浇注后引起气孔缺陷。

表干砂型只进行砂型的表面烘干，根据铸件大小及壁厚，烘干深度为15～80mm。它具有湿型的许多优点，而在性能上却比湿型好，减少了气孔、冲砂、胀砂、夹砂的倾向。多用于手工或机器造型的中大铸件的生产。

对于大型铸件，可以应用树脂自硬砂型、水玻璃砂型以及粘土干砂型。用树脂自硬砂型可以获得尺寸精确、表面光洁的铸件，但成本较高。

(2) 造型、造芯方法应和生产批量相适应

大批量生产的工厂应创造条件采用技术先进的造型、造芯方法。老式的震击式或震压式造型机生产线生产率不够高，工人劳动强度大，噪声大，不适应大量生产的要求，应逐步加以改造。对于小型铸件，可以采用水平分型或垂直分型的无箱高压造型机生产线、实型造型线生产效率又高，占地面积也少；对于中件可选用各种有箱高压造型机生产线、气冲造型线。为适应快速、高精度造型生产线的要求，造芯方法可选用冷芯盒、热芯盒及壳芯等造芯方法。

中等批量的大型铸件可以考虑应用树脂自硬砂或水玻璃砂造型和造芯等方法。

单件小批生产的重型铸件，手工造型仍是重要的方法，手工造型能适应各种复杂的要求，比较灵活，不要求很多工艺装备。可以应用水玻璃砂型、VRH法水玻璃砂型、有机酯水玻璃自硬砂型、粘土干型、树脂自硬砂型及水泥砂型等；对于单件生产的重型铸件，采用地坑造型法成本低，投产快。批量生产或长期生产的定型产品采用多箱造型、劈箱造型法比较适宜。虽然模具、砂箱等开始投资高，但可从节约造型工时、提高产品质量方面得到补偿。

(3) 造型方法应适合工厂条件

如有的工厂生产大型机床床身等铸件，多采用组芯造型法。着重考虑设计、制造芯盒的通用化问题，不制作模样和砂箱，在地坑中组芯；而另外的工厂则采用砂箱造型法，制作模样。不同的工厂生产条件、生产习惯、所积累的经验各不一样。如果车间内吊车的吨位小、烘干炉也小，而需要制作大件时，用组芯造型法是行之有效的。

每个铸工车间只有很少的几种造型、造芯方法，所选择的方法应切合现场实际条件。

(4) 要兼顾铸件的精度要求和成本

各种造型、造芯方法所获得的铸件精度不同,初投资和生产率也不一致,最终的经济效益也有差异。因此,要做到多、快、好、省,就应当兼顾到各个方面。应对所选用的造型方法进行初步的成本估算,以确定经济效益高又能保证铸件要求的造型、造芯方法。

2.5.3 浇注位置的确定

铸件的浇注位置是指浇注时铸件在型内所处的状态和位置。根据对合金凝固理论的研究和生产经验,确定浇注位置时应考虑以下原则:

(1) 铸件的重要部分应尽量置于下部。铸件下部金属在上部金属的静压力作用下凝固并得到补缩,组织致密。

(2) 重要加工面应朝下或呈直立状态。经验表明,气孔、非金属夹杂物等缺陷多出现在朝上的表面,而朝下的表面或侧立面通常比较光洁,出现缺陷的可能性小。个别加工表面必须朝上时,应适当放大加工余量,以保证加工后不出现缺陷。

各种机床床身的导轨面是关键表面,不允许有砂眼、气孔、渣孔、裂纹和缩松等缺陷,而且要求组织致密、均匀,以保证硬度值在规定范围内。因此,尽管导轨面比较肥厚,对于灰铸铁件而言,床身的最佳浇注位置是导轨面朝下,如图2-50所示。缸筒和卷筒等圆筒形铸件的重要表面是内、外圆柱面,要求加工后金相组织均匀、无缺陷,其最优浇注位置应是内、外圆柱面呈直立状态(图2-51)。

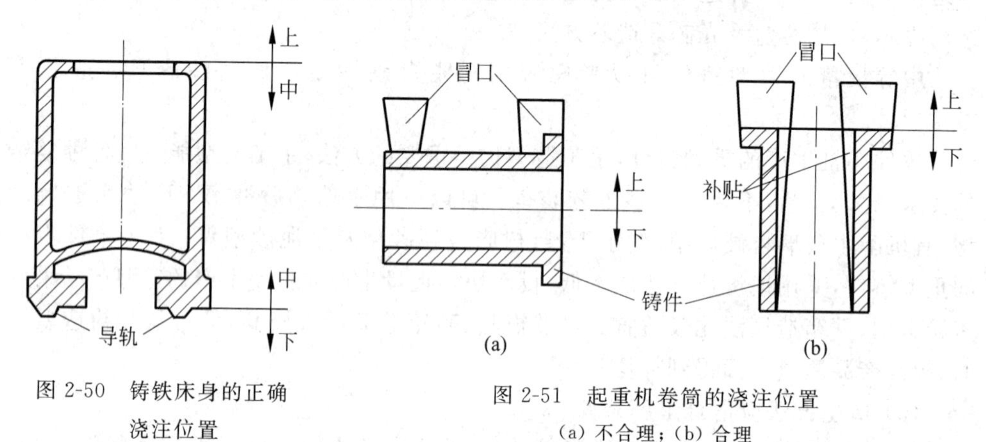

图2-50 铸铁床身的正确浇注位置

图2-51 起重机卷筒的浇注位置
(a) 不合理;(b) 合理

(3) 使铸件的大平面朝下,避免夹砂结疤类缺陷。对于大的平板类铸件,可采用倾斜浇注,以便增大金属液面的上升速度,防止夹砂结疤类缺陷(图2-52,图2-53)。倾斜浇注时,依砂箱大小,H值一般控制在200～400mm范围内。

(4) 应保证铸件能完全充满。对具有局部薄壁的铸件,应把薄壁部分放在下半部或置于内浇道以下,以免出现浇不到、冷隔等缺陷。图2-54为曲轴箱的浇注位置。

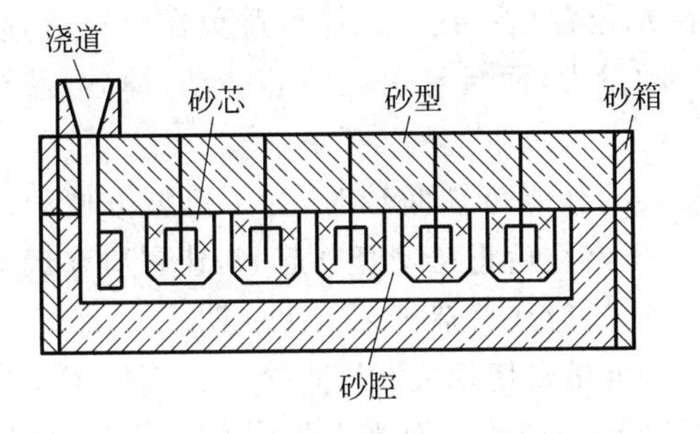

图 2-52 大平面铸件的正确浇注位置

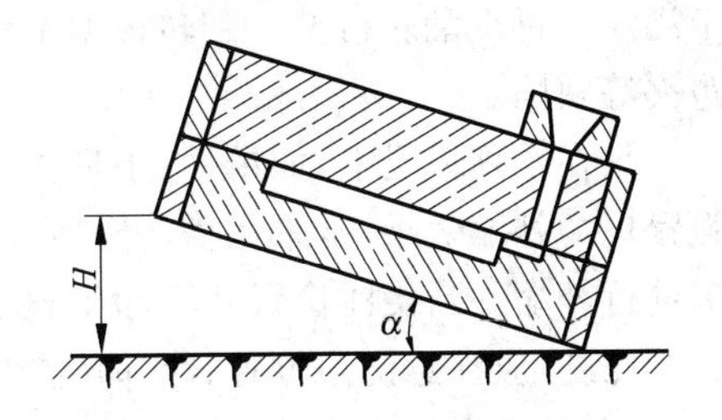

图 2-53 大平板类铸件的倾斜浇注

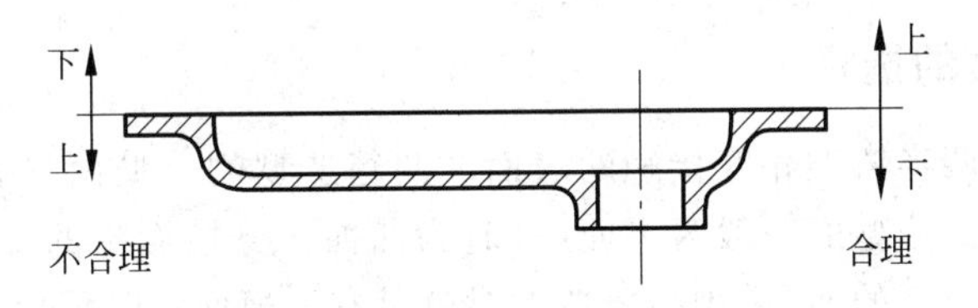

图 2-54 曲轴箱的浇注位置

(5) 应有利于铸件的补缩。对于因合金体收缩率大或铸件结构上厚薄不均匀而易于出现缩孔、缩松的铸件,浇注位置的选择应优先考虑实现顺序凝固的条件,要便于安放冒口和发挥冒口的补缩作用。双排链轮铸钢件的正确浇注位置如图 2-55 所示。

(6) 避免用吊砂、吊芯或悬臂式砂芯,便于下芯、合箱及检验。经验表明,吊砂在合箱、浇注时容易塌箱。向上半型上安放吊芯很不方便。悬臂砂芯不稳固,在金属浮力作用下易偏斜,故应尽力避免。此外,要照顾到下芯、合箱和检验的方便(图 2-56)。

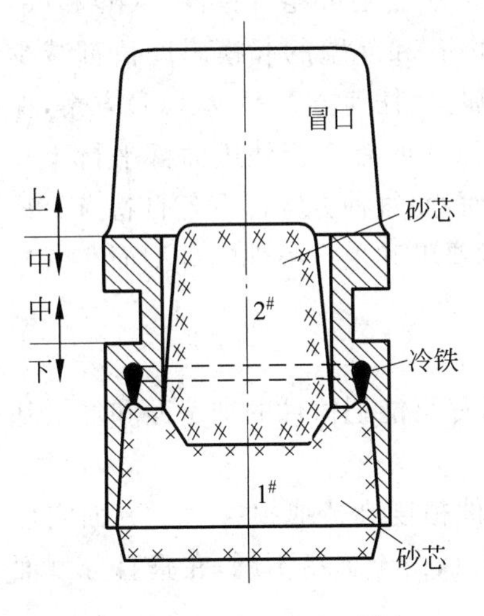

图 2-55 双排链轮铸钢件的正确浇注位置

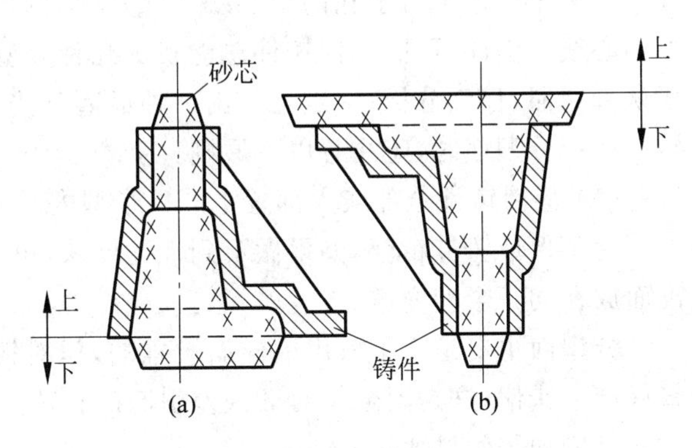

图 2-56 便于合箱的浇注位置

(a) 不合理;(b) 合理

(7) 应使合箱位置、浇注位置和铸件冷却位置相一致。这样可避免在合箱后,或于浇注后再次翻转铸型。翻转铸型不仅劳动量大,而且易引起砂芯移动、掉砂,甚至跑火等缺陷。

只在个别情况下,如单件、小批生产较大的球墨铸铁曲轴时,为了造型方便和加强冒口的补缩效果,常采用横浇竖冷方案。于浇注后将铸型竖立起来,让冒口在最上端进行补缩。当浇注位置和冷却位置不一致时,应在铸造工艺图上注明。

此外,应注意浇注位置、冷却位置与生产批量密切相关。同一个铸件例如球铁曲轴,在单件小批生产的条件下,采用横浇竖冷是合理的。而当大批大量生产时,则应采用造型、合箱、浇注和冷却位置相一致的卧浇、卧冷方案。

2.5.4 分型面的选择

分型面是指两半铸型相互接触的表面。两箱造型的分型面只有一个,三箱造型的分型面有两个。分型面一般为平面,有时为曲面。分模面指的却是一个铸件的模型由几块造成时分开的面,采用整模造型时就没有分模面。除了地面软床造型、明浇的小件和实型铸造法以外,都要选择分型面。

分型面一般在确定浇注位置后再选择。但分析各种分型面方案的优劣之后,可能需重新调整浇注位置。生产中,浇注位置和分型面有时是同时确定的。分型面的优劣,在很大程度上影响铸件的尺寸精度、成本和生产率。应仔细地分析、对比,慎重选择。

图2-57表示一简单铸件的分型面方案。如此简单的铸件可以有7种不同的分型面,而每种分型方案对铸件都有不同影响。(a)方案保证铸件四边和孔同心,飞翅易于去除。(b)方案保证内孔和外边平行,飞翅易去除,但很难保证边孔同心。方案(c)使内孔起模斜度值减少50%,这使得内孔圆柱面所需切削去的金属较少。如果铸件是由难于加工的材料所铸成,则可显出其优点。缺点是可能有错偏。(d)和(e)方案类似,只是外边斜度值减少50%。(e)方案的内孔和外壁的起模斜度值都减少50%,铸件所需金属以及内外边孔取直所切去的金属,比任何方案都少。(f)方案,保证上下两个外边平行于孔的中心线。(g)方案则可保证所有4个外边面都平行于孔的中心线。由此可见,任何铸件总能找出几种分型面,而每种方案都有各自特点。只要认真对照、仔细分析,一定会找出一种最适于技术要求和生产条件的分型面。

选择分型面时,应注意以下原则:

(1) 应使铸件全部或大部置于同一半型内。

为了保证铸件精度,如果做不到上述要求,也应尽可能把铸件的加工面和加工基准面放在同一半型内。

分型面主要是为了取出模样而设置的,但对铸件精度会造成损害。一方面它使铸件产生错偏,这是因合箱对准误差引起的;另一方面由于合箱不严,在垂直分型面方向上增加铸件尺寸。

图2-58为某载重卡车的后轮毂的铸造方案,加工内孔时以 ϕ350mm 的外圆周定

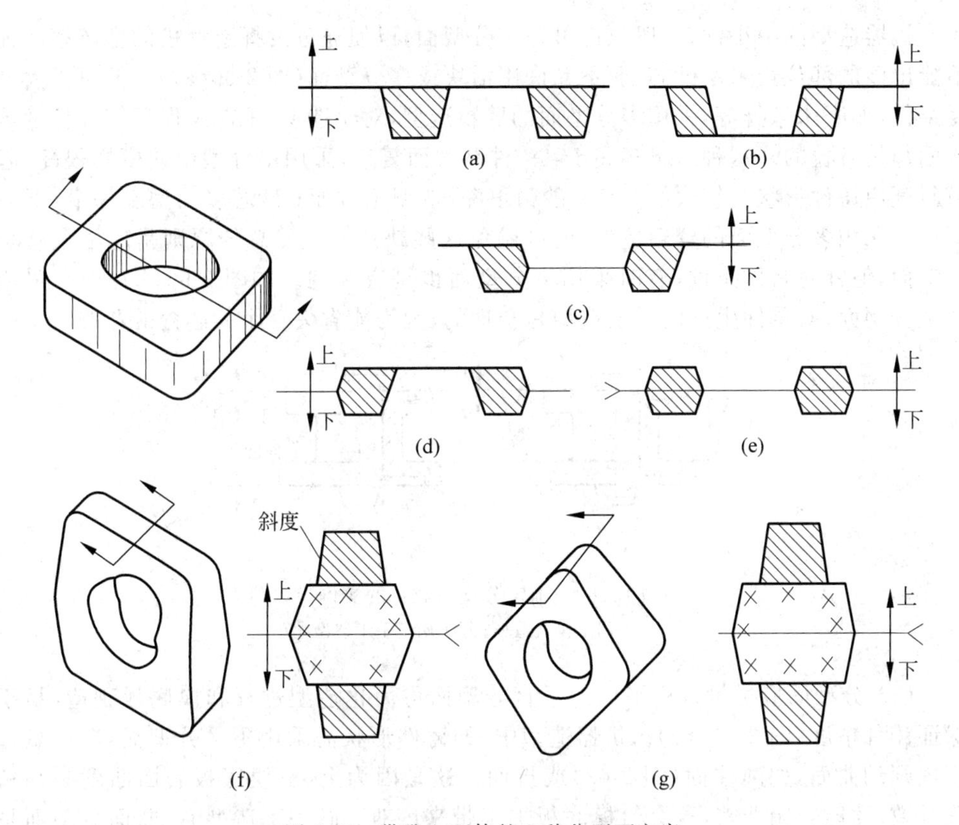

图 2-57 带孔六面体的 7 种分型面方案

位(基准面)。图 2-59 为管子堵头的分型方案,铸件加工时,以四方头中心线为定位基准,加工外圆螺纹。因此这两个铸件最好都采用将整个铸件放在一箱内的铸造工艺方案。

(2) 应尽量减少分型面的数目。分型面少,铸件精度容易保证,且砂箱数目少。但应考虑以下具体条件。

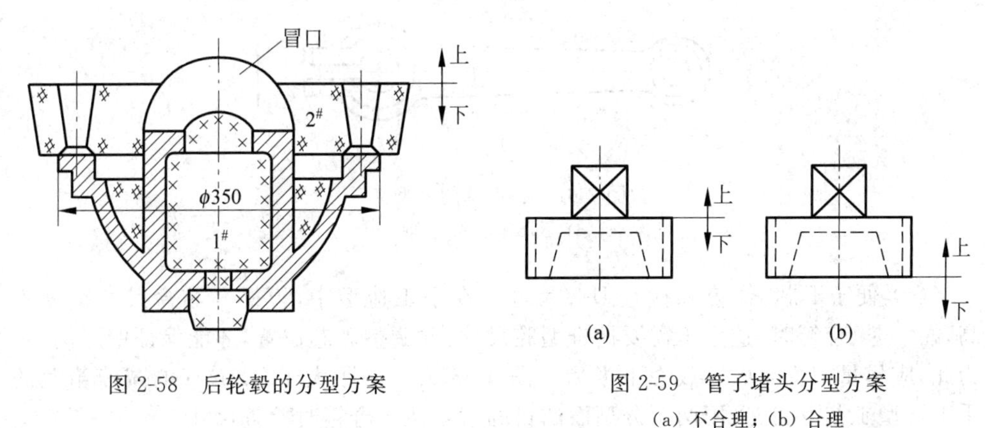

图 2-58 后轮毂的分型方案

图 2-59 管子堵头分型方案

(a) 不合理;(b) 合理

机器造型的中小件,一般只许可一个分型面,以便充分发挥造型机的生产率。凡不能出砂的部位均采用砂芯,而不允许用活块或多分型面(图2-60(a))。但对于大型复杂件,如磨床床身等,采用多分型面的劈箱造型,对于造型、下芯及保证铸件精度等方面却是有益的。这种情况多属于:铸件高大而复杂,采用单分型面使模样很高,起模斜度使铸件形状有较大的改变;砂箱很深,造型不方便;砂芯多而型腔深窄,下芯困难。采用多分型面的劈箱造型,就可避免这些缺点。虽然总的原则是应尽量减少分型面,但针对具体条件,有时采用多分型面也是有利的。如图2-60(b)所示,采用两个分型面,对单件生产的手工造型是合理的,因为能省去一个大芯盒的花费。

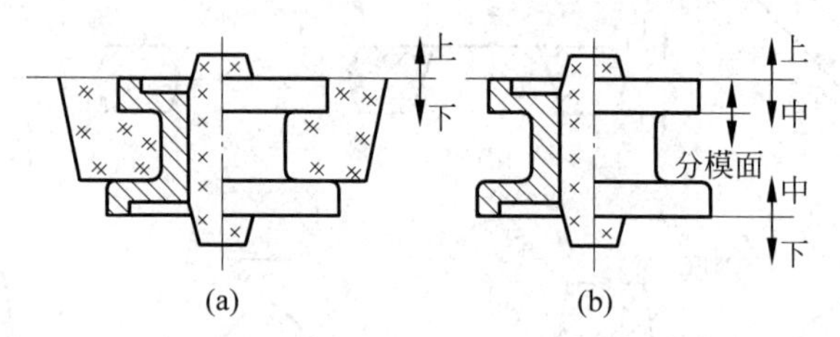

图2-60 确定分型面数目的实例

(a) 用于机器造型;(b) 用于手工造型

(3) 分型面应尽量选用平面。平直分型面可简化造型过程和模底板制造,易于保证铸件精度(图2-61(b))。机器造型中,如铸件形状需采用不平分型面,应尽量选用规则的曲面,如圆柱面(图2-62)或折面。这是因为上、下模底板表面曲度必须精确一致,才能合箱严密,这会给模底板加工带来困难;而手工造型时,曲面分型面是用手工切挖型砂来实现的,只是增加了切挖手续。常用此法减少砂芯数目。因此,手工造型中有时采用挖砂造型形成的不平分型面。

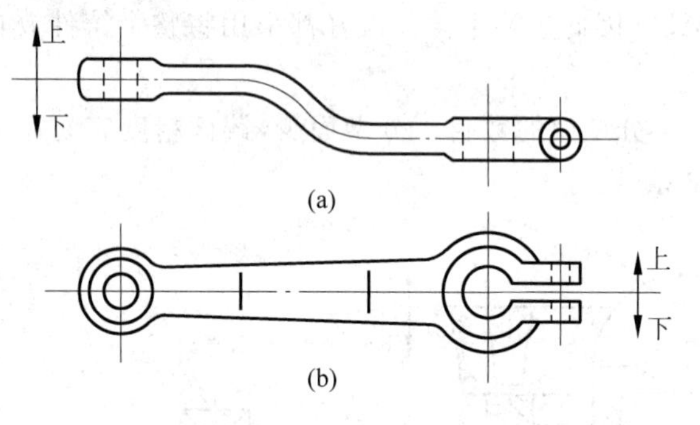

图2-61 起重臂的分型面

(a) 不合理;(b) 合理

(4) 便于下芯、合箱和检查型腔尺寸。在手工造型中,模样及芯盒尺寸精度不高,在下芯、合箱时,造型工需要检查型腔尺寸,并调整砂芯位置,才能保证壁厚均匀。为此,应尽量把主要砂芯放在下半型。图2-63为中心距大于700mm的减速箱盖的手工造型工艺方案,采用两个分型面的目的就是便于合箱时检查尺寸。

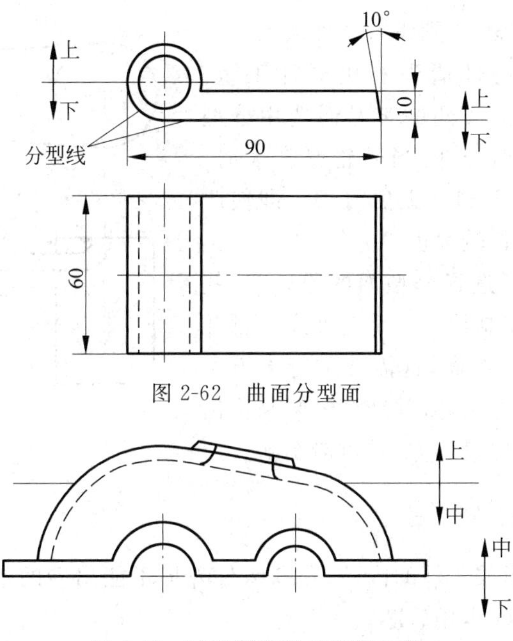

图 2-62 曲面分型面

图 2-63 减速箱盖手工造型方案

(5) 不使砂箱过高。分型面通常选在铸件最大截面上，以使砂箱不致过高。高砂箱，造型困难，填砂、紧实、起模、下芯都不方便。几乎所有造型机都对砂箱高度有限制。手工造型时，对于大型铸件，一般选用多分型面，即用多箱造型以控制每节砂箱高度，使之不致过高。图 2-64 中的方案 2 为大型铸件托架所选用的分型面。

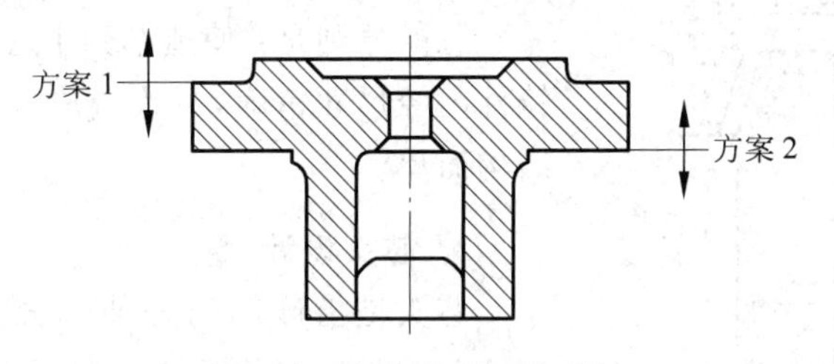

图 2-64 托架分型面的选择

(6) 受力件的分型面的选择不应削弱铸件结构强度。图 2-65 的方案(a)所示的分型面，合箱时如产生微小偏差将改变工字梁的截面积分布，因而有一边的强度会削

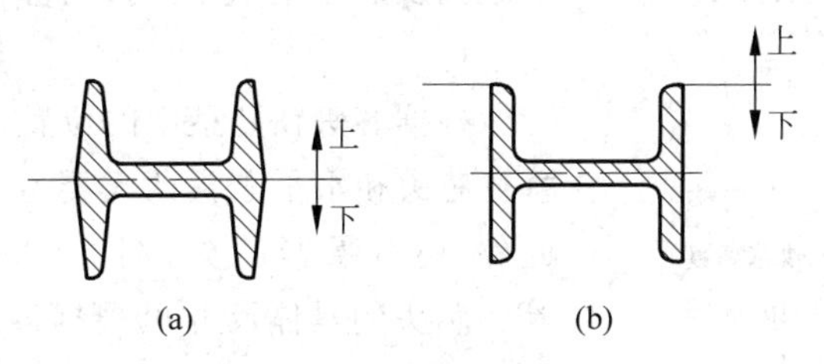

图 2-65 工字梁分型面的选择

(a) 不合理；(b) 合理

弱,故不合理。而方案(b)则没有这种缺点。

(7) 注意减轻铸件清理和机械加工量。图2-66是考虑到打磨飞翅的难易而选用分型面的实例。摇臂是小铸件,当砂轮厚度大时,(a)方案铸件的中部飞翅将无法打磨。即使改用薄砂轮,因飞翅周长较大也不方便。

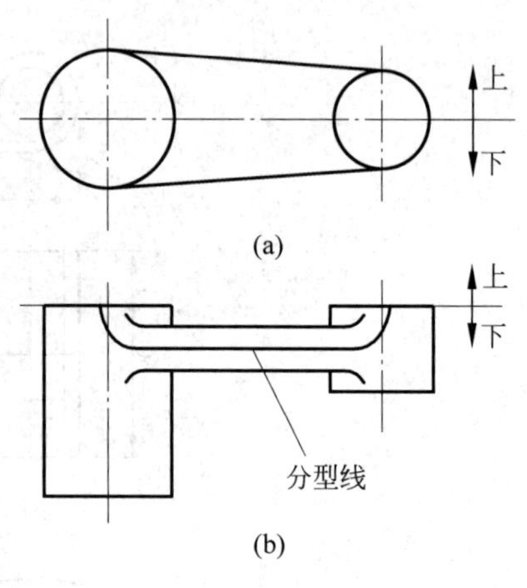

图2-66 摇臂铸件的分型面
(a) 不合理;(b) 合理

以上简要介绍了选择分型面的原则,这些原则有的相互矛盾和制约。一个铸件应以哪几项原则为主来选择分型面,这需要进行多方案的对比,根据实际生产条件,并结合经验来作出正确的判断,最后选出最佳方案,付诸实施。

2.5.5 砂芯设计

砂芯的功用是形成铸件的内腔、孔和铸件外形不能出砂的部位。砂型局部要求特殊性能的部分,有时也用砂芯。

砂芯应满足以下要求:砂芯的形状、尺寸以及在砂型中的位置应符合铸件要求,具有足够的强度和刚度,在铸件形成过程中砂芯所产生的气体能及时排出型外,铸件收缩时阻力小、容易清砂。

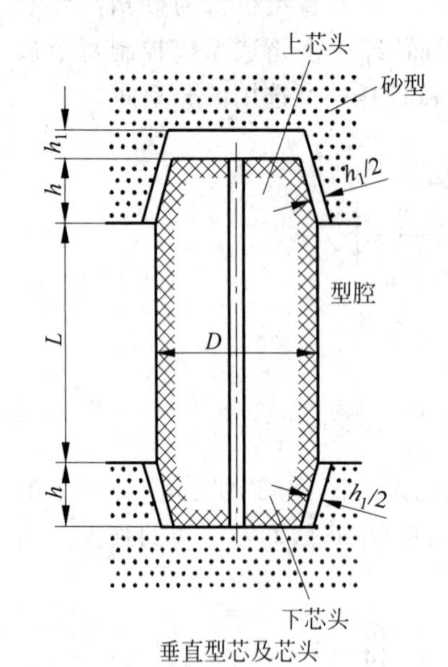

图2-67 垂直芯头结构
L—砂芯长度;h—砂芯高度;
h_1—砂芯顶面与砂型的间隙;
D—砂芯直径

1. 确定砂芯形状(分块)及分盒面选择的基本规则

总的原则是:使造芯到下芯的整个过程方便,铸件内腔尺寸精确,不致造成气孔等缺陷,使芯盒结构简单。

2. 芯头设计

芯头是指砂芯的外伸部分,不形成铸件的轮廓。芯头是砂芯的重要组成部分,其作用是定位、支撑和排气,但不一定同时起到三个作用。

在设计芯头时,应考虑使下芯、合型方便,上下芯头及芯号容易识别,间隙合理,搬运方便,重心平稳。

根据芯头在砂型中的位置,大多数砂芯可分为垂直芯头和水平芯头两大类型,见图2-67、图2-68。此外,还有悬臂芯头(图2-69)、爬芯头(图2-70)等。芯头的具体尺寸可根据砂芯的大小及形状查有关手册得到。

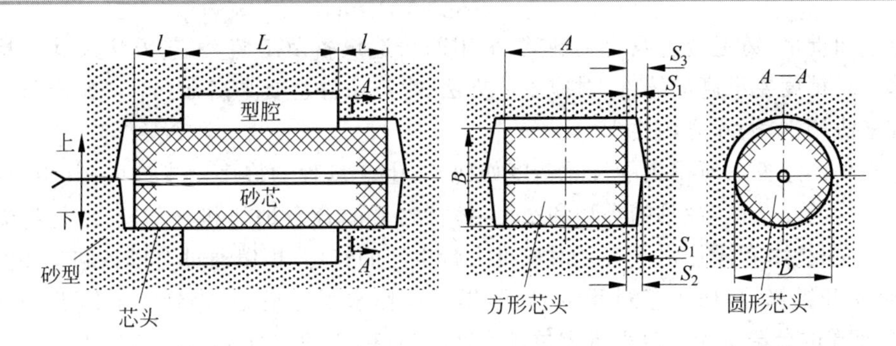

图 2-68 水平芯头结构

L—砂芯长度；l—芯头长度；S_1—芯头与砂型的间隙；S_2—芯头斜度；D—砂芯直径

A—芯头宽度；B—芯头高度

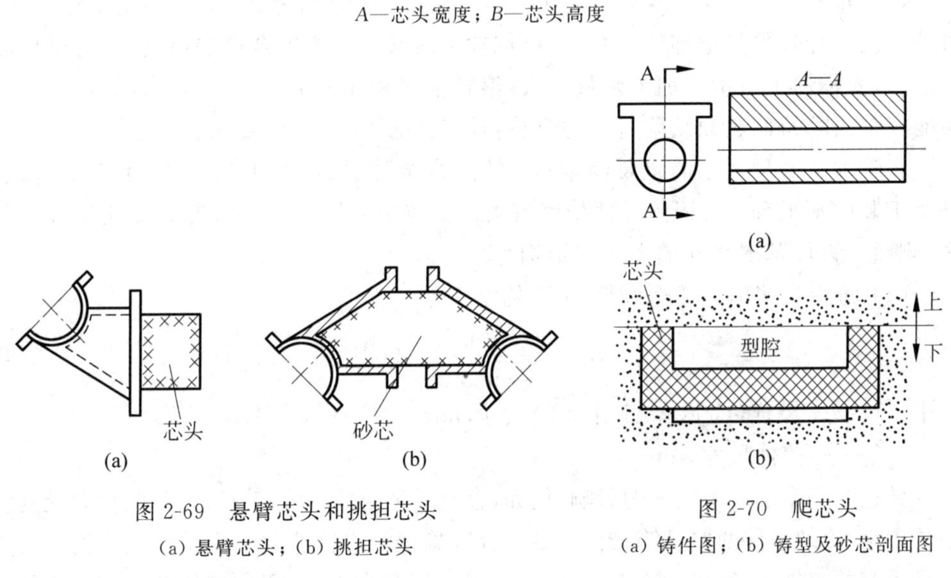

图 2-69 悬臂芯头和挑担芯头

(a) 悬臂芯头；(b) 挑担芯头

图 2-70 爬芯头

(a) 铸件图；(b) 铸型及砂芯剖面图

2.5.6 铸造工艺设计参数

铸造工艺设计参数(简称工艺参数)通常是指铸型工艺设计时需要确定的某些数据，根据这些参数才能进行铸造模具(型板、芯盒、砂箱等)的设计与制造，以及造型、浇注、清理等生产过程。这些工艺设计参数是：铸造收缩率(缩尺)、机械加工余量、拔模斜度、最小铸出孔的尺寸、工艺补正量、分型负数、反变形量、非加工壁厚的负裕量、砂型负数(砂芯减量)及分芯负数等。工艺参数选取得准确、合适，才能保证铸件尺寸(形状)精确，使造型、制芯、下芯、合箱方便，提高生产率，降低成本。工艺参数选取不准确，则铸件精度降低，甚至因尺寸超过公差要求而报废。由于工艺参数的选取与铸件尺寸、质量、验收条件有关，把铸件的尺寸和质量公差也在此讨论。

(1) 铸件尺寸公差　铸件尺寸公差是指铸件各部分尺寸允许的极限偏差(见表 2-1)，它取决于铸造工艺方法等多种因素。在设计定型或签订合同前，对铸件尺寸公差提出要求时，一般应商定下述内容：铸件设计要求的精度、机械加工要求、铸件数量和批量、铸造金属及合金种类、采用的铸造设备及工装、工艺方法及其他特殊要求。对精度要求高的铸件,对应工艺方法、生产条件也要求高,因此,必须有科学的标准来协调供、需双方的要求。

一种铸造方法所得到的尺寸精度如何,与生产过程的许多因素有关,其中包括:铸件结构的复杂性,模具的类型和精度,铸件材质的合金种类和成分,造型材料的种类和品质,技术和操作水平等。对成批大量生产的铸件,可以通过对设备和工装的改进、调整和维修,严格工艺过程的管理,提高操作水平等措施,得到比GB/T 6414—1999更高的公差等级;对小批和单件生产的铸件,不适当地采用过高的工艺要求来提高公差等级,通常是不经济的。

(2) 机械加工余量　铸件为保证其加工面尺寸和零件精度,应有加工余量,即在铸件工艺设计时预先增加的,而后在机械加工时又被切去的金属层厚度,称为机械加工余量,简称加工余量。加工余量过大,浪费金属和加工工时;过小,降低刀具寿命,不能完全去除铸件表面缺陷,甚至露出铸件表皮,达不到设计要求。

影响加工余量大小的主要因素有:铸造合金种类、铸造工艺方法、生产批量、设备及工装的水平等;与铸件尺寸精度有关的因素有:加工表面所处的浇注位置(顶、底、侧面)、铸件基本尺寸的大小和结构等。

(3) 铸造收缩率　铸造收缩率 K 的定义是

$$K=\frac{L_m-L_j}{L_j}\times 100\% \tag{2-4}$$

式中:L_m——模样(或芯盒)工作面的尺寸,mm;

L_j——铸件尺寸,mm。

铸造收缩率受许多因素的影响,例如,合金的种类及成分、铸件冷却、收缩时受到阻力的大小、冷却条件的差异等,因此,要十分准确地给出铸造收缩率是很困难的。对于大量生产的铸件,一般应在试生产过程中,对铸件多次划线,测定铸件各部位的实际收缩率,反复修改木模,直至铸件尺寸符合铸件图样要求。然后再依实际铸造收缩率设计制造金属模。对于单件、小批生产的大型铸件,铸造收缩率的选取必须有丰富的经验,同时要结合使用工艺补正量,适当放大加工余量等措施来保证铸件尺寸达到合格。

(4) 起模斜度　为了方便起模,在模样、芯盒的出模方向留有一定斜度,以免损坏砂型或砂芯。这个斜度,称为起模斜度。

起模斜度应小于或等于产品图上所规定的起模斜度值,以防止零件在装配或工作中与其他零件相妨碍。尽量使铸件内、外壁的模样和芯盒斜度取值相同,方向一致,以使铸件壁厚均匀。在非加工面上留起模斜度时,要注意与零件的外形一致,保持整台机器的美观。同一铸件的起模斜度应尽可能只选用一种或两种斜度,以免加工金属模时频繁地更换刀具。非加工的装配面上留斜度时,最好用减小厚度法,以免安装困难。手工制造木模,起模斜度应标出毫米数,机械加工金属模应标明角度,以利于操作。起模斜度的形式见图2-76。

在铸件加工面上采用增加铸件尺寸法(图 2-71(a));在铸件不与其他零件配合的非加工表面上,可采用增加、增加和减少(图 2-71(b))或减少铸件尺寸法;在铸件与其他零件配合的非加工表面上,采用减少(图 2-71(c))或增加和减少铸件尺寸方法。原则上,在铸件上加放起模斜度不应超出铸件的壁厚公差。

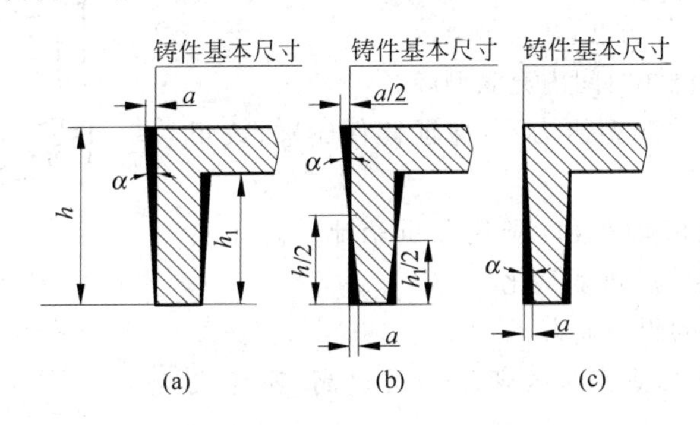

图 2-71 起模斜度的三种形式

(a) 增加铸件尺寸法;(b) 增加和减少铸件尺寸法;(c) 减少铸件尺寸法

(5) 最小铸出孔及槽 零件上的孔、槽、台阶等,究竟是铸出来好,还是靠机械加工出来好,这应从品质及经济角度等方面全面考虑。一般说来,较大的孔、槽等,应铸出来,以便节约金属和加工工时,同时还可以避免铸件局部过厚所造成的热节,提高铸件质量。较小的孔、槽,或者铸件壁很厚,则不宜铸出孔,直接依靠加工反而方便。有些特殊要求的孔,如弯曲孔,无法实行机械加工,则一定要铸出。可用钻头加工的受制孔(有中心线位置精度要求)最好不铸,铸出后难保证铸孔中心位置准确,再用钻头扩孔也无法纠正中心位置。表 2-9 为最小铸出孔直径,供参考。

表 2-9 铸件的最小铸出孔

生 产 批 量	最小铸出孔直径 d/mm	
	灰铸铁件	铸 钢 件
大批量生产	12～15	20～30
成批生产	15～30	30～50
单件、小批生产	30～50	50

注:最小铸出孔直径指的是毛坯孔直径。

2.5.7 浇注系统设计

浇注系统是铸型中液态金属流入型腔的通道之总称。铸铁件浇注系统的典型结构如图 2-72 所示,它由浇口杯(外浇口)、直浇道、直浇道窝、横浇道和内浇道等部分组成。广义地说,浇包和浇注设备也可认为是浇注系统的组成部分,浇注设备的结构、尺寸、位置高低等,对浇注系统的设计和计算有一定影响。

浇注系统设计得正确与否对铸件品质影响很大,有资料介绍,铸件废品中约有30%是因浇注系统不当引起的。

对浇注系统的基本要求如下。

① 所确定的内浇道的位置、方向和个数应符合铸件的凝固原则或补缩方法。

② 在规定的浇注时间内充满型腔。

③ 提供必要的充型压力头,保证铸件轮廓、棱角清晰。

④ 使金属液流动平稳,避免严重紊流。防止卷入、吸收气体和使金属过度氧化。

⑤ 具有良好的阻渣能力。

⑥ 金属液进入型腔时线速度不可过高,避免飞溅、冲刷型壁或砂芯。

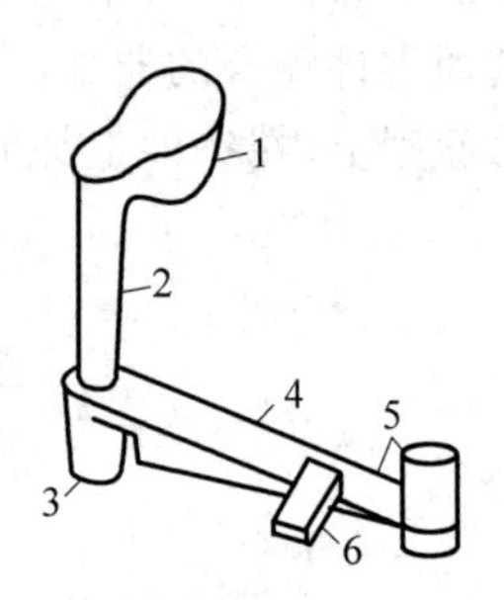

图 2-72 典型浇注系统的结构

1—浇口杯;2—直浇道;3—直浇道窝;4—根浇道;5—末端延长段;6—内浇道

⑦ 保证型内金属液面有足够的上升速度,以免形成夹砂结疤、皱皮、冷隔等缺陷。

⑧ 不破坏冷铁和芯撑的作用。

⑨ 浇注系统的金属消耗小,并容易清理。

⑩ 减小砂型体积,造型简单,模样制造容易。

1. 浇注系统的基本类型及选择

1) 封闭式和开放式浇注系统

(1) 封闭式浇注系统

封闭式浇注系统可理解为正常浇注条件下,所有组元都被金属液充满的浇注系统,也称为充满式浇注系统。因全部截面上的金属液压力均高于型壁气体压力,故是有压或正压系统。在整个浇注系统中,将截面积最小的浇道称为"阻流"(可以是内浇道、横浇道或直浇道等)。大多数情况下 $S_{内} \leqslant S_{横} \leqslant S_{直}$,即内浇道为阻流(截面积最小),直浇道截面积最小。

但有时为了某种需要,虽然内浇道截面积最小,但横浇道截面积设计成比直浇道截面积大,如 $S_{内} \leqslant S_{直} \leqslant S_{横}$,其中 $S_{内}/S_{阻} \leqslant 1.5 \sim 2.5$,这样的浇注系统称为部分扩张式的浇注系统。

封闭式浇注系统有较好的阻渣能力,可防止金属液卷入气体,消耗金属少,清理方便。主要缺点是进入型腔的金属液流速度高,易产生喷溅和冲砂,使金属氧化,使型内金属液发生扰动、涡流和不平静。因此,主要应用于不易氧化的各种铸铁件。对于容易氧化的轻合金铸件、采用漏包浇注的铸钢件和高大的铸铁件,均不宜使用。

(2) 开放式浇注系统

在正常浇注条件下,金属液不能充满所有组元的浇注系统,又称为非充满式或非压力式浇注系统，这时 $S_{内} \geqslant S_{横} \geqslant S_{直}$。金属液流未能充满的部位存在着等大气压力的自由表面。完全开放式浇注系统在内浇道被淹没之前，各组元均呈非充满流态，几乎不能阻渣且会带入大量气体。因此，使用转包浇注的铸铁件上不宜应用这种浇注系统。

开放式浇注系统的内浇道截面积比阻流面积大得多，一般 $S_{内}/S_{阻} > 3$。当直浇道不充满时，会使金属液高度紊流，造成氧化、卷气等，故生产中往往要求应用充满式直浇道。阻流设在直浇道下端或靠近的横浇道上。

主要优点是进入型腔时金属液流速度小，充型平稳，冲刷力小，金属氧化轻。适用于轻合金铸件、球铁件等。漏包浇注的铸钢件也宜采用开放式浇注系统，但直浇道不能呈充满态，以防钢水外溢，造成事故。主要缺点是阻渣效果稍差，内浇道较大，金属消耗略多。

2）按内浇道在铸件上的位置分类

（1）顶注式浇注系统

以浇注位置为基准，内浇道设在铸件顶部的，称为顶注式浇注系统（图 2-73）。优点是容易充满，可减少薄壁件浇不到、冷隔方面的缺陷；充型后上部温度高于底部，有利于铸件自下而上的顺序凝固和冒口的补缩；冒口尺寸小，节约金属；内浇道附近受热较轻；结构简单，易于清除。缺点是易造成冲砂缺陷；金属液下落过程中接

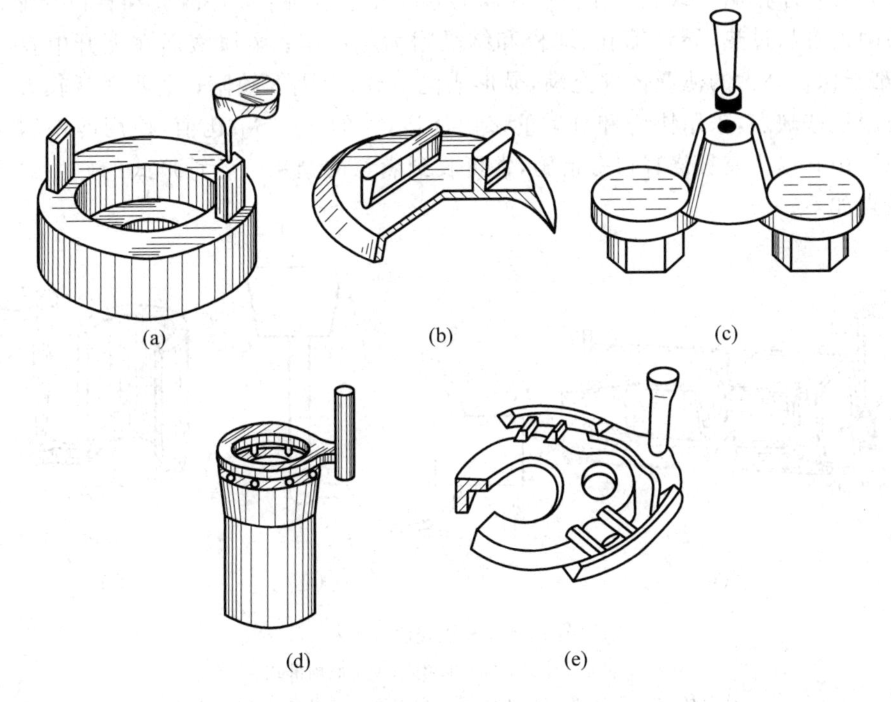

图 2-73　顶注式浇注系统

（a）简单式；（b）楔形（刀片）式；（c）压边式；（d）雨淋式；（e）搭边式

触空气,出现激溅、氧化、卷入空气等现象,使充型不平稳。易产生砂孔、铁豆、气孔和氧化夹杂物缺陷;大部分浇注时间内浇道工作在非淹没状态,相对地说,横浇道阻渣条件较差。各种形式的顶注式浇注系统的特点如下。

简单式:用于要求不高的简单小件。

楔形式:浇道窄而长,断面积大。适用于薄壁容器类铸件。

压边式:金属液经压边窄缝进入型腔,充型慢,有一定补缩和阻渣作用。结构简单,易于清除。多用于中、小型各种厚壁铸铁件。

雨淋式:金属液经型腔顶部许多小孔(内浇道)流入,状似雨淋,比其他顶注式对型腔的冲击力小。炽热金属液流不断冲刷上升液面,使熔渣不易粘附在型(芯)侧壁上。适用于要求较高的筒类铸件,如缸套、大的铁活塞、机床卡盘等。也可用于床身、柴油机缸体等。

搭边式:自上而下导入金属液,避免直接冲击型的侧壁。适用于湿型铸造薄壁铸件,如纺织机铸件。

(2) 底注式浇注系统

内浇道设在铸件底部的称为底注式浇注系统(图2-74)。主要优点是内浇道基本上在淹没状态下工作,充型平稳;可避免金属液发生激溅、氧化及由此而形成的铸件缺陷;无论浇口比是多大,横浇道基本工作在充满状态下,有利于阻渣;型腔内的气体容易顺序排出。缺点是充型后金属的温度分布不利于顺序凝固和冒口补缩;内浇道附近容易过热,导致缩孔、缩松和结晶粗大等缺陷;金属液面在上升中容易结皮,难于保证高大的薄壁铸件充满,易形成浇不到、冷隔等缺陷;金属消耗较大。为了克服这些缺点,采用快浇和分散的多内浇道,大的 $S_{内}/S_{阻}$ 比值,使用冷铁和安放冒口或用高温金属补浇冒口等措施,常可收到满意的结果。各种形式的底注式系统的特点如下。

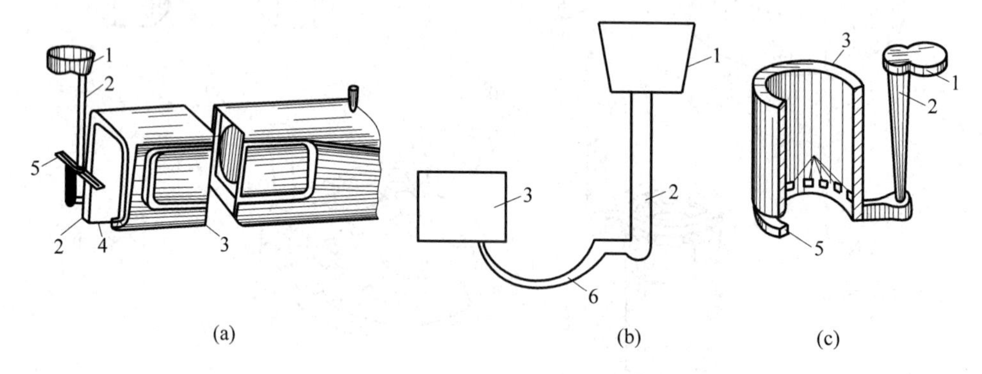

图2-74 底注式浇注系统

(a) 基本形式;(b) 牛角式;(c) 底雨淋式

1—浇口杯;2—直浇道;3—铸件;4—内浇道;5—横浇道;6—牛角浇口

底注式(基本形)浇注系统 适用于容易氧化的非铁合金铸件和形状复杂、要求高的各种黑色铸件。

牛角式适用于各种铸齿齿轮和有砂芯的盘形铸件。

底雨淋式 充型后金属温度分布均匀,同一水平横截面上的金相组织和硬度一致。型内金属液上升平稳且不发生旋转运动,能避免熔渣粘附在砂芯上。适用于内表面质量要求高的筒类铸件等。

(3) 中间注入式浇注系统

从铸件中间某一高度面上开设内浇道的称为中间注入式浇注系统(图 2-75)。这种浇注系统对内浇道以下的型腔部分为顶注式;而对于内浇道以上的型腔部分相当于底注式。故它兼有顶注式和底注式浇注系统的优缺点。由于内浇道在分型面上开设,故极为方便,广为应用。适用于高度不大的中等壁厚的铸件。

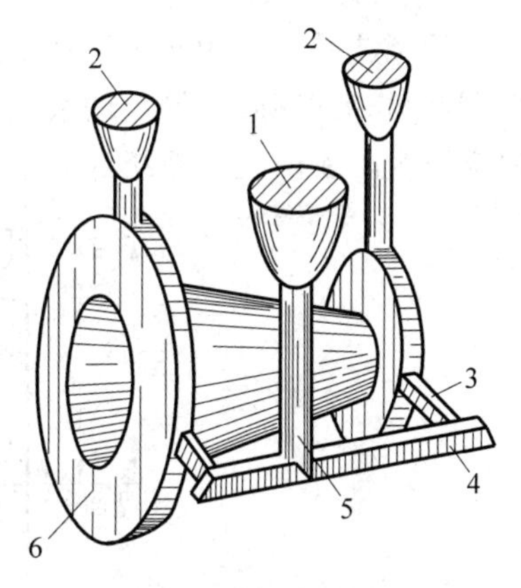

图 2-75 中间注入式浇注系统

1—浇口杯;2—出气冒口;3—内浇道;4—横浇道;5—直浇道;6—铸件

(4) 阶梯式浇注系统

在铸件不同高度上开设多层内浇道的称为阶梯式浇注系统,见图 2-76。

结构正确的阶梯式浇注系统具有以下优点:金属液首先由最底层内浇道充型,随着型内液面上升,自下而上地、顺序地流经各层内浇道。因而充型平稳,型腔内气体排出顺利。充型后,上部金属液温度高于下部,有利于顺序凝固和冒口的补缩,铸件组织致密。易避免缩孔、缩松、冷隔及浇不到等铸造缺陷。利用多内浇道,可减轻内浇道附近的局部过热现象。

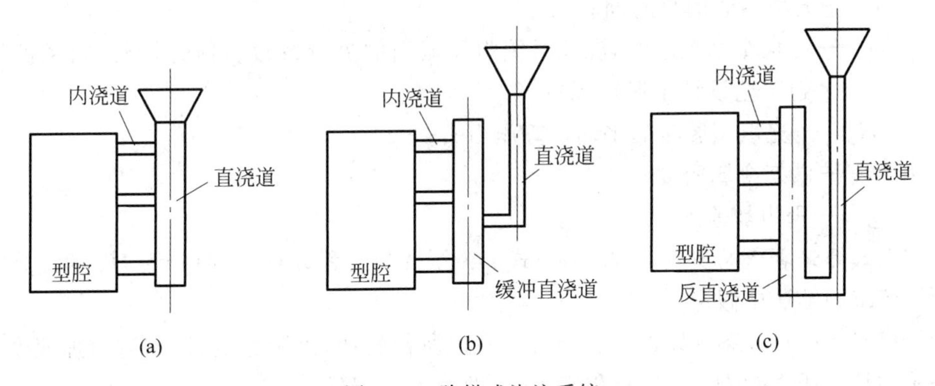

图 2-76 阶梯式浇注系统

(a) 不带缓冲直浇道;(b) 带缓冲直浇道;(c) 带反直浇道

主要缺点是造型复杂,有时要求几个水平分型面,要求正确的计算和结构设计,否则,容易出现上下各层内浇道同时进入金属液的“乱浇”现象,或底层进入金属液过多,形成下部温度高的不理想的温度分布。

阶梯式浇注系统适用于高度大的中、大型铸件。具有垂直分型面的中大件可优先采用。

2. 计算阻流截面的水力学公式

1) 奥赞公式

把浇注系统视为充满流动金属液的管道,是用水力学原理计算浇注系统阻流(最小)截面积的基础,所导出的公式适用于转包浇注的封闭式浇注系统。图2-77为以内浇道为阻流的浇注系统计算原理图。

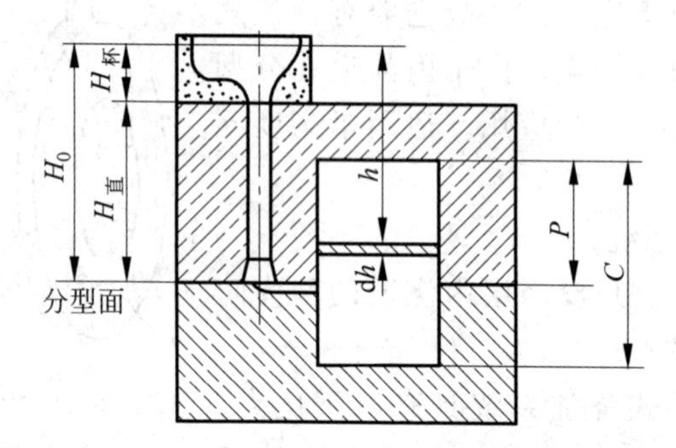

图2-77 浇注系统计算原理图

应用水力学的伯努力方程可以推导得出计算阻流截面积的水力学公式:

$$S_{阻} = \frac{m}{\rho t \mu \sqrt{2gH_p}} \tag{2-5}$$

式中:m——流经阻流的金属总质量;

t——充填型腔的总时间;

μ——充填全部型腔时,浇注系统阻流截面的流量系数(可通过查阅有关的铸造工艺设计手册得到);

H_p——充填型腔时的平均计算压力头;

ρ——液态金属密度;

g——重力加速度。

上式即是著名的奥赞(Osann)公式。为了便于工程计算,下面介绍 H_p 的计算问题。传统的解法中假定:

(1) 金属液从浇口杯顶液面至流出阻流所作的功,可用总质量 m、重力加速度 g 和平均计算压力头 H_p 的连乘积来表示,即等于 mgH_p。

(2) 假定铸件(型腔)的横截面积 S 沿高度方向不变。

奥赞公式中的平均计算压头 H_p:

$$H_p = H_0 - (P^2/2C) \tag{2-6}$$

式中：H_0——阻流截面以上的金属压力头；

C——铸件(型腔)总高度；

P——阻流以上(严格地说，是阻流截面重心以上)的型腔高度。

对于底注式：$P=C$，故 $H_p=H_0-P/2$

对于顶注式：$P=0$，故 $H_p=H_0$

此公式即为平均计算压力头的通用公式，至今仍广为应用。其主要优点是计算简单方便。

2）浇注时间

(1) 快浇与慢浇

浇注时间对铸件质量有重要影响，应考虑铸件结构、合金和铸型等方面的特点来选择快浇、慢浇或正常浇注为好。

① 快浇

快浇的优点：金属的温度和流动性降低幅度小，易充满型腔。减少皮下气孔倾向。充型时间对砂型上表面的热作用时间短，可减少夹砂结疤类缺陷。对灰铸铁、球墨铸铁件，快浇可充分利用共晶膨胀消除缩孔、缩松缺陷。

快浇的缺点：对型壁有较大的冲击作用，容易造成胀砂、冲砂、抬箱等缺陷。浇注系统的重量较大，工艺出品率略低。

快浇法适用于：薄壁的复杂铸件、铸型上半部分有薄壁的铸件，具有大平面的铸件，铸件表皮易生成氧化膜的合金铸件，采用底注式浇注系统而铸件顶部又有冒口的条件下和各种中大型灰铸铁件、球墨铸铁件。

② 慢浇

慢浇的优点：金属对型壁的冲刷作用轻；可防止胀砂、抬箱、冲砂等缺陷。有利型内、芯内气体的排除。对体收缩大的合金，当采用顶注法或内浇道通过冒口时，慢浇可减小冒口。浇注系统消耗金属少。

慢浇的缺点：浇注期间金属对型腔上表面烘烤时间长，促成夹砂结疤和粘砂类缺陷。金属液温度和流动性降低幅度大，易出现冷隔、浇不到及铸件表皮皱纹等缺陷。慢浇还降低造型流线的生产率。

慢浇法适用于：有高的砂胎或吊砂的湿型；型内砂芯多，砂芯大而芯头小或砂芯排气条件差的情况下；采用顶注法的体收缩大的合金铸件。

(2) 浇注时间的确定

合适的浇注时间与铸件结构、铸型工艺条件、合金种类及选用的浇注系统类型等有关。每种铸件，在已确定的铸造工艺条件下，都对应有适宜的浇注时间范围。

由于近年来普遍认识到快浇对铸件的益处，因此浇注时间比过去普遍缩短，特别是灰铸铁和球墨铸铁件更是如此。

2.5.8 冒口与冷铁

1. 概述

设置冒口和冷铁是常用的铸造工艺措施,实现铸件的"顺序凝固"或"同时凝固",用于防止缩孔、缩松、裂纹和变形等铸件缺陷。冒口是铸型内用以储存金属液的空腔,在铸件形成时补给金属,有防止缩孔、缩松、排气和集渣的作用。

1) 冒口的种类

冒口形状有圆柱形、球顶圆柱形、长(腰)圆柱形、球形及扁球形等多种(图2-78)。图2-79为常用冒口种类。

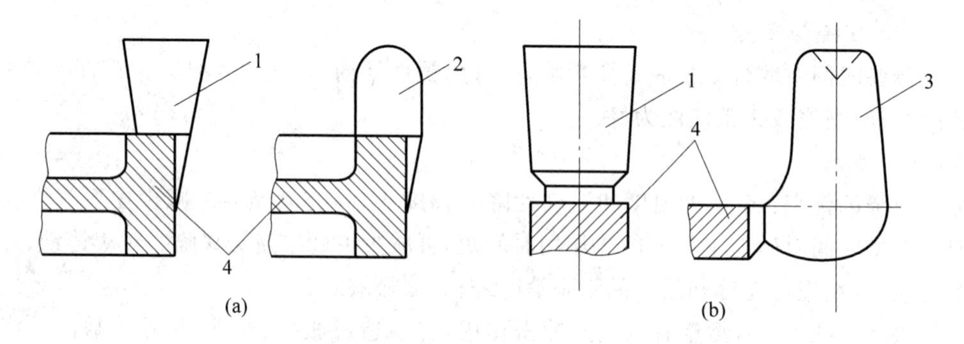

图2-78 常用冒口种类

(a) 铸钢件;(b) 铸铁件

1—明顶冒口;2—暗顶冒口;3—暗侧冒口;4—铸件

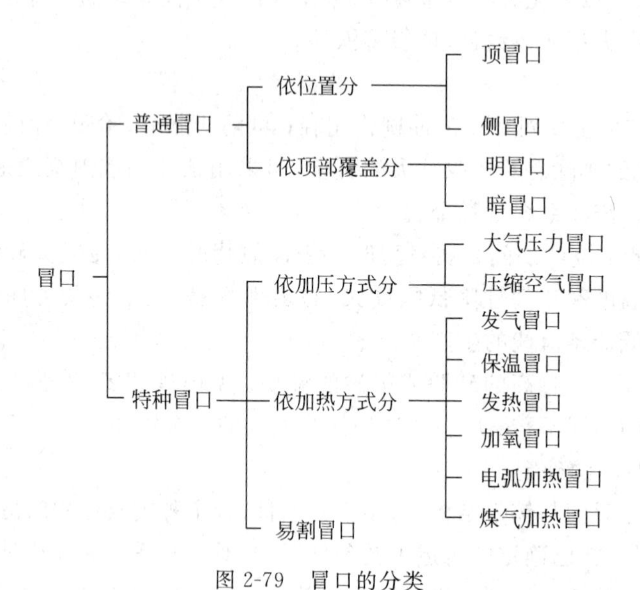

图2-79 冒口的分类

2）冒口补缩原理

（1）基本条件

通用冒口适用于所有合金铸件，它遵守顺序凝固的基本条件。

① 冒口凝固时间应大于或等于铸件（被补缩部分）的凝固时间。

② 有足够的金属液补充铸件的液态收缩和凝固收缩，补偿浇注后型腔扩大的体积。

③ 在凝固期间，冒口和被补缩部位之间存在补缩通道，扩张角向着冒口。

为实现顺序凝固，要注意冒口位置的选择，冒口有效补缩距离是否足够，并充分利用补贴和冷铁的作用。

（2）选择冒口位置的原则

① 冒口应就近设在铸件热节的上方或侧旁。所谓“热节”就是铸件上凝固较慢的节点或区域。

② 冒口应尽量设在铸件最高、最厚的部位。对低处的热节应增设补贴或使用冷铁（图 2-80，冷铁作用见稍后的内容），造成补缩的有利条件。补贴的厚度可用滚圆法来确定，例如图 2-80 中缸底厚 140mm 处用滚圆法导出至冒口，滚圆直径由下至上越滚越大，使补缩通道畅通。

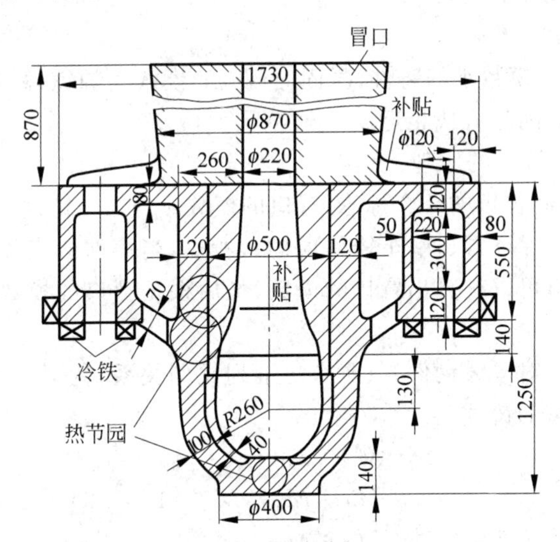

图 2-80 压力缸体铸钢件冒口补缩工艺

③ 冒口不应设在铸件重要的、受力大的部位，以防金属组织粗大，降低强度。

④ 冒口位置不要选在铸造应力集中处，应注意减轻对铸件的收缩阻碍，以免引起裂纹。

⑤ 冒口布置在加工面上，可节约铸件精整工时，零件外观好。

2. 铸钢件冒口

铸钢件冒口计算原理适用于采用顺序凝固原则的一切合金铸件,也包括铸铁、铸铝、铸铜等。冒口设计与计算的一般步骤如下:

(1) 确定冒口的安放位置;

(2) 初步决定冒口的数目;

(3) 划分每个冒口的补缩区域,选择冒口类型;

(4) 计算冒口的具体尺寸。

冒口的计算方法很多,常用的有模数法、补缩液量法、比例法。下面介绍用模数法计算冒口的方法。

1) 模数的概念

铸件的凝固时间取决于它的体积和传热表面积的比值,其比值称为凝固模数,简称模数。用下式表示:

$$M = V/A \tag{2-7}$$

式中:M——模数,cm;

V——体积,cm^3;

A——传热表面积,cm^2。

模数理论认为:模数小的铸件,凝固时间短;模数大的铸件,凝固时间长;模数相同的铸件,凝固时间相等或相近。

2) 模数法计算冒口的原理

模数是凝固时间长短的一个标志,冒口的模数应当大于铸件的模数,并且有一个合适的比例关系,以保证冒口晚于铸件凝固。所以,当铸件的模数求得之后,只要确定合理的模数比,就可以计算出冒口的模数,最后根据冒口的模数,在相应的表格中查取冒口的尺寸。

根据实验结果,对于铸钢件,只要满足下列比例关系,就可以实现冒口对铸件的补缩,从而获得致密的铸件。

① 明冒口 $$M_{件} : M_{冒} = 1 : (1.1 \sim 1.2) \tag{2-8}$$

② 暗边冒口 $$M_{件} : M_{颈} : M_{冒} = 1 : 1.1 : 1.2 \tag{2-9}$$

③ 若钢液通过冒口浇注时 $$M_{件} : M_{颈} : M_{冒} = 1 : (1 \sim 1.03) : 1.2 \tag{2-10}$$

各式中:$M_{件}$——铸件被补缩部位的模数;

$M_{颈}$——冒口颈的模数;

$M_{冒}$——冒口的模数。

在凝固过程中,合理的模数比例,只能保证冒口晚于铸件凝固但铸件和冒口都要产生凝固收缩。若欲使铸件和冒口的缩孔总体积都转移到冒口中去,获得致密铸件,冒口需有足够的金属液去补偿铸例的体收缩,即还必须满足下述条件:

$$\varepsilon(V_{冒} + V_{件}) < V_{冒}\eta \tag{2-11}$$

式中：$V_{冒}$——冒口的金属体积；

$V_{件}$——铸件被补缩部分的体积；

η——冒口的补缩效率，见表 2-10；

ε——金属在液态和凝固期间总的体收缩率，%。

采用模数法计算冒口用公式确定冒口尺寸后，必须进行冒口的补缩能力验算，即检查冒口是否有足够的金属液补偿铸件的收缩。

表 2-10 冒口的补缩效率 η

冒口种类或工艺措施	η/%
圆柱或腰圆柱形冒口	12～15
球形冒口	15～20
补浇冒口时	15～20
浇口通过冒口时	30～35
发热保温冒口	30～50
大气压力冒口	15～20

3. 冷铁

为增加铸件局部冷却速度，在型腔内部或铸件表面安放的金属块称为冷铁。冷铁分为内冷铁和外冷铁两大类。放置在型腔内能与铸件熔合为一体的金属激冷块叫内冷铁；造型（芯）时放在模样（芯盒）表面上的金属激冷块叫外冷铁。内冷铁成为铸件的一部分，应与铸件材质相同。外冷铁用后回收，一般可重复使用。根据铸件材质和激冷作用强弱，可采用钢、铸铁、铜、铝等材质的外冷铁，还可采用蓄热系数比硅砂大的非金属材料，如石墨、碳素砂、铬镁砂、铬砂、镁砂、铁丸等作为激冷物使用。

冷铁的作用如下。

① 在冒口难于补缩的部位防止缩孔、缩松。

② 防止壁厚交叉部位及急剧变化部位产生裂纹。

③ 与冒口配合使用，能加强铸件的顺序凝固条件，扩大冒口补缩距离或范围，减少冒口数目或体积。

④ 用冷铁加速个别热节的冷却，使整个铸件接近于同时凝固。既可防止或减轻铸件变形，又可提高工艺出品率。

⑤ 改善铸件局部的金相组织和力学性能。如细化基体组织，提高铸件表面硬度和耐磨性等。

⑥ 减轻或防止厚壁铸件中的偏析。

(1) 外冷铁　外冷铁分为直接外冷铁和间接外冷铁两类。直接外冷铁（图 2-81）与铸件表面直接接触，激冷作用强，它又可分为有气隙的和无气隙的两种，设在铸件底面和内侧的外冷铁，在重力和铸件收缩力作用下同铸件表面紧密接触，称为无气隙外冷铁；设在铸件顶部和外侧的冷铁属于气隙外冷铁。显然，无气隙的比有气隙的激冷作用强。间接外冷铁同被激冷铸件之间有 10～15mm 厚的砂层相隔，故又名挂砂冷铁；其激冷作用弱，可避免灰铸铁件表面产生白口层或过冷石墨层，还可避免因明冷铁激冷作用过强所造成的裂纹。铸件外观平整，不会出现同铸件熔接等缺陷。各种间接外冷铁如图 2-82 所示。

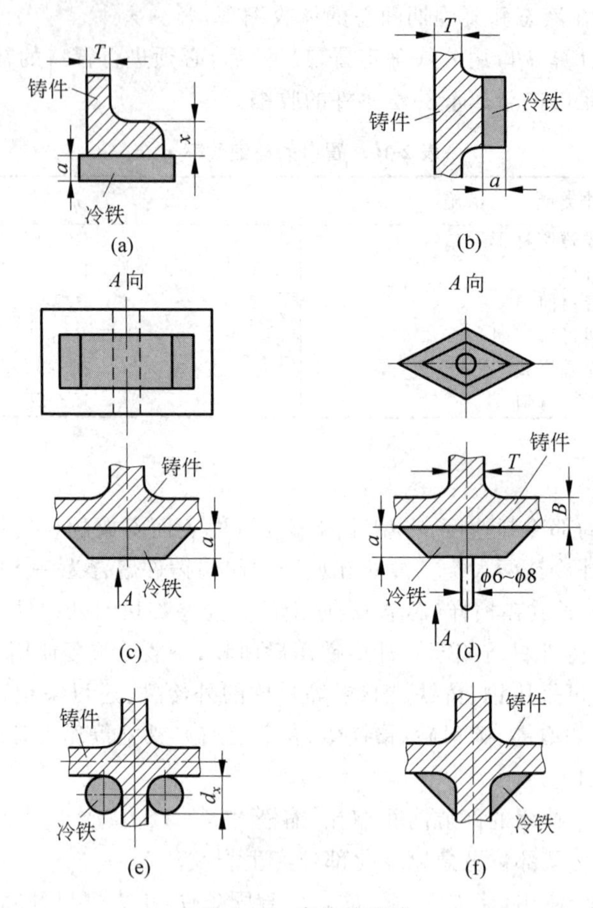

图 2-81 直接外冷铁

(a),(b) 平面直线形；(c) 带切口平面；(d) 平面菱形；(e) 圆柱形；(f) 异形

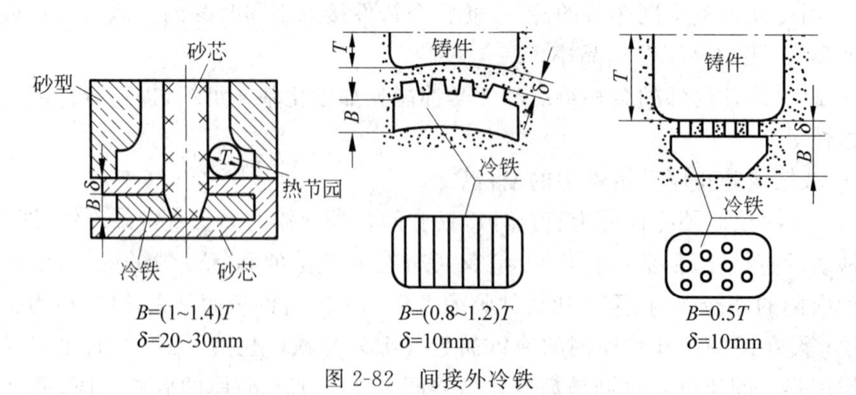

图 2-82 间接外冷铁

δ—砂层厚度；T—热节园直径或铸件厚度；B—冷铁厚度

(2) 内冷铁　内冷铁的激冷作用比外冷铁强，能有效地防止厚壁铸件中心部位缩松、偏析等。但应用时必须对内冷铁的材质、表面处理、质量和尺寸等严加控制，以免引起缺陷。通常是在外冷铁激冷作用不足时才用内冷铁，主要用于壁厚大而技术要求不太高的铸件上，特别是铸钢件。

一般应用的是"熔接内冷铁"，要求内冷铁和铸件牢固地熔合为一体。只在个别条件下才允许应用"非熔接内冷铁"，例如，在铸件加工孔中心放置的内冷铁，在以后加工时被钻去。

常用内冷铁的形式如图 2-83 所示。内冷铁的应用应注意以下几个问题：

① 内冷铁材质不应含有过多气体(如沸腾钢内冷铁易引起气孔)。表面必须十分洁净，应去除锈斑和油污等；

② 对于干砂型，内冷铁应于铸型烘干后再放入型腔；对于湿砂型，放置内冷铁后应尽快浇注，不要超过 3～4h。以免冷铁表面氧化以及凝聚水分而引起铸件气孔；

③ 内冷铁表面应镀锡或锌，以防存放时生锈；

④ 放置内冷铁的砂型应有明出气孔或明冒口。

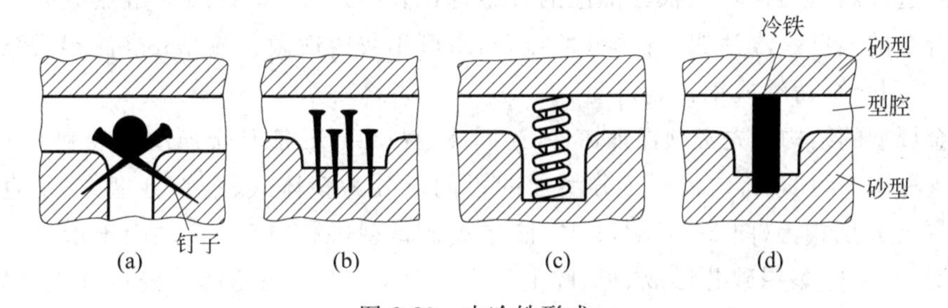

图 2-83　内冷铁形式

(a) 长圆柱形；(b) 用钉子；(c) 螺旋形；(d) 短圆柱形

2.6　其他铸造方法

砂型铸造虽然具有成本低、适应性广、生产设备简单等优点，并在生产中得到了广泛应用。但砂型铸造生产的铸件，其尺寸精度、表面质量及内部质量在许多情况下不能满足需要。因此，人们通过改变铸型材料、浇注方法、液态合金充填铸型的形式或铸件凝固条件等因素，形成了许多不同于砂型铸造的特种铸造方法。例如消失模铸造、熔模铸造、陶瓷型铸造、金属型铸造、离心铸造、压力铸造、低压铸造、连续铸造、挤压铸造和负压造型铸造等。

与砂型铸造相比，这些铸造方法具有以下优点：

(1) 铸件的尺寸精度高，表面粗糙度较低。如压力铸造生产的铸件的尺寸精度可达 CT4 级，表面粗糙度达 $Ra1.6\mu m$。

(2) 铸件的力学性能和内部质量较好。如金属型铸造的铝硅合金铸件，抗拉强度可比砂型铸造提高 20%，伸长率增大 25%，冲击韧度可增大 1 倍。

(3) 可生产一些技术要求高且难以加工的合金铸件；在生产一些结构特殊的铸件时,具有较好的技术经济效果。如管状铸件用离心铸造或真空吸铸法生产时,铸件的质量、生产率都有很大提高。

(4) 使铸造生产达到不用砂或少用砂的目的,降低了材料消耗,改善了劳动条件。除熔模铸造外,其他特种铸造方法工艺过程都简化很多,并使生产过程易于实现机械化和自动化。

下面分别简要介绍机械制造行业中应用较为广泛的消失模铸造、熔模铸造、陶瓷型铸造、金属型铸造、低压铸造、压力铸造、离心铸造等铸造方法。

2.6.1 金属型铸造

液态金属在重力作用下注入金属型腔中成形的方法,称为金属型铸造,习惯上也称"硬模铸造"。

1. 金属型的材料及结构

制造金属型的材料应根据浇注的合金选用,一般金属型材质的熔点应高于浇入液态合金的温度。浇注锡、锌等低熔点合金,可用灰铸铁做金属型；浇注铝、镁、铜等合金,要用合金铸铁或钢做金属型。

金属型的结构首先必须保证铸件(连同浇、冒口系统)能从金属型中顺利取出。为适用各种铸件的形状,金属型按分型面的不同可分为整体式、水平分型式、垂直分型式和复合分型式等(图2-84)。其中,整体式金属型(图2-84(a))多用于形成铸件外形轮廓,其内腔多用砂芯形成。型腔上设有出气冒口,采用滤网式浇口杯挡渣,液态金属凝固后,翻转金属型,顶杆机构将铸件顶出。垂直分型式的金属型(图2-84(c)),开、合型方便,开设浇、冒口和取出铸件均较便利,易于实现机械化,应用较多。复合分型式金属型(图2-84(d))用于形状复杂的铸件,该种金属型有两个水平分型面和一个垂直分型面,整个金属型由四大部分组成。

金属型的浇注系统多采用底注式或倒注式,以防止浇注时金属液飞溅,遇金属型壁急冷凝成"冷豆"存在于铸件中,影响铸件质量。

图2-85(a)为铝活塞的金属型,该金属型由左、右两半型和底型组成,左半型固定,右半型用铰链连接,称铰链开合式金属型。它采用鹅颈缝隙式浇注系统,使金属液平稳注入型腔。为防止金属型过热,将金属型设计成夹层空腔,采用循环水冷却装置。

金属型用的型芯有金属型芯和砂芯两种,金属型芯一般适用于有色金属铸件,使用时需要考虑金属型芯易于顺利拔出,因此,较复杂内腔的金属型芯,常采用组合式型芯。如图2-85(b)所示,当铸件凝固后,立即抽出左、右销孔型芯及中间型芯,再抽出左右侧型芯。对浇注高熔点合金(如铸铁等),它采用砂芯,但每个砂芯只能使用一次。不过,对于生产汽车发动机缸盖这样复杂的铝合金铸件,也往往采用大量砂芯。

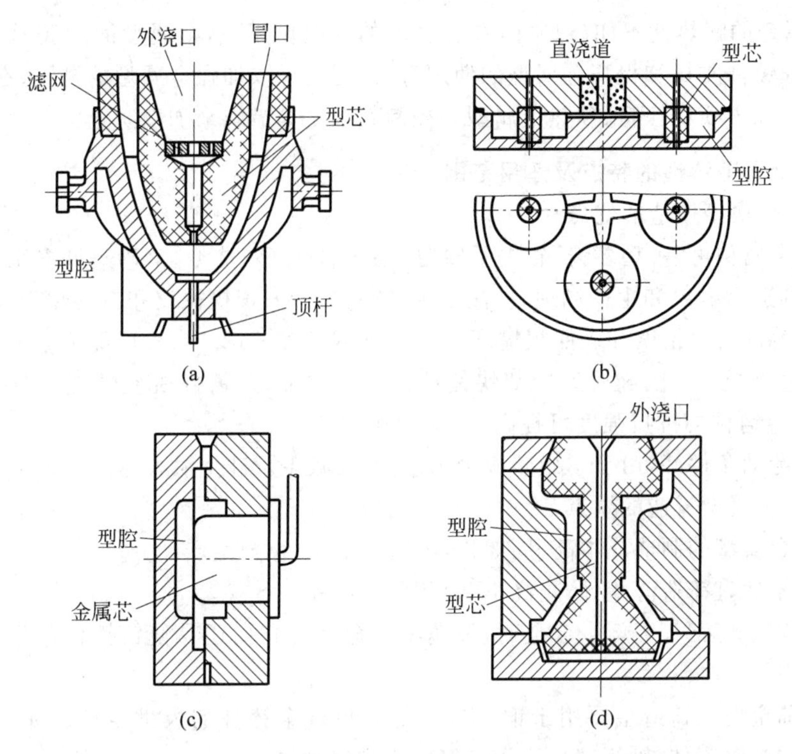

图 2-84 常用的金属型结构示意图

(a) 整体式；(b) 水平分型式；(c) 垂直分型式；(d) 复合分型式

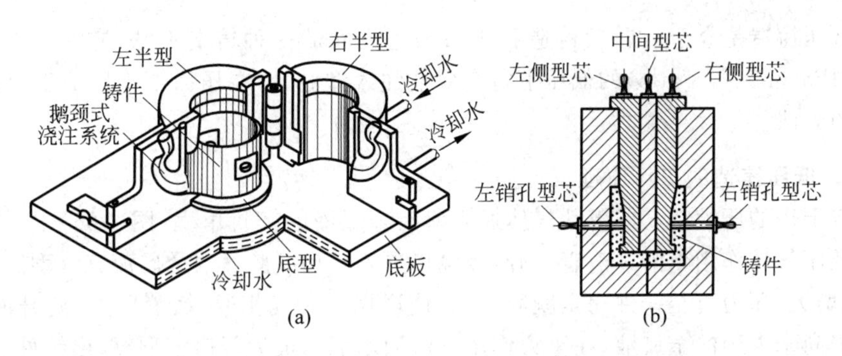

图 2-85 铸造铝活塞的金属型及金属型芯

(a) 铰链开合式金属型；(b) 组合式金属型芯

2. 金属型的铸造工艺

用金属型代替砂型，克服了砂型的许多缺点，如砂型只能浇注一次，生产率低；铸件表面粗糙，精度低，加工余量大；铸件晶粒粗大，内部缺陷较多，机械性能不高；工艺过程复杂，劳动条件差等。但金属型也带来了一些新问题。如金属型无透气性，易使铸件产生气孔；金属型导热快，又无退让性，铸件易产生浇不到、冷隔、裂纹等缺陷；金属型的耐热性不如砂型好，在金属液的高温作用下，金属型的型腔易损坏等。为了保证铸件质量和提高金属型的使用寿命，可以采取加强金属型的排气、在金属型的工作表面上喷刷涂料、预热金属型并控制其温度等措施来加以防止。

3. 金属型铸造的特点及适用范围

(1) 金属型铸造的优点

① 金属型可"一型多铸"省去了砂型铸造中的配砂、造型、落砂等许多工序，节省了大量的造型材料和生产场地，提高了生产率，易于实现机械化和自动化生产。

② 铸件尺寸精度和表面粗糙度(CT6～9，Ra3.2～12.5μm)均优于砂型铸件，其加工余量可减少。因金属型冷却快使铸件的晶粒细密，铸件机械性能得到提高，如铜、铝合金铸件的抗拉强度可提高10%～20%。

③ 劳动条件好，由于不用砂或少用砂，大大减少了硅尘对人体的危害。

(2) 金属型铸造的缺点

① 金属型的制造成本高，周期长，不适合单件、小批生产。

② 不适宜铸造薄壁(防止浇不到)和大型铸件。

③ 用于铸钢等高熔点合金时，金属型寿命低，同时，还易使铸铁件产生硬、脆的白口组织。

目前金属型铸造主要用于铜、铝、镁等有色合金铸件的大批生产。如内燃机活塞、缸盖、油泵壳体、轴瓦、衬套、盘盖等中小型铸件。

2.6.2 低压铸造

低压铸造是介于金属型铸造和压力铸造之间的一种铸造方法，它是在0.02～0.07MPa(0.2～0.7atm)的低压下将金属液注入型腔，并在压力下凝固成形，以获得铸件的方法。

1. 低压铸造的工作原理

将干燥的压缩空气或惰性气体通入盛有金属液的密封坩埚(图2-86)中，使金属液在低压气体作用下沿升液管上升，经浇口进入铸型型腔。当金属液充满型腔后，保持(或增大)压力直至铸件完全凝固，然后使坩埚与大气相通，撤消压力，使升液管和浇口中尚未凝固的金属液，在重力作用下流回坩埚。最后开启上型，取出铸件。

低压铸造时，铸件不需要另设冒口，而由浇口兼起补缩作用。为使铸件实现自上而下的顺序凝固，浇口的截面尺寸必须足够大，且应开在铸件的厚壁处。

选择适合的增压速度、工作压力及保压时间对保证铸件质量非常重要。

2. 低压铸造的特点及应用范围

低压铸造可弥补压力铸造某些不足，利于获得优质铸件。其主要优点如下：

① 浇注压力和速度便于调节，可适应不同材料的铸型(如金属型、砂型、熔模型壳等)。同时充型平稳，对铸型的冲击力小，气体较易排除，尤其能有效地克服铝合金

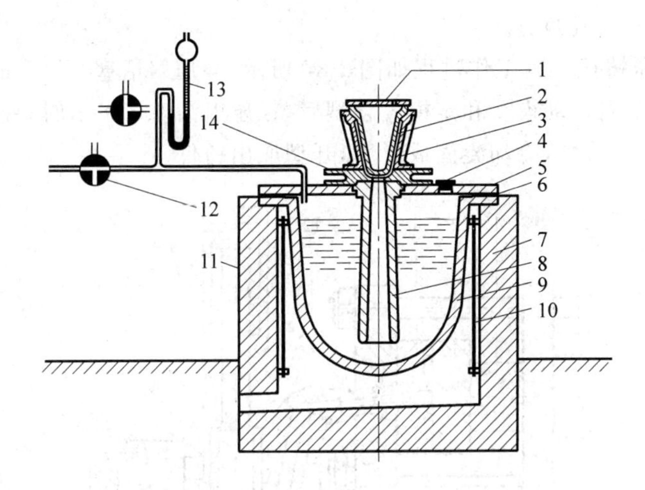

图 2-86 铝合金低压铸造示意图

1—芯(金属);2—铸件;3—金属型;4—补加金属液开口;5—盖板;6—密封垫;7—保温材料;8—升液管;9—坩埚;10—感应线圈;11—炉壳;12—三通阀;13—U 型水银压力计;14—基座

的针孔缺陷。

② 便于实现顺序凝固,以防止缩孔和缩松,使铸件组织致密,机械性能高。

③ 不用冒口,金属的利用率可高达 80%～98%。

④ 铸件的表面质量视采用的铸型材料不同而不同,例如是金属或是砂型、砂芯。当采用金属材料的铸型时,其表面质量高于金属型(CT6～9,Ra3.2～25μm),可生产出壁厚为 1.5～2mm 的薄壁铸件。此外,低压铸造设备费用较压铸低。

低压铸造目前主要用于铝合金及镁合金铸件的大批生产,如汽缸体、缸盖、活塞、曲轴箱、壳体、粗砂绽翼等,也可用于球墨铸铁、铜合金等浇注较大的铸件,如球铁曲轴、铜合金螺旋桨等。

低压铸造存在的主要问题是升液管寿命短,液态金属在保温过程中易产生氧化和夹渣,且生产率低于压铸。

2.6.3 压力铸造

压力铸造是在高压作用下,将液态或半液态金属快速压入金属压铸型(亦可称为压铸模或压型)中,并在压力下凝固而获得铸件的方法。

压铸所用的压力一般为 30～70MPa(30～700atm),充填速度可达 5～100m/s,充型时间约为 0.05～0.25s。所以,高压和高速充填压铸型,是压铸区别于其他铸造方法的重要特征。

1. 压铸机工作原理及应用

压铸机是完成压铸过程的主要设备,根据压室的工作条件不同可分为热压室压铸机和冷压室压铸机两类。

(1) 热室压铸机　其工作过程如图2-87所示,当压射活塞5上升时,液态金属通过进口进入压室内。动模2和定模3合型后,在压射活塞5下压时,液态金属沿通道经喷嘴12填充压铸型,冷却凝固成形后,开型取出铸件。

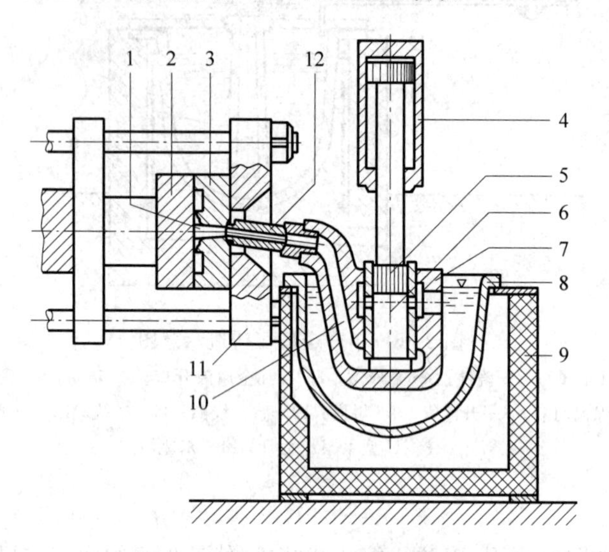

图2-87　热室压铸机的工作原理

1—浇口;2—动模;3—定模;4—浇注缸;5—压射活塞;6—压室;7—保压浇壶;8—坩埚;9—加热炉;10—通道;11—压铸机;12—喷嘴

热室压铸机的优点是生产工序简单,效率高;金属消耗少,工艺稳定;压入型腔的金属液较干净,铸件质量好;易于实现自动化。但因压室、压射活塞长期浸在金属液中,影响使用寿命,并会增加金属液的含铁量,故目前热压室压铸机多用在压铸低熔点金属,如锌、铅、锡等。

(2) 冷室压铸机　该类压铸机的压室不浸在金属液中,用高压油驱动,其合型力比热式压铸机大。图2-88所示为目前应用较普遍的卧式冷室压铸机的工作原理图。金属铸型2是由定型和动型两部分组成,定型是固定在压铸机的定模板上,动型固定在压铸机的动模板上,并可作水平移动;高加压活塞3将液态金属高速压入铸型2的型腔内,液态金属凝固后成为铸件。推杆1由压铸机上的相应机构控制,可自动顶出铸件。

这种压铸机的压室与液态金属的接触时间很短,可适用于压铸熔点较高一些的有色金属,如铜、铝、镁等合金,还可用在黑色金属和半固态金属的压铸。

2. 压力铸造的特点及应用

(1) 生产率高,每小时可压铸50～150次,最高可达500次,且便于实现自动化、半自动化。

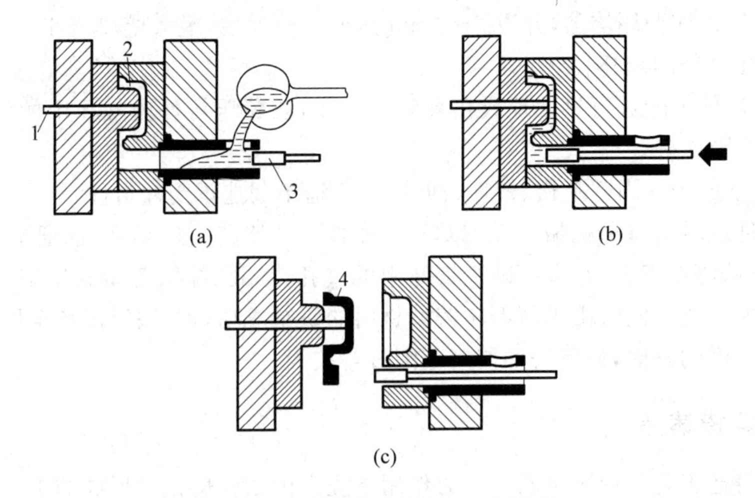

图 2-88　卧式冷室压铸机工作原理

(a) 浇入液态金属；(b) 加压；(c) 顶出铸件

1—顶杆；2—金属铸型；3—高加压活塞；4—铸件

(2) 铸件的精度高，表面光洁(CT4～8，Ra1.6～6.3μm)，并可直接铸出极薄件或带有小孔、螺纹的铸件。

(3) 铸件冷却快，又是在压力下结晶，故晶粒细小，表层紧实，铸件的强度、硬度高。

(4) 便于采用嵌铸(又称镶铸法)。嵌铸是将各种金属或非金属的零件嵌放在压铸型中，在压铸时与压铸件铸合成一体；如图 2-89(a)所示难以抽芯的深腔件，若按图 2-89(b)改进，便可铸出。此时，先用相同合金铸出圆筒 A 作为第 2 次压铸的嵌件，最后压铸成整体。此外，嵌铸还可消除铸件局部热节，减少壁厚，防止缩孔；可改善和提高局部性能，如耐磨性、导热性、导磁性和绝缘性等；还可将许多小铸件合铸在一起，代替装配工序。

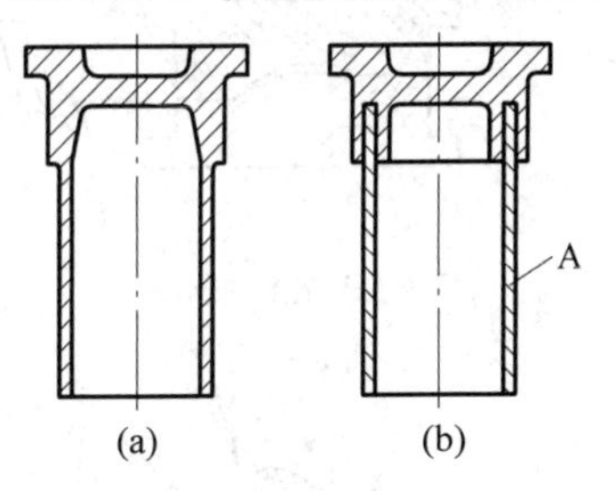

图 2-89　嵌铸件

(a) 整体件；(b) 镶嵌件

由上可知，压铸是少、无切削加工的重要工艺，在汽车、拖拉机、航空、仪表、纺织、国防等工业部门中，已广泛应用于低熔点有色金属(如锌、铝、铜、镁等合金)的小型、薄壁、形状复杂件的大批大量生产。

压铸也有一些缺点，因此在应用中受到如下限制：

(1) 压铸机费用高，压铸型制造成本高昂，工艺准备时间长，不适宜单件小批生产。

(2) 由于压铸型寿命原因，目前压铸尚不适于钢、铁等高熔点合金的铸造。

(3) 由于压铸的金属液注入和冷凝速度过快，型腔气体难以完全排出，壁厚处难以进行补缩，故压铸件内部存有气孔，缩孔和缩松，在压铸件的设计和使用中，应注意如下几个方面：

① 应使铸件壁厚均匀,并以3～4mm薄壁铸件为主,最大壁厚应小于6～8mm,以防止缩孔、缩松等缺陷。

② 压铸件不能进行热处理或在高温下工作,以免压铸件内气孔中的气体膨胀,导致铸件变形或破裂。

③ 由于压铸件内部疏松、塑性、韧性差,不适于制造承受冲击件。

压铸件应尽量避免机械加工,以防止内部孔洞外露。近年来,已研究出真空压铸、加氧压铸等新工艺,它们可减少铸件中的气孔、缩孔、缩松等微孔缺陷,可提高压铸件的机械性能。同时由于新型压铸型材料的研制成功,钢、铁等黑色金属压铸也取得了一定程度的发展,使压铸的使用范围日益扩大。

2.6.4 熔模铸造

熔模铸造工艺是液态金属在重力作用下浇入由蜡模熔化后形成的中空型壳中成形,从而获得精密铸件的方法,常称为熔模铸造或失蜡铸造(图2-90)。

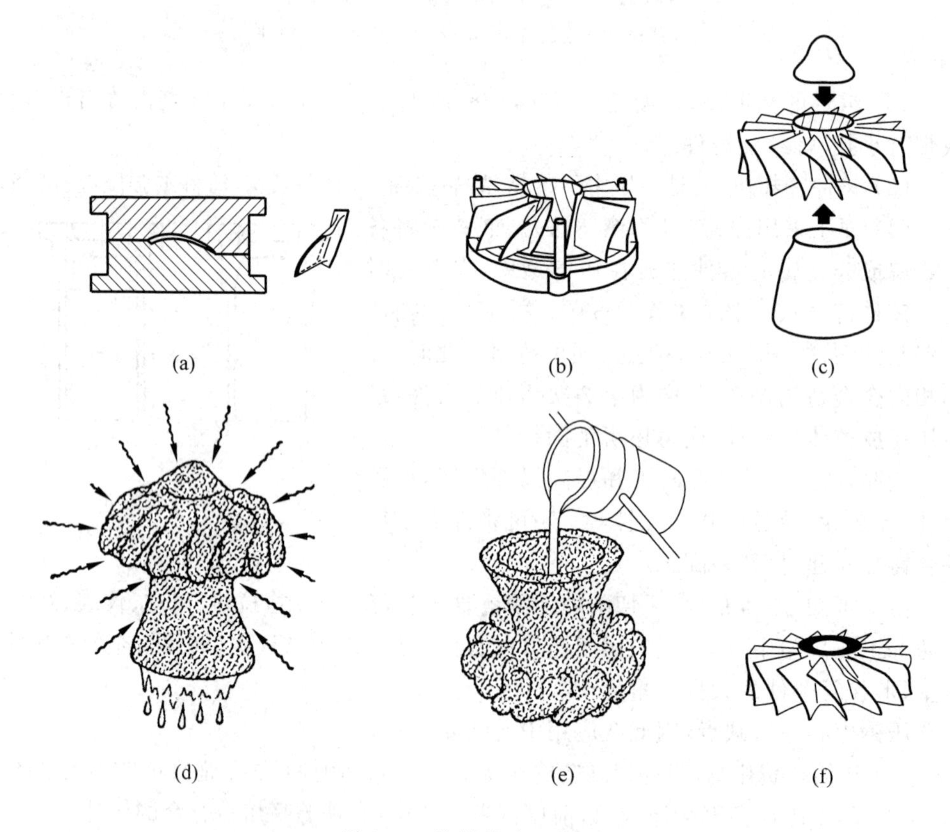

图2-90 熔模铸造工艺过程

(a) 注射单个叶片蜡模的模具;(b) 叶片的组装;(c) 焊上浇冒口蜡模;(d) 制壳及脱蜡;(e) 浇注液态金属;(f) 切除浇冒口的铸件成品

1. 熔模铸造的基本工艺过程

1）蜡模制造　蜡模制造是熔模铸造的重要过程，它不仅直接影响铸件的精度，且因每生产一个铸件就要消耗一个蜡模，所以，对铸件成本也有相当的影响，蜡模制造步骤如下：

(1) 制造压型　压型是用于压制蜡模的专用模具。压型应尺寸精确、表面光洁，且压型的型腔尺寸必须包括蜡料和铸造合金的双重收缩量，以压出尺寸精确、表面光洁的蜡模。

压型的制造方法随铸件的生产批量不同，常用的有如下两种：

① 机械加工压型　它是用钢或铝，经机械加工后组装而成，这种压型使用寿命长，成本高，仅用于大批生产。

② 易熔合金压型　它是用易熔合金（如锡基合金）直接浇注到考虑了双重收缩量（有时还考虑双重加工余量）的母模上，取出母模而获得压型的型腔。这种压型使用寿命可达数千次，制造周期短、成本低，适于中、小批量生产。

此外，单件小批生产中，例如艺术品铸件的生产，还可采用石膏压型、塑料（环氧树脂）或硅橡胶压型。

(2) 压制蜡模　蜡模材料可用蜡料、硬脂酸等配制而成。高熔点蜡料亦可加入可熔塑料。常用的蜡料是50%石蜡和50%硬脂酸，其熔点为50～60℃。制蜡模时，先将蜡料熔为糊状，然后以0.2～0.4MPa（2～4atm），将蜡料压入压型内，待蜡凝固后取出，修去毛刺，即获得附有内浇口的单个蜡模。

(3) 装配蜡模组　因熔模铸件一般较小，为提高生产率，减少直浇道损耗，降低成本，通常将多个蜡模焊在一个涂有蜡料的直浇道捧上，构成蜡模组，以便一次浇出许多铸件。

2）结壳　它是在蜡模组上涂挂耐火材料层，以制成较坚固的耐火型壳。结壳要经几次浸挂涂料、撒砂、硬化、干燥等工序。

(1) 浸涂料　将蜡模组浸入由细耐火粉料（一般为石英粉，重要件用刚玉粉或锆英粉）和粘结剂（水玻璃或硅溶胶等）配成的涂料中（粉液比约为1∶1），使蜡模表面均匀覆盖涂料层。

(2) 撒砂　对浸涂后的蜡模组撒干砂，使其均匀粘附一层砂粒。

(3) 硬化、风干　将浸涂后并粘有干砂的模组浸入硬化剂（20%～25%NH_4Cl水溶液中）浸泡数分钟，使硬化剂与粘结剂产生化学作用，分解出硅酸溶胶，将砂粒牢固粘结，使砂壳迅速硬化。在蜡模组上便形成1～2mm厚的薄壳。硬化后的模壳应在空气中风干，使其不要太湿，也不要过分干燥，然后再进行第二次浸涂料等结壳过程，一般需要重复4～6次（或更多次），制成5～10mm厚的耐火型壳。

3）脱蜡　将涂挂完毕、粘有型壳的模组浸泡于85～90℃的热水中，使蜡料熔化、上浮而脱除（亦可用蒸汽脱蜡），便得到中空型壳。蜡料可经回收，处理后再用。

4）熔化和浇注　将型壳送入800～950℃的加热炉中进行焙烧，以彻底去除型壳中的水分、残余蜡料和硬化剂等,熔模铸件型壳一般从焙烧炉中出炉后,宜趁热浇注,以便浇注薄而复杂、表面清晰的精密铸件。

2. 熔模铸造的特点和适用范围

1) 熔模铸造的优点

(1) 铸件的精度高,表面光洁(CT4～7,*Ra*12.5～0.8μm)。

(2) 可铸出形状复杂的薄壁铸件,如铸件上的凹槽(>3mm宽)、小孔(φ≥2.5mm)均可直接铸出。

(3) 铸造合金种类不受限制,钢铁及有色合金均可适用。

(4) 生产批量不受限制,单件小批、成批、大量生产均可适用。

2) 熔模铸造的缺点

(1) 工序复杂,生产周期长。

(2) 原材料价贵,铸件成本高。

(3) 铸件不能太大、太长,否则蜡模易变形,丧失原有精度。

综上所述,熔模铸造是一种少、无切削的先进的精密成形工艺,它最适合25kg以下的高熔点、难以切削加工合金铸件的成批大量生产。目前主要用于航天、飞机、汽轮机、燃气轮机叶片、泵轮、复杂刀具、汽车、拖拉机和机床上的小型精密铸件生产。

2.6.5 陶瓷型铸造

将液态金属在重力作用下注入陶瓷型中形成铸件的方法称为陶瓷型铸造,它是在砂型铸造和熔模铸造的基础上发展起来的一种精密铸造方法。

1. 基本工艺过程

陶瓷型铸造有不同的工艺方法,较为普遍的如图2-91所示。

(1) 砂套造型　为节省昂贵的陶瓷材料和提高铸型的透气性,通常先用水玻璃砂制出砂套(相当砂型铸造的背砂)。制造砂套的木模B(图2-91(a))比铸件的木模A应增大一个陶瓷料的厚度。砂套的制造方法与砂型铸造雷同(图2-91(b))。

(2) 灌浆与胶结　灌浆与胶结即制造陶瓷面层。其过程是将铸件木模固定于平板上,刷上分型剂,扣上砂套,将配制好的陶瓷浆由浇注口注满(图2-96(c)),经数分钟后,陶瓷浆便开始给胶。

陶瓷浆由耐火材料(如刚玉粉、铝矾土等)、粘结剂(硅酸乙酯水解液)、固化剂(如$Ca(OH)_2$、MgO)、透气剂(双氧剂)等组成。

(3) 起模与喷烧　灌浆5～15min后,趁浆料尚有一定弹性便可起出模样。为加速固化过程,必须用明火均匀地喷烧整个型腔(图2-111(d))。

(4) 焙烧与合箱　陶瓷型要在浇注前加热到350～550℃焙烧2～5h,以烧去残存的乙醇、水分等,并使铸型的强度进一步提高。

(5) 浇注　浇注温度可略高,以便获得轮廓清晰的铸件。

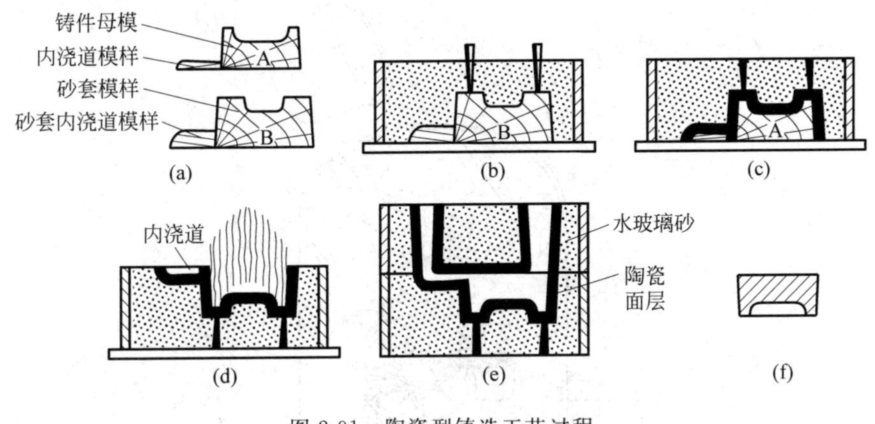

图 2-91 陶瓷型铸造工艺过程

(a) 模样；(b) 砂套造型；(c) 灌浆；(d) 喷烧；(e) 合型；(f) 铸件

2. 陶瓷型铸造的特点及适用范围

① 陶瓷型铸造具有熔模铸造的许多优点。因为在陶瓷层处于弹性状态下起模，同时陶瓷型高温时变形小，故铸件的尺寸精度和表面粗糙度与熔模铸造相近。此外，陶瓷材料耐高温，故也可浇注高熔点合金。

② 陶瓷型铸件的大小几乎不受限制，从几公斤到数吨，而熔模铸件最大仅几十公斤。

③ 在单件、小批生产条件下，需要的投资少、生产周期短，在一般铸造车间较易实现。

陶瓷型铸造的不足是：不适于批量大、重量轻或形状复杂铸件，且生产过程难以实现机械化和自动化。目前陶瓷型铸造主要用于生产厚大的精密铸件，广泛用于铸造冲模、锻模、玻璃器皿模、压铸模、模板等，也可用于生产中型铸钢件。

2.6.6 消失模铸造

用聚苯乙烯发泡的模样代替木模，用干砂(或树脂砂、水玻璃砂等)代替普通型砂进行造型，并直接将高温液态金属浇到型中的消失模的模样上，使模样燃烧、汽化、消失而形成铸件的方法称为消失模铸造(图 2-92)。

1. 消失模铸造的主要工艺过程

消失模模样的制造→模样与浇冒口的粘合→模样涂挂涂料和干燥→填干砂并振动紧实→浇注落砂清理。

2. 消失模铸造分类

(1) 用聚苯乙烯发泡板材，分块制作然后粘合成模样，采用水玻璃砂或树脂砂造型。这类方法主要适用于单件小批量的中大型铸件的生产，如汽车覆盖件模具、机床床身等。

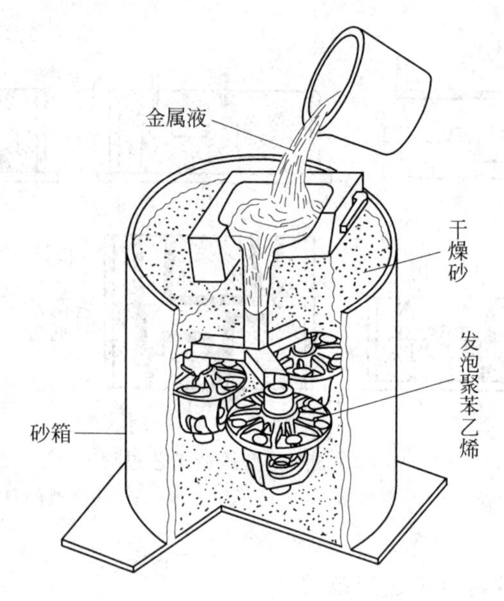

图 2-92 消失模铸造方法示意图

(2) 将聚苯乙烯颗粒在金属模具内加热膨胀发泡，形成消失模模样，并采用干砂造型，它主要适用于大批量中小型铸件的生产，如汽车、拖拉机、铸件管接头、耐磨件等。

3. 消失模铸造特点

(1) 消失模铸造是一种近无余量，精确成形的新工艺。由于采用了遇金属液即汽化的泡沫塑料制作模样，无需起模，无分型面，无型芯，因而铸件无飞边毛刺，减少了由型芯组合而引起的铸件尺寸误差。铸件的尺寸精度和表面粗糙度接近熔模铸造，但铸件的尺寸可大于熔模铸件。

(2) 为铸件结构设计提供了充分的自由度。各种形状复杂的铸件模样均可采用消失模材料粘合，成形为整体，减少了加工装配时间，铸件成本可下降10%～30%。

(3) 消失模铸造的工序比砂型铸造及熔模铸造大大简化，无需高技术等级的工人。

4. 消失模铸造的适用范围

(1) 合金种类：铝、铸铁(灰铁和球铁)、铜及除低碳钢以外的铸钢(因消失模在浇注的熔失过程中会对低碳钢产生增碳作用，使低碳钢的含碳量增加)。

(2) 铸件壁厚3mm以上。

(3) 铸件重量范围在几公斤至几十吨。

(4) 生产批量可单件小批亦可成批大量，其中EPC法要求年产量为数千件以上。

(5) 只要砂子在消失模模样中能得到足够紧实，对铸件的结构形状几乎无特殊限制。

2.6.7 离心铸造

1. 离心铸造的基本类型

(1) 立式离心铸造(图 2-93) 当铸型在立式离心铸造机上绕垂直轴回转，在离心力作用下，金属液自由表面(内表面)呈抛物面，使铸件沿高度方向的壁厚不均匀(上薄、下厚)。铸件高度愈大、直径愈小、转速愈低时，其上、下壁厚差愈大。因此，立式离心铸造适用于高度不大的盘、环类铸件。

(2) 卧式离心铸造(图 2-94) 当铸型在卧式离心铸造机上绕水平轴回转时，由于铸件各部分的冷却、成形条件基本相同，所得铸件的壁厚在轴向和径向都是均匀的，因此，卧式离心铸造适用于铸造长度较大的套筒及管类铸件，如铜衬套、铸铁缸套、水管等。

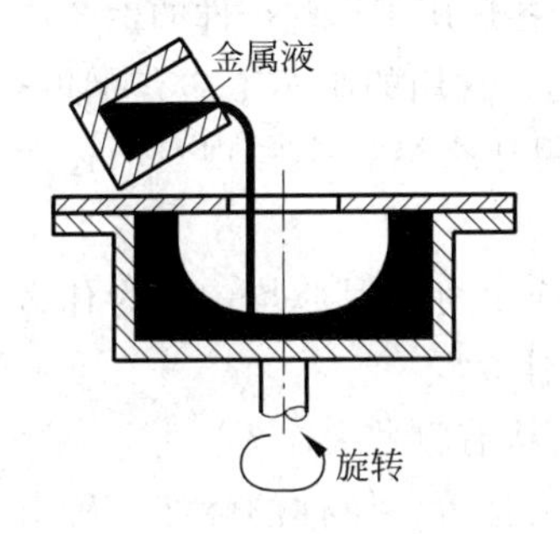

图 2-93 立式离心铸造示意图

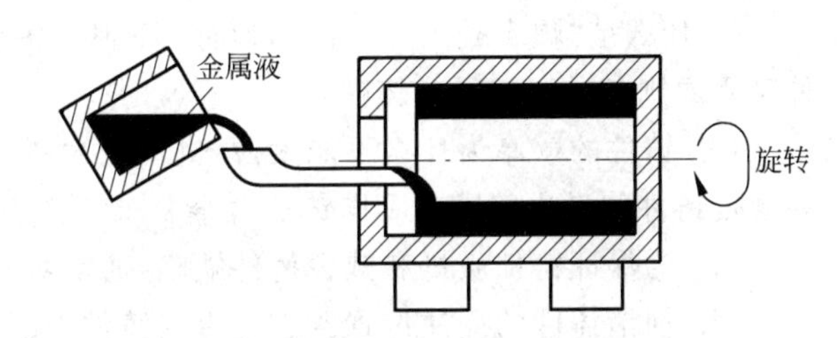

图 2-94 卧式离心铸造示意图

2. 离心铸造的特点及适用范围

1) 离心铸造的优点

(1) 用离心铸造生产空心旋转体铸件时，可省去型芯、浇注系统和冒口。

(2) 在离心力作用下密度大的金属被推往外壁，而密度小的气体、熔渣向自由表面移动，形成自外向内的顺序凝固。补缩条件好，使铸件致密，机械性能好。

(3) 于浇注“双金属”轴套和轴瓦。如在钢套内镶铸一薄层铜衬套，可节省价贵的铜料。

2) 离心铸造不足之处

(1) 铸件内孔自由表面粗糙、尺寸误差大、质量差。

(2) 不适于生产密度偏析大的合金(如铅青铜等)及铝、镁等轻合金铸件。

离心铸造主要用于大批生产管、筒类铸件，如球墨铸铁输水管、铜套、缸套、双金属钢背铜套、耐热钢辊道、无缝钢管毛坯、造纸机干燥滚筒等；还可用于轮盘类铸件，如泵轮、电机转子等。

复习思考题

1. 铸铁合金熔炼采用的炉子有哪些种类？各有什么优缺点？

2. 铸铁的石墨形态主要有哪些？它们对铸件的性能有哪些影响？灰铸铁和球墨铸铁常采用的炉前金属液处理有哪些？它们的目的分别是什么？

3. 铸钢用的钢液净化处理目的是什么？目前有哪些主要净化工艺和设备？

4. 铝合金、铸铁合金、铸钢合金浇注温度范围是多少？浇注温度的不同对砂型、砂芯材料的选择有什么不同？为什么？

5. 湿型粘土砂的主要成分是什么？它有哪些优缺点？适合生产哪些铸件？

6. 湿型粘土砂的造型方法有哪些？试比较应用震击、压实、射压、高压、气冲和静压等各种造型方法的紧实的砂型紧实度分布(沿砂箱高度方向)。为什么需要用高密度湿粘土砂型生产铸件？

7. 树脂自硬砂、水玻璃砂与粘土砂比较有哪些优点？各适用于哪些铸件的生产？

8. 砂芯的作用是什么？经常使用哪些粘结剂来制芯？常用的制芯工艺有哪些？

9. 什么是"顺序凝固"和"同时凝固"原则？各需采用什么措施来实现？上述两种凝固原则各适用于哪些铸件？

10. 铸件的壁厚为什么不能太薄，也不能太厚，而且应尽可能厚薄均匀？为什么要规定铸件的最小壁厚？不同铸造合金要求一样吗？为什么？

11. 为保证铸件质量和减少铸件缺陷，通常对铸件结构有哪些要求？

12. 何谓铸件的浇注位置？它是否指铸件上的内绕道位置？铸件的浇注位置对铸件的质量有什么影响？应按何原则来选择？

13. 试述分型面与分模面的概念。分模造型时，其分型面是否就是其分模面？从保证质量与简化操作两方面考虑，确定分型面的主要原则有哪些？

14. 试确定图2-95所示铸件的浇注位置及分型面。

15. 浇注系统一般由哪几个基本组元组成？

16. 冒口的作用是什么？冒口尺寸的大小是怎样确定的？

17. 何谓封闭式、开放式、底注式及阶梯式浇注系统？它们各有什么优点？

18. 试述熔模铸造的工艺过程。在不同批量下，其压型的制造方法有何不同？熔模铸造的适应的范围如何？

19. 金属型铸造有何优越性？为什么金属型铸造不能完全取代砂型铸造？为何用它浇注铸铁件时，常出现白日组织，应采取哪些措施避免？

20. 试比较消失模铸造与熔模铸造两工艺的异同点及各自的应用范围。

21. 压力铸造有何优缺点？它的适用范围如何？

22. 什么是离心铸造？它在铸造圆筒件时有哪些优越性？用离心铸造法铸造成形铸件的目的是什么？

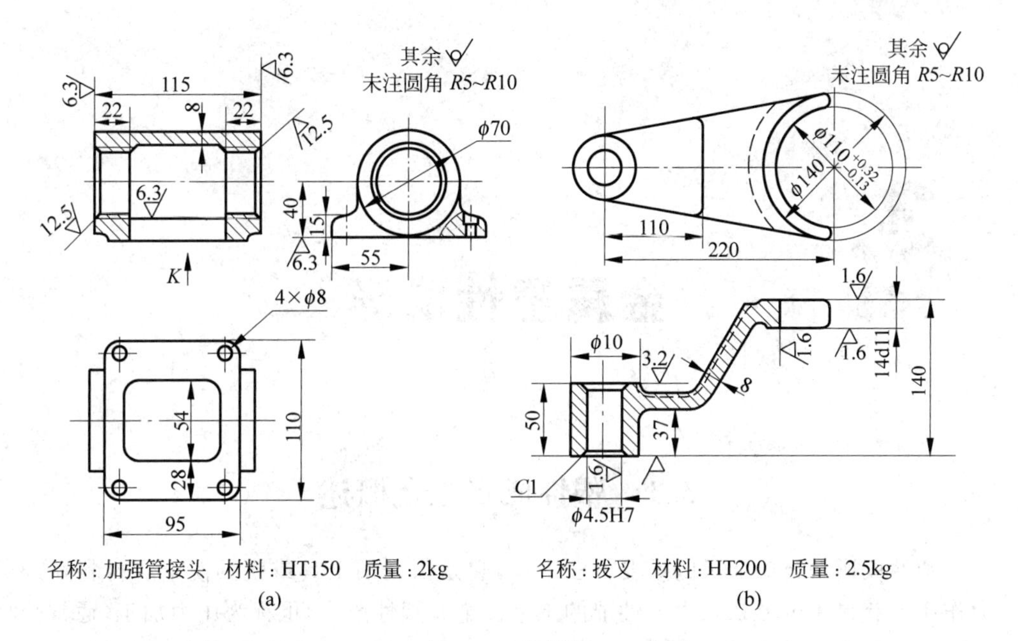

图 2-95 零件图

(a) 加强管接头；(b) 拨叉

参考文献

1 王文清，李魁盛. 铸造工艺学. 北京：机械工业出版社，1998

2 曹文龙. 铸造工艺学. 北京：机械工业出版社，1989

3 中国机械工程学会铸造分会. 铸造手册. 第 2 版. 北京：机械工业出版社，2002

4 Beeley P R. Foundry Technology. London：Butterworths，1972

5 清华大学，华中工学院，郑州工学院. 铸造设备. 北京：机械工业出版社，1980

6 陈士梁. 铸造机械化. 北京：机械工业出版社，1988

7 沈其文. 材料成形工艺基础. 武汉：华中理工大学出版社，1999

8 李庆春. 铸件形成理论基础. 北京：机械工业出版社，1982

9 Rao P N . Manufacturing Technology：Foundry，Forming and Welding，Second Edition. Singapore：McGraw-Hill，2000

10 Herfurth K. Giessereitechnik kompakt. Duersseldorf：Verlag Stahleisen GmbH，2003

3 金属塑性成形

3.1 塑性成形工艺概述

塑性成形是金属加工的重要方法之一，它是指利用工具或模具使金属材料在外力作用下获得一定形状及力学性能的工艺。金属塑性成形，也称为压力加工，通常分为一次成形和二次成形两大类。一次成形是生产坯料、型材、板材、管材的加工方法，有轧制、挤压和拉拔等，这些成形产品通常是为后续的其他塑性成形方法提供坯料；二次成形是机械制造领域内生产零件或坯料的加工方法，有锻造和冲压(合称锻压)等，它们所使用的坯料是由铸造或一次成形生产的。

本章主要介绍金属的锻压工艺及设备。锻压工艺是一门古老的技术，人们很早就已经利用金属塑性变形的规律，采取合理的技术措施，将金属材料在固态下成形，制成各种工具、兵器、农具、日用品和机器零部件。在工业革命中，这种古老的工艺在制造业中发挥重要作用的同时，其本身也得到了长足的发展。目前，由于产品的更新换代日趋频繁，各工业部门对生产技术的发展也提出了愈来愈高的要求，金属塑性加工正朝着复杂化、多样化、高性能、高质量方向发展，其设计方法和手段也在不断地更新和发展。

3.1.1 塑性成形工艺的特点及应用

塑性成形工艺与其他金属加工工艺，例如机械加工、铸造、焊接等相比，具有以下几个方面的特点：

(1) 材料利用率高　锻压工艺主要是依靠金属在塑性状态下的形状变化和体积转移来实现的，不产生切屑，材料利用率高，可以节约大量的金属材料。

(2) 产品力学性能好　金属在塑性成形过程中，其内部组织得到改善，而且流线完整，所以制件的强度得到提高，具有良好的力学性能。图 3-1 是采用不同工艺制造的链接链，其内部的金属流线是不同的，很显然，锻造工艺形成连续的金属流线可以提高制件的强度。

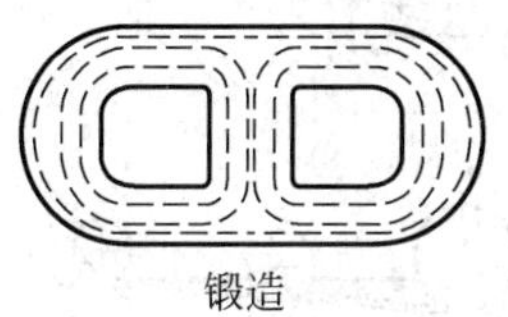

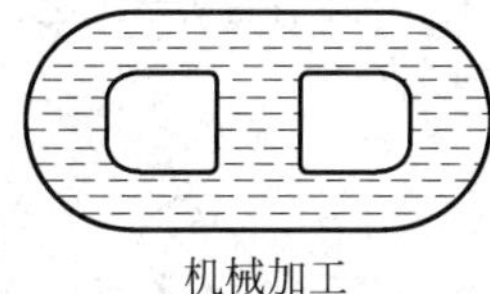

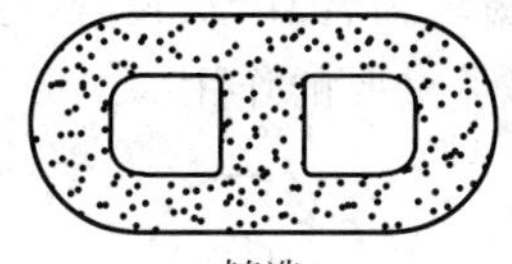

图 3-1 链接链的不同成形工艺金属流线比较

(3) 产品尺寸精度高 锻压工艺中的许多工艺方法已经达到了少、无切削加工的要求(净成形和近净成形),如齿轮精锻、冷挤压花键工艺等,可以作为零件直接使用;汽轮机叶片的精锻也达到了只需磨削的程度;板料的冲压成形产品无需后续的其他加工,可以直接使用。

(4) 生产效率高 金属塑性成形工艺适合大批量生产,随着塑性成形工具和模具的改进及设备机械化、自动化程度的提高,生产效率得到了大幅度提高。例如,在双动拉深压力机上,成形一个汽车覆盖件仅需几秒钟;超高速冲裁可以达到每分钟1000 件的速度。

由于锻压工艺具有了上述特点,所以在机械、航空、航天、船舶、军工、仪器仪表、电器和日用五金等工业领域得到广泛应用。例如,在国防工业中,飞机上的锻压件质量占 85%,坦克上的锻压件质量占 70%,导弹、大炮、枪支上的部分零件都是通过锻压工艺来生产的。锻压工艺在国民经济中也占十分重要的地位,例如,在交通运输工业中,铁路机车中锻压件质量占 60%,而汽车锻压件质量占到了 80%以上,轮船上的发动机曲轴、推力轴等主要零部件也是锻制而成的。

3.1.2 塑性成形工艺的分类

根据金属变形的特点,塑性成形工艺主要分两种,即体积成形(bulk metal forming)和板料成形(sheet metal forming)。

1. 体积成形

体积成形主要是指那些利用设备和工具、模具,对金属坯料(块料)进行体积不变,材料进行重新分配的塑性变形,得到所需形状、尺寸及性能的制件。体积成形中,变形区的形状随变形的进行而发生改变,属于非稳态塑性变形,例如锻造工艺等;在成形的大部分阶段变形区的形状不随变形的进行而改变,属于稳态塑性变形,例如轧制、拉拔和挤压工艺等。

2. 板料成形

板料成形又称为冲压,这种成形方法通常都是在常温下对板料进行成形,所以也称为冷冲压。按照金属的变形性质又可以分为分离工序和成形工序。

除了以上分类外,在金属的塑性加工过程中,还有一些结合了轧制和锻压特点发展起来的工艺(图 3-2),例如辊锻(锻造和纵轧结合)、楔横轧(锻造和横轧结合)、辗环(锻造扩孔和横轧结合)以及辊弯(弯曲和轧制结合)等工艺。这些工艺在制造一些特殊零件中发挥了重要的作用。

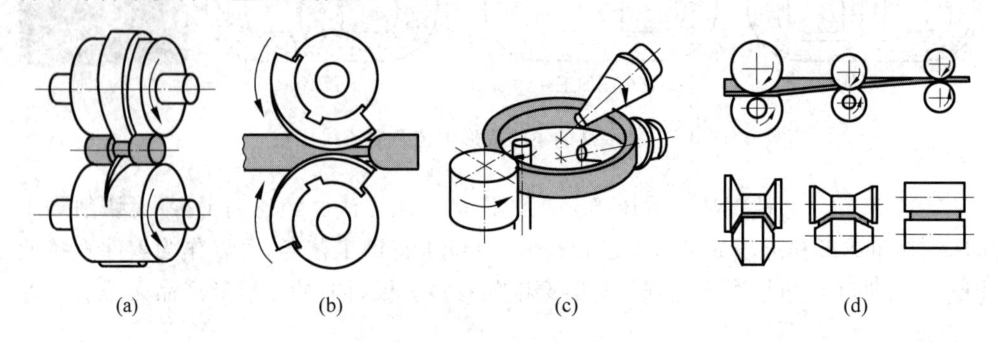

图 3-2 锻压和轧制结合的特殊成形工艺

(a) 楔横轧;(b) 辊锻;(c) 辗环;(d) 辊弯

3.2 锻造工艺

锻造的主要目的是:成形和改性(改善机械性能和内部组织),其中后者是其他工艺方法难以实现的。另外,锻造生产还具有节约金属、生产效率高、灵活性大等优点。通过锻造能使铸造组织中的疏松、气孔充分压实,把粗大的铸造组织(树枝状晶粒)击碎成细小的晶粒,并形成纤维组织。当纤维组织沿着零件轮廓合理分布时,能提高零件的机械性能。因而,锻件强度高,可承受更大的冲击载荷。在承受同样大小冲击载荷的情况下,锻制零件尺寸可以减小,即节省了金属。例如,美国用 315MN 水压机模锻 F-102 歼击机上的整体大梁,取代了 272 个零件和 3200 个螺钉,使其质量减轻了 45.5～54.5kg。

锻造工艺的分类大体上有两种方法,一种是按成形温度划分,一种是按所用设备和工具划分。

按成形温度,锻造可分为热锻、温锻和冷锻三种。热锻是应用最广泛的一种锻造工艺。

在再结晶温度以上进行的锻造称为热锻。热锻的目的有以下 3 个方面:

(1) 减小金属的变形抗力,因而减少坯料变形所需的力,使所需锻压设备的吨位大为减小;

(2) 改变钢锭的铸态结构,在热锻过程中经过再结晶,粗大的铸态组织变成细小晶粒的新组织,并减少铸态结构的缺陷,提高钢的机械性能;

(3) 提高钢的塑性,这对一些低温时较脆难以锻压的高合金钢尤为重要。

在室温以上完全再结晶温度以下进行的锻造称为温锻。中碳钢和合金钢在冷锻压时变形抗力大,有时工具的强度和设备吨位无法承受,加热后温锻,可减小变形抗力。中碳钢和合金结构钢的温挤压是新近发展起来的新工艺。发电机护环的变形强化有时也采用温锻。金属在温锻时的氧化慢,可以得到精度较高的锻压件。

在室温时进行的锻造称为冷锻。冷锻是钢料或有色金属在室温下进行的锻压加工。冷锻时锻件没有温度波动和氧化作用,可以得到精度高、表面光洁的锻件,容易达到少或无切削加工要求。冷锻过程还可以利用加工硬化现象来提高锻件的强度和硬度。冷镦、冷挤等工艺在飞机、汽车零部件制造中已得到广泛应用。但冷锻时金属的变形抗力大,目前还只限于比较小的机器零件和低碳钢及有色金属材料。

根据金属变形所采用的设备和工具,锻造可以分为自由锻造、模型锻造、胎模锻造和特种锻造。

自由锻造简称自由锻,一般是在锻锤或液压机上,利用简单的工具将金属块料锻成所需形状和尺寸。在自由锻造中不使用专用模具,锻件的尺寸精度低,生产效率不高。主要用于单件、小批量生产、大锻件生产或冶金用开坯。

模型锻造简称模锻,它是在模锻锤、模锻水压机或模锻压力机上利用专用的模具来使金属成形,又可以分为开式模锻和闭式模锻。由于金属在成形过程中受到了模具的控制,因此模锻件有相当精确的外形和尺寸,生产效率也高,适合于大批量生产。

胎模锻造是自由锻造向模型锻造过渡的锻造方法。它是利用平砧和胎模(一种单型腔模具)生产一些形状比较简单的工件。这种工艺与自由锻和模锻相比,应用范围较窄。

特种锻造是在专用设备上或在特殊模具内使金属毛坯成形的一种特殊锻造工艺,这些工艺方法都是为了成形一般锻造方法很难或无法得到的锻件,如精密锻造、径向锻造、热挤压、辊锻、楔横轧和电热顶镦等。

3.2.1 锻前加热

在热锻和温锻工艺中,首先需要对毛坯进行加热。金属毛坯锻前加热的目的是提高金属塑性、降低变形抗力并获得良好的锻后组织。所以,锻前加热是许多锻造工艺中一个不可缺少的重要环节。

1) 加热方法

金属毛坯在锻前的加热方法基本上有两大类,即火焰加热和电加热。

火焰加热主要通过加热炉内的煤、焦炭、煤气、重油和柴油等燃料在燃烧过程中产生具有大量热能的高温火焰和气体,以对流、辐射的方式将热能传给毛坯表面,再由表面向中心热传导而使金属毛坯加热。当炉内温度低于600～700℃时,毛坯加热主要靠对流传热。当温度超过700～800℃时,毛坯加热则以辐射传热为主。普通锻造加热炉在高温加热时,辐射传热占90%以上,对流传热占8%～10%。

火焰加热作为一种传统的毛坯加热方法有很多优点,例如燃料来源方便、炉子制造简单、加热费用较低、对毛坯的适应范围广。但是也有其自身的缺点,首先是加热速度慢,效率低,不适合大批量的规模生产。加热质量难以控制,许多加热工艺和规范是由生产经验来确定。另外,这种加热方式,劳动条件差,对环境有污染。

电加热是通过把电能转变为热能来加热金属毛坯。具体的方法有感应电加热、接触电加热、电阻炉加热和盐浴炉加热。

感应电加热就是将金属毛坯放入感应圈内,通过感应圈内的交变电流产生的交变磁场,在金属内部产生交变涡流,依靠毛坯的阻抗使电能转变为热能,从而使毛坯加热。这种加热方法有很多优点:加热速度快;加热质量好;温度可以得到很准确的控制;金属烧损少;便于实现机械化和自动化,与后续的锻压设备组成生产线;劳动条件好,对环境无污染。但是,用于这种加热方法的设备和电能费用较高。

接触电加热的原理是以低压大电流直接通入金属毛坯,利用金属的电阻产生热量,从而使之加热。这种方法的特点是不需特别复杂的设备,成本低,耗电少。但是对毛坯的表面粗糙度和形状尺寸要求严格,对温度的测量控制比较困难,一般只适用于长毛坯的整体或局部加热。

电阻炉的加热原理与火焰加热相似,也是通过对流和辐射的方式进行,只是热源不是燃料,而是铁铬铝合金和镍铬合金等电热体(通电后产生热量)。

2) 加热中的常见缺陷

金属毛坯通过加热可以降低变形抗力、提高塑性,但是如果控制不好,也会出现一些缺陷,包括:氧化、脱碳、过热、过烧和裂纹等。这些缺陷直接影响金属的锻造性能和锻件质量。所以必须了解这些缺陷产生的原因并通过制定正确的加热规范来进行预防,才能保证加热的质量。

(1) 氧化　氧化的实质是扩散过程,即炉气(O_2、CO_2、H_2O 等)中的氧以原子状态吸附到钢料表面后向内扩散,而钢料表层中的铁则以离子状态由内部向表面扩散,扩散结果使钢的表层变成氧化铁(氧化皮),这种缺陷称为氧化。由于氧化,毛坯会出现烧损,氧化皮在成形时会被压入锻件表面,影响其表面质量;氧化皮又脆又硬,加剧模具的磨损;另外,氧化皮还会引起加热炉底的腐蚀破坏。

(2) 脱碳　钢在高温加热时,表层中的碳和炉气中的氧化性气体(O_2、CO_2、H_2O 等)与某些还原性气体(H_2)发生化学反应,生成甲烷或一氧化碳,造成钢料表层的含碳量减少,这种现象称为脱碳。脱碳造成的结果是使锻件表面变软,强度和耐磨性降低。当脱碳层较深时,会影响到锻件的质量。

(3) 过热　当毛坯在加热超过某一温度,并在此温度下停留时间过长,会引起奥氏体晶粒迅速长大,晶界会析出硫化物和磷化物夹杂,这种现象称为过热。过热的组织导致锻件的强度和韧性降低,必须通过二次锻造来消除。但有些情况下,锻件成品形状不允许进行二次锻造,这样的锻件只能报废。

(4) 过烧　当毛坯加热温度接近其熔点之前,其内部的低熔成分和夹杂物会产生氧化和溶解,破坏晶界的结合,失去塑性,不能锻造,这种现象称为过烧。过烧的毛坯在锻造时,会在表面引起网格状的裂纹,一般称为"龟裂"。过烧严重时,毛坯会破裂成碎块。

(5) 裂纹　毛坯在加热中,由于其表层与心部温度的差异造成的温度应力,以及相变发生时间的差异引起的组织应力超出材料在此温度下的强度极限时便产生裂纹。

3）锻造温度范围的确定

锻造温度范围是指金属锻造开始温度（始锻温度）和锻造结束温度（终锻温度）之间的一段温度区间。

确定锻造温度范围的原则是：使金属在锻造温度范围内具有良好的塑性和较低的变形抗力；锻造出的锻件机械性能及微观组织良好；锻造温度范围尽可能宽，这样，加热的次数比较少，可以提高生产效率。

以钢材为例，确定锻造温度范围的基本方法是：以钢的平衡图为基础，参考钢的塑性图、变形抗力图和再结晶图，由塑性、质量和变形抗力三方面加以综合分析，从而确定始锻温度和终锻温度。

确定始锻温度，必须保证钢不产生过热和过烧的现象，针对碳钢来讲，始锻温度应低于铁-碳平衡图的始熔线150～250℃（图3-3）。此外，始锻温度还应考虑到坯料组织、锻造方式和变形工艺等因素。

终锻温度的确定，既要保证钢在终锻前保持足够的塑性，又要使锻件能够获得良好的组织性能。在锻造过程中，坯料的热量向外传散，温度逐渐下降，到一定温度后，即使加工目的还未完成，也要停止锻造。为了保证热锻后锻件内部为再结晶组织，终锻温度要高于金属的再结晶温度50～100℃。终锻温度如低于再结晶温度，内部将出现硬化组织和残余应力，在锻压、冷却或后续工艺过程都容易开裂。对于碳钢，终锻温度要在图3-3的 Ar_1 线以上（奥氏体分解为铁素体和珠光体的温度）。但是，终锻温度如果比再结晶温度高得过多，停锻后内部晶粒会继续长大，出现粗晶组织，或析出第二相，影响锻件的机械性能。

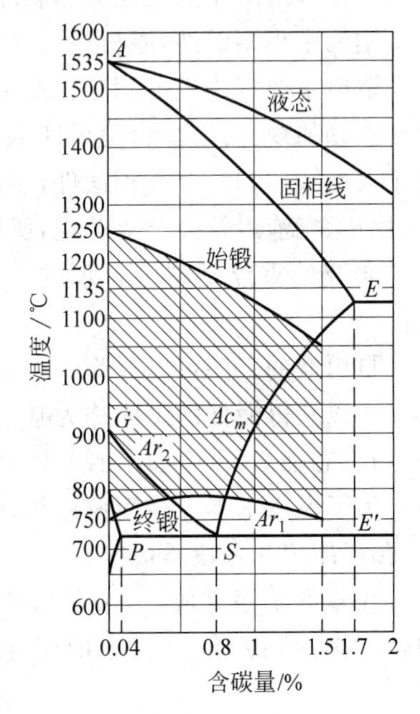

图3-3 碳钢的锻造温度范围

合金的再结晶温度和成分相关。纯金属的再结晶温度 $T_{再}$ 和熔点 $T_{熔}$ 有下列近似关系：

$$T_{再} \approx 0.4T_{熔} \tag{3-1}$$

式中：T 为绝对温度。

金属内加入合金元素后，增加了原子稳定性，再结晶温度比纯金属的要高。例如纯铁的再结晶温度为450℃，碳钢的再结晶温度为600～650℃。

高合金钢：$T_{再} \approx (0.6 \sim 0.65)T_{熔}$ (3-2)

高碳钢：$T_{再} \approx (0.7 \sim 0.85)T_{熔}$ (3-3)

从以上可以看出，金属的始锻温度和终锻温度随成分不同有很大的差别。一般来说，钢的合金元素愈高，熔点愈低，始锻温度也愈低。而再结晶温度则相反,合金元素愈高,结晶温度愈高,终锻温度也愈高,所以合金成分愈高,始锻和终锻温度的间隔愈小。

当然,钢的终锻温度与钢的组织、锻造工序和后续工序等也有关,在具体指定工艺时,还要考虑这些因素的影响。

3.2.2 自由锻造

自由锻造是指利用设备上、下砧块和一些简单的工具,使坯料在压力作用下产生塑性变形,简称自由锻。自由锻分为手工锻造和机器锻造,手工锻造是一种古老的锻压工艺,在工业化生产中很少采用。现代生产中主要采用机器锻造,根据锻造设备的不同,机器锻造可分为锻锤自由锻和液压机自由锻等。自由锻工艺过程的实质是逐步改变坯料的形状和尺寸,从而获得所要求形状和性能的锻件。

自由锻的优点是:所用的工具简单,通用性强、灵活性大,因此适合单件和小批锻件的生产,特别是特大型锻件的生产,这对于新产品的试制、非标准的工装夹具和模具的制造提供了经济快捷的方法。

自由锻的缺点是:锻件精度低,加工余量大、生产率低、劳动强度大等。

自由锻的成形特点是:坯料在平砧或工具之间经逐步的局部成形而完成。由于是工具和坯料局部接触,故所需设备功率比生产同尺寸锻件的模锻设备要小得多。所以自由锻适合锻造大型锻件,如万吨模锻水压机只能模锻几百公斤重的锻件,而万吨自由锻水压机却可锻造重达百吨以上的大型锻件。

自由锻造所用的毛坯为热轧坯、冷轧坯(一次成形)或铸锭坯等。对于碳钢和低合金钢的中小型锻件,原材料大多采用经过锻轧的坯料,这类坯料的内部质量较好,在锻造时主要解决成形问题。对于这类坯料的自由锻造,其工艺研究的重点是利用金属流动的规律,选择合适的工具,制定合理的成形工序,获得合格的形状和尺寸。对于大型锻件和高合金钢锻件,多数是利用初锻坯或铸锭坯,其内部组织有疏松、缩孔、偏析、气泡以及夹杂等缺陷,所以必须通过自由锻造来消除。这类坯料的自由锻工艺研究的重点是制定合理的工艺参数,选择合适的工具,消除缺陷,改善材料的性能。

自由锻的工序可以分为三类,即基本工序、辅助工序和修正工序。改变坯料形状和尺寸以获得锻件的工序称为基本工序。自由锻的基本工序有镦粗、拔长、冲孔、芯轴扩孔、芯轴拔长、弯曲、切割、错移、扭转和锻接等(图3-4)。

为了完成基本工序而使坯料预先产生某一变形的工序叫做辅助工序,如钢锭倒棱、预压钳把和分段压痕等。

在基本工序完成后,为了精整锻件尺寸和形状,消除锻件平面不平、歪扭等,使锻件完全达到锻件图要求的工序叫做修整工序,如鼓形滚圆、端面平整、弯曲校直等。

本节主要介绍镦粗和拔长两种工序。

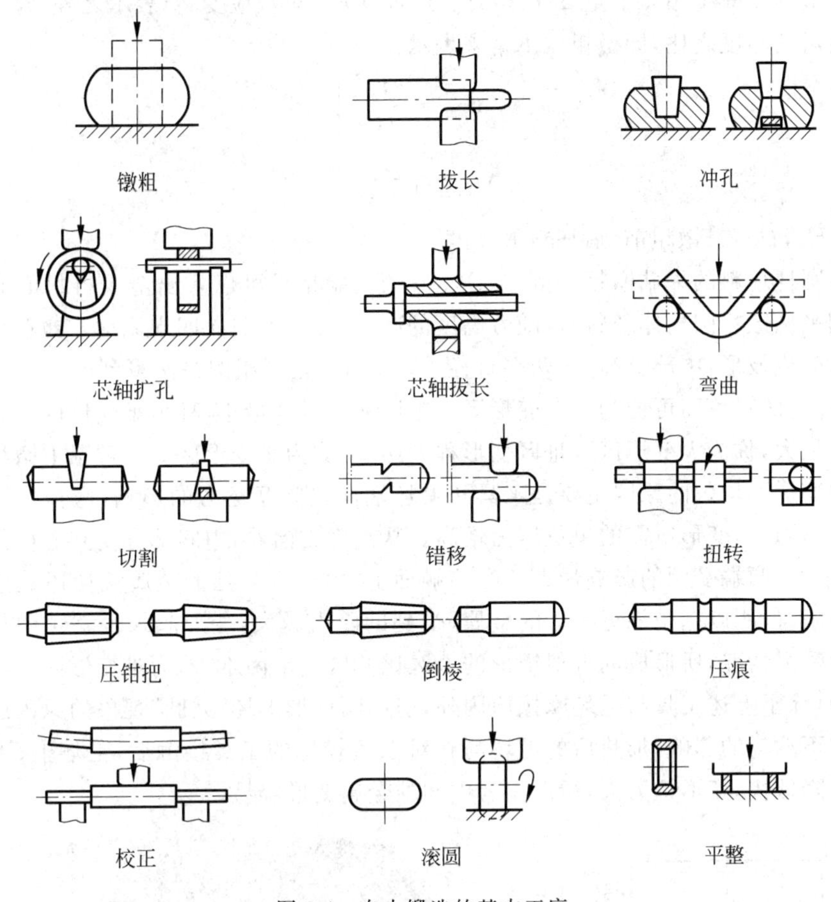

图 3-4 自由锻造的基本工序

1. 镦粗

使坯料高度减小而横截面积增大的成形工序称为镦粗。镦粗是自由锻中最基本最常见的工序之一。

镦粗主要应用在下列情况中：

(1) 由横截面积小的毛坯得到横截面积较大而高度较小的饼类锻件；

(2) 冲孔前增大横截面积和平整坯料端面；

(3) 提高后续拔长工序的锻比；

(4) 提高锻件的横向机械性能和减少机械性能的异向性；

(5) 反复镦粗和拔长可以破碎合金工具钢中的碳化物，并使其均匀分布。

镦粗方法一般分为三类：即平砧镦粗、垫环镦粗和局部镦粗。

1）平砧镦粗

坯料在上下平砧间或镦粗平板间进行的镦粗称为平砧镦粗，如图 3-5 所示。镦粗的变形程度除了用压下量ΔH、相对变形程度ε_H、对数应变e_H表示之外,常以坯料镦粗前后的高度之比,即镦粗比K_H来表示:

$$\left.\begin{aligned} K_H &= \frac{H_0}{H} \\ K_H &= \frac{1}{1-\varepsilon_H} \end{aligned}\right\} \tag{3-4}$$

式中:H_0,H——镦粗前、后坯料的高度。

以圆柱坯料的平砧镦粗为例,从图3-6的实验结果可以看出金属材料的流动特点。用平砧镦粗圆柱体坯料时,随着高度的减小,金属不断向四周流动。镦粗后的侧表面将变成鼓形,中部直径大,两端直径小。图3-7是利用网格法得到的金属流动规律,沿坯料的对称面可分为三个变形区。Ⅰ区变形程度最小,称为难变形区。Ⅱ区变形程度最大,称为大变形区。Ⅲ区变形程度居中,称为小变形区。在常温下镦粗时产生这种变形不均匀的原因主要是工具和毛坯端面之间摩擦力的影响,这种摩擦力使金属变形困难,变形所需的单位压力增高。从高度方向看,中间部分受到摩擦的影响最小,上、下两端受到的影响最大。在接触面上,由于中心处的金属流动还受到外层金属的阻碍,所以越是靠近中心的金属,受到的阻力越大,变形起来也就越困难。由于这种受力情况,所形成的近似锥形的Ⅰ区比Ⅱ区变形困难,即为难变形区。在热锻过程中,除了上述工具与毛坯摩擦原因外,引起圆柱形毛坯"鼓肚"现象的原因还有温度分布不均匀的影响,加热后的毛坯与相对温度较低的工具接触后,毛坯上、下端金属温度降低快,变形抗力大,所以没有中间处金属变形容易。

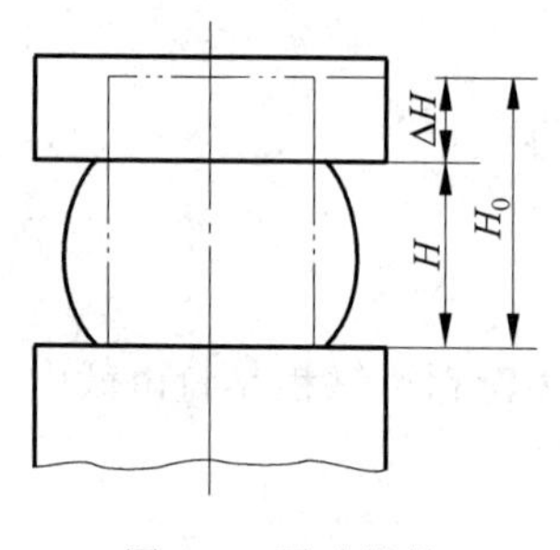

图3-5 平砧镦粗

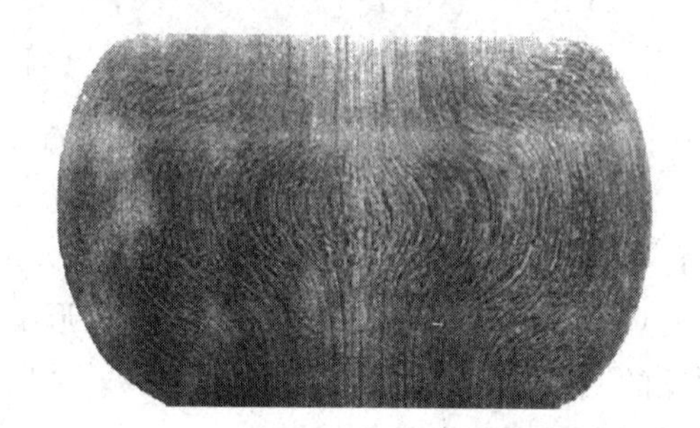

图3-6 平砧镦粗的内部金属流动

平砧镦粗的特点决定了这种工艺生产的锻件容易出现一些缺陷:①"鼓肚"现象;②侧面容易产生纵向或呈45°方向的裂纹;③锭料镦粗后,上、下端常保留铸态组织;④高毛坯镦粗时还会出现失稳而弯曲,出现"双鼓肚"现象等。除了上面介绍的引起"鼓肚"现象的原因,其他缺陷是怎么产生的呢?

从图3-7可以看出,Ⅱ区的金属变形程度大,在向外流动时对Ⅲ区金属有径向压应力,并使其在切向受拉应力,越靠近坯料表面切向拉应力越大。当切向拉应力超过材料在变形温度下的强度极限后,便引起纵向裂纹。低塑性材料由于抗剪切的能力

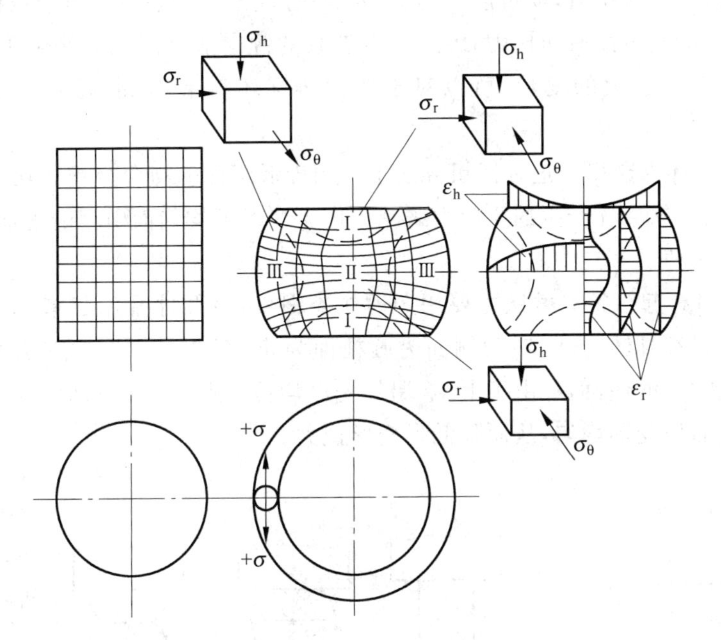

图 3-7 平砧镦粗时变形分区及应力状态

弱，常在侧表面产生 45°方向的裂纹。

由于摩擦和温度的影响，在难变形区的金属变形程度小，温度下降得快。如果毛坯是铸锭的话，在此区的铸态组织不易破碎和再结晶，结果仍保留粗大的铸态组织。而中间部分(即Ⅱ区)，由于变形程度大而且温度高，铸态组织被破碎和再结晶，形成细小晶粒的锻态组织，而且锭料中部的原有空隙也被焊合了。

由此可见，表面产生裂纹和内部组织不均匀都是变形温度的不均匀引起的。为了消除这些缺陷，保证锻件质量，要求尽量减小“鼓肚”的程度，提高变形的均匀性。在锻造生产中常采用下列的工艺措施来解决这些缺陷。

(1) 预热工具和使用润滑剂　这种措施主要是防止金属毛坯很快冷却，一般情况下，需对工具进行 200～300℃的预热。另外，使用玻璃粉、石磨粉以及二硫化钼等作为润滑剂可以减小工具与毛坯之间的摩擦。

(2) 凹形坯镦粗　这种措施主要是为了减小“鼓肚”的程度，从而避免侧表面出现裂纹。锻前将坯料的侧表面局部成形为内凹的形状，这样在坯料的侧变面有压应力产生，可以起到阻止纵向开裂的作用(图 3-8)。

(3) 软金属垫镦粗　这种方法是将坯料放在两个温度不低于坯料温度的软金属垫之间进行镦粗。由于容易变形的软金属的流动，对坯料产生了向外的主动摩擦力，促使坯料端部的金属向四周流动，结果使坯料的侧面内凹；当继续镦粗时，软垫直径增大，厚度变薄，温度降低，变形抗力增大，而此时坯料明显地镦粗，侧面内凹消失，呈现圆柱形,再继续镦粗时,就可以得到了"鼓肚"程度不大的锻件。由于镦粗过程中坯料侧面内凹,沿侧表面有压应力,因此产生裂纹的倾向显著降低。又由于坯料上、下端两部分也有了较大的变形,所以对于那些铸锭坯料来说,也就不再保留铸态组织了。

(4) 在套环内镦粗　这种镦粗方法主要用于低塑性的高合金钢。在坯料外圈加一个碳钢外套,靠套环产生的压应力来减小由于变形不均匀而引起的附加拉应力,镦粗后将外套去掉。

(5) 坯料叠起镦粗　叠镦主要用于薄饼类锻件,将两件叠加起来,形成鼓形后,再将两个坯料都翻转180°,镦到侧面为圆柱面为止(图3-9)。这种方法不但可以获得没有"鼓肚"的锻件,而且由于上、下端部先后均位于两个不同的成形区,因此消除了难变形区而使变形均匀,从而降低了变形抗力。

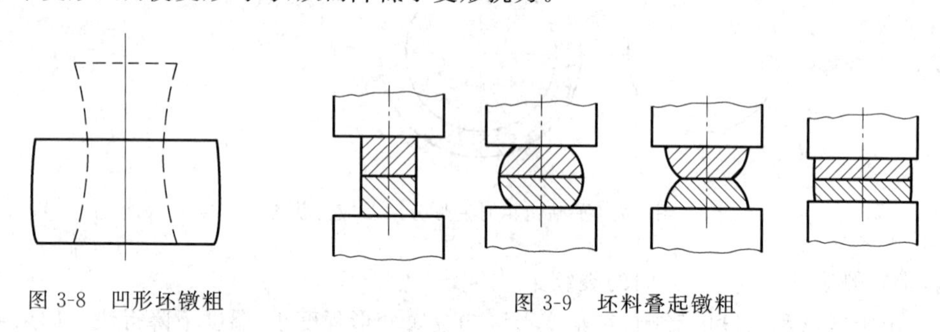

图3-8　凹形坯镦粗　　　图3-9　坯料叠起镦粗

(6) 反复镦粗拔长　这种方法主要是为了难变形区在拔长时得到变形,使整个坯料各处变形均匀。

2) 垫环镦粗

坯料放在单个垫环和平砧之间或两个垫环之间进行的镦粗,称为垫环镦粗(图3-10),也称为镦挤。这种锻造方法,用于成形带有单边或双边凸肩的齿轮、带法兰的饼块类锻件。由于锻件凸肩直径和高度比较小,垫环直径较大,所用的坯料直径大于环孔直径。

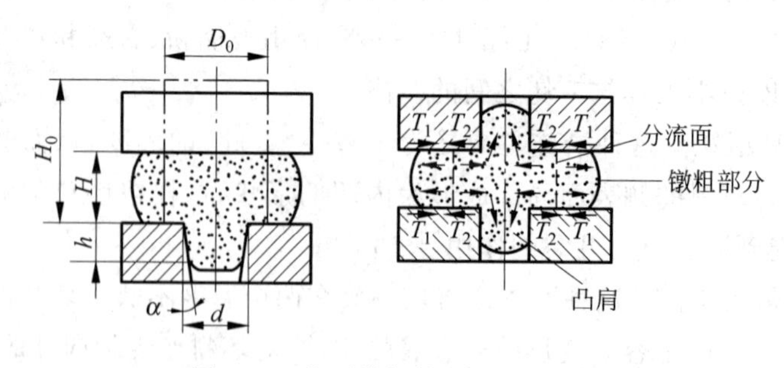

图3-10　垫环镦粗的金属流动规律

3）局部镦粗

顾名思义，只对坯料局部（端部或中间）进行镦粗称为局部镦粗。这种镦粗方法可以锻造凸肩直径和高度较大的饼类锻件，也可锻造端部带有较大法兰的轴杆类锻件。局部镦粗时的金属流动特征与平砧镦粗相似，但会受到不变形部分的影响。

2. 拔长

使坯料横截面积减小而长度增加的锻造工序称为拔长。拔长是一种局部成形工艺，即局部加载、局部受力和局部变形。变形区的金属流动与镦粗相似，但与镦粗不同的是，金属的变形除了受到工具和温度的影响外，还与不变形部分的金属有关。由于是局部成形，所以拔长比较费时，保证锻件质量的前提下，尽量提高拔长效率也是此类工序研究的内容。

拔长主要应用于下列情况中：

(1) 由横截面积大的毛坯得到横截面积较小而轴向较长的轴类锻件；

(2) 改善锻件内部质量；

(3) 反复镦粗和拔长可以破碎合金工具钢中的碳化物，并使其均匀分布。

拔长工序的变形量一般用锻造比（简称锻比）来表示。拔长是在坯料上局部进行压缩，局部受力和局部变形。如果拔长前变形区的长为 l_0，宽为 b_0，高为 h_0，l_0 又称送进量，l_0/h_0 称为相对送进量。拔长后变形区的长为 l，宽为 b，高为 h，则 $\Delta h=h_0-h$ 称为压下量，$\Delta b=b-b_0$ 称为展宽量，$\Delta l=l-l_0$ 称为拔长量。拔长时的变形程度是以坯料拔长前后的截面积之比，即锻比来表示：

$$K_L=\frac{A_0}{A}=\frac{h_0b_0}{hb} \tag{3-5}$$

式中：A_0——拔长前坯料截面面积；

A——拔长后坯料截面面积。

拔长可以分为平砧拔长，型砧拔长和芯轴拔长三类。

1）平砧拔长

这种方法应用得最广泛，在平砧拔长中有以下几种坯料截面变化过程。

(1) 方截面→方截面拔长　由较大尺寸的方形截面坯料，经拔长得到尺寸较小的方形截面锻件的过程，称为方截面坯料拔长，如图 3-11 所示。

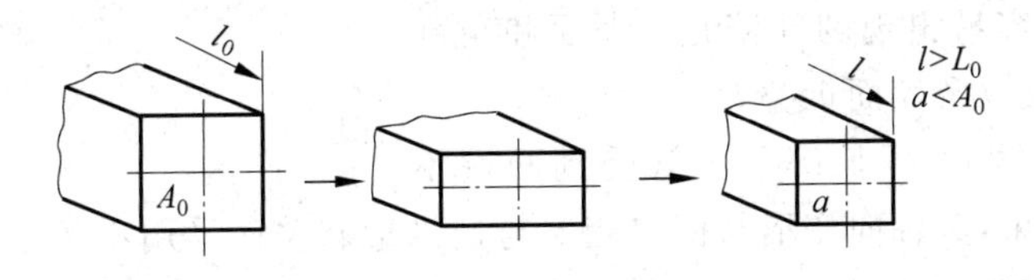

图 3-11　方形截面坯料的拔长

(2) 圆截面→方截面拔长　圆截面坯料经拔长得到方截面锻件的拔长,除最初变形外,以后的拔长过程变形特点与方截面坯料拔长相同。

(3) 圆截面→圆截面拔长　较大尺寸的圆截面坯料,经拔长得到较小尺寸圆截面锻件,称为圆截面坯料拔长。这种拔长过程是由圆截面锻成四方截面、八方截面、最后倒角滚圆,获得所需直径的圆截面长轴锻件,如图3-12所示。

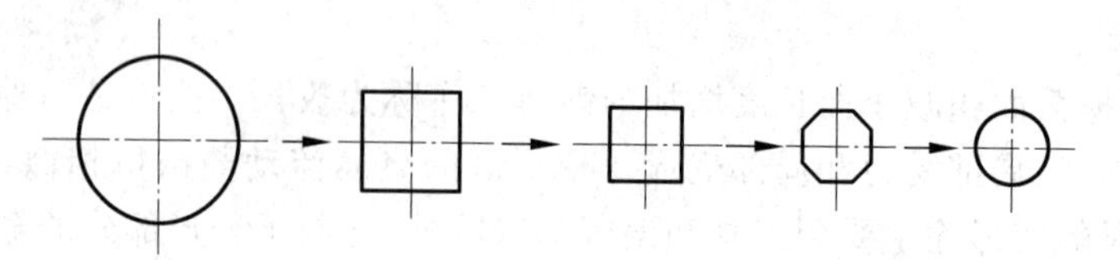

图3-12　圆形截面坯料的拔长

2) 型砧拔长

在一个或两个型砧之间进行坯料拔长的工艺称为型砧拔长,型砧一般为V型砧或圆弧型砧(图3-13)。V型砧拔长一般有两种情况:一种是上砧为平砧,下砧为V型砧;另一种是上、下两个砧子都为V型砧。前者主要应用于塑性较低材料的拔长,型砧的侧面阻止金属横向流动,迫使金属沿轴向伸长。

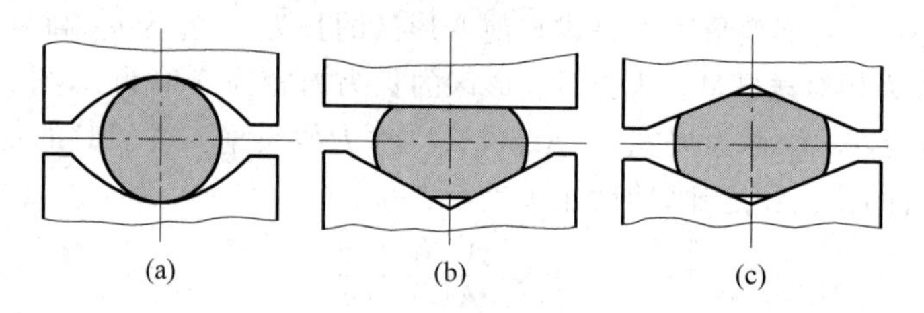

图3-13　型砧拔长

(a) 圆弧型砧;(b) 上平下V型砧;(c) 上下V型砧

3) 芯轴拔长

这种方法是为了用于锻制长筒类锻件,在带有孔的坯料中心穿一根芯轴,芯轴拔长是一种减小空心坯料外径(壁厚)而增加其长度的成形工序(图3-14)。

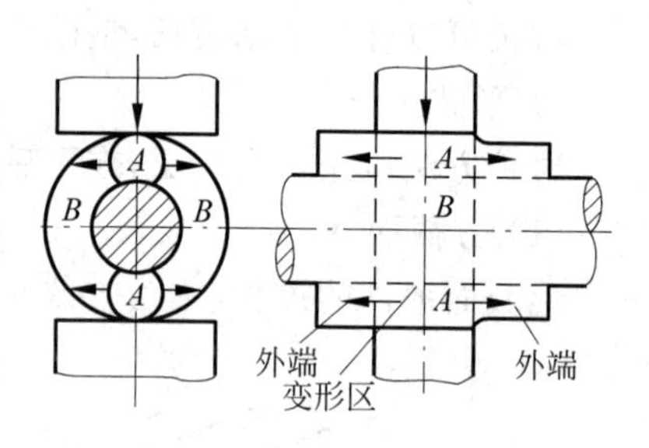

图3-14　芯轴拔长的受力和金属流动

拔长工艺容易出现的缺陷是:表面和角部裂纹、内部裂纹以及表面折叠。

在拔长过程中,拔长部分金属受到两端不变形金属的约束,其轴向变形与横向变形与送进量有关。采用小的送进量可使轴向变形量增大而横向变形量减小,有利于提高拔长效率,但是送进量过小,也会增加打击次数,反而降低拔长效率,另外还会造成表面缺陷。压下量也是影响拔长质量的工艺参数。增大压下量,不但可以提高拔长效率,还可强化芯部变形,有利于锻合内部缺陷。但变形量的大小应根据材料的塑性好坏而定,以免产生缺陷。如果这两个参数控制不好,就会出现下列缺陷:

① 内部横向裂纹　因为送进量过小($l_i/h_i<0.5$)或一次压下量过小,这时变形区集中在上下表面层,拔长变形区会出现双鼓形,中心不能锻透,而且会出现轴向拉应力,这样会产生内部横向裂纹(图 3-15(a))。为了避免这种缺陷,可适当增加相对送进量,控制一次压下量,改变变形区的变形特征,避免出现双鼓形,使坯料变形区内应力分布合理。

② 内部纵向裂纹　在平砧上拔长圆形截面的坯料或方形截面的坯料倒角时,拔长进给量很大,压下量相对较小,金属沿轴向流动少,而横向流动大,造成内部纵向裂纹(中心开裂,图 3-15(b))。这种裂纹除了隐藏在锻件内部外,还可能发展到锻件的端部。避免这种缺陷的措施是,选择合理的进给量,使金属轴向流动大于横向流动;也可以采用 V 型砧拔长,以减小横向流动的金属在锻件中心造成的拉应力;对于方形截面的坯料,在倒角时应采用轻击,减小一次变形量;对于塑性较差的材料,可采用圆型砧进行倒角。

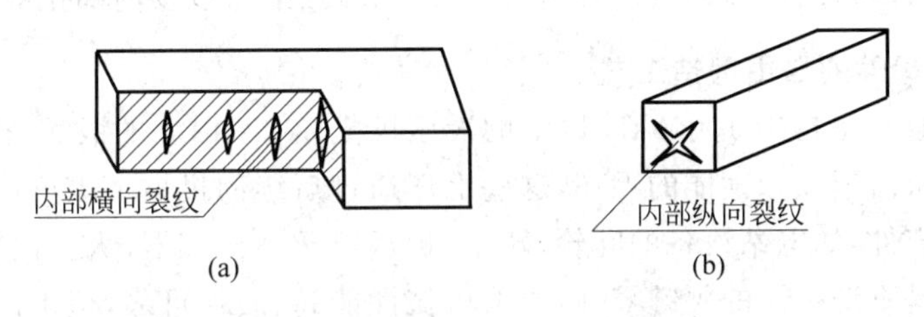

图 3-15　拔长中坯料出现的内部裂纹

③ 表面裂纹和角裂,在塑性低的材料拔长时,如果送进量过大或压下量过大,在锻件的截面会出现类似镦粗的单鼓形,严重时侧面会出现横向裂纹(图 3-16(a))。一般采用相对送进量为 $l_i/h_i=0.5\sim0.8$,绝对送进量为$(0.4\sim0.8)B$(B 为砧宽)。另外,锻件角部除了受到变形的影响外,由于温度降低比其他部位快,所以还会产生温度应力,增加了拉应力,从而产生了角部裂纹(角裂,图 3-16(b))。由此可见,在拔长操作中,为了避免这些缺陷要控制好两个参数,即送进量和一次压下量,对于角部还要及时倒角,以减小温降,改变角部的应力状态,避免裂纹产生。

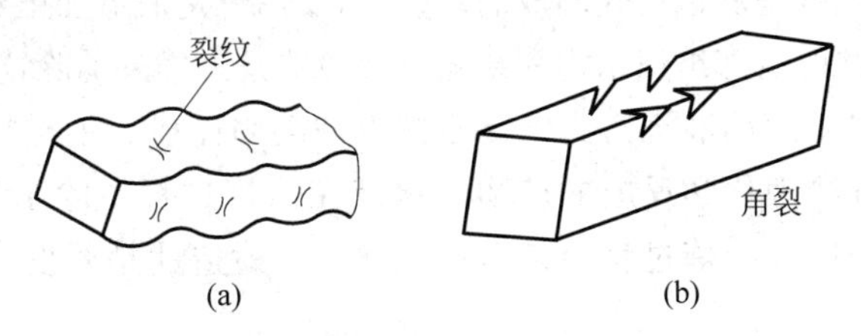

图 3-16　拔长中坯料出现的表面裂纹和角部裂纹

④ 表面折叠，表面横向折叠是由于送进量相对压下量过小引起的，当送进量$l_0<\Delta h/2$时容易产生这种折叠(图3-17)。因此增大送进量可以避免这种缺陷，每次的送进量与单边压缩量之比$l_0/(\Delta h/2)$应大于1～1.5。表面纵向折叠是在采用单面压缩法拔长过程中，毛坯压缩得太扁，翻转90°后，继续压缩时形成的。解决这一问题的方法就是，每次单面压缩后，不要使毛坯压缩得太扁，应使坯料宽度和高度之比b/h不小于2～2.5，或者采用其他方法进行拔长。

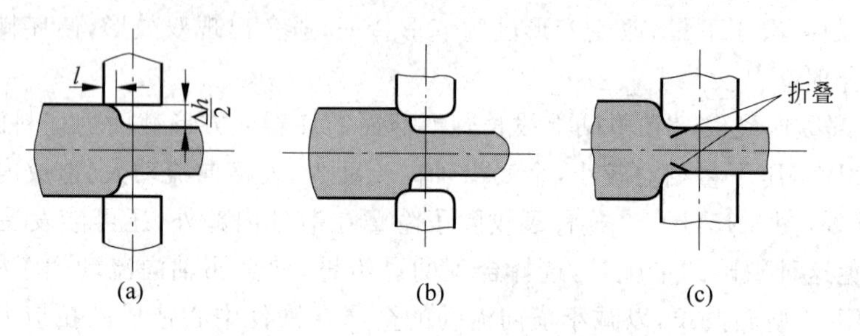

图3-17 拔长中坯料出现的表面折叠

此外，在拔长过程中，还会出现对角线裂纹、端面缩口以及内部孔壁裂纹等缺陷。

3. 大型锻件的自由锻造工艺

大锻件通常是指用10000kN以上的液压机或50kN以上的锻锤，将10t以上的铸锭锻造成所需形状和性能的毛坯，这些毛坯通过后续的机械加工可以制造出重型装备所需的零件，如电站设备的叶轮、转子、护环以及高压容器、大型曲轴和轧辊等。这种锻件都是重型机器的关键零件，要求机械性能高、质量可靠，但生产批量一般不大，外形也不太复杂。为此，在大锻件生产过程，保证锻件的质量常成为制订工艺规程的首要问题。

大锻件用铸锭做坯料，而铸锭的重量和尺寸愈大，内部组织结构的缺陷愈严重。为保证锻件的质量，锻造工艺要设法在加工过程充分消除这些缺陷. 然后再锻成形状、尺寸和性能满足工艺要求的锻件。所以大锻件的锻造加工具有开坯锻造和成形锻造双重作用。

1）铸锭的组织结构和缺陷

大型碳钢锻件的锻造和部分合金钢的锻造都直接用铸锭作坯料。中小型锻件多采用轧材作坯料，轧材是从钢锭轧制成的。因此，要搞清楚锻造加工对材料机械性能的影响，必须了解铸锭的内部组织结构和缺陷以及锻造是怎样来消除这些缺陷的。

铸锭是冶炼出来的钢液浇铸到钢锭模内冷却凝固而成。钢锭的组织结构是冶炼的钢液和凝固过程物理化学反应的产物。钢液在冶炼过程中除了规定的成分外，还会由于原料的不纯以及冶炼过程会带入一些缺陷。锻造就是要设法消除或减轻这些缺陷的危害。

钢液浇铸到铸锭模内后，与锭模接触的底部和外表面先凝固，形成细晶的外壳。

钢液的外表层温度低，中心部分温度高，热量由内向外传散，形成温度差。结晶由外表面开始沿热传导的方向发展，形成和外表面相垂直的粗大柱状晶区。留下的中心部分最后凝固。因此整个钢锭的组织结构可分为6个区域(图3-18)，包括激冷层、柱状晶区、倾斜树枝状晶区、等轴粗晶区、底部积沉区和冒口区。

2) 热锻对消除钢锭内部缺陷的作用

热锻时，高温的钢料在压应力状态下，经过一定量的塑性变形后，会消除其内部的缺陷以提高性能，主要体现在3个方面：焊合空洞性缺陷；降低偏析程度；细化晶粒。

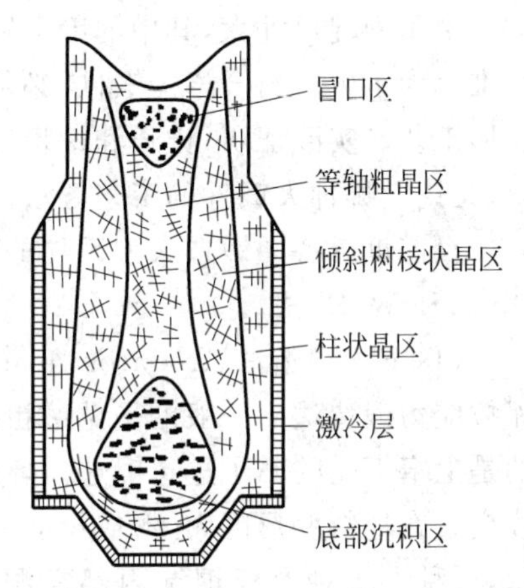

图3-18 钢锭纵剖面组织结构

(1) 焊合空洞性缺陷 钢料内如果存在疏松、缩孔、微裂、气泡等空洞性缺陷时，在受力状态下会由于应力集中而扩展和开裂，严重影响金属的强度和塑性。但在热锻条件下，这种空洞性缺陷可以逐步缩小到完全焊合。

(2) 降低偏析度 钢锭加热到高温后，原子间的扩散作用显著提高。随高温停留时间的增加，枝晶偏析和晶间偏析都得到不同程度的降低或消除。

(3) 细化晶粒 在热锻过程中，晶体组织要发生再结晶。坯料内原来的粗大晶粒，经过变形再结晶后，可以变成细小的等轴晶粒。但是锻件内最后晶粒的大小还与变形时温度相关。如实际的终锻温度很高，再结晶后的细晶还可能长大(图3-19)。

锻件内晶粒的大小，不但与终锻温度相关，而且与变形量有关。图3-20所示为含碳量为0.39%碳钢的再结晶图，表明这种钢晶粒度随温度和变形量的变化规律，变形量5%～12%为临界变形量。在高温下，如变形量在这个范围内，锻件内会出现粗大晶粒，这些粗大晶粒会影响材料的机械性能。对于奥氏体钢，晶粒大小不能在锻后热处理过程中改变，锻造过程必须用合适的变形量和温度来控制晶粒度。另外，在

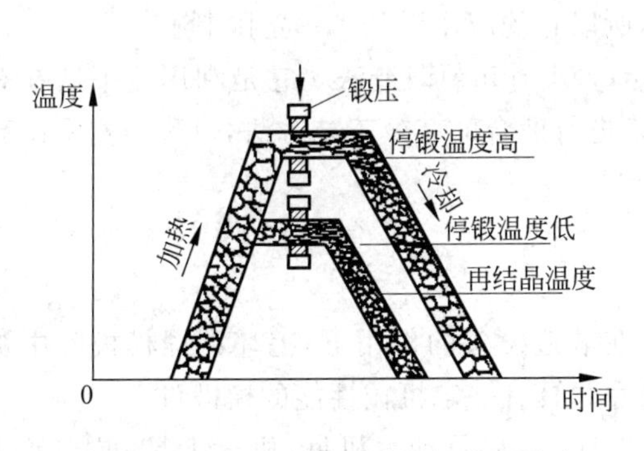

图3-19 终锻温度对奥氏体晶粒度影响

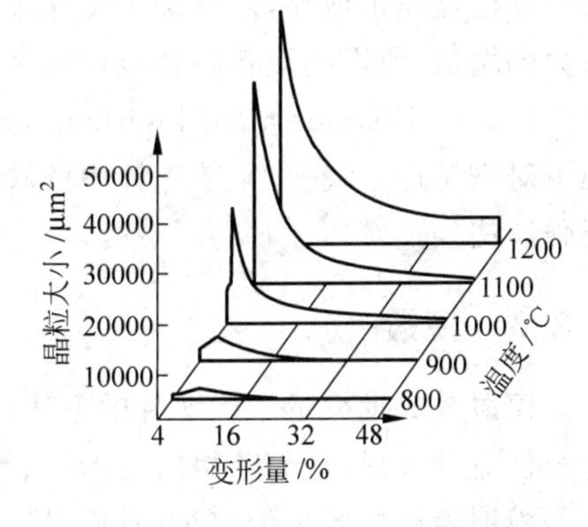

图3-20 0.39%碳钢再结晶图

大锻件中粗大晶粒会影响超声波检查质量,锻造过程也要控制晶粒度。因此,在制订奥氏体钢锻件和大锻件的工艺规程时,要根据变形量的大小来确定每次加热的最高温度。变形量不大的部位,不能加热到高温。

3) 大型锻件自由锻造的工艺方法

由于钢锭尺寸大,其中的冶金缺陷严重,利用自由锻造来改善或消除这些缺陷很困难。为了生产出合格的锻件,必须根据锻件组织性能的具体要求,正确选用适当的变形工艺。实践证明,拔长和镦粗这两个锻造工序在大锻件的生产中占有重要的地位,无论是哪种大锻件的工艺方法,都是以这两个基本工序为基础进行的。

目前世界各国锻造大型锻件的工艺大致有十几种,其中最具代表性的是FM法、JIS法和WHF法。

(1) FM锻造法(free from mannesmann) 又称为曼内斯曼效应消除法,即中心无拉应力锻造法。一般的平砧镦粗或拔长,上下砧是相同的宽度,而FM锻造法采用的是上窄下宽的砧子进行锻造。坯料在不对称的平砧间变形,各部位应力状态发生改变。在坯料变形区内,形成拉应力的部位移至坯料下部,而中心部位受到压应力作用,这种方法对锻合钢锭内部空洞类缺陷很有效果。FM锻造法的最佳工艺参数为砧宽比为0.6,压下率为14%~15%。目前,这种方法也在不断发展,例如有些工厂提出的FMV压实锻造法就是将FM锻造法应用在V型砧上,并取得了良好的效果。

(2) JTS锻造法(Japan-Tefeno-Shikano) 又称为硬壳锻造法、表面降温法或中心压实法。1962年,日本制钢所两位研究人员馆野万吉(Tefeno)与何鹿野昭(Shikano)首先提出这种工艺方法。它的特点是:将钢锭倒棱后,锻成方截面坯,然后加热到1220~1250℃(始锻温度)保温。之后从炉中取出,表面进行空冷、吹风或喷雾冷却到720~750℃(终锻温度),钢锭表面于是形成了一层“硬壳”。这时,钢锭的心部温度仍然保持在1050~1100℃,内外温差为230~270℃,再用窄砧沿钢锭纵向加压,借助表面层低温硬壳的包紧作用,达到显著压实心部的目的。这种方法由于表面降温需喷水或喷雾,增加了工序和成本,而且恶化了工厂车间的环境,由于变形抗力的增加,所需的设备吨位也比较大,所以它的应用受到了一定限制。

(3) WHF(wide-anvil high-temperature forging)锻造法 它是利用宽平砧在高温下对钢锭进行大变形,使钢锭中的缺陷进行锻合的有效工艺方法,也称为宽平砧高温强压法。

3.2.3 模锻

模锻是成批大量生产锻件的方法。在锻造设备的作用下,毛坯在锻模模膛中被迫塑性流动成形,从而获得所需形状、尺寸并具有一定机械性能的模锻件。

模锻生产主要是为汽车、农机、机车车辆、工程及动力机械、机床工具、航空航天及军工等提供关键零部件毛坯或成品零件,例如曲轴、连杆、前梁、半轴、万向节叉、滑动叉、十字轴、等速万向壳体、齿轮、同步器齿环、叶片、蜗轮盘、喷嘴、阀体、管接头等。

1. 模锻的特点

与自由锻相比,模锻可以生产形状较为复杂的锻件,而且锻件的尺寸和形状精度较高,表面质量好,材料利用率和生产效率高。特别是冷锻可以生产一些少无切削的产品,实现净成形(net shape forming)或近净成形(near net shape forming)。由于模锻中金属是在模具的限制下流动,所以变形抗力大,因此相同尺寸的毛坯,模锻与自由锻相比需要的设备吨位更大,甚至需要一些专用的设备,而且模具的费用比较昂贵,前期投资大,生产准备周期长。所以,模锻主要应用在大批量的中小型锻件生产中。

2. 模锻的分类

根据成形温度,模锻分为热锻和冷锻两种。

根据成形设备类型,模锻工艺可分为:锤上模锻、热模锻压力机模锻、平锻机模锻、螺旋压力机模锻、液压机模锻、高速锤模锻和其他设备模锻。

根据终锻模具的不同,将模锻分为开式模锻和闭式模锻。开式模锻是指金属沿锻件分模面的周围形成横向飞边。闭式模锻中锻件不形成横向飞边,亦称无飞边模锻,模锻时坯料金属在封闭的模膛中成形。因此,闭式模锻可以得到几何形状、尺寸精度和表面质量最大限度地接近于产品零件的锻件。同开式模锻相比,它可大大提高材料利用率。

3. 开式模锻工艺

为了更好地控制金属流动,在开式模锻的终锻型槽上有飞边槽。用开式模锻生产的锻件有飞边(图 3-21),需要后续的切边工序将飞边切除。飞边槽的结构根据成形设备的不同而变化,但基本结构是相同的,即由桥部和仓部组成(图 3-22)。桥部有两个主要作用,一是阻止金属流动,迫使金属充满型槽;二是使飞边减薄,便于切除。仓部起容纳多余金属的作用,以免金属流到分模面上,影响上下模打靠。

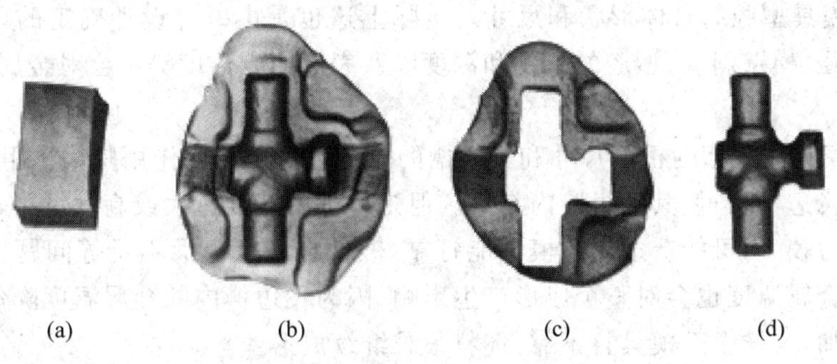

图 3-21 开式模锻的锻件

(a) 毛坯;(b) 切边前;(c) 飞边;(d) 切边后

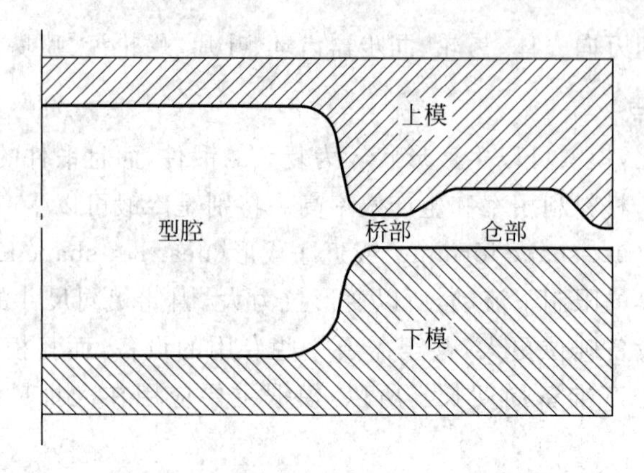

图 3-22 开式模锻模具中的飞边槽结构

开式模锻中,金属的成形分四个阶段:

(1) 镦粗阶段(图 3-23(a)) 即为自由镦粗,从坯料与冲头或上模膛表面接触开始到坯料金属与模膛(最宽处)的侧壁接触为止。由于这一阶段金属的流动受到的限制比较小,所需的变形力不大。

(2) 充满阶段(图 3-23(b)) 从毛坯的鼓形侧面与凹模侧壁接触开始,到整个侧表面与模壁贴合且模膛间隙完全充满为止。在这一阶段中,变形金属的流动受到模壁的阻碍,所以变形力开始显著增大。

(3) 挤出飞边阶段(图 3-23(c)) 充满模膛后的多余金属在继续增大的压力作用下被挤入凸、凹模之间的间隙中,形成飞边,模壁和厚度逐渐减小的飞边使得变形金属各部分处于不同的三向压应力状态,所以变形抗力明显上升。

(4) 打靠阶段(图 3-23(d)) 随着上下模具的运动,飞边越来越小,飞边内的金属温度较低,阻力增大,为了将型槽中的多余金属排入飞边槽,需要更大的打击力,所需的打击能量也将消耗整个成形所需能量的 30%～50%。

从开式模锻的金属流动过程看,金属的流动主要受到来自各方向阻力的影响。在开式模锻中,影响金属成形的主要因素有以下几个方面:

(1) 模具型腔的具体形状和尺寸。实际上这也是由锻件设计确定的,模具孔口的圆角半径、模壁斜度、型腔的宽度和深度以及表面的光洁度等都会对金属的流动产生影响。

(2) 模具飞边槽的桥部尺寸和飞边槽的位置。桥部主要作用是为了阻止金属过快地进入飞边槽,迫使其在模腔内充满。但是桥部的宽度过大或高度过小,金属在此流动的阻力较大,可能造成上下模不能打靠,锻件在高度上锻不足等问题。另外,飞边槽内的金属温度也会对整个成形产生影响,因为飞边槽内的金属温度降低很快,变形抗力增加,这样上下模具打不靠,坯料很难继续成形。

(3) 坯料温度及模具温度。坯料温度主要有两个方面,一是坯料本身的温度是否达到了成形所需要的始锻温度;二是考虑坯料表面和内部的温度是否均匀。模具

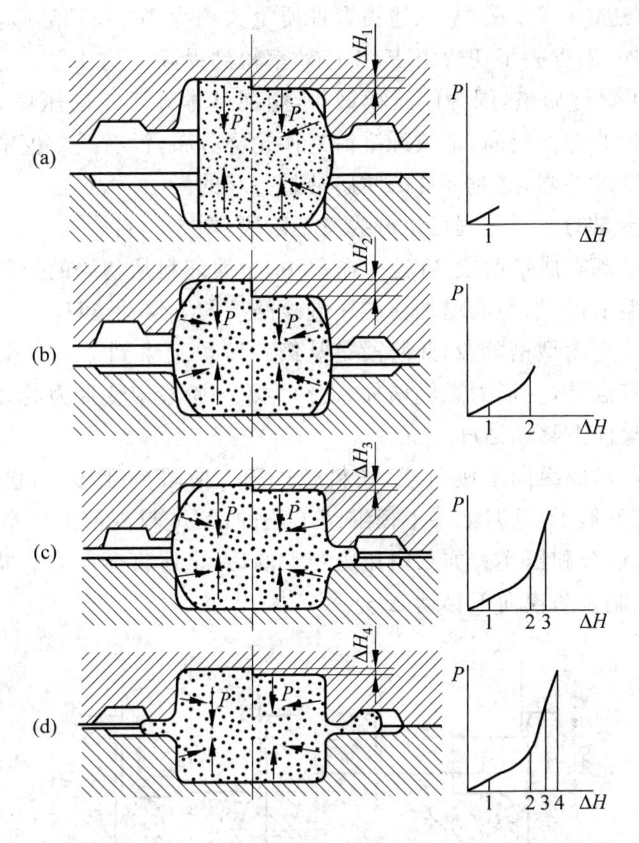

图 3-23 开式模锻金属成形的四个阶段及变形抗力的变化

的温度主要是考虑在成形过程中，坯料要与模具进行热交换，如果模具温度过低，坯料表面温度降低过快，金属流动的阻力就会升高，成形就会很困难。所以在热锻中，一般都要对模具进行加热。

(4) 锻造设备(锻锤、液压机和热模锻压力机)的工作速度。设备工作速度高时，金属流动速度快，有利于其充满模腔，尤其是对于一些形状比较复杂、尺寸要求比较高的锻件，采用工作速度高的设备更有利于成形。另外，由于外力所做功的一部分能够转化为热能，当成形速度比较快时，一部分热量来不及散失，会使局部温度升高。这样，一方面会使金属温度升高，塑性提高，另一方面如果温度升高过大，会引起局部过热或过烧。所以，金属的始锻温度在不同工作速度的设备上也会做出相应的调整。

4. 闭式模锻工艺

闭式模锻中，模具一般不设飞边槽，所以也称为无飞边模锻。与开式模锻相比，闭式模锻有以下特点：

(1) 凸凹模之间的间隙方向与模具运动的方向相平行，在模锻过程中，间隙很小而且不变。金属在相对封闭的空间内成形，有利于金属充满型槽，在正常工作条件下，不会产生飞边(开式模锻中，飞边占锻件质量大约为10%～50%)，金属的利用率大大提高。另外，也省去了切边工步，生产效率得到提高。

(2) 提高了锻件质量，因为闭式模锻中，金属基本处于三向压应力状态下成形，有利于金属材料的塑性提高，金属纤维沿零件轮廓分布，没有开式模锻件中由于切除飞边所引起的纤维外露，这对零件的防腐蚀是有利的。

闭式模锻金属的变形过程可以分为三个阶段(图3-24)：

第一阶段　基本成形阶段，在这个阶段中，金属坯料从初始的形状开始变形直至基本充满模具型槽，变形力的增加比较缓慢。凸模向下移动ΔH_1。

第二阶段　充满型槽阶段，此阶段是从第一阶段结束到金属完全充满型槽。这一阶段的显著特点是，变形力急剧增加，大约为第一阶段末变形力的2～3倍，但变形量却很小。凸模向下移动ΔH_2。

第三阶段　形成纵向毛刺阶段，坯料经过第二阶段的变形后，已经充满模具型槽，基本上不再变形了，这时如果上模继续下压的话，坯料内部的铸造枝晶、空洞、疏松等得到破碎、锻合和压实。如果锻压力很大的话，金属将会在上下模具的间隙内流动，形成纵向毛刺。凸模向下移动ΔH_3。

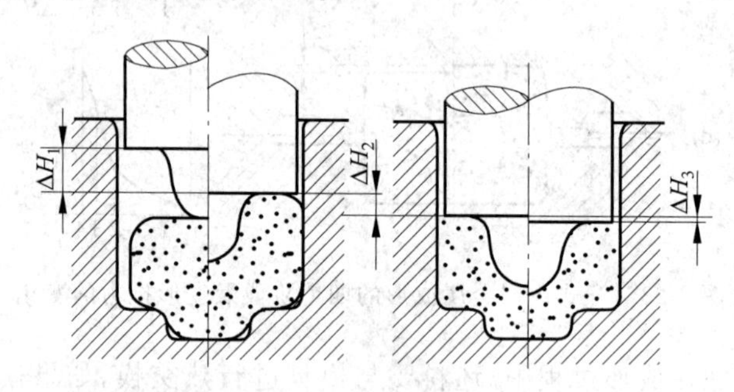

图3-24　闭式模锻金属变形过程

从上述闭式模锻中金属成形的三个阶段变形特点来看，闭式模锻对坯料体积的要求很高，应使其与型槽容积相等。如果坯料体积过小，容易造成充不满的缺陷，锻件报废，如果坯料体积过大，不但会影响锻件的成形质量，而且会损坏模具。另外，坯料在模具型槽中的初始位置也非常重要，要防止出现“偏心”。

5. 模锻中的主要缺陷

模锻工艺中的锻件形状上出现的主要缺陷是折叠和充不满。

1) 折叠

所谓折叠，就是指金属在流动中，已经氧化的表层金属汇合到一起而形成的现象。这是一种内部缺陷，不容易被发现。因为折叠处材料只是接触而没有熔合，工件在此处容易受外载产生应力集中，成为疲劳源。从金属塑性流动的角度看，折叠有下列几种情况。

(1) 两股或多股流动的金属对流汇合而形成折叠

当锻造坯料本身带有拐角，而拐角的圆角半径又很小时，就会发生这种折叠，拐角两侧的金属都向内侧流动，相遇后形成了折叠。这种折叠的解决方法是将锻造毛坯的圆角半径加大，如果终锻出现了折叠，应该将预锻模膛中的对应圆角半径加大，使金属向外流动更容易；增加拐角处的金属量，使出现折叠的部分被挤出模膛而进入到飞边槽。当一部分金属在锻造和挤压时流动过快，而周围的金属流动过慢时，也会出现这类折叠。例如，在挤压长轴类零件时，就会出现两侧金属由于与模具接触，受到摩擦阻碍流动较慢，而中心部分金属不受摩擦影响而流动较快，零件的末端中心出现一个“漏斗”，当“漏斗”继续被挤压时，它的侧壁就会被挤在一起，形成了折叠(图 3-25a)。在锻造筋-腹板类零件时，如果腹板较薄，中心部分来不及填充，也会在腹板的中心出现折叠(图 3-25b)。解决这类问题应该改善润滑条件，减少摩擦的影响，使金属流动保持匀速，在腹板-筋板类零件锻件设计中，可适当增加腹板的厚度，或预先在腹板中心做一个“凸起”来补偿。

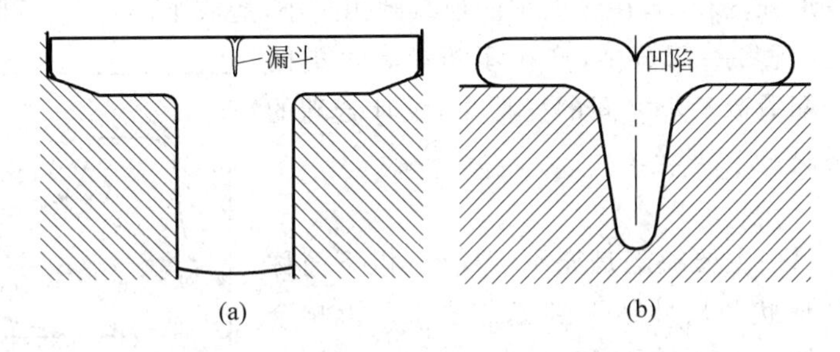

图 3-25　两股金属流动汇流引起的折叠

(a) 挤压；(b) 腹板-筋板类零件锻造

(2) 一股金属急速流动将邻近的金属带动而形成折叠

当锻件毛坯的尺寸或形状不合适、放置在模具中的位置不合适、模具圆角半径过小、拔模斜度过小、都会造成某处的金属流动受到的阻力过大，而相邻部分的金属较快地流回来，与这部分金属汇流形成折叠。在图 3-26 所示的例子中，由于拐角部分的圆角半径过小，金属流动受到阻碍较大，其余金属充满模膛后又“卷”回来，形成折叠。针对这类折叠，应该具体分析引起一部分金属流速慢的原因。在本例中，应该适当加大模具圆角半径，使金属较容易地通过圆角处向内部充填。

(3) 变形金属弯曲后进一步发展而形成折叠

细长类的锻件在轴向上受到压缩，有可能失稳被压弯，然后继续压缩发展成为折叠，螺杆坯在顶镦时容易出现这样的缺陷(图 3-27)。另外，有些锻件制坯中产生少量飞边，在下一工步中被转动 90℃后锻造，也容易在飞边处出现由弯曲而造成的折叠。

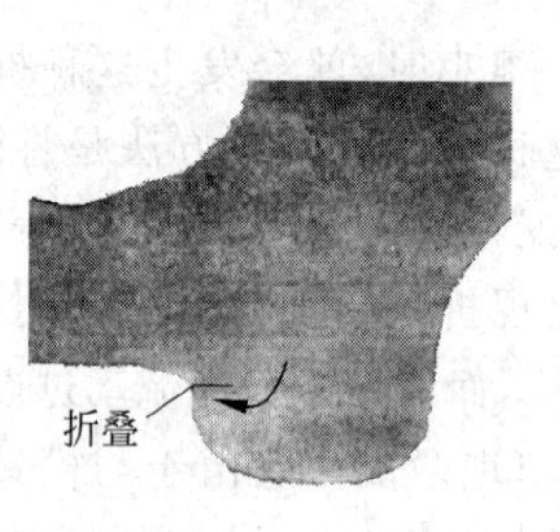

图 3-26 模具圆角半径过小产生折叠

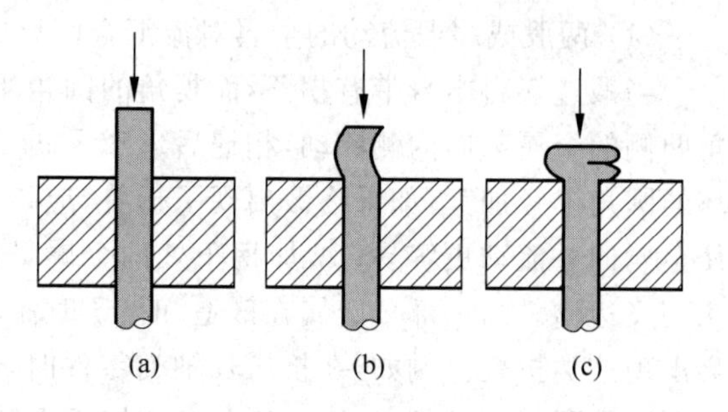

图 3-27 螺杆坯镦粗产生折叠的过程
(a) 压缩;(b) 失稳弯曲;(c) 折叠

(4) 一部分金属的局部变形压入到另一部金属内

在锻造制坯工步或预锻工步,坯料形状或预锻模膛设计得不合理,会在预锻或终锻中,出现一部分金属被压入到另一部分金属中的现象。例如,图 3-28 中,预锻件的圆角过大或变形程度较小,在终锻中的模具圆角过小,造成了模具将一部分金属“啃”下来,然后压入到另一部分中,产生了折叠。这类问题需要合理分配锻造工步之间的变形量,设计合理的圆角半径来解决。

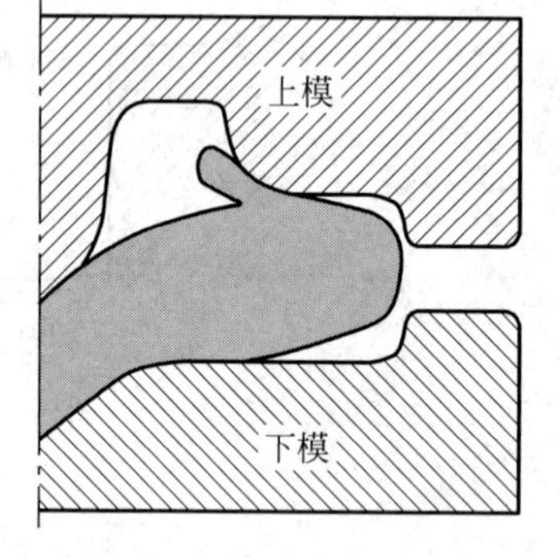

图 3-28 一部分金属压入到另一部分中产生折叠

2) 充不满

模锻件的另一主要缺陷是充不满模膛(以下简称充不满),锻件形状和尺寸达不到工艺要求。影响金属充不满模膛的主要因素有以下几个:

(1) 坯料形状和尺寸

制坯时某部分坯料不足,或操作时将坯料放偏,而引起模腔中一些部位充不满。

(2) 高筋类锻件的形状和尺寸

对于高筋类锻件,在型槽深而窄的部分由于阻力大而不易充满。对于这类锻件,需要通过多道次锻造来解决充不满的问题,预锻件的形状和尺寸接近终锻件,在终锻时,会减小金属充满模膛的阻力。

(3) 模具的圆角半径

当金属流入到模膛时,其圆角半径对金属流动有很大的影响,当圆角半径很小时,金属流动的方向变化较大,需要克服更大的阻力,消耗更多的能量,所以不容易充满模膛,在这些部位需要适当增大圆角半径。

(4) 模具飞边槽的位置和桥部的尺寸

模具的飞边槽主要作用是阻止金属外流,迫使金属充满模膛,这个任务主要由飞边槽的桥部来完成。如果桥部设计得过短或过高,对金属流动的阻力较小,使其很容易流出模膛,会造成金属不能充满模膛。

(5) 模具拔模斜度

为了锻后容易取出锻件，锻造模具都应该有一定的拔模斜度。拔模斜度越大，金属流动越容易，但给后续机械加工流出的余量就会更多，如果拔模斜度过小，就会造成阻力过大，金属流动困难，金属有可能充不满模膛。

(6) 模具表面润滑条件

金属在模膛内流动需要克服与模具表面的摩擦阻力，如果模具润滑不好，表面比较粗糙，会增加金属流动的阻力，不利于充满模膛。

(7) 锻件和模具温度

在热锻中，锻件自身的温度对其流动性能有很大影响，温度越高，流动性能越好，越容易充满模膛。另外，温度较高的锻件与温度较低的模具接触会有热散失，造成锻件表层温度迅速降低。如果模具不预热或预热温度过低，会造成锻件温度迅速较低，从而影响其流动性能，不容易充满模膛。

6. 模锻的基本工步

锻造一个工件，首先需要制订工艺方案。工艺方案就是根据工件的形状、尺寸和性能要求，结合生产批量和实际条件，确定原材料、设备、辅助工艺装备以及工艺流程等。为了拟订好工艺方案，必须熟悉各种工步的变形特点和相应的工艺装备以及各种锻压设备的性能。

工艺流程由不同的工步组成。工步是锻造时采用一种模具或工艺装备，在锻造设备动力作用下，使金属坯料产生一种方式的变形，经过设备一次或多次的动作，坯料得到一定的外观变量的一个步骤，如镦粗、拔长、冲孔、滚压、模锻等。工步是锻件整个加工过程的一个阶段。一个坯料如采用不同型腔的模具或工具施加外作用力，就产生不同方式的外观变形。合理地安排工步，可使原来圆柱体或棱体等形状简单的金属坯料，经过不同方式的变形后，逐步改变坯料内部金属的分布，转变为形状复杂而尺寸和性能合乎要求的锻件。拟订工艺方案，就是选择合适的工步，绘出工步图，制定出制造一个锻压件的工艺流程。模锻工艺的一般流程如图 3-29 所示。

工步是锻造过程中最关键的组成部分，在生产中，不但要考虑锻件材料、几何尺寸等因素，还要考虑所采用的成形设备的特点来制定锻造工步。以锤上模锻为例，模锻工艺包括三类工步。

(1) 制坯工步　包括镦粗、拔长、滚挤(压)、卡压、弯曲和扭转等。

镦粗是圆饼类锻件必需的制坯工步，其主要作用是避免终锻时产生折叠，另外还可以清除氧化皮从而提高锻件表面质量和提高锻造模具寿命；拔长是长轴类锻件成形时要采用的制坯工步，目的是使坯料局部截面积减小，而增大长度；滚挤是将拔长后的坯料在滚压膜膛中压缩和绕中心轴转动交替进行，使经过拔长后的坯料按照滚压模膛的形状进一步变形，得到一个横截面沿轴向的变化和最后锻件截面变化相似

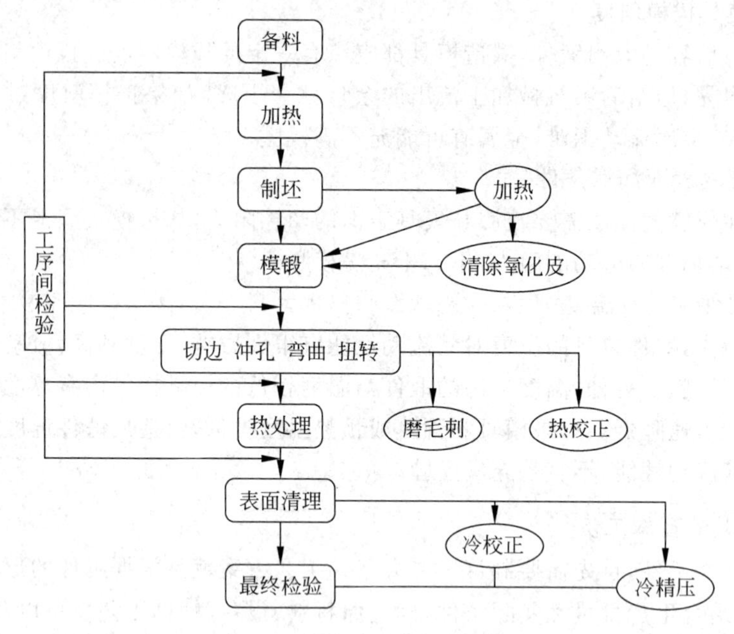

图 3-29 模锻工艺的一般流程

的中间坯料；卡压是采用专用的型槽使坯料在局部聚积然后压扁，坯料在轴向流动不大；弯曲和扭转主要用于那些轴线弯曲的锻件的制坯，经过弯曲后坯料基本符合锻件水平投影的轮廓。

(2) 模锻工步　包括预锻和终锻工步，其作用是使制坯的坯料得到锻件图所要求的形状和尺寸。预锻是将滚压所得的中间坯料放在预锻膛内锻压成形状与锻件很接近的坯料；终锻是将经过预锻的坯料最后放在终锻模膛内锻压，得到符合基本形状和尺寸要求的锻件。模锻件的几何形状和尺寸主要靠终锻工步来保证，对于一些简单的锻件，预锻工步是可以省略的，但必须要经过终锻工步才能成形。所以终锻工步的分析，是对模锻工艺全过程进行分析的基础。

(3) 切断和校正工步　它们属于辅助工步，开式模锻中，经过终锻后的锻件周围还带有飞边，在压力机上利用切边模具切除飞边，得到比较光整的锻件。在上述工步中，特别是切边工步中，会使锻件产生一定的变形，这种变形与工艺要求是不相符的，会改变锻件的形状和尺寸，所以还要经过另一台压力机的校正，得到最终的锻件。

生产一种锻件，常常可以有几个不同的工艺方案，然后对这些工艺方案进行分析比较，选择最佳的方案。表 3-1 表示用模锻锤锻造汽车发动机连杆的工步和工艺流程。首先在剪床上剪切坯料，然后加热，接着在模锻锤的锻模上依次对坯料进行拔长、滚压、预锻、终锻等工步，最后切去毛边并校直，制成连杆锻件。

表 3-1 汽车发动机连杆模锻的主要工步

序 号	工 步 简 图	工 步 说 明
1	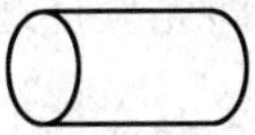	下料加热
2	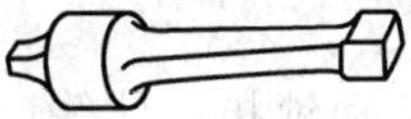	拔长(杆部、小头和夹钳料头)
3	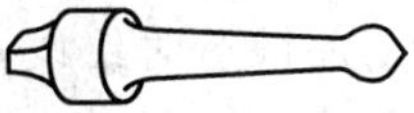	滚压
4	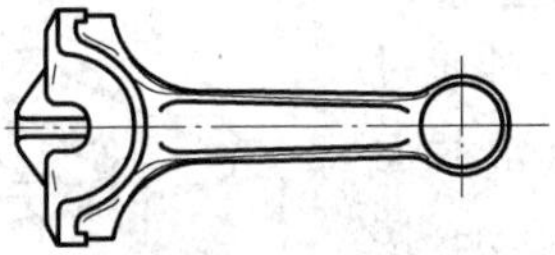	预锻
5	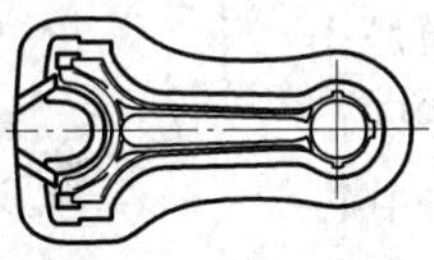	终锻
6	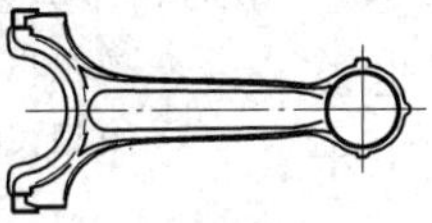	切边后锻件

3.2.4 锻造模具

锻造模具(锻模)是金属体积成形时所用的模具统称,在本节中介绍的锻模主要是针对热模锻工艺的模具。锻模的设计和制造决定了锻件的尺寸、锻造的生产效率、锻件的制造成本等,是锻造工艺设计中最重要的环节,是整个锻造工艺的核心技术。在本章前面的介绍中,可以看出,锻件出现的缺陷很多都是与模具设计相关的。

1. 锻模的设计过程

(1) 分析零件的形状和材料的可锻性

设计模具前,需要分析零件的可成形性,根据形状确定成形的方式等,根据材料的特点,查阅手册分析其成形性能。

(2) 根据零件图制定锻件图

锻件图的设计非常重要,它是考虑到锻造设备和材料可锻性等基本条件后,在零件图基础上,确定分模面、加工余量和公差、拔模斜度、圆角半径、冲孔连皮(锻造中不能直接冲出孔,需要在孔中留出余量,称为连皮)以及腹板和肋筋的形状及尺寸等。

(3) 选择锻造设备,计算其吨位

确定锻件图后,根据锻件的形状特点,结合已有设备的能力,选择锻造设备。根据锻造过程的数值模拟或简要的工程计算,计算设备的吨位。

(4) 确定模锻和制坯工步的模膛形状

在锻造中,往往将多个模膛放置在同一模块上,在同一设备上实现制坯、预锻和终锻等工步。模膛设计顺序与锻造顺序正好相反,即先设计终锻模膛,再设计预锻模膛,最后设计制坯模膛。

(5) 设计锻模的结构

锻模的结构设计包括模膛的布置、钳口设计和锁扣设计等。因为制坯工步的打击力较小,模锻工步的打击力较大,为了减少各工序锻造时给设备造成的偏心力,在模膛布置时,应将制坯模膛放两侧,锻造模膛靠中心。图3-30是一长轴类锻件的锻模,首先棒料通过滚挤模膛d实现轴向上材料的再分配,即从常截面轴变为变截面轴,有利于后续锻造的金属流动;接着通过弯曲模膛a实现轴线的弯曲;然后在模膛b上实现预锻;最后在终锻模膛c中成形。如果只有终锻模膛,没有预锻模膛,则应该将终锻模膛的中心与锻模的中心对齐,否则,应该使二者的中心都尽量靠近模具中心。当然,弯曲和滚挤模膛的布置也要考虑加热设备和锻造设备的位置,第一个制坯工步滚挤的模膛应该放置在靠近加热设备一侧。

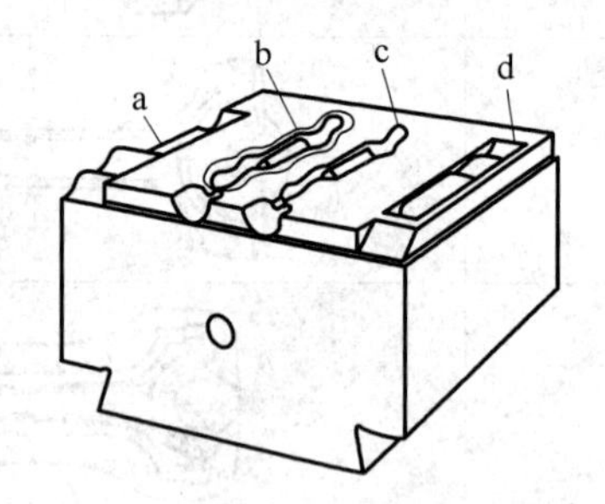

图3-30 典型的长轴类零件模锻
a—弯曲模膛;b—预锻模膛;
c—终锻模膛;d—滚挤模膛

钳口是为了方便锻件的夹持,而在模膛的前部开出的缺口。锁扣是为了导向和平衡上下模的错移力而设置的,放置在模具的侧面或角部。

(6) 设计锻后切边、冲孔和校正模具

在开式模锻后,模锻件的周围都有横向切边,有些带有透孔的锻件还有连皮。飞边和连皮都应该从锻件上切除,切边和冲孔需要由专用的模具来实现。

在制坯、模锻和切边过程中,锻件产生了弯曲和扭转等变形,这些变形使得锻件的形状不符合要求,为此需要进行校正消除它们。校正一般是在校正模上进行,对于形状比较复杂的锻件,需要设计校正模,可以整体校正,也可以局部校正。

(7) 确定模具材料

模具材料为钢材,作为热锻模具的钢材应该具有良好的淬透性、耐磨损性、耐高温、耐疲劳以及高硬度、良好韧性和高强度等,它们被归类为热作模具钢。按照中国国家标准,常用的热作模具钢牌号有5CrMnMo,5CrNiMo,3Cr2W8V,4Cr5MoSiV,4Cr5W2SiV和Cr12MoV等。

2. 锻模的分类及特点

锻模的分类方法很多,其中按锻造设备分类的方法用得较多,锻模可以分为锤用锻模、热模锻压力机用锻模、平锻机用锻模、液压机用锻模、高速锤用锻模等。正是由于各种锻造设备工作特点、结构特点和工艺特点不同,决定了锻模的结构和使用条件也有所不同。

1）锤用锻模

模锻锤具有通用性较强，生产效率高的特点，目前还是模锻的主要设备类型之一，大部分中小型蒸汽-空气锤已经完成或正向电液锤的改造，随着减震技术的不断发展，这种传统的锻造设备仍然发挥着重要的作用。锤上模锻与其他设备相比具有以下特点：它是靠冲击力来完成金属的成形，速度较快(最后行程速度高达 7～9m/s)；需要靠多次打击来成形，单位时间内的打击次数多(1～10t 模锻锤为 100～40 次/min)；每次打击的能量恒定，而行程不固定；抗偏载能力和导向精度较差；锻件不容易顶出。

针对锤上模锻的特点，锤用锻模的设计需要注意以下几点：

(1) 锻锤靠冲击力成形，可以利用金属流动的惯性，有利于金属充填模膛，因此，应该将锻件中难充满的部分尽量放在上模(与锻锤锤头相连)成形。

(2) 不宜采用组合结构，最好用整体结构，因为在冲击过程中，模具受载较大。

(3) 模具不宜采用导柱导套的导向结构，因为在高速冲击下，稍有偏载，就会容易卡死，通常采用锁扣装置来导向。

(4) 因为没有顶出装置，需要将拔模斜度设计得大一些。

(5) 由于导向精度差，行程不确定，锻件的精度较差。

(6) 锻造速度快，容易实现多工步模锻。

2）热模锻压力机(压力机)用锻模

热模锻压力机与锻锤相比，更适合用于自动化高效率的生产，是仅次于锻锤而广泛应用的锻造设备。压力机的特点是：压力机通过曲柄-滑块的方式实现旋转运动向往复运动的转化，其压下速度远小于锻锤，属于静压力；滑块行程是一定的，属于定行程设备；压力机是封闭力系，变形力由其本身的机架来承担，没有大的振动；导向精度较高，承受偏载能力较强；可以实现锻件的顶出。在压力机上应用的锻模，在设计中应该注意以下几点：

(1) 机械压力机运动速度慢，锻件在水平方向流动的速度大于垂直方向的流动速度，充填模膛比较困难，一般都需要预锻工步。

(2) 由于滑块行程是固定的，不便于进行截面积变化较大的锻件成形，例如拔长、滚压等制坯工步需要在其他设备上进行。

(3) 模具的拔模斜度较小，长轴类锻件可以立起来挤压成形，因为压力机上可以安装锻件的顶出装置。

(4) 压力机的行程固定，为防止“闷车”，模具的飞边槽必须是“开仓”设计，上下模不能“打靠”，不许留有间隙(即飞边槽的桥部高度)，如图 3-31 所示。

(5) 由于是在静压力下承载，模具可以设计为组合结构。

(6) 用压力机成形，金属的成形精度高，变形剧烈，模具承受更剧烈的摩擦和磨损，所以模具寿命较低，需要用更好的模具材料和润滑条件。

3）螺旋压力机用锻模

螺旋压力机具有模锻锤和热模锻压力机的双重工作特性，属于定能量的设备，其

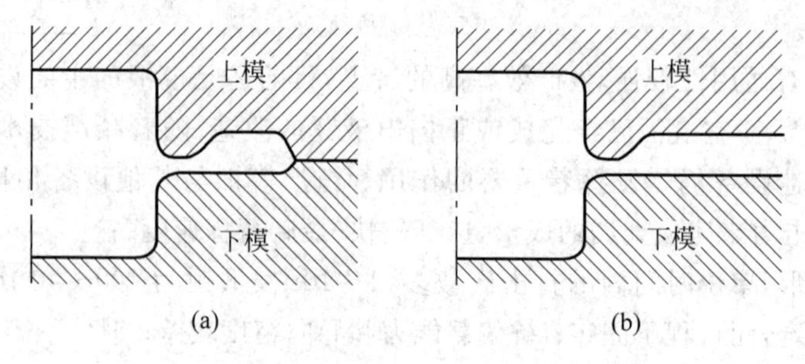

图 3-31 用于不同设备上的锻模飞边槽结构

(a) 锤用锻模;(b) 压力机用锻模

滑块的行程不固定,整个机架属于封闭力系,可以安装锻件的顶出装置,机身导向性能优于锻锤,螺旋压力机的螺杆和滑块不是刚性连接,所以承受偏载的能力较弱。与锻锤相比,螺旋压力机速度大幅度降低,冲击作用较小。螺旋压力机用锻模有下面的特点:

(1) 由于承受偏载能力差,在螺旋压力机上往往进行终锻工序,模具上只有一个模膛。

(2) 螺旋压力机行程不固定,能够安装顶出装置,比较适于闭式模锻、精密模锻和长轴类件的镦锻,当进行挤压或切边时,需要设置限制行程的装置。

(3) 由于可以实现锻件的顶出,所以锻模的拔模斜度可以适当减小。

(4) 由于打击速度没有锻锤那样大,模具可以采用组合式结构,降低模具的制造成本。

4) 液压机用锻模

液压机用于大中型锻件的生产,既可用于自由锻造,也可以用于模锻,有些液压机装有侧缸,还可实现多向模锻。液压机的工作特点包括:加载平稳,速度可控;变形力由机架本身承受;工作速度较低,单位时间内的行程次数少;导向精度和抗偏载能力较差。基于这些特点,在液压机上的锻模设计具有以下特点:

(1) 锻造的速度较低,金属流动均匀,锻件组织也比较均匀,适合锻造镁、铝合金的锻件。

(2) 行程可控,可以实现闭式模锻。

(3) 抗偏载能力差,一般情况下只适合单模膛模锻。

(4) 在静载下变形,锻模结构可采用组合式,模具材料要求不高。

3.3 板料冲压工艺

冲压是塑性加工的基本方法之一,它主要用于加工金属薄板零件,所以也称板料成形。冲压加工时,板料毛坯在压力机和模具的作用下产生变形,从而获得一定形状、尺寸和性能的零件。

冲压具有生产率高、成本低、材料利用率高、产品尺寸稳定、操作简单和容易实现机械化、自动化等一系列优点，特别适合大量生产。一般的冲压加工，每分钟一台冲压设备可生产零件的数目是几件到几十件，高速冲床的生产率已达每分钟几百件或千件以上。对于板料的成形，冲压加工也是唯一的方法，用其他成形和机械加工方法很难实现。

冲压在现代汽车、拖拉机、电机、电器、仪表以及日常生活用品的生产方面占据十分重要的地位，在轿车车身中，至少有75%的零件或部件是由冲压件组成(图3-32)。在国防工业中，飞机、导弹、枪弹、炮弹等产品中，采用冲压加工的零件比例也相当高。

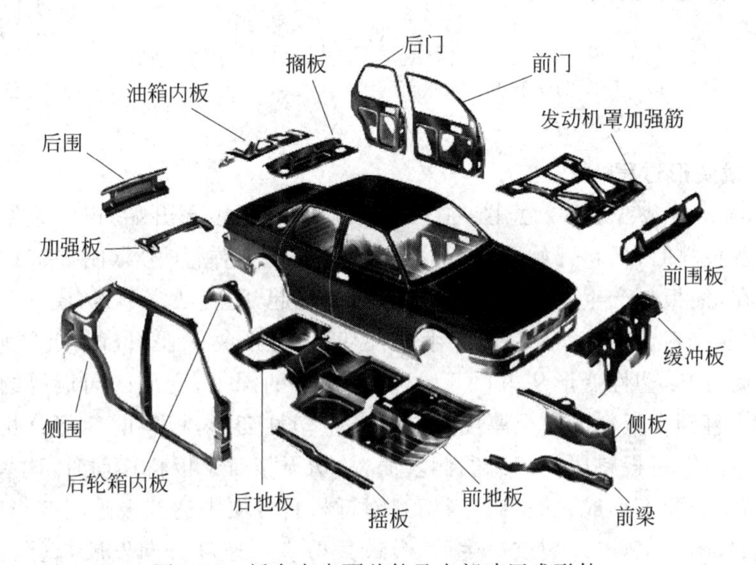

图3-32 轿车车身覆盖件及内部冲压成形件

各种不同的冲压工艺，其板料的应力状态、变形特点以及变形区与传力区之间的关系等都不相同，所以对板料的冲压性能的要求也不一样。冲压方法按变形区的变形特点分为两类：伸长类变形与收缩类变形。材料发生伸长类变形时，主应变为拉应变，板料变薄，容易产生破裂；材料发生收缩类变形时，主应变为压应变，材料变厚，但容易产生局部失稳、起皱；另外，因为板料在整个变形中弹性变形所占的比例不像体积变形时那样小到可以忽略，当成形模具撤出后，会发生回弹，造成成形件的形状发生变化。在工艺和模具设计中，应该针对材料变形的特点制定特殊的工艺措施预防上述缺陷的产生。

3.3.1 冲裁

冲裁是利用模具使板料产生分离的冲压工序，包括落料、冲孔、切口、剖切、修边等。用它可以直接制作零件或为其他成形工序,例如弯曲、拉深、成形等准备毛坯。从板料冲下所需形状的零件(或毛坯)称为落料,在工件上冲出所需形状孔(冲去的为废料)称为冲孔。图3-33所示垫圈即由落料与冲孔两道工序完成。

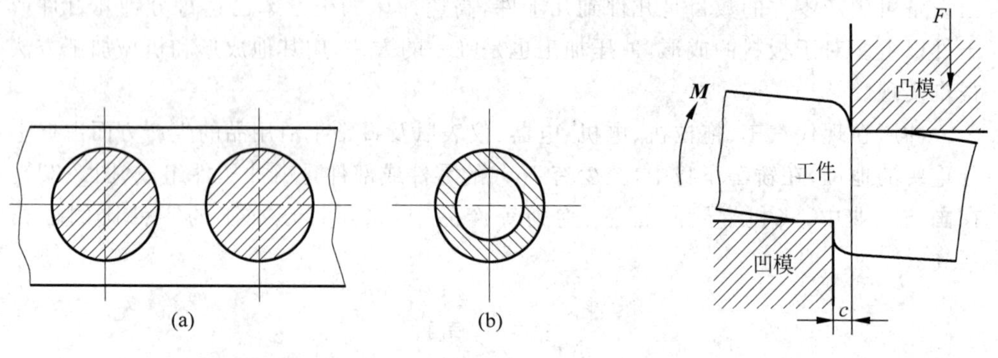

图3-33　垫圈的落料与冲孔
(a) 落料;(b) 冲孔

图3-34　冲裁变形区示意图

1. 冲裁变形过程

图3-34是冲裁变形区示意图,工件受力从弹、塑性变形开始,以断裂结束。当凸模下压接触板料时,板料开始受到凸、凹模压力而产生弹性变形(图3-35(a))。由于力矩的存在,使板料产生弯曲,即从模具表面上挠起,随着凸模下压,模具刃口压入材料,内应力状态满足塑性条件时,产生塑性变形,变形集中在刃口附近区域(图3-35(b))。由此可知,塑性变形从刃口开始,随着切刃的深入,变形区向板料的深度方向发展、扩大,直到在板料的整个厚度方向上产生塑性变形,板料的一部分相对于另一部分移动。力矩将板料压向切刃的侧表面,故切刃相对于板料移动时,这些力将表面压平,在切口表面上形成光亮带。当切刃附近材料各层中达到极限应变与应力值时,便产生微裂(图3-35(c)),裂纹产生后,沿最大剪应变速度方向发展,直至上、下裂纹会合,板料就完全分离。

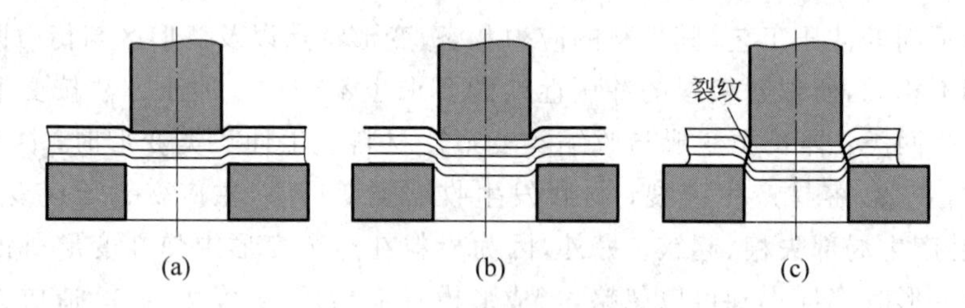

图3-35　冲裁变形过程
(a) 弹性变形;(b) 塑性变形;(c) 断裂分离

2. 冲裁模的间隙

模具间隙是指凸、凹模刃口间缝隙的距离,用符号 c 表示,也称单面间隙,而双面

间隙用 z 表示。模具间隙对冲裁件质量、冲裁力、模具寿命影响很大，是冲裁工艺与模具设计中的一个极其重要的工艺参数。

冲裁件经历了弹性变形、塑性变形和断裂分离后，在断面上会相应地生成塌角、光亮带、断裂区和毛刺等不同的区域(图 3-36)。光亮带是冲裁后最希望得到的区域，良好的模具和工艺设计是保证获得尽可能多光亮带的基础。

冲裁件的质量是指切断面质量、尺寸精度及形状误差。模具间隙过小时，由凹模入口处产生的裂纹进入凸模下面的应力区后停止发展，当凸模继续下压时，在上、下裂纹中间的部分将产生二次剪切，制件断面的中部留下撕裂面，而两头为光亮带(图 3-37(a))；模具间隙过大时，材料的弯曲与伸长增大，拉应力增大，材料易被撕裂，且裂纹在离开刃口稍远的侧面产生，致使制件的光亮带减小，圆角(塌角区)与断裂的斜度增大，毛刺增厚，难以去除(图 3-37(b))。当冲裁凸凹模间隙调整到合适位置时，断面质量会得到提高，塑性区增加，而断裂区较少，塌角和毛刺很小(图 3-37(c))。

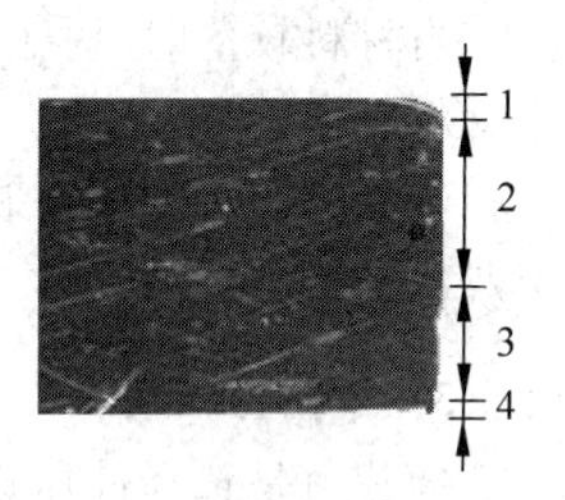

图 3-36 冲裁断面分区示意图

1—踏角；2—光亮带；3—断裂区；4—毛刺

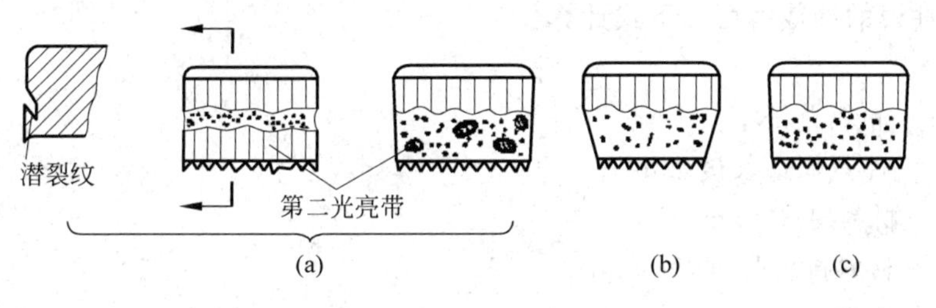

图 3-37 冲裁件断面质量

(a) 间隙过小；(b) 间隙过大；(c) 间隙适中

冲裁凸凹模间隙对冲裁力的大小及变化有一定影响。随着模具间隙 z 的减小，弯矩减小，材料所受拉应力减小，而压应力增大，故材料不易产生撕裂，使冲裁力有所增加，且产生最大冲裁力时，凸模切入材料的深度增加，因而，小的模具间隙冲裁所消耗的功比合理间隙时大得多。

实践证明，模具间隙对模具寿命有极大的影响。冲裁过程中，凸模与被冲的孔之间、凹模与落料之间均有摩擦。间隙越小，摩擦越严重，对模具寿命极为不利。而较大的模具间隙可使模具与材料间的摩擦减小，而且能减轻模具间隙不均匀的不利影响，从而可提高模具的寿命。

在冲压生产中，模具间隙的选用应主要考虑冲裁件的断面质量和模具寿命这两个主要的因素。能够保证良好冲裁件断面质量的模具间隙数值和可以获得较高冲模寿命的模具间隙数值也可能不一致。一般说来，当对冲裁件断面质量要求较高时，应取较小的模具间隙值。而当冲裁件的断面质量要求不高时，则应尽可能加大模具间隙值以利于提高模具的寿命。

实际生产中常采用下述经验公式计算合理的单面模具间隙 c 的数值。

$$c = mt \tag{3-6}$$

式中：t——材料厚度；

m——与材料性能及厚度有关的系数。

当材料较薄时，对于软钢、纯铁等，$m=6\%\sim9\%$；对于硬钢等，$m=8\%\sim12\%$。当材料厚度 $t>3\text{mm}$ 时，可适当放大系数 m，当断面质量没有特殊要求时，一般可放大到1.5倍。合理的模具间隙值也可以直接从有关冲压设计资料中的冲裁模间隙表中获得。

3. 冲裁力和功

冲裁力是选择冲压设备吨位和检验模具强度的一个重要依据。在生产中，往往碰到这样的情况，需要冲裁某种零件，但可供选用的设备仅为车间内现有的一些冲压设备，当零件的冲裁力接近车间现有冲压设备的名义吨位时，准确地计算冲裁力就显得非常重要。若计算准确，就可以采用车间现有设备进行冲压，以充分发挥设备的潜力，若计算不准确，就有可能使设备超载而损坏，引起严重的事故。

平刃冲模的冲裁力可按下式计算：

$$p = kLt\tau \tag{3-7}$$

式中：p——冲裁力，N；

L——冲裁周边长度，mm；

t——材料厚度，mm；

τ——材料抗剪强度，N/mm^2；

k——系数。

系数 k 是考虑到实际生产中的各种因素而给出的一个修正系数，生产中的各种实际因素很多，如模具间隙的波动和不均匀，刃口的钝化，板料机械性能和厚度的波动等。根据经验一般可取 $k=1.3$。

抗剪强度 τ 的数值，取决于材料的种类和状态。可在手册或资料中查取。为了便于估算，可取抗剪强度 τ 等于该材料强度极限 σ_b 的80%，即取 $\tau=0.8\sigma_b$。

$$P \approx Lt\sigma_b \tag{3-8}$$

机械压力机的工作能力除了受额定压力的限制外，还规定了每次行动程功不要超过额定的数值，以保证电机不过载，飞轮转速不致下降过多。

平刃口冲裁时，其冲裁功可按下式计算：

$$A \approx mPt \tag{3-9}$$

式中：A——冲裁功；

t——材料厚度；

P——冲裁力；

m——系数，与材料有关，一般取 $m=0.63$。

平刃口冲裁时，整个冲裁件周边同时受力，冲裁力较大。如果采用斜刃口模具冲裁，与剪切相似，整个刃口不同时与冲裁件周边同时接触，而是逐步冲裁，因此冲裁力会显著降低，同时也可以减轻冲裁时设备的振动和噪声。采用斜刃口冲孔时，凸模用斜刃，而凹模用平刃(图 3-38(a))；采用斜刃口落料时，凸模用平刃，而凹模用斜刃(图 3-38(b))。这样做的主要目的是为了保证成形件平整，而废料弯曲。斜刃冲裁虽然降低了冲裁力，但增加了模具制造和维修的困难，刃口容易磨损，一般仅用于大型工件或厚板冲裁。

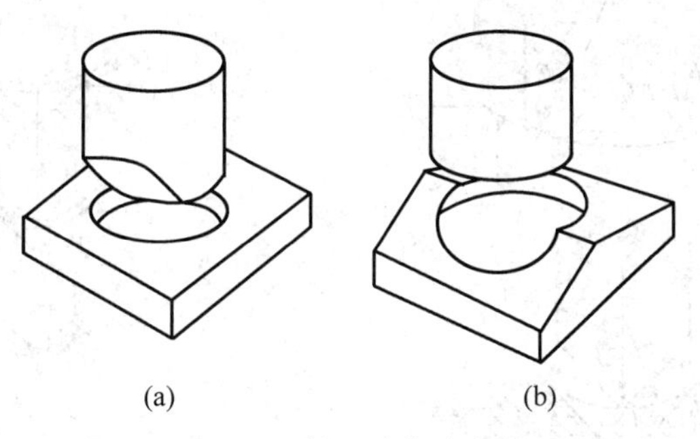

图 3-38　斜刃冲裁示意图

3.3.2　弯曲

弯曲是将板料、棒料、管料或型材等弯成一定形状和角度零件的成形方法，是板料冲压中常见的加工方法之一。在生产中弯曲件的形状很多，如 V 型件、U 型件、帽形件、圆弧型件等(图 3-39)。这些零件可以在压力机上用模具弯曲，也可以用专用弯曲机进行折弯或滚弯。本节主要介绍板料在压力机用模具的弯曲工艺。

图 3-39　各种弯曲件

1. 板料弯曲过程

板料弯曲最基本的形式是 V 型和 U 型弯曲，板料在弯曲过程中的受力情况如图 3-40 所示。弯曲开始时，凸、凹模与板料是两点接触(在 A、B 处)，凸模在 A 处所施加的外力为 F，凹模面上的 B 点处产生反力与此处外力构成弯曲力矩，板料产生塑性变形。在弯曲过程中,随着凸模逐渐进入凹模,板料在凹模上的支承点 B 将逐渐向模具中心移动,即力臂逐渐变小,由 l_0 变为 $l_1 \cdots l_k$,同时弯曲件的弯曲圆角半径也逐渐减小,由 r_0 变为 $r_1 \cdots r_k$(图 3-41)。弯曲到一定程度时,板料与凹模三点接触,这之后凸模便把板料的直边压向凹模,形成五点甚至更多点接触。最后,当凸模在最低位置时,板料的角部及直边均受到凸模的压力,弯曲件的圆角半径和夹角完全与凸模吻合,弯曲过程结束。

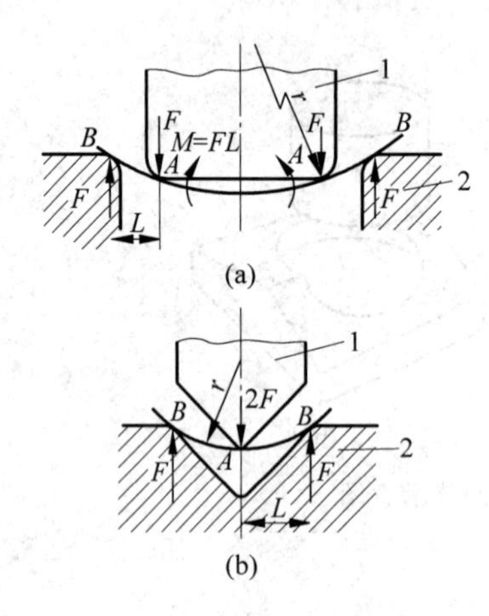

图 3-40 弯曲中板料受力

1—凸模;2—凹模

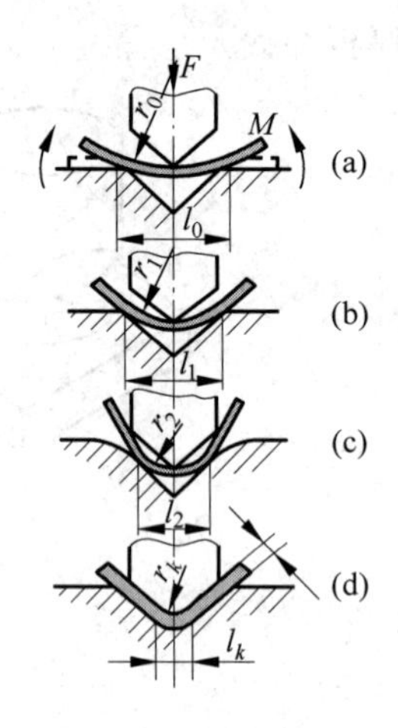

图 3-41 弯曲过程

2. 宽板弯曲变形分析

毛坯上作用有弯曲外力矩时,毛坯的曲率发生变化。弯曲时毛坯上曲率发生变化的部分是变形区,如图 3-42 中 $ABCD$ 部分。弯曲变形的主要工艺参数都和变形区的应力与应变的性质和数值有关。毛坯变形区内靠近曲率中心的一侧(内层)的金属在切向压应力的作用下产生压缩变形;远离曲率中心一侧(外层)的金属在切向拉应力的作用下产生伸长变形。毛坯变形区内的切向应力分布如图 3-42 所示。

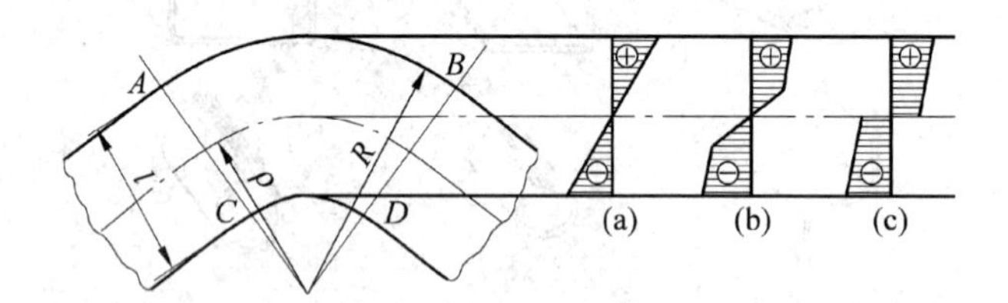

图 3-42 弯曲毛坯变形区内切向应力的分布

(a) 弹性弯曲;(b) 弹塑性弯曲;(c) 塑性弯曲

在弯曲过程的初始阶段即弹性阶段,弯曲力矩数值不大,在毛坯变形区的内、外两表面上引起的应力数值小于材料的屈服极限 σ_s,仅在毛坯内部引起弹性变形。当弯曲外力矩的数值继续增加时，毛坯的曲率半径随之减小，变形程度增大，毛坯变形区的内、外表面首先由弹性变形状态过渡到塑性变形状态，随后塑性变形由内、外表面向中心逐步扩展，变形由弹性弯曲过渡为弹-塑性弯曲，最后所有点都进入塑性变形，切向应力的分布变化过程如图 3-42 所示。

弯曲毛坯的应力由外层的拉应力过渡到内层的压应力，中间必定有一层金属，其切向应力为零，称为应力中性层，其曲率半径用 ρ_σ 表示。同样，应变的分布也是由外层的拉应变过渡到内层的压应变，其应变为零的中性层称为应变中性层，其曲率半径用 ρ_ε 表示。在弹性弯曲或弯曲程度较小时，应力中性层和应变中性层相重合，位于板厚的中心，其曲率半径相同都可用 ρ 表示，即 $\rho_\sigma=\rho_\varepsilon=\rho=\gamma+t/2$。当弯曲变形程度较大时，应力中性层和应变中性层都从板厚的中央向内层移动。应变中型层处的纤维在弯曲前期的变形是切向压缩，弯曲后期必然是伸长变形，才能补偿弯曲前期的纤维缩短，从而使其切向应变为零。而金属纤维的伸长变形，一般来说，仅发生在应力中性层的外层上。由此可见，应力中性层在塑性弯曲时也是从板料中间向内层移动，其内移量比应变中性层更大，即 $\rho_\varepsilon>\rho_\sigma$。

板料弯曲时，由于中性层的内移，外层拉伸变薄区范围逐步扩大，内层压缩增厚区范围不断减小，外层的减薄量会大于内层的增厚量，从而使弯曲区板料厚度变薄。一般弯曲件，其宽度方向尺寸比厚度尺寸大得多，弯曲前后的板料宽度 b 可以近似地认为是不变的。根据塑性变形时体积不变条件，减薄的结果使板料的长度 L 必然增加。

3. 弯曲回弹及减少回弹的措施

前面已指出，板料常温下弯曲总是伴有弹性变形的，所以在卸载以后，总变形中的弹性变形部分立即消失，引起工件回跳。回跳又称为回弹，回弹的结果表现在弯曲件曲率和角度的变化，并在材料内产生残余应力(图 3-43)。

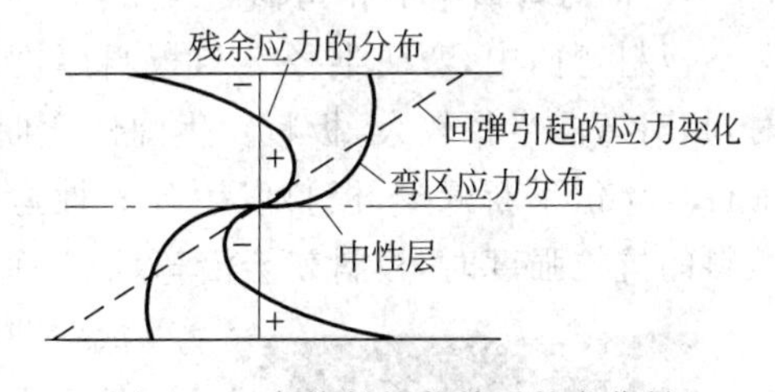

图 3-43 弯曲件卸载前后的变化量

设卸载前中性层半径为 ρ_0，弯曲角为 α_0，则弯曲件的曲率变化量为

$$\Delta K=\frac{1}{\rho_0}-\frac{1}{\rho} \tag{3-10}$$

角度变化量为

$$\Delta\alpha=\alpha-\alpha_0 \tag{3-11}$$

曲率变化量 ΔK 和角度变化量 $\Delta\alpha$，又称为弯曲件的回弹量。

减少回弹的措施有三种：

(1) 改进弯曲件局部结构和选用合适材料　例如，在弯曲件变形处压制加强筋，用以提高零件刚度，减少回弹。

(2) 补偿法　根据弯曲件的回弹趋向(ΔK 和 $\Delta\alpha$ 的值是增大，还是减小)和回弹量大小、修正凸模或凹模工作部分的形状和尺寸，使工件的回弹量得到补偿。一般来说,补偿法是消除弯曲件回弹最简单的方法,在实际生产中得到广泛应用。

双角弯曲时,可在凸模两侧分别做出回弹角(图3-44(a))或将模具底部做成圆弧形(图3-44(b),(c)),利用底部向下的回弹作用,来补偿弯曲件侧壁的回弹。

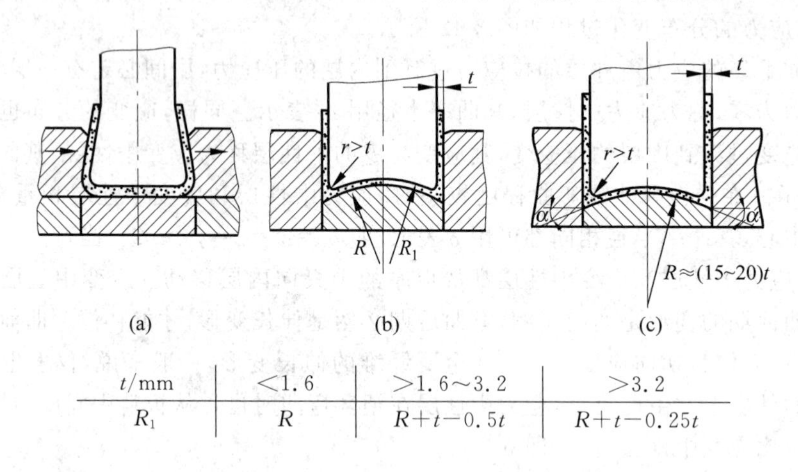

t/mm	<1.6	>1.6~3.2	>3.2
R_1	R	$R+t-0.5t$	$R+t-0.25t$

图3-44 用补偿法修正模具

(3) 校正法 板料弯曲中,中性层外侧纤维被拉长,内侧纤维被压缩。卸载以后,外侧纤维要缩短,内侧纤维要伸长,内外层纤维的回弹趋势都是使板料复直,所以回弹量较大。如果在弯曲行程终了时,对板料施加一定的校正压力,迫使弯曲处内层的金属产生切向拉伸应变,那么板料经校正以后,内、外层纤维都被伸长,卸载后都要缩短,内、外层的回弹趋势相反,回弹量将会减小,达到克服或减少回弹的目的。

4. 相对弯曲半径和弯曲断裂

板料弯曲中,弯曲半径 r 与板料厚度 t 之比,称为相对弯曲半径 r/t,弯曲开始时,相对弯曲半径较大,板料发生弹性弯曲,外层表面的切向拉应力最大。随着凸模下行,r/t 值不断减少,板料发生弹塑性弯曲直至塑性弯曲,当外层的等效应力超过板料的抗拉强度时,板料就会沿弯曲线(垂直于板料切向方向)被拉裂(图3-45),造成弯曲件的报废。从以上的分析可以看出,板料外表面的最大拉应变受到材料性能的限制,为了获得不破裂的弯曲件,r/t 存在一个极值,所以经常用相对弯曲半径来表示弯曲的变形量,即弯曲变形程度,弯曲件外表面的应变量与相对弯曲半径 r/t 大致成反比关系(式3-12)。相对弯曲半径越小,弯曲变形程度越大,最外层纤维拉裂的可能性越大,因此必须选择合理的相对弯曲半径 r/t。

图3-45 外表面出现裂纹的弯曲件

$$\varepsilon_{\theta\max} = \frac{1}{2r/t+1} \tag{3-12}$$

3.3.3 拉深

拉深也称拉延，是利用模具使冲裁后得到的平面毛坯变为开口的空心零件的冲压工艺方法。

用拉深工艺可以制成筒形、阶梯形、锥形、球形、方盒形和其他不规则形状的薄壁零件，如果与其他冲压成形工艺配合，还可制成形状极为复杂的零件。拉深工艺应用相当广泛，在冲压生产中占据很重要的地位。

在冲压生产中拉深件的种类繁多，由于其几何形状的特点不同，虽然它们的冲压过程都叫做拉深，但是变形区的位置、变形的性质、变形的分布、毛坯各部分的应力状态和分布规律等都有相当大的、甚至是本质上的差别，所以确定工艺参数、工序数目与顺序，以及设计模具的原则和方法都不一样。各种拉深件按照变形力学的特点可以分为：直壁圆筒形零件、盒形件、曲面形状零件(指曲面旋转体)和非旋转体曲面形状零件的等 4 种类型，每种零件都有自己变形的特点，因而可用相同的观点和方法去研究同一类型拉深件的冲压成形问题。对不同类型的拉深零件，由于在变形上有着根本性的差别，出现的质量问题的形式和解决的方法，以及工艺参数的含义和确定的原则等也不一样，必须分别处理。在本节中，主要介绍圆筒形零件的拉深工艺。

1. 圆筒形拉深件变形及受力分析

为了利于金属的流动，拉深时模具的工作部分没有锋利的刃口，而是有圆角半径，并且其间隙也稍大于板材的厚度。圆筒形零件的拉深是在凸模的压力下，直径为 D_0、厚度为 t 的圆形毛坯经拉深后，得到了具有外径为 d 的开口工件。

为了说明金属的流动过程，可以进行如下实验：在圆形毛坯上画许多间距都等于 a 的同心圆和分度相等的辐射线(图 3-46)，由这些同心圆和辐射线组成网格。实验发现，拉深后圆筒形底部的网格基本保持原来的形状，而筒壁部分的网格则发生了很大的变化：原来的同心圆变为筒壁上的水平圆筒线，而且其间距也增大了。越靠近筒的上部增大越多，即：$a_1 > a_2 > a_3 > \cdots > a_n$；原来分度相等的辐射线变成了筒壁上的垂直线，其间距则完全相等，即 $b_1 = b_2 = b_3 = \cdots = b_n$。

如果就网格中的一个小单元来看，在拉深前是扇形 $\mathrm{d}A_1$，而在拉深后则变成矩形 $\mathrm{d}A_2$ 了。由于拉深后，材料厚度变化很小，故可认为拉深前后小单元体的面积不变，即：$\mathrm{d}A_1 = \mathrm{d}A_2$。小单元体由扇形变成矩形，说明小单元体在切向受到压应力的作用，在径向受到拉应力的作用。

故拉深变形过程可以归结如下：在拉深力作用下，毛坯内部的各个小单元体之间产生了内应力(在径向产生拉应力，在切向产生压应力)。在这两种应力作用下，凸缘区的材料发生塑性变形并不断地被拉入凹模内，成为圆筒形零件。

从实际生产中可知，拉深件各部分的厚度是不一致的。一般是：筒底略为变薄，

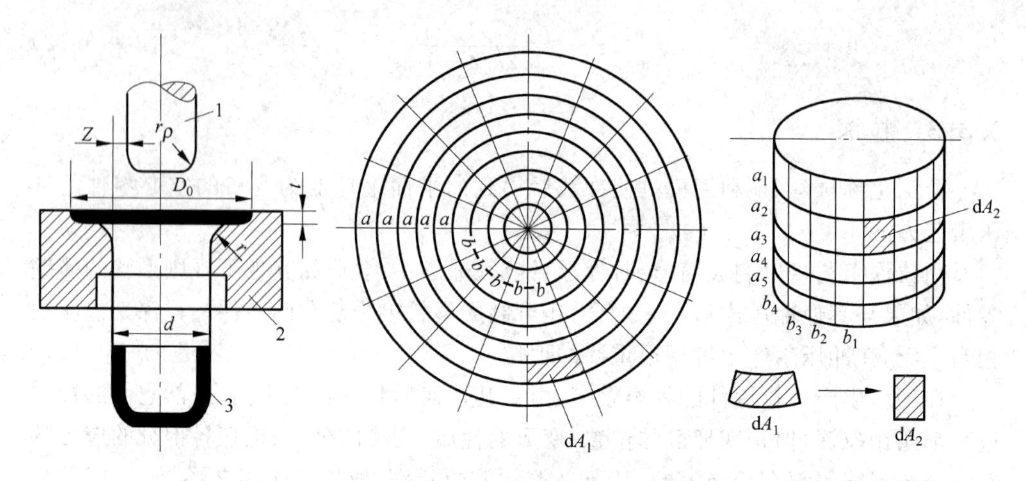

图 3-46 拉深件的网格变化

但基本上等于原毛坯的厚度；筒壁上段增厚，越靠上边缘增厚越大；筒壁下段变薄，越靠下部变薄越多；在筒壁到凸模圆角稍上处，则变薄量较大，也最容易在此发生断裂。此外，沿高度方向，零件各部分的硬度也不同，越到上边缘硬度越高。这些都说明在拉深过程中，毛坯各部分的应力应变状态是不一样的。为了更深刻的认识拉深变形过程，有必要深入探讨拉深过程中材料各部分的应力应变状态。

图 3-47 所示为拉深过程中工件的应力应变状态。σ_t，ε_t 分别为厚向的应力与应变；σ_θ，ε_θ 分别为切向的应力与应变；σ_r，ε_r 分别为法兰和筒底区径向的应力与应变，σ_z，ε_z 分别为筒壁轴向方向的应力与应变。

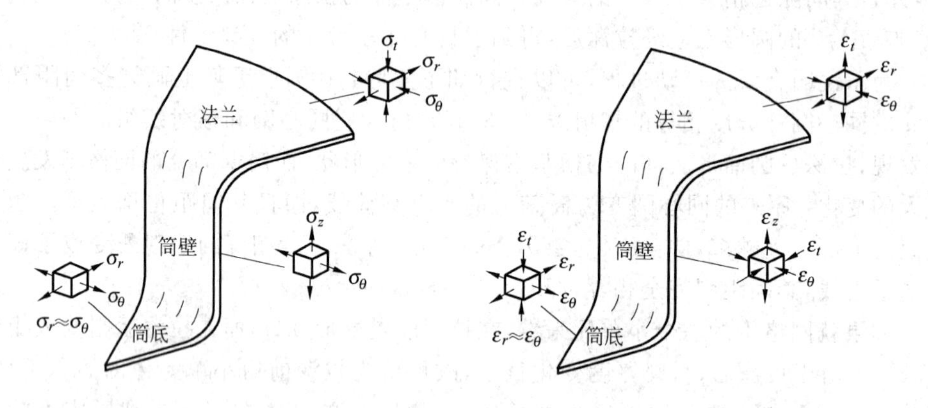

图 3-47 圆筒拉深工件的应力应变状态

根据应力应变状态的不同，现将拉深毛坯划分为 3 个主要区域。

(1) 法兰区　这是拉深变形的主要区域，也称为成形区。这部分材料在径向应力 σ_r 和切向压应力 σ_θ 的作用下，发生塑性变形而逐渐进入凹模。由于压边圈的作用，在厚度方向产生压应力 σ_t。通常，σ_r 和 σ_θ 的绝对值比 σ_t 大得多，材料的流动主要是沿切向收缩和径向延展，同时也向毛坯厚度方向流动而加厚。这时厚度方向的应变是正值。由于越靠外边缘需要转移的材料越多，因此，越到外边缘材料变得越厚，硬化也越严重。

若不用压边圈，则 $\sigma_t=0$。此时 ε_t 要比有压边圈时大，当需要转移的材料面积较大而板材相对又较薄时，毛坯的凸缘部分，尤其是最外缘部分，受切向压应力 σ_θ 的作用极易失去稳定而拱起，出现起皱。

(2) 筒壁部分　这部分材料已经变形完毕成为筒形，也称为传力区或已成形区。此时不再发生大的变形，继续拉深时，凸模的拉深力要经由筒壁传递到凸缘部分，故它主要承受轴向拉应力 σ_z 的作用，同时材料有沿切向收缩的趋势但会互相牵制，故在切向有拉应力 σ_θ，材料会发生少量的纵向伸长和变薄。

(3) 筒底部分　这部分材料基本上不变形，但由于作用于底部圆角部分的拉深力，使材料承受双向拉应力，厚度略有变薄。

另外，靠近凸、凹模圆角部分属于过渡区，材料变形比较复杂，由于承受凸模拉力和模具圆角的弯曲作用，在外壁切向产生压应力，在内壁切向产生拉应力。

拉深件在变形后厚度会有所变化。以圆筒拉深件为例，由于收缩是法兰区的主要变形方式，所以板料会增厚，这种趋势一直持续到圆筒直壁上部；在圆筒底部圆角附近即与凸模圆角接触的部分，由于板平面内受到双向拉应力的作用，伸长是主要变形方式，所以板料会减薄；在圆筒底部，由于受到凸模圆角的限制，拉深力不易传递到此处，受力较小，所以厚度基本不变。圆筒底部圆角与直壁过渡处，由于变薄后传递拉深力的截面积较小，所以产生的拉应力 σ_z 较大，因此在拉深过程中，该处成为零件强度最薄弱的断面，倘若此处的应力 σ_z 超过材料的抗拉强度，则拉深件将在此处拉裂，或者变薄超差。

2. 圆筒形零件的拉深系数与拉深道次的确定

由于拉深零件的高度与其直径的比值不同，有的零件可以用一道拉深工序制成，而有些高度大的零件，一次拉深变形量过大，则需要进行多道次拉深工序才能制成。在确定必要的拉深道次时，通常都利用拉深系数作为计算的依据。

拉深后零件的直径 d 与拉深前毛坯 D_0 之比称为拉深系数 m

$$m=\frac{d}{D_0} \tag{3-13}$$

拉深系数表示了拉深前后毛坯直径的变化量，也就是说，拉深系数反映了毛坯外边缘在拉深时的切向压缩变形的大小。因此，可以认为，拉深系数是拉深时毛坯变形程度的另一种简便而实用的表示方法。拉深系数的倒数称为拉深程度或拉深比，其值为

$$K=\frac{1}{m}=\frac{D_0}{d} \tag{3-14}$$

对于第二道次、第三道次等后续各道次拉深工序，拉深系数也可用类似方法表达：

$$m_n = \frac{d_n}{d_{n-1}} \tag{3-15}$$

式中,m_n 表示第 n 道拉深工序的拉深系数,d_n 表示第 n 道拉深工序后所得到的圆筒零件的直径;d_{n-1} 表示第 n 道拉深工序所用的圆筒形毛坯的直径。

在拉深变形时,筒壁不被拉破的最小拉深系数,叫做极限拉深系数。当拉深系数达到极限值 m 时,拉深力的最大值接近于毛坯圆筒侧壁的强度 $\pi d_p t \sigma_b$,拉深过程仍可正常进行。而当拉深系数小于极限拉深系数($m' < m$)时,拉深力的最大值超过毛坯侧壁的承载能力 $\pi d_p t \sigma_b$,这时将会出现侧壁的破坏,以致无法进行拉深变形。

极限拉深系数决定于板材的机械性能、毛坯的相对厚度 t/D、冲模工作部分的圆角半径与间隙、冲模的类型、拉深速度、润滑等。

表 3-2 是用实验的方法求得适用于低碳钢板的极限拉深系数。

表 3-2 低碳钢板的极限拉深系数值

拉深系数	毛坯的相对厚度 $\frac{t}{D_0} \times 100\%$					
	0.08~0.15	0.15~0.30	0.30~0.60	0.60~1.0	1.0~1.5	1.5~2.0
m_1	0.63	0.60	0.58	0.55	0.53	0.50
m_2	0.62	0.80	0.79	0.78	0.76	0.75
m_3	0.84	0.82	0.81	0.80	0.79	0.78
m_4	0.86	0.85	0.83	0.82	0.81	0.80
m_5	0.88	0.87	0.86	0.85	0.84	0.82

在进行冲压工艺设计时,计算出极限拉深系数后,就可根据圆筒形零件的尺寸和平板毛坯的尺寸,从第一道拉深工序开始逐步地向后推算,即可求出所需的拉深工序数量、中间毛坯的尺寸。例如,圆筒件需要的拉深系数为 $m=d/D$。若 $m \geqslant m_1$,可一次拉成。若 $m < m_1$,则需 n 次拉深,即 $m_1, m_2, m_n \leqslant m$,为确保拉深顺利进行,实际采用的拉深系数为 $m_1', m_2' \cdots m_n'$,应使 $m_1 - m_1' \approx m_2 - m_2' \approx m_3 - m_3' \approx \cdots \approx m_n - m_n'$,于是得到各次拉深后的圆筒直径为:$d_1 = m_1' D, d_2 = m_2' d_1 = m_1' m_2' D, \cdots, d_n = m_n' d_{n-1} = m_1' m_2' \cdots m_n' D = d$。在实际生产中,为了保证零件的质量,一般都选用稍大于极限值拉深系数。

拉深系数的倒数称为拉深比,也可以采用拉深比来进行工艺设计,与极限拉深系数相对应的有极限拉深比(limited drawing ratio,LDR),它是极限拉深系数的倒数。

3. 拉裂和起皱及其防止措施

拉深件常出现的主要成形质量问题是拉裂和起皱,如图 3-48 所示。

以圆筒形拉深件为例,圆筒的侧壁被拉破,往往发生在靠近筒件底部的凸模圆角处,产生的原因是拉深系数选得太小、拉深变形程度太大,解决的措施是减小拉深变形程度,采用多次拉深的办法,如上面所述。

在拉深过程中另一个主要质量问题是起皱,假如毛坯的相对厚度较小,则拉深毛

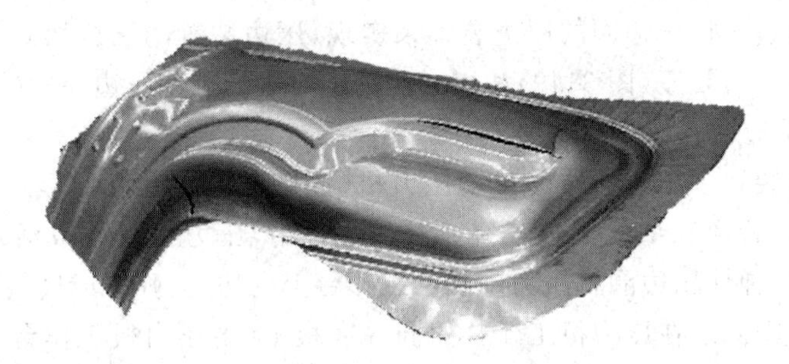

图 3-48 拉深时毛坯的断裂和起皱

坯变形区即毛坯的法兰部分，在切向压应力的作用下，很可能因为失稳而发生起皱现象。毛坯严重起皱后，由于不可能通过凸模与凹模之间的间隙而被拉断，造成废品。即使轻微起皱的毛坯可能勉强通过，但也会在零件的侧壁上遗留下起皱的痕迹，影响表面质量。因此，拉深中的起皱现象是不允许的，必须设法消除。最常用的防止拉深变形区的起皱的方法是设置压边圈。

拉深过程中影响毛坯是否起皱的主要因素如下。

(1) 毛坯的相对厚度 t/D_0 相对厚度较小，拉深变形区抗失稳能力越差，也越容易起皱。

(2) 拉深系数 $m=d/D_0$ 越小，拉深变形程度越大，拉深变形区内金属的硬化程度也越高，所以切向压应力的数值也相应增大。另一方面，拉深系数越小，拉深变形区的宽度越大，所以其抗失稳的能力变小。上述两个因素综合作用的结果，都使毛坯变形区的起皱趋向增大。

(3) 其他因素 凹模工作部分的几何形状也会影响到起皱，与普通的平端面凹模相比，用锥形凹模拉深时，起皱的趋势小一些，另外板料的机械性能，凹模的润滑等等对起皱也有影响。

4. 拉深压边装置

在拉深工艺设计时，必须判断某一零件在拉深时是否会发生起皱现象。如果毛坯在拉深时不致起皱，则用结构简单的不带压边装置的冲模。在生产中可利用下面的经验公式做概略的估计，用普通平端面凹模拉深时，毛坯不致起皱的条件为

$$\frac{t}{D_0} \geqslant (0.09 \sim 0.17)(1-m) \tag{3-16}$$

式中：t ——板料厚度；

D_0——板坯的直径；

m ——拉深比。

为了防止毛坯在拉深中的起皱，经常采用防皱压边圈。保证拉深过程顺利进行。压边力的大小对拉深工艺影响很大，如果压边力太小，拉深件容易起皱；如果压边力太大，会增加拉深件危险断面的拉应力，引起拉裂或严重变薄。

压边要通过包括压边圈的压边装置来实现,压边装置的结构形式分为用于单动压力机的弹性压边装置(图3-49)和用于双动压力机的刚性压边装置(图3-50)。

1) 弹性压边装置(单动拉深)

弹性压边装置多用于普通的单动压力机(冲床),通常有三种形式:橡皮压边装置、弹簧压边装置和气垫式压边装置。工作过程中,压力机滑块或活塞在下降过程中,通过凹模和弹性压边圈将压力施加给工作台上的橡皮、弹簧或气垫。拉深模具上的凸模和压边圈固定在压力机工作台的同一底板上,由压力机工作台和工作台底部的顶棒将压边力从橡皮、弹簧或气垫传递给压边圈。拉深凹模和顶料器被固定在压力机的滑块上。变形开始时,板料夹在拉深凹模和压边圈之间。压力机滑块向下压缩橡皮、弹簧或气垫,这样压边装置的反作用力施加在压边圈上。同时,压力机滑块又通过拉深凹模使压边圈向下移动,通过滑块的向下运动使工件在固定的拉深凸模上成形。压力机滑块既要施加变形力又要施加压边力。

采用橡皮和弹簧形式的压边装置所提供的压边力的变化趋势正好与拉深工艺所需的压边力相反。在拉深工艺中,随着拉深深度的增加,需要压边的凸缘部分不断减小,所需的压边力也逐渐减小。但是在弹簧和橡胶所提供的压边力中,压边力却随着拉深深度的增加而增加。因此这两种形式只用于浅拉深,而且必须选择合适的橡皮和弹簧。气垫形式的弹性压边装置所提供的压边力随着行程变化较小(气体的压力变化随体积变化缓慢),可以认为基本不变。但是这种压边装置结构复杂、制造和维修困难,还要专门提供压缩空气。

2) 刚性压边装置(双动拉深)

刚性压边装置的特点是压边力不随行程变化,拉深成形效果好,且模具结构简单。但是这种压边装置需要有双动压力机,凸模装在机械压力机的内滑块或液压

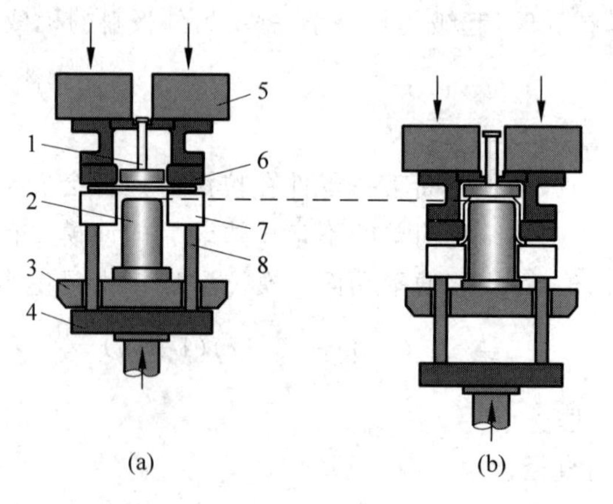

图3-49 弹性压边装置及工作原理

(a) 拉深前;(b) 拉深后

1—顶料器;2—拉深凸模;3—压力机工作台;4—拉深垫(弹簧、橡胶或气垫);
5—滑块;6—拉深凹模;7—压边圈;8—顶杆

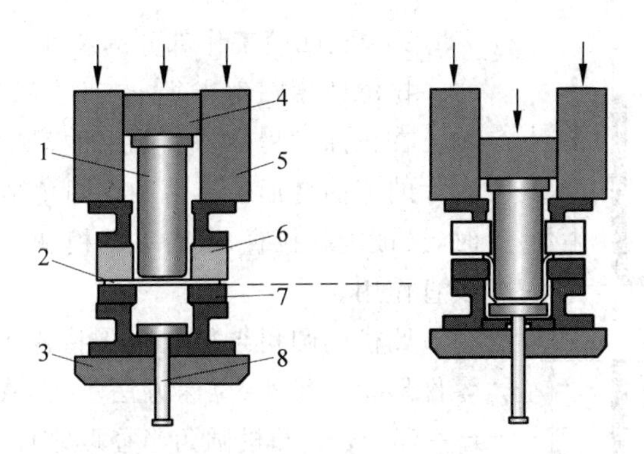

图 3-50 刚性压边装置及工作原理

(a) 拉深前；(b) 拉深后

1—拉深凸模；2—板料；3—压力机工作台；4—双动压力机内滑块；
5—双动压力机外滑块；6—压边圈；7—拉深凹模；8—顶料器

机的主缸活塞上，压边装置装在机械压力机的外滑块或液压机压边缸的活塞上。在工作过程中，外滑块或压边缸活塞通过压边圈将压边力传递给板料和拉深凹模。凹模和顶料器位于压力机工作台上。成形时，压边圈将板料夹紧在凹模上，凸模从上面进入下模而使工件成形，这时板料便在压边圈压边力的作用下流动，没有起皱。成形过程中压边圈是静止的，凸模是活动的。在双动拉深时内滑块只需施加变形力。

5. 圆筒件毛坯尺寸计算及其模具设计

1) 拉深零件的毛坯尺寸

具有回转面的拉深件采用圆形毛坯，其直径按面积相等的原则计算(不考虑板料的厚度变化)。计算毛坯尺寸时，先将零件划分为若干个便于计算的简单几何体，分别求出其面积后相加，得到零件总面积 ΣA，则毛坯直径为

$$D = \sqrt{\frac{4}{\pi}\Sigma A} \tag{3-17}$$

例如，图 3-51 所示的圆筒件，可划分为三部分，每部分面积分别为

$$A_1 = \pi d(H - r)$$

$$A_2 = \frac{\pi}{4}[2\pi r(d - 2r) + 8r^2]$$

$$A_3 = \frac{\pi}{4}(d - 2r)^2$$

$\Sigma A = A_1 + A_2 + A_3$ 式，得毛坯直径为

$$D = \sqrt{(d - 2r)^2 + 2\pi r(d - 2r) + 8r^2 + 4d(H - r)} \tag{3-18}$$

由于板料的各向异性和模具间隙不均匀等因素的影响，拉深后零件的边缘不整齐，甚至出现制耳，需在拉深后进行修边。因此，计算毛坯直径时需要增加修边余量。

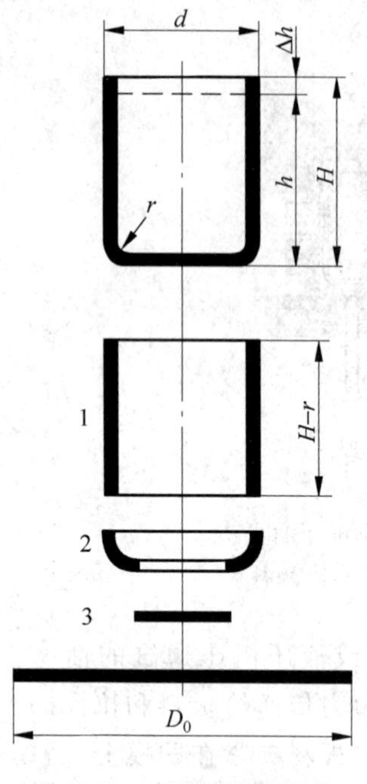

图 3-51 直壁圆筒拉深件毛坯尺寸计算

2) 凸、凹模工作部分的尺寸

拉深凹模圆角半径 r_d 对拉深过程有非常大的影响。在拉深过程中,板料在凹模圆角部位滑动时产生较大的弯曲变形。当由凹模圆角半径区进入直壁部分时,又被重新拉直,或者在凸模和凹模之间通过时受到校直作用。

凹模的圆角半径取决于拉深毛坯的厚度、成品的零件形状与尺寸、拉深方法等等,在一般情况下可取:$r_d=(5-7)t$,凸模圆角半径取零件值。

对以后各次拉深,r_d 可由下式决定:

$$r_{d2}=(0.6\sim0.8)r_{d1},\ r_{dn}=(0.7\sim0.9)r_{dn-1}$$

式中:r_{d2}——第二次拉深凹模圆角半径;

r_{dn}——第 n 次拉深凹模圆角半径。

r_d 过小,会使拉深力增大,影响模具寿命,过大则会减小压边面积,在拉深后期,毛坯外缘过早地离开压边圈,容易起皱。

3) 凸、凹模间隙 c

决定间隙 c 时,不仅要考虑材质和板厚,还要考虑工件的尺寸精度和表面质量要求。不用压边圈拉深时,$c=(1\sim1.1)t_{max}$,用压边圈时,$c=t_{max}+kt$,式中 t_{max} 为材料最大厚度,k 为间隙系数。

6. 汽车覆盖件的拉深工艺

汽车覆盖件(以下简称覆盖件)是指构成汽车车身的薄金属板料制成的异形体表面和内部零件。轿车的车门板和车身、载重车的车门板和驾驶室等都是由覆盖件构成的。图 3-52 中的轿车侧围(side panel)为典型的大型覆盖件。

图 3-52 轿车侧围覆盖件

与一般冲压件相比,覆盖件具有下列特点:

(1) 材料薄;

(2) 形状复杂;

(3) 结构尺寸大;

(4) 表面质量要求高。

覆盖件的拉深工艺和模具设计、制造都具有特殊性。因此,在实践中常把覆盖件从一般拉深件中分离出来,作为特殊的类别加以研究和分析。

经过拉深的覆盖件(以下称拉深件)与我们看到的最后工件是有区别的(最后工件要通过切边、修正等工序)。为了保证拉深工艺的顺利进行,设计覆盖件的拉深模具时要考虑以下几个因素:

1) 拉深件的冲压方向

覆盖件的拉深件设计,首要是确定冲压方向。确定拉深冲压方向,应满足如下几方面的要求:

① 保证拉深件凸模能够顺利进入拉深凹模,不应出现凸模接触不到的死区,所有需拉深的部位要在一次冲压中完成。

② 拉深开始时,凸模和毛坯的接触面积要大,避免点接触,接触部位应处于冲模中心,以保证成形时材料不致窜动。

③ 压料应尽量保证毛坯平放,压料面各部位进料阻力应均匀。拉深深度均匀,拉入角相等,才能有效地保证进料阻力均匀。

图 3-53(a)中凸模两侧的拉入角尽可能做到基本一致,使两侧进料阻力保持均衡。凸模表面同时接触毛坯的点要多而分散,并尽可能分布均匀,防止成形过程中毛坯窜动,如图 3-53(b)所示。当凸模和毛坯为点接触时,应适当增加接触面积,如图 3-53(c)所示,以防止应力集中造成局部破裂。

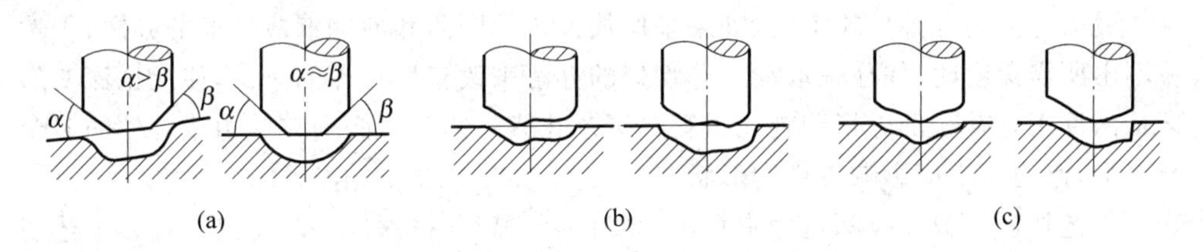

图 3-53 拉深件冲压方向的确定
(左侧不合理,右侧合理)

2) 压料面的确定

覆盖件拉深成形的压料面(压边圈底面)形状是保证拉深过程中材料不破裂和顺利成形的首要条件,确定压料面形状应满足如下要求。

(1) 有利于降低拉深深度。平压料面压料效果最佳(图 3-54),但为了降低拉深深度,常使压料面形成一定的倾斜角。

(2) 压料面应保证凸模对毛坯有一定程度的拉深效应。压料圈和凸模的形状应保持一定的几何关系,使毛坯在拉深过程中始终处于紧张状态,并能平稳渐次地紧贴凸模,不允许产生皱纹。

(3) 压料面平滑光顺有利于毛坯向凹模型腔内流动。压料面上不得有局部的鼓

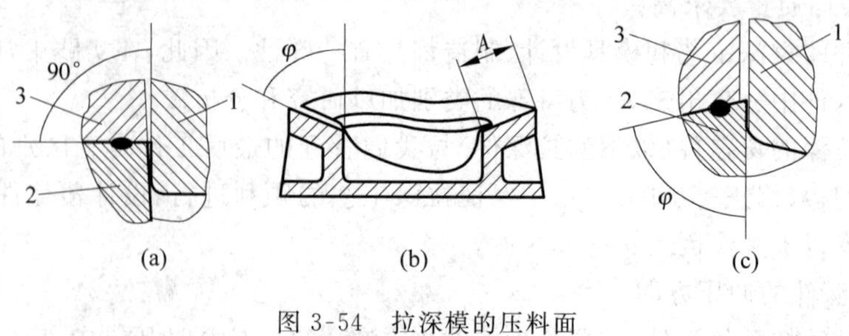

图 3-54 拉深模的压料面

1—凸模；2—凹模；3—压料圈

包、凹坑和下陷。如果压料面是覆盖件本身的凸缘上有凸起和下陷时,应增加整形工序。压料面和冲压方向的夹角大于 90°,而且会增加进料阻力,也是不可取的。

3) 工艺补充部分设计

为了给覆盖件创造一个良好的拉深条件,需要将覆盖件上的窗口填平,开口部分连接成封闭形状,有凸缘的需要平顺改造使之成为有利成形的压料面,无凸缘的需要增补压料面,这些增添的部分称为工艺补充部分。

工艺补充是拉深工艺不可缺少的部分,拉深后又需要将它们修切掉,所以工艺补充部分应尽量减少,以提高材料的利用率。工艺补充部分除考虑拉深工艺和压料面的需要外,还要考虑修边和翻边工序的要求,修边方向应尽量采取垂直修边。

4) 工艺孔及工艺切口

覆盖件需要局部反拉深时,如果采用加大该处圆角和使侧壁成斜度的办法,仍然拉不出所需深度时,往往采取冲工艺切口的办法来改善反拉深的条件,使反拉深变形区从内部工艺补充部分得到补充材料。工艺孔或工艺切口必须在修边线之外的多余材料上,修边时不应影响工件的形状。

工艺切口一般在拉深过程中切出,废料不分离,和拉深件一起退出模具。工艺切口的最佳冲制时间是在反拉深成形到最深,即将产生破裂的时刻,这样可以充分利用材料的塑性,使反拉深成形最需要材料补充的时候能够获得所需要的材料。工艺切口也要由试冲决定。

5) 拉延筋和拉延槛

覆盖件拉深成形时,在压料面上放置拉延筋或拉延槛,对改变阻力,调整进料速度使之均匀化和防止起皱具有明显的效果。归纳起来放置拉延筋的主要作用有如下几点。

(1) 增加局部区域的进料阻力,使整个拉延件进料速度达到平衡状态。

(2) 加大拉延成形的内应力数值,提高覆盖件的刚性。

(3) 加大径向拉应力,减少切向压应力；延缓或防止起皱。

拉延筋和拉延槛的形状见图 3-55。拉延筋的断面形状为半圆形,一般取筋半径 R=12～18mm,筋高 h=5～7mm(钢件)或 3～5mm(铝合金件)。拉延筋的凹槽一般不与工件吻合，通过修整凹槽的宽度来改变进料阻力。拉延槛的阻力更大，它多用在深度浅的拉深件上。

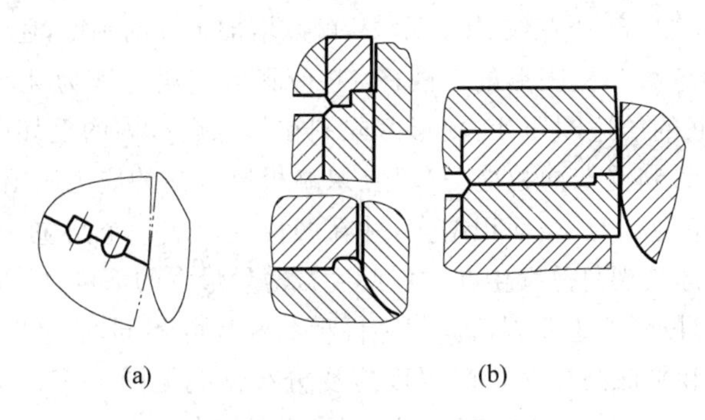

图 3-55 拉延筋和拉延槛

(a) 拉延筋；(b) 拉延槛

拉延筋和拉延槛的放置原则有如下几个：

① 拉深件有圆角和直线部分，在直线部分放置拉延筋，使进料速度达到平衡。

② 拉深件有直线部分，在深度浅的直线部分放置拉延筋，深度深的直线部分不设拉延筋。

③ 浅拉深件，圆角和直线部分均放置拉延筋，但圆角部分只放置 1 条筋，直线部分放置 1～3 条筋。当有多条拉延筋时，注意使外圈拉延筋"松"些，内圈拉延筋"紧些"，改变拉延筋高度可达到此目的。

④ 拉深件轮廓呈凸凹曲线形状，在凸曲线部分设较宽拉延筋，凹曲线部分不设拉延筋。

⑤ 拉延筋或拉延槛尽量靠近凹模圆角，可增加材料利用率和减少模具外廓尺寸，但要考虑不要影响修边模的强度。

3.3.4 胀形

利用模具强迫板料厚度减薄和表面积增大，以获取零件几何形状的冲压加工方法叫做胀形。胀形是冲压变形的一种基本形式，也常与其他变形方式结合出现在复杂零件的冲压过程中。胀形主要用于：

(1) 平板毛坯的局部成形；

(2) 圆柱形空心毛坯的胀形；

(3) 管类毛坯的胀形(波纹管)；

(4) 平板毛坯的拉形。

胀形可用不同方法实现，如刚模胀形、橡皮胀形和液压胀形等。冲压生产中的起伏成形、圆柱形空心毛坯的凸模胀形、波纹管的成形及平板张拉成形等均属于胀形成形方式。汽车覆盖件等形状比较复杂的零件成形也常常包含胀形成分。

1）平板毛坯胀形

平板毛坯胀形，也称起伏成形或局部成形。根据工件的要求，可以在板上压出各种形状，如压筋、压包、压字、压花纹、压标示等，可以增加工件的刚度，还可以装饰作用。

图 3-56 是用球头凸模胀形的示意图，这种胀形方法可视为纯胀形。纯胀形时，毛坯被带有拉深筋的压边圈压死，变形区限制在拉深筋以内的毛坯中部，在凸模作用下，变形区大部分材料受双向拉应力作用（忽略板厚方向的应力），沿切向和径向产生拉伸应变使材料厚度减薄、表面积增大，并在凹模内形成一个凸包。

一般来讲，胀形破裂总是发生在材料厚度减薄量最大的部位，所以变形区的应变分布是影响胀形成形极限的重要因素。若零件形状和尺寸不同，胀形时的应变分布也不相同，用球形凸模和平底凸模胀形时厚度应变分布情况见图 3-57。球形凸模胀形时，应变分布比较均匀，各点的应变量都比较大，能获得较大的胀形高度，故成形极限较大。

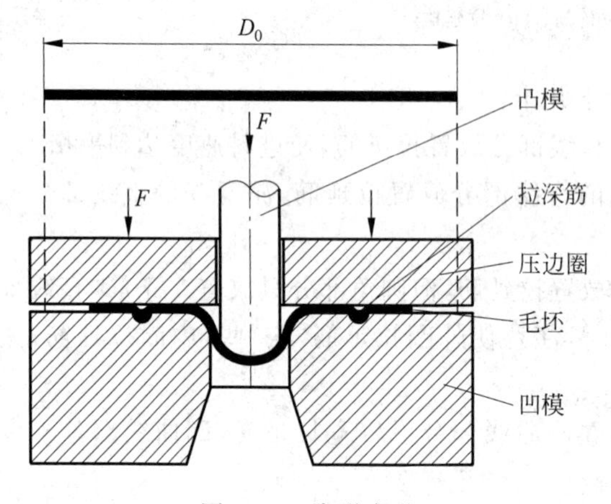

图 3-56 胀形成形

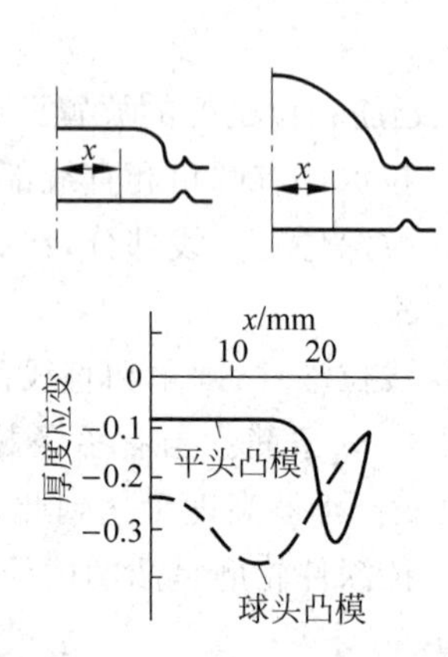

图 3-57 胀形时的厚度应变分布情况

2）管材胀形（胀管）

管材胀形是依靠对材料的双向拉伸，在径向压力的作用下使直径较小的管坯沿径向向外扩张的成形方法。根据工件的设计要求，既可以对管坯进行局部扩张，也可以对整个管坯进行扩张。根据成形所使用的模具将胀形可以分为刚模胀形和软模胀形。刚模胀形主要是采用刚性分块式凸模实现胀形。软模胀形主要是利用弹性体（聚氨酯、天然橡胶、聚氯乙烯）或液体（油、乳化液和水）以及气体代替刚性凸模对管坯进行胀形。

在胀管中，主要变形区的应力特点是：承受双向拉应力的平面应力状态（忽略厚向应力）；胀形变形区的应变为两向伸长、一向收缩（图 3-58）。

图 3-59 为采用分块式刚性凸模进行胀管的示意图。随着外力 F 的作用，模块内侧与芯轴在倾斜的接触面上滑动，模块向下运动的同时，也向外侧移动，实现胀形。图 3-60 所示为采用橡胶凸模胀管，橡胶在压头作用下膨胀，将管壁中悬空的部分挤入凹模，为了实现工件脱模，这种胀管都是采用分块式凹模。

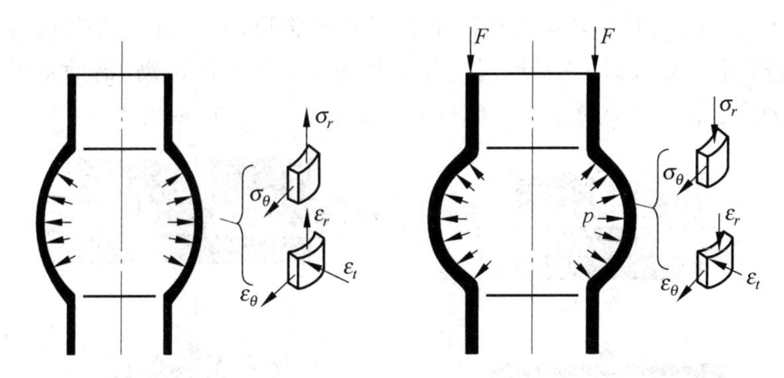

图 3-58 胀管变形区的应力应变

(a) 自由胀管；(b) 有轴向推力的胀管

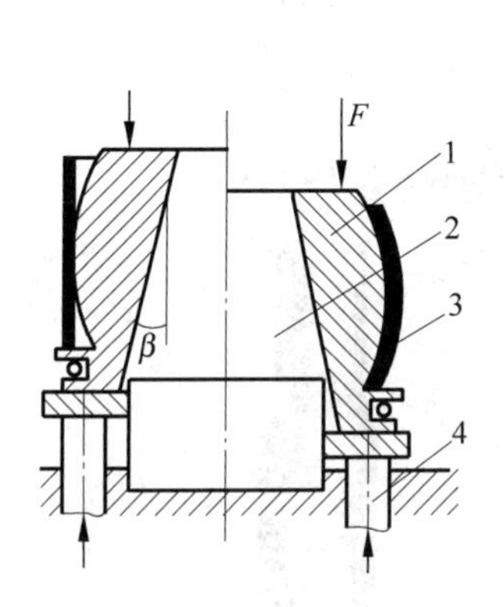

图 3-59 分块式刚性凸模胀管

1—分块凸模；2—芯轴；

3—管坯；4—顶杆

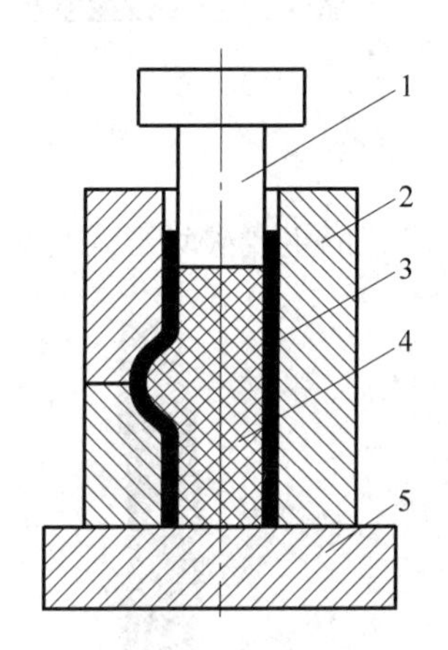

图 3-60 橡胶胀管

1—压头；2—组合凹模；3—零件；

4—橡胶；5—凹模座

以上介绍的是轴向无伸缩的胀形。实际上，大多数情况下，特别是在液压胀形中，管坯是在内压力和轴向压力共同作用下进行胀形的。施加轴向压力的结果，不仅使管坯在胀形过程中产生轴向压缩变形，以补偿变形区材料的不足，而且使胀形区的应力应变状态得到了改善。当施加的轴向力足够大时，胀形区母线方向的拉应力变为压应力，成为拉-压的平面应力状态，变形也由两向伸长、一向收缩变为两向收缩、一向伸长状态。材料的极限变形程度不仅与材料的伸长率有关，而且受到轴向压缩量、轴向压力和内压力大小以及两压力的比值的影响。

液压成形是一项很重要的胀形方式，它可以生产飞机、汽车等交通工具和日用品上的复杂管件。在液压胀形工艺中，管坯在液压作用下沿径向向外扩张，同时管坯在轴向受到推力进行收缩，最后管坯在高压下沿着模具内腔轮廓成形。图 3-61 是 T 形管接头胀形的成形过程示意图。首先将管坯放置下模上（图 3-61(a)），然后闭合模具，管坯两端借助密封压头密封，接着对管坯内腔注入乳化液。在实际成形过程中,压头挤压管坯,同时在乳化液作用下管子开始胀形,直到管坯的形状与模具的内腔轮廓相符(图 3-61(b))。另外,对向压头还能控制材料的流动,借助整形压力使工件形状完全符合模具的轮廓(图 3-61(c))。最后打开模具,取出工件(图 3-61(d))。

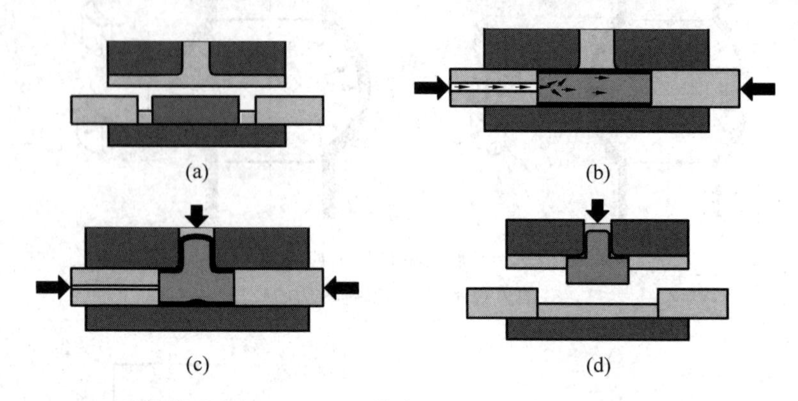

图 3-61　T 形管接头液压胀形过程

液压胀管的主要破坏形式是失稳、起皱和胀裂(图 3-62)。

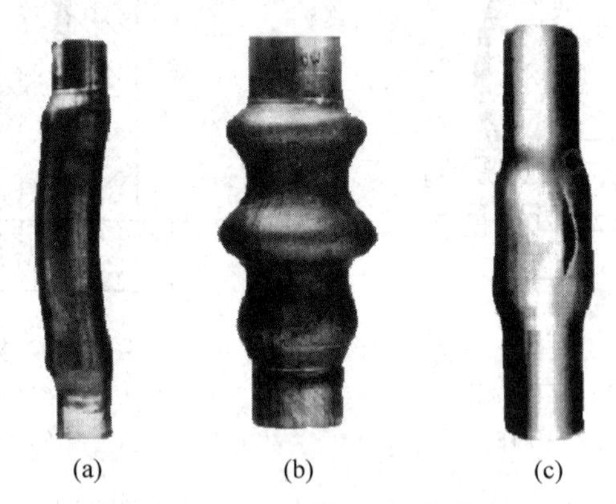

图 3-62　管材胀形的破坏形式

(a) 失稳;(b) 起皱;(c) 胀裂

造成上述破坏的因素有很多,包括模具型腔、表面光洁度、材料的微观组织、机械性能、设备的成形能力(高压)、高压液体的密封、变形的速度等等。其中轴向压头推进速度起到了至关重要的作用。当推进的速度过快时,管坯的轴向压缩大于径向的扩张,容易产生失稳和起皱。相反,如果推进的速度过慢时,管坯的径向的扩张大于轴向压缩,管壁变得越来越薄,最后产生破裂。在胀形的各个阶段,为了避免上述缺陷,必须对轴向压头的推进速度及时做出调整。

3.3.5　翻边

利用模具把板料上的孔缘或外缘翻成竖边的冲压成形方法叫做翻边。利用翻边可以加工具有特殊空间形状和良好刚度的立体零件，还能在冲压件上形成与其他零件装配的部位（如铆钉孔、螺纹底孔和轴承座等）。冲压大型零件时，利用翻边还能改善材料塑性流动，以免发生破裂或起皱。

按工艺特点划分有内孔（圆孔或非圆孔）翻边、外缘翻边和变薄翻边等方法。由于零件外缘凸凹性质不同，外缘翻边又可分为内曲翻边和外曲翻边。按变形性质划分时，有伸长类翻边、收缩类翻边（图 5-63）以及属于体积成形的变薄翻边等。伸长类翻边的特点是：变形时材料受拉应力，切向产生伸长变形，导致厚度减薄，容易发生破裂。如圆孔翻边、外缘内曲翻边等。收缩类翻边的特点是：变形区材料切向受压应力，产生收缩变形，厚度增大，容易起皱，如外缘的外曲翻边。非圆孔翻边经常是由伸长类翻边、收缩类翻边和弯曲组合起来的复合成形。

1）圆孔翻边的受力分析

图 3-64 为圆孔翻边示意图。翻边时，带有圆孔的环形毛坯被压边圈压住，变形区基本被限制在凹模圆角以内，并在凸模轮廓的约束下受单向或双向拉应力作用（忽略板厚方向的应力）。随着凸模下降，毛坯中心的圆孔不断胀大，凸模下面的材料向侧面转移，直到完全贴靠凹膜侧壁，形成直立的竖边。

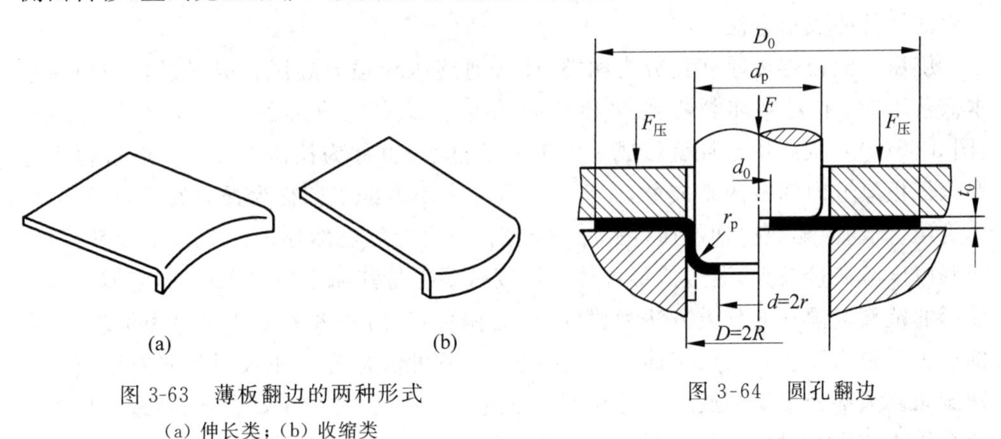

图 3-63 薄板翻边的两种形式

（a）伸长类；（b）收缩类

图 3-64 圆孔翻边

圆孔翻边的特点是：变形区材料在单向或双向拉应力作用下，切向伸长变形大于径向收缩变形，导致材料厚度减薄，属于伸长类翻边。

在圆孔翻边的中间阶段，即凸模下面的材料尚未完全转移到侧面之前，如果停止变形，则将这种成形称为扩孔，生产应用也很普遍。扩孔与圆孔翻边的应力和应变性质相同，常将其作为伸长类翻边的特例。

2）翻边时的成形极限

圆孔翻边的变形程度用翻边系数 K 表示，即

$$K = \frac{d_0}{d} \tag{3-19}$$

式中：d_0——翻边前圆孔的直径；

d——翻边后的圆孔直径(图 3-64)。

影响圆孔翻边成形极限的因素如下：

(1) 材料延伸率和应变硬化指数 n 大，K 值小，成形极限大。

(2) 孔缘无毛刺和硬化时，K 值较小，成形极限较大，为了改善孔缘情况，可采用钻孔方法或在冲孔后进行整修，有时还可在冲孔后退火，以消除孔缘表面的硬化。为了避免毛刺降低成形极限，翻边时需要将预制有毛刺的一侧朝向凸模放置。

(3) 用球形、锥形和抛物形凸模翻边时，孔缘会被圆滑地胀开，变形条件比平底凸模优越，故 K 较小，成形极限较大。

(4) 板料相对厚度越大，K 越小，成形极限愈大。

除了以上介绍的普通成形工艺外，还有一些特殊的板料成形工艺，例如旋压、滚型、充液拉深、电磁成形、爆炸成形等。

3.3.6 旋压

旋压是将板坯或筒坯通过旋压机的尾顶卡在芯模上，通过主轴带动芯模与坯料旋转，然后用旋轮(擀棒)对旋转的坯料施加压力，使其连续产生局部塑性变形，获得空心回转件的成形方法。

旋压一般根据板厚变化分为两类，即普通旋压和强力旋压。成形过程中板厚基本保持不变，主要靠坯料在周向和径向的变形来实现成形的工艺称为普通旋压(图 3-65(a))，从一块板坯旋压成一个圆筒的过程，也称为拉深旋压；成形过程中主要依靠板厚方向的减薄来成形，而坯料直径基本不变的工艺称为强力旋压，也称为变薄旋压、流动成形或剪切旋压(图 3-65(b))。强力旋压虽然加工的对象是板料，但由于其厚度减薄量较大，通过成形迫使其厚度减薄也是其加工的主要目的，它属于体积成形的范畴。国外的分类方法为普旋、剪旋和筒旋，前两者加工的对象为板坯，后者的加工对象为筒坯。在加工筒形件(筒旋)时，还可以将旋轮伸入到筒的内壁进行变薄旋压。大部分金属的旋压都是在室温下进行的冷旋，但对于铍合金、镁合金以及钛合金等难成形的材料，则采用热旋，在旋压机上进行火焰加热，图 3-66 为钛合金的热旋，需要注意的是，这里指的热旋指的是在室温以上的旋压，并不是严格意义上的热成形，因为考虑到氧化，坯料的加热温度要避免过高(铍合金在 540～820℃，镁合金在 150～400℃，钛合金在 480～790℃)，加热时间要尽量缩短。

除了上述的普通旋压和强力旋压外，旋压还可以实现扩径、缩径、切边、卷边和咬接等特殊的工艺。

旋压是薄壁回转体零件成形的重要工艺，它具有以下一些优点：

(1) 旋压是局部连续变形，变形区较小，所需的成形力很小，仅为整体拉深力的几十分之一，甚至百分之一，设备投资少，有些旋压机就是由普通车床改造的。大型容器的封头、大型筒体以及火箭和导弹弹体等，通过其他成形方法需要大型设备，甚至目前的设备吨位达不到要求，但通过旋压可以实现这些件的成形。

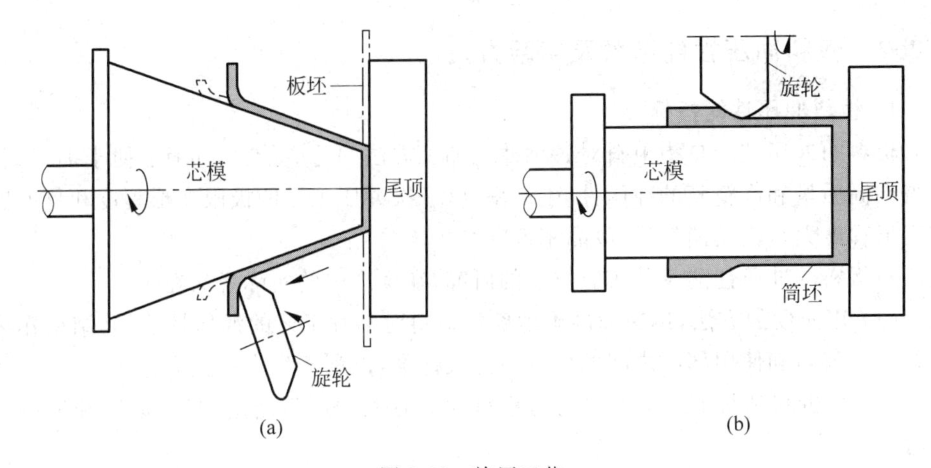

图 3-65 旋压工艺

(a) 普通旋压；(b) 强力旋压

图 3-66 钛合金的热旋

(2) 旋压工装简单，工具费用低，例如强力旋压，相对变薄拉深工艺，能够大大节省工装费用。旋压设备调整、控制简便，具有较大的柔性，适合小批量生产。对于锥形件，利用普通旋压工艺比拉深工艺更为经济合理。

(3) 对于形状复杂的回转体零件，用拉深工艺甚至是不能成形的，例如头部很尖的火箭弹锥体性药罩、薄壁收口容器(液化气罐)、车轮轮辋以及皮带轮等，但通过旋压工艺可以很容易实现。

(4) 旋压件的成形尺寸精度高，甚至达到了切削加工的精度，筒形件强力旋压后的回弹很小。

(5) 旋压成形的零件，经过了加工硬化，具有良好的抗疲劳性能和较高的屈服强度、抗拉强度和硬度。

旋压工艺也有局限。首先是零件形状比较单一，因为是在旋转过程中成形，它只适合成形回转体零件；另外，对于大批量的零件成形，旋压的生产效率低于拉深工艺；最后，由于变形过程经历的加工硬化使材料的塑性和韧性降低，内部有残余应力。

3.3.7 板料冲压性能参数及实验方法

1. 板料冲压性能指标

板料的冲压性能是指板料对各种冲压加工方法的适应能力,包括:便于加工,容易得到高质量和高精度的冲压件,生产率高(一次冲压工序的极限变形程度和总的极限变形程度大),模具消耗低,废品率低等。

对板料的冲压性能及其实验方法的研究,在生产中的实际意义在于:

(1) 用简便的方法,迅速而准确地确定板料对某种工艺的冲压性能,其结果作为板料生产部门和使用部门之间的付货与验收标准,以利于生产的正常进行。

(2) 分析和判断生产中出现的与板料性能有关的质量问题,找出原因和解决的办法。

(3) 根据冲压件的形状特点及成形工艺对板料冲压性能的要求,进行原材料的种类与牌号的选取。

(4) 为研究生产具有较高冲压性能的新材料提供方向和鉴定方法。

用实际的具体零件所进行的试冲,可以非常直接地确定板料对该种冲压工艺的冲压性能。但是,这样所得到的结果不具有普遍的意义,而且由于没有数量上的概念,也不能作为统一的标准在生产中应用。所以必须建立在工业生产中能够通用的统一的实验方法和数据标准,用来确定和表示冲压性能。

目前有很多种板料冲压性能的实验方法。概括起来可以分为模拟实验和间接实验两类。模拟实验中板料的应力状态和变形情况与真实冲压时基本相同,所得的结果也比较准确;而间接实验时,板料的受力情况与变形特点都与实际冲压有一定的差别,所得的结果只能间接地反映板料的冲压性能,有时还要借助于一定的分析方法才能做到。

间接实验方法有拉伸实验、剪切实验、硬度检查、金相检查等,其中拉伸实验具有简单易行而不需专用板料实验设备等优点,而且所得的结果能从不同角度反映板料的冲压性能,所以它是一种很重要的实验方法。

板料的拉伸实验是用图3-67所示形状的标准试样,在万能材料实验机上进行。根据实验结果或利用自动记录装置,可得到图3-68所示的应力与延伸率之间的拉伸曲线。

拉伸实验所得到的表示板料机械性能的指标与冲压性能有很紧密的联系,现将其中较为重要的几项分述。

(1) δ_u 与 δ　δ_u 叫做均匀延伸率,δ_u 是在拉伸实验中开始产生局部集中变形(颈缩时)的延伸率。δ 叫做总延伸率,或简称延伸率,它是在拉伸实验中试样破坏时的延伸率。δ 与试样的相对长度有关,所以对所用试样的尺寸应有明确的规定。一般情况下,冲压成形都在板料的均匀变形范围内进行,所以 δ_u 对冲压性能有较为直接的意义。

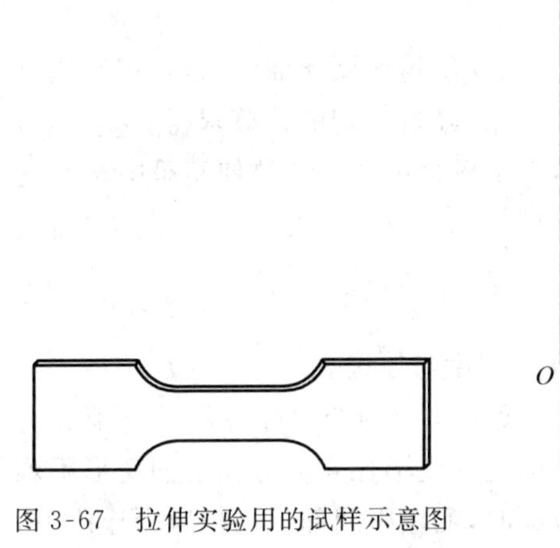

图 3-67　拉伸实验用的试样示意图

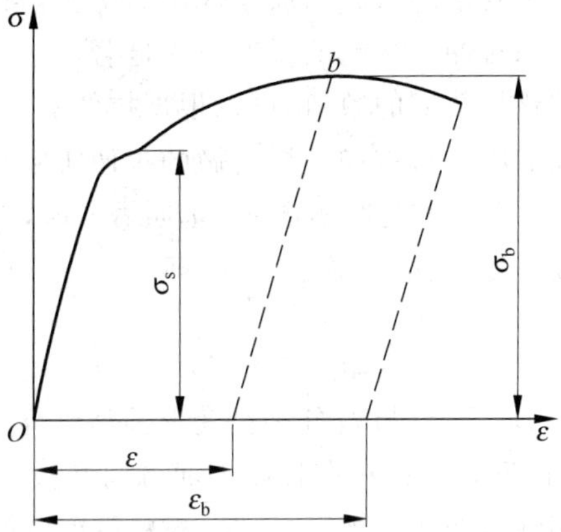

图 3-68　拉伸曲线

δ_u 表示板料产生均匀的（或称稳定的）塑性变形的能力，它直接决定板料在伸长类变形中的冲压性能。可用 δ_u 间接地表示伸长类变形的极限变形程度，如翻边系数、扩口系数、最小弯曲半径、胀形系数等等。实验结果也证实，大多数材料的翻边变形程度都是与 δ_u 成正比例关系。

另外，板料的爱利克辛实验值（本节后面介绍）也与 δ_u 成正比例关系，所以具有很大胀形成分的复杂曲面拉深件用的钢板，要求具有很高的 δ_u 值。

(2) δ_s/σ_b　称为屈强比，是材料的屈服极限与强度极限的比值。较小的屈强比几乎对所有的冲压成形都是有利的。小的屈强比，对于收缩类成形工艺是有利的。在拉深时，如果板料的屈服点 σ_s 低，则变形区的切向压应力较小，材料起皱的趋势也小，所以防止起皱所必需的压边力和摩擦损失都要相应地降低，结果对提高极限变形程度有利。例如，当低碳钢的 $\sigma_s/\sigma_b \approx 0.57$ 时，其极限拉深系数为 $m=0.48 \sim 5.0$；而 65Mn 的 $\sigma_s/\sigma_b \approx 0.63$，其极限拉深系数则为 $m=0.68 \sim 7$。

在伸长类的成形工艺中，如胀形、拉形、拉弯曲面形状零件等，当 σ_s 低时，为消除零件的松弛等弊病和为使零件的形状和尺寸得到固定（指防止卸载过程中尺寸的变化，即回弹）所必需的拉力也小。由于成形所必需的拉力和毛坯破坏时的拉断力之差较大，所以成形工艺的稳定性高，不容易出废品。弯曲件所用的板料的 σ_s 低时，卸载时间的回弹变形也小，有利于提高弯曲零件的精度。

当材料的种类相同，而且延伸率相近时，较小的屈强比表明其硬化指数 n 大，所以有时也可以简便地用 σ_s/σ_b 代替 n 值，表示材料在伸长类成形的冲压性能。

由此可见，屈强比对板料的冲压能的影响是多方面的，而且也是很重要的。所以在很多标准中都对冲压用板料的屈强比有一定的要求。

(3) 硬化指数 n　也称 n 值，它表示材料在塑性变形中的硬化程度。n 值大的材料，在同样的变形程度下，真实应力增加得多。n 值大时，在伸长类变形过程中可以使变形均匀化，具有扩展变形区，减少毛坯的局部变薄和增大极限变形程度等作用。

尤其对于复杂形状的曲面零件拉深工艺,当毛坯中间部分的胀形成分较大时,n 值的上述作用对冲压性能的影响更为显著。

硬化指数 n 的数值,可以根据拉伸实验结果所得的硬化曲线,也可以利用具有不同宽度的阶梯形拉伸试样所做的拉伸实验结果,经过一定的计算求得。

(4) 板厚方向性系数 r 也叫做 r 值,它是板料试样单向拉伸实验中宽度应变 ε_w 与厚度应变 ε_t 之比(图 3-69),即:

$$r = \frac{\varepsilon_w}{\varepsilon_t} = \ln\frac{B}{B_0}/\ln\frac{t}{t_0} \tag{3-20}$$

上式中 B_0,B,t_0 与 t,分别是变形前后试样的宽度与厚度。

r 值反映了板料在板内平面方向和板厚度方向上的变形难易程度,r 值有时也被称为塑性应变比。当 $r>1$ 时,板料厚度方向上的变形比宽度方向上的变形困难。所以 r 值大的材料在复杂形状的曲面零件拉深时,毛坯中间部分在拉应力作用下,厚度方向上变形比较困难,即变薄量小,而在板料平面内与拉应力相垂直的方向上的收缩变形比较容易。结果,毛坯中间部分起皱的趋向性降低,有利于冲压加工的进行和产品质量的提高。

r 值与冲压成形性能有密切的关系,尤其是与拉深成形性能直接相关。板料的 r 值大,拉深成形时有利于拉深件凸缘(法兰部分)的切向收缩变形和提高拉深件底部的承载能力。r 值增加,会同时使底部的强度增加和凸缘的变形抗力减小,这对拉深是非常有利的。大型覆盖件成形,基本上是拉深与胀形相结合的复合成形,当拉深变形的成分占主导地位时,板料 r 值大,成形性能好。

冲压生产所用的板料都是经过轧制的,其纵向和横向的性能不同,在不同方向上取样后的拉伸实验所取得结果是不一样的,所以 r 值也会随取样方向变化,为了统一实验方法,便于应用,常用式(3-21)计算板厚方向性系数的平均值,并代表板料冲压性能的一项重要指标。r_0、r_{90} 与 r_{45} 分别是板料的纵向、横向和与轧向成 45°的方向上板厚方向性系数(图 3-70)。

$$\bar{r} = \frac{(r_0 + r_{90} + 2r_{45})}{4} \tag{3-21}$$

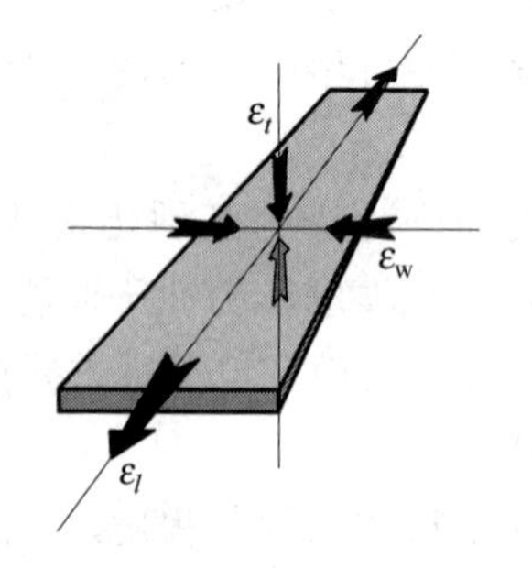

图 3-69 板材拉伸中的三向应变

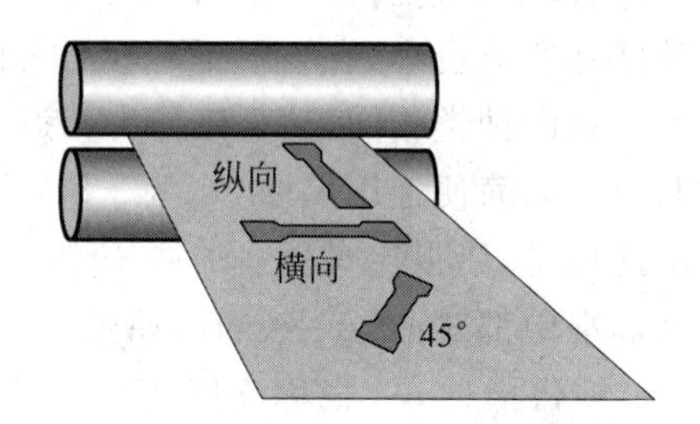

图 3-70 轧板板材的三个典型方向

各个方向 r 值的大小与轧制和热处理有关，如热轧或冷轧后经过正火处理的，r_{45} 值最大。一般沸腾钢和镇静钢，r_{90} 值最大。表 3-3 是一些钢的 r 值。

表 3-3 几种钢的 r 值

轧制方法	用途	脱氧处理方法	r_0	r_{90}	r_{45}	$\bar{r}$
热轧	商用	沸腾	0.9	1.1	0.9	1.0
	拉深	铝镇静	0.9	1.1	0.9	1.0
冷轧	正火	沸腾	0.9	1.1	0.9	1.0
	商用	沸腾	1.0	0.9	1.2	1.0
	拉深	沸腾	1.3	1.0	1.7	1.2
	拉深	铝镇静	1.6	1.4	2.0	1.6

(5) 板平面方向性系数　当在板料平面内不同方向上裁取拉伸试样时，拉伸实验中所测得的各种机械性能、物理性能等也不一样，这说明在板料平面内的机械性能与方向有关，所以称为板平面方向性。其程度可用差值 Δr 表示，即

$$\Delta r = \frac{1}{2}(r_0 + r_{90}) - r_{45} \tag{3-22}$$

板料的塑性变形平面各向异性常会使拉深件口部出现凸耳(图 3-71)，凸耳的大小和位置与 Δr 有关，所以 Δr 叫做凸耳参数。凸耳影响零件的形状和尺寸精确度，必要时需增加修边工序切除。

2. 成形极限图及其应用

成形极限图(forming limit diagrams，FLD)是 20 世纪 60 年代中期由 Keeler 和 Goodwin 等人提出的，如图 3-72 所示。在此之前，板料的各种成形性能指标或成形极限大多以试样的某些总体尺寸变化到某种程度(如发生破裂)而确定。这些总体成形性能指标或成形极限不能反映板料上某一局部危险区的变形情况。变形体中的某一点的应变状态，需用 9 个应变分量(3 个法向应变，6 个切应变)来描述。但如果采用主轴，只要 3 个主应变分量(因为这时所有切应变都为零)。由塑性变形体积不变条件，有 $\varepsilon_1+\varepsilon_2+\varepsilon_3=0$，即 3 个主应变中只有两个是独立的。一般规定把板平面内代数值较大的那个主应变称为 ε_1(major strain，主应变)，较小的称 ε_2(minor strain，次应变)，板厚方向的主应变称为 ε_3。变形板料内一点的平面应变状态，可以在以 ε_1 为 y 坐标轴，ε_2 为 x 坐标轴的直角坐标中表达出来，FLD 就是板料在不同应变路径下的局部失稳极限应变 e_1 和 e_2(工程应变)或 ε_1 和 ε_2(真实应变)构成的条带形区域或曲线，它全面反映了板料在单向和双向拉应力作用下的局部成形极限。FLD 为定性和定量研究板料的局部成形性能建立了基础。

FLD 的缺点是不能考虑应变路径(变形历史)对成形结果的影响，近年来，有一些学者已经建立了 FLSD(forming limit stress diagram)的概念，正在不断完善中。

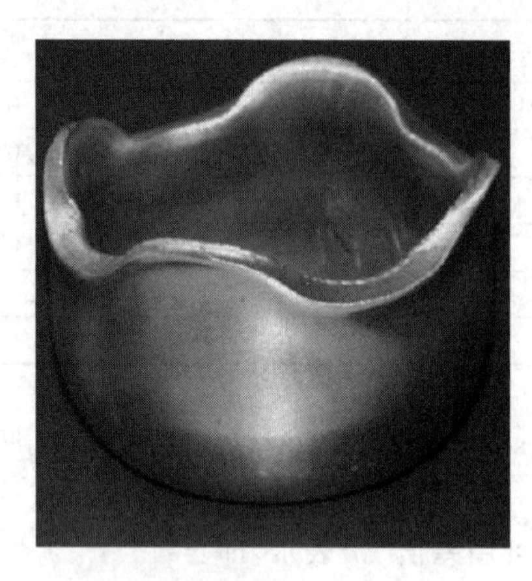

图 3-71　圆筒拉深后的凸耳

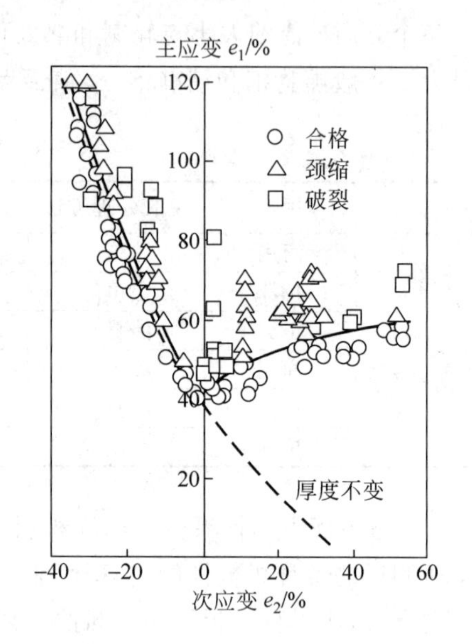

图 3-72　成形极限图(FLD)

3. 板料成形性能模拟实验

用标准拉伸试件测得的参数,虽然有其重要和普遍意义,但在生产中直接应用这些参数,往往难以掌握,而且对具体生产所要求的性能也难以估计。另外,在一个具体的成形工艺中,涉及的参数不止一个,所以只用一个参数不能完全说明问题。采用与实际生产性质接近的实验方法,即所谓的模拟实验,来测定材料对某种工艺的适用性更有意义。随着冲压生产技术的不断发展和用户对冲压产品成形质量要求的不断提高,这些通过模拟实验测得的板料成形性能参数成为冲压用板料的重要参数。一些模拟实验方法已经成为了标准,下面介绍几种常见的实验方法:

(1) 爱立克森(Erichsen)实验

爱立克森实验,也称为杯突实验,其目的是为了测试板料的胀形性能。如图 3-73 所示,实验用指定宽度的条料试样放在凹模与压边圈之间压住,用规定尺寸的球形凸模在试件上压出凹坑,测出试件刚好破裂时的凸模压入深度。有时还要测出板料破裂前加在凸模上的作用力,以供参考。在实验中,材料的变形方式主要是拉胀成形,凸模压入深度越大,说明板料胀形成形性能越好。图 3-74 为爱立克森实验后的试件。

以上介绍的只是这种实验的原理,经过多年的实验和发展,许多学者也对这种方法进行了改进,具体的实验条件可以在各国的工业标准中查阅和参考。

(2) 福井(Fukui)实验

福井实验也称为锥杯实验,主要目的是测试板料拉深和胀形复合成形的能力。它是通过一个钢球把试样冲成锥形杯(图 3-75 凹模),当发现材料破裂时停止实验,

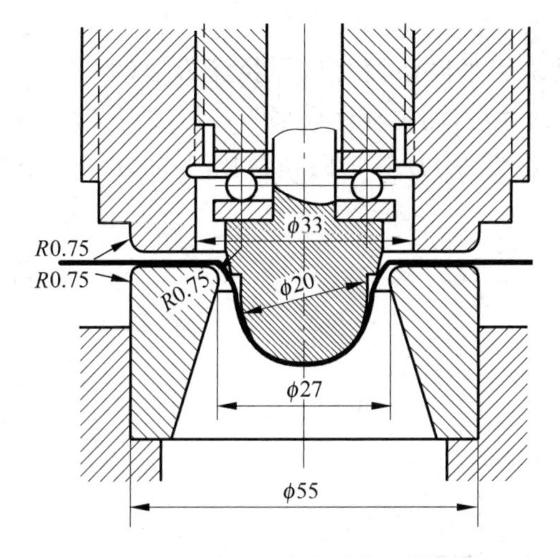

图 3-73 爱立克森实验装置(德国标准 DIN50101)

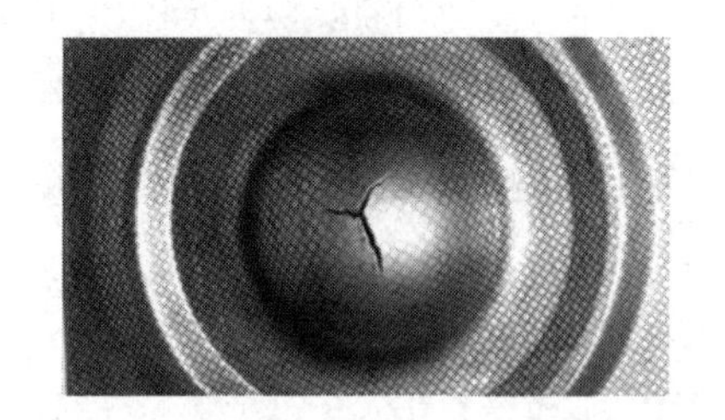

图 3-74 胀形后出现破坏的试件(上面的网格是为了测量应变)

测量杯口的最大直径 D_{cmax} 和最小直径 D_{cmin}(图 3-76),并用式(3-23)计算锥杯实验值 CCV。福井实验模拟的变形方式,是拉深和胀形的综合。因为材料在凸模上拉胀,所以与 n 值有关,其余部分受环向压缩,所以与 r 值有关。通过这种实验,可以判断板料对于球面零件的成形及一些大型覆盖件的加工成形的适应能力。实验结果,CCV 值越小,即试件破裂时口部直径越小,反映板料可能产生的变形越大,也就表明板料的复合成形的冲压性能越好。

$$\mathrm{CCV} = \frac{D_{cmax} + D_{cmin}}{2} \tag{3-23}$$

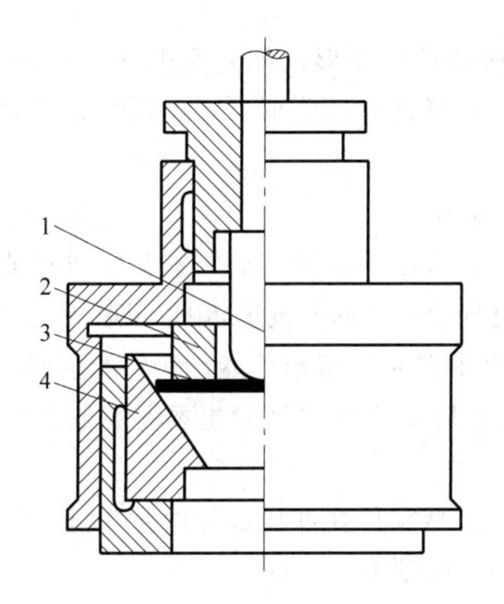

图 3-75 福井实验装置

1—球形冲头;2—支承板;3—试件;4—凹模

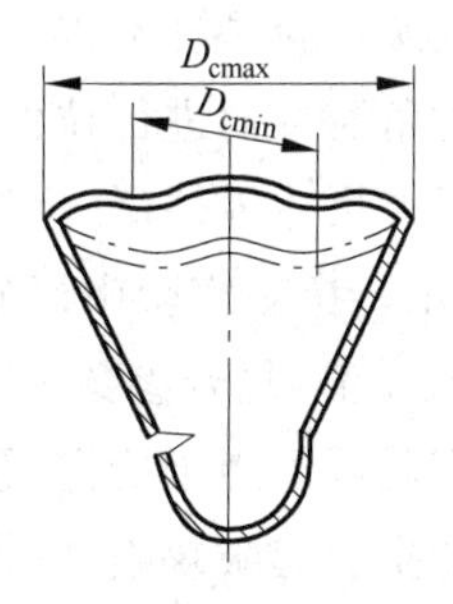

图 3-76 破裂后的球底锥形件

(3) 斯韦弗特(Swift)实验

斯韦弗特实验,也称为冲杯实验,是采用平底凸模将试样拉深成形(图 3-77)。实验过程中,采用逐级增大试件直径 D_0 的办法,测定杯体底部不被拉破而又能将凸缘全部拉入凹模的最大直径 D_{0max},并用式(3-24)计算极限拉深比(limited drawing ratio,LDR)作为拉深成形性能指标。

$$LDR = \frac{D_{0max}}{d_p} \tag{3-24}$$

式中: d_p——凸模直径。

LDR 越大,材料的拉深性能越好。

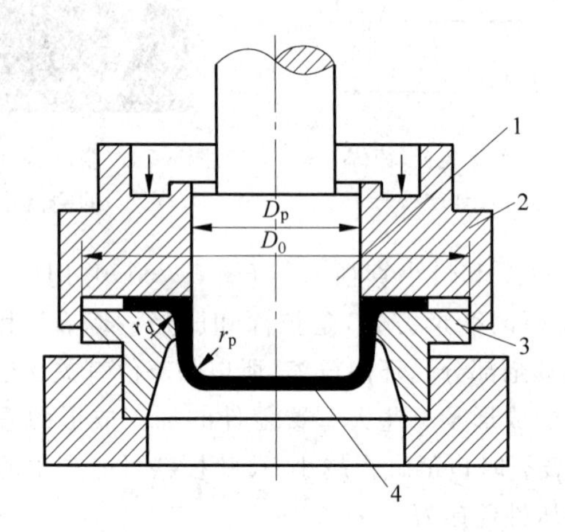

图 3-77 斯韦弗特实验装置

1—凸模;2—压边圈;3—凹模;4—试样

Swift 拉深实验能比较直接地反映板料的拉深成形性能。但也受实验条件(如间隙、压边及润滑等)的影响,使实验结果的可靠性有所降低。它的最大缺点是需制备较多的试件、经过多次实验。

(4) 吉田(Yoshida bulging test,YBT)实验

吉田拉皱实验是日本吉田清太提出的,也称之为拉皱实验。它是沿方形或三角形坯料的对角线方向进行拉伸,测取拉伸过程中坯料起皱高度,用以反映不均匀拉力条件下成形大尺寸零件(如汽车覆盖件)时板料的冲压成形性能。实验的主要过程如图 3-78 所示。拉皱实验中影响起皱发生、发展及弹复的因素主要是材料的特性值 σ_s、E、r 值及 n 值,复合参数 r/σ_s 也与皱高有关。

拉皱实验可以用于研究、预测复杂形状大型零件在冲压成形时由于随受不均匀拉应力而产生的起皱缺陷、贴模问题及定形性问题等。

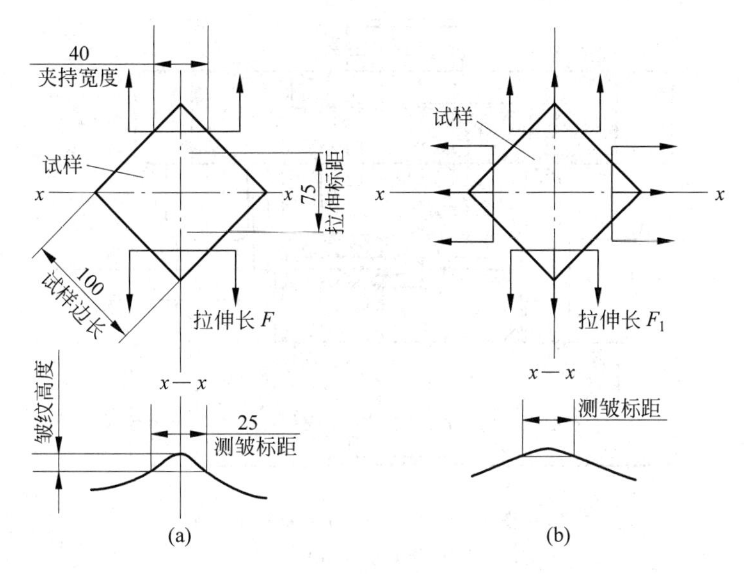

图 3-78 吉田实验示意图

(a) 单向拉伸；(b) 双向拉伸

3.3.8 冲压模具

1. 典型冲模结构

冲压加工生产率高，材料消耗少，零件尺寸精度稳定，成本低，是一种先进的加工工艺。冲压生产是利用安装在压力机上的冲模对金属板料实现塑性变形。因此，研究和提高模具技术性能对发展冷冲压生产，具有十分重要的意义。

冲模的结构种类繁多，可以根据不同的特征进行分类：

按冲压工序性质分，有落料模、冲孔模、切边模、弯曲模、拉深模、成形模和翻边模等。

按冲压工序的组合方式分，有单工序的简单模和多工序的连续模、复合模等。

按模具的结构型式，根据上、下模的导向方式，有无导向模、导板模、导柱模和滚珠导柱模等；根据卸料装置，可分为带固定卸料板和弹性卸料板冲模；根据挡料形式，可分为固定挡料销、活动挡料销、导正销和侧刃定距冲模等。

按送料、出件及排除废料的方法可分为手动模、半自动模和自动模。

冲模的典型结构和特点如下：

(1) 单工序的简单模　图 3-79 为导柱式简单冲裁模，模具的上、下两部分利用导柱 2、导套 1 的滑动配合导向。虽然导柱会加大模具轮廓尺寸，使模具笨重，制造工艺复杂、增加模具成本，但是用导柱导向精度高、寿命长，使用安装方便，所以在大量成批生产中广泛采用导柱式冲裁模。

(2) 连续模　设备一次冲程中，在模具的不同部位上同时完成数道冲压工序的

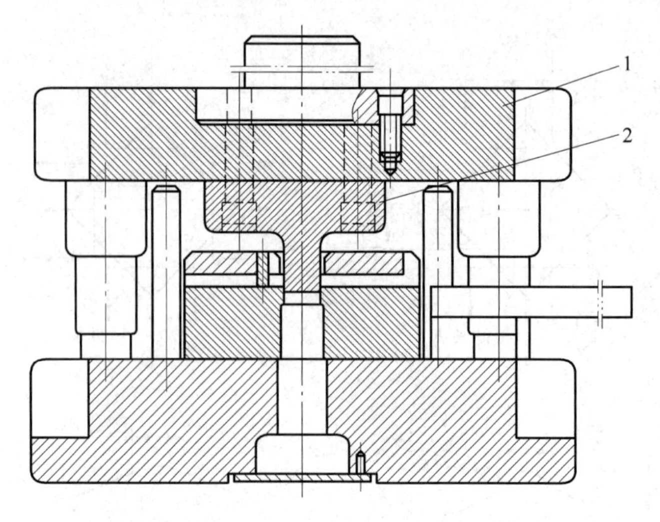

图 3-79 导柱式简单冲裁模

1—导套；2—导柱

模具,称为连续模,有时也叫级进模(progressive die)。连续模所完成的冲压工序均匀分布在坯料的送进方向上。

连续模可减少设备和模具数量,生产率高,操作方便安全,便于实现冲压生产自动化,在大批量生产中效果显著。但其各个工序是在不同的工步位置上完成的,由于定位误差影响工件的精度,一般用于精度较低,多工序的小零件。

图 3-80 为有自动挡料销的连续模,自动挡料装置由挡料杆 1 及冲搭边的凸模 3 和凹模 2 构成。工作时挡料杆始终不离开凹模的刃口平面,所以条料从右方送进时即被挡料杆档住搭边。在冲裁的同时凸模 3 将搭边冲出一缺口,使条料又可以继续送进一个节距,从而起到挡料的作用。

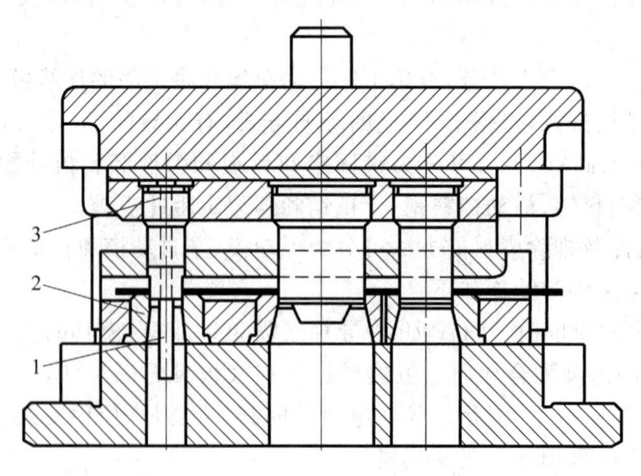

图 3-80 有自动挡料的连续模

1—挡料杆；2—凹模；3—凸模

(3) 复合模　设备在一次行程中,在模具的同一部位上同时完成几道工序的模具,称为复合模(compound die)。与连续模相比,复合模对零件的定位精度高,但复合的工序数量不能太多,而连续模的工序数可以很多。复合模的生产效率高,结构复杂,制造精度要求高。复合模适用于生产批量大、精度要求高的冲压件。

图 3-81 为落料、冲孔复合模。复合模的结构特点主要表现在具有复合形式的凸凹模,它既是落料凸模又是冲孔凹模,如图中零件 5 所示。根据落料凹模所安装的位置不同又分别叫做正装复合模和倒装复合模,落料凹模装于下模的叫做正装复合模,而落料凹模装于上模的叫做倒装复合模。

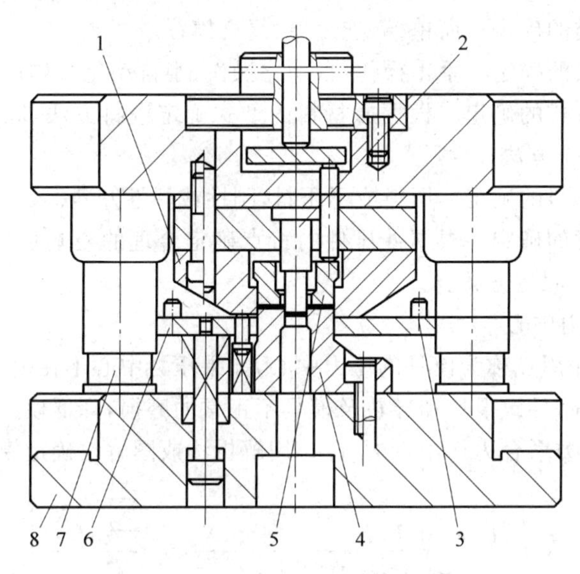

图 3-81　复合模

1—凹模；2—凸模；3—挡料销；4—凸凹模；
5—凸凹复合模；6—卸料板；7—导柱；8—下模座

2. 冲模的主要部件

组成冲压模具的全部零件,根据其功用可以分为两大类:

(1) 工艺结构零件　这类零件直接参与完成工艺过程并和坯料直接发生作用。它包括工作零件(直接对毛坯进行加工的零件),定位零件(用以确定加工中毛坯正确位置的零件),压料、卸料及顶出零件。

(2) 辅助结构零件　这类零件不直接参与完成工艺的过程,也不与坯料直接发生作用,只对模具完成工艺过程起保证作用或对模具的功能起完善的作用,它包括导向零件、固定零件(用以承装模具零件或将模具安装固定到压机上),紧固件(连接固定工艺零件与辅助零件)。

3. 冲模设计要点

1）模具总体结构型式的确定

模具总体结构型式的确定是设计时首先要解决的问题，也是冲模设计的关键，它直接影响冲压件的质量、成本和冲压生产的水平，所以必须予以充分重视。模具型式的选定，应以合理的冲压工艺过程为基础。根据冲压件的形状、尺寸、精度要求、材料性能、生产批量、冲压设备、模具加工条件等许多方面的因素，做综合的分析研究并比较其综合的经济效果，以期在满足冲压件质量要求的前提下，以达到最大限度地降低冲压件生产成本的基本要求。确定模具的结构型式时，必须解决以下几方面的问题：

(1) 模具种类的确定　简单模、连续模、复合模；

(2) 操作方式的确定　手工操作，自动化操作，半自动化操作；

(3) 进出料方式的确定　根据原材料的型式确定进料方法，取出和整理零件的方法，原坯料的定位方法；

(4) 压料与卸料的确定　压料或不压料，刚性或弹性卸料等；

(5) 模具精度的确定　根据冲压件的特点确定合理的模具加工精度，选取合理的导向方式和模具固定方案。

2）冲模的压力中心

冲压合力的作用点称为模具的压力中心，如果压力中心不在模柄轴心线上，滑块就会承受偏心载荷，导致滑块和导轨及模具不正常的磨损，降低模具寿命甚至损坏模具，通常用求平行力系合力作用点的方法，用解析法或图解法确定模具压力中心。

$$\left.\begin{aligned} X &= \frac{L_1X_1 + L_2X_2 + \cdots + L_nX_n}{L_1 + L_2 + \cdots + L_n} = \frac{\sum_{i=1}^{n} L_iX_i}{\sum_{i=1}^{n} L_i} \\ Y &= \frac{L_1Y_1 + L_2Y_2 + \cdots + L_nY_n}{L_1 + L_2 + \cdots + L_n} = \frac{\sum_{i=1}^{n} L_iY_i}{\sum_{i=1}^{n} L_i} \end{aligned}\right\} \tag{3-25}$$

式中：X_i，Y_i——冲压轮廓重心的 x 轴坐标和 y 轴坐标；

L_i——冲裁图形周边长度。

3）冲模的闭合高度

冲模总体结构尺寸必须与所用的设备相适应，即模具总体结构平面尺寸应该适应设备工作台面尺寸，而模具总体封闭高度必须与设备的装模高度相适应，否则就不能保证正常安装与工作。冲模的闭合高度是指模具在最低工作位置时上、下模底面间的距离。模具的封闭高度应该介于压力机的最大封闭高度 H_{max} 和最小封闭高度 H_{min} 之间，一般取：

$$H_{max} - 5 \geqslant H_{模} \geqslant H_{min} + 10 \quad (mm) \tag{3-26}$$

如果模具的封闭高度小于设备的最小封闭高度时，可以采用附加垫板（图 3-82）。

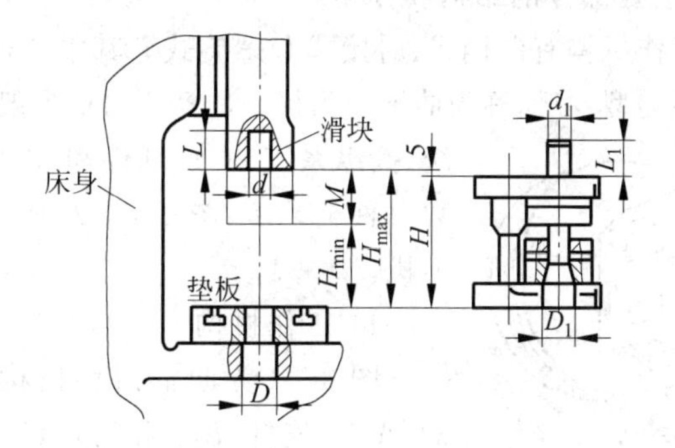

图 3-82 模具与压力机的相关尺寸

3.4 锻压设备

由于塑性成形过程中，金属是固态，所以需要很高的压力，锻压工艺必须在能提供一定能量和压力的设备上进行。锻压设备根据特点可以分为三类：

第一类是定能量设备，它通过一定的动能来使材料发生塑性变形，这类设备往往通过多次打击来成形所需的各种形状，例如锻锤和螺旋压力机；

第二类是定行程设备，在调整好之后，它在每一次打击时，设备带动模具运动的轨迹是确定的，必须完成固定的行程，才能使设备回复原位，完成一次打击，例如机械压力机；

第三类设备是定压力设备，它带动模具可以随时停留在任何位置，但只要变形抗力超出系统允许的最大值，系统会自动卸载，例如液压机。

锻压设备的选择是工艺设计及模具设计中的一项重要内容，它直接关系到成形设备的安全使用、锻压工艺能否顺利实现和模具寿命、产品质量、生产效率、成本高低等重要问题。锻压设备的选用主要包括选择设备类型和确定设备规格两项内容。设备规格的选择包括公称压力（吨位）的确定、行程和行程次数的选择、工作台面尺寸及闭合高度的选择以及电机功率的选择等项内容。锻压设备有许多种，包括锻锤、机械压力机、液压机等通用设备，也包括辊锻机、旋压机、精冲机、辗环机和楔横轧机等专用设备。本节主要介绍目前应用较为广泛的机械压力机和液压机。

3.4.1 机械压力机

机械压力机有开式和闭式两种，主要用于板料冲压成形。开式压力机具有 C 形开式机身，工作台在三个方向敞开，这给操作带来方便，但 C 形机身工作时刚度较差，变形较大，从而影响冲压件的精度及模具寿命。对于冲压变形抗力大的冲压件，一般需要刚性好的闭式压力机，故大吨位压力机均为闭式。

1. 机械压力机主要部件的结构和作用

机械压力机的工作机构有曲柄式、肘接式和螺旋式。其中曲柄滑块机构是曲柄压力机工作机构的主要类型，习惯称为曲柄压力机。曲柄压力机一般由工作机构、传动系统、操纵系统、支承部件和辅助系统组成。曲柄压力机种类繁多，图3-83为典型的单臂可倾开式压力机。

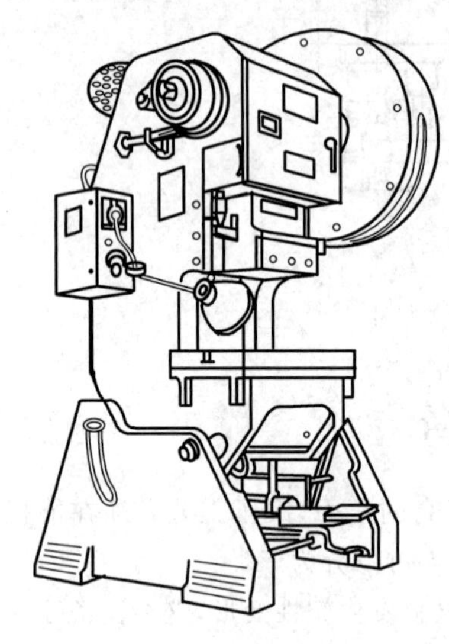

图3-83　JB23-63压力机

1) 工作机构

图3-84为曲柄滑块机构原理。它主要有曲柄(AC)、连杆(BC)和滑块(D)组成。其作用是将电动机主轴的旋转运动变为滑块的往复直线运动，并承受变形压力。即电动机带动曲轴旋转，曲轴带动连杆作摆动和上下运动，连杆带动滑块，使滑块沿导轨作上下往复直线运动。连杆的长度通过调节机构可以调节，以便达到调节装模高度的目的。

在滑块中有夹持模具的装置，对于小型压力机，其滑块底平面中心位置设有模具安装孔，在模具上模板的中心设有与模具安装孔公称直径相同的模柄。模柄装入模具安装孔后用模具夹持块夹紧模柄，即安装完毕。对于大型压力机，其滑块除了设有安装孔外，在滑块底面还设有T型槽，以便压紧模具。

在滑块中还设有退料(或退件)装置，当冲压完毕的工件或废料卡在模具上时，需要在滑块回程时将其从模具上退下。为此，在滑块上设置了打料横杆。

(1) 结点正置和偏置压力机

根据图3-84中的滑块D的运动轨迹与曲柄旋转中心与滑块连线AB的关系，可

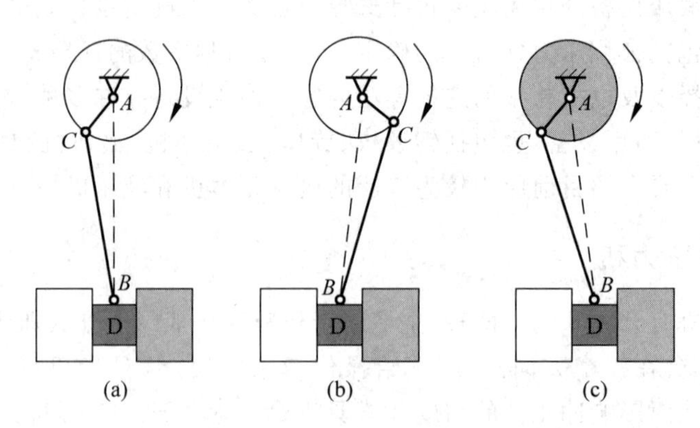

图3-84　曲柄滑块机构

(a) 结点正置；(b) 结点正偏置；(c) 结点负偏置

以将曲柄滑块运动形式分为结点正置、正偏置和负偏置三种。这主要是为了改善压力机的受力状态和运动状态，从而适应工艺需要。当 B 的运动轨迹与线 AB 重合时，称为结点正置(图 3-84(a))。当 B 的运动轨迹不与线 AB 重合时，称为结点偏置。当点 B 的运动轨迹偏离线 AB，偏离方向与曲轴旋转方向相同，属于急进机构(图 3-84(b))。当点 B 的运动轨迹偏离线 AB，偏离方向与曲轴旋转方向相反，属于急回机构(图 3-84(c))。

(2) 双动压力机

在拉深工艺一节中，介绍了采用弹性压边装置和刚性压边装置进行压边的概念，这两种压边方式是与冲压设备的特点分不开的。弹性压边装置主要应用在普通的单动压力机上，而刚性压边装置主要应用在双动压力机上。所谓的双动压力机，就是有两套工作机构，即内滑块和外滑块及其驱动机构，前者安装模具，后者安装压边圈。图 3-85 是一台双动压力机的工作机构示意图，内部连杆连接在曲柄上，驱动主滑块运动，下面带动凸模进行拉深。外部滑块是连接在肘杆上，驱动压边滑块运动，下面带动压边滑块进行刚性压边。

(3) 多点压力机

为了增加行程速度而降低工作速度(拉深过程中模具的速度，特别是开始接触毛坯时的冲击速度)，大型压力机常常采用多连杆传动。所谓多连杆传动，就是用多个连杆连结一个滑块。图 3-85 中的双动压力机同时也是多点压力机，它采用了 8 连杆驱动，即内部 4 个连杆驱动主滑块，外部 4 个连杆驱动外滑块。多点压力机对设备的设计提出了更严格的要求，必须考虑由于连杆结点偏差、曲柄转角相位差以及曲柄半径的长度误差引起的滑块倾斜。

2) 传动系统

传动系统有电动机、皮带、飞轮、齿轮等组成(图 3-86)。其作用是将电动机的运动和能量按照一定要求传给曲柄滑块机构。确定传动布置、传动级数以及速比分配等问题。设计好坏将影响压力机的外形尺寸、结构安排、能量损耗以及离合器的工作性能等各个方面，必须给予足够的重视。

3) 操作系统

操作系统包括空气分配系统、离合器、制动器、电气控制箱等。气动控制具有动作迅速、反应灵敏、维护简单、使用安全和易于集中或远距离控制等一系列优点，故得到广泛应用。空气分配系统在压力机中主要用来控制离合器和制动器的快速动作。对于普通冲床而言，电气控制箱主要控制电动机的启动与停转，控制工作灯的开与关。

4) 支承部件

机身、工作台、拉紧螺栓等都是支承部件。机身是压力机的一个基本部件，所有零部件都装在机身上面。工作时，机身要承受全部工作变形力(某些下传动式压力机除外)，工作台是用来放置冲压件和下模的，拉紧螺栓用来减少机身工作时的变形。工作台有固定台和活动台之别。

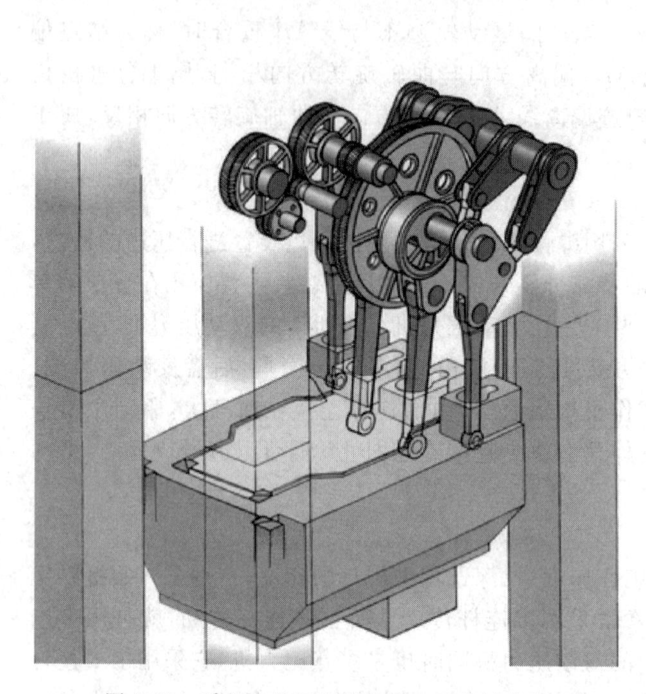

图 3-85 采用8连杆驱动的多点双动压力机
(只显示4个连杆)

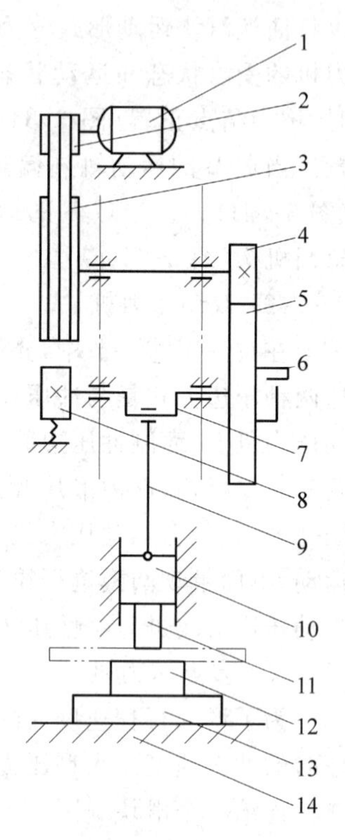

图 3-86 曲柄压力机组成示意图
1—电动机；2—小带轮；3—大带轮；4—小齿轮；5—大齿轮；6—离合器；7—曲轴；8—制动器；9—连杆；10—滑块；11—上模；12—下模；13—垫板；14—工作台

5）辅助系统

辅助系统包括气路系统和润滑系统。气路系统的作用是向离合器、制动器提供清洁的具有一定压力的空气，以控制它们的动作。气路系统包括压缩空气管道、压力表、分水滤气器、压力继电器等零部件。润滑系统的作用是保证对所有相对配合运动的部分进行必要的润滑，以减少机器零件的磨损，提高机器的寿命，保持正常的工作精度，降低能量消耗。润滑系统包括齿轮油泵、过滤器、溢流阀、压力继电器等零部件。

6）附属装置

附属装置包括过载保护、气垫、滑块平衡装置、移动工作台、快速换模和监控装置等。它们的作用是保证压力机正常运转，扩大工艺范围，提高劳动生产率，降低劳动强度。

2. 机械压力机的主要技术参数

压力机的技术参数反映了压力机的工艺能力、加工零件的尺寸范围及有关生产效率等指标。表3-4给出了开式压力机的技术参数。现以JB23-63型压力机为例，介绍各技术参数的含义，供选用开式压力机时参考。

表3-4 J23系列两种开式压力机的主要技术参数

型　号	公称压力 F/kN	公称压力行程 S_F/mm	滑块行程 S/mm	行程次数 n(次/min)	封闭高度 /mm	封闭高度调节量/mm
J23-315	31.5	1.3	25	200	125	25
JB23-63	63	2	35	170	150	30

(1) 公称压力 F　公称压力是压力机的主参数，又叫额定压力或名义压力。公称压力 F 是指滑块离下死点前某一特定距离(即公称压力行程或额定压力行程)或曲柄旋转到离下死点前某一角度(即公称压力角或额定压力角)时，滑块所容许承受的最大作用力，如 $F=630$kN。

(2) 公称压力行程 S_F　公称压力行程是压力机的基本参数之一，指发生公称压力时滑块离下死点的距离，如 $S_F=8$mm。

(3) 滑块行程 S　滑块行程指滑块从上死点到下死点所经过的距离。它的大小反映了压力机的工作范围，如 $S=120$mm。行程长度应根据加工工件的实际情况适当选择和调整。

(4) 滑块行程次数 n　指滑块每分钟从上死点到下死点，然后再回到上死点所往复的次数，如 $n=70$ 次/min。行程次数越大，则生产效率越高。

(5) 最大装模高度及装模高度调节量　装模高度指滑块到下死点时，滑块下表面到工作台垫板上表面的距离。当利用装模高度调节装置将滑块调节到最上位置时，装模高度达到最大值，称为最大装模高度。模具的闭合高度应小于压力机的最大装模高度。装模高度调节装置所能调节的距离称为装模高度调节量。与装模高度并行的参数还有封闭高度，压机封闭高度指滑块在下死点时，滑块下表面到工作台上表面的距离，它与装模高度之差恰是工作台垫板的厚度。

(6) 工作台板及滑块底面尺寸　指压力机工作空间的平面尺寸。它给出压力机所能够安装的模具平面尺寸大小以及压力机本身平面轮廓的大小。

(7) 喉深 C　指滑块中心至机身边缘的距离，是开式压力机的特有参数。

(8) 模柄孔尺寸 在滑块底平面中心位置设有模具安装孔(即模柄孔)，其直径和深度是一定的，如 $\phi 50$mm$\times$70mm，模具的模柄就是按此设计的。对于大型压力机，在滑块底面还设有T型槽，用于压紧模具。

3.4.2　液压机

液压机是应用最广的金属塑性成形设备之一，它是根据帕斯卡原理，利用液体压力能来传递能量,以实现各种金属塑性成形工艺。

在板料及管材成形、自由锻、模锻、挤压等成形工艺中,都可以应用液压机。因为液压机没有固定的行程,不会因板料厚度超差而过载,全行程中压力可以保持恒定。但是液压机的速度慢,生产效率低,在冲压工艺中适用于小批量,尤其是大型厚板冲压件的生产。

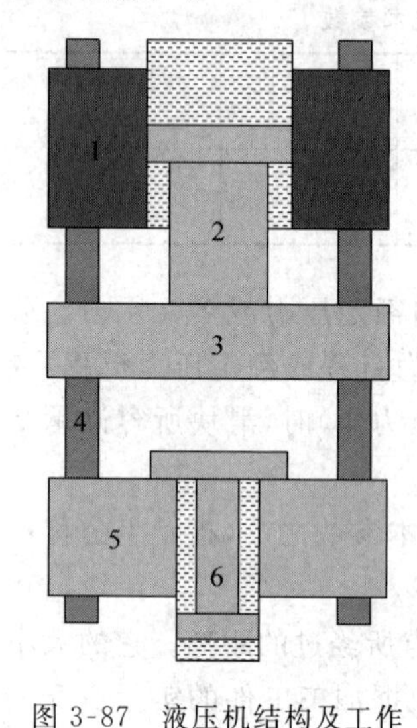

图3-87 液压机结构及工作原理示意图

1—上横梁;2—柱塞(活塞);3—活动横梁;4—立柱;5—下横梁;6—顶出缸

1. 液压机的组成及工作原理

液压机一般由本体和液压系统两部分组成。

典型的液压机本体是由上横梁、下横梁、立柱所组成的封闭框架(图3-87)。液压机本体承载全部的工作载荷。工作缸固定在上横梁上,工作缸内装有工作活塞,并与活动横梁连结。活动横梁以立柱为导向,在上下横梁之间往复运动。在活动横梁的下表面上,一般固定有上模(上砧),而下模(下砧)则固定于下横梁上表面的工作台上。当高压液体进入工作缸后,在工作活塞上产生很大的压力,并推动活动横梁及上模向下运动,使工件在上下横梁连接的模具之间产生塑性变形。回程时,工作缸上部液体流回油箱,高压液体进入工作缸底部,推动活塞向上运动,带动活动横梁回到原始位置,完成一个工作循环。

液压机的液压系统是由高、低压泵,各种高、低压容器、阀和连接管道组成。传动方式分为泵直接传动和泵-蓄势器传动两种,其中前者用于小型油压机,后者应用于大型水压机。

液压机的工作介质(液体)主要有两种,即乳化液和油。乳化液由质量分数为2%的乳化脂和质量分数为98%的软水搅拌而成,它具有较好的防腐和防锈功能,并有一定的润滑作用。乳化液价格便宜,不燃烧,不易污染场地,所以热加工和耗油量较大的液压机都采用乳化液作为工作介质,这种液压机也称为水压机。油压机中应用最多的是机械油,有时也采用透平油和其他液压油。油的黏度较大,容易密封,防锈性和润滑性也比乳化液好,但其成本较高、易污染场地。在中小型液压机上采用油做工作介质,这类液压机称为油压机。

液压机的吨位是由液压系统能够产生的最大液体压力和工作活塞面积决定的。

2. 液压机的工作循环

液压机的工作循环一般包括启动、充液行程、工作行程、保压和回程。通过操纵液压系统中各种阀的动作来实现。下面针对图3-88的液压原理图介绍一个工作循环。

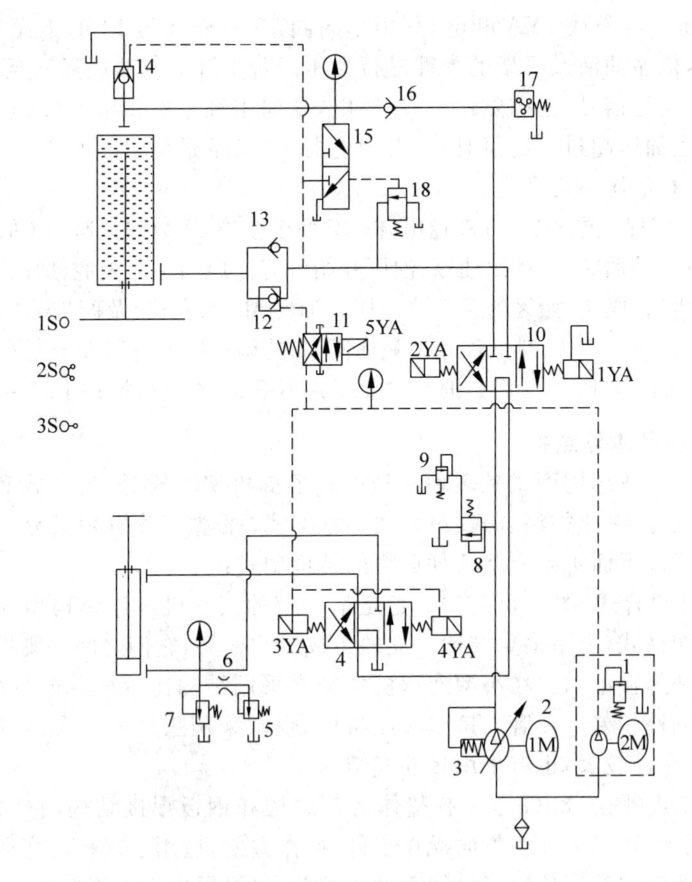

图 3-88 液压机的液压系统

1—控制泵组；2—主电机；3—油泵；4,10—电液换向阀；5,7,8—溢流阀；6—节流阀；9—远程调控阀；11—电磁换向阀；12—液控单向阀；13—支撑阀；14—充液阀；15—液动滑阀；16—单向阀；17—压力继电器；18—顺序阀；1S,2S,3S—传感器

(1) 启动 油泵电机启动时，全部换向阀的电磁铁处于断电状态，泵输出的油经三位四通电液换向阀 10(中位)及阀 4(中位)流回油箱，泵空载启动。

(2) 充液行程 电磁铁 1YA 及 5YA 通电，阀 10 及阀 11 换至右位，控制油经阀 11(中位)，打开液控单向阀 12，主缸下腔油经阀 12、阀 10(右位)及阀 4(中位)排回油箱，活动横梁在重力作用下快速下降，此时主缸上腔形成负压，上部油箱的低压油经充液阀 14 向主缸上腔充液，同时泵输出的油也经阀 10(右位)及单向阀 16 进入主缸上腔。

(3) 工作行程 活动横梁降至一定位置时，触动行程开关 2S，使 5YA 断电，阀 11 复位，液控单向阀 12 关闭，主缸下腔油需经支撑阀 13 排回油箱，活动横梁不再靠重力作用下降，必须依靠泵输出的压力油对活塞加压才使活动横梁下降，活动横梁速度减慢。此时活动横梁决定于泵的供油量，改变泵的流量即可调节梁的运动速度，同时由于主缸上腔油压较高，液动滑阀 15 在油压作用下，恒处于上位的动作状态。

(4) 保压　电磁铁1YA断电,利用单向阀16及充液阀14的锥面,对主缸上腔油进行密封,依靠油液及机架的弹性进行保压。若主缸上腔油压降低至一定值时,压力继电器17发送信号,使电磁铁1YA通电,泵向主缸上腔供油使油压升高,保证保压压力。而当油压超过一定值时,压力继电器17又发送信号,使1YA断电,油泵停止向上腔供油,油压不再升高。

(5) 卸压回程　电磁铁2YA通电,阀10换至左位,压力油经阀10(左位)使充液阀14开启,主缸上腔油阀14排回油箱,油压开始下降。但当主缸上腔油压大于液动滑阀15的动作压力时,阀15始终处于上位。压力油经阀10(左位)及阀15(上位)使顺序阀18开启,压力油可经阀18排回油箱。顺序阀18的调整压力应稍大于充液阀14所需的控制压力,以保证阀14的开启。但此时油压并不很高,不足以推动主缸活塞回程。

3. 液压机的本体结构

液压机的本体结构型式是多种多样的。根据机架型式分,有立式和卧式;根据机架组成方式分,有梁柱组合式、单臂式和框架式;根据工作缸数量分,有单缸式、三缸式和多缸式。下面主要介绍几种典型的结构型式:

(1) 梁柱组合式(图3-89(a))　这是最典型的液压机本体结构型式。其中最常见的是三梁四柱式,上下横梁与四个立柱组成封闭框架,它们之间是刚性连结。横梁有铸造结构和焊接结构。在小型液压机中经常采用结构比较简单的双柱型式,但是这种结构的刚性较差。在卧式挤压液压机中,也常采用三柱式。大型液压机和专用液压机(工作台面较大)也有采用多柱式结构。

(2) 单臂式(图3-89(b))　有整体铸钢结构和钢板焊接结构,它的特点是结构简单,工作面大,可以从3个方向操作工件,操作方便,适用于厚板的弯曲、卷边、冲压和小型工件的锻造等。单臂式机架刚性比较差,一般做成空心箱形结构,以提高抗弯刚度并减轻重量。

(3) 框架式(图3-89(c))　分组合式框架和整体式框架两大类。组合式框架由上横梁、下横梁及两个立柱用拉紧螺栓紧固而成。横梁一般是通过铸造或焊接而成。整体式框架则是将上横梁、下横梁及两侧立柱铸造或焊接成一个整体,其截面一般为空心箱形结构,抗弯性能好,立柱部分做成矩形截面,便于安装导轨。

4. 双动拉深液压机

图3-90是一种典型的梁柱组合式双动拉深液压机。双动液压机主要适用于板料的拉深工艺,这种液压机具有压边力大、拉深深度大、压边力和拉深力容易调节的特点。与单动液压机相比,双动液压机的活动横梁有两个,分别是拉深梁和压边梁。主缸(工作缸)安装在拉深梁上,压边缸(2个或4个)安装在压边梁内并随之一起移动。工作时压边梁与毛坯接触后停止,拉深梁继续下行,此时压边缸内的液体经溢流阀排回油箱以形成所需的压边力,保证压边梁下行带动凸模拉深时板料不起皱。凸模下行到拉深深度后,拉深梁首先回程,当其回程一段距离后,通过拉杆带动压边梁回程,直到二者都回到初始位置。这时,顶出缸上行,顶出工件,再退回原处。

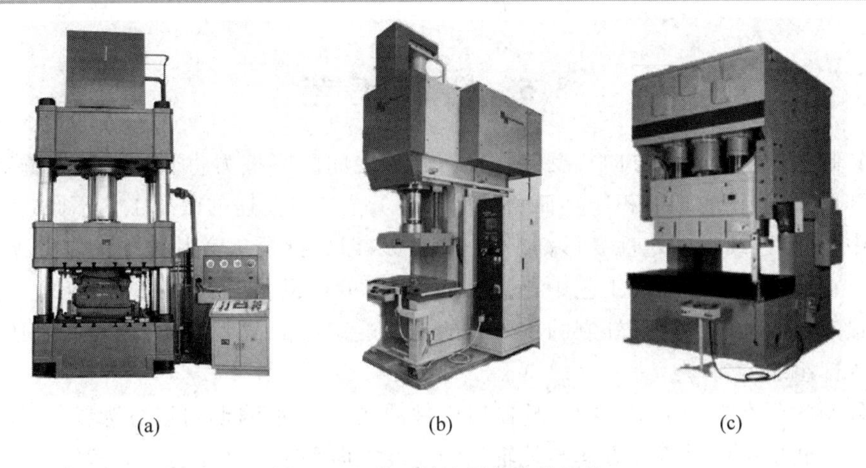

(a) (b) (c)

图 3-89 典型的液压机本体结构

(a) 三梁四柱式；(b) 单臂式；(c) 框架式

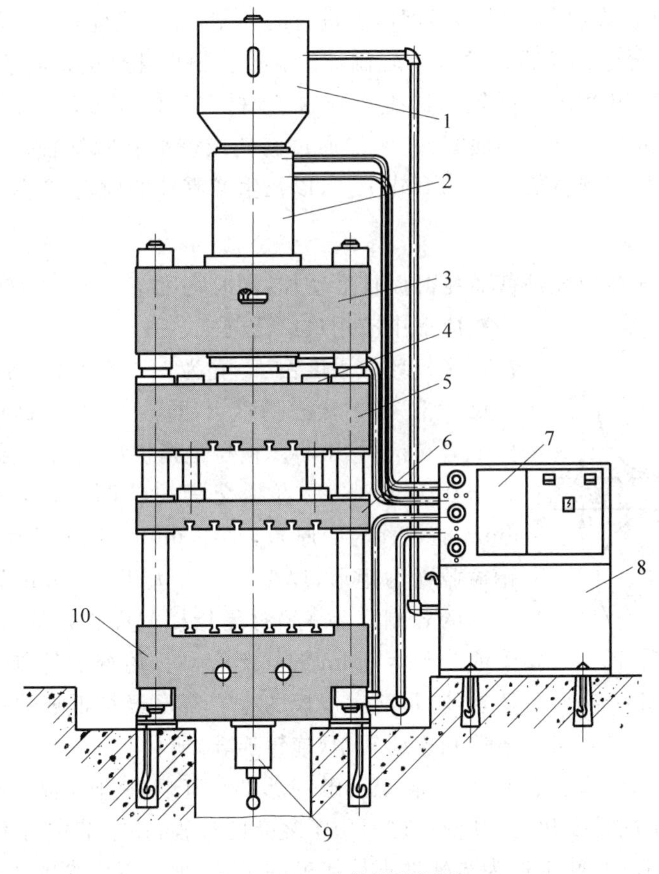

图 3-90 双动拉深液压机

1—充液箱；2—工作缸；3—上横梁；4—压边缸；5—拉深梁；

6—压边梁；7—操纵装置；8—液压系统；9—顶出缸；10—下横梁

3.5 轧制工艺

轧制是靠两个旋转方向相反的轧辊与轧件之间的摩擦力将轧件拉入辊缝,使金属受到压缩,轧件的截面积减小而长度增加的工艺。与前述的锻压工艺不同,大部分轧制中,材料连续发生塑性变形,属于一次成形,即大批量生产其他加工工艺所需的坯料。在所有体积成形的工艺中,轧制工艺生产的产品占到90%以上,是塑性成形应用最广泛的工艺方法。轧制的主要目的是改变产品的截面尺寸,热轧同时还改善材料内部组织。

轧制的分类方法很多。根据轧制时轧件的运动方向不同,可以分为纵轧、横轧和斜轧。纵轧是指坯料流动方向与轧辊切线速度方向平行的轧制方法;横轧是指坯料流动方向与轧辊线速度垂直的轧制方法;斜轧是指坯料与轧辊轴线既不平行也不垂直而是呈一定角度的轧制方法。与锻造相同,轧制工艺可以根据轧制的温度分为热轧、温轧和冷轧。在材料再结晶温度以上进行的轧制,称为热轧;在室温下进行的轧制,称为冷轧;介于两个温度之间的轧制称为温轧。根据轧辊的形状不同,可以分为平辊轧制(平轧)和型轧。平辊轧制生产板材、带材、箔材,而型轧生产的是线材、棒材、型材、管材或长轴类变截面零件(例如通过斜轧或楔横轧阶梯轴)。在本节中,简要介绍生产板材和型材的平轧和型轧工艺,以及生产零件的横轧、斜轧、环轧工艺。

1. 平轧

平轧是指那些使轧件截面变薄而长度增加,同时宽度基本不变的轧制工艺,它是一次成形中应用最广泛的工艺方法,图3-91所示的轧制工艺将平板坯的厚度由h_0变为h_f。平轧的产品根据横截面的尺寸和交货状态分为不同规格的板材(sheet)、带材(strip)和箔材(foil)。板材是指横截面为矩形、厚度均一并大于0.2mm、以平直状交货的轧制产品,其中厚度大于6mm的板称为中厚板,小于6mm的板称为薄板;带材是指横截面为矩形,厚度均一并大于0.2mm,以成卷的方式交货的轧制产品;箔材是指横截面为矩形,厚度均一并小于或等于0.2mm的轧制产品。传统的轧制最初坯料是模铸块坯,目前大规模的生产都已经被低成本高效率的连续铸造和连续轧制(连铸连轧)所代替。

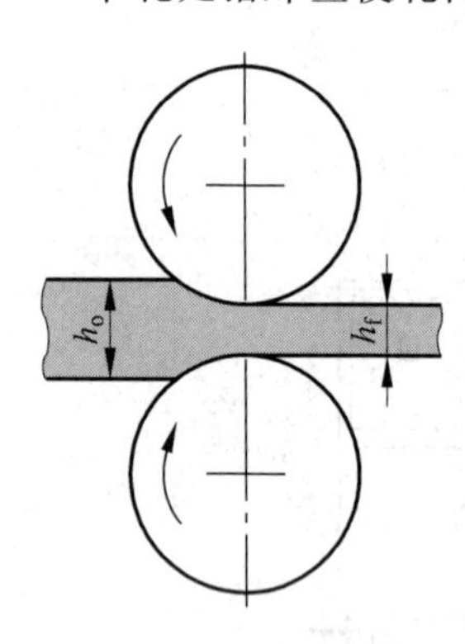

图3-91 平轧示意图

虽然轧制属于稳态成形,但与轧辊接触的那部分坯料在进入辊缝和离开辊缝的过程中,受力情况是变化的,其变形也经历了复杂的过程,在本节中将不作重点讨论。

在轧制过程中,轧辊作为与轧件直接接触的工具,承受着巨大的扭矩和弯矩的联合作用,它的变形不但影响其自身的强度和刚度,反过来又会影响到所生产的板材的形状精度,包括厚度差和板形等。为此,在对轧制产品精度要求不断提高的同时,轧辊和轧制机械也在不断地发展，从最初的二辊发展到三辊、四辊、六辊以及多辊轧机（图3-92）。二辊轧机工作辊多为水平布置，广泛用于轧制大截面的方坯、板坯和厚板等，分为可逆式和不可逆式。可逆式轧机是在轧件完成一个道次的轧制后，接着进行辊缝的调整，向相反方向运动，轧件以与前一道次相反的方向进行轧制，因此可以增加生产效率，减小生产线建设和运行的成本。三辊轧机是利用水平布置的三个轧辊，上、下的两个工作辊转动方向相同，与中间辊的转向相反，不需在道次之间调整轧辊的转向，即可实现可逆轧制，多用于开坯轧机或用来生产中厚板材。四辊轧机采用小直径的工作辊和较大直径的支撑辊，分为工作辊传动和支撑辊传动两类，广泛用于冷轧及热轧板带中。六辊轧机是在四辊轧机的基础上，在支撑辊和工作辊之间增加可以轴向移动的中间辊，也称为HC(high crown)轧机，它用来调整板形，多用于冷轧和热轧薄板带材。多辊轧机的出现是为了进一步增加轧机和工作辊的刚度，包括森基米尔(Sendzimir)式轧机（二十辊）和行星式轧机等，主要用于非常薄的带材和箔材的冷轧。

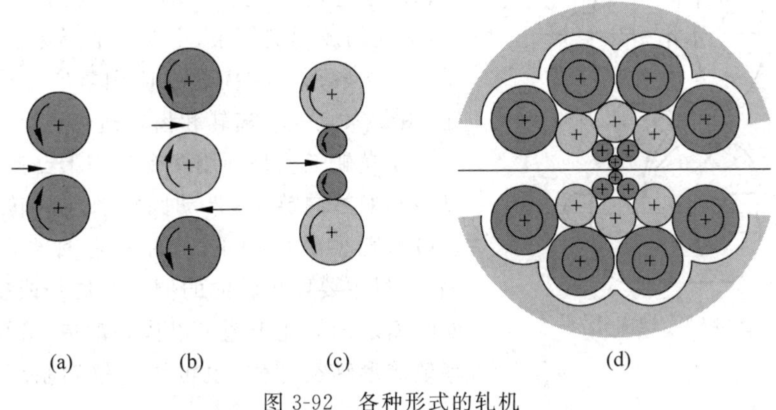

图3-92 各种形式的轧机

(a) 二辊；(b) 三辊；(c) 四辊；(d) 二十辊

2. 型轧

型轧是在轧辊上开出型槽（孔）来生产线材、棒材、管材以及具有H、U、L、T型等截面或截面周期变化的型材，例如钢轨、工字钢以及槽钢等大量用于建筑结构的产品。与平轧相比，采取型轧时，其关键的技术之一是轧辊上的孔型设计。型轧坯料的截面为规则的矩形、方形或圆形，因此对于比较复杂的型材往往通过多道次的连续轧制才能成形。轧辊孔型设计要尽量减少从坯料到成品所需的轧制道次，以提高轧制效率；另外，轧出高质量的产品的同时，尽量减少轧辊磨损及动力消耗。图3-93为H型材轧制的过程示意图，这只是其中最关键的几道次，从图中可以看出，除了主要成形的工作辊外，还有侧辊。在H型材轧制中，产品出现的主要缺陷之一是翼缘外层出现裂纹，因为在翼缘内外侧的材料受力不同，内侧受压，而外侧受拉，侧辊的主要作用就是为了改变外侧的受力状态，使其受到压应力作用，抑制裂纹出现。

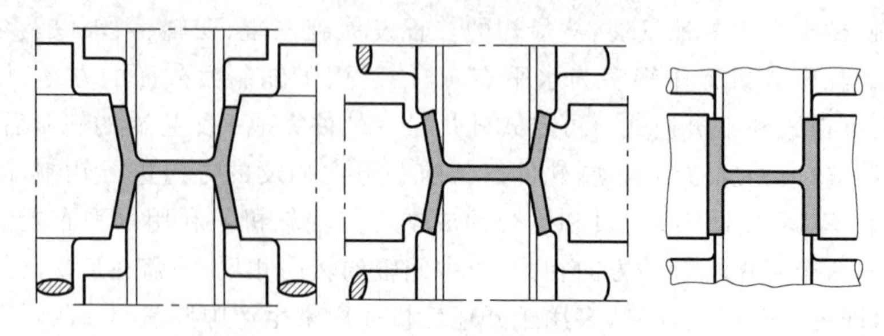

图 3-93　H 型材的轧制过程

3. 横轧

从轧件的运动方向上看，平轧和型轧都属于纵轧工艺，轧件中变形金属流出的方向与轧辊的轴线是垂直的，而与其线速度方向是平行的。横轧是指轧件金属流动的方向与轧辊轴线平行，而与其线速度方向垂直，并且两个轧辊的旋转方向是相同的。与纵轧相比，横轧的成形更复杂，主要是成形零件，所以它属于二次成形。在横轧中应用最广泛的是楔横轧(图 3-94)、螺纹横轧和齿轮横轧。

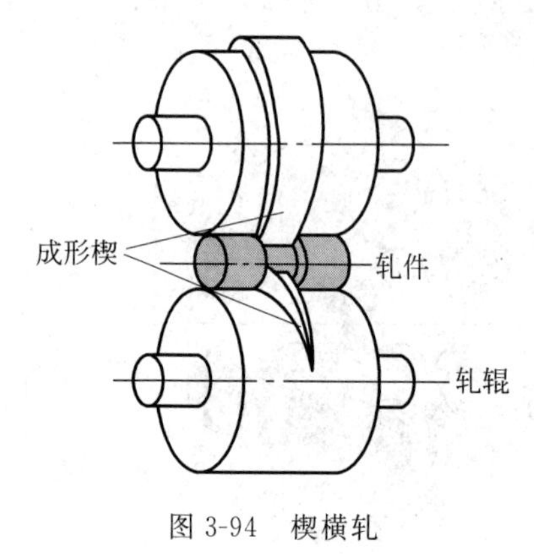

图 3-94　楔横轧

楔横轧工艺是利用两个带楔形凸起的轧辊，以相同的方向旋转，带动圆柱形坯料转动，使其在楔形孔型的作用下，轧制成各种形状的阶梯轴，坯料主要发生轴向的伸长和局部或整体的径向收缩。楔横轧工艺可以代替锻造，既可以高效率地成形轴类零件，也可用来精确制坯，为模锻提供预锻件。

螺旋横轧又称螺纹滚压，是利用两个带螺纹的轧辊(滚轮)，以相同的方向旋转，带动圆形坯料旋转，其中一个轧辊径向进给，将坯料轧制成螺纹，这种横轧的轧件主要在径向变形。

齿轮横轧与螺纹滚压相似，区别是在轧辊上加工出齿形轧辊(滚轮)，在轧辊与轧件的对辊以及轧辊的径向进给中实现轮齿的渐进成形。

4. 斜轧

斜轧是指两个轧辊的轴线不平行，而是成一定角度($2^{\circ}\sim7^{\circ}$)。与横轧相同，斜轧中两个轧辊旋转方向相同，与横轧不同的是，轧件除了做与轧辊旋转方向相反的旋转运动外，还做轴向移动，因此它也被称为螺旋轧制。斜轧分为穿孔斜轧、螺旋孔斜轧和仿形斜轧。穿孔斜轧是将实心的钢锭穿制成空心的毛管，其主要工作原理是通过斜轧中工作辊的压缩使坯料中心产生拉应力，材料疏松，在外部芯棒的作用下，加工成空心管。用于穿孔斜轧的轧辊形状有斜辊、圆锥辊和圆盘辊等，轧机形式有二辊式和三辊式。图 3-95 是斜辊式二辊穿孔机工作的示意图。螺旋孔斜轧是用两个带螺旋孔型的轧辊进行轧制，主要用于阶梯轴和球类零件(例如，轴承钢球)的轧制。仿形斜轧是通过三个带锥形的轧辊带动圆柱形坯料旋转和向前运动，借助仿形板三个轧辊距离坯料中心的距离可以改变，实现变截面轴的轧制。

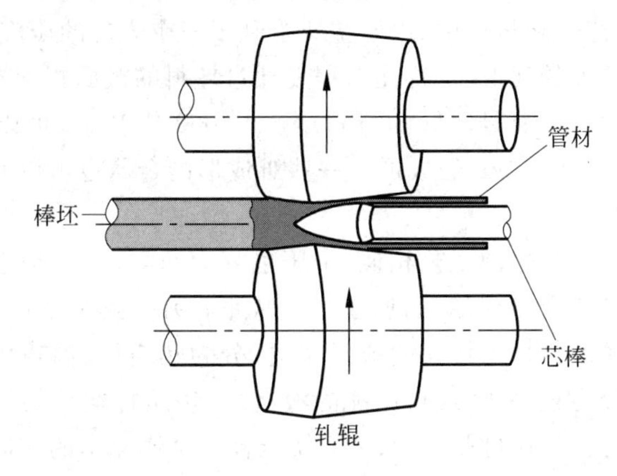

图 3-95 斜辊式二辊穿孔机

5. 环轧

环轧也称为辗环、辗扩或扩口等，它是通过辗压辊、芯辊和锥辊来实现环形件(坯)壁厚减小、直径扩大以及通过截面轮廓成形的轧制工艺(图 3-96)。环轧适用于生产各种形状和尺寸的轴承环、齿圈、法兰、轮毂、薄壁筒形件、法兰、高颈法兰等各类无缝环形锻件。环轧中，环形件的壁厚减薄和直径扩大是通过辗压辊和芯辊的间距逐步缩小来实现的，而高度的控制是由两个锥辊来实现的，在芯辊或辗压辊上开出型槽，还可以将环形件的截面变为非矩形的复杂截面(例如轴承环和轮毂等)。

生产同样尺寸的锻件，环轧与锻造相比，具有设备吨位小，加工范围大，材料利用率高，产品质量好，劳动条件好，生产率高以及生产成本低等特点。

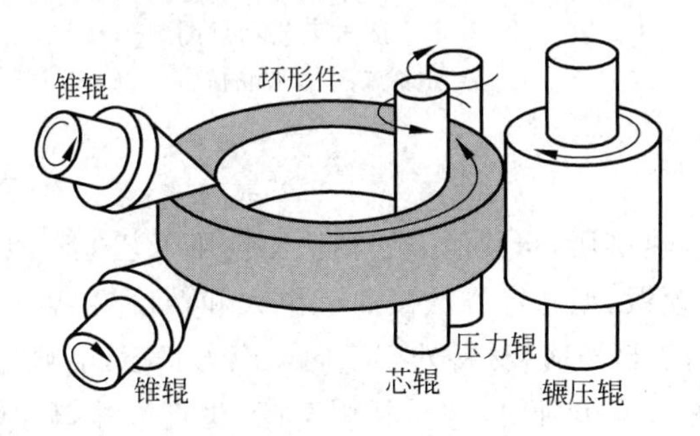

图 3-96 环形件轧制示意图

3.6 挤压工艺

挤压是将坯料放入一个筒形模具中并通过在一端施加压力而使材料从另外一端的模孔中流出的工艺。在挤压中，由于金属受到了三个方向的压应力作用，塑性得到提高，可以进行非常大的变形，这种变形程度通过坯料的截面积和挤压件截面积之比来描述，称为挤压比，对于塑性好的材料(例如6063铝合金)可以实现挤压比大于100，挤压速度高达100m/min的成形。一些难成形的金属也可以通过挤压工艺提高其塑性成形的能力。

从产品的用途上，与轧制工艺相似，挤压也分为两类，一类是生产各种复杂截面的型材，主要用于有色金属的加工，属于一次成形；另一类是生产零件，主要用于钢铁材料，属于二次成形。根据坯料的成形温度，分为热挤压、温挤压和冷挤压。根据挤压工具的形式，分为正挤压、反挤压和静液挤压，挤压杆运动的方向与金属流出方向相同的挤压，称为正挤压(图3-97(a))；挤压杆与金属流出的方向相反的称为反挤压(图3-97(b))；在挤压筒中的坯料被液体包围，通过液体来传递挤压力的方式称为静液挤压。在正挤压中，材料承受着巨大的摩擦力，使得挤压力较大；反挤压中，坯料的大部分是不流动的，摩擦力很小，挤压力较小；在静液挤压中材料基本上不受摩擦的影响，挤压力更小。图3-97(b)中的反挤压是通过空心挤压杆来实现挤压出实心件。

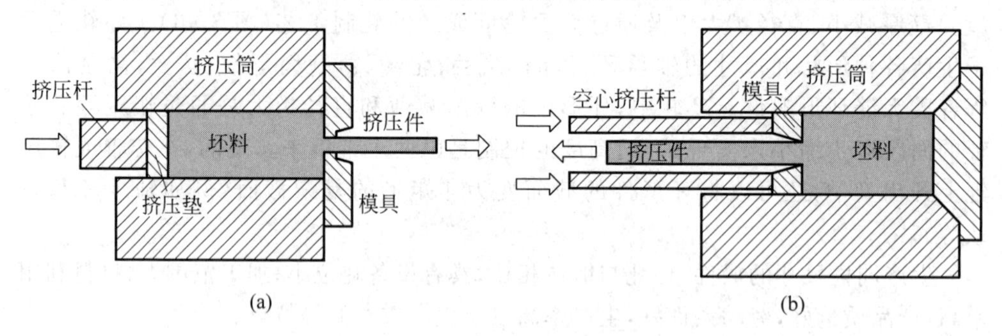

图3-97 挤压工艺示意图
(a) 正挤压；(b) 反挤压

1. 型材挤压

型材挤压大多为热挤压，与其他方法相比用挤压工艺生产型材具有明显的优势。例如，能够获得比热模锻、型轧等方法截面积更大和精度更高的带高筋的扁宽、薄壁型材和壁板型材；由于挤压时，材料处于三向压应力状态，能够将塑性较差的材料挤压出大型型材和壁板；操作简便，材料利用率高，生产效率高，成本较低；可以通过实心坯料生产空心型材和壁板，这也是锻造和轧制不能实现的。型材挤压大多在专用的卧式挤压机上进行。

挤压模具的开口是材料流出模具时变形最剧烈的部分，这部分也是决定挤压型材尺寸的关键。在模孔入口处为了促进或阻碍金属的流动，常常将模具开口设置材料流入角，促进金属流动的称为促流角，阻碍金属流动的称为阻碍角；模孔中间一部分是工作带，也是确定挤压型材尺寸和保证制品表面质量的关键部分，所以也称为定径带。模具工作带过短，容易损坏；工作带过长，容易划伤制品表面，增大摩擦力。设计模具时，要根据不同的材料选取工作带的范围，对于铝合金来说，工作带一般为3～12mm。模孔末端是流出角，也被称为模具的空刀，在这部分，型材与模具不接触。对于大部分型材挤压模具，流入角往往省略，但必须保留流出角。

在挤压中坯料和型材与模具和挤压筒壁接触，由于受到摩擦的影响，流速较慢，而其他部分，特别是中心部分流速较快。距离模具中心不同，材料的流出速度会不均匀，另外非等厚度的型材由于壁厚差也会影响到材料流出速度的均匀性，这些速度差会造成挤压型材的弯曲、扭曲、裂纹等。解决这类问题的方法之一就是调整工作带(定径带)的宽度，在材料流动较快的部分设置较长的工作带，流动较慢的部分设置较短的工作带(图 3-98)。由于工作带与流出金属的摩擦力，会重新平衡金属的流速，使型材横截面上的材料流出模具时得到接近均匀的速度，保持挤压型材的形状和尺寸精度。设计工作带的宽度，主要考虑的因素是：第一，型材的厚度；第二，对于大型型材和一模多孔的型材需要考虑距离模具中心的距离。虽然，调整工作带是平衡金属匀速流动最有效的方法，但它也会给模具的制造和维修带来困难。

近年来，导流模的应用逐渐降低对复杂工作带设计的依赖。所谓导流模就是在挤压模具前加一层导流模(导流板)，对大型模具直接加工出导流孔，通过导流孔的形状在材料流入到模孔前调整流速(图 3-99)。对于一些形状不是很复杂的型材，甚至可以用导流模代替工作带对流速的调整作用，而使用均匀的工作带，这使得挤压模具的制造和维修成本大大降低。

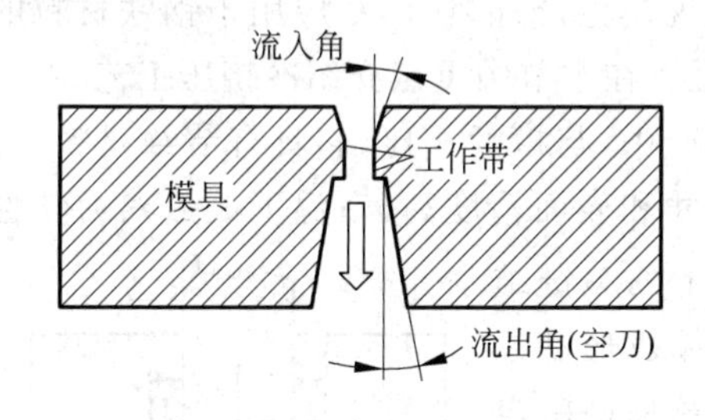

图 3-98 挤压模具出口及工作带

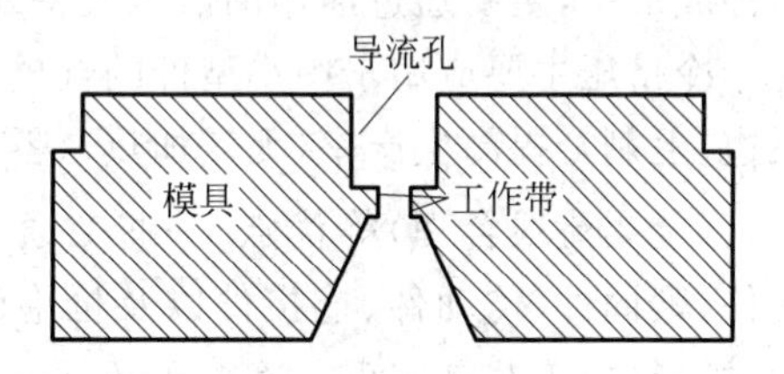

图 3-99 带导流孔的挤压模具

实心毛坯挤压空心型材主要通过平面分流组合模来实现，它的原理是采用实心的铸锭，在挤压杆的作用下，金属经过分流模的分流孔被劈成几股金属流，然后在凹模的模腔中汇合，在高温高压条件下进行固态焊合，然后通过从分流模中心伸出的模芯与凹模的模孔形成的间隙流出，形成具有一定厚度的空心型材。图 3-100 是一典型的分流组合模，其中的箭头指示的是金属从分流孔进入焊合腔然后从模孔中流动路线。

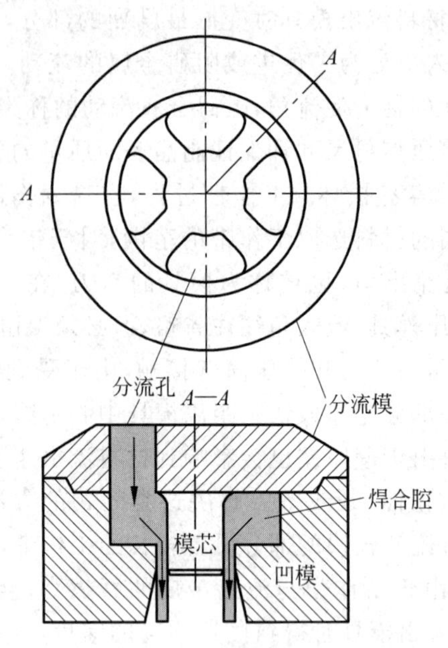

图 3-100 分流组合模

通过分流组合模将实心坯料挤压出带有复杂截面形状的空心型材，出现的主要缺陷是焊合质量。金属在固态下焊合的质量与压力、温度、速度和表面质量等都有关系，必须综合考虑以上因素，制定合理的工艺参数和模具参数才能得到理想的空心型材。另外，对于一些建筑型材，为了不影响其外观质量(在氧化后，焊缝有痕迹)，焊缝应该出现在拐角处，这对分流孔的位置提出了要求，在模具设计中必须加以考虑。

2. 零件挤压

挤压工艺除了应用于有色金属型材的大规模生产外，还广泛应用于钢铁材料的零件成形中，主要通过通用的锻压设备来实现。在本节中重点介绍冷挤压工艺。

冷挤压主要应用于中小型件的规模化生产中，与模锻相比，它具有节约材料(无飞边、毛刺)、提高生产率(无需加热)、零件尺寸和表面精度高(室温下成形)、力学性能好(金属流线合理)等优点，一些交通工具上的关键结构件、紧固件、传动件、连接件以及枪炮的弹体成形都是通过冷挤压工艺来实现。冷挤压通常分为正挤压(杆、盘形件)、反挤压(杯形件)和复合挤压(图 3-101)，复合挤压指的是一部分金属流动与凸模运动方向相同，一部分与其相反，零件的形状是杯-杆复合件。

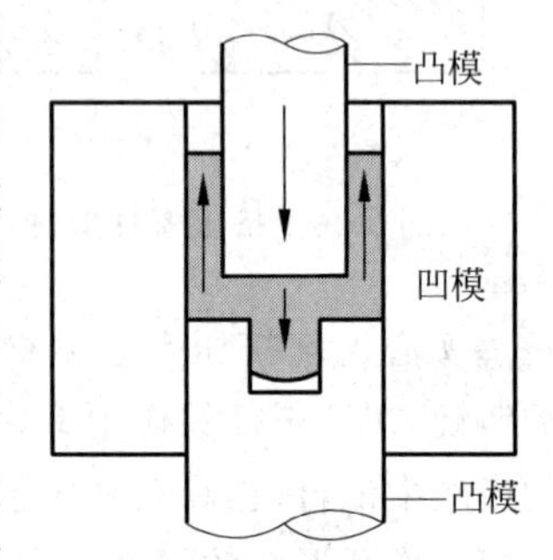

图 3-101 复合挤压

冷挤压的一般工艺过程为，将圆柱形棒料进行退火和磷化皂化处理，然后进行冷挤压，对于壁厚较薄的零件，需要多道次挤压，每道次之间需要进行磷化和皂化润滑处理。即使在室温下成形,模具和坯料的剧烈摩擦也会使其表面温度急速上升,但基本在再结晶温度以下。速度较慢的成形,挤压件的温度会更低,材料的加工硬化引起其塑性降低,挤压力升高。所以,每道次之间的退火是为了消除由于加工硬化带来的低塑性和韧性。磷化和皂化处理是将零件浸入磷化液或皂化液中,发生化学反应,在其表面沉积形成一层不溶于水的膜,起到减摩润滑作用。

在冷挤压中,容易出现下列缺陷:

(1) 模具开裂　由于是在室温下成形,金属的流动应力很高,模具要承受很高的压力,如果坯料没有经过退火处理、尺寸偏差较大以及与模具的相对位置不对,都会引起附加的应力,引起模具的开裂。

(2) 模具出现剧烈磨损和划痕　模具表面光洁度低,模具材料热处理不当、圆角半径过小、坯料的润滑处理不充分等原因都会造成这类缺陷。

(3) 挤压件粘在模具上　模具的拔模斜度太小,模具表面磨损严重、太粗糙等因素是造成挤压件粘在模具上的主要因素。

3.7 拉拔工艺

拉拔是对金属坯料施加拉力而使其通过模孔减小其截面的塑性成形工艺,它是线材、棒材和管材成形的主要工艺方法之一,属于一次成形。拉拔坯料是通过轧制或挤压生产出的棒材或管材,产品的光洁度和尺寸精度都很高,而且可以实现高速成形,高速拉线机的拉拔速度可以高达80m/s。拉拔既可以生产直径大于500mm的管材,也可以拉拔出直径达2μm的细丝。如果生产细丝及毛细管,只能采用拉拔工艺,是其他工艺不可替代的。

按拉拔制品的断面形状,拉拔分为实心材拉拔和空心材拉拔。图3-102为实心材拉拔示意图,坯料进入一个逐渐缩小的模孔,通过工作带被拉出模具。拉拔前后坯料的横截面积之比称为延伸系数,作为描述拉拔变形程度的指标,拉拔延伸系数为A_0/A_f。由于拉拔主要变形区材料的主应力为拉应力,容易在材料上产生颈缩和裂纹而被拉裂,因此每道次的极限应变很低,必须通过多道次的拉拔才能达到工艺要求,有时还需在道次之间对材料进行必要的退火处理。

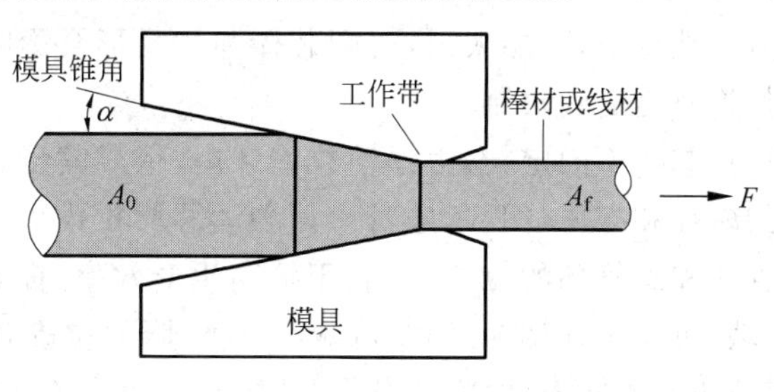

图3-102　线、棒材拉拔

管材拉拔是将一个直径较大的管坯拉拔出直径较小管材的过程(图3-103)。在管材拉拔中,根据有无芯棒可分为无芯棒拉拔(空拔)和带芯棒拉拔(衬拔),带芯棒拉拔又分为固定短芯棒拉拔、游动(短)芯棒拉拔和长芯棒拉拔。

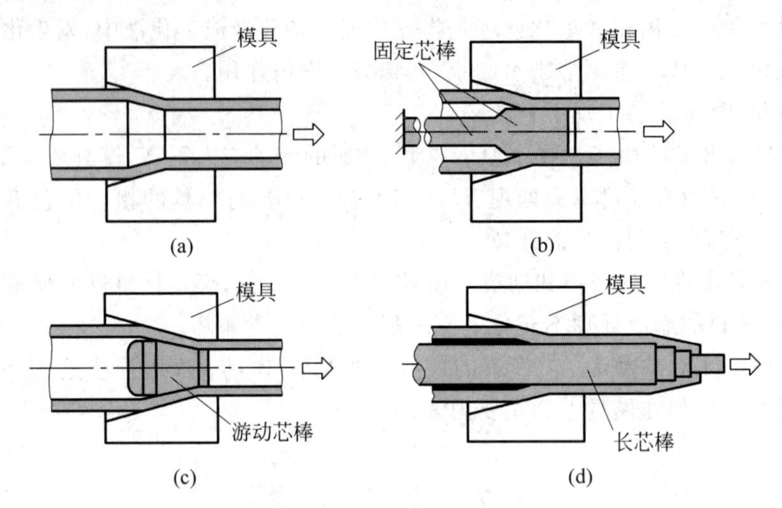

图3-103 管材拉拔

(a) 空拔;(b) 固定短芯棒拉拔;(c) 游动芯棒拉拔;(d) 长芯棒拉拔

空拔时,管坯内没有芯棒,管坯通过模孔后,其外径减小,壁厚略有变化(图3-103(a))。根据拉拔的目的不同,空拔分为减径空拔、整径空拔和成形空拔。减径空拔主要用于成形小规格的管材和毛细管,由于管内壁没有芯棒,减径程度越大,内壁越粗糙;整径空拔主要是为了控制管材的外径,管材的直径减缩量较小,主要用于提高成品管的外径尺寸精度。成形空拔主要用于成形非圆截面的异形断面无缝管材,将一些用其他工序(轧制和挤压等)生产的壁厚达到成品要求的管坯通过异形模孔,拉拔成所需的断面形状。

固定短芯棒拉拔使用的短芯棒一端伸入到管坯内,另一端被固定在拉拔机架尾端,使芯棒在管坯内固定,材料通过模孔和芯棒之间的间隙流出实现减径和减薄(图3-103(b))。这种方法是管材拉拔中应用最广泛的方法,管材内表面质量比空拔的好。对于一些需要减小壁厚的管材来说,这种方法比轧制的效率要高,操作方便。但芯棒一端固定,另一端悬空,不能太长,否则芯棒弹性变形会影响到管材壁厚的均匀性,拉拔细管或长管时会受到限制。

游动芯棒拉拔中,芯棒不固定,自由浮动在管坯内,依靠其特有的形状被稳定在模孔中,实现管坯的减径和减薄(图3-103(c))。游动芯棒拉拔克服了固定短芯棒的缺点,非常适合长管坯和细管坯的拉拔,有利于提高生产效率,提高成品率。由于芯棒在管坯内能够游动,可以自动调节,因此可减小摩擦,降低拉拔力,提高管材内表面的质量。游动芯棒拉拔对工艺条件、润滑条件、芯棒设计和管坯质量等要求很高。

长芯棒拉拔是将管坯套在一个直径小于其内径的长芯棒上，使芯棒和管坯一起从模孔中拉出，实现管坯的减径和减薄(图 3-103(d))。在拉拔过程中，管坯材料沿芯棒向后滑动，芯棒作用于管材内表面的摩擦力与拉拔方向一致，因此有助于减小拉拔应力。管坯一直紧贴着芯棒变形，从而避免了拉拔薄壁和低塑性材料的管坯时可能出现的拉断现象。但这种方法也有缺点，在拉拔完毕后，必须用专用的工具使管材扩径从而去除芯棒，每一道次都需要准备一个表面经过处理的芯棒，工具费用增加，主要用于一些难成形金属管材的拉拔。

复习思考题

1. 简要说明金属塑性加工的分类，说说它们的特点。

2. 金属锻前加热的方法有哪几种？它们各有什么优缺点？

3. 金属锻前加热的主要缺陷有哪几种？它们产生的原因是什么？

4. 锻造的两个主要目的是什么？自由锻造有哪些工序？

5. 坯料镦粗和拔长中，怎样表达变形程度？

6. 一个圆柱形的坯料在镦粗时，会产生“鼓肚”现象，画出示意图解释一下这是为什么？画出关键部位的应力图，说说怎样避免这种现象或降低“鼓肚”程度？

7. 热锻过程中，可以改善大型铸锭的哪些缺陷？

8. 大型工件自由锻造有哪些工艺方法？它们有什么特点？

9. 根据模具来分，模锻有哪两种？它们各有什么特点？

10. 开式模锻模具中的飞边槽有哪几部分组成？它们的作用是什么？

11. 板料冲裁后的断面有哪几部分组成？它们各是在哪个阶段形成的？

12. 板料成形中根据变形特点分为收缩类和伸长类变形，它们的破坏形式分别是什么？如何预防这些缺陷？

13. 为了防止圆筒形拉深件出现制耳，采用 Δr 值大的材料还是 Δr 值小的材料更有利？为什么？出现制耳的方向的 r 值与其他方向相比，r 值是大还是小？

14. 在板料拉深工艺中，拉深件靠近凸模圆角的地方发生断裂(掉底)，你能说出这是什么原因吗？并能提出一些解决方法吗？

15. 如果在拉深成形中，凹模或凸模用液体来代替刚性模具会有哪些优点？

16. 单动拉深时的原理是什么(需附简图说明)？与双动拉深相比，它有哪些优缺点？

17. 简要叙述凸凹模间隙的大小对冲裁件断面的质量和冲裁力的影响。

18. 在板料弯曲变形中，应力中性层和应变中性层如何变化？为什么？

19. 弯曲和拉深工艺中，在模具撤出后材料会产生回弹，如何解决这一问题？

20. 简述拉延筋的作用；它主要放置在哪些成形件上？

21. 板料主要冲压性能参数有哪些？这些参数对成形质量有哪些影响？它们是

通过哪些实验获得的?

22. 什么是板料成形的FLD?请画出图形表示,并在FLD中指出代表圆筒拉深成形的法兰、筒壁和筒底变形特点的大致位置。

23. 曲柄压力机的公称压力、装模高度以及最大装模高度各指的是什么?曲柄压力机的工作机构包括什么?

24. 液压机的本体结构有哪几类?

25. 旋压有哪几类?它们的变形特点是什么?

26. 指出在目前的工艺条件下,哪些件的成形只有通过旋压工艺才能实现?

27. 根据所使用的设备,锻造模具分为哪几类?开式模锻模具的飞边槽设计在不同设备上使用有哪些不同?

28. 简述锻造模具的设计流程。

29. 举例说明,哪些轧制工艺是用来生产零件的?这些零件的生产与锻造相比有哪些优点?

30. 纵轧和横轧有什么区别?

31. 型材挤压模具的工作带设计原则是什么?除了工作带能够调整金属流速,还有哪些措施能够实现流速调整?

32. 如何通过实心坯料挤压空心型材?

33. 冷挤压中的磷化和皂化的目的是什么?

34. 管材拉拔的主要形式有哪些?简述其工装特点。

参考文献

1. 刘润广.锻造工艺学.哈尔滨:哈尔滨工业大学出版社,1992
2. 姚泽坤.锻造工艺学与模具设计.西安:西北工业大学出版社,1998
3. 夏巨谌.塑性成形工艺与设备.北京:机械工业出版社,2001
4. 王雷刚.大锻件拔长工艺研究进展与展望.塑性工程学报,2002,9(2),28~31
5. 李硕本.冲压工艺学.北京:机械工业出版社,1982
6. 梁炳文,陈孝戴,王志恒.板金成形性能.北京:机械工业出版社,1999
7. J A. Schey,Introduction to Manufacturing Processes, 3rd ed. McGraw-Hill, 2000
8. Altan Taylan, Oh Soo-Ik, L Gegel Harold. Metal Forming: Fundamentals and Applications. Metals Park, OH: American Society for Metals, 1983
9. 舒勒股份有限公司(德国).金属成形手册(中文版).Springer,1999
10. 王仲仁.特种塑性成形.北京:机械工业出版社,1995
11. 何德誉.曲柄压力机.北京:机械工业出版社,1987
12. 俞新陆.液压机.北京:机械工业出版社,1990
13. 陈彦博,赵红亮,翁康荣.有色金属轧制技术.北京:化学工业出版社,2007
14. 温景林,丁桦,曹富荣.有色金属挤压与拉拔技术.北京:化学工业出版社,2007

金属的焊接

金属的连接方法可以归纳为三类：借助于螺栓或铆钉的机械连接法、胶接法和焊接法。航空飞机、航海船舶、运载火箭、陆地车辆、核反应堆、钢铁桥梁、建筑结构、电站锅炉、石化贮罐和输油管线等工业产品的制造都要采用连接成形工艺方法。

4.1 焊接技术的范畴

根据中国焊接学会推荐的定义，所谓焊接，是指采用适当的手段使两个分离的固态物体产生原子间结合而连接成一体的加工方法。被连接的两个物体可以是同种金属，也可以是异种金属，还可以是一种金属与一种非金属。其中，金属材料的焊接在现代工业中具有重要意义，也是本章讨论的主要内容。

固态金属之所以能够保持其稳定的形状，就是因为其内部原子之间距离非常小，原子之间形成了牢固的结合力。要把两个分离的金属物体连接在一起，就是使这两个物体被连接表面的原子彼此接近到金属晶格距离(即 0.3～0.5nm 的范围)。一般情况下，即使经过精密磨削加工的金属表面粗糙度仍在几微米之上。当我们把两个金属物体放在一起时，由于其表面粗糙度和经常存在的氧化膜及其他污染物，实际阻碍着不同物体表面金属原子之间接近到晶格距离并形成结合力。金属焊接的本质，正是通过适当的工艺过程克服上述困难。

焊接技术领域所涉及的知识内容非常广泛，可以归纳为三个方面：

(1) 焊接方法　包括电弧焊接与切割、电阻焊、钎焊、水下电弧焊接与切割、气焊和气割及高压水流切割、激光焊接与切割、电子束焊、电渣焊、高频焊、气压焊、热剂焊、爆炸焊、摩擦焊、搅拌摩擦焊、超声波焊、扩散焊、堆焊、热喷涂、SMT 焊接，……，各种焊接工艺方法及设备，还涉及焊接过程传感和控制、焊接机器人系统和专用成套装备等。

(2) 材料焊接　包括焊接热过程、焊接冶金、焊接热影响区组织转变及性能变化、焊接缺欠、金属焊接性及其试验方法、钢铁材料焊接、稀贵及有色金属的焊接、异种金属的焊接、金属材料堆焊、塑料的焊接、陶瓷的焊接、陶瓷与金属的焊接、复合材料的焊接等。

(3) 焊接结构　包括常用焊接结构材料、焊接接头及设计、焊接接头的力学性能、焊接应力与变形、焊接结构疲劳、焊接结构断裂及安全评定、焊接结构的环境效应、焊接结构设计原则与方法、基本构件的设计计算、焊接结构制造工艺和设备、典型焊接结构(机械零部件、压力容器与管道、建筑钢结构、机车车辆、船舶与海洋工程结构、起重机和工程机械、动力机械、焊接钢桥等)的设计制造、焊接结构生产的机械化和自动化、质量管理与无损检测、焊接生产组织与经济、焊接车间设计、焊接安全与卫生防护等。

本章内容限于教材篇幅,在简要阐述焊接技术特点和范畴的基础上,主要针对最为普遍应用的金属连接方法——电弧焊接工艺的基础知识进行介绍,最后对有关焊接工艺方法的分类和发展进行归纳讨论。

4.2　电弧焊接技术基础

4.2.1　焊接电弧

电弧是在一定的条件下电荷通过两电极之间气体空间的一种导电过程。电弧被诱发"点燃"后,放电过程自身能够产生维持放电所需的带电粒子,因此属于一种自持放电现象。气体导电时的电流电压的关系如图4-1所示。电弧放电过程电压低、电流大、温度高、发光强,借助这个过程,电能被转换为热能、机械能和光能。焊接时主要利用其热能和机械能来达到连接金属的目的。

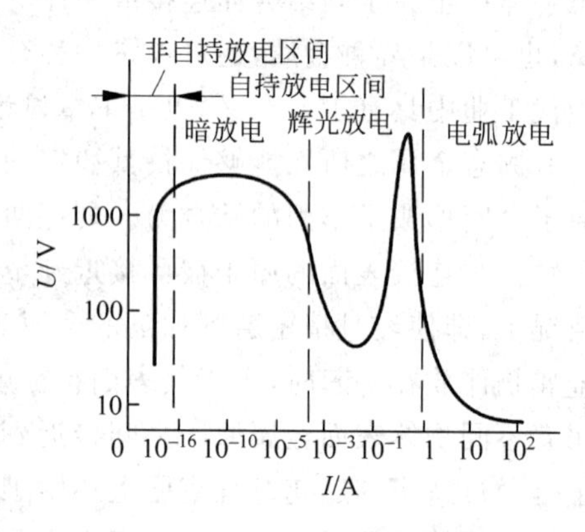

图4-1　气体放电的伏安特性

1. 电弧中带电粒子的产生

正常状态下的气体不含带电粒子,是由中性分子或原子组成的。它们虽然可以自由移动,但不会受电场作用而产生定向运动。因此,要使正常状态的气体导电,必须先有一个产生带电粒子的过程。电弧是由两个电极和它们之间的气体空间组成,电弧中的带电粒子主要依靠电弧空间的气体电离和电极的电子发射两个物理过程产生。同时,还伴随着一些其他过程:解离、激发、扩散、复合、负离子的产生等。

1) 气体的电离

中性气体分子或原子在一定条件下分离成正离子和电子的现象称为电离。气体分子或原子在常态下是由数量相等的正电荷和负电荷构成的一个稳定系统，对外界呈中性。常态下的气体粒子(分子或原子)受外来能量作用失去一个或多个电子后则成为正离子。使中性气体粒子失去第一个电子所需要的最低外加能量称为第一电离能，通常以 eV(电子伏)为单位。1eV 就是一个电子通过 1V 电位差空间所取得的能量，其数值等于 1.6×10^{-19}J。在电子学中以 V(伏)表示的电离电压在数值上等于以 eV 表示的电离能。因此，这里可以采用电离电压来表示气体电离的难易。电弧气氛中可能遇到的气体电离电压列于表 4-1。可以看出，Fe 的电离电压(7.9V)比 CO_2 的电离电压(13.7V)和 Ar 的电离电压(15.7V)都低许多，所以在大电流气体保护焊过程中，电弧空间的带电粒子将主要由铁蒸气的电离来提供。电弧中气体粒子的电离因外加能量种类的不同而分为三类：

(1) 热电离气体粒子受热作用而产生电离。根据气体分子运动理论可知，气体温度越高，气体粒子无规则热运动的速度也越高，即动能也越大。热电离实质上就是由于粒子之间碰撞而产生的一种电离过程。

(2) 在电场作用下产生电离。带电粒子的动能在电场的作用下增加到足够的数值，则可能与中性粒子产生非弹性碰撞而使之电离。当气体中有电场作用时，带电粒子除了作无规则的热运动外，尚产生一个受电场影响的定向运动，正、负带电粒子定向运动方向相反，电场对带电粒子沿电场方向的运动起加速作用，电能将转换为带电粒子的动能。在焊接电弧的阴极和阳极附近气体空间的极小区域(即所谓阴极压降区和阳极压降区)，电场强度可能达到很高的数值(约为 $10^5\sim10^7$V/cm)，电场作用下的电离现象显著。

(3) 光电离中性粒子接受光辐射作用而产生电离。对电离能不同的气体各有一个产生光电离的临界波长。只有当接受的光辐射波长小于临界波长时，中性气体粒子才可能直接被电离。光电离是焊接电弧中产生带电粒子的一个次要途径。

表 4-1 常见气体粒子的一次电离电压 V

元素	H	He	Li	C	N	O	F	Na	Cl	Ar	K
电离电压	13.5	24.5	5.4	11.3	14.5	13.5	17.4	5.1	13	15.7	4.3
元素	Ca	Ni	Cr	Mo	Cs	Fe	W	H_2	C_2	N_2	O_2
电离电压	6.1	7.6	7.7	7.4	3.9	7.9	8.0	15.4	12	15.5	12.2
元素	Cl_2	CO	NO	OH	H_2O	CO_2	NO_2	Al	Mg	Ti	Cu
电离电压	13	14.1	9.5	13.8	12.6	13.7	11	5.96	7.61	6.81	7.68

2) 电子发射

电弧放电过程中，当阴极或阳极表面接受一定外加能量作用时，电极中的电子可能冲破金属电极表面的约束而飞到电弧空间，这种现象称为电子发射。只有自阴极发射出来的电子在电场作用下参与电弧导电过程。使一个电子由金属表面飞出所需要的最低外加能量称为逸出功 W_ω,单位是 eV。因电子量 e 是一个常数,通常亦以逸出电压 $U_\omega = W_\omega / e$ 来表示逸出功的大小。逸出功的大小与金属材料种类、表面状态和表面氧化物情况有关。几种金属及其氧化物的逸出功列于表 4-2。由表可见,所有金属表面带有氧化物时其逸出功都会减小。金属表面状态不同时,逸出功的数值也不一样。当钨极表面敷以 Cs、Ba、Tb、Zr 等物质时,则逸出功的数值也减小,如表 4-3 所示。因此,经常在用于焊接的钨极中加入 Th、Cs 等成分,以提高钨极电流容量和改善引弧性能。

表 4-2 几种金属及其氧化物的逸出功 eV

金属种类	W	Fe	Al	Cu	K	Ca	Mg
纯金属	4.54	4.48	4.25	4.36	2.02	2.12	3.78
氧化物		3.92	3.9	3.85	0.46	1.8	3.31

表 4-3 钨及其合金钨极的逸出功 eV

钨极成分	W	W-Cs	W-Ba	W-Th	W-Zr
逸出功	4.54	1.36	1.56	2.63	3.14

根据外加能量形式的不同,电极的电子发射可分为热发射、电场发射、光发射、粒子碰撞发射四种形式。

(1) 热发射 金属电极表面承受热作用而产生的电子发射现象。因为金属内部的自由电子受热作用后其热运动速度增加,当其动能满足下式时则会逸出金属表面:

$$m_e v_e / 2 \geqslant eU_\omega \tag{4-1}$$

式中:m_e——电子质量;

v_e——电子热运动速度;

e——一个电子电量;

eU_ω——逸出功。

金属表面热发射电子流密度 i 与金属表面的温度 T 成指数关系:

$$i = AT^2 \exp(eU_\omega / kT) \tag{4-2}$$

式中:A——与材料表面状态有关的常数;

T——金属表面热力学温度;

k——玻耳兹曼常数。

在实际的焊接电弧中,电极的最高温度不可能超过其材料的沸点。当使用高沸点的钨(5950K)或碳(4200K)作阴极材料时,电极可能被加热到很高的温度(3500K以上),这种电极称为热阴极,其电弧的阴极区主要靠热发射来提供电子。而在熔化极焊接过程中,使用低沸点的钢(3008K)、铜(2868K)、铝(2770K)、镁(1375K)等材料作阴极时,阴极加热温度较低,此种电极称为冷阴极,其电弧阴极区不可能通过热发射提供足够的电子，必须依靠其他方式补充发射电子，才能满足电弧导电的需要。

(2) 电场发射　当金属电极表面外空间存在一定强度的正电场，金属内的电子受此电场静电库仑力的作用达到一定程度时，电子可逸出金属表面。发射的电子电流密度可如下表达：

$$i = AT^2\exp\{-e[U_\omega - (eE/\pi\varepsilon_0)^{1/2}]/kT\} \quad (4\text{-}3)$$

式中：E——电场强度形成电位差；

ε_0——真空介电常数。

对于低沸点材料的冷阴极电弧，电场发射对阴极区提供带电粒子起重要作用。这时电弧阴极区的电场强度可达 $10^5 \sim 10^7$ V/cm，具备了产生电场发射的条件。

2. 电弧的区域组成

在两电极之间电弧长度方向的电场强度并不是均匀的，实际测量得到的沿弧长方向电压分布如图 4-2 所示。焊接电弧由三个不同的区域构成。电弧电压 U_a 为阳极区压降 U_A、阴极区压降 U_K 及弧柱区压降 U_C 三者之和。阳极区和阴极区沿电弧长度方向的尺寸皆很小(约为 $10^{-6} \sim 10^{-3}$ cm)。

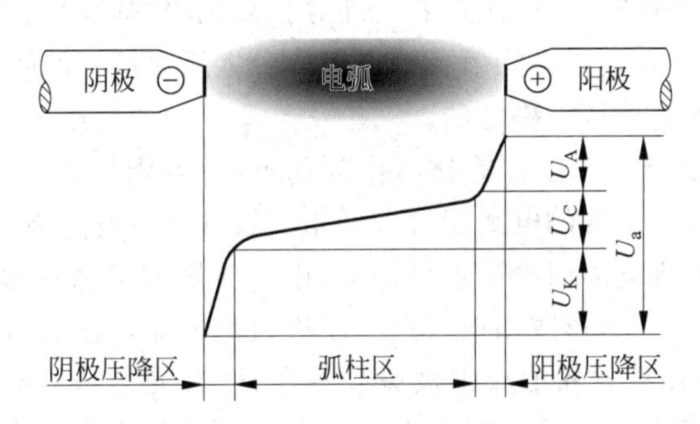

图 4-2　电弧各区域的电压分布

弧柱区的温度一般在 5000～50000K 范围，因气体种类、电弧压缩程度和电流大小而不同。弧柱气体将产生以热电离为主的电离现象，使部分中性气体粒子电离为电子和正离子。这些带电粒子大部分在外加电压作用下，正离子向阴极方向运动，电子向阳极方向运动，从而形成电子流和正离子流。电流密度为 10^3 A/cm^2 左右。

为了维持电弧稳定燃烧，阴极区的任务是向弧柱区提供所需要的电子流，接受正离子流。由于具体情况的不同，阴极区的导电机理可分为三大类：热发射型阴极区导电、电场发射型阴极导电、等离子型导电。

为了维持电弧导电，阳极区接受由弧柱过来的电子流和向弧柱提供正离子流。每一个电子到达阳极时将向阳极释放相当于逸出功的能量。阳极区提供正离子可能的机理有两种：阳极区电场作用下的电离、阳极区的热电离。

当阴极材料熔点和沸点较低且导热性很强时，即使阴极温度达到材料的沸点，此温度也不足以通过热发射产生足够数量的电子,阴极将进一步自动缩小其导电面积,直至阴极导电面积前面形成密度很大的正离子空间电荷和很大的阴极压降,足以产生较强的电场发射,补充热发射的不足,向弧柱提供足够的电子流。此时阴极将形成面积更小、电流密度更大(达 $5\times10^5\sim10^7$ A/cm^2)的斑点来导通电流,这种导电斑点称阴极斑点。用高熔点的 C、W 等材料作阴极时(所谓热阴极),只有在电流很小、阴极温度很低的情况下,才可能产生这种阴极斑点。而当用低熔点的 Al、Cu、Fe 等材料作阴极时(所谓冷阴极),大小电流均会产生阴极斑点。此时,阴极表面将由许多分离的斑点组成阴极斑点区。这些斑点在阴极斑点区以很高的速度跳动,自动选择有利于场发射和热发射条件的点。电弧通过这些点提供电子时,阴极消耗的能量最低。

由于阴极斑点电流密度很高,又受到大量正离子的撞击,斑点上将积聚大量的热能,温度很高甚至达到材料的沸点,从阴极斑点产生大量的金属蒸气并以一定速度射出。这种金属蒸气流的反作用以及正离子对阴极的撞击,对斑点产生一定的压力,称为阴极斑点压力。在直流正接(DCSP)熔化极焊接时,工件为阳极,焊丝为阴极,这种斑点压力对熔滴过渡将起阻碍作用。阴极表面上热发射性能较强的物质有吸引电弧的作用,阴极斑点有自动跳向温度高、热发射性强物质上的特性。如果金属表面有低逸出功的氧化膜存在时,阴极斑点有自动寻找氧化膜的倾向,而阴极斑点处很大电流密度和很高的温度有利于去除氧化膜。铝合金电弧焊接时的阴极清理表面致密氧化层的现象,就是由这种特性决定的。

当采用低熔点的 Fe、Cu、Al 等材料作为阳极,一旦阳极表面某处有熔化和蒸发现象产生时,由于金属蒸气的电离能大大低于一般气体的电离能,在有金属蒸气存在的地方,更容易产生热电离而提供正离子流,电子流更容易从这里进入阳极,阳极上的导电区将在这里集中而形成阳极斑点。阳极斑点电流密度的数量级一般为 $10^2\sim10^3$ A/cm^2。低熔点阳极材料形成阳极斑点的条件,首先是该点有金属的蒸发,其次是电弧通过该点时弧柱消耗能量(即 iEl_C)较低。当阳极金属表面覆盖氧化膜时,与阴极斑点的情况相反,阳极斑点有自动寻找纯金属表面而避开氧化膜的倾向。因为大多数金属氧化物的熔点和沸点皆高于纯金属,且金属氧化物的电离电压较高。

由于阳极斑点往往伴随着金属的蒸发,蒸气的反作用力对阳极表现为压力,因此一旦形成阳极斑点,也就产生斑点压力。但由于阳极斑点的电流密度比阴极小,所以通常阳极斑点压力比阴极斑点压力小。熔化极焊接时,工件为阴极,焊丝为阳极,阻止熔滴过渡的作用力较小,这是 MIG 焊多采用直流反接(DCRP)的原因之一。

3. 电弧最小电压原理

电弧最小电压原理是指在给定的电流和边界条件下,电弧稳定燃烧时,其导电区的半径(或温度)的取值会使电弧电场强度最小。就是说,电弧具有保持最小能量消耗的特性。这已为理论推导及许多实际现象所证明。

弧柱电场强度 E 的大小意味着电弧的导电难易程度。当电流和其他周围条件一定时,弧柱的断面只能在保证 E 为最小的前提下来确定。如果电弧断面大于或小于其自动确定的断面，都会引起 E 增大，即散失能量要增大，这就违背了最小电压原理。因为电弧直径变大，电弧与周围介质的接触面增大，电弧向周围介质散失的热量增加，则要求电弧产生更多的能量与之平衡，因而要求 iE 增加，电流一定，只有 E 增加。相反，若电弧断面小于其自动确定的断面，则电流密度要增加，在较小断面里通过相同数量的带电粒子，电阻率增加，要维持同样的电流，也要求有更高的 E。所以电弧只能确定一个能够保证 E 为最小值的断面。

假若当电弧被周围介质强迫冷却时，因周围环境从电弧取走更多热量，要求电弧产生更多热量来补偿。按最小电压原理，电弧要自动缩小断面，减少散热，使之与外界散热相平衡。但断面又不能收缩得过小，否则会因电流密度大而使 E 增加太多，电弧自动调整可使 E 增加到最小数值。

4. 焊接电弧的静特性

电弧燃烧时，两极之间稳态的电压与电流的关系曲线称为电弧静特性。了解焊接电弧静特性是有效控制电弧的基础。

电弧静特性曲线形状一般如图 4-3 所示。当电流较小时(A 区域)，电压随着电流的增加而减小；当电流较大时(B 区域)，电压几乎不变，电弧呈平特性；当电流更大时(C 区域)，电压随电流的增加而升高，电弧呈上升特性。各种工艺因素使电弧静特性曲线有不同的数值，但都有类似的趋势。钨极氩弧焊时，在小电流区间，电弧为负阻特性。埋弧焊、手工电弧焊和大电流钨极氩弧焊，因电流密度不太大，电弧呈平特性。当电流进一步增大，特别用细丝 MIG 焊时，电弧呈上升特性。

电弧长度增加时，主要是弧柱长度 l_C 增加，从而使弧柱的压降 El_C 增加，电弧电压增加，电弧静特性曲线的位置将提高(图 4-4)。电流一定时，电弧电压随弧长的增加而增加，对熔化极和钨极都有类似的情况。

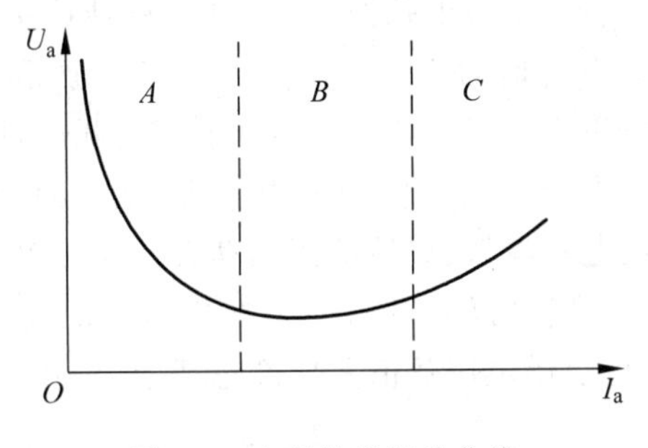

图 4-3 电弧的静特性曲线

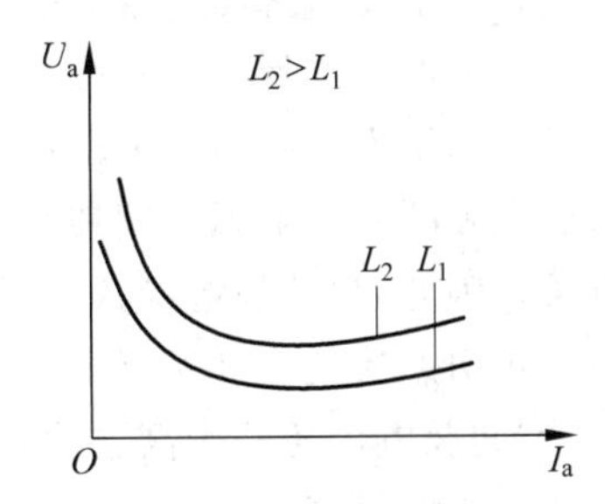

图 4-4 弧长对电弧静特性的影响

周围气体介质对电弧静特性有显著的影响，这种影响也是通过对弧柱电场强度的影响表现出来的。主要有两个方面的原因：一是气体电离能不同；二是气体物理性能不同。第二个原因往往是主要的，气体的导热系数、解离程度及解离能都对电弧电压起决定性的作用。图 4-5 给出了不同保护气体电弧电压的比较。周围气体介质压力增加，意味着气体粒子密度的增加，气体粒子通过散乱运动，从电弧带走的总热量增加,冷却作用加强,电弧电压就升高。

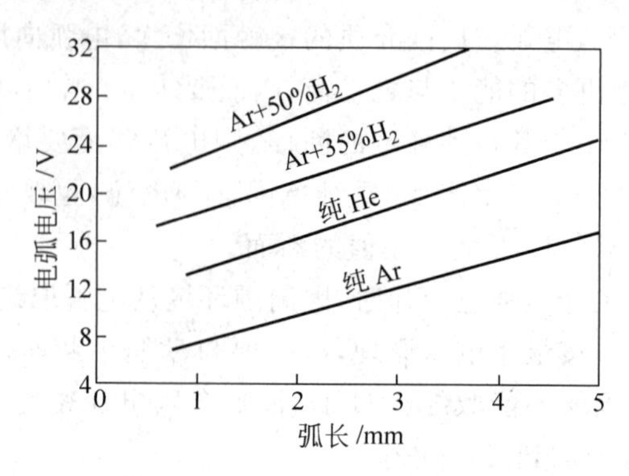

图 4-5 不锈钢 TIG 焊时弧压与弧长的关系($I=100$A)

5. 焊接电弧的动特性

焊接电弧燃烧过程中,在一定弧长条件下,电流很快变化时,电弧电压与电流瞬时值的关系被称为焊接电弧的动特性。一般情况下,当电弧电流改变时,则电弧温度也随之变化,但却总是表现为滞后于电流。由于这种热惯性,若电流快速增加,电弧空间温度不能快速提高,弧柱导电性差,电极斑点和弧柱截面积增加较慢,因此维持电弧燃烧的电压动特性值就高于电弧电压静特性曲线。反之,在电流快速减小的过程中,对应于每一瞬间电弧的电压将低于电弧电压静特性曲线对应值。电流变化愈慢,静特性和动特性曲线就愈接近。电弧电流按照不同规律变化,将得到不同形状的动特性(顺时针滞回)曲线。

6. 交流电弧的特点

目前常用的交流焊接电源,输出电流是50Hz的正弦波,电弧电流每秒钟有100次经过零点并改变极性。经过零点时,电流瞬时值为零,电弧熄灭,下半周波必须重新引燃。重新引燃电弧所需要的电压数值,称为再引燃电压。重新引燃电弧的难易,与再引燃电弧瞬间的电弧空间残余电离度、电极热发射电子能力及所加电压的上升速度有关。因此,焊接规范参数、气体介质、电极材料、焊接电源的动态特性等都对交流电弧的再引燃特性有明显的影响。交流焊接电弧的再引燃是在极短暂的熄弧瞬间,电弧空间及电极还处于高温状态,因此再引燃电压数值要比冷态开始焊接时所要求的引弧电压低得多。

焊接电弧在这里可以看做是非线性阻性负载。在工频条件下,电弧电压与焊接电流相位基本相同。如果焊接电源输出回路是纯阻性回路,则焊接电流与电压的关系如图4-6所示。由图可以看出,焊接电源电压 U_0 由零逐渐上升,当其瞬时值达到电弧的再引燃电压值 U_r 时,则电弧重新引燃。电弧一经引燃,弧压迅速下降到正常燃烧的数值,形成低电压大电流放电现象。电源按正弦波供电,电源电压由小到大,焊接电流也逐渐增大,而弧压变化不大。当电源电压下降时,焊接电流也逐渐减小,

过 C 点时电源电压低于电弧电压，于是电弧熄灭。C 点所对应的电压称为熄弧电压。电弧熄灭后电流为零。下半波电源电压上升并达到再引燃电压值时，电弧又重新引燃。如此不断重复，形成交流电弧的燃烧过程。由此可见，在阻性回路中电弧电流是不连续的。在电弧熄灭时间 t_e 内电流中断了一段时间，电弧空间的热量很快散失，电极温度下降，电弧的再引燃电压提高，造成电弧不稳。如果电弧空间气体导热性好，电离势高或电极为冷阴极材料，则其再引燃电压数值很高，以致负半波电弧不能再引燃，造成电弧熄灭，使焊接过程不能正常进行。

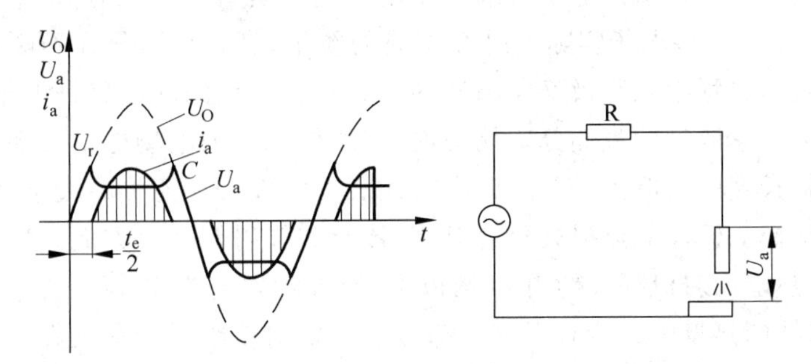

图 4-6 阻性回路中电弧电压和电流波形图

如果在焊接电源输出回路中串有足够的电感(图 4-7)，由于电源与电弧负载电压相位上的差别及电感的续流作用，当电源电压降至零点时，电感仍继续供给焊接电流，电弧电压 $U_a \neq 0$，维持电弧继续燃烧，直到电流为零电弧熄灭。此时若电源反向电压数值已达到或超过再引燃电压 U_r，则电弧立即反向引燃，形成反向电流，使电流过零没有停顿，显著改善了交流电弧的稳定性。因此，一般交流焊接电源，焊接回路中都有合适的电感。

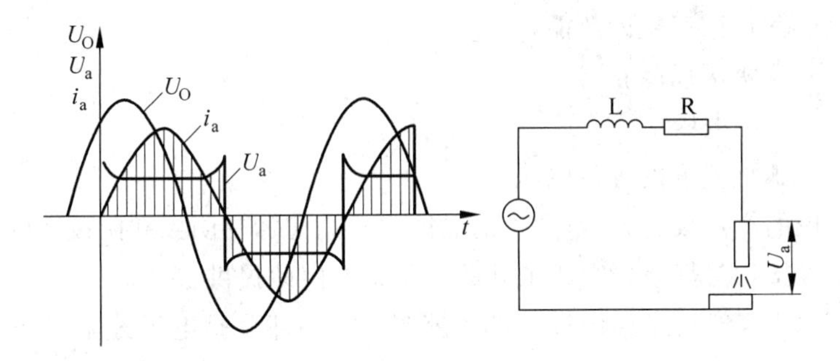

图 4-7 回路中有电感时的电弧电压和电流波形

目前出现的新型矩形波交流焊接电源，可以显著改善交流电弧的稳定性。

另外，交流电弧的电流幅值和方向是随时间而变化的，电弧温度也随时间变化，电弧对焊丝和母材的加热作用当然也是变化的。交流电弧对焊条和被焊工件的加热熔化效率介于直流正接和直流反接电弧之间。由于电流幅值周期性的变化，其弧柱直径也是周期性变化的,时而膨胀,时而收缩,从而引起周围气体激烈扰动,易使空气卷入电弧空间,破坏保护效果。因此,在同样条件下,交流电弧的氢、氮含量往往比直流电弧的高。

7. 焊接电弧产热机理

焊接电源输出的电能通过电弧转换为热能。具有不同导电机理的电弧弧柱、阴极区、阳极区,其产热机理也不相同。

弧柱的导电主要是依靠电子在电场作用下定向运动来实现的,正离子流只占电流的0.1%左右。这些电子实际上是在密集的粒子之间运动,是在不断地与正离子或中性粒子碰撞过程中从阴极移向阳极的。其散乱运动的动能就是电子的热能,这部分能量占电子总能量的大部分。就是说,在弧柱中外加电场能量大部分转变为热能。单位弧柱长度的电能为IE,其大小就代表了弧柱产热能量的大小,它将与弧柱的热损失相平衡。弧柱的热损失分为对流、传导和辐射等几个方面。根据测量的结果,弧柱部分热能的对流损失约占80%以上,传导和辐射为10%左右。一般电弧焊接过程中,弧柱的热量中只能有很少一部分通过辐射传给焊枪和工件。当电流较大而有等离子流产生时,等离子流将把弧柱的一部分热量带到工件。

阴极区的热量直接影响焊丝或工件母材的熔化。在阴极区,电子和正离子这两种带电粒子不断产生、消失和运动,同时伴随着能量的转变与传递。电子在阴极压降的作用下逸出阴极并受到加速作用,获得的总能量为IU_K。电子从阴极表面逸出时,克服阴极表面的束缚而消耗能量为IU_ω。电子流离开阴极区进入弧柱区时,它具有与弧柱温度相应的热能,电子流离开阴极区带走的这部分能量为IU_T。根据上述分析,电子流离开阴极区时能量平衡为

$$P_K = I(U_K - U_\omega - U_T) \tag{4-4}$$

式中:P_K——阴极区产生的热能;

U_K——阴极区压降;

U_ω——逸出电压;

U_T——弧柱温度的等效电压。

这是阴极的产热表达式,所产生的热能主要用于加热阴极和阴极区的散热损失,焊接过程中直接加热焊条(丝)或工件的热量主要由此提供。

电子到达阳极时将带给阳极三部分能量:第一部分是电子经阳极压降区被U_A加速而获得的动能IU_A;第二部分是电子发射时在阴极吸收的逸出功又供给阳极,这部分能量为IU_ω;第三部分为从弧柱带来的与弧柱温度相对应的热能IU_T。因此阳极区的能量平衡为

$$P_A = I(U_A + U_\omega + U_T) \tag{4-5}$$

式中:P_A——阳极接受的热量;

U_A——阳极区压降。

阳极产生的热量主要用于阳极的加热、熔化和散热损失。这也是焊接过程中可以直接利用的能量。

焊接时电弧将电能转换为热能，利用这种热能来加热并熔化焊条(丝)与工件母材。对于熔化极的焊接方法，焊条(丝)熔化形成的熔滴把加热和熔化焊丝的热量也带给熔池。对于钨极氩弧焊，电极不熔化，母材只利用一部分电弧的热量。

加热工件和焊丝的有效功率为

$$Q = \eta I U_a \tag{4-6}$$

式中：η 为电弧热效率系数，它与焊接方法、焊接规范、周围条件有关。而 $(1-\eta)IU_a$ 这部分功率将消耗在辐射、对流等热损失上。各种弧焊方法的热效率系数见表 4-4。

表 4-4 各种弧焊方法的热效率系数

焊接方法	η
药皮焊条手工焊	0.65～0.85
埋弧自动焊	0.80～0.90
CO_2 气体保护焊	0.75～0.90
熔化极氩弧焊	0.70～0.80
钨极氩弧焊	0.65～0.70

当采用某热源来加热工件时，单位有效面积上的热功率称为能量密度。能量密度大时，则可更有效地将热源的有效功率用于熔化金属并减小热影响区，达到焊接目的。气焊火焰的能量密度为 1～10W/cm^2，焊接电弧的能量密度可达 10^2～10^4W/cm^2，电子束的能量密度目前已达到 10^6～10^7W/cm^2。

沿焊接电弧轴向的温度分布情况：弧柱的温度较高，两个电极上温度较低。这是因为电极温度的升高受到电极材料导热性能、熔点和沸点限制的结果。表 4-5 给出了不同材料阴阳电极的温度数据。一般情况下，阳极的温度高于阴极的温度。而阴极与阳极的温度低于电极材料的沸点，但表中铝电极的温度值较高，可能是因为其表面存在有氧化膜，对测温有一定影响。

表 4-5 不同材料阴极和阳极的温度 K

金属	C	W	Fe	Ni	Cu	Al
阴极	3500	3000	2400	2400	2200	3400
阳极	4200	4200	2600	2400	2400	3400
熔点		3683	1812	1728	1356	933
沸点		6203	3013	3003	2868	2333

弧柱的温度受电极材料、气体介质、电流大小、电弧压缩程度等因素的影响。焊接电流大小改变弧柱的能量密度，从而影响弧柱温度的高低。焊接电流增大，弧柱温度增加。在常压下当电流由 1～1000A 变化时，弧柱温度可在 5000～30000K 之间变

化。钨和铜电极之间的电弧纵断面等温线如图4-8所示,可以看出,靠近电极电弧直径小的一端,电流和能量密度高,电弧温度也高。电弧空间的温度,还受金属蒸气成分的影响。例如,焊条药皮中含有易电离的K,Na等稳弧剂,电弧中有K,Na蒸气,电弧电离度增加,弧柱场强较低,其温度亦降低。另外,当电弧周围有高速气体流动时,如等离子弧,由于气流的冷却作用,使弧柱电场强度提高,温度上升。当电弧周围气氛是多原子气体时,如CO_2、O_2、N_2、H_2等,由于气体解离吸热,也会使电弧温度升高。

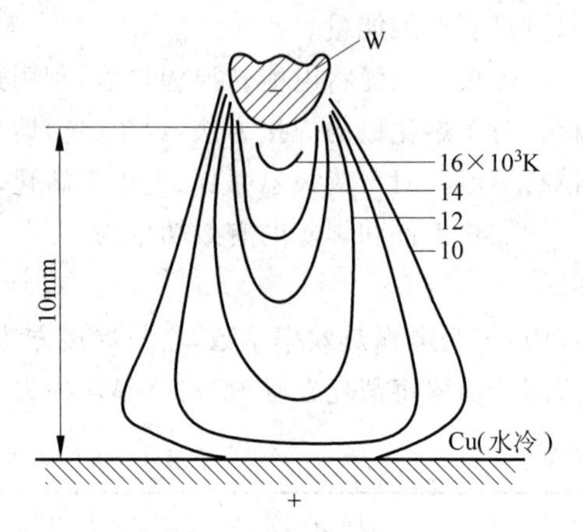

图4-8 电弧温度分布示意图

8. 焊接电弧的作用力

在焊接过程中,电弧产生的机械作用力与熔滴过渡、熔池行为、焊缝成形等都有直接关系。如果对电弧力控制不当,则很难保证焊接过程的稳定,可能使焊丝金属不能顺畅过渡到熔池而形成飞溅,甚至产生焊瘤、咬肉、烧穿等缺欠,影响焊接质量。

(1) 电磁收缩力

当电流在一个导体中流过时,整个电流可看成是由许多平行的电流线组成,这些电流线间将产生相互吸引力,断面有收缩的倾向。如果导体是固态,此收缩力不能改变导体外形。如果导体是可以自由变形的液态或气态,导体将产生收缩,由此而产生的力称为电磁收缩力。实际焊接电弧是断面直径变化的近似圆锥状的气态导体。因为焊条(丝)直径限制了导电区的扩展,而在工件上电弧可以扩展得比较宽,所以接近焊条(丝)端电弧断面直径小,而接近工件端电弧断面直径较大。直径的不同则引起了压力差,从而产生由焊条指向工件的推力——电磁静压力。

(2) 等离子流力

焊接电弧呈近似锥形体,使电磁收缩力在电弧各处分布不均匀,靠近焊条(丝)处的压力大,靠近工件处的压力小,形成沿轴线的推力F。电弧中的压力差将使靠近焊条处的高温气体快速向工件方向流动(图4-9),高温气体流动时要求从焊条(丝)上方补充新的气体,形成有一定速度的连续气流进入电弧区。新加入的气体被加热和部分电离后,受推力作用继续冲向工件,对熔池形成附加的压力——电弧等离子流力。因为熔池受到

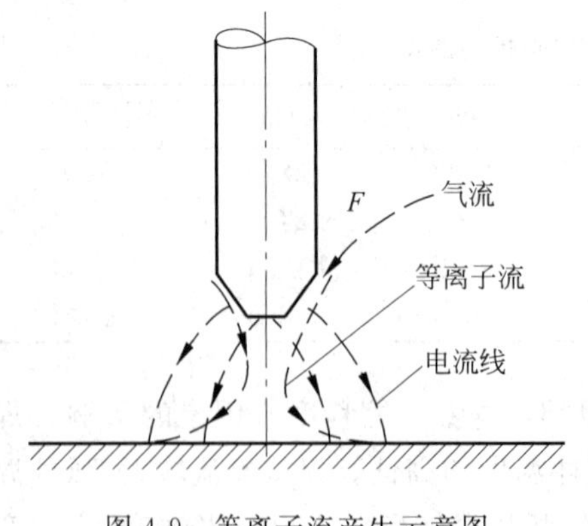

图4-9 等离子流产生示意图

的这部分附加压力是由物质的高速运动(等离子体流动)引起的,所以又称为电弧电磁动压力。

电弧中等离子气流具有很大的速度,可以达到每秒数百米。等离子流产生的动压力分布应与等离子流速度分布相对应,在焊接电弧中心线上最强。电流越大,中心线上的动压力幅值越大。通过试验结果可以看出,熔池轮廓将主要由静压力决定时的焊缝形状见图 4-10(a)。当钨极氩弧焊的钨极锥角较小且电流较大,或熔化极氩弧焊采用射流过渡方式时,电弧的动压力较显著,容易形成如图 4-10(b)所示的焊缝形状。

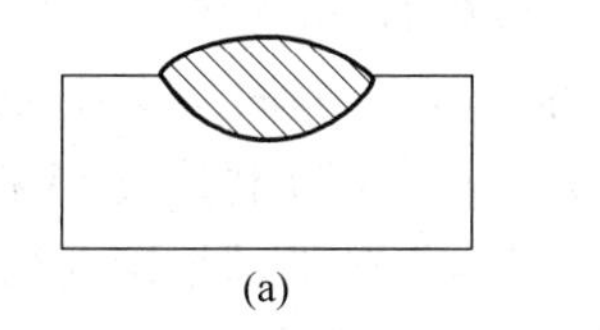
(a)

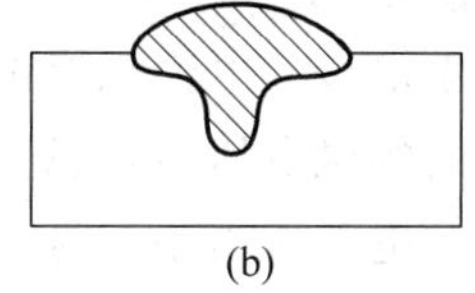
(b)

图 4-10 焊缝熔深示意图

(3) 电极斑点压力

当电极上形成斑点时,将受到压力作用,它可由下面几种力组成:①阳极承受电子的撞击,阴极承受正离子的撞击。因为正离子的质量远大于电子的质量,同时阴极压降一般又大于阳极压降,所以阴极斑点压力通常较大,阳极斑点压力较小。②当电极上形成熔滴并出现斑点时,熔滴中的电流线在斑点处集中通向电弧空间,电磁力的合力方向是由小断面指向大断面,所以熔滴斑点处受到的电磁收缩力将阻碍熔滴脱落。通常阴极斑点比阳极斑点的收缩程度大,受力亦较大。③由于熔滴斑点上的电流密度及局部温度很高,从而产生强烈的液态金属蒸发,金属蒸气以一定速度由斑点发射出来,将施于斑点一定的反作用力。由于阴极斑点的电流密度比阳极斑点的高,发射要更强烈,因此受力更大。

(4) 爆破力

在某些焊接过程中会出现熔滴与熔池短路,电弧瞬时熄灭。当短路电流很大时,金属液柱中电流密度很高,产生很大的电磁收缩力,使液柱缩颈为小桥。电阻热使金属液柱小桥温度急剧升高,导致其气化爆断并可能形成飞溅。液柱爆断后电弧重新点燃,电弧空间的气体突然受高温加热而膨胀,局部压力骤然升高,对熔池内和焊丝端的液态金属形成较大冲击力,严重时也会造成飞溅。

(5) 细熔滴的冲击力

在富氩气体保护熔化极电弧焊接时,若采取射流过渡方式,焊丝熔化金属会形成连续细滴,在等离子流力作用下,以很高的加速度(可达重力加速度的 50 倍以上)沿轴向冲向熔池,到达熔池时其速度可达每秒几百米。尽管每个熔滴质量仅数十毫克,但具有很大的动能,会对焊缝成形产生影响。

(6) 影响电弧力的因素

影响电弧力的因素包括气体介质、焊接电流和电弧电压、焊丝直径、电极极性、钨极端部的几何形状等。导热性强的气体或者多原子气体皆能引起弧柱收缩,导致电弧力的增加。气体流量或电弧空间气体压力增加,也会引起电弧收缩并使电弧压力增加,同时斑点收缩进一步加大了斑点压力,使熔滴颗粒增大而过渡困难。焊接电流增大时,电磁收缩力和等离子流皆增加(图4-11)。电弧电压升高亦即电弧长度增加时,使电弧压力降低(图4-12)所示。焊丝直径越细,电流密度越大,电弧电磁作用力越大。对于钨极氩弧焊,当钨极接负时,允许通过的电流大,阴极导电区收缩的程度大,将形成锥度较大电弧,产生的轴向推力较大,电弧压力也大。反之钨极接正,则形成较小的电弧压力(图4-13)。工频交流TIG焊时,电弧压力介于二者之间。对于熔化极气体保护焊,不仅电极导电面积对电弧力有影响,同时要考虑熔滴过渡形式。直流正接,焊丝受到较大的斑点压力,使熔滴长大不能顺利过渡,不能形成很强的电磁力与等离子流力,因此电弧压力小。直流反接,焊丝端部熔滴受到的斑点压力小,形成细小熔滴,有较大的电磁力与等离子流力,电弧压力较大(图4-14)。钨极端头角度变小,使电极上的导电区缩小,加大了电弧电磁收缩力。另外,焊条端头有尖角可减少补充气流的阻力,有利于提高等离子流速,从而增加了电弧的电磁动压力。

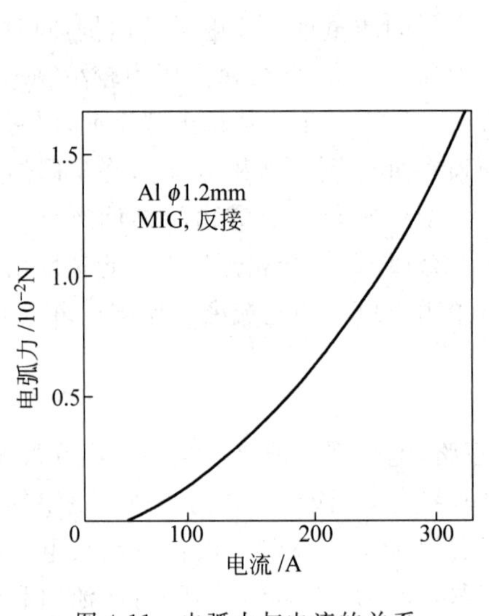

图4-11 电弧力与电流的关系

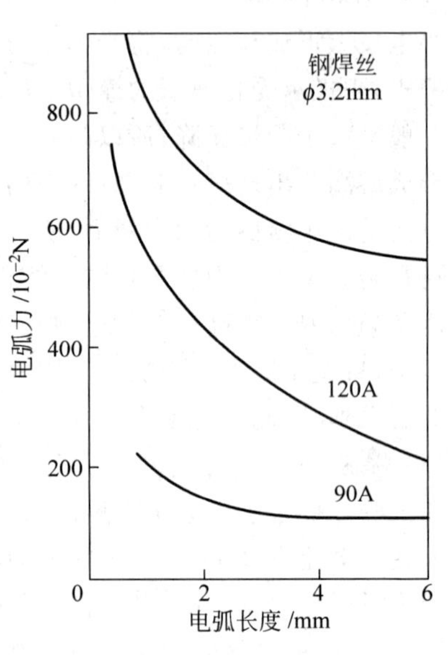

图4-12 电弧力与电弧长度的关系

(7) 磁场对电弧的作用

焊接电弧作为可以导电的气态导体,会在自身及周围产生磁场。当电流通过电弧空间时,带电粒子的运动在电磁力 F 的作用下有尽量向电弧轴线集中的倾向(图4-15)。如果电弧周围的磁场强度是对称的,则焊接电弧具有刚直性和指向性(图4-16)。

如果电弧周围磁力线分布的均匀性受到破坏,空间带电粒子受力不均,电弧偏向一侧,即出现所谓磁偏吹现象。图4-17所示为因工件连接导线位置不同而导致的磁

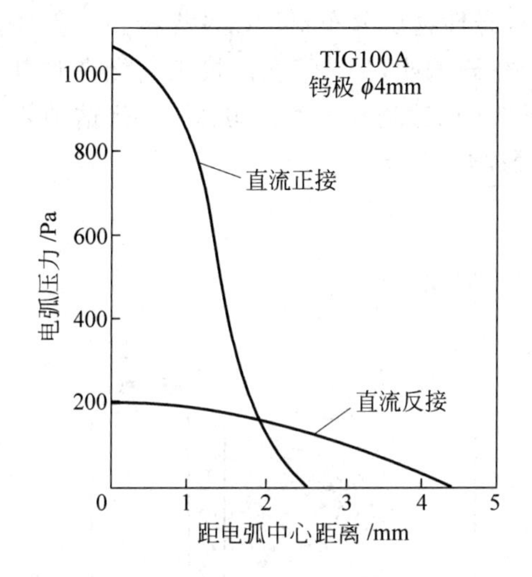

图 4-13 TIG 焊钨极极性与电弧压力的关系

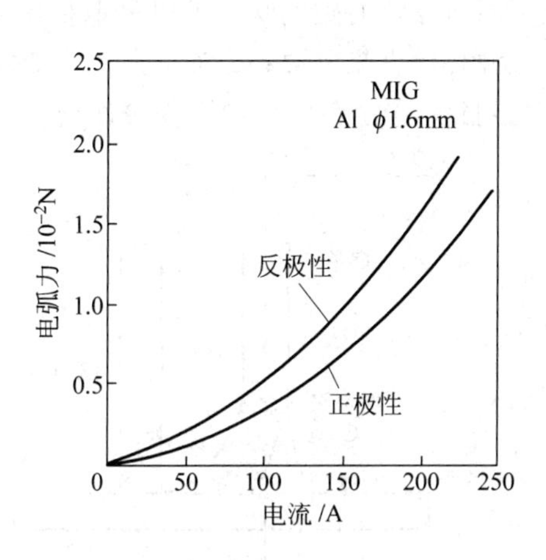

图 4-14 在不同极性下 MIG 焊电弧力与电流的关系

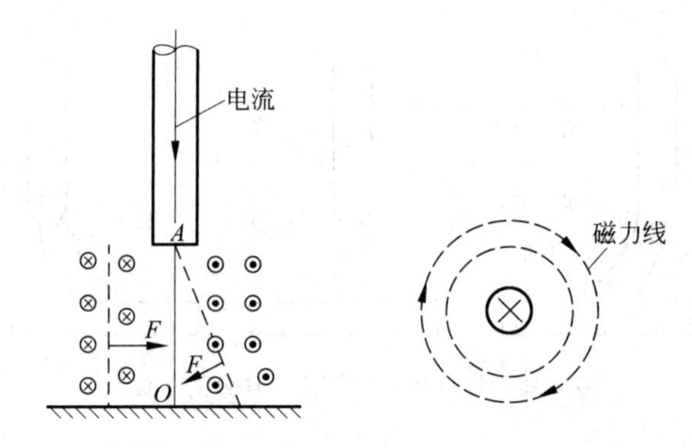

图 4-15 自身磁场保持电弧刚直性的示意图

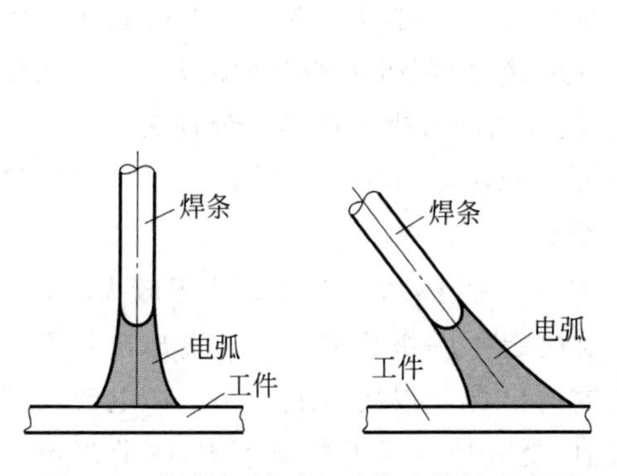

图 4-16 焊条倾斜时电弧指向性的示意图

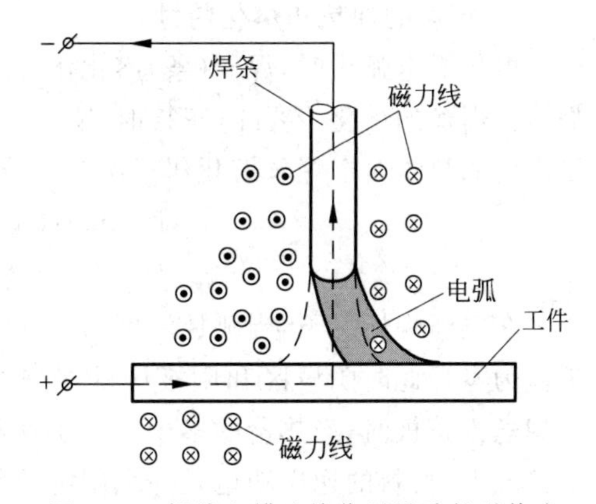

图 4-17 焊接电缆连接位置导致的磁偏吹

偏吹。图4-18和图4-19所示为电弧周围铁磁性物质分布不均以及焊枪相对工件位置不同而导致的磁偏吹。可以采取措施减少磁偏吹,如:①在焊接工艺允许时以交流电源替代直流电源;②对于大尺寸工件采用两边连接地线的方法;③焊前消除工件的剩磁;④避免电弧周围铁磁性物质的影响;等等。

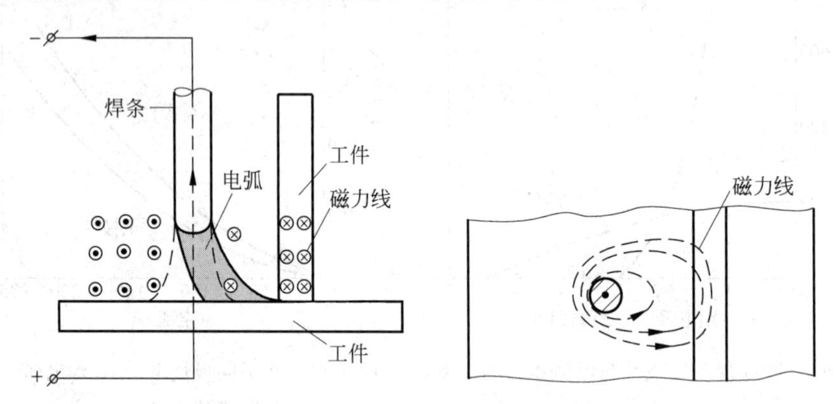

图4-18 周边铁磁物质分布不均导致的磁偏吹

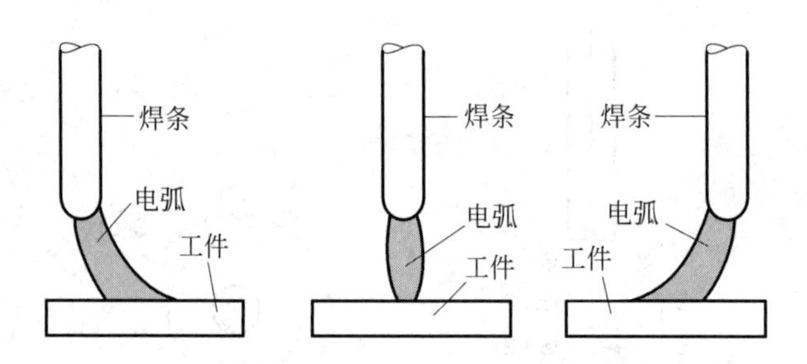

图4-19 焊枪相对工件位置导致的磁偏吹

4.2.2 熔滴过渡

1. 焊丝的加热和熔化特性

熔化极电弧焊时,焊丝(条)熔化作为填充金属与母材熔化金属相作用共同形成焊缝。焊丝的熔化主要靠(正接时)阴极区或(反接时)阳极区所产生的热量,而弧柱区产生的热量对于焊丝熔化居于次要地位。阴极区和阳极区产热量分别为

$$P_K = I(U_K - U_\omega - U_T) \tag{4-7}$$

$$P_A = I(U_A + U_\omega + U_T) \tag{4-8}$$

在电弧焊情况下,当弧柱温度为6000K时,U_T 小于1V。当电流密度较大时,U_A 近似为零。此时阴极区和阳极区的产热主要决定于阴极压降 U_K 和逸出电压 U_ω。当焊丝为正极时,产热量的多少取决于材料的逸出功和焊接电流大小。在电流一定的情况下,材料的逸出功也是一个固定的数值,受其他因素的影响不大,因此焊丝的熔化系数是个相对固定的数值。当焊丝为负极时,焊丝的加热与熔化则决定于 $U_K -$

U_{ω}。熔化极气体保护焊时，焊丝均为冷阴极材料，U_K 远大于 U_{ω}，所以 P_K 大于 P_A，在使用同一材料和相同电流情况下，焊丝为阴极的产热将比焊丝为阳极时产热多。因为散热条件基本相同，所以焊丝接负时比焊丝接正时熔化得快。

在熔化极自动和半自动焊时，焊丝除了受电弧的加热外，从导电嘴到电弧端头的一段焊丝（即焊丝伸出长度，用 L_s 表示）有焊接电流流过，所产生的电阻热也有预热作用，从而影响焊丝的熔化速度（图 4-20）。特别是当焊丝较细和焊丝金属电阻系数较大时，这种影响更为明显。焊丝伸出长度的电阻热为

$$P_R = I^2 R_s = I^2 \rho L_s / S \qquad (4\text{-}9)$$

式中：R_s——L_s 段焊丝电阻值；

ρ——焊丝电阻率；

L_s——焊丝伸出长度；

S——焊丝截面积。

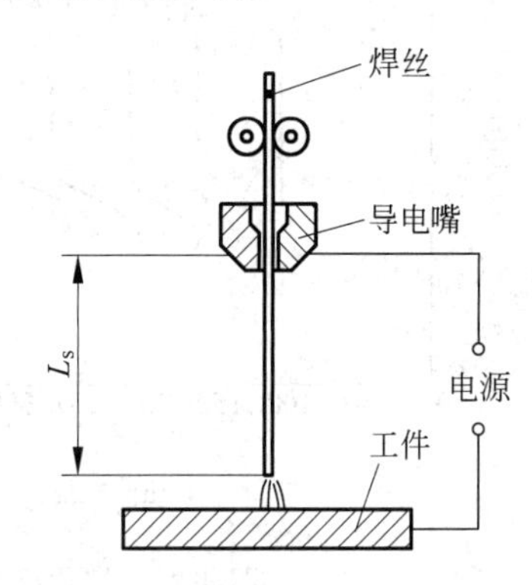

图 4-20 焊丝伸出长度 L_s 的示意图

用于加热和熔化焊丝的总热量是由电弧热和电阻热提供的能量之和。熔化极气体保护焊时，通常 L_s＝10～30mm。对于导电良好的铝和铜等金属，P_R 相对较小，可忽略不计。而对钢和钛等材料，其电阻率高，当伸出长度较大时，P_R 才有重要的作用。

(1) 电流和电压对熔化速度的影响

随着焊接电流的增大，电弧热和焊丝电阻热都增加，焊丝的熔化速度加快。焊丝熔化系数 α_m 是指单位时间内通过单位电流时焊丝的熔化量，单位 g/(A·h)。电弧电压较高时，弧压对焊丝熔化速度影响不大。在电弧电压较低范围内，弧压变小，反而使焊丝熔化速度增加。特别对铝合金，这种影响更加明显，图 4-21(a)中的各条曲线是直径 1.6mm 铝合金焊丝，在等速送丝时的熔化速度与电弧电压和电流的关系。由图中的曲线可以看到，当弧长较大时，曲线 AB 段垂直于横轴，此时送丝速度与熔化速度平衡，焊丝熔化速度主要决定于电流大小。当弧长减小到 8mm 以下时，要熔化一定数量的焊丝所需要的电流减小，也就是说在电弧较短时焊丝的熔化系数增加。铝焊丝的这种倾向较为明显，钢焊丝较弱，如图 4-21(b)所示。由于在 BC 段有熔化系数随电弧长度变化的现象，所以当弧长因受外界干扰发生变化时，电弧本身有恢复原来弧长的能力，一般被称为焊接电弧的固有自调节作用。对于铝焊丝，因为其固有调节作用很强，等速送丝时可以用恒流特性电源进行熔化极气体保护焊。

(2) 电阻热对焊丝熔化速度的影响

熔化焊时，由于采用的电流密度较大，所以在焊丝伸出长度上产生的电阻热对焊丝起着预热作用，可以影响到焊丝的熔化速度。特别是对不锈钢这类电阻率较大的金属焊丝，电阻热对焊丝熔化速度的影响就更为明显，随着焊接电流或焊丝伸出长度

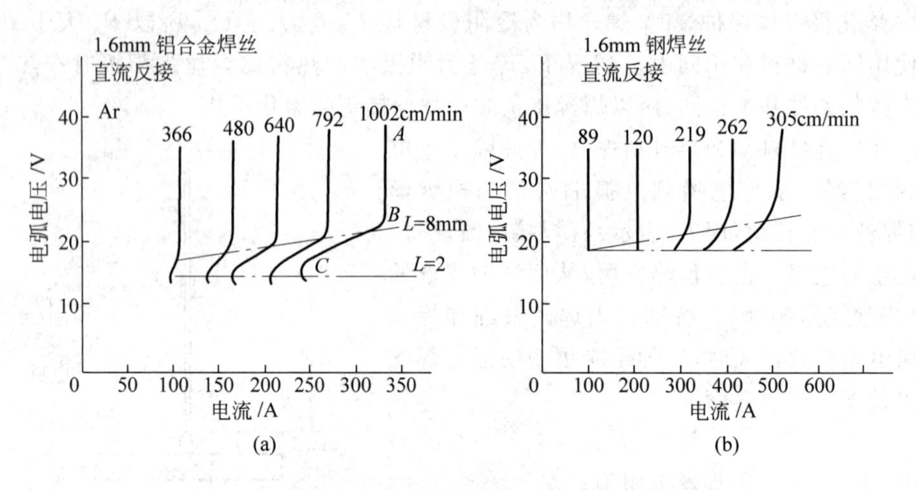

图 4-21　熔化极气体保护焊时电弧的固有自调节作用

的增大,导致预热温度的升高,从而使焊丝的熔化速度增大。

(3) 气体介质对焊丝熔化速度的影响

不同的气体介质直接影响着阴极压降的大小和焊接电弧产热的多少,因此也会影响焊丝的熔化速度。

2. 熔滴受力

在熔化极电弧焊接过程中,焊丝端头的熔化金属形成熔滴,并在受到各种力作用的情况下向母材过渡。熔滴过渡与焊接过程稳定性、焊缝成形、飞溅大小有直接的关系。

(1) 表面张力

在焊丝端头上保持熔滴并阻碍其飞离的主要作用力就是表面张力。如图 4-22 所示,若焊丝半径为 R,这时焊丝和熔滴间的表面张力

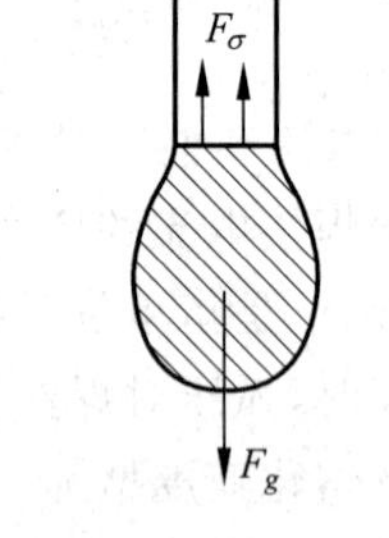

图 4-22　熔滴承受重力和表面张力示意图

$$F_\sigma = 2\pi R\sigma \tag{4-10}$$

式中:σ 为表面张力系数,其数值与材料成分、温度、气体介质等因素有关,表 4-6 中列出了一些纯金属的表面张力系数资料。

表 4-6　纯金属的表面张力系数

金属	Mg	Zn	Al	Cu	Fe	Ti	Mo	W
$\sigma/(10^{-3}\,N/m)$	650	770	900	1150	1220	1510	2250	2680

熔滴上具有少量的表面活化物质,可以显著降低表面张力系数。液体钢中最主要的表面活化质是氧和硫,纯铁被氧饱和后,其表面张力系数可降低到 1030×10^{-3}

N/m。因此，金属的脱氧程度和渣的成分等因素都将会影响熔滴过渡的特性。增加熔滴温度，也能降低金属的表面张力系数，从而减小熔滴尺寸。

(2) 熔滴重力

在平焊位置进行熔化极焊接时，若焊丝直径较大而焊接电流较小，则主要是重力使熔滴脱离焊丝端部。设：r 为熔滴半径；ρ 为熔滴的密度；g 为重力加速度。则重力为

$$F_g = m_g = 4/3 \cdot \pi r^3 \rho g \tag{4-11}$$

如果熔滴的重力大于表面张力时，熔滴就要脱离焊丝。假设熔滴为球形且拉断熔滴后在焊丝上不保留液体金属的理想情况，那么

$$F_\sigma = F_g \tag{4-12}$$

$$r/R = [(3\sigma/2)/(\rho g R^2)]^{1/3}$$

如果焊丝直径相同时，由于表面张力系数和密度不同，熔滴脱离之前的形态也不同，如图 4-23 所示。ρ/σ 值越大，则过渡的熔滴越细。

(3) 电磁力和斑点压力

熔化极焊接时，电流通过焊丝-熔滴-电极斑点，因此导体的截面是变化的，电磁力的方向也在变化。电磁力对熔滴过渡的影响决定于电弧形态。同时，斑点处电流密度很高，将使金属强烈地蒸发，也会对熔滴金属表面产生很大的反作用力。若弧根面积笼罩整个熔滴，此处的电磁力促进熔滴过渡。若弧根面积小于熔滴直径，电磁力和斑点压力的一部分会阻碍熔滴过渡，CO_2 焊接时的大滴状排斥过渡就属于这种情况。

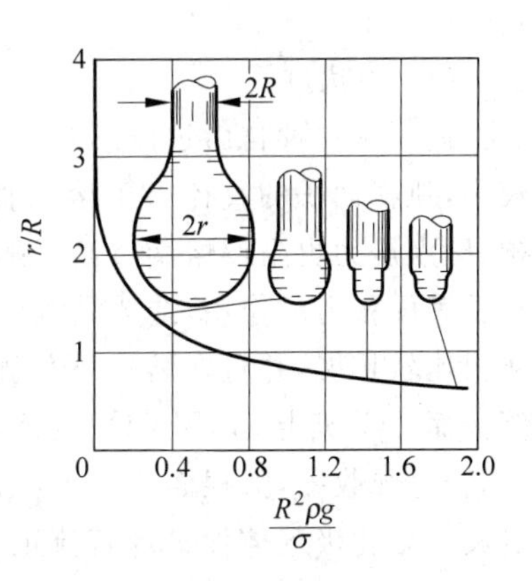

图 4-23 熔滴脱离焊丝之前的形状

(4) 等离子流力

焊接电流较大时，高速等离子流对熔滴产生很大的推力，使之沿焊丝轴线方向运动。这种推力的大小与焊丝直径和电流大小有密切的关系。

(5) 爆破力

若熔滴内部含有易挥发金属或由于冶金反应而生成气体，则在电弧高温作用下气体积聚和膨胀而造成较大的内力，从而使熔滴爆炸。在 CO_2 短路过渡焊接时，电磁力及表面张力的作用导致熔滴形成缩颈，电流密度增加，急剧加热使液态小桥爆破形成熔滴过渡，同时也造成了较大飞溅。

各种力对熔滴过渡的作用，根据不同的工艺条件应作具体的分析。如重力在平焊时是促进熔滴过渡的力，而当立焊和仰焊时，重力则使过渡的金属偏离电弧的轴线方向而阻碍熔滴过渡。在长弧时，表面张力总是阻碍熔滴从焊丝端部脱离，但当熔滴与熔池金属短路并形成液体金属过桥时，由于熔池界面很大，这时表面张力 F_σ 反有

助于把液体金属拉进熔池,而促进熔滴过渡。电磁力 F_C 也有同样的情况,当熔滴短路使电流线呈发散形,也会促进液态小桥金属向熔池过渡,如图4-24所示。因此,熔化极电弧焊时,作用于熔滴的力对熔滴过渡的影响,应从焊缝的空间位置、熔滴过渡形式、电弧形态、工艺条件及规范参数等方面进行具体的分析。

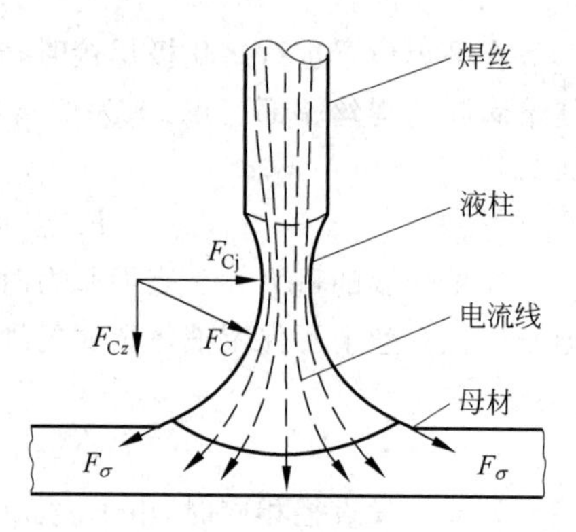

图4-24 短路过渡时表面张力和电磁力

3. 熔滴过渡的主要形式

熔滴过渡(metal transfer)可分为三种基本类型:①自由过渡,是熔滴经电弧空间飞行至熔池,焊丝端头和熔池之间不发生直接接触;②接触过渡,是焊丝端部的熔滴与熔池表面通过接触而过渡;③渣壁过渡,熔滴是沿熔渣的空腔壁流下的。对几种典型熔滴过渡形式分析如下。

(1) 滴状过渡

这属于一种自由过渡形式。弧压较高时,弧长较大,熔滴不易与熔池短路。电流较小,弧根面积的直径小于熔滴直径,熔滴与焊丝之间的电磁力不易使熔滴形成缩颈,斑点压力也阻碍熔滴过渡。随着焊丝的熔化,熔滴长大,大于焊丝直径,最后重力克服表面张力的作用,造成大滴状熔滴过渡。在氩气介质中,由于电弧电场强度低,弧根比较扩展,并且在熔滴下部弧根的分布是对称于熔滴的,能够形成大滴滴落过渡。而 CO_2 焊接时,因 CO_2 气体高温分解吸热对电弧有冷却作用,使电弧电场强度提高,电弧收缩,弧根面积减小,增加了斑点压力而阻碍熔滴过渡,并形成大滴状排斥过渡。熔化极气体保护焊直流正接时,由于阴极斑点压力较大,无论用Ar还是 CO_2 保护气体,都有明显的大滴状排斥过渡现象。

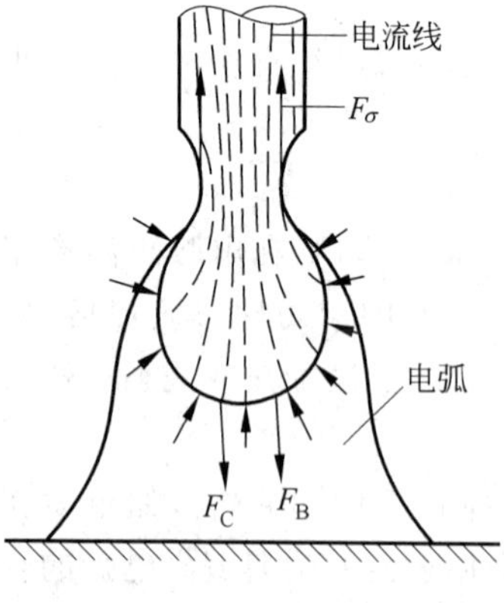

(2) 喷射过渡

这属于一种自由过渡形式。富氩气体保护焊时,会出现喷射过渡形式。根据不同工艺条件,这类过渡形式又可分为射滴、亚射流、射流、旋转射流等几种具体表现形式。

射滴过渡时,熔滴直径接近于焊丝直径,脱离焊丝沿其轴向过渡,加速度大于重力加速度。脉冲氩弧焊经常出现这种过渡形式,焊钢时总是一滴一滴的过渡,而焊铝及其合金时常常是每次过渡1~2滴。如图4-25所示,射滴过渡时电弧呈钟罩形,由于弧根面积大并包围熔滴,使流过熔滴的电流线

图4-25 射滴过渡时熔滴上的作用力

发散，则产生的电磁收缩力 F_C 形成较强的推力。斑点压力 F_B 作用在熔滴的不同部位，在下部阻碍熔滴过渡，而在熔滴的上部和侧面则是压缩和推动熔滴以促进其过渡。阻碍熔滴过渡的主要是表面张力 F_σ。从大滴状过渡转变为射滴过渡的电流值称为射滴过渡临界电流，其值大小与焊丝直径、焊丝材料、伸出长度和保护气成分有关，如图 4-26 所示。

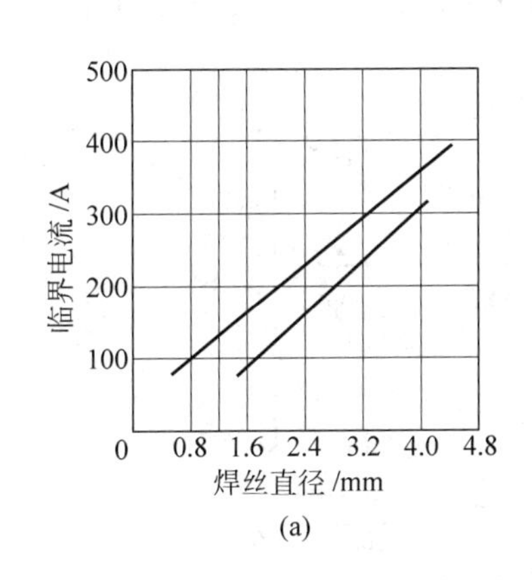

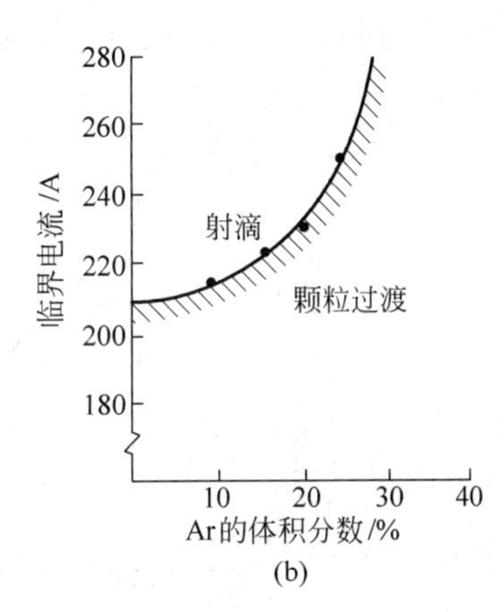

图 4-26 焊丝直径、气体成分与临界电流的关系

射流过渡时，焊丝端部的液态金属呈“铅笔尖”状，焊丝端液体金属很细，熔滴的表面张力很小，再加上等离子气流的作用，细小的熔滴从焊丝尖端一个接一个很快地向熔池过渡，脱离焊丝端部的熔滴加速度可以达到重力加速度的几十倍。

采用钢焊丝的熔化极氩弧焊接，当电流较小时，熔滴状态如图 4-27(a)所示，电磁收缩力较小，熔滴在重力作用下呈大滴状过渡。随着电流的增加，电弧阳极斑点笼罩的面积逐渐扩大，可以达到熔滴的根部，如图 4-27(b)所示，熔滴与焊丝间形成缩颈，电流密度很高，细颈被过热。电弧在富氩气体中燃烧时，电弧电场强度 E 较低，使电弧弧根容易扩展。一旦缩颈表面上温度达到金属沸点，电弧的阳极斑点将瞬时从熔滴的根部扩展到缩颈的根部，这一现象称为跳弧现象，跳弧之后变为图 4-27(c)所示的形状。当第一个较大熔滴脱落之后，电弧呈图 4-27(d)的圆锥状，容易形成较强的等离子流，呈现射流过渡。发生这种跳弧现象的最小电流称为射流过渡临界电流。

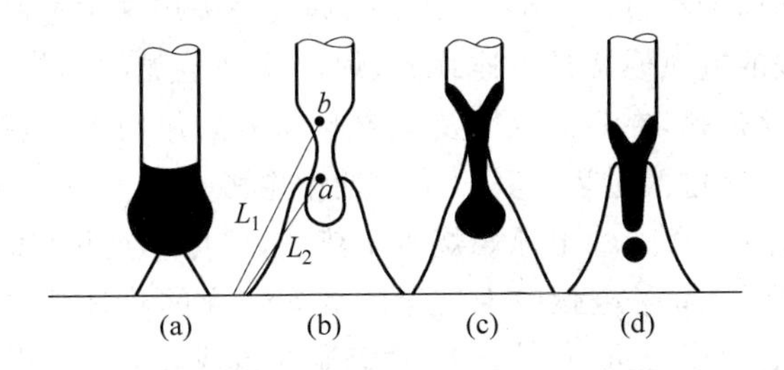

图 4-27 射流过渡形成机理示意图

射流过渡临界电流值与焊丝直径、焊丝材料、保护气体有直接关系。焊丝比较细和熔点低的材料,临界电流值比较小。钢焊丝的伸长部分对焊丝起预热作用,使临界电流值降低。钢焊丝混合气体保护焊时,由于 CO_2 能提高弧柱的 E 而使电弧收缩不易扩展,在 Ar 中随着混合气体中 CO_2 比例的增加,射流过渡临界电流值变大。当 Ar 中加入的 CO_2 超过 30%时,已不能形成射流过渡,而具有细颗粒过渡的特点。在图 4-28 所示的实例中:1.6mm 钢焊丝,99%Ar+1%O_2 保护气体,6mm 弧长,直流反接。

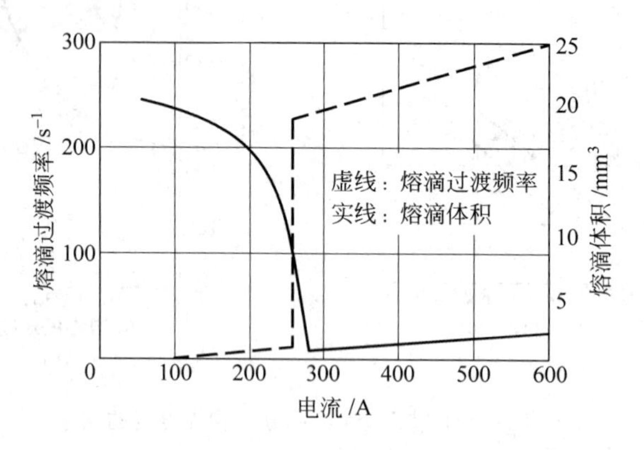

图 4-28 MIG 焊时熔滴过渡与电流的关系

亚射流过渡是一种介于短路过渡与射滴过渡之间的形式。因其弧长较短,在电弧热作用下形成熔滴并长大,形成缩颈后,在即将以射滴形式过渡脱离之际与熔池短路,在电磁收缩力的作用下细颈破断,并重燃电弧完成过渡。亚射流电弧的形态和声响与射流电弧明显不同,前者弧长很短,向四周扩展为碟形,并略带爆声;而后者电弧较长,呈钟形,伴随有"嘶嘶"声。亚射流过渡焊缝成形美观,焊接过程稳定,在铝合金熔化极氩弧焊接时广泛采用。亚射流过渡时电弧具有较强的固有自调节作用。铝合金熔化极氩弧焊时可采用等速送丝恒流特性电源进行稳定的焊接,容易得到均匀一致的熔深。

(3) 短路过渡

这属于一种接触过渡形式。在较小电流低电压弧焊过程中,熔滴尚未长成大滴时就与熔池短路并向母材过渡。细丝 CO_2 弧焊就是采用这种过渡形式。

短路过渡过程的电弧燃烧是不连续的,焊丝受到电弧的加热作用形成熔滴并长大,而后与熔池短路熄弧,在表面张力及电磁收缩力的作用下形成缩颈小桥并破断,再引燃电弧,完成短路过渡过程。其短路周期中电弧电压和焊接电流的动态波形如图 4-29 所示:①电弧引燃;②电弧燃烧析出热量,熔化焊丝并在焊丝端部形成熔滴;③焊丝熔化和熔滴长大;④电弧向未熔化的焊丝传递的热量减少,使焊丝熔化速度下降,而焊丝以一定速度送进,使熔滴接近熔池并造成短路;⑤电弧熄灭,电压急剧下降,短路电流逐渐增大,形成短路液柱;⑥随着短路电流的增加,液柱部分的电磁收缩作用在熔池与焊丝之间，形成缩颈小桥；⑦短路电流增加到一定数值，小桥迅速断开，电弧电压很快恢复到空载电压，电弧又重新引燃。

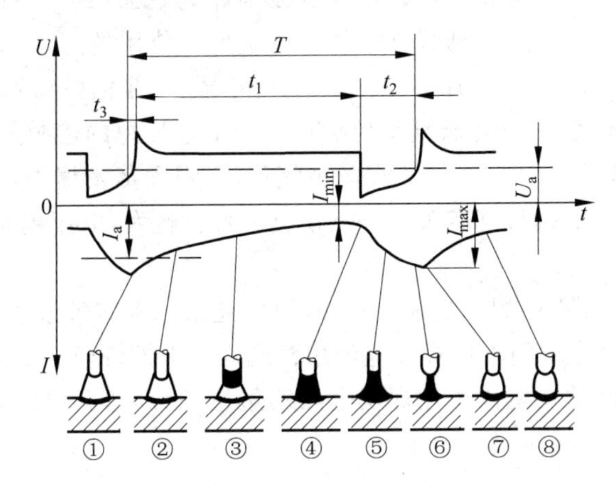

图 4-29 短路过程与电流电压波形

t_1—燃弧时间；t_2—短路时间；t_3—拉断熔滴后电压恢复时间；
T—短路过渡周期($T=t_1+t_2+t_3$)；I_{max}—短路峰值电流；
I_a—平均焊接电流；U_a—平均焊接电压

为保持短路过渡焊接过程稳定进行，要求保证合适的短路电流上升速度，保证短路"液态小桥"柔顺断开，达到减少飞溅的目的；要求有合适的短路电流峰值 I_{max}（一般为燃弧电流 I_a 的 2～3 倍），I_{max}值过大会引起缩颈小桥激烈的爆断造成飞溅，过小则对再引弧不利，甚至影响焊接过程的稳定性；短路结束，空载电压恢复速度要快，以便及时引燃电弧，避免发生熄弧现象。

短路过渡时，过渡熔滴越小，短路频率越高，焊缝波纹就越细密，焊接过程也越稳定。在稳定的短路过渡情况下，要求尽量高的短路频率。为获得最高短路频率，有一个最佳的电弧电压数值，对于直径 0.8～1.6mm 焊丝的 CO_2 弧焊，该值为 20V 左右。若电弧电压高于最佳值较多，熔滴过渡频率降低，则无短路过程。若电弧电压低于最佳值时，弧长很短，熔滴很快与熔池接触，燃弧时间很短，短路频率较高。如果电压过低，可能熔滴尚未脱离焊丝时，焊丝未熔化部分就插入熔池，造成焊丝固体短路。这时由于短路电流很大，焊丝很快熔断。熔断后的电弧空间比原来的电弧长度更大，使短路频率下降，甚至造成熄弧。由于焊丝突然爆断及电弧再产生，使周围气体膨胀，从而冲击熔池，产生严重的飞溅，使焊接过程无法进行。

(4) 渣壁过渡

渣壁过渡是主要存在于焊条手弧焊和埋弧焊过程中的熔滴过渡形式。使用涂料焊条焊接时，可能出现部分熔化金属沿套筒内壁过渡直接过渡的现象。埋弧焊时，电弧是在熔渣形成的空腔（气泡）内燃烧，这时熔滴通过渣壁流入熔池，只有少数熔滴通过气泡内的电弧空间过渡。

4. 熔滴过渡的飞溅

电弧焊过程中,焊丝金属并没有全部过渡到焊缝中去,其中一部分要以飞溅、蒸发、氧化等形式损失掉。过渡到焊缝中的金属重量与使用的焊丝(条)金属重量之比定义为熔敷效率(deposition efficiency)。一般情况下,熔化极氩弧焊和埋弧自动焊的熔敷效率可达90%,二氧化碳气体保护焊和手工电弧焊的熔敷效率有时只能达到80%左右。也就是说有10%～20%焊丝被氧化、飞溅和蒸发损失掉。这种损失与电流大小、电弧极性和电弧长度有关。一般情况下弧长越大,电流越大,损失量也越大,使熔敷效率降低。

为了评价焊接过程中焊丝金属的损失程度,还常用到熔敷系数和损失率的概念。熔敷系数 α_y 是指单位时间单位焊接电流熔敷到焊缝上的焊丝金属重量,若用熔化系数 α_m 代表单位时间单位电流熔化焊丝金属的重量,则焊丝金属的蒸发、氧化和飞溅的损失系数为

$$\psi_s = [(\alpha_m - \alpha_y)/\alpha_m] \times 100\%$$

焊接过程中,大部分焊丝熔化金属可以过渡到熔池,有一部分焊丝熔化金属飞向熔池之外,飞到熔池之外的金属称为焊接飞溅。飞溅是有害的,它不但降低焊接生产率,影响焊接质量,而且使劳动条件变差。熔滴过渡形式、焊接规范参数、焊丝成分、气体介质等因素都能影响焊接过程飞溅的大小。飞溅损失通常用飞溅率来表示,其定义为飞溅损失的金属与熔化的焊丝(条)金属的重量百分比。

在熔化极短路过渡电弧焊过程中,当熔滴与熔池接触短路时,形成液态金属小桥。随着短路电流的增加,使缩颈小桥金属迅速加热,最后导致小桥金属发生气化爆炸,引起飞溅,同时再引燃电弧。飞溅的多少与爆炸能量有关,此能量主要是在小桥破断之前的100～150μs短时间内聚集起来的,主要由这个时间内短路电流大小所决定。在细焊丝小电流 CO_2 气体保护焊时,短路峰值电流较小,飞溅率通常在5%以下,如图4-30(a)所示。当提高电弧电压,增大电流至中等规范时,如果短路小桥缩颈出现在焊丝与熔滴之间,小桥的爆炸力将推动熔滴向熔池过渡,飞溅较小,如图4-30(b)所示。若短路小桥缩颈出现在熔滴与熔池之间,则爆破力会阻止熔滴过渡,并形成大量飞溅,最高飞溅率可达25%以上,如图4-30(c)所示。为此必须减小短路电流上升速度,使焊丝熔化金属主要在表面张力的作用下向熔池过渡,缩颈发生在焊丝与熔滴之间,同时限制短路电流值,这将显著减小飞溅。焊接规范不合适时,如果送丝速度过快而电弧电压过低,焊丝伸出长度过大或回路电感过大时,都会发生固体短路,如图4-30(d)所示,固体焊丝可以成段直接被抛出,同时熔池金属也被抛出,而造成大量的飞溅。在大电流 CO_2 潜弧焊接情况下,如果偶尔发生短路,再引燃电弧时,由于气动冲击作用,几乎全部熔池金属都会成为飞溅,如图4-30(e)所示。在大电流细颗粒过渡时,电流相对较大,如果再发生短路,就会产生强烈的飞溅,如图4-30(f)所示。

采用 CO_2、O_2、CO_2+O_2、N_2、$Ar+CO_2$($CO_2>30\%$)、$Ar+H_2$($H_2>33\%$)等活性气体保护熔化极电弧焊接工艺方法时,在斑点压力的作用下焊丝熔滴上挠,易形

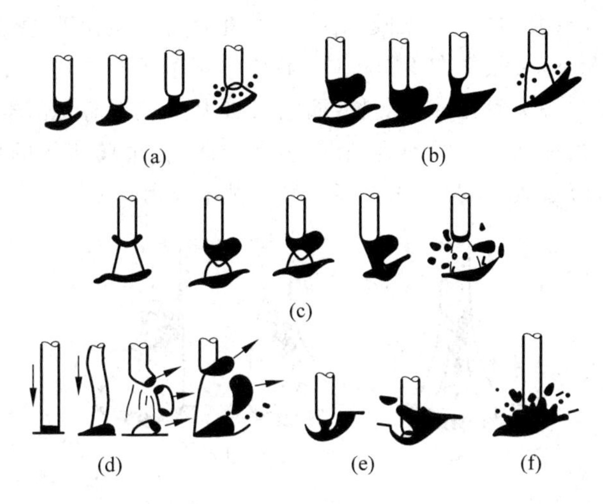

图 4-30 短路过渡时主要的飞溅形式

成大滴状飞溅，如图 4-31(a)所示。增加焊接电流，将出现细颗粒过渡，在熔滴与焊丝之间的缩颈处通过的电流密度较大，使金属过热而爆断，形成颗粒细小的飞溅，如图 4-31(b)所示。也可能由熔滴或熔池内抛出小滴飞溅，如图 4-31(c)所示，这是由于焊丝或工件清理不良，焊丝含碳量较高，或在熔化金属内部大量生成 CO_2 等，气体聚积而压力增加气体会从液体金属中析出造成小滴飞溅。对于大滴状过渡，有时因熔滴在焊丝端头停留时间较长，加热温度很高，从而导致熔滴内部发生强烈的冶金反应或蒸发，因猛烈析出气体使熔滴爆炸而造成飞溅，如图 4-31(d)所示。偶尔还能在熔滴上出现串联电弧的情形，如图 4-31(e)所示，在电弧力的作用下，熔滴可能被抛出熔池而形成飞溅。

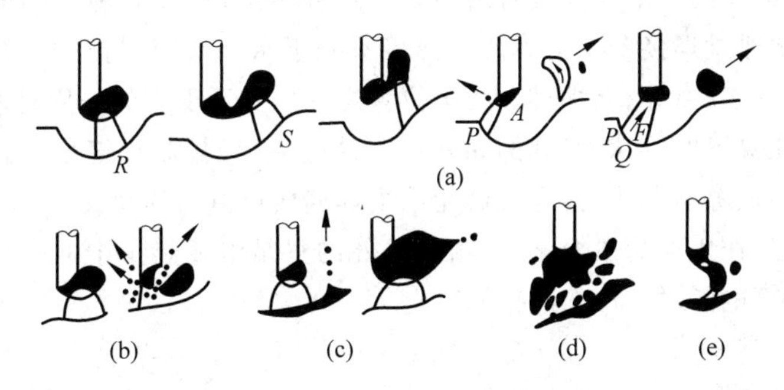

图 4-31 颗粒状过渡时飞溅的主要形式

在进行富氩气体保护电弧焊接时，熔滴沿焊丝轴线方向以细滴状过渡。对于钢焊丝的射流过渡，焊丝端头呈“铅笔尖”状，被圆锥形电弧所笼罩，如图 4-32(a)所示。在细颈断面 $I—I$ 处，焊接电流不但由液态金属细颈流过，同时还通过电弧流过。由于电弧的分流作用，减弱了细颈处的电磁收缩力与爆破力，不存在小桥过热问题，促使细颈破断和熔滴过渡的主要原因是受等离子流力而机械拉断,所以飞溅极少。在正常射流过渡情况下,飞溅率在1%以下。在焊接规范不合理情况下,如电流过高或干伸长过大时,焊丝端头熔化部分变长,而它又被电弧包围着,焊丝端部液体表面能够产生金属蒸气,当受到某一扰动后,液柱发生弯曲,在金属蒸气的反作用力推动下旋转,形成旋转射流过渡,此时熔滴可能会横向抛出成为飞溅,如图4-32(b)所示。

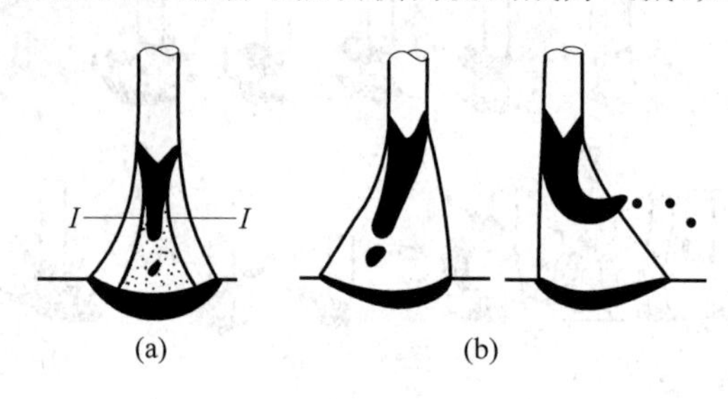

图4-32 射流过渡飞溅的特点

4.2.3 焊缝成形

1. 焊接熔池

熔化焊接时,在热源作用下,焊件上形成的具有一定形状的液态金属部分被称为焊接溶池。弧焊过程中,电弧下的熔池金属在电弧力的作用下克服重力和表面张力被排向熔池尾部。随着电弧前移,熔池尾部金属冷却并结晶形成焊缝。焊缝的形状决定于熔池的形状,熔池的形状又与接头的形式和空间位置、坡口和间隙的形状尺寸、母材边缘、焊丝金属的熔化情况、熔滴的过渡方式等有关。接头的形式和空间位置不同,则重力对熔池的作用不同。焊接工艺方法和规范参数不同,则熔池的体积和熔池的长度等都不同。平焊位置时熔池处于最稳定的位置,容易得到成形良好的焊缝,在生产中常通过焊接变位机等装置使接头处于水平或船形位置进行焊接。而在其他空间位置焊接(横焊、立焊、仰焊、全位置焊)时,由于重力的作用有使熔池金属下淌的趋势,因此要采取特殊措施(例如施加脉冲电流等)控制焊缝成形。当坡口和间隙、焊接规范参数等不合适时,也有可能产生焊缝成形方面的缺欠。

工件在电弧作用下受热熔化,但输入工件的只是电弧热量中的一部分。一般可用简化公式计算电弧对工件的热输入

$$Q = 0.24\eta \cdot U \cdot I \tag{4-13}$$

式中:η——电弧加热工件的热效率;

U——电弧电压;

I——焊接电流。

电弧热损失中包括:用于加热钨极、焊钳或导电喷嘴等的热损失;用于加热和熔化焊条药皮或焊剂的损失,但不包括熔渣传导给工件的那部分热量;电弧热辐射和气流带走的热量损失;焊接飞溅造成的热损失等。

熔化极电弧焊时电极所吸收的热量可由熔滴带至工件，故熔化极电弧焊的热效率比非熔化极高。非熔化极电弧焊时钨极的伸出长度、直径和钨极尖角的大小等都会影响到电极上热损失的大小。埋弧焊时电弧空间被液态渣膜所包围，电弧辐射、气流和飞溅等造成的热损失很小，因而埋弧焊的工件加热效率最高。不同的焊接条件热损失大小不同，因而 η 值也不同。如深坡口、窄间隙焊时热效率比在平板上堆焊时高。电弧拉长时，辐射和对流的热损失增大，因而 η 减小。表 4-7 是钨极氩弧热效率与弧长的关系，数据是用水冷铜阳极固定电弧测得的，η 值比实际焊接时高。

表 4-7　弧长与工件热输入的关系

185A 钨极氩弧焊	弧长/mm					
	1	2	3	4	5	6
电弧电压/V	9.3	10.8	12	13.2	14.1	15
电弧功率/W	1726	2006	2227	2449	2617	2784
热输入/W	1609	1797	1944	2090	2215	2320
η	0.93	0.9	0.87	0.85	0.85	0.83

图 4-33 是熔池形状和熔池金属流动情况的数值计算结果示意图。在特定的焊接条件下，熔池尾部的长度 l_2 与 Q 成正比，与热源移动速度 v 无关。熔池前部的长度 l_1 虽随 Q 增大，但非正比的关系，与热源移动速度则成反比关系。当 v 大时，熔池长度近似等于熔池的尾部长度。熔池宽度 B 和熔池深度 H 近似地与 $Q^{1/2}$ 成正比关系，与 $v^{1/2}$ 成反比的关系。热计算公式虽然不能准确地算出熔池尺寸，但可以清楚地看出各个物理量之间的关系以及某些条件变化时的温度场分布的变化规律。实际的事物是受许多因素影响的，这里需要考虑的实际情况包括：工件的尺寸和边界上的散热条件；工件在加热和冷却过程中的相变以及金属熔化和凝固时的潜热；热源的非集中性，熔池的形状受到比热流分布情况的影响；在各种力的作用下熔池表面变形和热源的作用位置的变化及熔池金属的流动对传热的影响等。利用有限元对焊接热过程进行数值模拟是一种有效的分析方法。

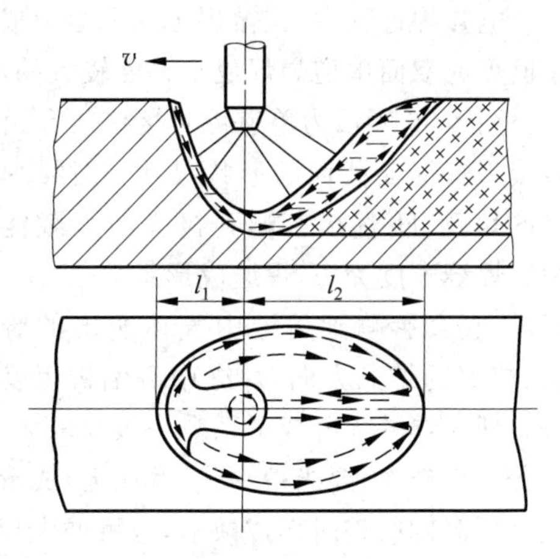

图 4-33　熔池形状和熔池金属流动情况的示意图

熔池受到各种力的作用，包括电弧的静压力和动压力、熔滴金属对熔池的冲击力、熔池金属的重力和表面张力、熔池金属所受电磁力等。在焊接电弧的作用下熔池表面凹陷，液态金属被排向熔池尾部，使熔池尾部的液面高出工件表面，凝固后高出部分成为焊缝的余高。力的作用使熔池金属产生流动。熔池金属的流动使熔化了的焊丝金属和母材金属混合均匀,从而使焊缝各处的成分比较一致。金属的流动产生了熔池内部的对流换热,也必然影响到熔池形状和焊缝成形。

2. 焊接坡口

根据设计或工艺需要,焊前预先将焊件的待焊部位加工并装配成一定几何形状的沟槽称为焊接坡口。坡口有多种形式,如图4-34所示。

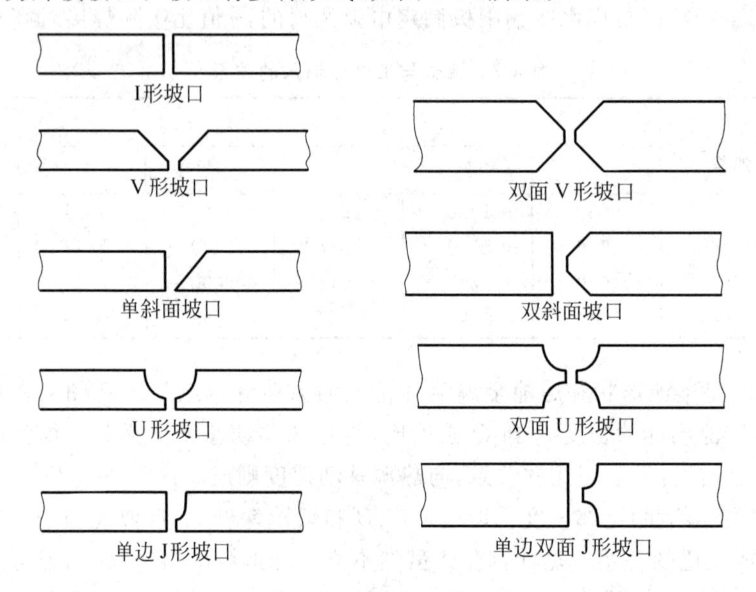

图4-34 焊接坡口的形式

3. 焊缝成形

电弧焊过程中,在被焊工件上会形成熔池和焊缝。厚度较小的工件,通常用单面单道焊或双面单道焊焊成。厚度较大的可用多层和多道焊,如图4-35所示。

图4-36所示为单道焊对接接头和角接接头焊缝横截面的形状尺寸。对接焊缝的熔深 H 直接影响到接头的承载能力。焊缝宽度为 B,焊缝成形系数 $\varphi=B/H$,其值会影响到熔池中气体逸出的难易、熔池的结晶方向、焊缝中心偏析程度等。埋弧焊的焊缝成形系数一般要求大于1.25。而堆焊时,为了保证堆焊层材料的成分和生产率,要求熔深浅、宽度大,成形系数可达到10。形成焊缝余高 a 可避免熔池金属凝固收缩时形成缺陷,也可增大焊缝截面,从而提高承受静载荷能力。但余高过大将引起应力集中,因此要限制余高的尺寸。通常,对接接头的 $a=0\sim3$mm 或者余高系数 B/a 大于4~8。当主要考虑焊件接头的疲劳寿命问题时,焊后应将余高加

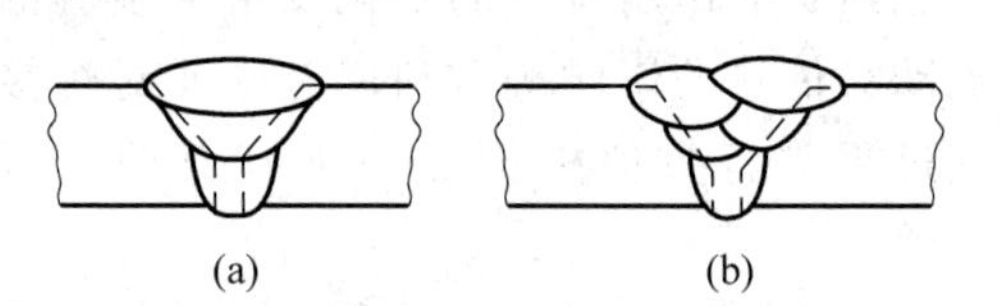

图4-35 多层焊和多层多道焊

工去除。理想的角焊缝表面最好是凹形的，可在焊后磨成。

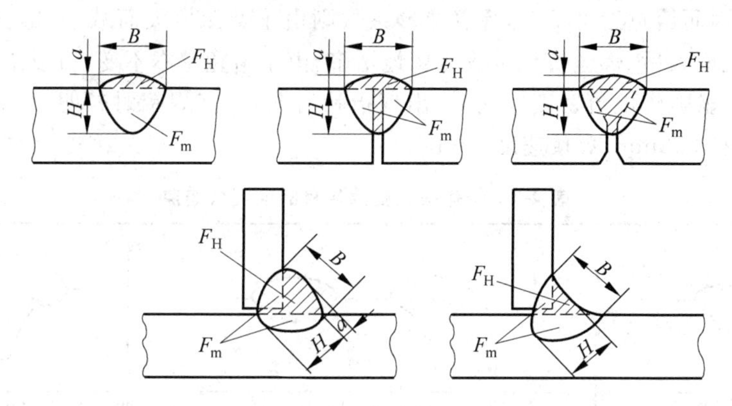

图 4-36 对接接头和角接接头的焊缝尺寸

定义熔合比 γ 为母材金属在焊缝中的横截面与焊缝横截面的面积之比，即

$$\gamma = F_m/(F_m + F_H) \tag{4-14}$$

式中：F_m——母材金属在焊缝横截面中所占面积；

F_H——填充金属在焊缝横截面中所占的面积。

坡口和熔池形状改变时，熔合比都将发生变化。在碳钢、合金钢和有色金属的电弧焊接中，可通过改变熔合比的大小，调整焊缝的化学成分，降低裂纹的敏感性，提高焊缝的机械性能。

(1) 焊接电流对焊缝成形的影响

焊接电流增大而其他条件不变时，焊缝的熔深会增大。这是因为电流增大后，工件上的电弧力和热输入均增大，热源位置下移，导致熔深增加。熔深与焊接电流近乎成正比关系

$$H = K_m \cdot I \tag{4-15}$$

熔深系数 K_m 与弧焊方法、焊丝直径、电流种类等有关，如表 4-8 所示。

表 4-8 焊钢时的熔深系数

电弧焊方法	电极直径/mm	焊接电流/A	焊接电压/V	焊接速度/(m/h)	熔深系数/(mm/100A)
埋弧焊	2	200～700	32～40	15～100	1.0～1.7
	5	450～1200	34～44	30～60	0.7～1.3
钨极氩弧焊	3.2	100～350	10～16	6～18	0.8～1.8
熔化极氩弧焊	1.2～2.4	210～550	24～42	40～120	1.5～1.8
CO_2 电弧焊	2～4	500～900	35～45	40～80	1.1～1.6
	0.8～1.6	70～300	16～23	30～150	0.8～1.2
等离子弧焊	1.6(喷嘴孔径)	50～100	20～26	10～60	1.2～2.0
	3.4(喷嘴孔径)	220～300	28～36	18～30	1.5～2.4

电流增大后,弧柱直径增大,但是电弧潜入工件的深度增大,电弧斑点移动范围受到限制,因而熔宽近乎不变,焊缝成形系数则由于熔深增大而减小,熔合比亦有所增大。电流增大后,焊丝熔化量成比例地增多,由于熔宽基本不变,所以余高增大。

熔化极氩弧焊电流密度较高时,出现指状熔深,尤其焊铝时较明显,如表4-9所示,焊丝直径3.2mm,焊接速度18m/h。

表4-9 熔化极氩弧焊铝材时的指状熔深

 400A	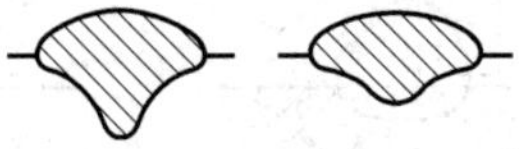 500A		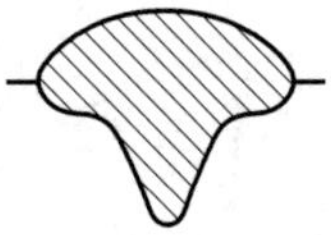 600A
24V	28V	32V	30V

0 5 10 15mm

(2) 电弧电压对焊缝成形的影响

在一定条件下,弧压增加意味着弧长增加且分布半径扩大,使比热流值减小,导致熔深略有减小而熔宽增大;余高减小是因为熔宽增大而焊丝熔化量却稍有减少;母材的熔合比则有所增大。各种弧焊方法由于焊接材料及电弧气氛的组成不同,它们的阴极压降、阳极压降以及弧柱电位梯度的大小各不相同,弧压的选用范围也不一样。

(3) 焊接速度对焊缝成形的影响

焊速提高,则工件输入的线能量Q/v减小,熔宽和熔深都减小,余高也减小。因为单位长度焊缝上的焊丝金属熔敷量与焊速v成反比,而熔宽则近似于与$v^{1/2}$成反比。焊缝熔合比基本不变。焊接速度是衡量焊接生产率高低的重要指标之一。为保证给定的焊缝尺寸,在提高焊速时要相应地增加焊接电流和电弧电压。大功率电弧高速焊时,强大的电弧力把熔池金属猛烈地排到尾部并迅速凝固,熔池金属没有均匀分布在整个焊缝宽度上,形成咬边缺欠。这种现象限制了焊速的提高,而采用双弧焊或多弧焊是保证焊接质量并提高生产率的可行解决方案。

(4) 电流的种类和极性对焊缝成形的影响

电流的种类和极性影响到工件热量输入的大小,也影响到熔滴过渡的情况,因此会影响到焊缝的尺寸。对于熔化极电弧焊,直流反接时熔深和熔宽都要比直流正接的大,交流电焊接时介于两者之间,这是因为工件(阴极)析出的能量较大所致。直流正接时,阴极焊丝的熔化率较大。埋弧焊直流反接时的熔深比正接时大40%~50%。但钨极氩弧焊时,直流正接的熔深最大,反接时最小;焊铝、镁及其合金时有去除熔池表面氧化膜的问题,用交流为好;焊薄件时也可用反接;焊接其他材料一般都用直流正接。

(5) 钨极端部形状、焊丝直径和伸出长度对焊缝成形的影响

钨极端部的磨尖角度和焊丝的直径及焊丝伸出长度等，影响到电弧的集中系数和电弧压力的大小，也影响到焊丝的熔化和熔滴的过渡，因此都会影响到焊缝的尺寸。钨极越尖，使熔深增大。熔化极电弧焊时，如果电流不变而焊丝变细，则焊丝电流密度变大，工件表面电弧斑点移动范围减小，加热集中，因此熔深增大，熔宽减小，余高也增大。焊丝伸出长度加大时，焊丝电阻热增大，焊丝熔化量增多，余高增大，熔深略有减小，熔合比也减小。为了保证焊缝尺寸，在采用细焊丝尤其是不锈钢焊丝焊接时，必须限制焊丝伸出长度的允许变化范围。

(6) 坡口和间隙对焊缝成形的影响

对接接头，可根据板厚采取不留间隙、留间隙、开 V 形坡口或 U 形坡口等方式。其他条件不变时，坡口或间隙的尺寸越大，余高就越小，相当于焊缝位置下沉(图 4-37)，此时熔合比减小。

(7) 电极倾角对焊缝成形的影响

焊接电极倾斜时，电弧轴线也相应偏斜。如图 4-38(a)所示，焊丝前倾时，电弧力对熔池金属向后排出的作用减弱，熔池底部的液体金属层变厚，熔深减小。电弧潜入工件的深度减小，电弧斑点移动范围扩大，熔宽增大，余高减少。焊丝后倾时，如图 4-38(b)所示，情况则相反。

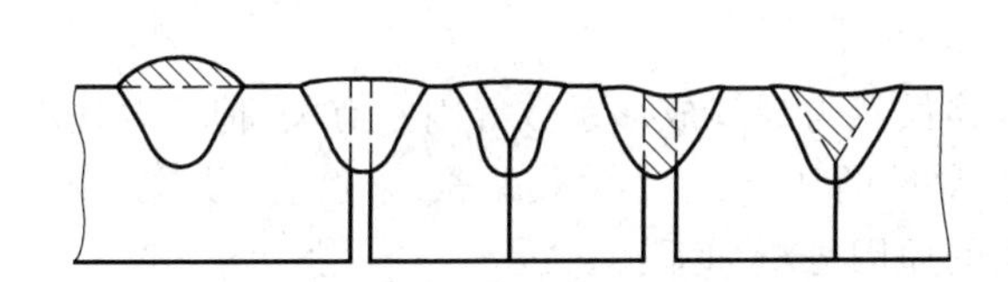

图 4-37 间隙和坡口对焊缝形状的影响

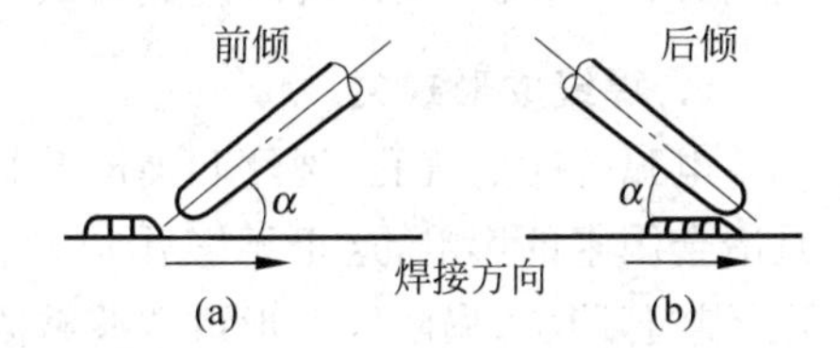

图 4-38 焊丝倾角对焊缝成形的影响

(8) 工件倾角和焊缝空间位置对焊缝成形的影响

焊接倾斜的工件时，熔池金属受重力作用有沿斜坡下滑的倾向。如图 4-39(a)所示，下坡焊时，重力作用阻止熔池金属排向熔池尾部，电弧不能深入加热熔池底部的金属，熔深减小，电弧斑点移动范围扩大，熔宽增大，余高减小，如图 4-39(b)所示；上坡焊时，重力有助于熔池金属排向熔池尾部，因而熔深大，熔宽窄，余高大。在实际的

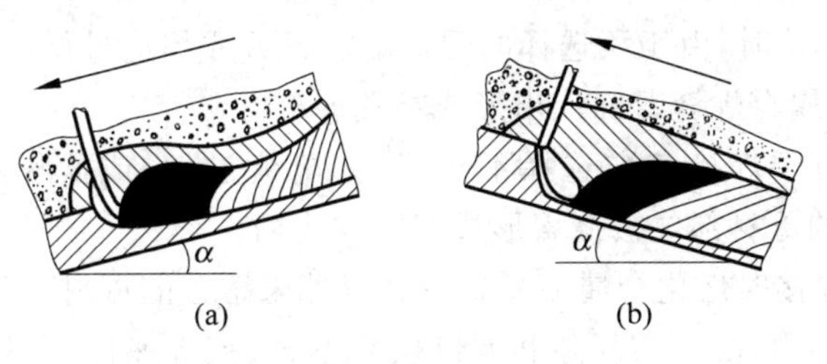

图 4-39 工件倾角对焊缝成形的影响

焊接结构中,焊缝常处于不同空间位置,焊接时重力对熔池金属的影响不同,可能会对焊缝的成形带来不良影响。

(9) 工件材料和厚度对焊缝成形的影响

熔深系数的大小与工件材料有关。材料的热容大,则单位体积金属升高同样温度所需要的热量多,因此熔深和熔宽都变小。材料的密度大,则熔池金属的排出困难,熔深也减小。工件的厚度影响到工件内部热量的传导。工件越厚,熔宽和熔深都越小。当熔深超出板厚的一半左右,焊缝根部出现的热饱和现象就会使熔深增大。

(10) 焊剂、焊条药皮和保护气体对焊缝成形的影响

埋弧焊剂的成分影响到电弧极区压降和弧柱电位梯度的大小。采用稳弧性差的焊剂,焊缝的熔深较大。当焊剂的密度小、颗粒度大或堆积高度小时,电弧四周的压力低,弧柱膨胀,电弧斑点移动范围大,所以熔深较小,熔宽较大,余高小。熔黏度过高或熔化温度较高使渣透气不良,在焊缝表面形成许多压坑,成形变差。焊条药皮成分的影响与焊剂有相似之处。保护气体的成分也影响电弧的极区压降和弧柱的电位梯度。导热系数大的气体和高温分解的多原子气体,使弧柱导电截面减小,导致电弧的动压力和比热流分布等不同,这些都影响到焊缝的成形。

总之,为了获得良好的焊缝成形,需要根据工件材料和厚度、接头形式和焊缝空间位置,以及工作条件对接头性能和焊缝尺寸的要求等,选择适宜的焊接方法和焊接规范。否则,就可能出现焊缝成形缺欠。

5. 焊缝成形缺欠

电弧焊时的气孔、裂纹和夹渣等缺陷虽然与焊缝成形系数等因素有关,但主要还是冶金因素的影响,这里不多作讨论。常见的成形缺欠有未焊透、未熔合、烧穿、咬边、焊瘤、凹坑、塌陷等。形成这些缺陷的原因分析如下:

(1) 未焊透　接头根部未完全焊透的现象。其主要原因是焊接电流小,焊速过高或坡口尺寸不合适以及焊丝未对准焊缝中心等。细焊丝短路过渡 CO_2 焊时,由于被焊工件热输入低,也容易产生这种缺陷。

(2) 未熔合　焊接过程中熔池液态金属在电弧力作用下被排向尾部而形成沟槽,当电弧高速向前移动时,如果槽壁处的液态金属层已经凝固,新排进来的熔池金属的热量又不足以使之再度熔化,则会形成焊道与母材之间或焊道与焊道之间未能完全熔化结合的现象。

(3) 烧穿　焊接时,由于所选择的焊接电流过大或焊速过低,或者间隙坡口尺寸过大,造成熔化金属自焊缝背面流出形成穿孔。

(4) 咬边　由于焊接参数选择不正确(如电流过大)或操作不当(如超高速焊接),导致沿焊趾的母材部位被烧熔形成凹陷或沟槽。

(5) 焊瘤　焊接时熔化金属流淌到焊缝以外未熔合的母材上形成金属瘤。焊瘤是由填充金属过多引起的,与间隙和坡口尺寸不合适、焊速低、电压小或者焊丝伸出长度大等因素有关。

4.2.4 焊接接头

1. 焊接接头基本类型

采用电弧焊(以及其他熔焊)方法形成的焊接接头一般由焊缝、熔合区、热影响区及其邻近的母材组成。如图 4-40 所示，根据接头的构造形式，电弧焊接接头可分为：(a)对接接头；(b)T 形接头；(c)搭接接头；(d)角接接头；(e)端接接头。

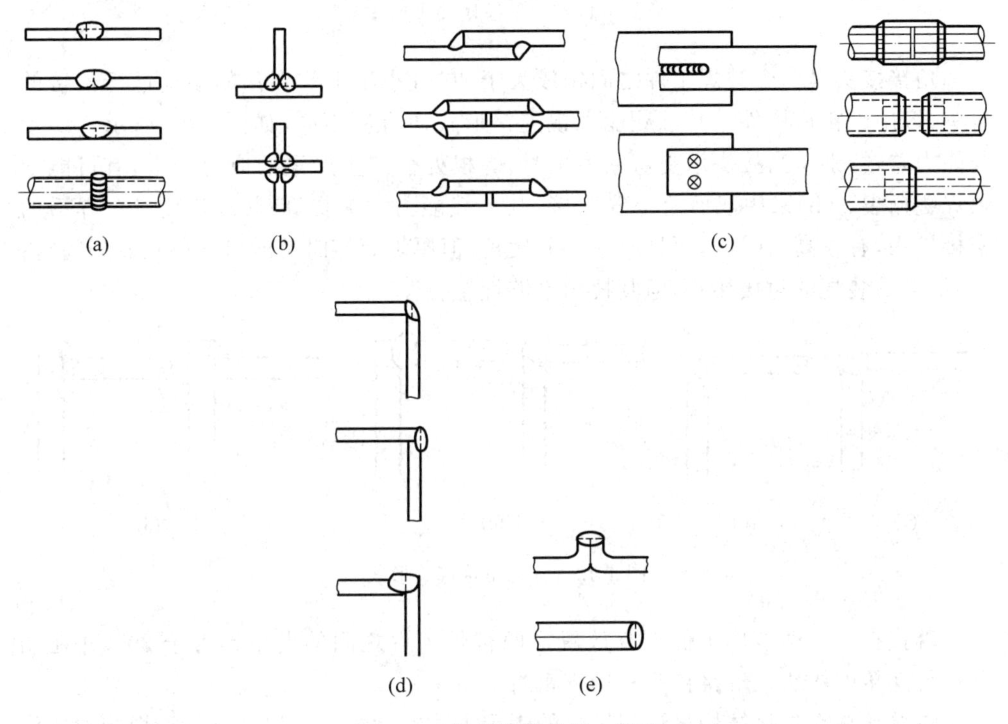

图 4-40 焊接接头的基本类型

对接接头是把同一平面上的两个被焊工件相对焊接而形成的接头。与其他类型接头相比，对接接头的受力状况较好，应力集中程度较小，这是弧焊结构优先选用的接头形式。

T 形和十字接头是把互相垂直或成一定角度的被焊工件用角焊缝连接起来的接头，可以承载多个方向的力和力矩。这种接头有多种类型，有不开坡口不要求全焊透的，也有开坡口要求全焊透的。

搭接接头是把两个被焊工件部分重叠在一起或加上专门的搭接件用角焊缝或塞焊缝或槽焊缝连接起来的接头。搭接接头的应力分布不均匀，疲劳强度较低，常用于接头强度要求不高的结构。但由于其焊前准备和装配工作简单，在结构制造中仍然得到广泛应用。搭接接头有多种连接形式，如图 4-41 所示：(a)正面角焊缝连接；(b)侧面角焊缝连接；(c)联合角焊缝连接；(d)正面角焊缝＋塞焊缝连接；(e)正面角焊缝+槽焊缝连接。

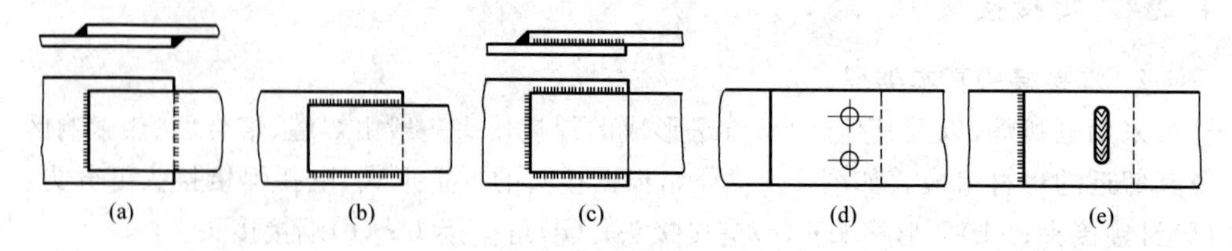

图 4-41 常见搭接接头形式

角接接头是两个被焊工件之间构成大于 30°且小于 135°夹角的端部进行连接的接头,多用于箱形构件。其承载能力视连接形式而有所不同,如图 4-42 所示,(a)承载能力差,特别是当接头承受弯曲力矩时,焊根处会产生严重的应力集中,有可能导致焊缝撕裂;(b)采用双面角焊缝连接,其承载能力大大提高;(c)开坡口全焊透的交接接头,有较高的强度,而且有很好的棱角,但厚板焊接时可能出现层状撕裂问题;(d)最容易装配的角接接头,但其棱角不够理想。

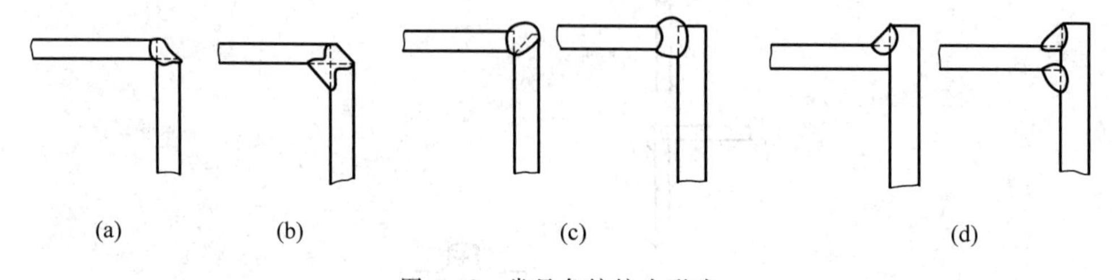

图 4-42 常见角接接头形式

端接接头是两被焊工件重叠放置或两被焊工件之间的夹角不大于 30°,并在端部进行连接的接头。端接接头常用于密封。

焊接接头在焊接结构设计图样上的表示方法非常重要。焊缝符号和焊接方法代号分别由国家标准 GB/T 5185—1988《焊缝符号表示法》和 GB/T 5185—2005《焊接及相关工艺方法代号》规定。我国的这两个标准与国际标准 ISO 2553—1992《焊接和钎焊接头在图样上的表示方法》和 ISO 4063—1998《焊接和相关工艺名称及参照代码》基本相同,可以等效采用。

2. 焊接接头的基本力学性能

为保证焊接结构能够被安全可靠地使用,需要通过一定环境条件下的专门试验考察焊接接头的力学性能。通过拉伸、弯曲、冲击以及硬度试验所测取的数据常被称为焊接接头的基本力学性能,而断裂韧度等也被作为焊接接头的重要力学性能加以考虑。当然,焊接接头力学性能的测试以及用其作为强度设计依据和对焊接结构进行安全评估是比较复杂的,主要因为焊接接头形状的不连续性、焊接接头各区域组织和性能的不均匀性,以及存在有焊接缺陷、残余应力和焊接变形。

(1) 焊接接头拉伸性能 母材金属沿纵向、横向和厚度方向的性能是不相同的。

按照 GB/T 228—2002《金属材料室温拉伸试验方法》，沿三个方向切取试样进行拉伸试验，可分别测取工件母材沿三个方向的强度和塑性。拉伸试验结果可绘成工程应力-应变(σ-ε)图，由此可测得规定非比例伸长应力 σ_p、规定总伸长应力 σ_t、规定残余伸长应力 σ_r、屈服点 σ_s 和抗拉强度 σ_b。通过拉伸试验测得的材料塑性指标是屈服点伸长率 δ_s、最大力非比例伸长率 δ_g、最大力总伸长率 δ_{gt}、断后伸长率 δ 以及断面收缩率 ψ。

焊缝金属拉伸试样的受试部分应全部取自焊缝，严格执行 GB/T 2649—1989《焊接接头机械性能试验取样方法》。焊缝金属拉伸试验按 GB/T 2652—1989《焊缝及熔敷金属拉伸试验方法》执行。

焊接接头拉伸试样包括了母材、热影响区和焊缝三部分。焊接接头横向拉伸试验按 GB/T 2651—1989《焊接接头拉伸试验方法》执行，其主要特点是试件包含的接头各区域在拉伸加载时承受同样数值的应力，焊接接头的不均匀性对横向拉伸性能有明显影响。在超强匹配焊接接头试件横向拉伸时，大部分塑性变形发生在母材(焊接低碳钢时)或热影响区(焊接调质钢时)，颈缩和断裂也发生在上述相应区域。在低强匹配焊接接头(即焊缝强度低于母材)试件横向拉伸试验中，虽然主要的塑性变形、颈缩和断裂都发生在焊缝中，但由于塑性变形的集中和母材对焊缝形变的约束作用，这种试验测出的 δ 和 ψ 不能用来比较焊缝金属的塑性。因此，焊接接头横向拉伸试验只能测取抗拉强度 σ_b。

(2) 焊接接头的硬度　焊接接头的硬度按 GB/T 2654—1989《焊接接头及堆焊金属硬度试验方法》进行测试。接头硬度常与焊件的使用性能有关，例如作为抗磨损能力的度量，耐磨堆焊件经常规定其最低允许硬度数值。对于在含氢介质下工作的焊接结构，由于淬硬组织易引起氢致开裂和其他损伤，因此有时规定焊缝的最高硬度不能超过某个上限数值。焊接接头热影响区的最高硬度还被用来评价钢材的冷裂倾向。

(3) 焊接接头的弯曲性能和管接头的压扁性能　弯曲试验用来评价焊接接头的塑性变形能力和显示受拉面的焊接缺陷。按 GB/T 2653—1989《焊接接头弯曲及压扁试验方法》，工程上多使用三点弯曲试验方法，如图 4-43 所示，试验中常以弯曲角 α 达到技术条件规定数值时是否开裂来评定受试接头是否满足要求，有时也以受拉面出现裂纹时的临界弯曲角 α 比较受试接头的弯曲性能。带纵焊缝和环焊缝的小直径管接头，不能取样进行弯曲试验时，可以进行压扁试验，如图 4-44 所示，将管接头外壁距离压至 H 时，检查焊缝受拉部位有无裂纹，有时也采用对比刚出现裂纹时 H 值大小的方法来比较管接头的塑性优劣。

(4) 焊接接头的冲击韧度　焊接接头的冲击韧度是抗脆断能力的工程度量，它综合反映了材料的强度和塑性能力。按 GB/T 2650—1989《焊接接头冲击试验方法》的规定，采用夏比 V 形缺口试样(简称 CVN 试样)为标准试件。试验方法、试验设备和试验温度等按 GB/T 229—1994《金属夏比缺口冲击试验方法》进行。试件受

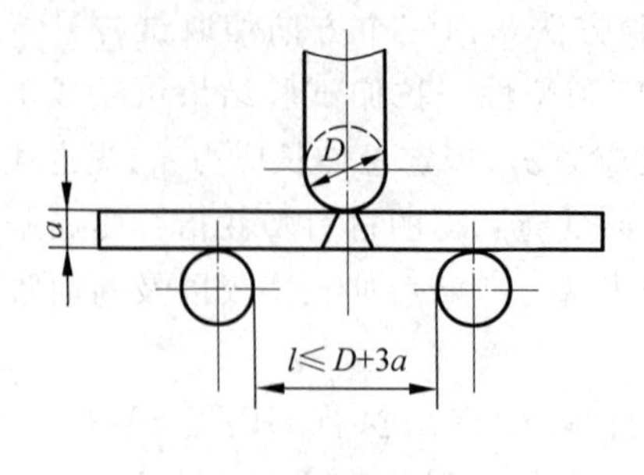

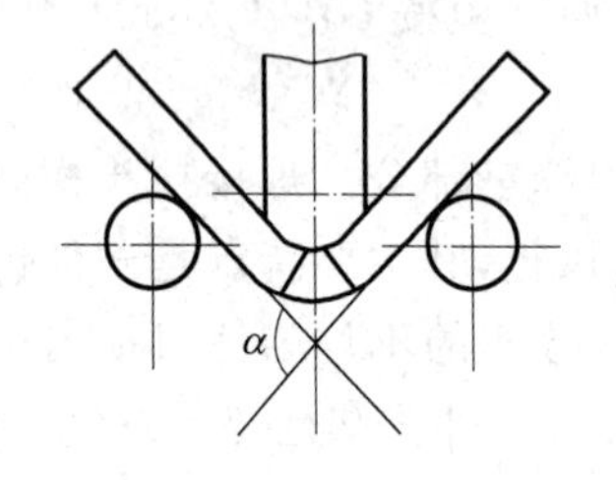

图 4-43 三点弯曲试验方法示意图

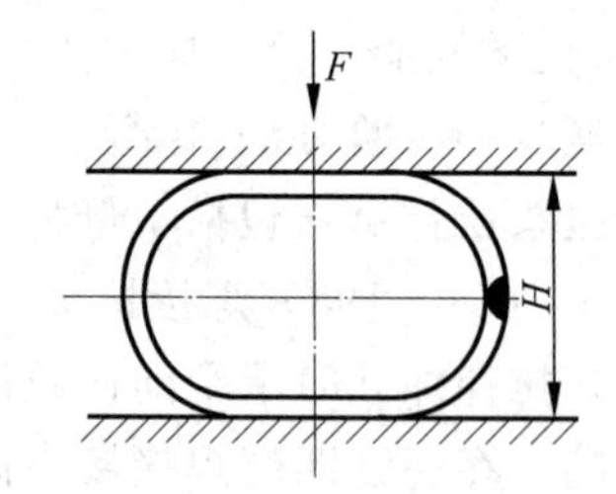

图 4-44 管接头纵缝压扁试验示意图

冲击弯曲折断时消耗的功称为冲击吸收功，以 A_K 表示，单位是焦耳(J)。缺口处单位横截面积所消耗的功称为冲击韧度，以 a_K 表示，单位是 J/cm^2。过去的大量实际经验表明，当船体用钢标准 V 形缺口试件在最低使用温度下冲击吸收功不低于 13.7J 时，船舶脆断事故很少发生。断裂力学理论证明，对于强度较高(强度极限大于 490MPa)的低碳钢，防止脆断发生的冲击吸收功的标准应当高于 20.6J。

(5) 焊接接头的断裂韧度　促使无裂纹物体发生断裂的因素是应力，其发生断裂时的临界应力是材料的强度 σ_b。促使带裂纹物体发生裂纹扩展的因素是断裂参量，即裂纹尖端应力强度因子 K、裂纹尖端张开位移 δ 和 J 积分，使裂纹体发生断裂的临界断裂参量 K_C、δ_C、J_C 就称为材料的断裂韧度。断裂韧度的测试主要参照 GB/T 4161—1984《金属材料平面应变断裂韧度 K_{IC} 试验方法》、GB/T 2038—1991《金属材料延性断裂韧度 J_{IC} 试验方法》、JB/T 4291—1999《焊接接头裂纹张开位移(COD)试验方法》进行。

(6) 焊接接头的疲劳性能　疲劳破坏是焊接结构破坏的重要形式，开展焊接接头疲劳性能试验具有重要意义。但必须明确，焊接结构的疲劳试验和焊接接头的疲劳试验是有区别的。在进行焊接结构的疲劳试验时，其结构特点和焊接残余应力往往起着重要作用。焊接接头的疲劳试验一般不计残余应力的影响，有时甚至不考虑结构细节而只是对焊接区材料本身性能的一种考查。

常常检测焊接接头的两种疲劳性能：①疲劳强度或疲劳极限，依靠试验测得的破坏应力 σ 与循环加载次数 N 的关系曲线获得；②裂纹扩展速率 da/dN 与应力场强度因子 ΔK 的关系。可参考 GB/T 4337—1984《金属旋转弯曲疲劳试验方法》、GB/T 3075—1982《金属轴向疲劳试验方法》、GB/T 6398—2000《金属材料疲劳裂纹扩展速率试验方法》等。

3. 焊接接头的抗腐蚀性能

焊接结构与环境介质相互作用可能会引起自身的环境失效。焊接结构在腐蚀性介质中的化学和电化学腐蚀，在大气、海洋和土壤中的腐蚀，在使用过程中的高温氧化、脆化、蠕变、热疲劳及腐蚀磨损等，都属于环境失效的范畴。焊接结构的失效常常给人类带来灾难性危害和巨大损失。

焊接接头的耐蚀性取决于工件材料、焊接材料、焊接工艺、应力状态及所处环境等因素。焊接接头在腐蚀机制上与母材并无根本差别，但由于焊接所引起的接头成分、组织及力学性能的不均匀性，使得焊接接头的腐蚀问题更加复杂。通常焊接接头的耐蚀性明显低于母材。

按照形成机制，金属腐蚀可分为化学腐蚀和电化学腐蚀两大类。在化学腐蚀过程中不产生腐蚀电流。如钢在高温下的氧化、脱碳，在石油、燃气和含氢气体中的腐蚀都属于化学腐蚀。而通常所见到的腐蚀现象大多属于电化学性质的，这类腐蚀是在电解质溶液（介质）中进行的，其中至少包括一个阳极氧化反应和一个阴极还原反应，并伴随有腐蚀电流的产生。在金属电化学腐蚀中，电位较低的部分为阳极，容易失去电子变为金属离子溶于电解质中而受腐蚀，电位较高的部分为阴极，起传递电子的作用而不受腐蚀，只发生析氢或吸氧反应。

焊接接头腐蚀形态如表 4-10 所示。

表 4-10 焊接接头电化学腐蚀类型及特点

<table>
<tr><th colspan="2">腐蚀类型</th><th>特 点</th></tr>
<tr><td colspan="2">全面腐蚀</td><td>母材表面或接头表面各处腐蚀速度大致相等的全面均匀腐蚀</td></tr>
<tr><td rowspan="7">局部腐蚀</td><td>电偶腐蚀</td><td>异质接头以及接头与其他金属有电接触引起的腐蚀</td></tr>
<tr><td>孔蚀</td><td>金属及其接头表面在含卤素等离子的溶液中形成的小孔状腐蚀</td></tr>
<tr><td>缝隙腐蚀</td><td>由各种间隙引起的腐蚀</td></tr>
<tr><td>晶间腐蚀</td><td>因相析出使晶界附近某种元素贫化或因析出阳极相而引起的沿晶腐蚀</td></tr>
<tr><td>剥离腐蚀</td><td>薄壁母材及热影响区因沿晶腐蚀而引起的表面层状剥落</td></tr>
<tr><td>选择腐蚀</td><td>合金中较活泼组分优先溶解或分解引起的腐蚀，如黄铜脱锌、铸铁石墨化</td></tr>
<tr><td>空化腐蚀</td><td>由流体的空化作用和腐蚀作用共同引起的破坏，常见于水轮机叶片等</td></tr>
<tr><td rowspan="3">应力状态下的腐蚀破坏</td><td>应力腐蚀</td><td>在静应力和腐蚀介质共同作用下引起的破裂</td></tr>
<tr><td>环境氢脆</td><td>阴极反应生成的氢扩散到金属中引起的脆化，可看成是阴极型应力腐蚀</td></tr>
<tr><td>腐蚀疲劳</td><td>在交变应力和腐蚀介质共同作用下引起的疲劳破坏</td></tr>
</table>

焊接结构在大气中的腐蚀主要是由于金属表面水膜及其中的溶解氧引起的，而水膜的厚度受大气湿度的影响。另外，当大气含有 SO_2、H_2S、NaCl 及灰尘时，会不

同程度地加速金属在大气中的腐蚀,特别是煤和油燃烧时产生的 SO_2 会与大气中的氧和水作用生成 H_2SO_2。工件表面粗糙度对大气腐蚀也有很大影响,当金属表面不光洁时,增加了金属表面的毛细管效应、吸附效应和凝聚效应。因此,干燥和净化大气及降低金属的表面粗糙度值是防止大气腐蚀的有效途径。在潮的(相对湿度高于临界湿度而小于100%时)大气腐蚀情况下,向金属中加入易钝化的合金元素(铬、铝、硅等)或可促进钝化的正金属元素(铜、钯等),在金属表面所涂油漆中加钝化剂以及对金属进行电化学保护等,都可防止大气腐蚀。在湿的(相对湿度已达100%或直接受到雨淋时)大气腐蚀情况下,采用金属表面覆层,增加体系电阻等方法可防止大气腐蚀。

焊接结构在海水中工作会受到腐蚀。海水是天然电解质,Cl^- 含量很多,电导率高,在海水腐蚀条件下,金属表面难以形成稳定的钝态,产生孔蚀、缝隙腐蚀、晶间腐蚀等局部腐蚀的倾向高。通常海水中含有多种盐,总含量约为3%,其中 NaCl 最多。海水中还含有微生物、溶解的气体、悬浮泥沙、腐败的有机物等,这比单纯盐水溶液腐蚀要复杂得多。影响腐蚀速度的主要因素有:含氧量、盐类及其浓度、温度、海洋生物、海水流速等。海水表面与大气接触,浅层海水含氧量较高,不能建立钝态的钢、铜等金属腐蚀速度较大;随着海水深度增加,含氧量减小,故腐蚀速度也减小。

对埋设在土壤中的油气水管道等常会发生的腐蚀也要引起重视。通常因氧和水引起的土壤腐蚀属于氧去极化的电化学腐蚀;只有在强酸性土壤中才会发生氢去极化腐蚀;如果土壤干燥而疏松,则土壤腐蚀与大气腐蚀接近。影响土壤腐蚀的主要因素有:土壤的导电性、含氧量、酸度和土壤中的细菌等。

4. 焊接接头的耐热性

碳钢和低合金耐热钢焊接构件在高温下长期工作时,由于其组织不稳定(珠光体球化、石墨化、魏氏组织产生、碳化物析出等),从而会导致性能发生变化(热强性下降、高温脆化、高温蠕变、高温氧化、热疲劳等)。

碳钢结构长期处于高温,其片状珠光体中的渗碳体 Fe_3C 有自行转化为球体并聚集成大球团的趋势。而铁素体析出的碳化物也同时聚集长大,在晶界处尤为明显。钢中碳化物形态及分布情况对热强性有较大影响,一般来说,片状碳化物热强性较高,而球状碳化物特别是聚集成大块的碳化物,会使钢的热强性明显下降。球化组织可通过正火处理恢复成原先的片状组织。

石墨化是比球化更为有害的组织变化。渗碳体在高温下自行分解

$$Fe_3C \longrightarrow 3Fe + C(\text{石墨}) \tag{4-16}$$

石墨通常沿晶界析出,呈链状分布。由于石墨的强度非常低,在钢中可视为空洞或裂纹。某电厂管道在505℃工作五年半后于焊缝附近沿横截面突然断裂,其原因就在于石墨化。可在钢中加入与碳有较强结合力的元素,如铬、钒等。

在焊接热影响区产生魏氏组织的原因是过热。魏氏组织对钢的室温强度影响较小,却能提高高温强度,但同时塑性则有所下降。出现魏氏组织的最大问题在于冲击

韧度太低，往往会引起焊接接头的脆性断裂。

低合金耐热钢焊接构件经长期高温运行后的主要问题是析出碳化物，导致冲击韧度下降。12%Cr(质量含数)耐热钢焊接构件的组织比较稳定，高温长期时效环境中，在原有回火马氏体内仍保留了高密度位错和弥散拿的碳化物强化相，使钢的热强性能比较稳定，而且持久塑性也不下降。对于18-8型耐热不锈钢焊接接头而言，焊缝组织一般为树枝状奥氏体、δ铁素体和碳化物，在650℃长期时效，开始时组织变化不大，碳化物略有增加；以后随着时间延长，碳化物不断长大，冲击韧度下降，最后趋于稳定；开始时焊缝金属硬度提高，以后则明显下降。

高温抗拉强度和高温屈服点随温度的变化而变化，高温抗拉强度与温度之间的关系可以用σ_b-T曲线来表示。图4-45为20钢、15CrMo钢、18-8不锈钢的σb-T曲线[4]。

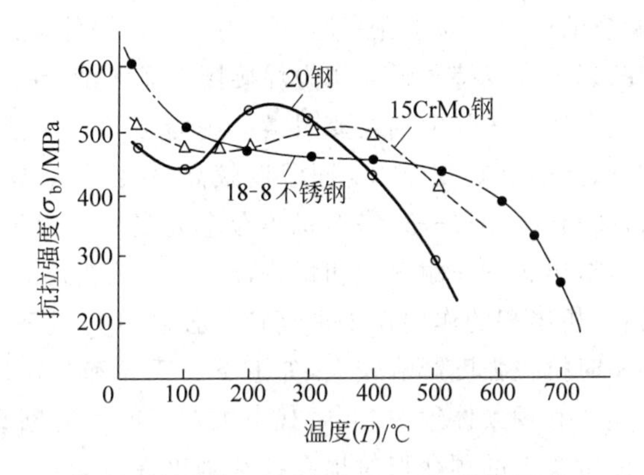

图4-45 典型钢材(20钢，15CrMo钢，18-8不锈钢)的σ_b-T曲线

除化学成分外，焊接接头的高温性能还取决于焊缝的组织状态及其树枝状晶的晶粒度大小。一般而言，晶粒度小的钢，其σ_b较高。“焊后正火＋回火处理”能够显著提高低合金耐热钢焊接接头的高温强度。

金属在高温和应力作用下发生缓慢和持续的塑性变形的现象称为蠕变。形变量ε与时间t的关系曲线称为蠕变曲线，如图4-46所示，蠕变过程分为：Ⅰ减速蠕变积累塑性变形的阶段，Ⅱ为恒速蠕变阶段，Ⅲ加速蠕变直至发生断裂的阶段。碳钢及其焊接接头在350℃以上承受工作应力就会出现比较明显的蠕变现象。而低合金耐热钢及其焊接接头则在450℃以上才会发生蠕变。在较高工作温度下，一般将具有抗蠕变能力的钢材称为热强钢，将具有抗氧化能力的钢材称为热稳定钢，将同时具有这两种能力的钢材称为耐热钢。

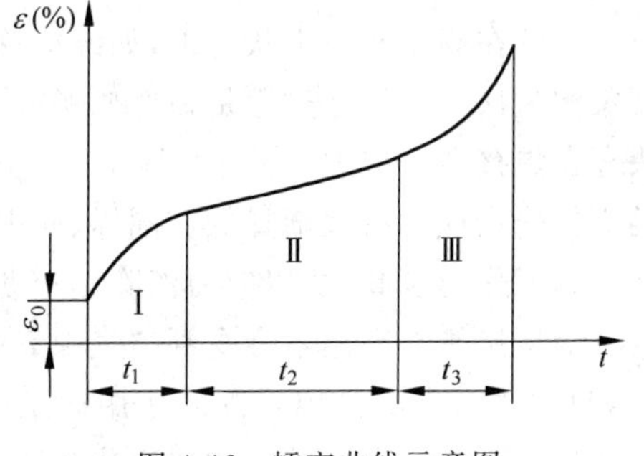

图4-46 蠕变曲线示意图

定义蠕变极限的一种表示方法是在规定温度下引起规定的蠕变速度的应力值 $\sigma_{g/\varepsilon}^{T}$。例如 $\sigma_{1\times10^{-5}}^{600}=60$MPa 表示材料在600℃温度下,蠕变速度为 1×10^{-5}%/h 的蠕变极限为60MPa。在电站锅炉、汽轮机和燃气轮机设备中,通常规定蠕变速度为 1×10^{-5}%/h 或 1×10^{-4}%/h。

定义蠕变极限的另一种表示方法是在给定温度和规定使用时间内发生一定量总变形的应力值 $\sigma_{\delta/t}^{T}$。例如 $\sigma_{1/10^5}^{600}=100$MPa 表示材料在600℃温度下,$10^5$h 后总变形量1%的蠕变极限为100MPa。电站锅炉、汽轮机和燃气轮机设备的设计寿命一般为几万到十几万小时以上,并有总变形量不超过1%的要求。

由蠕变而导致的断裂称为蠕变断裂或持久断裂。定义持久强度为钢材在规定的蠕变断裂条件下,即在一定的温度和规定的时间内,保持不失效的最大承载能力。持久强度是钢材所具有的一种固有特性,以 σ_{τ}^{t} 表示,单位 MPa,例如 $\sigma_{10^5}^{580℃}$ 表示在580℃下试样经10万h断裂的应力。对于在高温下受力的焊接构件来说,一般很少以蠕变极限而是采用蠕变断裂强度或持久强度作为焊接接头强度设计的主要依据。

影响钢材和焊缝金属持久强度的主要因素:(1)晶粒度——温度较低时,晶界强度高,故细晶钢材有较高的抗蠕变能力;而温度较高时,由于晶界易于滑移,故粗晶钢材有较高的抗力;(2)合金元素——铬钼钒等合金元素有阻碍位错运动的能力,故能提高持久强度;(3)析出相——耐热钢和耐热合金大多为析出时效硬化相和弥散硬化相的多相金属材料,析出相的作用在于提高持久强度;(4)微观组织——微观组织对铬钼钒钢的高温短时抗拉强度影响较大,如上下贝氏体和马氏体组织的高温短时抗拉强度要高于珠光体和铁素体组织,但微观组织对长时蠕变断裂性能的影响要小得多;(5)预变形——常温下的预变形对提高持久强度有一定好处,接头在焊接过程中一般均经一定的拘束变形,从这个意义上讲,焊接接头的持久强度可能比单纯焊接热模拟试样要高。

持久塑性是通过试验测定的试样断裂时的相对伸长率 δ 及断面收缩率 ψ,它反映了母材和焊缝金属在高温和应力长时间作用下所具有的塑性变形能力。钢材的持久塑性远比高温短时拉伸时的塑性要小,特别是在低应力长时间作用下断裂呈晶间低塑性开裂。国外有的规范要求钢材的持久塑性不低于5%,以保证焊接接头不发生脆性破坏。

工件在高温和应力状态下,如维持总应变不变,随着时间延长而自发减低应力的现象称为松弛。松弛过程是弹性变形减小、塑性变形增加。在高温下工作的焊接接头存在焊接残余应力的松弛问题,随着温度的升高和时间的推移,未经回火处理接头的焊接残余应力将逐渐降低。同样,回火处理也是焊接残余应力的松弛过程,因回火温度较工作温度高,所以应力消除比较彻底。

焊接接头在高温下会受到空气中氧的作用而被氧化,同时也会受到其他气体介质如水蒸气、CO_2 和 SO_2 等的作用而发生腐蚀。因为焊缝与母材化学成分相似,故焊接接头一般不存在特殊的抗氧化问题。

钢的氧化腐蚀程度及氧化速度与一系列因素有关,如温度,时间,气体介质的成分、压力和流速,钢的化学成分,形成的氧化膜及其化学物理性能等。氧化膜保护层的熔点愈高,生成热愈大,分解压力愈小,则其保护能力愈强,金属抗氧化性愈好。铬、硅、铝是耐热钢中形成氧化膜保护层的主要元素,尤其铬的氧化膜最为致密。此外,在金属表面渗铝或铬,或进行喷涂,都是提高抗氧化能力的有效手段。在一般空气介质下,几类钢材长时间运行的最高抗氧化温度如表 4-11 所示。

表 4-11 几种钢的最高抗氧化温度

钢　种	最高抗氧化温度值/℃
碳素钢	500
低合金耐热钢(与 Cr、Si 含量有关)	500～620
Cr5%马氏体钢	600
高铬铁素体钢	850～1100
Cr12%钢	800
18-8 型铬镍奥氏体钢	850～900
25-3 型铬镍奥氏体钢	1100～1150
高镍钢及高镍合金	1000～1150

热疲劳是由热应力和热应变作用所产生的疲劳现象。由于温度循环变化引起的附加应力称为热应力,它可以因外拘束或温差而产生,上下限温差越大,则热应力就越大。热应变则是由于温度改变而引起的应变,材料的热导率愈低,加热和冷却速度愈快,则热应变也愈大。

热应力的大小与材料的热膨胀系数成正比。焊接时,特别要考虑到材料的匹配。由铁素体与奥氏体异种钢焊在一起的接头,因膨胀系数相差较大,所产生的热应力也大,容易产生热疲劳。

影响热疲劳的因素主要有:①最高温度——对 CrMoV 钢及其焊接接头的试验表明,随着最高加热温度的增加,热疲劳强度迅速降低;②加热和冷却速度——快速加热和冷却时的热疲劳寿命最低;③组织状态——如材料在使用过程中组织不稳定,往往会使疲劳强度降低。

5. 焊接接头的一般设计原则

焊接结构的破坏往往源于焊接接头区,这除了受结构设计、材料选择、焊接生产工艺等因素影响外,还与焊接接头设计(包括接头类型、坡口形式和尺寸等)密切相关。

在进行焊接接头几何设计时,首先应注意满足焊接结构的使用要求。例如,如果是承载接头,那么要求焊缝必须具有与母材相等的强度,这时就应采用全熔透焊缝;若是非主要承载的联系焊缝,就不一定要求全焊透或全长焊接。其次,应考虑施工条件不难具备,焊接容易实现。同时,在设计中应尽量使接头形式简单,结构连续,焊接变形较小且能够控制，并将焊缝尽可能安排在应力较小以及结构几何形状变化较小的部位。还要从坡口加工、焊缝填充金属量、焊接工时及辅助工时等方面考虑接头准备和实际焊接的成本费用和经济性。最后，应考察制造单位具备完成施工所需要的人员、技术和设备条件。焊接接头设计举例如表4-12所示[5]。

表4-12　焊接接头设计举例

设计原则	不合理的设计	改进的设计
焊缝应布置在最有效的地方	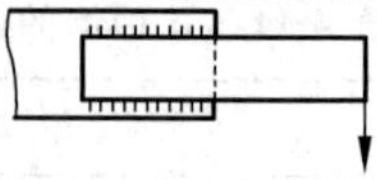	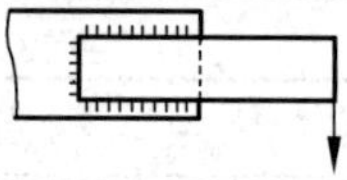
焊缝的位置应便于施工和检查		
在焊缝的连接板端部应有较和缓的过渡	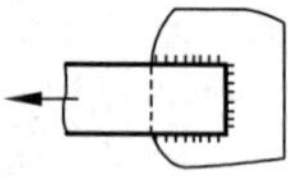	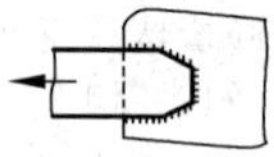
加强肋等端部的锐角应切取	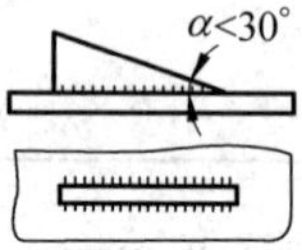 $\alpha<30^\circ$	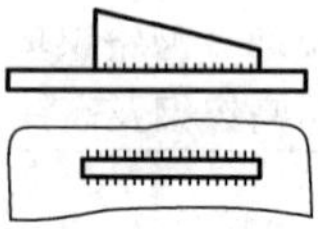
焊缝不应过分集中	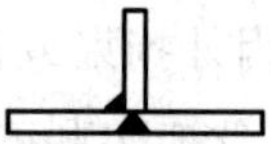	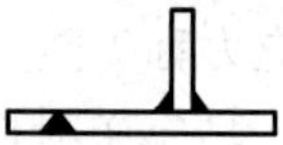
避免焊缝交叉	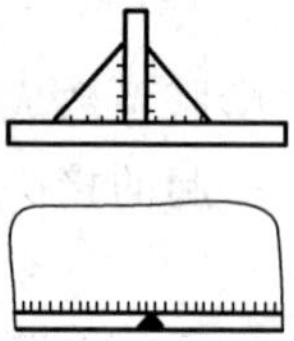	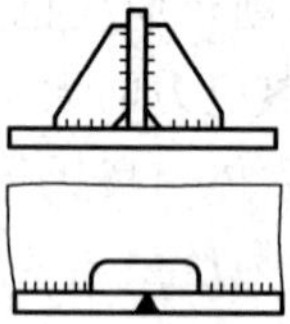
受弯曲作用的焊缝未焊侧避免受拉应力	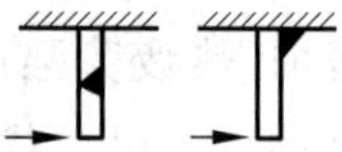	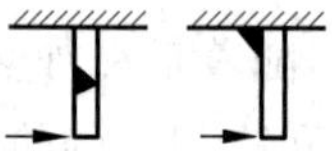
动载结构尤应避免将焊缝布置在应力集中处	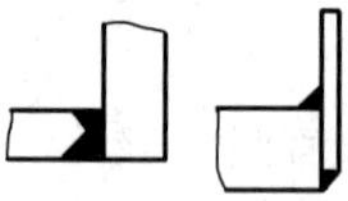	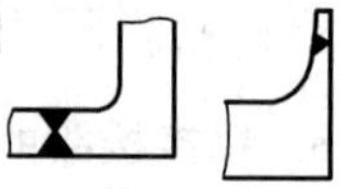
避免将焊缝布置应力最大处	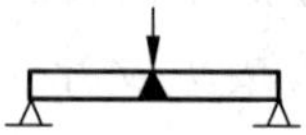	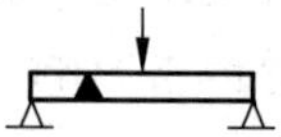
埋弧焊时应考虑设备调整及工件翻转次数最少	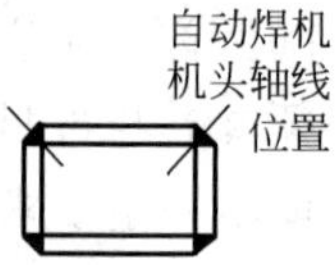 自动焊机机头轴线位置	 自动焊机机头轴线位置

续表

设计原则	不合理的设计	改进的设计
结构尖角部位难以焊到	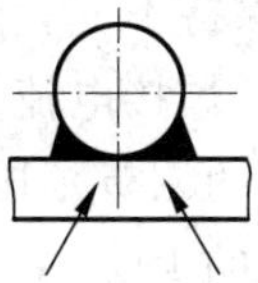 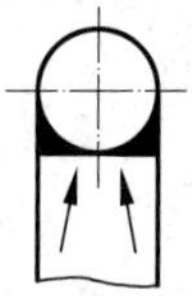	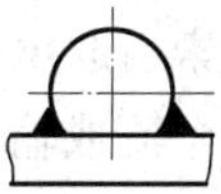 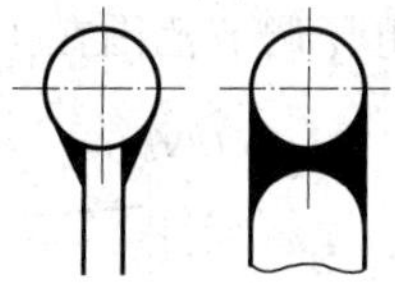
	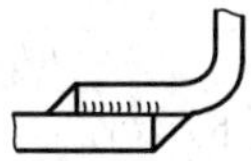	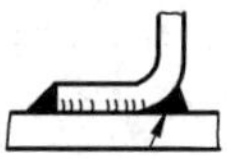

避免局部腐蚀	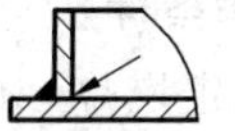	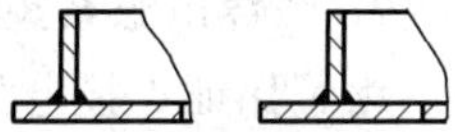
	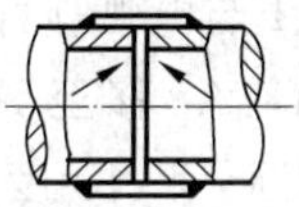	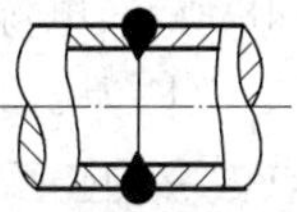

另外，在电弧焊接过程中，必须保证焊条、焊丝、电极能方便地到达欲焊部位，这是焊接接头几何设计时要考虑的可达性问题。

在焊后采用射线、超声波等手段对重要焊接接头进行无损检测是必要的。焊接结构检测面的可接近性和接头几何形状与材质的检测适宜性，这是焊接接头设计时要考虑的可检测性问题。

腐蚀介质与金属表面直接接触时，在缝隙内和其他尖角处常常发生强烈的局部腐蚀，这与缝隙内和尖角处积存的少量静止溶液和沉积物有关。在焊接接头几何设计时要考虑：①力争采用对接焊和全熔透焊缝，不采用单面焊根部有未焊透的接头；②要避免接头缝隙和接头区形成尖角和结构死区，要使液体介质能够完全排放，便于清洗，防止固体物质在结构底部沉积。

4.2.5 弧焊电源基础知识

用于将电网电能进行适当转换提供给电弧并保证焊接工艺过程稳定进行的系统装置称为弧焊电源。

1. 弧焊电源外特性

在稳定状态下，弧焊电源输出电压与输出电流的静态关系曲线称为外特性。如

图4-47所示,常见的有(恒压)平特性和下降特性两大类,下降外特性又分为缓降、陡降、垂直陡降(恒流)特性。平特性电源是指焊接过程中电弧长度等变化因素引起焊接电流变化时,电弧电压基本保持不变。陡降特性电源是指焊接过程中电弧长度等变化因素引起电弧电压变化时,焊接电流变化很小。具体的焊接工艺要求弧焊电源的输出电流或输出电压有一定的调节范围。对于恒流特性弧焊电源,一般要求输出电流调节范围为其额定输出值的10%~100%;对于恒压特性弧焊电源,一般要求输出电压调节范围在10~40V。

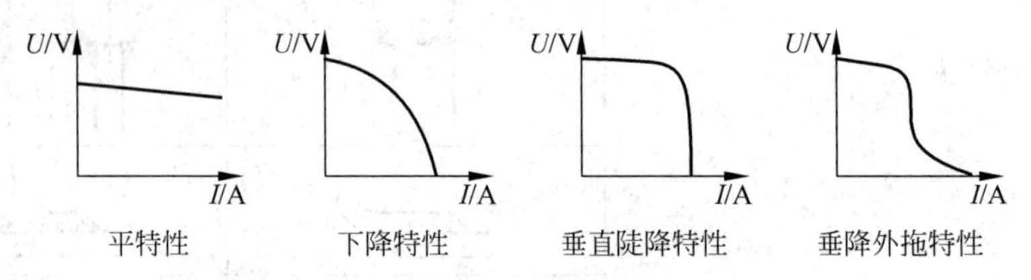

图4-47 各种常见的弧焊电源外特性

2. 弧焊电源系统稳定工作条件

为了保证焊接电弧能够稳定燃烧,"电弧-电源"系统必须有一个稳定工作点。如图4-48所示,电源外特性曲线1与电弧静特性曲线2相交于A_0、A_1两点。如果弧长偶尔由l增长为l_1,则交点由A_0、A_1移至A'_0、A'_1点。一旦弧长恢复到原来长度值l后,A'_0点的电源电压高于电弧电压,焊接电流将增加,电源电压将下降,一直恢复到A_0点为止。反观A'_1点,当弧长恢复到l后,电源电压高于电弧电压,焊接电流将增加,两曲线交点不可能再回到A_1点,而是要移到A_0点。因此,A_0而非A_1是系统稳定工作点。在A_0点,电弧静特性的斜率为$\mathrm{tg}\alpha_a$,电源外特性的斜率为$\mathrm{tg}\alpha_p$,可见

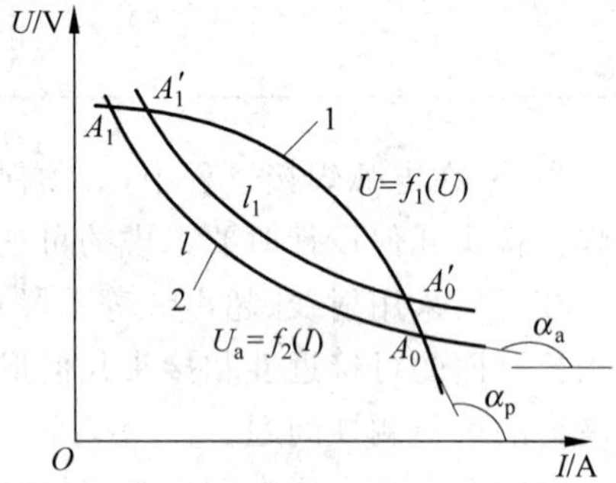

$$\mathrm{tg}\alpha_a - \mathrm{tg}\alpha_p > 0 \tag{4-17}$$

图4-48 "电弧-电源"系统稳定工作条件示意图

即在电弧静特性与电源外特性曲线交点处,前者斜率大于后者,这是"电弧-电源"系统稳定工作的条件,也是选择弧焊电源外特性形状的依据。

3. 弧焊电源的空载电压

空载是弧焊电源的工作状态之一。维持一定的空载电压,其作用在于:①在接触起弧中,较高的空载电压有利于焊条(丝)与工件的高阻接触表面,形成导电通路;②起弧瞬时,两极空气间隙由不导电常态转变为导电电离态,空载电压能够为气体电离和电子发射提供电场能;③焊接过程中,较高的空载(或近空载)电压有利于电弧的

稳定燃烧；④对于某些类型弧焊电源，其空载输出电压与燃弧输出电压和电流有一定制约关系，为了获得所需的外特性，必须维持一定的空载输出电压值。但过高的空载电压会影响操作安全性，有时还会导致弧焊设备体积重量增加和功率因数降低。弧焊电源空载输出电压值应符合相应的国家标准。对于一般工作环境，要求直流弧焊电源空载输出电压小于 113V，交流弧焊电源空载输出电压峰值小于 113V 且有效值小于 80V。

4. 弧焊电源稳态短路电流

焊条(丝)与工件接触短路是弧焊电源的工作状态之一。此时弧焊电源的稳态输出电流称为稳态短路电流。一般情况下，稳态短路电流 I_{ss}应稍大于焊接电流 I_a($I_{ss}/I_a=1.25\sim2$)，这将有利于引弧。但 I_{ss}过大会增加焊接飞溅。

5. 弧焊电源的动态品质

所谓弧焊电源的动态品质，是指在改变电源参数给定值后的瞬时过程中或电弧负载状态发生突然变化时，弧焊电源系统输出电压和电流的动态响应特性。使弧焊电源具有优异的动态品质，其意义在于：①保证电弧过程(起弧、燃弧、收弧)的顺畅稳定。②可以快速准确地调节规范参数以控制焊接区热输入量和焊缝成形。在弧焊过程中，短路时电源输出电流的上升率 $\mathrm{d}i/\mathrm{d}t$ 和再燃弧时电源输出电压的恢复速度 $\mathrm{d}u/\mathrm{d}t$ 均是衡量弧焊电源动特性的重要指标。

6. 弧焊电源的基本类型

各种不同的电弧焊接工艺要求采用不同类型的焊接电源。如图 4-49 所示，中国焊接学会推荐的弧焊电源分类是依照控制机构的不同类别，这反映了焊接电源技术的发展进步。

4.2.6 焊接电弧自动控制基础

弧焊自动控制系统的作用，首先在于保证电弧焊接过程的稳定进行，其次是通过自动调节弧焊规范参数，控制熔池热输入和焊缝成形，保证焊接质量。

1. 熔化极电弧焊的弧长自动控制系统

焊接电流 I 和电弧电压 U 的稳态值，可由焊接电源外特性和电弧静特性曲线的交点(图 4-50 中的 O 点)来确定。在焊接过程中，要保持 I、U 值恒定不变是相当困难的，因为在焊接过程中经常会受到各种扰动，导致电流和弧压偏离预定值。例如：①电弧静特性的变化，使电弧稳态工作点沿电源外特性曲线发生波动(图 4-50 中由 O 移到 O_1)。这可能是由于送丝速度不均匀，或焊枪相对于焊缝表面距离的波动，或焊剂、保护气体、母材和电极材料成分不均及污染物引起的弧柱气体成分与平均电离电压和弧柱电场强度的波动。②电源外特性的变化，使电弧稳定工作点沿电弧静特性曲线发生移动(图 4-50 中由 O 移到 O_2)，这主要是由电网电压波动或弧焊电源内部参数变化而引起的。

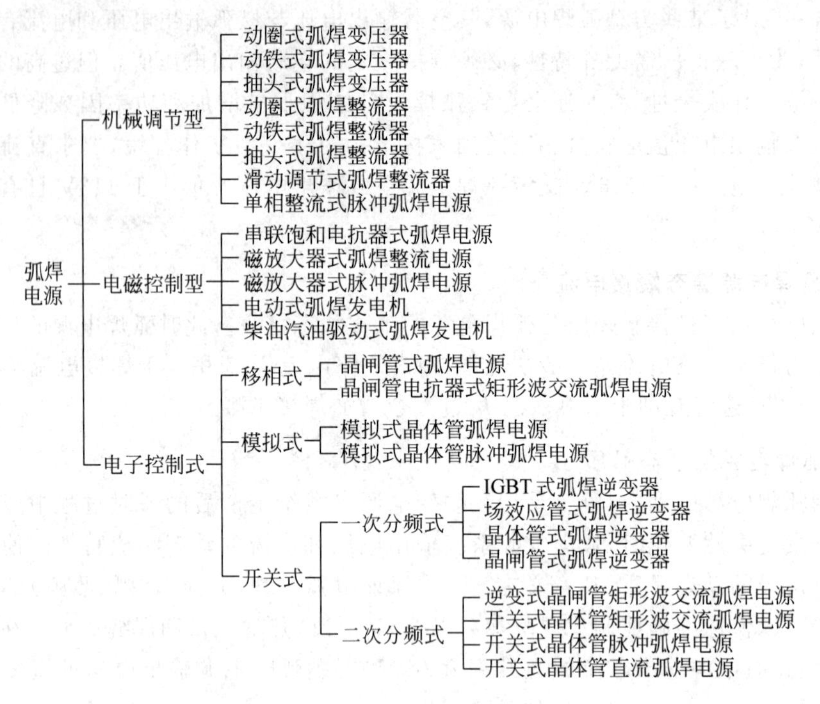

图 4-49 弧焊电源的分类

以上各种扰动中,弧长扰动最为突出。这是因为在一般焊接电弧中,弧长的数值仅为几到十几毫米,弧柱场强依电极材料和保护条件不同一般为10～40V/cm。这就是说,弧长只要有1～2mm的变化,弧压就会有明显的变化。在手弧焊操作中,焊工用眼睛观测电弧,当遇到弧长变化时,随即调整焊条送进量,以保持理想的电弧长度和熔池状态,这是一种人工调节作用。而在埋弧焊和气体保护焊中则需采用自动调节方式。

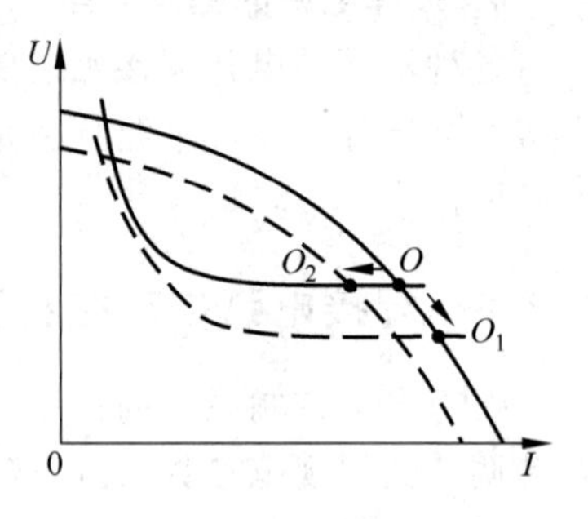

图 4-50 电弧静态工作点的波动

对于熔化极焊接,弧长自动控制系统可分为两大类。第一类是通过实时调节焊接电源的输出电流(幅值及其持续时间),来改变焊丝熔化速度,达到控制弧长抑制扰动之目的。等速送丝配以平缓外特性焊接电源,利用电弧自身负反馈特性的调节系统即属此类。第二类则是通过实时调节焊丝送进速度,来适应焊丝熔化速度而保持弧长。下降特性焊接电源配以弧压反馈调节丝速的控制系统属于此类。

1) 等速送丝调节系统

在熔化极自动电弧焊过程中,焊丝的熔化速度 v_m 与焊接电流 I 及弧压(弧长)U 的关系为

$$v_m = k_i \cdot I - k_u \cdot U \quad (4\text{-}18)$$

式中，k_i 为熔化速度随焊接电流变化的系数，其值取决于焊丝电阻率、直径、伸出长度以及电流数值，单位 cm/(s・A)；k_u 为熔化速度随电弧电压变化的系数，其值取决于弧柱电位梯度、弧长的数值，单位 cm/(s・V)。如果焊丝以恒定送丝速度 v_f 送给，则弧长稳定时必有

$$v_f = v_m$$

$$I = v_f/k_i + (k_u/k_i)U \quad (4\text{-}19)$$

上式表示在给定送丝速度条件下弧长稳定时电流和电弧电压之间的关系，或者说是等速送丝电弧焊的稳定条件，通常称为自身调节系统静特性或称等熔化曲线方程。另一方面，电流 I 和电压 U 应同时满足电源外特性曲线给定的关系。因此，电弧的稳定工作点应是自身调节系统静特性曲线和电源外特性曲线交点，如图 4-51 所示。

由实验测得的等熔化曲线可以看出：①长弧焊条件下，等熔化曲线几乎垂直于水平坐标轴，说明这时 k_u 数值很小，电弧长度对熔化速度影响可以略去不计。②短弧焊条件下，等熔化曲线斜率减小，说明这时焊丝熔化速度随弧长缩短而有明显增大，这就是电弧的固有调节作用。③其他条件不变时，送丝速度增加（减小），等熔化曲线右（左）移。④其他条件不变时，焊丝伸出长度增加（减小），k_i 也增加（减小），等熔化曲线左（右）移。

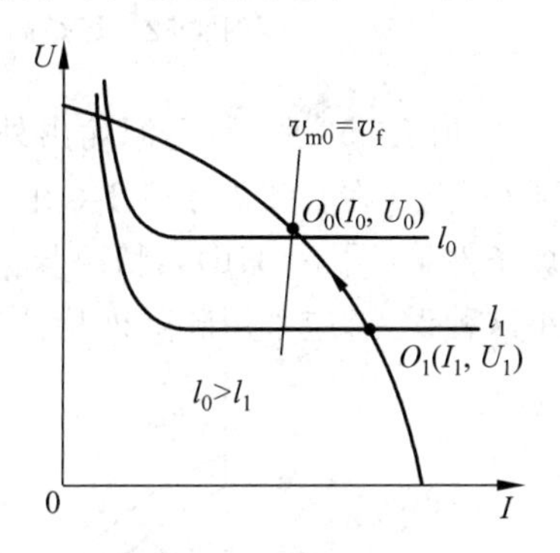

图 4-51 弧长波动时电弧工作点移动

由图 4-51 可以看出，在等速送丝的自动电弧焊过程中，当弧长突然缩短时，电弧的工作点将暂时从 O_0 点移到 O_1 点，由于 $I_1>I_0$，$U_1<U_0$，所以

$$v_{m1} > v_{m0} = v_f \quad (4\text{-}20)$$

因此，弧长将因熔化速度 v_m 增加而得到恢复。如果弧长的缩短是在焊炬与工作表面距离不变的条件下发生的，则电弧的稳定工作点最后将回到 O_0 点，调节过程完成后系统将不带任何静态误差。当送丝速度瞬时加快或减慢的情况下，调节过程是同样的。

当弧长的波动是由于焊炬相对工件的高度变化而引起，弧长调节过程必然是在焊丝伸出长度发生变化的条件下实现的。调节过程结束后的工作点，将由焊丝伸出长度变化以后的等熔化曲线和电源外特性曲线的交点决定。调节过程完成以后，系统将带有静态误差。误差大小除了与焊丝伸出长度变化量、直径和电阻率有关，还与电源外特性曲线形状有关。图 4-52 中曲线 1 为电弧静特性曲线，曲线 2 为正常焊丝伸出长度时的等熔化曲线，曲线 3 为焊丝伸出长度增加时的等熔化曲线，曲线 4～6 为电源外特性曲线。当电弧静特性曲线为平的时候，陡降特性电源比缓降特性电源引起更大的弧压静态误差。当电弧静特性曲线为上升时，平特性的电源将比上升

的或下降特性电源引起的弧压静态误差小,但上升特性电源的弧长误差最小。由此可见,为了减少电弧电压及弧长的静态误差,采用缓降(电弧静特性为平时)或上升特性(电弧静特性为上升时)电源比较合理。

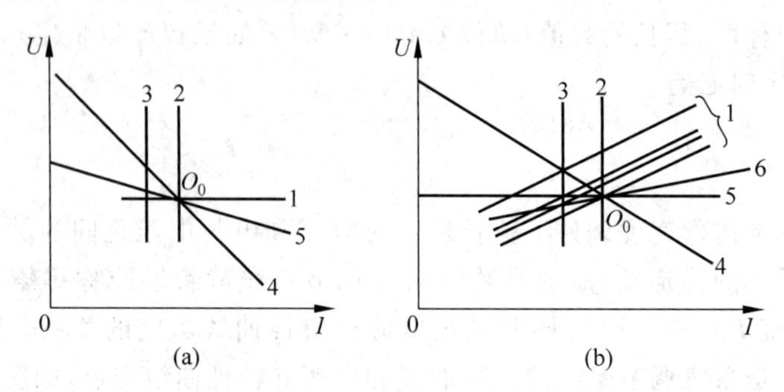

图 4-52　焊炬高度波动时电弧自身调节系统的静态误差

如图 4-53 所示,电源输出外特性的波动使等速送丝电弧焊的工作点从 O_0 点移到 O_1 点。在长弧焊条件下(图 4-53(a)),系统将产生明显的弧压静态误差。在短弧焊条件下(图 4-53(b)),情况与上述不同,这时系统将产生明显的电流误差。为了减小这种误差,应采用陡降外特性的电源。

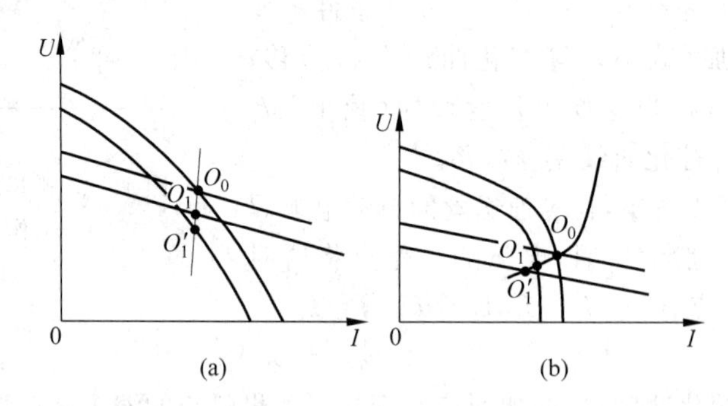

图 4-53　电源输出量波动时电弧自身调节系统的静态误差

电弧自身调节作用的灵敏度,将取决于弧长波动时引起的焊丝熔化速度变化量的大小。这个变化量越大,弧长恢复得就越快,调节时间越短,自身调节作用的灵敏度就越高。影响灵敏度的因素:①焊丝愈细,电流密度愈大,灵敏度愈高;②采用缓降(甚至平、微升)特性电源时,灵敏度较高;③弧柱场强愈大,灵敏度愈高;④短弧焊时,电弧固有的自调节作用较强,即使采用陡降特性电源,灵敏度也很高。

综上所述,在一般长弧焊条件下,电源应该采用缓降的、平的或微升的外特性。焊接电流的调整将通过改变送丝速度来实现,而改变电源外特性将是调整弧压的方法。如图 4-54 所示。

2) 弧压反馈调节系统

弧压反馈自动调节方法,目前主要用于变速送丝并匹配陡降特性电源的粗焊丝熔化极自动电弧焊。

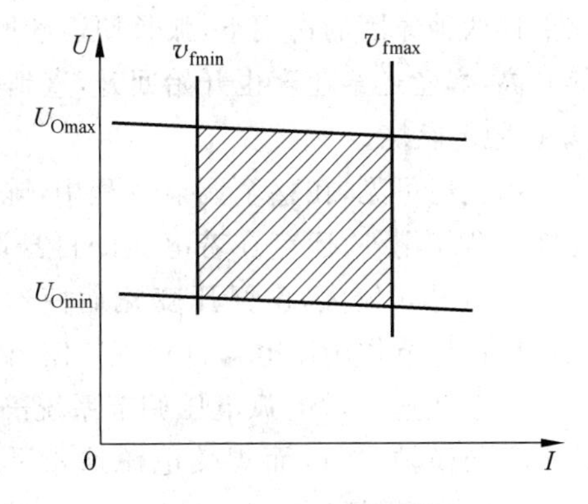

图 4-54 等速送丝电弧焊电压和电流的调节方法

弧压反馈自动调节又称为均匀调节，它与电弧自身调节作用的不同之处在于：当弧长波动而引起焊接规范偏离原来的稳定值 U_g 时，利用电弧电压 U_a 作为反馈量，并通过一个专门的自动调节装置强迫送丝速度发生变化。如弧长增加导致弧压提高，则通过反馈作用使送丝速度相应的增加，从而强迫弧长恢复到原来的长度，以保持焊接规范参数稳定。从自动调节的结构来看，这是一种以弧压为被调量而送丝速度为操作量的闭环系统，如图 4-55 所示。用带有弧压反馈调节器的送丝系统进行自动电弧焊时，在稳定状态下应有

$$v_f = k(U_a - U_g) \tag{4-21}$$

$$v_m = k_i \cdot I_a - k_u \cdot U_a \tag{4-22}$$

$$v_f = v_m \tag{4-23}$$

$$U_a = [k/(k+k_u)]U_g + [k_i/(k+k_u)]I_a \tag{4-24}$$

上式称为弧压调节系统的静态特性，它表示变速送丝自动电弧焊接过程中稳定弧压与焊接电流和给定控制量之间的关系，其中 k 为调节器静态比例放大系数。假定 k、k_i 和 k_u 为常数，则弧压调节系统静特性为一条在电压坐标轴上有截距的直线。

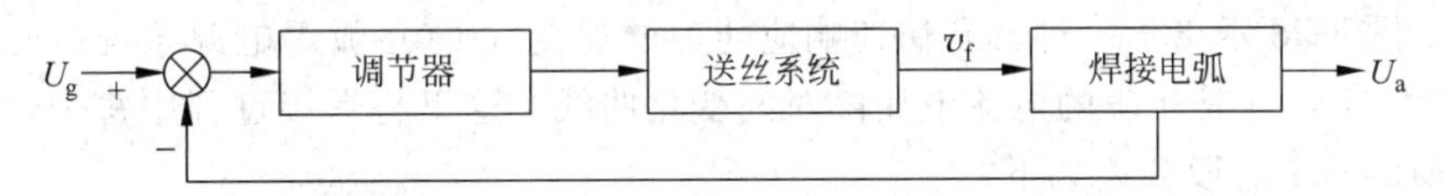

图 4-55 弧压反馈调节系统结构

图 4-56 所示是弧长变化时电弧电压反馈调节过程的原理。l_0 为电弧初始稳定燃烧时的静特性曲线，曲线 2 为焊接电源外特性，A 为弧压自动调节系统静特性曲线，O_0 为以上三条曲线的交点。电弧在 O_0 点燃烧时，焊丝的熔化速度等于送丝速度，焊接过程稳定。若弧长突然缩短，电弧的静特性曲线由 l_0 变到 l_1，此时电弧电压也由 U_0 降到 U_1，电弧的静特性曲线与弧压自动调节系统静特性曲线 A 的交点由原来的 O_0 变为 O_2。此时，由于弧压的突然下降，使得调节器输出值减小，则送丝速度也急剧减小，甚至会使焊丝上抽。另外，此时电弧的实际燃烧点由 O_0 变为 O_1，电弧的实际电流要比同样弧长的电流大得多，这就使焊丝熔化速度加快。

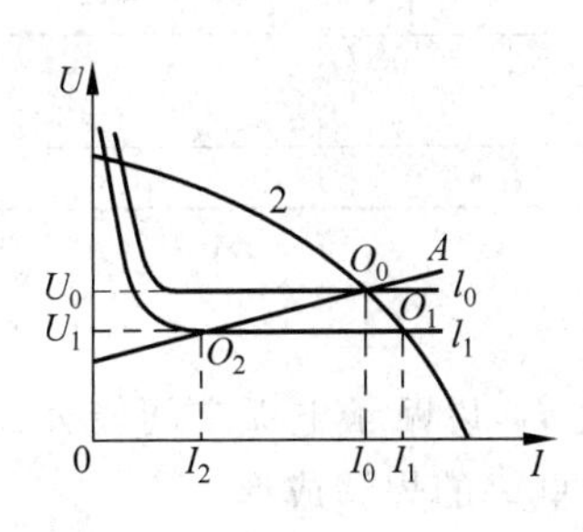

图 4-56 弧长波动时弧压反馈调节

在上述两种原因的作用下,弧长便逐渐增长直到恢复原值。在恢复过程中,随着弧压的升高,焊丝送给速度也开始回升,直到弧长恢复到预定值时(即 $v_f = v_m$),电弧又在 O_0 点稳定燃烧。

由上述可见,在整个调节过程中,除存在弧压反馈调节作用外,还存在着电弧的自身调节作用。但一般情况 k 较大,由弧压变化而使丝速变化的弧压反馈调节作用比电弧自身调节作用大得多。

由于变速送丝电弧电压调节系统静特性曲线接近于与横轴平行,而焊接电源通常采用陡降外特性,因此在焊接过程中,调节电源外特性主要是为了调节焊接电流,而调节丝速给定值 U_g 主要是为了调节电弧电压,如图 4-57 所示。

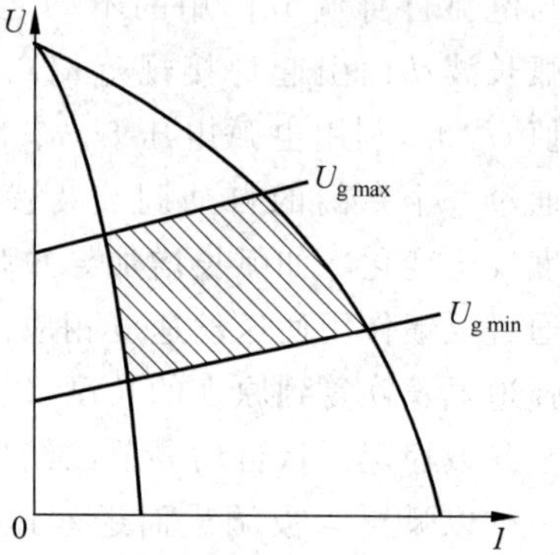

图 4-57　弧压反馈电弧焊电压和电流调节

2. 短路过渡 CO_2 弧焊过程的控制

通过焊接电源的作用,可以有效地控制电弧。随着现代电力电子技术和自动控制技术的不断进步,国内外焊接界已逐步认识到:应使弧焊电源成为一个宽频带的电压电流源——能够在线实时调整自身输出,自动地适应焊接电弧、熔滴、熔池状态的瞬态变化,满足焊接工艺控制的要求。而不应再拘泥于传统(或平硬、或缓降、或陡降)的固定外特性的概念。

利用具有优异动态品质和控制精度的晶体管、晶闸管或 IGBT 逆变电源,对 CO_2 焊的燃弧和熔滴短路过渡过程进行控制,这是减小焊接飞溅和改善焊缝成形的途径之一。图 4-58 示出了一种具有快速响应能力的逆变式 CO_2 弧焊电源系统的时变输出特性,图 4-59 是相应的电流电压随时间变化曲线。这里将焊接过程中每个熔滴过渡周期的六个时段分述如下:

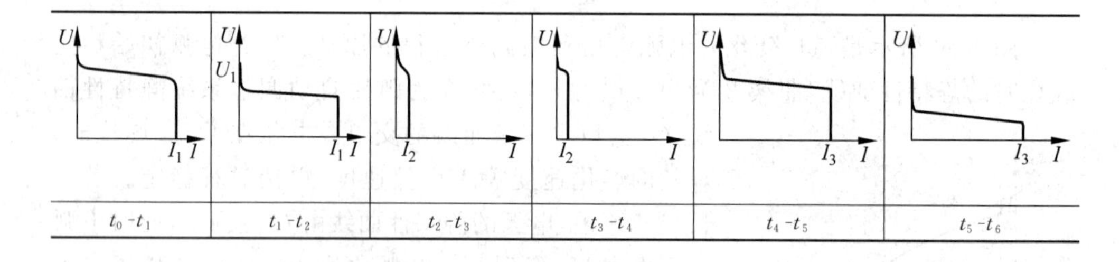

图 4-58　弧焊电源的时变输出特性

(1) 燃弧前期 t_0-t_1,焊接电源在 T_1 时间内输出恒流 I_1,以赋予电弧空间较大的能量,保证短路过渡后再燃弧过程的稳定性,同时有利于良好的焊缝成形。

(2) 燃弧中期 t_1-t_2,焊接电源在 T_2 时间内的输出呈现平直特性 U_1,以加强电弧自身调节作用,保证燃弧过程稳定。

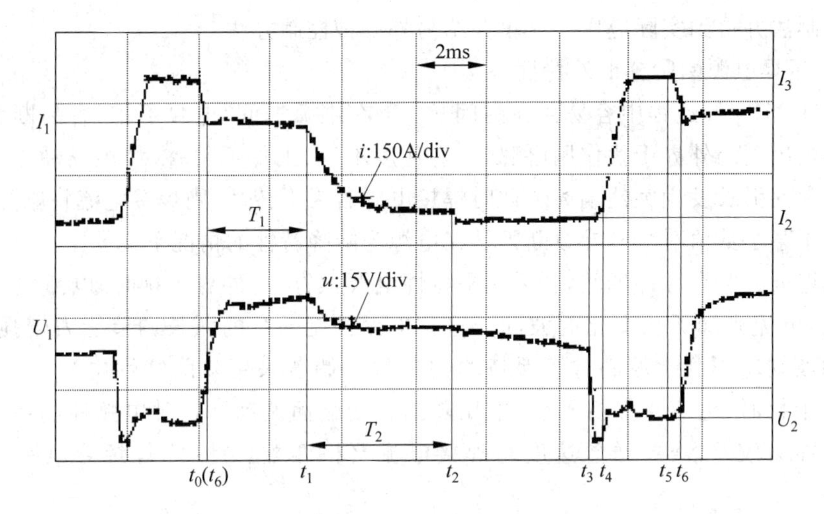

图 4-59 焊接过程实测电流、电压波形

(3) 燃弧后期 t_2-t_3，焊接电源输出电流降至 I_2，限制熔滴进一步长大，并使其在较小的电磁阻力下接触熔池，减小飞溅。

(4) 短路前期 t_3-t_4，熔滴短路后，焊接电源短时持续输出 I_2，以减小此时电磁力对熔滴过渡的阻碍作用，增加其柔顺性，保证形成可靠的液态小桥。

(5) 短路中期 t_4-t_5，焊接电源输出高值短路电流 I_3，以增加电磁收缩力，促使熔滴快速过渡。

(6) 短路后期 t_5-t_6，液态金属小桥出现颈缩时，焊接电源输出呈现低平特性 U_2，随着负载等效阻抗的增加，输出电流衰减，从而降低了液态小桥破断时电爆炸能量及焊接飞溅，完成熔滴过渡。

焊接过程中，固定的 T_1、T_2 时间保证了熔滴尺寸和熔深的一致性，而弹性的 t_2-t_3 时间可适应熔池波动和焊炬抖动等因素带来的弧长扰动，保证了燃弧过程的稳定。

实现上述控制方法的关键，首先在于控制参数 T_1、T_2、I_1、I_2、U_1、U_2 的整定。其次是控制系统对熔滴过渡状态(即 t_3、t_5、t_6 时刻)的实时自动识别。另外，控制作用是否能够正确实现也很重要。由图 4-59 可看出，在短路后期焊接电流的衰减不够，未能很好起到降低熔滴电爆炸能量的作用。原因是一般焊接电源的输出回路(其中包括焊接电缆)不可避免地存在感抗，从而限制了电流变化速度，影响了控制效果。可能的改进方法是，在液态小桥颈缩时刻，通过对焊接电源输出回路中特殊的串联元件或并联支路的切换，来减小焊接电流瞬态变化的时间常数。

3. 脉冲 MIG 电弧控制技术

利用焊接电源的控制作用，可使 MIG 电弧稳定燃烧，熔滴过渡均匀一致，并且保持最佳的脉冲参数而获得理想的焊缝成形。在 20 世纪 80 年代国外出现了 Synergic

电弧控制法并得到实际应用。这里介绍另外一种控制方法。

1）弧焊电源的阶梯形外特性

脉冲MIG焊过程中容易存在的问题：①在维弧期间，电弧不稳，容易断弧或短路。随机出现的外界干扰作用(例如送丝速度不稳、工件不平整、焊炬晃动以及磁偏吹等)，常使弧长发生突然偏离。此时焊接电源若为平特性，则焊接电流将剧烈波动，当其小于某一数值时势必导致断弧。在电源为陡降特性的情况下又易于产生短路而使电弧熄灭。②在脉冲期间，若采用平特性电源，当出现外界干扰时，电弧电压将维持不变，电流则随弧长变化而波动。这种电弧控制系统的弧长调节能力较强，然而电流的波动却不利于熔滴过渡保持均匀一致。倘若采用陡降特性电源，则每当出现外界干扰时，电流将保持不变，电压随弧长变化而波动。这种电弧控制系统的弧长调节能力较差，需要送丝速度与焊接电流严格匹配。此外，焊炬导电嘴容易被烧坏。

弧焊电源既然可以采用电压反馈来获得恒压输出的平特性，又可以采用电流反馈来获得恒流输出的陡降特性，将不同的外特性线段设法连接起来，就成为如图4-60所示I_1-U-I_2阶梯形外特性的弧焊电源。

阶梯形外特性焊接电源控制脉冲电弧的方法如图4-61所示。采用阶梯形外特性的L形部分作为维弧之用，而将另一条阶梯形外特性的倒L形用作脉冲。这两条外特性按给定的维弧时间t_b和脉冲时间t_p自动进行切换，从而实现对脉冲焊接电弧的控制。设电弧长度为l_0，维弧期间电弧工作于A点，而脉冲期间电弧工作于B点。当出现偶然干扰，使弧长变短为l_1时，则电弧工作点分别移至A_1及B_1点。在此正常范围内，脉冲期间电弧工作点处于恒流段，因而熔滴过渡均匀，维弧期间电弧的工作点处于恒压段，从而改善了系统的弧长调节作用。此外，维弧恒流部分可保证小电流时不致断弧，而脉冲恒压部分又可限制最大弧长避免出现极端情况时烧坏焊炬导电嘴。

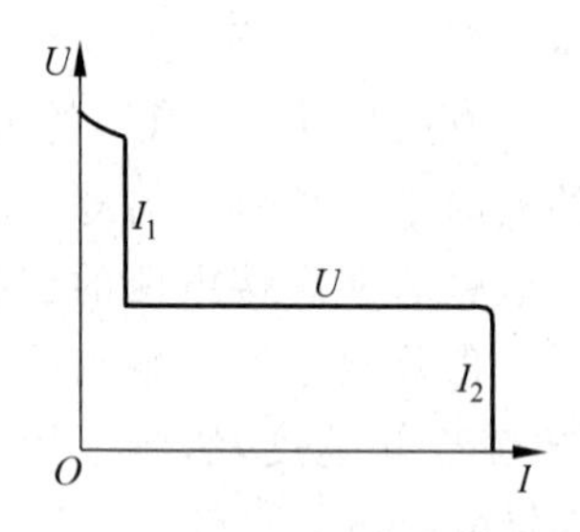

图4-60 弧焊电源的阶梯形外特性

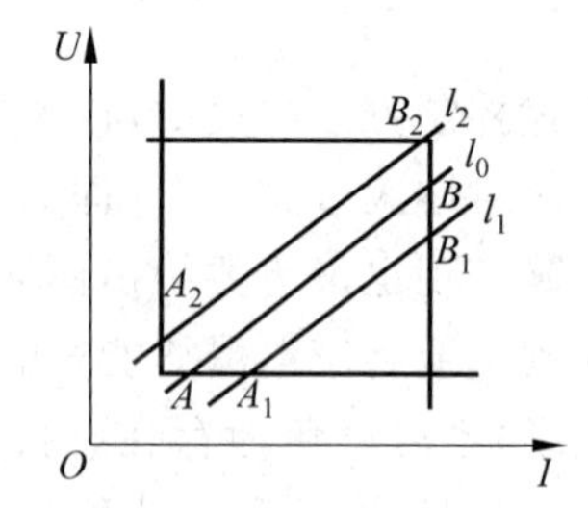

图4-61 阶梯形外特性对焊接电弧的控制

采用双阶梯切换外特性的模拟式晶体管电源，恒流恒压闭环的动态响应频率均高于10kHz，两条外特性相互切换的过渡时间为0.2ms，焊接工艺参数如表4-13所示。

表 4-13 阶梯形外特性的参数选择实例

序号	维弧外特性			脉冲外特性			t_b/ms	t_p/ms
	I_1/A	U/V	I_2/A	I_1/A	U/V	I_2/A		
1	70	15	>200	<100	39	320	9	4
2	70	10			39	420	9	3
3	40	23			39	420	9	3
焊丝直径 1.2mm，焊丝型号 H08Mn2Si，送丝速度 230cm/min，保护气体 15%CO_2+85%Ar								

2）离散采样的电弧闭环控制系统

上述阶梯形外特性控制方法的不足之处在于需要给定的参数众多，调节起来比较复杂。于是，出现了一种离散采样的电弧闭环控制系统。脉冲电弧的维弧时间和脉冲时间能够根据给定的弧长随着送丝速度的改变而自动地相应变化，外特性各段参数则根据不同的焊丝材料和直径分别事先固定而不再调节。因此，实际焊接操作时仅需选择焊丝直径及合适弧长，调节送丝速度即可自动得到所需的焊接电流。

这种脉冲电弧的闭环控制系统可由图 4-62 来说明。PS 为阶梯形外特性焊接电源，根据信号 f 的控制作用，可以在 0.45ms 内由某一条阶梯形外特性切换为另一条。无论维弧期间或脉冲期间电弧均工作于恒流状态，因而有利于焊缝成形以及熔深的均匀一致，同时也提高了电弧的稳定性，使维弧电流能够较小而扩大平均电流的可调范围。固定的几套阶梯形外特性各段参数的给定值 G 输入到外特性选通器 S 以适应不同的焊丝直径或材料。方波发生器 SWG 根据其输入信号 a 及 b，输出相应宽度的方波信号去触发外特性选通器 S。检测电路 D 将弧长信号 U_a 与弧长给定值 U_g 相比较，然后输出信号 a，经方波发生器 SWG 以控制维弧时间 t_b。D 对每一个脉冲期间的电弧电压进行采样，用来控制随后的维弧时间 t_b。焊接电流信号 I_a 经检测电路 C 输入方波发生器 SWG，用以改变脉冲时间 t_p。使 $t_p \nless 3$ms 以保证每个脉冲至少过渡一个熔滴。由于 t_b 得到控制，而 t_p 亦作相应改变，因此焊接过程中脉冲频率变化不大。

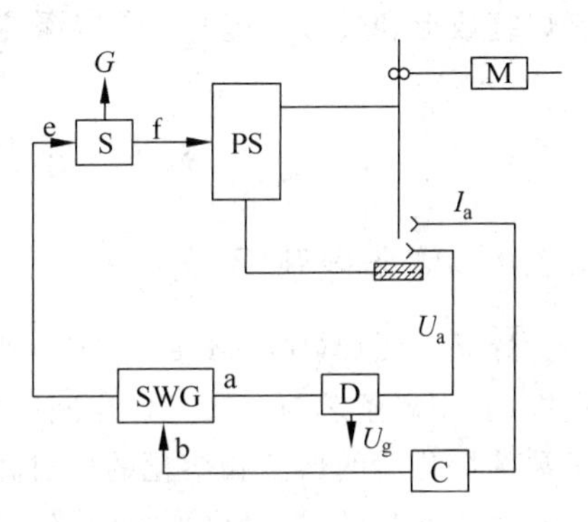

图 4-62 离散采样的焊接电弧控制系统结构

获取弧长信息的方法是在每个脉冲前沿 0.2～2.0ms 内对弧压瞬时值进行积分。每次采样均在电流脉冲的同样情况下进行，采样值能够较好地反映相对弧长。采样频率随焊接电流脉冲频率一起变化。维弧期间电弧的稳定性较差，脉冲后期则由于熔滴过渡而对电弧电压产生一系列扰动，因此采样点选择在随机干扰最小的时刻，即脉冲前沿 0.2ms 以后。采用弧压对时间的积分作为弧长信号，有利于减小电压瞬时扰动的影响，积分时间较之脉冲周期为时甚短，不会影响系统的动态品质。采用这种闭环控制系统,取得了很好的应用效果。参数众多而相互配合关系复杂的熔化极脉冲氩弧焊接条件的调节,被简化成为只需调节和给定送丝速度。焊接电弧具有优良的抗弧长干扰的能力,由外界因素引起的弧长变动均能快速恢复而自动维持给定值。焊接电流的调节范围宽广,几种常用直径焊丝的适用电流范围如表4-14所示,在此范围内均能保持喷射过渡。

表4-14 焊接电流的调节范围

焊丝成分	焊丝直径/mm	电流可调范围/A	保护气体成分
H08Mn2Si	1.0	45～200	15%CO_2+85%Ar
	1.2	60～320	
	1.6	80～360	

这种离散采样的电弧闭环控制系统,可应用于下列方面:①熔化极脉冲氩弧焊的单旋钮调节;②脉动送丝焊接或程序送丝焊接;③全位置焊接和薄板焊接;④控制焊缝成形和焊接线能量;⑤熔深控制和熔透闭环控制;⑥单面焊双面成形。

4.3 常用的电弧焊接方法

4.3.1 焊条电弧焊

焊条电弧焊(flux-shielded metal arc welding)是以外部包覆涂料的焊条芯作为电极,利用焊条芯与金属工件之间产生的电弧将焊条和工件局部加热到熔化状态,焊条端部熔化后的熔滴和熔化的母材融合一起形成熔池,随着电弧向前移动,熔池液态金属逐步冷却结晶,最终形成焊缝。具体工艺过程如图4-63所示。

1. 适用特点

焊条电弧焊是各种电弧焊方法中发展最早而且目前仍然应用最为广泛的一种焊接方法。其设备简单轻便,焊接操作灵活,可以应用于维修及装配中的短缝焊接,特别是可以用于难以达到的部位的焊接。焊条电弧焊适用于碳钢、低合金钢、不锈钢、铜及铜合金等金属材料的焊接,以及铸铁焊补和其他金属材料的堆焊。但是对于钛、铌、锆等活泼金属和钽、钼等难熔金属,由于保护效果不够好,焊接质量难于达到要求。对于锡、铅、锌等低熔点金属及其合金,由于电弧温度太高,也不可采用焊条电弧焊。

2. 焊接设备

焊条电弧焊设备包括弧焊电源、焊接电缆、焊钳、面罩、敲渣锤、钢丝刷、焊条保温桶等。弧焊电源通常采用下降外特性,额定电流一般在500A以下。选用焊机时,首先应根据焊条类型确定焊机种类。例如,对于(型号E5015牌号J507)低氢钠型结构钢焊条,必须采用直流弧焊电源,以保证电弧稳定燃烧。对于(型号E4303牌号

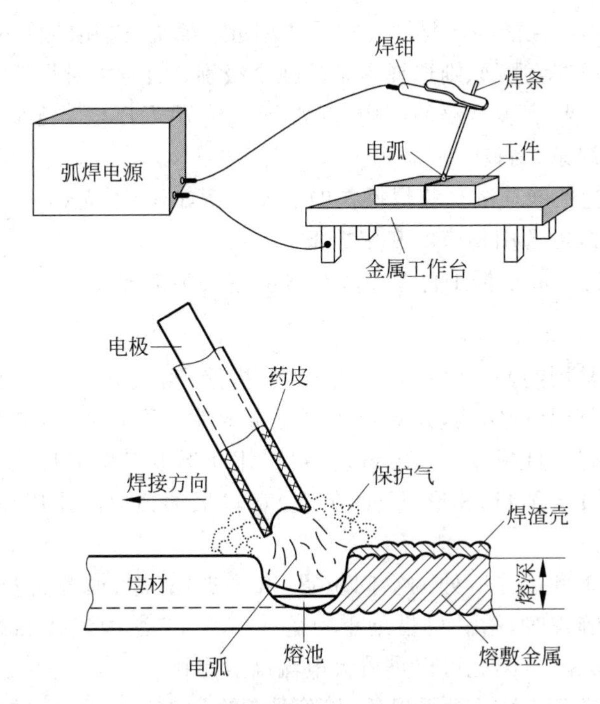

图 4-63 焊条电弧焊工艺过程示意图

J422)酸性结构钢焊条,交流和直流弧焊电源均能使用,可以选择结构简单且价格较低的交流弧焊机。其次,需要根据焊接过程中所需的焊接电流范围和实际负载持续率来选择焊机容量。另外,还要考虑焊机自身重量、体积及能耗等指标因素。

3. 电焊条

焊条由焊芯和涂层组成。焊芯采用焊接专用金属丝(也称焊丝),如碳钢焊条焊芯常用牌号为 H08A 的焊丝。在焊接过程中,它既是电极,又是填充金属。涂层(也称药皮)是矿石粉末、铁合金粉、有机物和化工制品等原料按一定比例配制后压涂在焊芯表面上的,其作用在于:①改善焊条的焊接工艺性能,保持电弧稳定,改善熔滴过渡,减小飞溅,保证焊缝成形等;②涂层熔化或分解后产生气体和熔渣,防止熔滴和熔池金属与空气接触;熔渣凝固后形成的渣壳覆盖在焊缝表面,可进一步防止高温的焊缝固态金属被氧化,并可减慢焊缝金属的冷却速度;③通过熔渣与熔化金属产生物理化学反应进行脱氧、去硫、去磷、去氢或向熔池添加合金元素,改善焊缝性能。

选用焊条应考虑以下原则:

(1) 根据母材金属类别选择相应同类的焊条。例如,焊接低碳钢或低合金钢时,应选用结构钢焊条。焊接不锈钢或耐热钢时,则应选用相应型号的不锈钢或耐热钢焊条。

(2) 应保证焊缝性能与母材性能相同或相近。例如,选用结构钢焊条时,要根据母材的抗拉强度按"等强"原则选择焊条的强度级别;而对于对焊缝韧性和延性要求较高的重要结构或易产生裂纹的结构(例如刚性大,施焊环境温度低等),应选用碱性焊条甚至超低氢焊条、高韧性焊条等。

(3) 焊条工艺性能要满足施焊操作的需要。例如,向下立焊、管道焊接、底层焊、盖面焊、重力焊时,可选用相应的专用焊条。

(4) 焊条直径一般根据工件厚度和焊接电流大小来选择。

4. 焊接工艺

焊条电弧焊常用的基本接头形式有对接、搭接、角接和T形接头。接头形式的选择,主要是根据产品的结构,并综合考虑受力条件。预开坡口,其目的是保证焊透并改善成形。被焊工件板厚1～6mm时,可采用I形坡口单面焊或双面焊。板厚≥3mm时,就可以预开Y形、X形、U形坡口。坡口根部钝边的作用是避免烧穿,间隙的作用是保证焊透。

熔焊时被焊工件接缝所处的空间位置,有平焊、立焊、横焊、仰焊及全位置焊之分。在平焊位置施焊时,熔滴可借助重力落入熔池,熔池中气体和熔渣容易浮出表面,焊缝成形容易保证,因此可以进行大电流高效焊接。

施焊之前的准备工作:烘干焊条,祛除受潮涂层中的水分,以减少熔池及焊缝中的氢,防止产生气孔和冷裂纹;清除工件坡口及两侧各20mm范围内的锈、水、油污等,防止产生气孔和延迟裂纹;组对工件,保证结构的形状和尺寸,预留坡口根部间隙和反变形量,然后按规定的位置进行定位焊;针对刚性大的结构和可焊性差的材料,焊前对工件进行全部或局部预热,以减小接头焊后冷却速度,避免产生淬硬组织,减小焊接应力和变形,防止产生裂纹。

采用直流电弧焊接时,电弧稳定,飞溅较小。采用交流电弧焊接时,电弧稳定性较差。低氢钠型焊条稳弧性差,必须采用直流弧焊电源。直流电弧焊时,工件接电源正极,称为直流正接或正极性;工件接电源负极,称为直流反接或反极性。一般情况,反接的电弧比正接稳定。小电流焊薄板时,一般采用反接。低氢钠型焊条焊接时,也要采用直流反接方式。直流弧焊过程中,有时会产生电弧磁偏吹现象。磁偏吹可能会导致工件未焊透和未熔合等缺陷。而在交流电弧焊时,磁偏吹现象不明显。

焊接电流是焊条电弧焊的最主要工艺参数。焊接电流过大:焊条尾部发红,部分涂层失效,保护效果变差,造成气孔;可能会导致咬边和烧穿等焊接缺陷;还会使接头热影响区晶粒粗大,延性下降。焊接电流过小:可能会造成未焊透、未熔合、气孔、夹渣等缺陷,且生产率低。因此,选择焊接电流参数,应在保证焊接质量的前提下考虑提高劳动生产率。焊接过程中,由弧焊电源输入给单位长度焊缝上的热量称为线能量,由焊接电流I和电弧电压U及焊接速度v综合决定。线能量也是影响焊缝组织和性能的重要工艺参数。

焊后经常需要立即对焊件全部或局部进行加热或保温使其缓冷,这种工艺措施称为后热。后热的目的是避免形成硬脆组织，以及使扩散氢逸出焊缝表面，从而防止产生裂纹。焊后为改善接头的显微组织和性能或消除焊接残余应力而进行的热处理，称为焊后热处理。例如，对于易产生脆断和延迟裂纹的重要结构、尺寸稳定性要求高的结构、有应力腐蚀的结构以及厚度超过一定限度的结构，应考虑焊后进行消除应力退火。

4.3.2 埋弧焊

埋弧焊是以连续送进的焊丝作为电极和填充金属，在工件焊接区的上面覆盖一层颗粒状焊剂，电弧在焊剂层下燃烧，将焊丝端部和工件局部母材熔化形成焊缝。在电弧热的作用下，一部分焊剂熔化成熔渣并与液态金属发生冶金反应。熔渣浮在金属熔池的表面，可以保护焊缝金属，防止空气的污染，并与熔化金属产生物理化学反应，改善焊缝金属的成分及性能，还可以使焊缝金属缓慢冷却。

1. 工艺原理

埋弧焊过程如图 4-64 所示：焊剂由漏斗经软管流出均匀地堆敷在装配好的焊件上，焊丝经送丝机构和导电嘴送入焊接电弧区，焊接电源输出端分别接在导电嘴和焊件上，送丝机构、焊剂漏斗及控制盘通常都装在一台小车上以实现焊接电弧的移动。

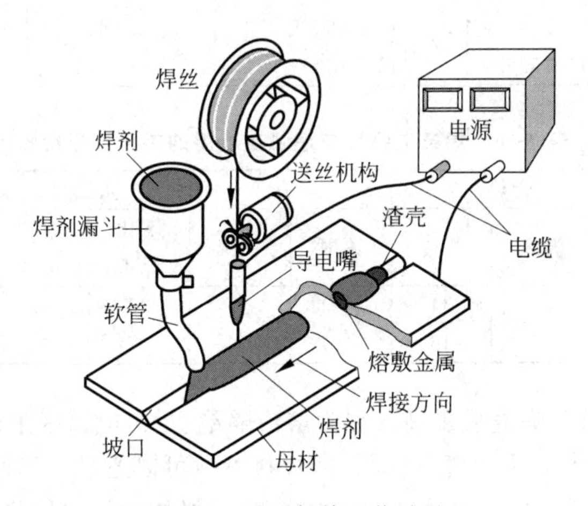

图 4-64 埋弧焊接工艺过程

埋弧焊的电弧是掩埋在固态颗粒状焊剂下面的，如图 4-65 所示。当焊丝和焊件之间引燃电弧 3 时，电弧热使焊件 6、焊丝 2 和焊剂 1 熔化甚至部分蒸发。金属和焊剂的蒸发气体形成了一个气泡，电弧就在这个气泡内燃烧。气泡的上部被一层烧化了的焊剂——熔渣 5 所构成的外膜包围，这层外膜很好地隔离了空气与电弧和熔池 4 的接触，并使有碍操作的弧光不再辐射出来。8 是熔化再凝固的渣壳，7 为脱壳后的焊缝。

2. 适用特点

(1) 可以采用较大的焊接电流,生产效率高。这是因为:一方面焊丝导电长度较短,电流和电流密度高(表4-15),因此电弧的熔深能力和焊丝熔敷效率都大大提高,一般不开坡口的单面一次焊熔深可达20mm;另一方面,由于焊剂和熔渣的隔热作用,电弧上基本没有热的辐射散失,飞溅也小,虽然用于熔化焊剂的热量损耗有所增大,但总的热效率仍然大大增加(表4-16),因而使埋弧焊的焊接速度可以大大提高。以厚度8~10mm钢板对接为例,单丝埋弧焊速度可达30~50m/h,而涂料焊条手工焊则不超过6~8m/h。

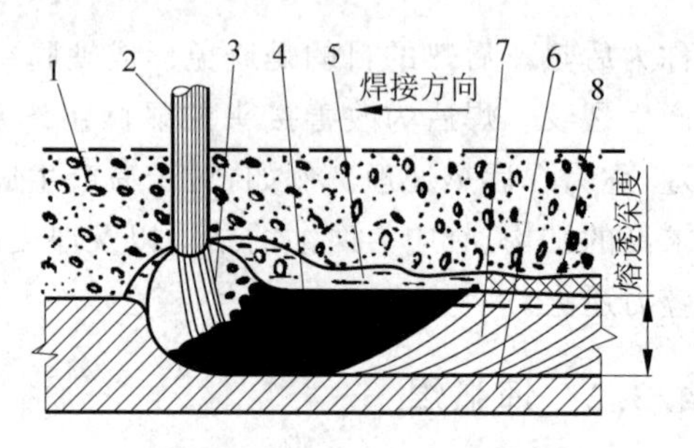

图4-65 埋弧焊焊缝形成过程

1—焊剂;2—焊丝;3—电弧;4—熔池;5—熔渣;6—母材;7—焊缝;8—渣壳

表4-15 焊条电弧焊与埋弧自动焊的焊丝电流密度比较

焊条焊丝的直径/mm	手工电弧焊		埋弧自动焊	
	焊接电流/A	电流密度/(A/mm²)	焊接电流/A	电流密度/(A/mm²)
2	50~65	16~25	200~400	63~125
3	80~130	11~18	350~600	50~85
4	125~200	10~16	500~800	40~63
5	190~250	10~18	700~1000	35~50

表4-16 焊条电弧焊与埋弧自动焊的热量平衡比较

焊接方法	产热/%		耗热/%					
	极区	弧柱	辐射	飞溅	熔化焊条	熔化母材	母材传热	熔化药皮焊剂
手工电弧焊	66	34	22	10	23	8	30	7
埋弧自动焊	54	46	1	1	27	45	3	25

(2) 保护效果好,焊缝质量高。因为熔渣隔绝空气,电弧区主要成分是CO,焊缝金属中含氮量和含氧量大大降低。另外,焊接参数可以通过自动调节保持稳定,对焊工技艺水平要求不高,焊缝成形和组织成分稳定,机械性能比较好。

(3) 劳动条件好。埋弧焊没有弧光辐射,同时采用机械化自动焊接方式减轻了手工焊操作的劳动强度。

(4) 由于埋弧焊是依靠颗粒状焊剂堆积形成保护条件,因此主要适用于水平位置焊缝焊接。但也有采用特殊机械装置,保证焊剂堆敷在焊接区而不下落,从而实现了埋弧横焊、立焊和仰焊,还有使用磁性焊剂的埋弧横焊和仰焊。

(5) 由于埋弧焊焊剂的成分主要是MnO,SiO_2等金属及非金属氧化物,与焊条电弧焊一样,难以用来焊接铝、钛等氧化性强的金属及其合金。

(6) 只适于长焊缝的焊接。由于机动灵活性差,焊接设备也比手弧焊复杂些,短焊缝显不出生产效率高的特点。

(7) 埋弧焊电弧的电场强度较大,电流小于100A时,电弧的稳定性不好,因此不适合焊接厚度小于1mm的薄板。

埋弧焊至今仍然是工业生产中常用的一种自动电弧焊方法,在造船、锅炉、化工容器、桥梁、起重机械及冶金机械制造业中应用最为广泛。目前可焊接的钢种包括碳素结构钢、低合金结构钢、不锈钢、耐热钢及其复合钢材等。采用双丝、三丝或带极的高效埋弧焊,能达到较厚板的一次焊接成形。在海洋工程中,对于50～80mm厚板的埋弧焊接,在焊缝坡口中预先填加金属粉末,焊接时粉末和焊丝同时熔化。此外,用埋弧焊堆焊耐磨耐蚀合金或用于焊接的镍基合金和铜合金也是较理想的。

3. 焊剂和焊丝

在埋弧焊过程中,熔化的焊剂能够产生气和渣,有效地保护了电弧和熔池,并防止焊缝金属的氧化、氮化和合金元素的蒸发与烧损,使焊接过程稳定。焊剂还有脱氧和渗合金的作用,与焊丝配合使用,使焊缝金属获得所需要的化学成分和机械性能。为了获得高质量的焊缝,对焊剂的基本要求是:保证电弧的稳定燃烧;硫、磷含量要低,对锈、油及其他杂质的敏感性要小,以保证焊缝中不产生裂纹和气孔等缺陷;焊剂要有合适的熔点,熔渣要有适当的黏度,以保证焊缝成形良好,焊后有良好的脱渣性;焊剂在焊接过程中不应析出有害气体;焊剂的吸湿性要小;具有合适的粒度;焊剂颗粒要有足够的强度,以便焊剂多次使用。

按照制造方法,埋弧焊焊剂可分为熔炼焊剂和非熔炼焊剂,非熔炼焊剂又分为粘结焊剂和烧结焊剂。按照化学成分,埋弧焊焊剂可分为有无锰焊剂、低锰焊剂、中锰焊剂和高锰焊剂;按照构造,埋弧焊焊剂可分为玻璃状焊剂和浮石状焊剂;按照化学特性,埋弧焊焊剂可分为分为酸性和碱性焊剂;按照用途,埋弧焊焊剂可分为低碳钢、低合金钢和合金钢焊剂;等等。

埋弧焊所用焊丝与手工电弧焊焊条钢芯同属一个国家标准,即焊接用钢丝。焊丝直径为1.6～6mm。不同牌号焊丝应分类妥善保管,不能混用。焊前应对焊丝仔细清理,去除铁锈和油污等杂质,防止焊接时产生气孔等缺陷。

低碳钢的埋弧焊接,可选用高锰高硅型焊剂配合H08MnA焊丝,或选用低锰、无锰型焊剂配合H08MnA,H10Mn2焊丝。低合金高强度钢的埋弧焊接,可选用中锰中硅或低锰中硅型焊剂配合适当低合金高强度钢焊丝。对于耐热钢、低锰钢、耐蚀钢的埋弧焊接,可选用中硅或低硅型焊剂配合相应的合金钢焊丝。铁素体、奥氏体等高合金钢的埋弧焊接,一般选用碱度较高的熔炼焊剂或烧结、粘结焊剂,以降低合金元素的烧损及掺加较多的合金元素。

埋弧焊用的焊丝,应根据所焊钢材的类别及对接头性能的要求加以选择,并与适当的焊剂配合使用。焊接低碳钢和低合金高强度钢应选择与钢材强度相匹配的焊丝。耐热钢和不锈钢的焊接,应选择与钢材成分相近的焊丝。不同钢种焊接使用的焊剂与焊丝见表4-17。

表 4-17 常用埋弧焊剂用途及其配用焊丝

焊剂型号	成分类型	用途	配用焊丝	焊剂颗粒度/mm	适用电流种类
焊剂 130	无 Mn 高 Si 低 F	低碳钢,普通低合金钢	H0Mn2	0.4～3	交直流
焊剂 131	无 Mn 高 Si 低 F	Ni 基合金	Hi 基焊丝	0.25～1.6	交直流
焊剂 150	无 Mn 中 Si 中 F	轧辊堆焊	2Cr13,3Cr2W8	0.25～3	直流
焊剂 172	无 Mn 低 Si 高 F	高 Cr 铁素钢	相应钢种焊丝	0.25～2	直流
焊剂 173	无 Mn 低 Si 高 F	Mn-Al 高合金钢	相应钢种焊丝	0.25～2.5	直流
焊剂 230	低 Mn 高 Si 低 F	低碳钢,普通低合金钢	H08MnA,H10Mn2	0.4～3	交直流
焊剂 250	低 Mn 中 Si 中 F	低合金高强度钢	相应钢种焊丝	0.4～3	直流
焊剂 251	低 Mn 中 Si 中 F	珠光体耐热钢	Cr-Mo 钢焊丝	0.4～3	直流
焊剂 260	低 Mn 高 Si 中 F	不锈钢,轧辊堆焊	不锈钢焊丝	0.25～2	直流
焊剂 330	中 Mn 高 Si 低 F	重要低碳钢及普通低合金钢	H08MnA,H10Mn2	0.4～3	交直流
焊剂 350	中 Mn 中 Si 中 F	重要低合金高强度钢	Mn-Mo,Mn-Si 及含 Ni 高强钢焊丝	0.4～3 0.25～1.6	交直流
焊剂 430	高 Mn 高 Si 低 F	重要低碳钢及普通低合金钢	H08A,H08MnA	0.14～3 0.25～1.6	交直流
焊剂 431	高 Mn 高 Si 低 F	重要低碳钢及普通低合金钢	H08A,H08MnA	0.4～3	交直流
焊剂 432	高 Mn 高 Si 低 F	重要低碳钢及普通低合金薄板	H08A	0.25～1.6	交直流
焊剂 433	高 Mn 高 Si 低 F	低碳钢	H08A	0.25～3	交直流

4. 低碳钢埋弧焊的主要冶金反应

埋弧焊的冶金过程,包括液态金属、液态熔渣与各种气相之间的相互作用,以及液态熔渣与已经凝固金属之间的作用。用高锰高硅焊剂进行低碳钢的埋弧焊接时,其冶金特点:向焊缝补充 Mn 和 Si;控制一部分碳氧化;减少焊缝金属中和的含量,防止热裂和冷裂;防止焊缝产生气孔。

(1) 硅锰还原反应

在低碳钢埋弧焊时,硅和锰是焊缝中最重要的合金成分。提高焊缝中的含锰量,会降低产生热裂纹的危险性,并能改善焊缝的机械性能。硅能镇静熔池,并能保证取得致密的焊缝。常用的低碳钢熔炼焊剂是高锰高硅低氟焊剂,其主要成分为 MnO 和 SiO_2,渣系是 $MnO\text{-}SiO_2$。焊缝金属中的硅和锰是通过液态金属与熔渣之间的硅锰还原反应获得的。

$$2Fe + SiO_2 \longleftrightarrow 2FeO + Si \tag{4-25}$$

$$Fe + MnO \longleftrightarrow FeO + Mn \tag{4-26}$$

(2) 碳的氧化

碳只能从焊丝及母材进入焊接熔池,焊剂是不含碳成分的。焊丝熔滴过渡进入熔池的过程中,焊丝中的碳发生非常剧烈的氧化($C + O \longleftrightarrow CO$);在熔池内也有一部分碳氧化。提高液态金属的含硅量能抑制碳的氧化。液态金属中的锰不能抑制碳的氧化,因为在熔池温度下锰对氧的亲和力比碳对氧的亲和力小。

适当增加焊丝含碳量,会使碳的烧损量增大。由于碳的剧烈氧化,熔池的搅动作用增强,使熔池中的气体更容易析出,这对防止焊缝产生氢气孔有作用。当然,碳和氧会生成一氧化碳也是生成气孔的因素,但是埋弧焊形成的气孔主要是氢造成的。

(3) 硫磷杂质的限制

硫造成偏析形成低温共晶是产生热裂纹的主要原因。磷会引起金属的冷脆性,所以必须限制其含量并控制它的过渡。我国生产的焊剂含S和P均限制在0.1%以内。

(4) 去除熔池中氢的途径

高Mn高Si焊剂埋弧焊时,氢气孔是一个重要的问题。防止氢气孔的途径:①杜绝氢的来源,例如去除铁锈、水分和有机物;②通过氢与熔渣和熔池中的CaF_2、SiO_2、MnO、MgO、CO_2等的冶金反应,把氢结合成HF和OH这两种稳定而不溶于熔池的化合物。

5. 埋弧焊机的结构组成

埋弧焊机的主要部分包括焊接机头移动机构、送丝装置、焊剂输送装置、弧焊电源和控制系统。典型的埋弧自动焊机如图4-66所示。

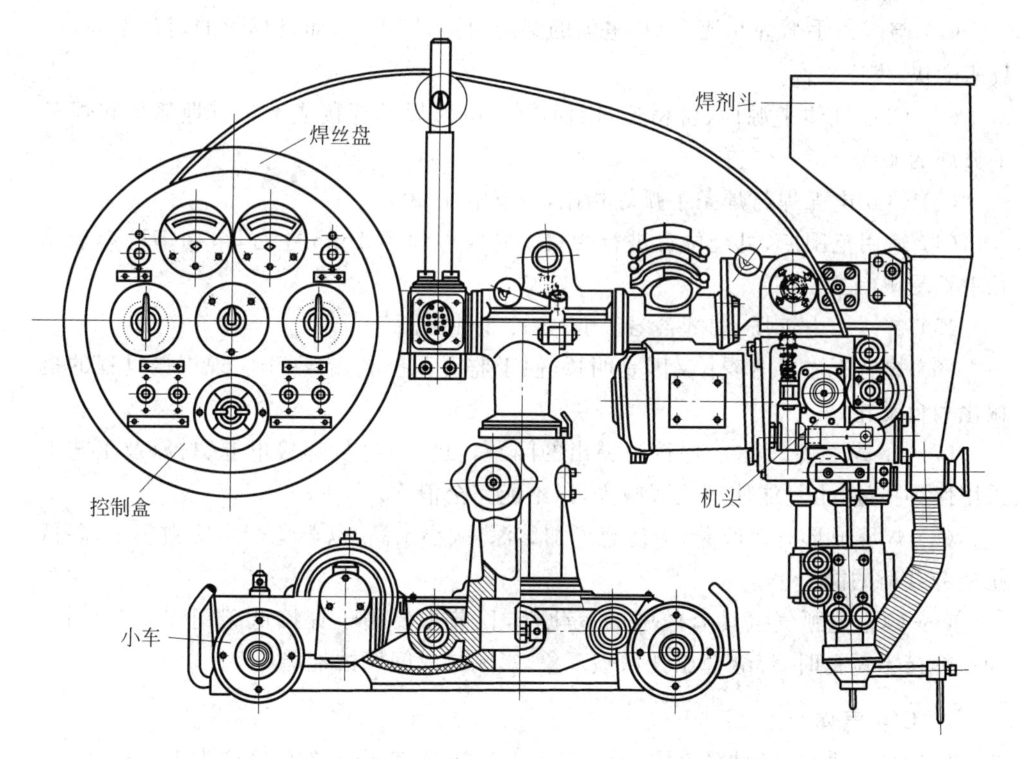

图4-66 MZ-1000型埋弧自动焊机的焊接小车

埋弧自动焊可采用交流或直流电源进行焊接。碳素钢及低合金结构钢配用“焊剂430”或“焊剂431”时均可考虑采用交流电源。若用低锰低硅焊剂,必须选用直流才能保证埋弧焊过程电弧的稳定性。采用直流电源时一般采用直流反极性,以使焊缝获得较大熔深。埋弧自动焊电源外特性应为下降型的,空载电压要求在70~80V,额定电流一般在500~1000A以上。

通用小车式埋弧自动焊机的控制系统包括:电源外特性控制、送丝和小车拖动控制及程序自动控制(其中主要是引弧和熄弧自动控制)。大型专用焊机还包括横臂升降收缩、立柱旋转、焊剂回收等控制系统等。

4.3.3 CO_2 电弧焊

熔化极气体保护焊(gas metal arc welding,GMAW)分为惰性气体保护焊(metal inert gas arc welding,MIG)、活性气体保护焊(metal active gas arc welding,MAG)、二氧化碳气体保护电弧焊(CO_2 arc welding)。由于CO_2气体密度较大,并且受电弧加热后体积膨胀也较大,所以在隔离空气保护焊接熔池和电弧方面效果良好。CO_2气体保护电弧焊在国内外工业部门获得了日益广泛的应用。

1. 适用特点

(1) 与焊条手弧焊相比,CO_2电弧的穿透力强,熔深大,而且焊丝的熔化率高,熔敷速度快,生产率高。

(2) CO_2气体来源广、价格低,因而CO_2电弧焊的焊接成本只有埋弧焊和焊条手弧焊的40%~50%左右。

(3) CO_2电弧焊与焊条手弧焊相比,节省电能50%左右。

(4) 适用范围广,可全位置进行焊接;薄板可焊到1mm左右,采用多层焊最厚几乎不受限制。

(5) 抗锈能力较强,焊缝含氢量低,抗冷裂性好。

(6) 焊后不需要清渣;又因是明弧,便于监视和控制,有利于实现焊接过程的机械化和自动化。

(7) 金属飞溅是CO_2焊较为突出的问题,目前不论从焊接电源、材料及工艺上采用何种措施,也只能使其飞溅减少,尚不能完全消除。

(8) 焊缝成形有待改善,应注意增加熔深,减小余高,以避免产生应力集中,降低抗疲劳载荷的能力。

(9) CO_2电弧气氛具有较强的氧化性,目前主要用于焊接低碳钢和低合金钢。而在焊接不锈钢时,焊缝会出现增碳现象,影响抗晶间腐蚀性能。

2. CO_2 气体

CO_2是一种无色无味的气体;在0℃和101.3kPa气压时,它的密度为1.9768g/cm^3,为空气的1.5倍;在常温下很稳定,但在高温5000K左右时几乎能全部分解。

CO_2能够以固、液、气三种状态存在。气态CO_2只有受到压缩才能变成液态。当不加压力而冷却时,CO_2气体将直接变成固态干冰。当温度升高时,固态CO_2不需经过液态的转变而能直接变成气体。固态 CO_2 不适于在焊接中使用,因为空气里的水分不可避免地会冷凝在干冰的表面,使 CO_2 气体中带有大量的水分。

无色液态 CO_2 的密度随温度而变。当温度低于 −11℃ 时比水重,而当温度高于 −11℃ 时则比水轻。由于 CO_2 的沸点很低(仅 −78℃),所以工业用 CO_2 都是液态存贮,常温下会自动气化。在 0℃ 和 101.3kPa 气压下,1kg 液态 CO_2 可以气化成为 509L 的气态 CO_2。

液态 CO_2 贮瓶通常漆成黑色,并标有黄色 CO_2 字样。容量为 40L 的标准钢瓶可灌入 25kg 的液态 CO_2。这些液态 CO_2 约占钢瓶容积的 80%,其余空间则充满气化了的 CO_2。气瓶压力表上所指示的压力值,就是这部分气体的饱和压力。室温 20℃ 时,气体的饱和气压约为 57.2×105Pa。只有当气瓶内液态 CO_2 已全部挥发成气体后,瓶内气体的压力才会随着 CO_2 气体的消耗而逐渐下降。

液态 CO_2 中可溶解约 0.05% 质量的水,其余的水则成自由状态沉于瓶底。这些水分在使用过程中随 CO_2 一起挥发成水气后进入焊接区。随着 CO_2 气体中水分的增加,即露点温度提高,焊缝中的含氢量亦增加,塑性变差,而且易于出现气孔。一般焊接用 CO_2 的纯度不应低于 99.5%,而露点低于 −40℃(即 CO_2 气体中的水分含量低于总质量的 0.0066%)。

为了获得优质焊缝,应对瓶装 CO_2 气体作一定的处理。试验证明,在焊接现场采取以下措施,对减少气体中的水分有显著效果:①将新灌气瓶倒立静置 1~2h,然后打开阀门,把沉积在下部的自由状态的水排出。放水结束后,仍将气瓶放正;②经放水处理后的气瓶,在使用前先放气 2~3min。放掉气瓶上面部分的气体。因为这部分气体通常含有较多的空气和水分;③在气路系统中设置高压干燥器和低压干燥器,进一步减少 CO_2 气体中的水分。一般用硅胶或脱水硫酸铜作干燥剂,用过的干燥剂经烘干后可反复使用;④瓶中气压降到 980kPa(10 个工程大气压)时就不宜再使用。

3. 冶金过程

(1) 合金元素的氧化

CO_2 气体在电弧高温下分解,而产生的 O_2 又进一步分解为氧原子:

$$CO_2 \longleftrightarrow CO + O_2 \tag{4-27}$$

$$O_2 \longleftrightarrow 2O \tag{4-28}$$

CO_2 气体在高温时有强烈的氧化性,可使合金元素氧化:

$$CO_2 + Fe \longleftrightarrow FeO + CO \tag{4-29}$$

$$2CO_2 + Si \longleftrightarrow SiO_2 + 2CO \tag{4-30}$$

$$CO_2 + Mn \longleftrightarrow MnO + CO \tag{4-31}$$

$$Fe + O \longleftrightarrow FeO \tag{4-32}$$

$$Si + 2O \longleftrightarrow SiO_2 \tag{4-33}$$

$$Mn + O \longleftrightarrow MnO \tag{4-34}$$

$$C + O \longleftrightarrow CO \tag{4-35}$$

上述氧化反应发生在熔滴和熔池内。在反应生成物中,SiO_2 和 MnO 成为杂质浮于熔池表面;C 的氧化反应是在液体金属的表面进行,生成的 CO 气体逸出到气相中去,不会引起焊缝气孔,只是 C 受到烧损;至于 FeO,则一部分成杂质浮于熔池表面,另一部分溶入液态金属中,并进一步与熔池及熔滴中的合金元素发生反应使其氧化。

在 CO_2 电弧焊中,焊丝中的 Ni,Cr,Mo 向焊缝过渡系数最高,烧损最少;Si,Mn 的过渡系数则较低,因为它们中的相当一部分要耗于熔池中脱氧;Al,Ti,Nb 等元素的过渡系数更低,烧损较多。焊丝中 C 的过渡,有可能使焊缝金属增碳,从而使焊缝的抗腐蚀性能降低,焊接不锈钢就是一例。

溶入熔池的 FeO 与碳元素作用,产生 CO 气体。如果此气体不能析出熔池,便在焊缝中形成气孔。溶入熔滴中的 FeO 与碳元素作用产生的 CO 气体,则在电弧高温下急剧膨胀,使熔滴爆破而引起金属飞溅。

合金元素烧损、CO 气孔、金属飞溅是 CO_2 焊接冶金过程中的三个主要问题。这三方面的问题都与 CO_2 气体的氧化性有关。

(2) 脱氧和合金化

在 CO_2 电弧焊中,溶入液态金属中的 FeO 是引起气孔和飞溅的主要因素,同时 FeO 残留在焊缝金属中将使焊缝金属的含氧量增加而降低机械性能。使 FeO 脱氧,并在脱氧的同时对烧损掉的合金元素给予补充,这是必要的。通常是在焊丝金属或药芯焊丝的药粉中,加入一定量的脱氧剂(与氧的亲和力比 Fe 大的合金元素),使 FeO 中的 Fe 还原。

对所加入的元素,在脱氧后的生成物不应是气体以免造成气孔;应不溶于金属而成为溶渣且熔点要低;应密度较小,以利于浮出熔池表面而不造成焊缝夹渣等。可作 CO_2 电弧焊用的脱氧剂,主要有 Al,Ti,Si,Mn 等合金元素。实践表明,Si,Mn 联合脱氧(如应用 H08Mn2SiA 焊丝)具有满意的效果,可以得到高质量的焊缝。Si,Mn 脱氧的反应方程式如下:

$$2FeO + Si \longleftrightarrow 2Fe + SiO_2 \tag{4-36}$$

$$FeO + Mn \longleftrightarrow Fe + MnO \tag{4-37}$$

加入到焊丝中的 Si 和 Mn,在焊接过程中一部分被直接氧化掉和蒸发掉,一部分耗于 FeO 的脱氧,其余部分则剩留在焊缝金属中充作合金元素。但焊丝中 Si 含量过高将降低焊缝的抗热裂缝能力,Mn 含量过高将使焊缝金属的冲击值下降。Si 和 Mn 之间的比例还必须适当,否则不能很好地结合成硅酸盐 $MnO \cdot SiO_2$ 熔渣浮出熔池,而会有一部分 SiO_2 或者 MnO 夹杂物残留在焊缝中,使焊缝的塑性和冲击值下降。

在 CO_2 焊接冶金过程中,为了防止气孔和减少飞溅以及降低焊缝产生裂缝的倾向,焊丝中的含碳量一般都限制在0.15%以下。但碳是保证钢材的机械强度所不可缺少的元素,焊丝中的碳被限制在0.15%以下,往往使焊缝的强度降低。在焊接30CrMnSiA这类高强度钢时,母材含碳量高达0.3%左右,为补偿焊缝金属含碳量大幅度下降,焊丝中除需要有足够的Si,Mn外,还要再适量添加Cr,Mo,V等强化元素。

表4-18为CO_2焊常用焊丝的化学成分及用途。近年来国内外很多新品种焊丝中进一步降低了含碳量(含碳量为0.03%～0.06%),而添加了钛、铝、锆等合金元素。CO_2焊采用的焊丝,有实芯焊丝、药芯焊丝及活化处理焊丝等。所谓活化处理,就是在焊丝表面涂一薄层碱金属或稀土金属的化合物,以提高焊丝发射电子的能力和降低弧柱的有效电离势,这样可以细化金属熔滴,减少飞溅,改善焊缝成形。

(3) 气孔的产生

二氧化碳气体保护电弧焊时,CO_2气流具有冷却作用,因而熔池凝固比较快,容易在焊缝中产生气孔,包括一氧化碳气孔、氢气孔、氮气孔。产生一氧化碳气孔的原因,主要是熔池中的FeO和C会进行化学反应:

$$FeO + C \longleftrightarrow Fe + CO \tag{4-38}$$

这个反应在熔池处于结晶温度时进行得比较剧烈,这时熔池已开始凝固,CO气体不易逸出,于是在焊缝中形成气孔。如果焊丝中含有足够的脱氧元素Si和Mn,并限制焊丝中的含碳量,就可以抑制上述的氧化反应,有效地防止CO气孔的产生。

表4-18 CO_2焊常用焊丝的化学成分

焊丝牌号	合金元素/%									所焊钢种
	C	Si	Mn	Cr	Mo	Ti	Al	S	P	
H10MnSi	≤0.14	0.60～0.90	0.80～1.10	≤0.20				≤0.030	≤0.040	低碳钢,低合金钢
H08MnSi	≤0.10	0.70～1.0	1.0～1.30	≤0.20				≤0.030	≤0.040	低碳钢,低合金钢
H08MnSiA	≤0.10	0.60～0.85	1.40～1.70	≤0.20				≤0.030	≤0.035	低碳钢,低合金钢
H08Mn2SiA	≤0.10	0.70～0.95	1.80～2.10	≤0.20				≤0.030	≤0.035	低碳钢,低合金钢
H04Mn2SiTiA	≤0.04	0.70～1.10	1.80～2.20			0.20～0.40		≤0.025	≤0.025	低合金高强度钢
H04MnSiAlTiA	≤0.04	0.40～0.80	1.40～1.80			0.35～0.65	0.20～0.40	≤0.025	≤0.025	低合金高强度钢
H10MnSiMo	≤0.14	0.70～1.10	0.90～1.20	≤0.20	0.15～0.25			≤0.030	≤0.040	低合金高强度钢
H08Cr3Mn2MoA	≤0.10	0.30～0.50	2.00～2.50	2.5～3.0	0.35～0.50			≤0.030	≤0.030	贝氏体钢
H18CrMnSiA	0.15～0.22	0.90～1.10	0.80～1.10	0.80～1.10				≤0.025	≤0.030	高强度钢

如果高温时熔池溶入了大量氢气，在结晶过程中又不能充分排出，则留在焊缝金属中成为气孔。电弧区的氢主要来自焊丝和工件表面的油污及铁锈，以及 CO_2 气体中所含的水分。油污为碳氢化合物，铁锈中含有结晶水，它们在电弧高温下都能分解出氢气。CO_2 气体中的水分常常是引起氢气孔的主要原因。减少熔池中氢的溶解量，不仅可防止氢气孔，而且可提高焊缝金属的塑性。当焊接区有氧化性的 CO_2 气体存在时，自由状态的氢被氧化成不溶于金属的水蒸气与羟基，从而减弱了氢气的有害作用。CO_2 气体的氧化性对消除CO气孔和飞溅方面是不利的，但在制约氢的危害方面却又是有益的，所以 CO_2 电弧焊对铁锈和水分没有埋弧焊和氩弧焊那样敏感。

氢是以离子形态溶于熔池的。直流反接时，熔池为负极，它发射大量电子，使熔池表面的氢离子又复合为原子，因而减少了进入熔池的氢离子数量。所以直流反接时的焊缝中含氢量为正接时的1/5～1/3，产生氢气孔的倾向也比正接时小。

焊缝中产生氮气孔的主要原因是由于保护气层遭到破坏导致大量空气侵入焊接区所致。造成保护气层失效的因素有：过小的 CO_2 气体流量，喷嘴被飞溅物部分堵塞，喷嘴与工件的距离过大，以及焊接场地有侧向风等。另外，工艺因素如电弧电压、焊接速度、电源极性等，对气孔的产生也有影响。弧压越高，空气侵入的可能性越大。焊缝中含氮量增加，即使不出现气孔，也将显著降低焊缝金属的塑性。焊接速度主要影响熔池的结晶速度，焊接速度快，熔池结晶快，则气体排出要困难一些。

4. 细丝 CO_2 短路过渡焊接规范参数的选择

在进行 CO_2 焊接时，根据焊丝直径和焊接规范的不同，熔滴过渡形式也不同。一般可分类为：①对于直径小于1.6mm的细焊丝，一般以小电流低弧压的短路过渡形式进行焊接；②对于直径1.6～2.4mm的焊丝，大都采用较大电流和较高弧压进行焊接，熔滴呈细滴排斥过渡；③对于直径2.4～5.0mm的粗焊丝，常采用大电流和较低弧压进行焊接，电弧基本潜入熔池凹坑内，熔滴呈滴状过渡。

短路过渡 CO_2 焊接一般采用平特性电源与等速送丝系统相配合，其主要规范参数有：电弧电压、焊接电流、焊接回路电感、焊接速度、气体流量及焊丝伸出长度等。

(1) 电弧电压和焊接电流

电弧电压的大小决定了电弧的长短和熔滴的过渡形式，它对焊缝成形、飞溅、焊接缺欠以及焊缝的机械性能有很大的影响。实现短路过渡的条件之一是保持较短的电弧长度。所以就焊接规范而言，短路过渡的一个重要特征是低电压。

在一定的焊丝直径及送丝速度下，为获得稳定的短路过渡焊接过程，使飞溅较小且焊缝成形良好，电弧电压与焊接电流必须匹配得合适。表4-19示出了三种不同直径焊丝典型的短路过渡焊接规范。在生产中选择焊接规范参数时，除了考虑飞溅大小外，还要考虑生产率等其他因素，所以实际使用的焊接电流范围远比典型规范大得多。图4-67为四种直径焊丝适用的电流和弧压范围。

表 4-19 典型的短路过渡 CO_2 焊接规范

焊丝直径/mm	0.8	1.2	1.6
电弧电压/V	18	19	20
焊接电流/A	100～110	120～135	140～180

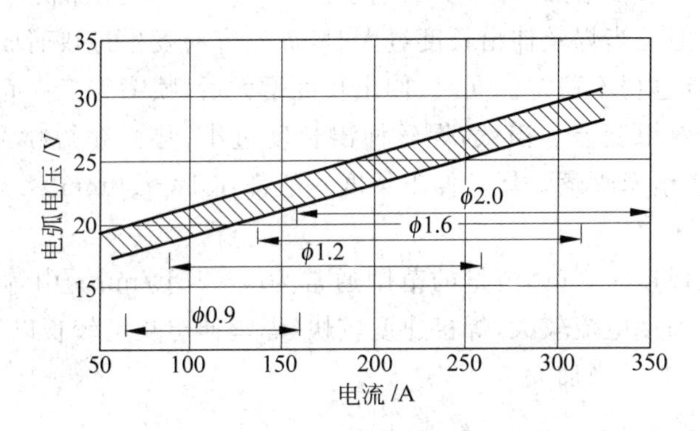

图 4-67 短路过渡 CO_2 焊接时适用的电流和电压范围

(2) 焊接回路电感

进行短路过渡 CO_2 焊接时，焊接回路中一般要串接附加电感。其作用主要有以下两方面：第一，调节短路电流增长速度。di/dt 过小，会发生大颗粒飞溅，甚至焊丝成大段爆断使电弧熄灭；di/dt 过大，则产生大量小颗粒的金属飞溅。焊接回路内的电感在 0～0.2mH 变化时，对短路电流上升速度的影响特别显著。短路电流增长速度应与焊丝的最佳短路频率相适应。细焊丝熔化快，熔滴过渡的周期短，因此需要较大的 di/dt；粗焊丝熔化慢，熔滴过渡的周期长，则要求较小的 di/dt。第二，调节电弧燃烧时间，控制母材熔深。焊接回路中加入电感后，电弧燃烧时间加长。在熔滴短路过渡的一个周期中，只有电弧燃烧期间，电弧的大部分热量才能直接输入工件，对熔深形成起主要作用。焊丝直径较细时，由于需要较大的 di/dt，焊接回路中加入的电感很小。这种情况下，在一个周期中短路过程结束后的电弧燃烧时间较短，从而减少了输往工件的热量，这有利于焊接薄板，但是对于较厚的板，由于母材熔化不足，可能会造成未焊透现象。另外，在实际生产环境中，焊接电缆比较长，常将一部分电缆盘绕起来。必须注意，这相当于在焊接回路中串入了一个附加电感，由于回路电感值的改变，使飞溅情况、母材熔深都会发生变化。

(3) 焊接速度

随着焊接速度增大，焊缝熔宽降低，熔深及余高也有一定减少。焊接速度过快会引起焊缝两侧咬肉。焊接速度过慢则容易产生烧穿和焊缝组织粗大等缺陷。此外，焊接高强钢等材料时，为了防止裂纹缺欠，保证焊缝金属的韧性，需要选择合适的焊接速度来控制线能量。

(4) 焊丝伸出长度

由于短路过渡焊接时采用的焊丝都比较细,因此焊丝伸出长度部分的电阻便成为焊接规范中不可忽视的因素。随着焊丝伸出长度增加,焊接电流将减小,熔深也减小。直径越细、电阻率越大的焊丝这种影响越大。

随着焊丝伸出长度增加,焊丝上的电阻热增大,焊丝熔化加快,从提高生产率上看这是有利的。但是当焊丝伸出长度过大时,焊丝容易发生过热而成段熔断,产生严重飞溅,导致焊接过程不稳定。同时,伸出长度增大后,喷嘴与工件间的距离也增大,因此气体的保护效果变差。当然,焊丝伸出长度过小,势必缩短喷嘴与工件间的距离,飞溅金属容易堵塞喷嘴。焊丝伸出长度一般都在10～20mm。

(5) 气体流量

细丝小规范焊接时,气体流量的范围通常为5～15L/min;中等规范焊接时,约为20L/min。在焊接电流较大,焊接速度较快,焊丝伸出长度较长以及在室外作业等情况下,气体流量要适当加大。

(6) 电源极性

CO_2焊一般都采用直流反接方式。因为反接时飞溅较小,电弧稳定,成形较好。而且反极性时焊缝金属含氢量低,并且焊缝熔深较大。

但在堆焊及焊补铸件时,则采用正接较为合适。因为阴极发热量较阳极大,正接时焊丝为阴极,熔化系数大,约为反接的1.6倍,金属熔敷率高,可以提高生产率。此外,工件为正极,热量较小,熔深浅,有利于保证堆焊金属的性能。

5. CO_2电弧焊接设备

CO_2焊接的基本装备包括焊接电源、焊枪、送丝系统、供气系统和控制器等。如图4-68所示。

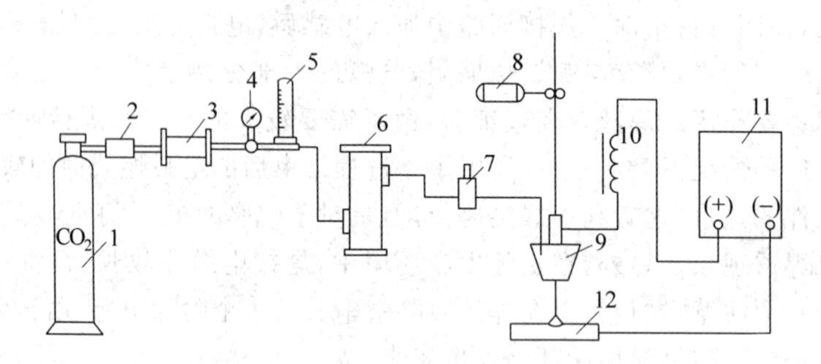

图4-68 CO_2焊接设备示意图

1—CO_2气瓶;2—预热器;3—高压干燥器;4—气体减压阀;5—气体流量计;6—低压干燥器;7—气阀;8—送丝机构;9—焊枪;10—可调电感;11—焊接电源;12—被焊工件

由于CO_2焊接电弧的静特性曲线是上升的,所以一般采用平(恒压)外特性电源就可满足“电源-电弧”系统的稳定条件。同时,配用等速送丝系统,即可满足短路过渡焊接的要求。短路过渡焊接时则要求焊接电源具有良好的动态品质：一是要有足够大的短路电流增长速度 di/dt、短路峰值电流 I_{max} 和焊接电压恢复速度 dv/dt；二是当焊丝成分及直径不同时，短路电流增长速度能够进行调节。

CO_2 焊接的供气系统的特殊之处是气路中一般要接入预热器和干燥器。

4.3.4　熔化极氩弧焊

熔化极氩弧焊在 20 世纪 50 年代初应用于铝及铝合金焊接，以后扩大到铜和不锈钢，现在也广泛用于低合金钢等黑色金属焊接中。以 Ar 或 Ar-He 作保护气体时，称为 MIG 焊。如果用 $Ar\text{-}O_2$，$Ar\text{-}CO_2$ 或者 $Ar\text{-}CO_2\text{-}O_2$ 等作为保护气体则称 MAG 焊。上述混合气体一般为富 Ar 气体，电弧仍呈氩弧特征。熔化极氩弧焊用焊丝作电极及填充金属，在氩气保护下进行电弧焊接，如图 4-69 所示。

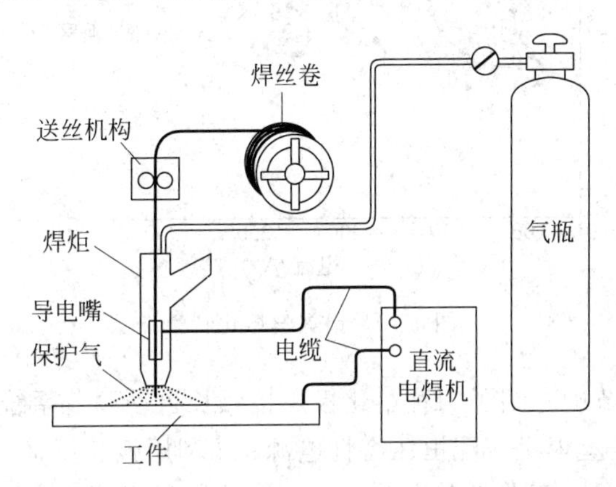

图 4-69　熔化极氩弧焊基本装置

1. 熔化极氩弧焊的特点

(1) 几乎可用来焊接所有种类金属。

(2) 可采用高密度电流，填充金属熔敷速度快，母材熔深大。

(3) 熔滴过渡主要采用喷射过渡形式，电弧稳定，飞溅极小；采用脉冲喷射过渡形式还特别适于全位置焊接。

(4) 直流反接焊接铝及铝合金时，有良好的阴极雾化作用。

(5) 焊接铝合金时，亚射流电弧的固有自调节作用较为显著。

2. 亚射流过渡和电弧固有自调节作用

用 MIG 方法焊接铝及铝合金时，在射流过渡区与短路过渡区之间存在一个明显的中间过渡区——亚射流过渡区。图 4-70 为直径 1.6mm 铝焊丝在氩弧中的熔化特性曲线。每一根曲线代表一个送丝速度，特性曲线上的数字表示焊丝末端与母材表面之间的距离，即电弧的可见长度。可以看出，焊丝熔化特性曲线在射流过渡区域部分几乎是垂线,焊丝熔化系数[单位 g/(h·A)]基本上不受弧长的影响。但进入亚射流过渡区域后,特性曲线向左弯曲,焊丝熔化系数随着弧长的增加而减小,随着弧长的减小而增大,而且这种变化在高电流值下更为明显。弧长若进一步减小至约2mm 以下,特性曲线又向右弯曲,进入到短路过渡区。在亚射流过渡区,焊丝熔化系数随弧长变化而变化,这一特性是铝焊丝亚射流电弧非常重要的性质。

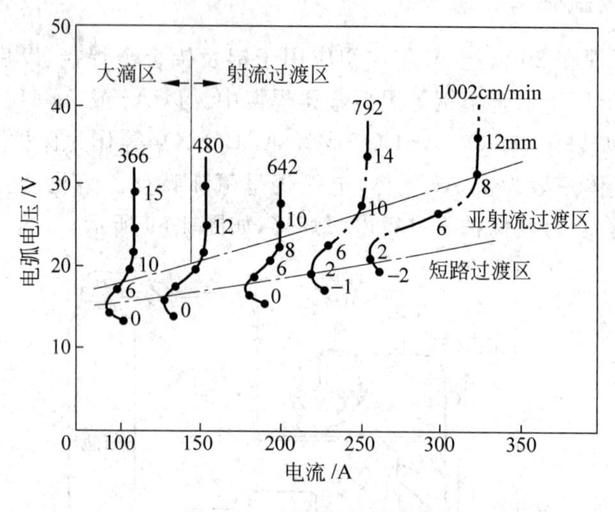

图 4-70 铝焊丝熔化特性

在本章 4.2.6 节中介绍了两种熔化极焊接弧长自动调节系统:①利用电弧自身调节作用,以等速送丝焊机匹配恒压特性电源;②利用弧长反馈调节,以变速送丝焊机匹配陡降特性电源。而在亚射流电弧上述特性被发现后,又建立了第三种熔化极焊接弧长自动调节系统:利用电弧固有自调节作用,以等速送丝机匹配恒流特性焊接电源。

图 4-71 中 *C-C* 线为恒流电源的外特性,*M-C* 线为铝焊丝熔化特性曲线,O 点是电弧稳定工作点,对应 l_0 弧长。如果某种外界干扰使电弧突然由 l_0 变化至 l_1(电弧燃烧点由 O 上升到 O_1),由于电源外特性为恒流,此时焊接电流不变。但电弧变长后,焊丝熔化系数减小,使得焊丝熔化速度降低,焊丝熔化速度与送进速度失去平衡,于是电弧要逐渐缩短,O_1 点逐渐向 O 点回归,最后二者重合,焊丝熔化速度等于送进速度,电弧又稳定在 l_0 长度上燃烧。反之,若外界干扰使弧长突然从 l_0 变化到 l_2,同样可很快恢复到 l_0 弧长。

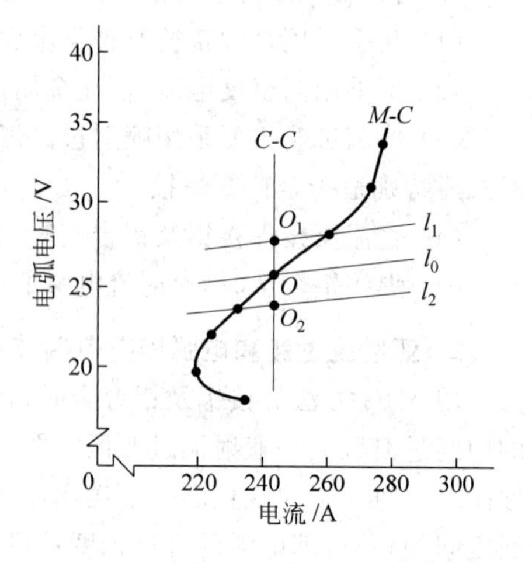

图 4-71 亚射流电弧的固有自调节作用

这就是亚射流电弧固有的自调节作用。

亚射流电弧固有的自调节作用与射流电弧一般采用的自身调节作用相比，共同之处是两者都以焊丝熔化速度为调节量来保持焊接过程中弧长一定；不同之处是前者依靠熔化系数的变化使焊丝熔化速度产生变化，而后者则依靠电弧电流的变化使焊丝熔化速度产生变化。

亚射流电弧焊铝的特点：电弧为碟形，阴极雾化区大，焊缝起皱皮及表面形成黑粉的现象比射流电弧少；采用恒流外特性电源，焊接过程中弧长在一定范围内变化，焊接电流始终不变，因此焊缝外形和熔深非常均匀；避免了射流电弧“指形”熔深引起的熔透不足等缺欠；亚射流电弧的弧长范围较窄(例如1.6mm铝丝，在Ar气氛中弧长约为2～8mm)，对于一定的焊接电流，最佳送丝速度范围相当窄，焊机中必须要有特殊的送丝速度与焊接电流同步控制系统。

3. 熔化极脉冲氩弧焊

由于熔化极脉冲氩弧焊的峰值电流及熔滴过渡是间歇而又可控的，因而与连续电流氩弧焊相比，在工艺上具有以下特点：

(1) 具有较宽的电流调节范围

采用脉冲电流，可在平均电流小于临界电流值的条件下获得射流过渡。因而，相同直径的焊丝随着脉冲频率的变化能在很大的电流范围内稳定地进行焊接。射流过渡的脉冲MIG既能焊接厚板又能焊接薄板。焊接薄板时，熔透情况较短路过渡焊接好，而与钨极氩弧焊焊接薄板相比，又体现出生产率高和工件变形小的优点。尤其有意义的是可以用粗焊丝来焊接薄板。表4-20为脉冲MIG焊接不同材料时出现射流过渡的最小平均电流值。

表4-20 脉冲MIG射流过渡的最小平均焊接电流值 A

焊丝材料	焊丝直径/mm			
	1.2	1.6	2.0	2.5
铝	20～25	25～30	40～45	60～70
铝镁合金(LF-6)	25～30	30～40	50～55	75～80
铜	40～50	50～70	75～85	90～100
不锈钢(1Cr18Ni9Ti)	60～70	80～90	100～110	120～130
钛	80～90	100～110	115～125	130～145
低合金钢(08Mn2Si)	90～110	110～120	120～135	145～160

(2) 有利于实现全位置焊接

采用脉冲电弧，可用较小的平均电流进行焊接，因而熔池体积小，加上熔滴过渡和熔池金属的加热是间歇性的，所以不易发生流淌。此外，由于熔滴的过渡力与电流的平方成正比，在脉冲峰值电流作用下，熔滴的轴向性比较好，不论是仰焊或垂直焊都能迫使金属熔滴沿着电弧轴线向熔池过渡，焊缝成形好，飞溅损失小。所以进行全位置焊接时，在控制焊缝成形方面更为有利。

(3) 有利于控制焊接质量

采用脉冲电弧，既可因脉冲电流幅值大，得到较大的熔深，又可将总的平均焊接电流控制在较低的水平，控制焊缝和热影响区的热输入量，从而使焊接接头具有良好的韧性，减小了产生裂纹的倾向。此外，脉冲电弧还具有加强熔池搅拌的作用，可以改善熔池冶金性能以及有助于消除气孔等。

熔化极脉冲氩弧焊的主要规范参数有：基值电流 I_b、脉冲电流 I_p、脉冲频率 f 及占空比 K 等。正确选择和组合这些参数，就可以在控制焊缝成形及限制热输入等方面获得良好效果。

基值电流的作用是在脉冲电弧停歇期间，维持焊丝与焊接熔池之间的导电状态，保证脉冲电弧复燃稳定，同时预热焊丝和母材，使焊丝端部有一定熔化量，为脉冲电弧期间的熔滴过渡作准备。基值电流也是调节平均焊接电流以控制母材热输入的重要参数。

为了使熔滴呈射流过渡，脉冲电流必须大于射流过渡临界电流值。脉冲电流还影响着焊缝的熔深。在平均电流和送丝速度不变的情况下，脉冲电流增大，熔深增大；脉冲电流减小，熔深减小。

若选择较大焊接电流(或送丝速度)，需要提高脉冲频率；焊接电流较小，脉冲频率则应选低一些。但脉冲频率的调节范围有一定限制，脉冲频率过高，将失去脉冲焊接的特点；脉冲频率过低，焊接过程不稳定。

脉冲占空比反映了脉冲焊接特点的强弱。其值过大，脉冲焊接特点则不显著，因此占空比一般不大于50%。

脉冲焊接时，为了保持一定的弧长，必须使送丝速度等于焊丝熔化速度。所以对应于一定的平均电流，要选择相对应的焊丝送进速度。如果送丝速度过快会使弧长压得太短，焊丝与工件间不时发生短路并产生大量的飞溅，若送丝过慢又会使电弧拉长而发生断弧。

最初的脉冲MIG焊机，由操作者分别调节各脉冲参数，直至满足稳定电弧，保证工艺性能为止。而在现代的脉冲MIG焊机中，已经采用脉冲参数一元化调节方法。操作者只需调节送丝速度，则脉冲参数即自行匹配优化设定。例如：送丝速度从低到高及从高到低变化时，保持脉宽恒定，使脉冲频率同步改变(图4-72(a))；或者保持脉冲频率恒定，使脉宽同步改变(图4-72(b))。

4. 混合气体的应用

在一种气体中加入一定量另一种或几种气体后，可以分别在细化熔滴、减少飞溅、提高电弧的稳定性、改善熔深以及提高电弧温度等方面获得满意的结果。因此，目前混合气体用得十分广泛。

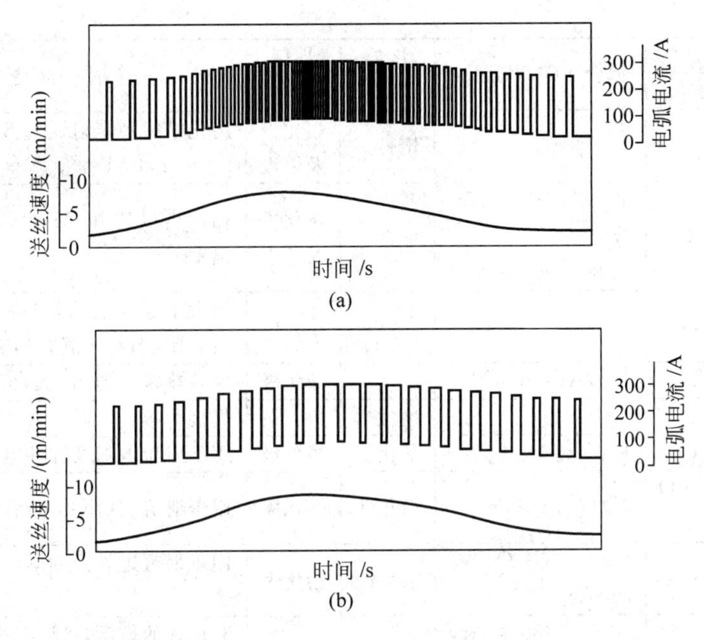

图 4-72 脉冲波形随送丝速度变化的情况

保护气体的电离势（即电离电位）对弧柱电场强度及母材热输入等影响是轻微的，起主要作用的是保护气体的传热系数、比热容和热分解等性质。一般说来，熔化极反极性焊接时，保护气体对电弧的冷却作用越大，母材输入热量也越大。

表 4-21 列出了焊接用保护气体及其适用范围。表中所列混合比为参考数据，在实际焊接中可视具体工艺要求进行调整。图 4-73 示出了在不同保护气体条件下的焊缝剖面形状。

表 4-21 焊接用保护气体及适用范围

	保护气体	混合比（体积分数）	化学性质	焊接方法	附　　注
铝及铝合金	Ar		惰性	熔化极及钨极	钨极用交流，熔化极用直流反接，有阴极破碎作用，焊缝表面光滑
	Ar+He	熔化极：20%～90%He 钨极：一般 75%He+25%Ar	惰性	熔化极及钨极	电弧温度高。适于焊厚铝板，可增加熔深，减少气孔。熔化极时，随He的比例增大，有一定飞溅
钛、锆及其合金	Ar		惰性	熔化极及钨极	
	Ar+He	75%Ar+25%He	惰性	熔化极及钨极	可增加热量输入。适于射流电弧、脉冲电弧及短路电弧

续表

	保护气体	混合比(体积分数)	化学性质	焊接方法	附注
铜及铜合金	Ar		惰性	熔化极及钨极	熔化极时稳定射流过渡。板厚大于5～6mm时则需预热
	Ar+He	50%Ar+50%He 或 30%Ar+70%He	惰性	熔化极及钨极	输入热量比纯Ar大,可减小预热温度
	N_2			熔化极	增大了输入热量,可降低或取消预热温度,但有飞溅和烟雾
	Ar+N_2	80%Ar+20%N_2		熔化极	输入热量比纯Ar大,但有一定飞溅
不锈钢及高强度钢	Ar		惰性	钨极	焊接薄板
	Ar+O_2	1%～2%O_2	氧化性	熔化极	用于射流电弧及脉冲电弧
	Ar+O_2+CO_2	2%O_2+5%CO_2	氧化性	熔化极	用于射流、脉冲及短路电弧
碳钢及低合金钢	Ar+O_2	1%～5% O_2 或 20%O_2	氧化性	熔化极	用于射流电弧及对焊缝要求较高的场合
	Ar+CO_2	70%～80% Ar,20%～30%CO_2	氧化性	熔化极	有良好的熔深,可用于短路、射流及脉冲电弧
	Ar+O_2+CO_2	80% Ar+15%CO_2+5%O_2	氧化性	熔化极	有较佳熔深,适于短路、射流及脉冲电弧
	CO_2		氧化性	熔化极	适于短路电弧,有一定飞溅
	CO_2+O_2	20%～25%O_2	氧化性	熔化极	用于射流及短路电弧
镍基合金	Ar		惰性	熔化极及钨极	对于射流、脉冲及短路电弧均适用,是焊接镍基合金的主要气体
	Ar+He	15%～20%He	惰性	熔化极及钨极	增加热输入量
	Ar+H_2	H_2<6%	还原性	钨极	加H_2有利于抑制CO气孔

4.3.5 钨极氩弧焊

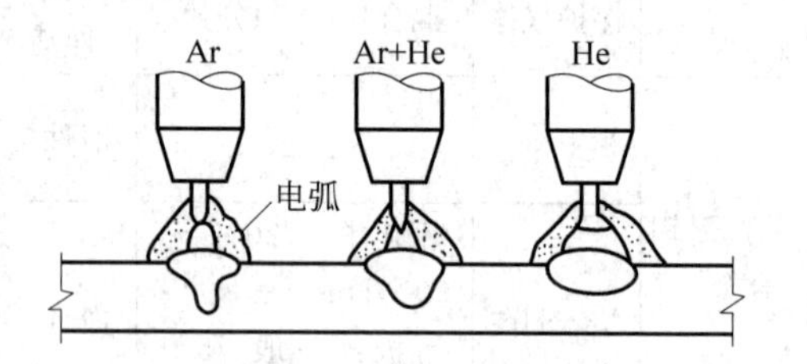

图4-73 Ar,He,Ar+He三种保护气体的焊缝剖面形状(直流反接)

钨极氩弧焊是钨极惰性气体保护电弧焊(tungsten inert gas arc welding,TIG)的主要形式。如图4-74所示。电极是难熔金属钨或钨合金棒,在电弧燃烧过程容易维持恒定的电弧长度,焊接过程稳定,焊缝质量优良。焊接时,钨极和电弧区及熔化金属都处在氩气保护之中。

由于氩气保护,隔离了空气对熔化金属的有害作用,能够焊接易氧化的有色金属及其合金、不锈钢、高温合金、钛及钛合金、难熔的活性金属(钼、铌、锆)等。脉冲

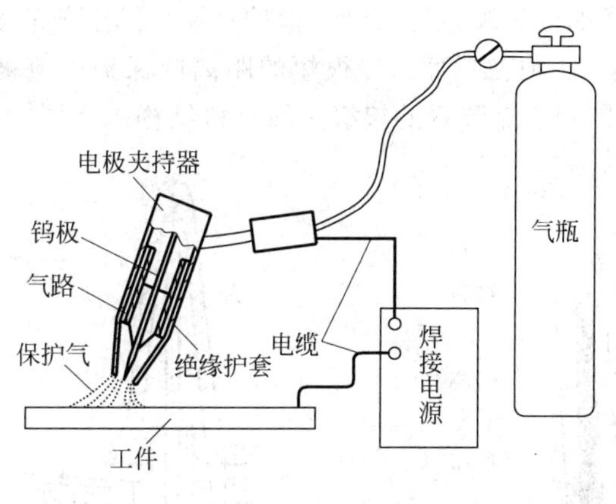

图 4-74 钨极氩弧焊工艺装置

TIG 适宜于焊接薄板，特别是全位置管道对接焊。但由于钨电极的载流能力有限，电弧功率受到限制，致使熔深浅，焊速低，所以一般只适于厚度小于 6mm 的工件。

1. 气体保护效果

氩气是无色无味的气体，在作电弧焊保护气体时，一般要求其纯度应在 99.9%～99.999%范围内，它比空气重 25%左右，不易漂浮散失。

氩气是一种惰性气体，它既不与金属起化学作用，也不溶解于金属中，可以显著减小焊缝金属中合金元素的烧损及由此带来的其他缺陷，使焊接冶金反应变得简单和容易控制，为获得高质量焊缝提供了良好条件。

氩气没有脱氧或去氢作用，所以在氩弧焊时对焊前的除油、去锈、去水等准备工作的要求就非常严格，否则将影响焊缝质量。

氩气的另一个特点是导热系数很小，而且是单原子气体，高温时不分解吸热，在氩气中燃烧的电弧热量损失较少。电弧一旦引燃，燃烧就很稳定。与其他保护气体相比，氩弧的稳定性最好，即使在低电压时也如此，通常 TIG 焊电弧电压仅 8～15V。

气体保护焊时，若要求保护气体从焊枪喷嘴喷出后能排挤空气，则保护气体必须有合适的流动状态。研究表明，当圆管直径确定后，要使气流在圆管内获得近似于层流流态，选用的管子长度就必须大于圆管直径的 40～50 倍。实际上，焊枪的长径比都较小，所以喷嘴出口的气流是不可能全部成为层流的，而是近壁部分为层流，中心部分为紊流的双重气流。

焊接时，要使保护气体对焊接区有良好的保护效果，应在焊枪结构中安上节流装置，保护气流进入焊枪咬嘴前通过该装置，使进入喷嘴的气流紊乱程度减小并具有束流的特征，使在喷嘴内易于建立起较厚的近壁层层流流态。另外，改变焊枪喷嘴内部的气流通道形状，同样可使喷嘴获得较厚的近壁层层流流态。图 4-75 为保护气从喷嘴喷出后的状态。保护气体自喷嘴喷出后，近壁层流与周围空气发生摩擦而被逐渐削弱，经过一段距离后，层流层消失，空气很快侵入保护气流使保护作用消失。为此，气流周围的层流层犹如保护膜,层流越厚,保护气流阻隔空气的效果越好。如果喷嘴喷出的保护气流为紊流,则在喷嘴出口很短的距离内保护气流被空气混合而失去保护作用。图4-76是带有节流装置的钨极氩弧焊枪结构示意图。

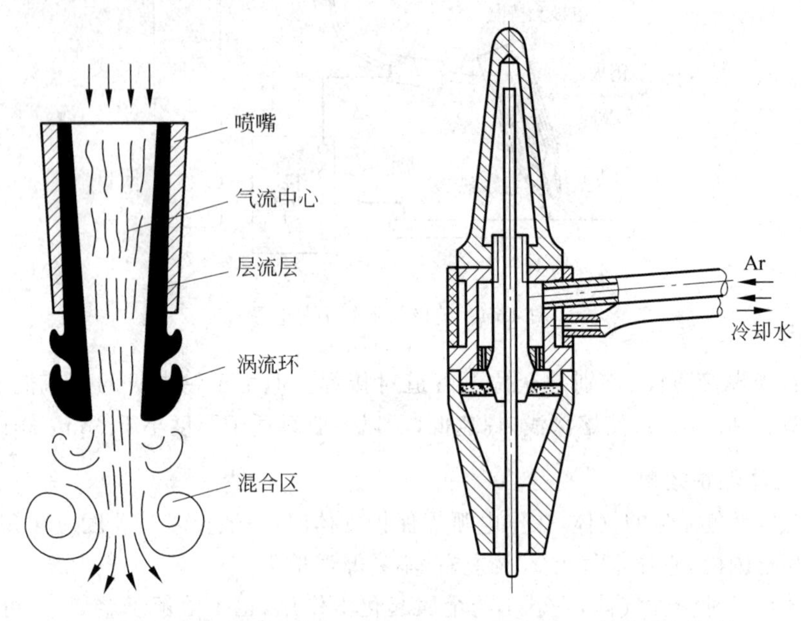

图4-75 保护气出喷嘴后的状态

图4-76 钨极氩弧焊枪

2. 钨电极

(1) 钨极材料

电弧焊接过程中,若钨极损耗渗入熔池造成焊缝夹钨,则会严重影响焊缝质量。在正常焊接过程中,钨极因受高温蒸发和缓慢氧化等产生累计损耗。由于钨极氩弧焊中电弧阳极温度比阴极高,因而采用直流反接时钨极的损耗比交流高,采用交流又高于直流正接。而钨极的异常损耗主要发生在多次接触引弧、钨极末端与填充焊丝或熔池接触等情形。

若焊接电流超过许用电流,就易使钨极端部熔化形成熔球,则位于熔球表面上的电弧斑点易受外界因素干扰而游动,使电弧飘荡,不稳定,甚至钨极端局部熔化而落入熔池。钨极的许用电流与钨极材料有很大关系,但也受其他许多因素的影响,如电流的种类和极性、电极伸出导电嘴的长度等。

电极材料的逸出功影响引弧及稳弧性能,逸出功低时发射电子的能力强,则引弧稳弧性能就好,反之就差。钨的逸出功为4.31～5.16eV,比其他金属如钾(2.02eV)、铝(3.95eV)等的逸出功更高,这对电子发射不利。但钨的熔点高(3380～3600℃),在高温时,有利于钨的电子发射。用纯钨作电极材料是不够理想的,其逸出功较高,要求焊机有较高空载电压,另外长时间大电流焊接,纯钨的烧损较明显。

钍钨极就是在纯钨中加入1%～2%的氧化钍(ThO_2),使其逸出功大大降低,电子发射能力显著增强，因而较之纯钨极大大提高了载流能力，且容易引弧和稳定电弧，使用寿命也增长。但在使用中发现钍具有微量的放射性，若不注意防护，可能对工人健康产生危害。

为解决钍放射性的问题而改用微放射性物质铈 Ce 来代替。经试验，铈钨极性能基本上能满足氩弧焊要求，而且在某些方面还优于钍钨极：①在相同规范下，弧束较细长，光亮带较窄，使温度更集中；②最大许用电流密度可增加 5%～8%；③电极的烧损率下降，修磨次数减少，使用寿命延长；④直流电时，阴极压降降低 10%，比钍钨极更容易引弧，电弧稳定性也好。铈钨极是我国首先试制并应用的，国际标准化组织焊接材料分委员会根据我国应用铈钨极的情况，在非熔化极标准中已把铈钨极列入。

(2) 钨极直径

钨极直径的选定取决于焊接电流的大小、种类和电源的极性。表 4-22 为不同直径钨极氩气保护焊适用电流的范围。而允许的最大电流值还与电极的伸出长度及冷却程度有关，一般钨极外伸长度为 5～10mm。

表 4-22 不同直径钨极的使用电流范围

钨极直径/mm	直流正接	直流反接	交流不平衡波	交流平衡波
	钨和钍钨	钨和钍钨	钍 钨	钍 钨
1.59	70～150	10～20	70～150	60～120
2.40	150～250	15～30	140～235	100～180
3.26	250～400	25～40	225～325	160～250
4.00	400～500	40～55	300～400	200～320
4.80	500～700	55～80	400～500	290～390
6.35	700～1000	80～125	500～630	340～525

(3) 钨极形状

钨极端部的形状对电弧的稳定性有影响，钨极端部必须磨光。在焊接薄板和电流较小时，可用小直径钨极并将其末端磨成尖锥角($\theta \approx 20°$)，这样电弧容易引燃和稳定。但在焊接电流较大时，会因电流密度过大而使末端过热熔化并增加烧损，电弧斑点也会扩展到钨极末端的锥面上(图 4-77(a))，使弧柱明显地扩散、飘荡、不稳，而影响焊缝成形。大电流焊接时，要求钨极末端磨成钝锥角($\theta > 90°$)或带有平顶的锥形(图 4-77(b))，这样可使电弧斑点稳定，弧柱的扩散减少，对焊件加热集中，焊缝成形均匀。钨极尖锥角 θ 小，将引起弧柱扩散，导致焊缝熔深小而熔宽大。随着 θ 角的增大，弧柱的扩散倾向减小，而熔深增大，熔宽减小。当采用交流钨极氩弧焊时，一般将钨极磨成圆柱形，否则由于极性的变化而使钨极烧损很大。钨极脉冲氩弧焊时，由于采用脉冲电流，使钨极在焊接过程中有冷却的机会，故在相同的钨极直径条件下可提高许用脉冲电流值。表 4-23 是建议选用的钨极末端形状尺寸和许用脉冲电流值。

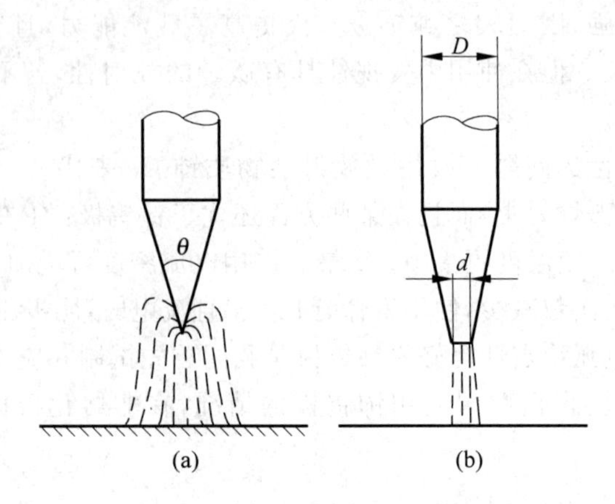

图 4-77 大电流焊接时钨极末端形状对弧态的影响

D—钨极直径；d—平顶直径

表 4-23 脉冲 TIG 焊时钨极末端尺寸与许用电流

钨极直径/mm	锥角/(°)	平顶直径/mm	恒定电流许用值/A	脉冲电流许用值/A
1.0	12	0.12	2～15	2～25
	20	0.25	5～30	5～60
1.6	25	0.50	8～50	8～100
	30	0.75	10～70	10～140
2.4	35	0.75	12～90	12～180
	45	1.10	15～150	15～250
3.6	60	1.10	20～200	20～300
	90	1.50	25～250	25～350

3. 引弧方法

若提高焊接电源的空载电压使其达到150～220V,从而高于电弧的引燃电压,则其电弧的引燃就非常容易,这种情况下的稳弧效果也很好。没有高空载电压的电源时,采用两台或三台普通焊接电源串联使用亦可。但这种办法使焊接电源的额定容量增大很多,功率因素降低,成本高,也不安全,故很少应用。经常采用的引弧方法有高频振荡、高压脉冲、接触提升等。

高频引弧是利用高频振荡器产生的约3000V高频电压进行引弧,此时焊接电源空载电压只需65V左右即可。如图4-78所示,高频振荡器由升压变压器 B_1、火花隙放电器P、振荡电容 C_k、振荡电感 L_k 以及高频耦合变压器 B_2 组成,W为焊接电弧。高频振荡器与焊接变压器可以串联使用,这时 B_2 次级是焊接主回路的一部分,C_f 为高频旁路电容,既可提高引弧效果,又能避免高频窜入焊接变压器。

接触提升引弧是利用动态品质优异的IGBT逆变式或晶体管式焊接电源输出很小短路电流,钨极与工件轻微接触随即提升引燃电弧的方式。这不会导致钨极过量

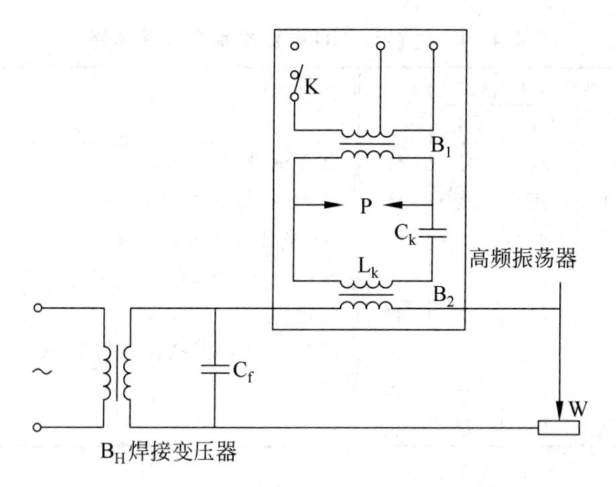

图 4-78 高频振荡器与焊接电源串联应用

烧损和焊缝夹钨，而可以提高 TIG 焊接电源系统的电磁兼容性。引弧过程描述如图 4-79 所示：①将钨极与工件接触形成短路，焊接电源输出恒值电流（<5A），此电流在可靠短路时并不熔化而仅预热工件和钨极；②钨极被提起，由点接触转为无接触过程中，焊接电源的输出使钨极与工件之间快速建立很强的电场，电弧引燃；③在钨极提升过程中，焊接电源自动检测弧压，快速输出热引弧电流；④电弧稳定引燃后，焊接电源适时自动将热引弧电流切换至正常焊接电流。

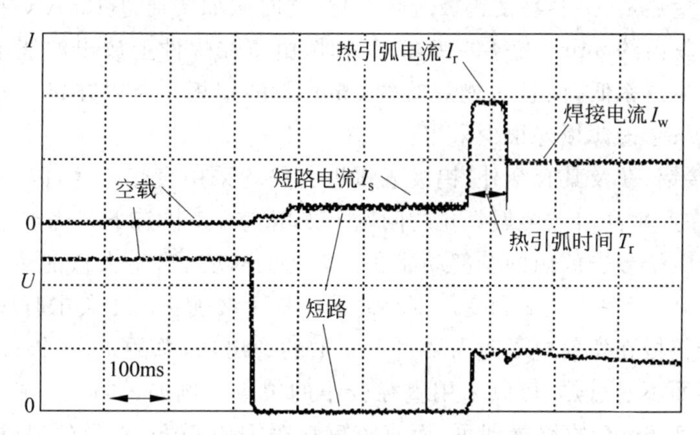

图 4-79 接触提升引弧过程电流电压波形

4. 直流 TIG 焊

钨极氩弧焊可以使用交流、直流和脉冲电源等三种。表 4-24 为被焊工件材料与电源类别和极性选择的关系。

在钨极氩弧焊中，直流反接有去除氧化膜的作用，称为“阴极破碎”或“阴极雾化”现象。去除氧化膜的作用，在交流焊的反极性半波也同样存在，它是成功地焊接铝、镁及其合金的重要因素。铝及其合金的表面存在一层致密难熔的氧化膜 Al_2O_3，其

表 4-24 材料与 TIG 电源类别和极性选择

材料	直流		交流	材料	直流		交流
	正接	反接			正接	反接	
铝(厚度<2.4mm)	差	良	优	合金钢堆焊	良	差	优
铝(厚度>2.4mm)	差	差	优	高碳钢、低碳钢、低合金钢	优	差	良
铝青铜、铍青铜	差	良	优	镁(厚度<3mm)	差	良	优
铸铝	差	差	优	镁(厚度>3mm)	差	差	优
黄铜、铜基合金	优	差	良	镁铸件	差	良	优
铸铁	优	差	良	高合金、镍与镍基合金、不锈钢	优	差	良
无氧铜	优	差	差	钛	优	差	良
异种金属	优	差	良	银	优	差	良

熔点2050℃远高于铝的熔点658℃。焊接时,覆盖在焊接熔池表面,如不及时清除,会造成未熔合以及使焊缝表面形成皱皮或内部产生气孔和夹渣,直接影响焊缝质量。实践证明,直流反接时,工件表面的氧化膜在电弧的作用下可以被清除掉而获得外表光亮美观、成形良好的焊缝。这是因为金属氧化物逸出功小,容易发射电子,所以氧化膜上容易形成阴极斑点并产生电弧,阴极斑点有自动寻找金属氧化物的性质。阴极斑点的能量密度很高,被质量很大的正离子撞击,使氧化膜破碎。但是,直流反接的热作用对焊接是不利的,因为钨极氩弧焊阳极热量多于阴极。反极性时电子轰击钨极,放出大量热量,很容易使钨极过热熔化,这时假如要通过125A焊接电流,为不使钨极熔化,就需约6mm直径的钨棒。同时,由于在焊件上放出的能量不多,焊缝熔深浅而宽,生产率低,而且只能焊接约3mm厚的铝板。所以在钨极氩弧焊中,直流反接除了焊铝、镁薄板外很少采用。

除了焊接铝、镁及其合金外,钨极氩弧焊一般均采用直流正接,因为其他金属及其合金不存在产生高熔点金属氧化物问题。采用直流正接有下列优点:①工件为阳极,工件接受电子轰击放出的全部动能和位能(逸出功),产生大量的热,因此熔池深而窄,生产率高,工件的收缩和变形都小。②钨极上接受正离子轰击时放出的能量比较小,且由于钨极在发射电子时需要付出大量的逸出功,总的来说,钨极上产生的热量比较小,因而不易过热,可以采用直径较小的钨棒。例如,同样通过125A焊接电流,选用直径1.6mm的钨棒即可,而直流反接时需用6mm直径的钨棒。③钨棒热发射力很强,采用小直径钨棒时,电流密度大,所以电弧稳定性也比反接时好。

5. 交流 TIG 焊

焊接铝、镁及其合金时一般都采用交流电。在交流负极性的半波里(铝工件为阴极),阴极有去除氧化膜的作用,它可以清除熔池表面的氧化膜;在交流正极性的半波里(钨极为阴极),钨极可以得到冷却,同时可发射足够的电子,有利于电弧稳定。

目前,常用的工频正弦波交流焊接电源,电弧电流每秒钟有100次经过零点并改变极性。电弧电流经过零点时,电流瞬时值为零,电弧熄灭,下半周波必须重新引燃。

在钨极交流氩弧焊接铝、镁及其合金时，在负极性的半周内重新引燃电弧是比较困难的，必须采取措施稳定电弧。

为克服正弦波交流氩弧焊的稳弧困难，近年来发展了方波交流电源。由于方波交流在过零点时电流变化很陡，因此在正常焊接电压 20～40V 就足以使电弧再引燃，而且稳定性好。方波交流电源特别适用于铝、镁及其合金的 TIG 焊。为更好地发挥方波交流电源焊接铝和铝合金的优越性，可把这种电源设计成频率和正负半波宽度可调式。例如，让正半波持续时间稍长，以提高熔敷率；而使负半波持续时间较短，只要保证足够的去除氧化膜作用即可。

6. 脉冲 TIG 焊

钨极脉冲氩弧焊采用可控的脉冲电流 I_p 来加热焊件。当每一次脉冲电流通过时，焊件上就产生一个点状熔池，待脉冲电流停歇时，点状熔池就冷凝结晶，与此同时由基值电流 I_b 来维持电弧稳定燃烧。只要合理地调节脉冲间隔时间 t_b，保证焊点间有一定的相互重叠量，就可获得一条连续气密的焊缝，如图 4-80 所示。脉冲 TIG 焊接电弧是由明亮的脉冲电弧和暗淡的基值电弧周期交替，有闪烁现象。

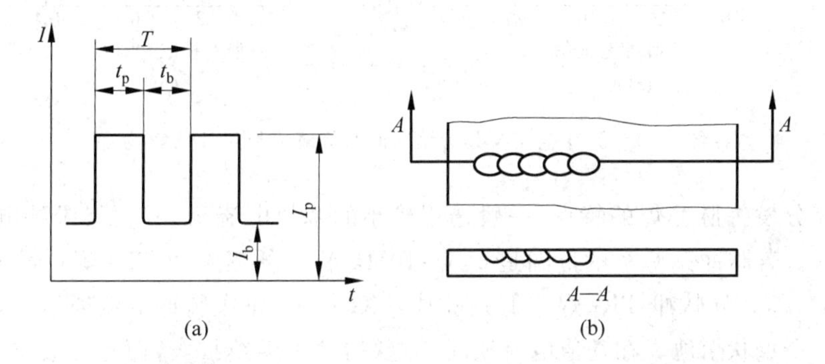

图 4-80 脉冲 TIG 焊接电流波形与焊缝示意图

由于采用脉冲电流，可以减小焊接电流的平均值，获得较低的电弧线能量。因此利用脉冲 TIG 能够焊接薄板或超薄板构件，例如焊接厚度 0.1mm 钢板时仍能获得满意的效果。

通过脉冲规范参数的调节，可精确控制电弧能量及其分布，容易获得均匀的熔深，并使焊缝根部均匀熔透，可以用于中厚板开坡口多层焊的第一道封底焊；可控制熔池尺寸，使之可能得到一个合适的小熔池，这时的熔池金属在任何位置均不至于因重力而下流，因而能很好地实现全位置焊接和单面焊双面成形。

脉冲 TIG 的焊缝是由焊点相互重叠而成，由于脉冲电流对点状熔池有较强的搅拌作用，且熔池金属冷凝速度快，高温停留时间短，所以焊缝金属组织细密，树枝状结晶不明显，可减小热敏感金属材料焊接时产生裂纹的可能性。因此，宜于难焊金属材料的焊接。

一般随着脉冲电流 I_p 和脉冲持续时间 t_p 的增大，焊缝熔深和熔宽都会增大，其

中 I_p 的作用比 t_p 大。图 4-81 是焊接不锈钢(1Cr18Ni9Ti)薄板时，脉冲电流和脉冲持续时间对焊缝成形尺寸的影响。其中钨极直径 1mm，电弧长度 1mm，焊接速度 10m/h。实际焊接时，脉冲电流的选定主要取决于焊件材料的性质(尤其是导热系数)和工件厚度。如果电弧电压保持恒定，采用不同的脉冲电流和脉冲持续时间的匹配组合，可获得不同的熔深和熔宽。

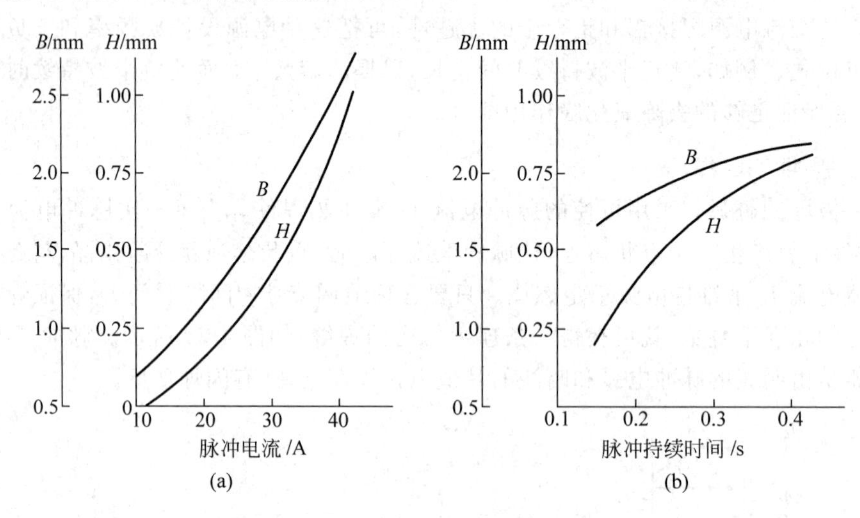

图 4-81 脉冲电流及其持续时间对焊缝成形尺寸的影响

为充分发挥脉冲焊的特点，一般选用较小的基值电流 I_b，只要能维持电弧稳定燃烧即可。若脉冲频率 f 的范围是 0.5～10Hz，称为低频脉冲 TIG 焊；而 f 为 1～30kHz 时，称高频脉冲 TIG 焊。低频脉冲 TIG 焊中，每次脉冲电流通过时，焊件上就产生一个点状熔池。在基值电流期间，点状熔池不继续扩大，而是冷凝结晶，这样在下次脉冲电流到来时熔池已形成一个焊点。下一次脉冲电流的到来在上一个凝固点边缘又产生一个新的熔池，基值电流期间又形成另一个新焊点。如此重复进行，就获得由许多焊点连续搭接而成的脉冲焊缝。为了获得连续的气密焊缝，就要求在焊点之间应有一定相互重叠量，因而提出了脉冲频率必须与焊接速度相匹配的问题。低频脉冲 TIG 焊常用的脉冲频率范围参见表 4-25。

表 4-25 脉冲 TIG 焊接常用脉冲频率范围

焊接方法	手工 TIG	自动 TIG 焊接速度/mm/min			
		200	283	366	500
脉冲频率/Hz	1～2	3	4	5	6

如果脉冲 TIG 焊的频率提高到几千赫兹以上，则电弧形态和热分布将起显著的变化。在平均电流相同的情况下，高频电弧比连续直流电弧的电磁收缩效应增加，电弧刚性增大，轴向的指向性增强，电弧压力也增大，熔透性增加。同时熔池受超声波

振动，改善了焊缝物理化学冶金过程及增加了熔池流动性。对焊接较薄的金属材料，有利于提高焊缝质量，特别适于快速焊接。表4-26为高频脉冲钨极氩弧焊电弧参数比较表。

表4-26 高频脉冲TIG焊接电弧参数比较

电弧参数	焊接方法			电弧参数	焊接方法		
	高频TIG	一般TIG	等离子弧焊		高频TIG	一般TIG	等离子弧焊
电弧刚性	好	不好	好	电弧电流密度	中	小	大
电弧压力	中	低	高	焊炬尺寸	小	小	大

7. 钨极氩弧焊规范参数

手工TIG焊的主要规范参数有电流种类、极性和电流大小。自动TIG焊的规范参数还包括电弧电压(弧长)、焊速及填丝送进速度等。选择参数是根据被焊材料和它的厚度，先参考现有的资料确定钨极的直径与形状、氩气流量与喷嘴孔径、焊接电流、电弧电压和焊接速度等，再根据试焊结果调整有关参数，直至符合要求为止。表4-27是直流正接TIG焊不锈钢，所填焊丝成分1Cr18Ni9Ti，直径1.6mm，不开坡口不留间隙单面一次对接的参考规范。

表4-27 焊接1Cr18Ni9Ti不锈钢的规范参数

板厚/mm	焊接电流/A	电弧电压/V	电弧长度/mm	焊接速度/m/min	氩气流量/L/min	钨极直径/mm	送丝速度/m/min
1.5	125～130	7～8	2.2～3	0.42	8～10	2	0.26
1.5	125	6～7	1.5～2	0.50	8～10	2	0.26
2.0	138～142	10～11	0.6～1.0	0.23	6～8	3	0.26

在焊接不锈钢或钛合金时，为防止焊缝反面氧化，要求对焊缝背面进行保护，一般是在焊缝背面加固定式或移动的充气罩(如图4-82所示)，也可在焊接夹具的铜垫板上开充气槽。但必须注意，反面通保护气的流量不能过大，否则焊缝背面会产生上凹现象。焊接管道或容器时，可直接向管道或容器内通保护气，但需要在焊前预先通一段时间，以便将其中的空气排出。焊接形状复杂的零件时，由于受到焊缝位置的限制，难以应用保护装置。在这种情况下，可将工件放置在“真空充氩”的密封容器中进行焊接，以防止周围空气的

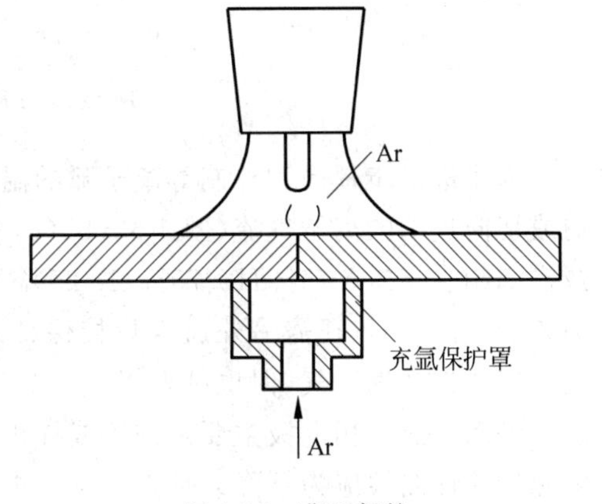

图4-82 背面保护

有害影响。应用“真空充氩”容器时，焊前需将容器抽成一定的真空度，通常为13.3～66.6Pa，然后再向其中充氩，使容器的压力与外界压力达到平衡。容器可用金属板材或塑料薄膜制成。焊接钛及其合金不仅要求保护焊接熔池，而且对温度仍高于400℃的焊缝及近缝区表面也需要进行保护，这时单靠喷嘴保护是不够的，需要在焊炬喷嘴后带附加喷嘴，以便通氩气，扩大保护区。

4.3.6 等离子弧焊

1. 等离子弧

借助水冷喷嘴的外部拘束条件，使电弧的弧柱区横截面受到限制时，电弧的温度、能量密度、等离子流速都显著增大。这种用外部拘束条件使弧柱受到压缩的电弧就是通常所称的等离子弧。

等离子弧的基本形式：①转移型(图4-83(a))，即电弧在电极和工件之间燃烧，水冷喷嘴不接电源，仅起冷却拘束作用；②非转移型(图4-83(d))，即电弧直接在电极和喷嘴之间燃烧，水冷喷嘴既是电弧的电极，又起冷壁拘束作用，而工件却是不接电源的；③混合型等离子弧。转移型弧和非转移型弧同时存在，这时需要用两个电源独立供电。转移型弧难以直接形成，必须先引燃非转移弧，然后使电弧的一极从喷嘴转移到工件。

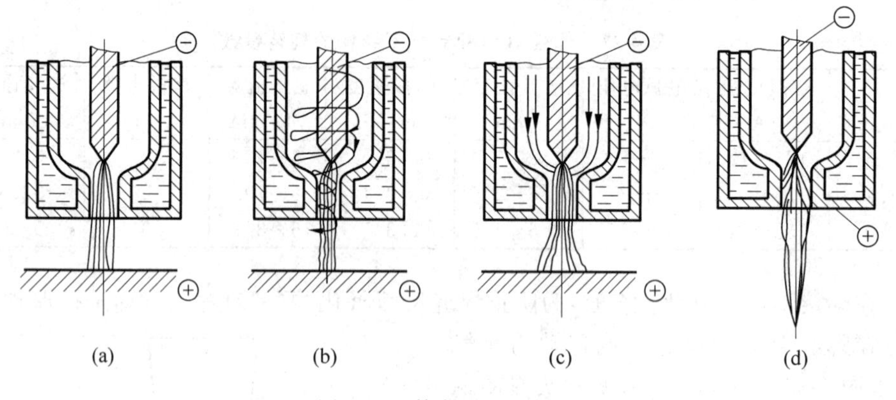

图4-83 等离子弧的形式

为了进一步提高和控制等离子弧的温度、能量密度及其稳定性，喷嘴中常通以径向或切向流动的离子气流(图4-83(b)(c))。焊接和喷镀用的等离子弧可采用纯Ar或富Ar的95%Ar-5%He、75%He-25%Ar、50%Ar-50%He以及100%He等气体为离子气。同时，还需另外通入焊接保护气体。切割用等离子弧通常采用N_2+H_2混合气体作为离子气，但也可采用Ar-H_2、空气、水蒸气作为离子气。

等离子弧所用电极主要是铈钨或钍钨电极。一般均采用直流正接，钨棒接负极。电源外特性曲线应为下降或垂直陡降。电流一般不超过600A，但可低至1A。为了焊接铝合金等有色合金，则可采用变极性的方波交流电源。

普通钨极氩弧的最高温度为 10000～24000K，能量密度小于 10^4 W/cm^2。而等离子弧温度可高达 24000～50000K，能量密度可达 10^5～10^8 W/cm^2。图 4-84 为两者电弧挺直度的对比，其中(a)为自由电弧，200A15V；(b)为等离子弧，200A30V，压缩孔径 2.4mm。等离子弧温度和能量密度的显著提高使等离子弧的稳定性和挺直度得以改善。自由电弧的扩散角约为 45°，等离子弧为 5°左右，这是因为压缩后从喷嘴口喷射出的等离子弧带电质点运动速度明显提高。

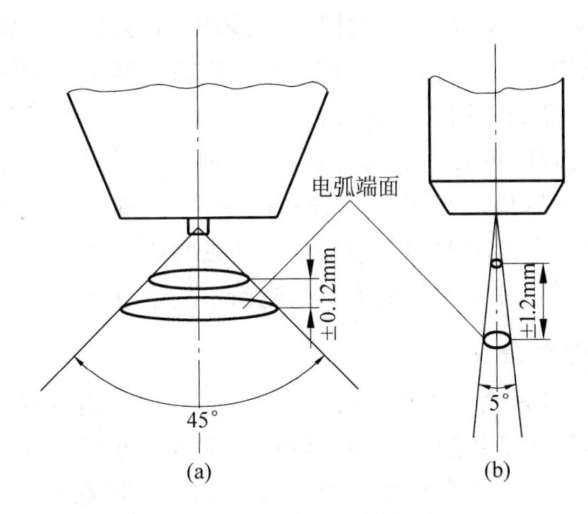

图 4-84 自由电弧与等离子弧挺直度的对比

等离子弧温度和能量密度提高的原因是：①水冷喷嘴孔径限定了弧柱横截面积不能自由扩大，这种拘束作用称为机械压缩作用。②喷嘴水冷作用使靠近喷嘴内壁的气体也受到强烈的冷却作用，其温度和电离度均迅速下降，迫使弧柱区电流集中到弧柱中心的高温高电离度区。这样由于冷壁而在弧柱四周产生一层电离度趋近于零的冷气膜，从而使弧柱有效横截面进一步减小，电流密度进一步提高，这种使弧柱温度和能量密度提高的作用通常又称为热收缩效应。③由于收缩效应的存在，弧柱电流密度增大以后，弧柱在电流线之间的电磁收缩作用增强，致使弧柱温度和能量密度进一步提高。在以上三个因素中，喷嘴机械拘束是前提条件，而热收缩则是最本质的原因。

在普通钨极氩弧过程中，加热焊件的热量主要来源于阳极斑点热，弧柱辐射和热传导仅起辅助作用。而在等离子弧中，情况则有变化，弧柱高速等离子体通过接触传导和辐射带给焊件的热量明显增加，甚至可能成为主要的热源，而阳极热则降为次要地位。

等离子弧发生器用来形成等离子弧，按用途不同常称为焊枪、割枪、喷枪。它们在结构上有很多相似之处，又有各自不同的特点。但结构设计上均应达到：①能固定喷嘴与钨棒的相对位置，并可进行调节；②对喷嘴和钨棒进行有效的冷却；③喷嘴跟钨棒之间要绝缘,以便在钨棒和喷嘴间产生非转移电弧;④能导入离子气流和保护气流;⑤便于加工和装配,特别是喷嘴的更换;⑥尽可能轻巧,且使用时便于观察。

正常的转移型等离子弧应稳定地燃烧在钨极和工件之间。由于某些原因,有时会形成另一个燃烧于钨极－喷嘴－工件之间的串联电弧,从外部可观察到两个电弧同时存在(如图4-85所示),这就是双弧现象。这将使主弧电流降低,使正常的焊接过程遭到破坏,喷嘴过热,严重时会导致喷嘴漏水、烧毁,造成等离子弧过程中断。

喷嘴结构参数对双弧形成有决定性作用。喷嘴结构确定时,电流增加,可能会导致形成双弧,因此允许使用电流有一个极限的临界值。离子气增加,双弧形成可能性反而减小。钨极和喷嘴的不同心会造成冷气膜不均匀,常常是导致双弧的主要诱因。喷嘴冷却不良,温度提高,或表面有氧化物玷污,或金属飞溅物沾粘形成垂瘤和凸起物时,也是导致双弧的原因。离子气成分不同,产生双弧的倾向也不一样。例如用 $Ar\text{-}H_2$ 混合气时,等离子弧发热量增加,引起双弧的临界电流将会降低。采用陡降外特性电源,可以获得比较大的等离子弧电流而不发生双弧。

2. 穿孔型等离子弧焊接

利用等离子弧能量密度和等离子流力大的特点,可在适当参数条件下实现熔化穿孔型焊接。这时,等离子弧把工件完全熔透并在等离子流力作用下形成一个穿透工件的小孔,熔化金属被排挤在小孔周围。随着等离子弧在焊接方向移动,熔化金属沿电弧周围熔池壁向熔池后方移动,于是小孔也就跟着等离子弧向前移动。稳定的小孔焊接过程是不采用衬垫而实现单面焊双面一次成形的好方法。一般大电流(100～300A)等离子弧焊都采用这种方法,如图4-86所示。应该指出的是,穿孔效应只有在足够的能量密度条件下才能形成,板厚增加时所需能量密度也增加。

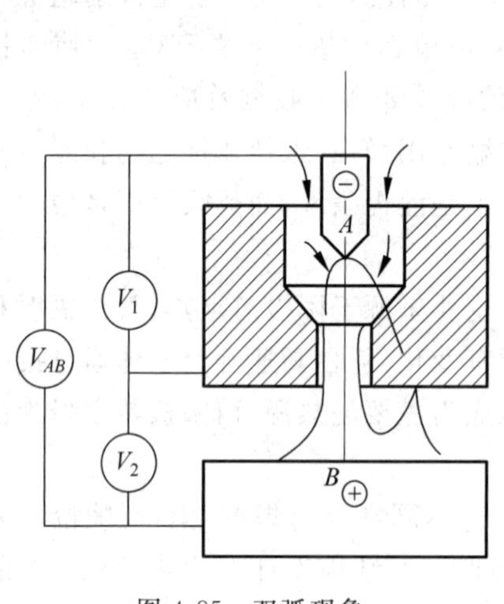

图4-85 双弧现象

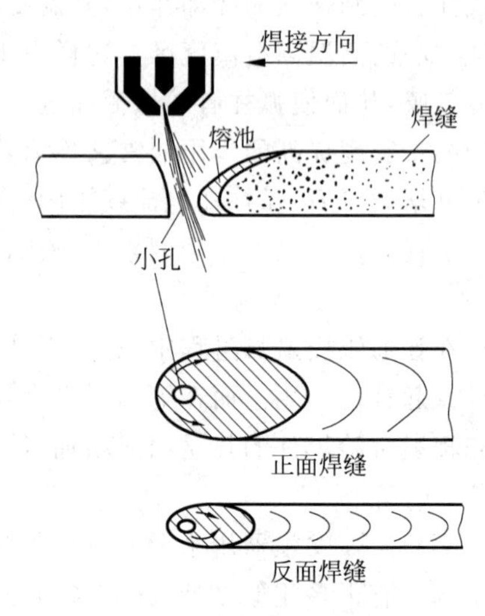

图4-86 穿孔等离子焊接

选择穿孔型等离子弧焊工艺参数时，一般首先按所需电流确定喷嘴孔径。

离子气流量增加可使等离子流力和穿透能力增大。其他条件给定时，为了形成穿孔效应，需有足够的离子气流量，但过大时不能保证焊缝成形，应根据焊接电流、焊速及喷嘴尺寸等参数条件来确定。此外，还可采用不同种类或混合比的离子气。目前用得最多的是氩气；焊不锈钢时可采用 Ar-(5～15)%He；焊钛时可采用(50～75)%He-(50～25)%Ar，以便提高热效率；焊铜时也可采用 100%N_2 或 100%He。

焊接电流增加，等离子弧熔透能力提高。焊接电流是根据板厚或熔透要求首先选定的。电流过小，孔径减小甚至不能形成；电流过大，小孔直径过大，熔池坠落，也不能形成稳定的穿孔焊接过程。此外，电流过大还可能形成双弧而破坏稳定的焊接过程。

图 4-87(a)为喷嘴结构、板厚和焊速等参数给定时，用实验方法在 8mm 厚不锈钢板测定的小孔焊接电流和离子气流量的规范匹配关系。其中，1 为采用圆柱喷嘴区域，2 为采用收敛扩散型喷嘴区域，3 为加填充金属可消除咬肉的区域。

焊接速度增加，焊缝热输入下降，熔孔直径减小，只能在一定焊速范围内获得小孔焊接过程。焊速太慢又会造成焊缝坠落，正面咬边，反面突出太多。对于给定厚度的焊件，离子气流量、电流和焊速这三个参数应保持适当的匹配，如图 4-87(b)所示。

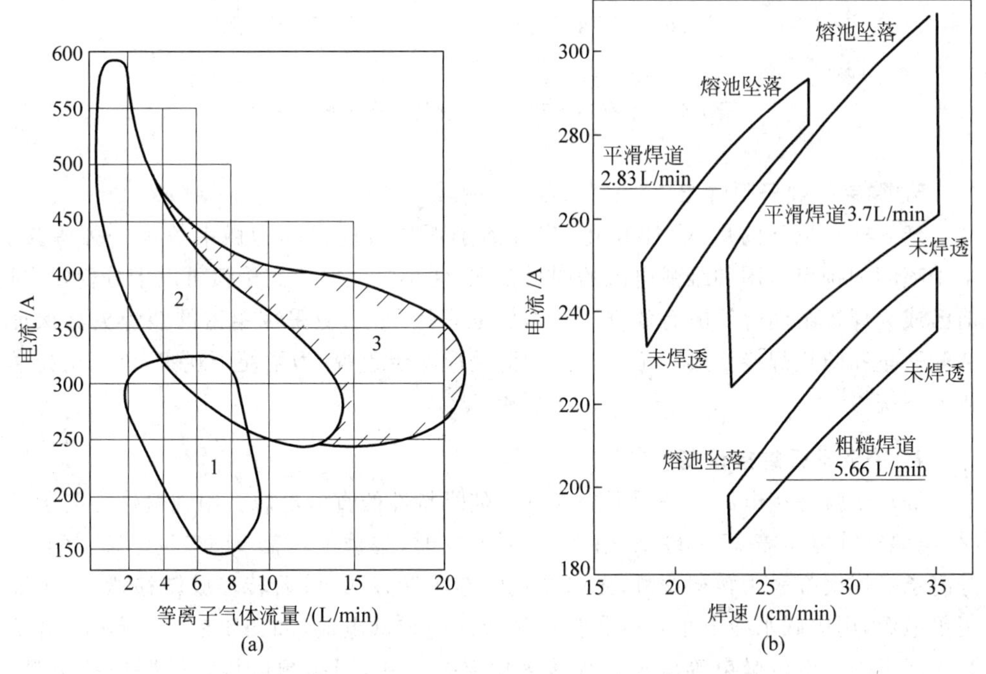

图 4-87 穿孔焊接规范参数匹配条件

喷嘴高度(喷嘴到工件表面间距)一般取 3～5mm，过高会使焊透能力降低，过低则易造成喷嘴沾粘飞溅物。

穿孔型等离子弧焊接最适用于焊接厚度为 3～8mm 不锈钢，低于 12mm 的钛合金,2～6mm低碳或低合金结构钢,以及铜、黄铜、镍及镍基合金的对接缝。在上述厚度内可以不开坡口,不加填充金属,不用衬垫的条件下实现单面焊双面成形。厚度大于上述范围时可采用V形坡口多层焊,但钝边可增加到5mm左右,这样就可以比钨极氩弧明显减少焊接层次和节省填充金属,因此是一种值得推广的厚板单面焊打底方法。

为了保证穿孔焊接过程的稳定性,装配间隙、错边等必须严加控制。板较厚时为了保证起弧点充分穿透和防止出现气孔,最好能采用焊接电流和离子气递增式起弧控制环节。为保证环缝搭接点质量,也应采用焊接电流和离子气的衰减控制(图4-88)。不锈钢和钛焊接时应有背面保护气,必要时还应附加保护喷嘴。

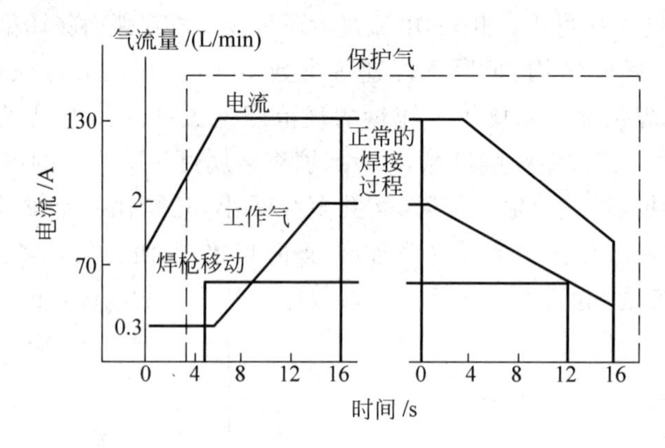

图4-88 带有递增和衰减控制的等离子弧焊程序

3. 微束等离子弧焊接

15～30A以下的熔入(非穿孔)型等离子弧焊接通常称为微束等离子弧焊接。由于喷嘴的拘束作用和维弧电流的同时存在,使小电流的等离子弧可以十分稳定,目前已成为焊接金属薄箔的有效方法。为保证焊接质量,应采用精密的装焊夹具保证装配质量和防止焊接变形。工件表面的清洁应给予重视,为了便于观察,可采用光学放大系统。

4. 等离子弧焊接设备

等离子弧焊接电源可采用下降或垂直陡降特性的直流电源。用纯氩作为离子气时,电源空载电压需65～80V;用氢、氩混合气时,空载电压需110～120V。大电流等离子弧焊接都采用转移型弧,先以高频引燃非转移弧,然后转移成转移弧,一般采用单电源,用串联水冷电阻获得非转移弧所需的较低电流,如图4-89(a)所示。对于30A以下的小电流微束等离子弧焊接采用混合型弧,用高频或接触短路回抽引弧,由于非转移弧(也称维弧)在正常焊接过程中不能切除,因此一般要用两个独立的电源,如图4-89(b)所示。维弧电源空载电压为100～150V,转移弧电源空载电压80V左右即可。

等离子弧焊机供气系统应能分别供给可调节离子气、保护气、背面保护气。为保

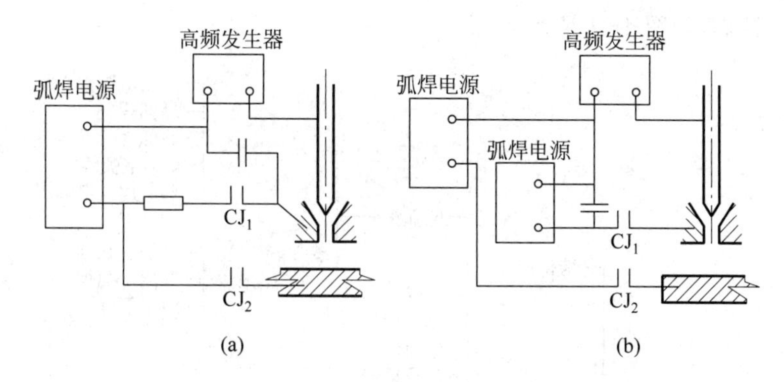

图 4-89 等离子弧焊接主电路结构

证引弧和收弧处的焊缝质量，离子气可分两路供给，其中一路可经气阀放空，以实现离子气流衰减控制。图 4-90 所示为典型气路系统：

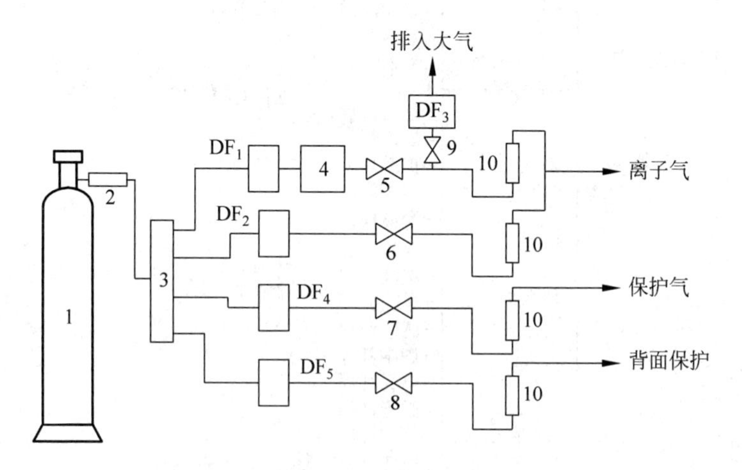

图 4-90 等离子弧焊机供气系统实例

1—氩气瓶；2—减压表；3—气体汇流排；4—储气筒；
5～9—调节阀；10—流量计；DF_1～DF_7—电磁气阀

手工等离子弧焊机的控制系统比较简单，只要能保证预先通离子气和保护气，然后引弧即可。自动化等离子弧焊机控制系统通常由高频发生器、小车行走、填充焊丝送进拖动电路及程控电路组成。程控电路应能满足提前送气、高频引弧和转弧、离子气递增、延迟行走、电流和气流衰减熄弧、延迟停气等控制要求。

4.4 焊接工艺方法的分类和选用

4.4.1 金属焊接方法的分类

根据金属焊接的物理化学过程，可以采用“族系法”将其分为三大类：熔化焊接、压力焊接、钎焊,如图4-91所示。

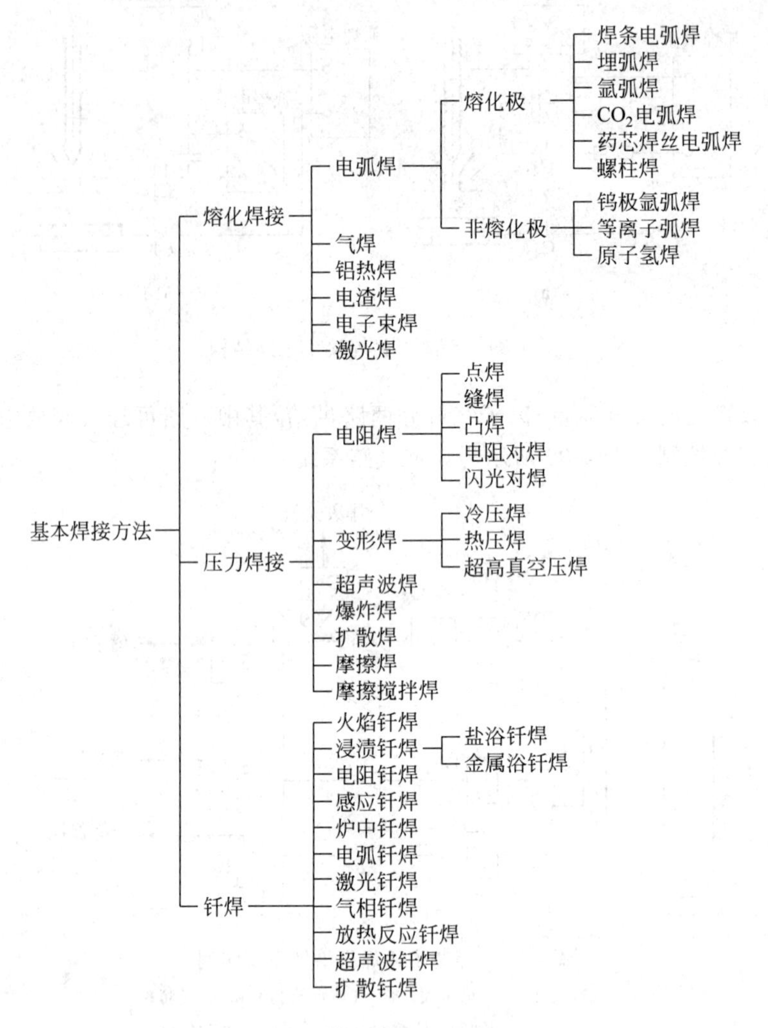

图4-91 金属焊接工艺方法的分类

熔化焊接是使被连接的金属物体表面局部加热熔化为液态,然后冷却结晶相互成为一体的方法。为了实现熔化焊接,必须有一个合适的热源。按照热源形式的不同,熔化焊接方法可再分为:电弧焊——以气体导电时产生的电弧热为热源;电阻焊——以通电时焊件自身和接触面产生的电阻热为热源;电渣焊——以液态熔渣导电时产生的电阻热为热源;电子束焊——以高速运动的电子束流为热源;激光焊——以激光束为热源;气焊——以可燃气体的燃烧火焰为热源;铝热焊——以铝热剂的反应热为热源;等等。另外,为防止高温焊缝熔化金属因与空气接触而导致成分组织和性能不良,熔化焊接过程一般都必须采取使焊接熔池隔离于空气的保护措施。按照真空、气相和渣相等保护形式的不同,熔化焊接方法又可分为:埋弧焊——

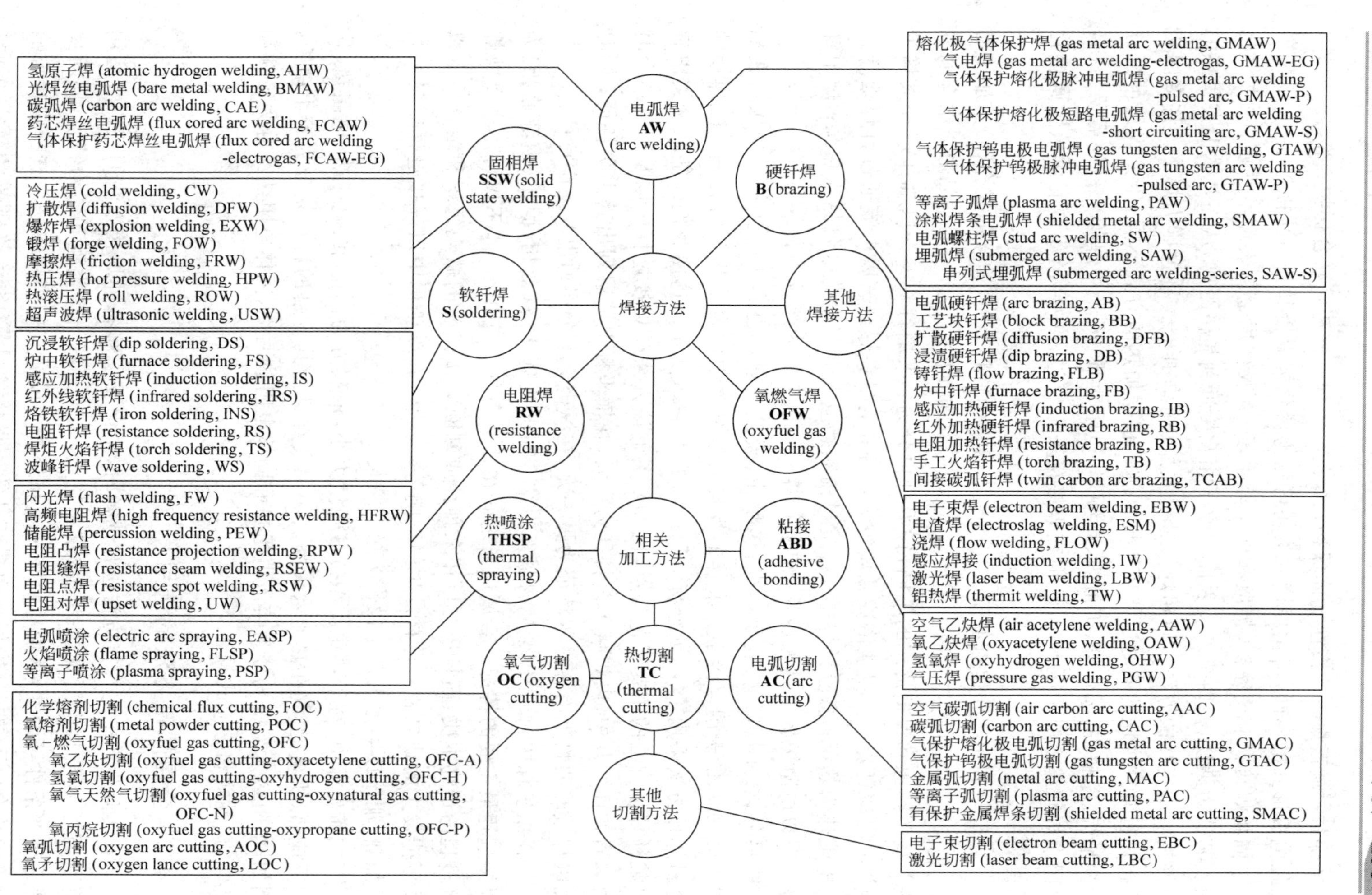

图 4-92 美国焊接学会对焊接方法的分类

熔渣保护；氩弧焊——惰性气体保护；焊条电弧焊——渣气联合保护；等等。此外，根据电极形式的不同，熔化焊接方法还可分为熔化极焊接和非熔化极焊接。

固相焊接是利用摩擦、扩散和加压等手段，克服被焊金属表面不平度，除去氧化膜及其他污染物，使两个连接表面的原子相互接近到晶格距离，从而基本上在固态的条件下实现连接的方法。固相焊接过程大都必须加压——称为压力焊接。许多固相焊接过程常在加压的同时还伴随加热措施。根据加热的方式不同，压力焊接可再分为变形焊、摩擦焊、爆炸焊、扩散焊、高频焊、电阻对焊、闪光对焊等。另外需要指出，电阻点焊和缝焊属于压力焊接，但在焊接接头形成过程中伴随出现有焊核金属熔化结晶现象。

钎焊是利用某些熔点低于被连接构件材料的钎料金属(连接的媒介物)的加热熔化，在未熔的焊件连接界面上铺展润湿，与母材相互扩散然后冷却结晶形成结合的方法。按照热源和保护形式的不同，钎焊可再分为：火焰钎焊——以气体燃烧火焰为热源；浸渍钎焊——以盐浴或金属浴为热源；电阻钎焊——以电流通过钎焊处产生的电阻热为热源；感应钎焊——以通过高频感应电流产生的电阻热为热源；炉中钎焊——以电阻炉辐射热为热源；电弧钎焊——以电弧为热源等。

另外，金属热切割、表面堆焊、热喷涂、碳弧气刨等也属于焊接技术领域。在如图4-92所示的美国焊接学会推荐的焊接方法分类中包含了相关内容。中国焊接学会对焊接方法采用了“二元坐标法”分类，如表4-28所示。这使我们既能从分类中看出某种焊接方法的主要工艺特点，也可以了解该方法在焊接过程中以及产生结合时的本质特征。其中，以焊接工艺特征为一元，在横坐标上分层列出其主次特征；同时又以焊接时的物理冶金过程特征为另一元，在纵坐标上分层列出其主次特征。

在纵坐标中，首先以金属材料发生结合时的物理状态(液相、固相、固液兼相)为焊接过程最主要的特征。金属原子之间在什么条件下互相结合，不仅可用来反映焊接过程的最终本质，而且还可以用来预计或判断焊接接头的微观组织和结合质量以及可能发生的缺欠和对母材发生的影响等。其次，在纵坐标中以焊接过程中材料是否加热、加压或其他工艺手段作为第二特征。

在横坐标中，对于热源类型按其强度大小，依次分为高能束、电弧热、电阻热、化学反应热、机械能、间接热能六大类。每一大类又按其各自的特征划分为若干细类。例如，电阻热大类中先分为熔渣电阻热和固体电阻热两类，固体电阻热又分为工频和高频、接触式和感应式等。

4.4.2　金属焊接方法的选用

在实际生产中对焊接方法进行选择时，不但要了解各种焊接方法的特点和适用范围，而且还要根据所焊产品的要求和特点，尤其是其材料类型和结构特点，同时要考虑生产条件等因素，从而选择在技术和经济上最适宜的焊接方法。选择焊接方法时必须符合以下要求：能保证焊接产品的质量优良可靠，生产效率高，生产费用低，

表4-28 焊接方法分类(二元坐标法)

两材料结合时状态	焊接手段	焊接方法类型	电弧热								电阻热									高能束		化学反应热			机械能			间接热能		
			涂料(焊剂)保护					气体保护			熔渣电阻	固体电阻								电子束	激光束	火焰	热剂					传热介质		
												工频				高频												气体	液体	固体
												接触式			感应式	接触式		感应式												
液相	熔化不加压力	基本型	手弧焊	埋弧焊				钨极氩弧焊	等离子弧焊	熔化极气体保护焊	电渣焊									电子束焊	激光焊	气焊及气割	热剂焊							
		变型应用	手弧堆焊	埋弧堆焊	水下电弧焊	电弧点焊	碳弧气刨	钨极氩弧堆焊	等离子弧堆焊	管状焊丝电弧堆焊												火焰堆焊								
	熔化加压力	基本型										点焊	缝焊	凸焊	感应电阻焊															
		变型应用			电容(放电)储能焊	电弧螺柱焊																								
固相	不熔化											电阻对焊		电阻扩散焊		接触高频对焊	电阻对焊	感应高频对焊	电阻对焊			气压焊		爆炸焊	摩擦焊	超声波焊	冷压焊			
	熔化加压力											闪光对焊					闪光对焊		闪光对焊											
固相兼液相		基本型钎焊										电阻钎焊						感应高频钎焊		电子束钎焊		火焰钎焊						炉中钎焊	浸渍钎焊	
		变型热喷涂							等离子喷涂													钎接焊火焰喷涂							扩散钎焊	

并且对环境的损害和能源的消耗尽可能少。

1. 考虑产品结构类型

不同结构的产品,由于焊缝的长短、形状及焊接位置等各不相同,因而适用的焊接方法也会不同。对于桥梁、建筑工程、石油化工容器等结构类产品,规则的长焊缝和环缝宜用埋弧焊,手弧焊用于打底焊和短焊缝焊接。对于汽车零部件等机械类产品,其接头一般比较短,根据其准确度要求,选用气体保护焊(一般厚度)、电渣焊(重型构件)、电阻焊(薄板件)、摩擦焊(圆形断面)或电子束焊(有高精度要求的)。对于工字梁、管子等半成品类产品,其焊接接头往往是规则的,宜采用适于机械化的焊接方法,如埋弧焊、气体保护电弧焊、高频焊。对于微型电子器件,其接头主要要求密封、导电和受热程度小等,因此宜用电子束焊、激光焊、超声波焊、扩散焊、钎焊和电容储能点焊。

2. 考虑被焊工件厚度

工件的厚度可在一定程度上决定所适用的焊接方法。每种焊接方法由于所用热源不同,都有一定的适用厚度范围。在推荐的厚度范围内焊接时,比较容易控制质量和保持合理的生产率。例如:超声波焊接厚度通常小于1mm;微束等离子焊厚度小于2mm;在3mm以下厚度范围内,采用TIG焊可以获得高质量的接头;电阻点焊和缝焊厚度一般不能超过4mm,但在0.1mm以下也很难焊接;对于手弧焊和气体保护焊,工件超过5mm,就要采用多道焊;而大电流埋弧焊单道焊透深度可达20mm;5kW电子束可焊透30mm;电渣焊适用的厚度范围为30~500mm之间。

3. 考虑接头形式和焊接位置

根据产品的使用要求和所用母材的厚度及形状,焊缝可采用对接、搭接、角接等几种类型的接头形式。其中,对接形式适用于大多数焊接方法。钎焊一般只适于连接面积比较大而材料厚度较小的搭接接头。各个接头的位置往往根据产品的结构要求和受力情况决定。这些接头可能需要在不同的位置进行焊接,包括平焊、立焊、横焊、仰焊及全位置焊接等。平焊是最容易、最普遍的焊接位置,因此焊接时应该尽可能使产品接头处于平焊位置,这样就可选择既能保证良好的焊接质量,又能获得较高的生产率的焊接方法,如埋弧焊和大电流熔化极气体保护焊。对于立焊接头宜采用脉冲电流气体保护焊(薄板)、气电焊(中厚度)、电渣焊(板厚超过30mm)。

4. 考虑母材性能

所谓母材,是指被焊工件本身材料。表4-29是推荐的常用材料适用的焊接方法。

母材的导热性、导电性、熔点等物理性能会直接影响其焊接性和焊接质量。当焊接导热系数较高的金属如铜、铝及其合金时,应选择热输入强度大、具有较高焊透能力的焊接方法,以使被焊金属在最短的时间内达到熔化状态,并使工件变形最小。对于电阻率较高的金属,则更宜采用电阻焊。对于热敏感材料,则应注意选择热输入较

表 4-29 常用材料适用的焊接方法

材料	厚度/mm	焊接方法：手弧焊	埋弧焊	气体保护金属极电弧焊：射流过渡	潜弧	脉冲弧	短路电弧	管状焊丝电弧焊	气体保护钨极焊	等离子弧焊	电渣焊	气电焊	电阻焊	闪光焊	气焊	扩散焊	摩擦焊	电子束焊	激光焊	硬钎焊：火焰钎焊	炉中钎焊	感应加热钎焊	电阻加热钎焊	浸渍钎焊	红外线钎焊	扩散钎焊	软钎焊
碳钢	约 3	•	•			•	•		•					•	•			•	•	•	•	•	•	•	•	•	•
	3～6	•	•	•	•	•	•	•	•				•	•	•		•	•	•	•	•	•	•	•	•	•	•
	6～19	•	•	•	•	•		•					•	•	•		•	•	•	•	•	•					•
	19 以上	•	•	•	•	•		•			•	•	•	•	•		•	•			•					•	
低合金钢	约 3	•	•			•	•		•				•	•	•	•		•	•	•	•	•	•	•	•	•	•
	3～6	•	•	•		•	•	•	•				•	•		•	•	•	•	•	•	•				•	•
	6～19	•	•	•		•		•						•		•	•	•	•	•	•	•				•	
	19 以上	•	•	•		•		•			•			•		•	•	•			•					•	
不锈钢	约 3	•	•			•	•		•	•			•	•	•	•		•	•	•	•	•	•	•	•	•	•
	3～6	•	•	•		•	•	•	•	•			•	•		•	•	•	•	•	•	•				•	•
	6～19	•	•	•		•		•		•				•		•	•	•	•	•	•	•				•	•
	19 以上	•	•	•		•		•			•					•	•	•			•					•	
铸铁	3～6	•													•					•	•	•				•	•
	6～19	•	•	•				•							•					•	•	•				•	•
	19 以上	•	•	•				•							•						•					•	
镍及其合金	约 3	•				•	•		•	•			•	•	•			•	•	•	•	•	•	•	•	•	•
	3～6	•	•	•		•	•		•	•			•	•			•	•	•	•	•	•				•	•
	6～19	•	•	•		•				•				•			•	•	•	•	•					•	
	19 以上	•		•		•					•			•			•	•			•					•	
铝及其合金	约 3			•		•			•	•			•	•	•	•	•	•	•	•	•	•	•	•	•	•	•
	3～6			•		•			•				•	•		•	•	•	•	•	•			•		•	•
	6～19			•					•					•			•	•		•	•			•		•	
	19 以上			•							•	•		•				•			•					•	
钛及其合金	约 3					•			•	•			•	•		•		•	•		•	•			•	•	
	3～6			•		•			•	•				•		•	•	•	•		•					•	
	6～19			•		•			•	•				•		•	•	•	•		•					•	
	19 以上			•		•								•		•		•			•					•	
铜及其合金	约 3					•			•	•				•				•		•	•	•	•			•	•
	3～6			•		•				•				•			•	•		•	•		•			•	•
	6～19			•										•			•	•		•	•					•	
	19 以上			•										•				•			•					•	

续表

材料	厚度/mm	焊接方法																									
		手弧焊	埋弧焊	气体保护金属极电弧焊				管状焊丝电弧焊	气体保护钨极焊	等离子弧焊	电渣焊	气电焊	电阻焊	闪光焊	气焊	扩散焊	摩擦焊	电子束焊	激光焊	硬钎焊							软钎焊
				射流过渡	潜弧	脉冲弧	短路电弧													火焰钎焊	炉中钎焊	感应加热钎焊	电阻加热钎焊	浸渍钎焊	红外线钎焊	扩散钎焊	
镁及其合金	约3			•		•			•									•	•	•	•					•	
	3～6			•		•			•					•			•	•	•	•	•					•	
	6～19			•		•								•			•	•	•		•					•	
	19以上					•								•				•									
难熔合金	约3					•			•	•				•				•		•	•	•	•		•	•	
	3～6			•		•				•				•				•		•	•					•	
	6～19													•													
	19以上																										

注：•表示推荐使用。

小的焊接方法,例如激光焊、超声波焊等。对于钼、钽等高熔点的难熔金属,采用电子束焊是极好的方法。而对于物理性能相差较大的异种金属,宜采用不易形成脆性中间相的焊接方法,如各种固相焊、激光焊等。

母材的强度、塑性、硬度等力学性能会影响焊接过程的顺利进行。如铝、镁等塑性温度区较窄的金属不能用电阻凸焊,而低碳钢的塑性温度区宽则易于电阻焊。又如,延性差的金属不宜采用大幅度塑性变形的冷焊方法。再如,爆炸焊要求所焊的材料具有足够的强度与延性,并能承受焊接工艺过程中发生的快速变形。另外,各种焊接方法对焊缝金属及热影响区的金相组织及其力学性能的影响程度不同,因此也会不同程度地影响产品的使用性能。选择的焊接方法还要便于通过控制热输入,从而控制熔深、熔合比和热影响区(固相焊接时便于控制其塑性变形)来获得力学性能与母材相近的接头。例如,电渣焊和埋弧焊时,由于热输入较大,从而使焊接接头的冲击韧度降低。又如,电子束焊的焊接接头的热影响区较窄,与一般电弧焊相比,其接头具有较好的力学性能和较小的热影响区,因此电子束焊对某些金属如不锈钢或经热处理的零件是很好的焊接方法。

母材的化学成分直接影响了其冶金性能,因而也影响了材料的焊接性,也是选择焊接方法时必须考虑的重要因素。对于工业生产中应用最多的普通碳钢和低合金钢,采用一般的电弧焊方法就可进行焊接。钢材的合金含量特别是碳含量愈高,焊接性往往愈差,可选用的焊接方法种类也愈有限。对于铝、镁及其合金等这些较活泼的有色金属材料,不宜选用二氧化碳气体保护电弧焊和埋弧焊,而应选用惰性气体保护焊,如钨极氩弧焊和熔化极氩弧焊等。对于不锈钢,通常可采用手弧焊、钨极氩弧焊或熔化极氩弧焊等。特别是氩弧焊,其保护效果好,焊缝成分易于控制,可以满足焊缝耐蚀性的要求。对于钛、锆这类金属,由于其气体溶解度较高,焊后容易变脆,因此采用高真空电子束焊最佳。此外,对于含有较多合金元素的金属材料,采用不同的焊接方法会使焊缝具有不同的熔合比,因而会影响焊缝的化学成分,亦即影响其性能。具有高淬硬性的金属宜采用冷却速度缓慢的焊接方法,这样可以减少热影响区开裂倾向。淬火钢则不宜采用电阻焊,否则由于焊后冷却速度太快,可能造成焊点开裂。焊接某些沉淀硬化不锈钢时,采用电子束焊可以获得力学性能较好的接头。对于冶金相容性较差的异种金属,难于采用熔化焊接,应考虑采用某种非液相结合的焊接方法,如钎焊、扩散焊或爆炸焊等。

5. 考虑实际生产技术水平

在选择焊接方法制造具体产品时,要顾及制造厂家的设计及制造的技术条件。其中,焊工的操作技术水平尤其重要。通常需要对焊工进行培训,包括:手工操作、焊机使用、焊接技术、焊接检验及焊接管理等。对某些要求较高的产品,如压力容器,在焊接生产前则要对焊工进行专门的培训和考核。手弧焊时要求焊工具有一定的操作技能,特别是进行立焊、仰焊、横焊等位置焊接时,则要求焊工有更高的操作技能。手工钨极氩弧焊与手工焊条电弧焊相比,要求焊工经过更长期的培训和具有更熟练、更灵巧的操作技能。埋弧焊和熔化极气体保护焊多为机械化或半自动焊接,其操作技术比手弧焊要求相对低一些。电子束焊和激光焊时,由于设备及辅助装置较复杂,因此要求有更高的基础知识和技术水平。

6. 考虑焊接设备

每种焊接方法都需要配用一定的焊接设备。包括:焊接电源、实现机械化焊接的机械系统、控制系统及其他一些辅助设备。焊接电源的功率、焊接设备的复杂程度和成本等都直接影响焊接生产的经济效益,因此,焊接设备也是选择焊接方法时必须考虑的重要因素。焊接电源有交流电源和直流电源两大类,一般交流弧焊机的构造比较简单、成本低。手弧焊所需设备最简单,除了需要一台电源外,只需配用焊接电缆及夹持焊条的电焊钳即可,宜优先考虑。熔化极气体保护电弧焊需要有自动送进焊丝、自动行走小车等机械设备,此外还要有输送保护气的供气系统、通冷却水的供水系统及焊炬等。真空电子束焊需配用高压电源、真空室和专门的电子枪,激光焊时需要有一定功率的激光器及聚焦系统,这两种焊接方法都要有专门的工装和辅助设备,特别是需要防止X射线和激光束辐射的屏蔽安全设施,其设备较复杂,输入功率大,生产成本较高。

7. 考虑焊接材料

焊接时的消耗材料包括:焊丝、焊条或填充金属、焊剂、钎剂、钎料、保护气体等。各种熔化极电弧焊都需要配用一定的消耗性材料。如:手弧焊时使用涂料焊条,埋弧焊和熔化极气体保护焊都需要焊丝,药芯焊丝电弧焊需要专门的管状焊丝,电渣焊则需要焊丝、熔嘴或板极。埋弧焊和电渣焊除电极(焊丝等)外,都需要有一定化学成分的焊剂。钨极氩弧焊和等离子弧焊时需使用熔点很高的钍钨极或铈钨极作为非熔化电极,此外还需要高纯度的惰性气体。电阻焊时通常选用硬度较高的铜合金作为电极,以使焊接时既有高的电导率,又能在高温下承受压力和磨损。

4.4.3 焊接工艺方法的发展

在各种产品制造业中,金属材料焊接是一种十分重要的加工工艺。已广泛应用于机械制造、船舶制造、汽车制造、海洋开发、石油化工、航空航天、建筑工程、核能、电力、电子等领域。据工业发达国家统计,每年需要进行焊接加工之后使用的钢材占钢总产量的45%左右。可以毫不夸张地说,没有现代焊接方法的发展,就不会有现代工业和科学技术的今天。

古代的金属连接,采用把两块熟铁加热后用锻打手段连接在一起的锻接方法。而目前工业生产中广泛应用的焊接方法,始于19世纪末20世纪初,至今已达数十种之多。随着现代科学技术的发展,焊接技术也在不断进步,其趋势分析如下。

1. 不断提高焊接生产率

提高生产率的途径有二:第一是提高焊接熔敷速率。手工焊中的铁粉焊条、重心焊条、躺焊条等工艺,以及埋弧焊中的多丝焊、热丝焊均属此类,其效果显著。例如,三丝埋弧焊,其工艺参数分别为2200A33V,400A40V,1100A45V,坡口尺寸恰当,背面加挡板或衬垫,50～60mm的钢板可一次焊透成形,焊速达0.4m/min以上,熔敷速率高于手工焊100倍以上。第二个途径,则是减小坡口断面及降低所需熔敷金属量。在此方面,近十几年来最突出的成就是窄间隙焊接。窄间隙焊是以气体保护焊为基础,利用单丝、双丝或三丝进行焊接。无论接头厚度如何,均可采用对接形式。例如,钢板厚度80～300mm,间隙均可设计为13mm左右,因而所需的熔敷金属量成数倍、数十倍地降低,从而大大提高生产率。窄间隙焊接的主要技术关键是如何保证两侧熔透和保证电弧中心自动跟踪坡口中心。为解决这两个问题,世界各国提出了多种不同方案,因而出现了种类多样的窄间隙焊接法。另外,等离子弧焊、激光焊及电子束焊,均可采用不开坡口的对接接头,这是它们广受重视的原因之一。

2. 重视改善焊前准备工序的机械化和自动化水平

为了提高焊接结构生产的效率和质量,仅仅从焊接工艺着手是有一定局限性的,因而世界各先进工业国家特别重视准备车间的技术改造。准备车间的主要工序包括:材料运输,工件表面去油、喷砂、涂保护漆,钢板划线、切割、开坡口,部件组装及点固。以上工序在现代化的工厂中均已全部实现机械化和自动化,其优点不仅在于提高生产率,更重要的是提高产品质量。例如,钢板划线(包括装配时定位中心及线条)、切割、开坡口全部采用计算机CNC技术以后,零部件尺寸精度大大提高而坡口表面粗糙度大幅度降低。整个结构在装配时已可接近机械零件装配方式,坡口几何尺寸都相当准确。在自动焊接以后，整个结构工整、精确、美观，完全改变了过去铆焊车间人工操作的落后现象。

3. 逐步实现焊接过程的自动化和智能化

由于焊接质量要求严格，而劳动条件比较恶劣，因而自动化、智能化受到特殊重视。机器人的出现迅速得到焊接工业界的热烈响应。目前全世界工业机器人有50%以上用于焊接，起初多在汽车车身制造中的电阻点焊流水线上，近些年来已拓展到弧焊领域，甚至还出现了多功能的激光加工机器人。目前普遍应用的示教再现型机器人虽然是一个高度自动化的装备，但从整体上看，仍是一个程序控制的开环系统，因而不能视焊接工况进行实时调节。为此，智能焊接成为当前焊接界重视的中心。智能焊接的发展重点首先是视觉系统。目前已开发的技术，可使机器人根据焊接中的具体情况在线自动修改焊炬运动轨迹和姿态，还能根据坡口、熔池和电弧状态适时地调节工艺参数。然而总的来说，智能化仅处在初级阶段，这方面的发展将是一个长期过程。

4. 研究和开发新的焊接热源和焊接工艺

焊接工艺几乎运用了世界上大多数目前可以利用的热源，其中包括火焰、电弧、电阻、超声、摩擦、搅拌、等离子束、电子束、激光束、微波等。历史上，每一种热源的出现，都伴随着新型焊接工艺的出现。但是至今，焊接热源的研究与开发并未终止。新的发展可概括为两方面：一方面是对现有热源的改善，使之更为有效方便、经济适用。在这方面激光束和电子束焊接的发展比较显著。另一方面则是开发更好更有效的热源。另外，也可采用两种热源叠加，以求获得更强的能量密度，如等离子束复合激光、电弧复合激光等。

5. 应用绿色节能技术

节能技术在焊接工业中也是重要方向之一。众所周知，焊接能源消耗甚大，手工焊机每台约20kVA；埋弧焊机每台约60kVA；电阻焊机每台约可高达1000kVA。不少新技术的出现就是为了这一节能目标。在电阻点焊中，利用电子技术的发展，将交流点焊改变为次级整流点焊，可以大大提高焊机的功率因数，减少焊机容量(由1000kVA降至200kVA)，而仍能达到同样的焊接效果。近十几年来，基于逆变器技术的新型弧焊电源的出现是另外一个成功的例子。逆变式焊机不仅有电能转换效率高的节能特点，而且可以显著降低自身体积和重量，节省原材料，且具良好的焊接工艺控制性能。当然，目前使用的弧焊逆变器输入电流波形畸变严重，功率因数不高，还需进一步研究采用谐波抑制技术，以保证合理利用电能。

6. 新兴工业和高新技术的发展推动焊接技术前进

焊接技术自发明至今已有百余年历史，它已经可以解决当前工业中主要生产制造的问题，如航空、航天及核能工业中的重要产品等。但是，新兴工业的发展仍然迫使焊接技术不断前进，以满足其需要。例如，微电子工业对微细连接工艺和设备的需求,陶瓷材料和复合材料对真空钎焊、真空扩散焊、喷涂等工艺和设备的需求,使它们获得了更强的生命力,走上了一个新台阶。同时,材料科学、信息科学、电力电子等高新技术的应用,也极大地促进了现代焊接技术的发展。焊接工艺专家系统、机器人柔性焊接加工单元、焊接过程CAD/CAE/CAPP/CAM集成、焊接产品虚拟制造、焊接生产管理网络化信息系统等逐渐开始得到应用。

复习思考题

1. 试归纳总结可用于金属构件连接的几类方法,并举例说明其应用。
2. 何谓焊接?请简述金属焊接过程的本质。
3. 简述电弧导电原理以及其中带电粒子的产生过程。
4. 如何用电离电压来表征气体电离难易?大电流MIG焊电弧空间带电离子是怎么产生的?
5. 何谓逸出功?为何TIG焊接中采用铈钨极而非纯钨极?
6. 冷阴极和热阴极在电子发射机理上有什么区别?
7. 电弧焊接过程中,阴极斑点会自动寻找氧化膜,而阳极斑点则有自动寻找纯金属表面避开氧化膜的倾向,请分析其原因。
8. 说明电弧电压与电弧弧长的关系。
9. 电弧动特性曲线与静特性曲线有何不同?为什么?
10. 有利于交流电弧过程连续进行而不产生瞬间熄弧的措施有哪些?
11. 分析几种熔化焊工艺方法的热效率和功率密度问题。
12. 焊接电弧的弧柱温度范围?
13. 试分析弧焊电极斑点压力形成的原因。
14. 为何焊接电弧具有刚直性?
15. 分析产生焊接电弧磁偏吹现象的原因,并指出消除磁偏吹影响的措施。
16. 对于熔化极气体保护电弧焊,一般采用直流正接(DCRP)方式,分析其原因。
17. 请指出滴状过渡、射流过渡、亚射流过渡、短路过渡、渣壁过渡等几种熔滴过渡形式的特点及其发生场合。
18. 分析短路过渡CO_2气体保护焊过程中产生飞溅的原因。
19. 何谓熔合比?调整熔合比的意义是什么?
20. 何谓线能量?控制线能量的意义是什么?
21. 分析焊接电流、电弧电压、焊接速度、极性接法对焊缝成形的影响。
22. 主要的焊接成形缺欠有哪些?
23. 焊接接头的力学性能有哪些?如何测试?
24. 焊接接头电化学腐蚀有哪些类型?试分析防止大气腐蚀的途径。
25. 碳钢和低合金耐热钢焊接构件在高温下长期工作,焊接接头的性能会发生哪些变化？

26. 焊接接头几何设计应遵循哪些原则？

27. 阐述“电弧—电源”系统稳定工作条件。

28. 弧焊电源空载电压有何作用？

29. 希望弧焊电源具有优异的动态品质，其意义是什么？

30. 说明熔化极电弧焊等熔化曲线的含义。

31. 熔化极电弧焊的弧长自动控制系统可分为三种类型。试分析其各自的调节作用原理，焊接规范调整方法，所采用的电源外特性与送丝系统类型，以及所适用的具体焊接工艺方法。

32. 对于钛、铌、锆等金属和锡、铅、锌等金属及合金，能否采用焊条电弧焊工艺？

33. 分析焊条外涂层(药皮)的作用。

34. 请指出焊条烘干、清除坡口、预热、后热以及焊后热处理等工艺措施的意义。

35. 分析埋弧自动焊的适用特点和低碳钢埋弧焊的主要冶金反应。

36. 请指出 CO_2 电弧焊适用的金属材料。

37. 为何焊前需对瓶装 CO_2 气体作一定的处理？

38. 分析脉冲 MIG 焊的工艺特点。

39. 在熔化极电弧焊接时采用混合保护气体，优点何在？请举例说明。

40. 钨极氩弧焊可采用直流正接、直流反接、交变电流等三种形式，请分别说明其特点。

41. 钨极氩弧焊焊的引弧方式有哪些？

42. 以具体数据比较普通钨极氩弧与等离子弧的温度、能量密度及电弧的扩散角。

43. 请指出转移型、非转移型、混合型等离子弧的区别。

44. 主要的熔化焊工艺方法有哪些？各采用什么热源？

45. 主要的压力焊工艺方法有哪些？

46. 简述钎焊基本原理及其工艺方法分类。

47. 在实际工业应用中选择具体焊接工艺方法应遵循什么原则？

48. 随着社会需求和科学技术的进步，焊接工艺技术应如何创新发展？

参考文献

1 中国机械工程学会焊接学会. 焊接手册. 北京：机械工业出版社，2008

2 中国机械工程学会焊接学会. 焊接字典. 北京：机械工业出版社，2008

3 姜焕中. 焊接方法及设备. 北京：机械工业出版社，1981

4 杨宣科. 金属高温强度及试验. 上海：上海科学技术出版社，1986

5 王之熙，许杏根. 简明机械设计手册. 北京：机械工业出版社，1997

6 PT. Houldcraff Welding Process Technology. London：Combridge University Press，1977

粉末成形

5.1 概　　述

粉末成形是以粉末为原料，通过一定的成形工艺，将原先处于松散状态的粉末聚集成具有特定形状和尺寸的坯体或制品，或者通过进一步烧结，将坯体（生坯）烧结成内部结合更牢固、外部形状更稳定的制品，并使制品达到所要求的力学、物理和化学性能。粉末成形通常可采用金属粉末、无机非金属（陶瓷）粉末、金属与非金属复合粉末以及高分子基粉末等。

粉体成形材料的种类繁多，制品的形状、尺寸和性能各不相同，成形工艺也多种多样。但是，粉体制备与处理、成形以及烧结这三个工序是粉末成形的基本工序。

粉体制备与处理需要满足粉末成形的工艺特性，其中粉体的纯度、颗粒度、粒径分布和流动性是影响成形的主要工艺因素。制取粉体的方法很多，方法选择主要取决于该材料的特殊性能及制取方法的成本。例如可采用机械粉碎的方法（如球磨、气流粉碎等）以达到所需的粒度。除此之外，还可以采用液相法（如沉淀或共沉淀法、溶胶-凝胶法、电解法等）、气相法（如气相沉积法等）制备粉体，金属粉体的制备方法见表5-1。在成形之前，还需要根据成形工艺的特点和材料特性对粉体进行处理。如陶瓷粉体的干压成形要进行造粒，注浆成形前要制备高固相含量、低黏度的料浆。在粉体的处理过程中一般要加入一定量的水和添加剂，如粘结剂、润滑剂和分散剂等。对于粉末烧结材料的成形，这些添加剂在成形后应在一定温度下排除掉，以防止其在高温烧结过程中挥发而产生缺陷。

粉末成形的方法有很多种，每种方法有其不同的特点和适用范围。常用的成形方法有压制成形（如单、双向压制成形和等静压制成形）、可塑法成形（如轧制成形、挤压成形）、胶态成形（如注浆成形、热压注成形、注射成形）等。

烧结是将成形件在一定的温度和气氛下进行热处理，使坯体发生颗粒粘结，从而可降低孔隙率和提高强度。从本质上看，烧结是由于固态中的分子或原子相互吸引，通过加热体产生颗粒粘结，经过物质迁移使粉末体产生强度，并导致致密化和再结晶

表 5-1 金属粉末的制备方法

	生产方法		原材料	粉末产品举例			
				金属粉末	合金粉末	金属化合物粉末	包覆粉末
物理化学法	还原	碳还原	金属氧化物	Fe, W			
		气体还原	金属氧化物及盐类	W, Mo, Fe, Ni, Co, Cu	Fe-Mo, W-Re		
		金属热还原	金属氧化物	Ta, Nb, Ti, Zr, Th, U	Cr-Ni		
	还原—化合	碳化或碳与金属氧化物作用	金属粉末或金属氧化物			碳化物	
		硼化或碳化硼法	金属粉末或金属氧化物			硼化物	
		硅化或硅与金属氧化物作用	金属粉末或金属氧化物			硅化物	
		氮化或氮与金属氧化物作用	金属粉末或金属氧化物			氮化物	
	气相还原	气相氢还原	气态金属卤化物	W, Mo	Co-W, W-Mo 或 Co-W	涂层石墨	
		气相金属热还原	气态金属卤化物	Ta, Nb, Ti, Zr		W/UO_2	
	化学气相沉积		气态金属卤化物			碳化物或碳化物涂层 硼化物或硼化物涂层 硅化物或硅化钼丝 氮化物或氮化物涂层	
	气相冷凝或离解	金属蒸气冷凝	气态金属	Zn, Cd			Ni/Al
		羰基物热离解	气态金属羰基物	Fe, Ni, Co	Fe-Ni		Ni/SiC
	液相沉淀	置换	金属盐溶液	Cu, Sn, Ag			Ni/Al
		溶液氢还原	金属盐溶液	Cu, Ni, Co	Ni-Co		Co/WC
		从熔盐中沉淀	金属熔盐	Zr, Be			
	从辅助金属液中析出		金属和金属熔体			碳化物 硼化物 硅化物 氮化物	

续表

	生产方法		原材料	粉末产品举例			
				金属粉末	合金粉末	金属化合物粉末	包覆粉末
物理化学法	电解	水溶液电解	金属盐溶液	Fe,Cu,Ni,Ag	Fe-Ni	碳化物	
		熔盐电解	金属熔盐	Ta,Nb,Ti,Zr,Th,Be	Ta-Nb	硼化物 硅化物	
	电化腐蚀	晶间腐蚀	不锈钢		不锈钢		
		电腐蚀	任何金属和合金	任何金属	任何合金		
机械法	机械粉碎	机械研磨	脆性金属和合金 人工增加脆性的金属和合金	Sb,Cr,Mn,高碳铁 Sn,Pb,Ti	Fe-Al,Fe-Si Fe-Cr 等铁合金		
		漩涡研磨	金属和合金	Fe,Al	Fe-Ni,钢		
		冷气流粉碎	金属和合金	Fe	不锈钢,超合金		
	雾化	气体雾化	液态金属和合金	Sn,Pb,Al,Cu,Fe	黄铜,青铜,合金钢,不锈钢		
		水雾化	液态金属和合金	Cu,Fe	黄铜,青铜,合金钢		
		旋转圆盘雾化	液态金属和合金	Cu,Fe	黄铜,青铜,合金钢 铝合金,钛合金		
		旋转电极雾化	液态金属和合金	难熔金属,无氧铜	不锈钢,超合金		

的过程。在烧结过程中，一些材料还伴随着固相反应、相变和局部熔融。通过烧结，当材料的强度、硬度等性能达到了设计要求时，再经过加工即可成为最终产品。

本章重点介绍粉末烧结材料及其成形。常见的粉末烧结材料有金属类的粉末冶金材料、非金属类的陶瓷材料和高分子材料，其最大特点是可采用粉末成形和烧结的方法将粉末直接制成终形或近终形制品。

用粉末烧结制造金属制品的方法称为粉末冶金，由于粉末冶金的生产工艺与陶瓷的生产工艺在形式上类似，这种方法又称为金属陶瓷法。粉末冶金制品通常不需要进行后续切削加工，或后续加工量很少，有利于节省原材料并降低产品的物料成本(图 5-1)。另外，粉末烧结法能够生产传统熔炼无法生产的一些特殊材料，包括：①需要控制制品孔隙率的多孔材料，如多孔含油轴承；②多种金属按不同比例组合的功能材料，如钨-铜假合金型电触头材料；③金属和难熔化合物、陶瓷复合的多相材料，如硬质合金材料，金属-陶瓷复合材料等。在这些复合材料中，既可以是不同相之间的颗粒复合，也可以是颗粒与纤维、晶须之间的复合。当然，粉末冶金制品也存在着韧性相对较低，制品的大小、形状受到一定限制等缺点。随着技术的不断进步，这些问题正在逐步得以解决。

图 5-1　粉末冶金零部件

陶瓷材料作为一种粉末烧结材料已有几千年的应用历史。陶瓷材料为脆性材料，其硬度很高，绝大部分陶瓷不导电，因此陶瓷材料既无法进行传统的切削加工，也不能进行电加工，用粉末烧结的方法制造陶瓷产品则是陶瓷行业的基本工艺方法。近年来，随着科学技术的发展，特种陶瓷的应用愈来愈广泛。高温结构陶瓷在发动机零部件、切削工具及其他耐磨损、耐高温、耐腐蚀产品方面的应用越来越多(图 5-2)。功能陶瓷在介电、铁电、压电功能，磁性功能，光电功能以及生物功能等方面的开发也正飞速发展，被广泛应用于机械电子工程、信息工程、航空航天工程和生物工程等领域。

大多数聚四氟乙烯塑料(PTFE)熔体在成形温度下具有很高的黏度,而且很难熔化,所以不适于一般的热塑性塑料的成形方法,而只能采用先压制成形、再烧结的特殊的粉末成形方法。PTEF的摩擦系数是塑料中最低的,是一种理想的轴承材料和密封材料。同时,PTFE还具有优良的耐高低温、耐腐蚀及电绝缘性能,被广泛地应用于化工、电气、医药和高新技术领域(图5-3)。

图5-2 陶瓷零部件

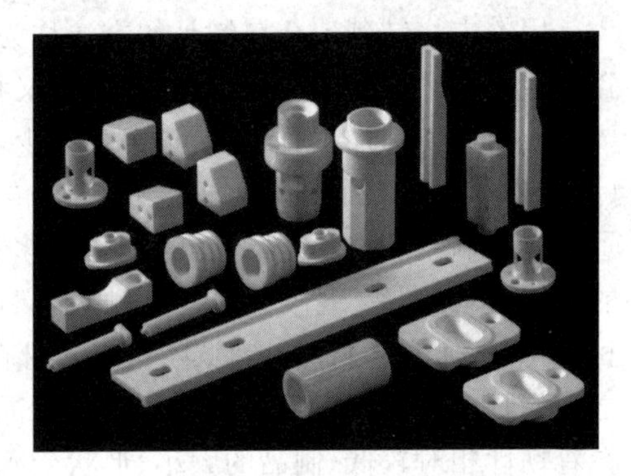

图5-3 PTEF零部件

5.2 粉末体及粉末特性

5.2.1 粉末体和粉末颗粒

大小介于0.1μm~1mm之间的固态物质通常称为粉末体(简称粉末或粉体),粉末体是由大量颗粒及颗粒之间的空隙所构成。与致密体(大小在1mm以上)不同,粉末体没有固定的形状,而且有一定的流动性。但由于颗粒相对移动时有摩擦,故粉末体的流动能力是有限的。

粉末中能分离开并独立存在的最小实体称为单颗粒。单颗粒如果以某种形式聚集就构成所谓的聚集颗粒。单颗粒可能是单晶颗粒,而多数情况下是多晶颗粒,但晶粒间不存在空隙。聚集颗粒通常由化合物的单晶体或多晶体经分解、焙烧、还原、置换或化合等物理化学反应通过相变或晶型转变而形成;也可以由极细的单颗粒通过高温处理(如煅烧、退火)烧结而形成。

粉末颗粒的聚集状态和程度对粉末的工艺性能影响很大。从粉末的流动性和松装密度看,聚集颗粒的流动性和松装密度均比单颗粒高,压缩性也较好。而在烧结过程中,单颗粒的作用则比聚集颗粒更为重要。

5.2.2 粉末颗粒的结晶构造和表面状态

金属及多数非金属颗粒都是结晶体,而制粉工艺对粉末颗粒的结晶构造有重要影响。一般说来,粉末颗粒含有晶粒的多少取决于制备方法和工艺条件,对于极细的粉末有可能出现单晶颗粒。粉末颗粒的晶体还存着许多结晶缺陷,如空隙、畸变和夹杂等。因此，粉末总是贮存有较高的晶格畸变能，有较高的活性。

粉末颗粒的表面是十分复杂的。一般粉末颗粒愈细，外表面愈发达；粉末颗粒的内部缺陷越多，内表面也就越大，即裂纹、微缝以及与颗粒外表面连通的空腔、孔隙等越多。多孔性颗粒的内表面的面积通常大于外表面，有几个数量级的差别。粉末发达的表面贮藏着高的表面能，因而超细粉末容易自发地形成聚集颗粒，并且在空气中极易被氧化和自燃。

5.2.3 粉末的性能

研究粉末体时应分别研究单颗粒、粉末体和粉末体中孔隙等的一系列性质。

粉末材料和粉末生产方法决定着单颗粒的性质，与粉末材料相关的因素包括：点阵结构、理论密度、熔点、硬度、塑性、弹性、电磁性质以及化学成分等；与粉末生产方法相关的因素包括：粒度或粒径、颗粒形状、表面状态、晶粒构成、内部缺陷以及活性等。

粉末体的性质主要包括：平均粒度、粒度组成、比表面、松装密度、振实密度、流动性以及颗粒间的摩擦状态等。

粉末的孔隙性质主要包括：总孔隙体积、颗粒间的孔隙体积、颗粒内孔隙体积、颗粒间孔隙数量、平均孔隙大小、孔隙大小的分布以及孔隙的形状。

在实际生产中，不可能对上述粉末性能进行逐一测定，通常按化学成分、粉体的几何性能、物理性能和工艺性能来进行划分和测定。相关性能的测定都可以参照相应的国家标准和行业标准。

1. 粉体的几何性能

1）粒径

粒径是粉末颗粒在空间范围所占大小的线性尺度。球形颗粒的直径就是粒径，非球形颗粒的粒径表示方法很多，最常用的有三轴平均径、投影径、球当量直径以及筛分径等。其中，用球体的直径表示不规则颗粒的粒径应用得最普遍，称为当量直径。当量直径与颗粒的各种物理现象相对应，多颗粒系统由大量的单颗粒所组成，其中包括粉体、雾滴和气泡群。在多颗粒系统中，一般将颗粒的平均大小称为粒度，习惯上粒径和粒度具有相同的含义。

粒度和粒径是颗粒几何性质的一维表示，是最基本的几何特性。粒度测试的方法很多，目前常用的有沉降法、激光法、筛分法、图像法、电阻法、显微图像法、刮板法、透气法、超声波法和动态光散射法等。利用显微镜测量颗粒的粒径时，可观察到颗粒的投影，可按其投影的大小定义粒径，称投影径。投影径的分类见图 5-4 所示。

2）粒径分布

对于颗粒粒径相等的单粒度体系，则可用单一粒径表示其大小。但实际应用的粉体中大部分含有不同粒度的颗粒的颗粒群，粒径必须用各种粒径颗粒的数量分布情况来表示，即粒径分布。

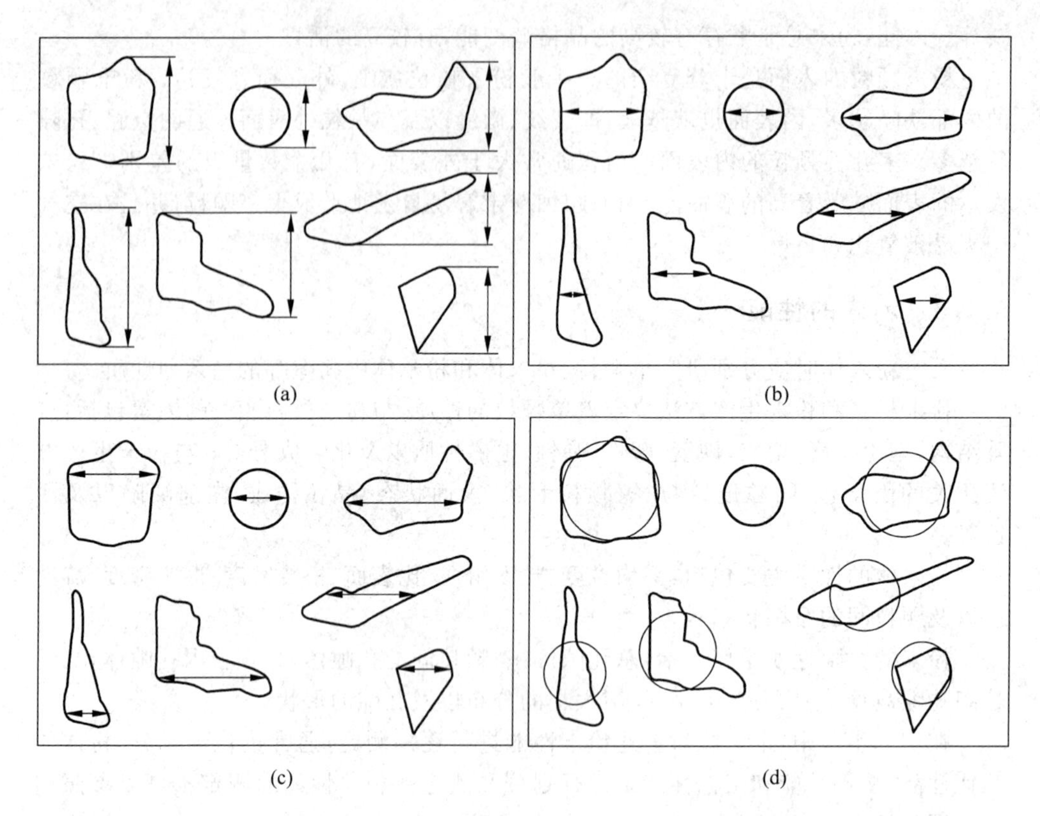

图 5-4 投影径的分类

(a) Feret 径;(b) Martin 径;(c) 定方向最大径;(d) 投影圆相当径

粒径分布又称粒度分布,即用特定的仪器和方法反映出的不同粒径颗粒占粉体总量的百分数,有区间分布和累计分布两种形式。区间分布又称为微分分布或频率分布,它表示一系列粒径区间中颗粒的百分含量。累计分布也叫积分分布,它表示小于或大于某粒径颗粒的百分含量。百分含量的基准可以是颗粒的个数、体积、质量及长度和面积等,可以用表格、绘图和函数形式表示颗粒径的分布状态。

粉末的粒径和粒径分布主要与粉末的制取方法和工艺有关。机械粉碎的粉末一般较粗,气相沉积粉末极细,而还原粉末和电解粉末则可通过调解还原温度或电流密度在较宽范围内变化。粉末的粒径和粒径组成对粉末加工性能有重要影响,在很大程度上,它们决定着粉末成形材料和制品的性能。

测量粉末粒径及其分布的方法有很多种,常见方法见表 5-2。

3) 平均粒径和比表面积

粉末的粒径组成的表示比较麻烦,应用也不太方便,许多情况下只需要知道粉末的平均粒径。若颗粒的粒径分布符合对数正态分布,可计算出颗粒的平均粒径和比表面积。

表 5-2 常见粉末粒径及粒径分布测量方法

测量方法	测量装置	测量结果
直接观察法	放大投影器,光学显微镜或电子显微镜,图像分析仪	粒度分布,形状参数
筛分法	电磁振动筛,音波振动筛	粒度分布直方图
重力沉降法	比重计,比重天平,沉降天平,光透过式,X 射线透过式	粒度分布
离心沉降法	光透过式,X 射线透过式	粒度分布
激光法(光衍射)	激光粒度仪	粒度分布
激光法(光子相干)	光子相干粒度仪	粒度分布
小孔通过法	库尔特粒度仪	粒度分布个数计量
流体透过法	气体粒度透过仪	表面积,平均粒径
吸附法	BET 吸附仪	表面积,平均粒径

平均粒径表示分散固体颗粒群几何尺寸的一种尺度。平均粒径可通过多种方法计算,主要有算术平均法、几何平均法、调和平均法、体积平均法及质量平均法等。如上所述,样品粒径分布可以用数量分布、表面积分布和体积分布表示,那么每种分布都会有一个平均值,因此数量平均粒径、表面积平均粒径、体积平均粒径又是不同的。

颗粒平均粒径的表示方法主要有以下几种:

(1) 线性平均直径:简单的线性平均直径。

(2) 面积长度比平均直径:有相同表面积和直径比的粒子的平均直径。

(3) 面积平均直径:其表面等于粒子中所有颗粒平均表面积的粒子的平均直径。

(4) 体积平均直径:有相同体积和粒子数的平均直径。

(5) 索太尔平均直径:有相同体积和表面积比值的粒子的平均直径。

(6) 质量平均直径:在该直径以上或以下的累积质量百分数相等(各 50%)。

比表面属于粉末体的一种综合性质,是由单颗粒性质和粉末体性质共同决定。颗粒的比表面积即单位质量粉末的总表面积,可间接反映颗粒受到的物理化学作用与重力作用的相对大小。测量粉末比表面通常采用吸附法和透过法。

4) 颗粒的形状

颗粒的形状是粉末的又一个重要参数,是一个沿颗粒的轮廓边界或表面上各点的图像及表面的细微结构,对颗粒群的许多性质都有影响。这些性质包括比表面积、流动性、磁性、固着力、增强性、填充性、研磨特性和化学活性等。人们常常用形状系数和形状指数来表征颗粒的形状。习惯上将立体几何各变量的关系定义为形状系数,而颗粒大小的各种无因次组合则称为形状指数。形状系数有体积形状系数、比表面积形状系数等。

颗粒形状通常包括投影形状、均整度(长、宽、厚之间的比例关系)、棱边状态(如圆棱、钝角棱及锯齿状棱等)、断面状况、外形轮廓(如曲面、平面等)、形状分布等。此外,颗粒外接立方体体积与颗粒体积之比称为体积充满度。颗粒投影面积与最小外接矩形面积之比称为面积充满度。与颗粒体积相等的球的比表面积与颗粒比表面积之比称为真球形度。与颗粒投影面积相等的圆的直径与颗粒投影图最小外接圆直径之比称为实用球形度。与颗粒投影面积相同的圆的周长与颗粒投影轮廓周长之比称为圆形度。

不规则形状颗粒在流动时受到阻力比球形颗粒大,这一性质可用阻力形状系数表征。阻力形状系数可根据流体力学的基本原理结合颗粒的性质进行推算。颗粒粗糙度是指颗粒实际表面积和将表面看成光滑时的表面积之比。颗粒的形状对粉料的流动性、充填性等粉料特性有较大影响。

粉末颗粒外形如图5-5所示。通常,鳄式破碎机、对辊破碎机以及圆锥破碎机得到的颗粒呈多角形;球磨机和筒磨机得到的颗粒接近球形;化学法或气相沉积法制备的超微颗粒也接近球形;塑性金属机械研磨得颗粒呈片状;金属氧化物还原得到颗粒是多孔海绵状;水溶液电解得到的颗粒呈树枝状;金属漩涡研磨得到颗粒为碟状。

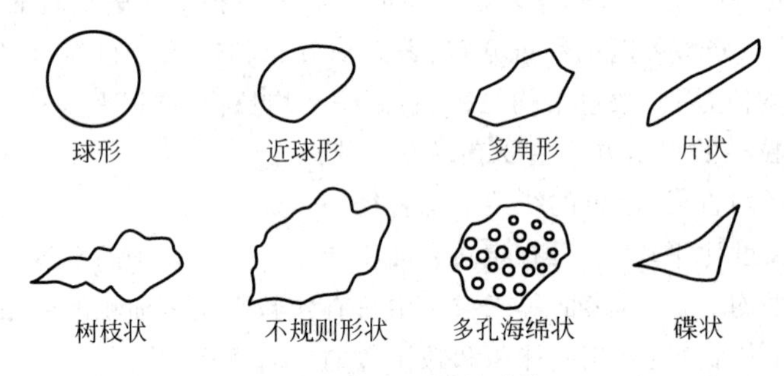

图5-5 粉末颗粒的形状

图像分析仪可用于测量颗粒形状。常见的图像分析仪由光学显微镜、图像版摄像机和微机组成,其测量范围为1～100μm。若采用体视显微镜,则可以对大颗粒进行测量。有的电子显微镜配有图像分析系统,其测量范围为0.001～10μm。

2. 粉末的物理化学特性

1) 粉体的重力沉降

任何密度大于水的颗粒在水中都因重力作用而沉降。设颗粒粒度为d,密度为ρ,在斯托克斯阻力范围内,其自由沉降速度V_0为

$$V_0=\frac{(\rho_P-\rho_0)d^2}{18\eta}g \tag{5-1}$$

式中:ρ_P——固体粒子的密度,kg/m^3;

ρ_0——介质的密度,kg/m^3;

η——介质黏度,Pa·s;

g——重力加速度,m/s^2。

对于微米级颗粒,介质分子热运动对其作用逐渐显著,使其在介质中产生无序扩散运动,即所谓布朗运动。对于粒度在1μm以下的颗粒,其在水介质中主要受介质

分子热运动的作用,而重力的影响随之减弱,颗粒不再产生明显的重力沉降运动。对于亚微米级及纳米级颗粒,重力沉降作用可以完全忽略不计。只要条件适当,这种超细粉体可以稳定地分散、悬浮在水介质之中。但事实上,亚微米级及纳米级颗粒会受到分子作用力等吸引力的影响,最终会因团聚而沉降。

2) 粉体颗粒间的作用力

粉末颗粒间的作用力有范德华引力、静电力、毛细管力、磁性力和机械咬合力等,有时这几种力同时存在,并产生交互作用。

3. 粉体的工艺性能

粉体的工艺性能包括填充性能、松装密度、震实密度、流动性、压缩性和成形性。工艺性能主要取决于粉末的生产工艺和粉末的处理工艺(球磨、退火、加润滑剂、制粒等)

(1) 粉体的填充性能　粉体的填充性能是指粉体内部颗粒在空间的排列状况。粉体的填充状态随着粉体颗粒粒度、颗粒间相互作用力以及填充条件而变化。一般情况下粉体颗粒的排列状态是不均匀的,粉体的填充状态与成形体的生坯密度有着密切关联。表征粉体填充状态的参数有粉体的容积密度、填充率、空隙率等。

容积密度 ρ_B 是单位填充体积的粉体质量,又称视密度;填充率 ψ 指颗粒体积占粉体填充体积的比率;而空隙率 ε(亦称孔隙率)则是空隙体积占粉体填充体积的比率。三者之间有如下关系:

$$\rho_B = \frac{V_B(1-\varepsilon)\rho_P}{V_B} \tag{5-2}$$

$$\psi = \frac{\rho_B}{\rho_P} \tag{5-3}$$

$$\varepsilon = 1 - \frac{\rho_B}{\rho_P} \tag{5-4}$$

式中:ρ_P——粉体颗粒密度;

V_B——粉体填充体积。

如果粉体颗粒为等直径的球状颗粒,则最紧密的堆积方式为立方密堆或六方密堆,两种堆积方法的填充率均为 74.05%。但这只是理想状态,试验表明,对于等直径球状填充物,无论怎样连续振动,填充率总是小于 63.1%,而不振动的自然填充,填充率总是小于 60%。实际粉体颗粒不可能是等大小的。对于非等直径的球状颗粒,在填充时小颗粒会填充在大颗粒的间隙中,从而提高填充率。

由于粉体间存在着作用力,在自然状态下颗粒的填充不易达到紧密状态。但如果对粉体加压,则可以减小于粉体间作用力的影响,提高填充率。外加压力比较小时,粉体颗粒发生颗粒重排,填充率提高;继续加大外加压力时,颗粒发生变形、破碎等现象,填充率进一步提高。各种粉体的外加压力大小与粉体的性质有关。

(2) 松装密度　粉末的松装密度是指将粉体自然地填充规定的容器时,单位容积内粉体的质量。其倒数为松装比容。松装密度是粉体自然堆积的密度,它取决于粉体颗粒间的粘附力、相对滑动阻力及粉体颗粒间空隙被小颗粒填充的情况。松装密度可以用漏斗法、斯柯特容量计法或振动漏斗法测定。

(3) 震实密度　粉末的震实密度则是将定量的粉末装入振动容器中,在规定的条件下进行振动,直到粉末体积不再减小,测得单位容积内粉体的质量。一般震实密度比松装密度高20%～50%。

松装密度和震实密度是粉体重要的工艺性能指标。粉体成形时,其大小在一定程度上决定了生坯密度。研究表明,球形颗粒的粉体堆积密度较高;而在一定的粒径范围内,粉体粒径的减小会使松装密度降低,这是由于细粉颗粒间易形成拱桥效应,阻碍颗粒间相互移动。

(4) 流动性　粉末的流动性是指50g粉末从标准的流速漏斗中流出所需的时间表征,单位为s/50g。其倒数是单位时间流出粉末的质量,称为流速。流速的测定方法可采用孔径为2.5mm的标准漏斗。

粉末的流动性是一个非常重要的工艺性能,直接影响到成形时粉体在成形模具中的填充情况。它对生产工艺的稳定、生产流程的设计以及产品质量都有重要影响。

颗粒的形状愈规则(对轴性好),颗粒组成中极细粉末所占比例小,颗粒密度较高的粉体流动性较好。如果颗粒密度不变,粉体相对密度的提高也对其流动性有利。金属粉末氧化能提高其流动性。颗粒表面吸附水分、气体或加入添加剂会降低粉末流动性。

(5) 摩擦性能　粉体流动即颗粒群从运动状态变为静止状态所形成的角是表征粉体力学行为和流行状况的重要参数。这种由于颗粒间的摩擦力和内聚力而形成的角统称为摩擦角。

根据颗粒群运动状态不同,摩擦角可分为内摩擦角、安息角、壁摩擦角及滑动摩擦角。内摩擦角表示在极限应力状态下剪应力与垂直应力的关系。安息角是粉体在粒度较粗的状态下由自重运动所形成的角;壁摩擦角是粉体与壁面之间的摩擦角;滑动摩擦角是指置粉体于某材料制成的斜面上,当斜面倾斜至粉体开始滑动时,斜面与水平面间所形成的夹角;它们属于粉体的外摩擦特性。

颗粒体的堆积特性对其摩擦力和粘着力均有影响。因此,粉体摩擦角特性会随着空隙率的变化而改变。

(6) 压制性　粉体的压制性是压缩性和成形性的总称。压缩性是指粉体在规定的压制条件下被压紧的能力;而成形性是指粉末压制后,压坯保持既定形状的能力。压缩性通常是在标准模具中,在规定的润滑条件下加以测定,用规定的单位压力下粉末所达到的压坯密度来表示。成形性用粉末得以成形的最小单位压力表示,或用压坯强度来衡量。

影响压缩性和成形性的主要因素有颗粒的塑性和颗粒形状。多数金属粉体显微硬度低,塑性好,其压缩性亦好;而陶瓷和硬质合金粉体显微硬度高,塑性差,其压缩性亦差。金属粉末中含有合金元素或非金属杂质时，会降低粉末的压缩性。此外，颗粒形状及大小、级配等因素对压缩性亦有影响，粉体的粒径增大有利于压缩性的提高。例如，雾化粉比还原粉的松装密度高，压缩性也较好。总之，凡是影响粉末密度的一切因素也都对压缩性产生影响。

成形性受颗粒形状和结构的影响最为显著。颗粒松软，形状不规则的粉末，压紧后颗粒的联结增强，成形性就好。对于显微硬度和塑性一样的粉体，成形性能往往与压缩性能相反。形状不规则的粉体和颗粒粒径小的粉体往往成形性较好。因此，在评价粉末的压制性时，必须综合比较压缩性和成形性。

5.3 粉末成形对成形原料的要求

成形前坯料的加工处理是粉末成形整个工艺过程的一个重要环节。除坯料中粉末的化学组成、显微组织、粒度及其分布等应满足最终材料的化学组成和微观结构的要求外，坯料还需进行加工处理，其主要目的则是使粉末的粒度及其分布、粉末的形状和表面性质、坯料的流动性以及流变性等满足所选择的成形方法的要求。粉末的处理包括：退火、混合、筛分、制粒以及添加润滑剂等。

5.3.1 对粉末性能的要求

1. 粉末的硬度和可塑性

对金属粉末而言，粉末的硬度和可塑性直接影响到成形所需的压力。粉末硬度较低、可塑性较好的，在受压时易于变形、增加接触面积，压实性好，在同等压力下得到的坯体的致密度较高，而得到同等致密度所需的单位压力较小。对在粉末制取过程中易产生冷变形强化或表面氧化的金属粉末，应先经过退火或还原处理，以降低其硬度或去除氧化膜后才适合于成形。但是，对几乎没有可塑性的、高硬度的陶瓷粉末或可塑性很差的一些难熔金属粉末，压制成形时采用过大的压力会造成坯体开裂和拉伤模具，故其成形压力不宜过大。

由金属形成的合金（金属固溶体和合金化合物）一般也具有与金属相似的性质。如常用的 Cu，Ni，a-Co，r-Fe，Al，Pb，Ag，Au，a-Cu-Al，a-Cu-Zn，Al-Cu，Al-Zn 等的延展性很好，β-Co，a-Fe，Cr，V，Mo，W，Zn，Ti，β-Cu-Zn，a-Fe-Si 的延展性不同程度地有所减小。因此，金属或合金的粉末颗粒都具有一定的可塑性，在成形时，在适当的成形压力下，都能发生较明显的塑性变形。

陶瓷材料属于无机非金属材料，通常为由金属元素和非金属元素组成的化合物，很多材料还是多元化合物。化学键主要是为离子键和共价键，一般为这两种键的混合形式。因此，陶瓷材料中不同元素的原子或离子必须占据的配位位置，晶体结构比金属复杂得多，可动的独立滑移系少且不满足产生塑性变形的条件。由此使得陶瓷多晶材料具有高硬度、高的化学稳定性，在常温下无塑性变形能力，脆性很大。另外，这种化学键的特点和复杂的晶体结构,还使得陶瓷材料的弹性模量一般比金属大,且压缩弹性模量显著高于拉伸弹性模量。因此,特种陶瓷多晶状态的粉末颗粒在成形压力下产生的弹性变形量也很小,在常温下继续增大应力只会引起颗粒的碎裂而不能产生塑性变形。当然,在高温下不少陶瓷材料可以产生一定的塑性变形。这两种粉末在可塑性上的巨大差异,必然会影响到各自成形工艺的特点。

2. 粉末的粒度及组成

粉末的粒度及其组成直接影响到粉末体的松装密度和流动性以及制备坯料时所需添加的塑化剂量,从而对坯料的成形性能产生影响。对同一种方法制取的粉末,平均粒度愈细,比表面愈大,松装密度也愈低,粉末颗粒相对位移的内摩擦力亦大,在压制成形或轧制成形时的流动性就差。流动性差不仅降低了压制时的粉料对模腔的充填速度,还影响到充填率,易造成拱桥效应。如果轧制成形流动性差,则会影响到供料的速度。松装密度愈低,粉末颗粒间的气孔率就愈高,使得要获得相同的致密度的坯体所需的压缩比增大,在采用相同压下量或相同压力时,获得的成形坯体的致密度就低。

对挤制成形、轧膜成形、热压注成形和注射成形来说,成形坯料中需添加较多的塑化成形剂。原始粉末粒度愈细,比表面愈大,需要加入的成形剂量就要增多,其结果会使成形坯体中粉末的比例减少,成形后排除坯体中塑化剂的难度也增大,最终会影响到烧结体的致密度。所以,在制备这类坯料时,往往要对原始粉末进行预先煅烧和其他处理,适当的减少粉末比表面,以降低成形剂的用量。另外,粒度组成即粒度分布同样对成形产生影响,粒度组成的均匀性越好,则粉末的流动性越高。当颗粒形状一定时,粉末的压缩性随粉末粒度组成中细粒度比例增多而变差,但成形性较好,其主要原因是细颗粒之间的接触点多,接触面积较大之故。另外,由于细小的颗粒可以填充到较大颗粒间的孔隙中,提高了颗粒的堆积密度,并且大小不等的颗粒之间的咬合作用也较强,所以压制非均匀粒度组成的粉末容易获得高致密度和高强度的坯体。

粉末烧结的多晶材料的强度与晶粒尺寸的平方根成反比,其弹性模量、抗拉强度、断裂韧性等力学性能随气孔率的增加而呈指数式下降,各种属于传导作用的导电、导热、导磁性能也随着气孔率的增加而下降。因此,从理论上讲,粉末烧结材料的晶粒越细小、均匀,致密度越高,材料的力学和物理性能越高。对所用粉末颗粒的粒度要求越细越好。但从经济的角度和工业化生产的可行性以及成形工艺本身考虑,加上金属和陶瓷两种材料性质特点的不同,对粉末的粒度范围有不同的要求。

目前工业化制取的金属粉末的粒度范围,按不同的制取方法大致如下:雾化法最小325目(约43μm)至很粗;电解法和机械粉碎法大于400目(38μm);还原法不大于100目(147μm);羰基法为几微米。而特种陶瓷中结构陶瓷的粉末的粒度范围,通常平均粒度应为亚微米级,最多也就是几微米;功能陶瓷对强度等力学性能的要求不是太高,粒度范围一般从1~2μm至20μm;即使是普通陶瓷所要求的粉末粒度也较细,通常要求万孔筛余不超过1%~2%,即99%~98%在60μm以下。从要求的粒度范围加以比较可见，金属粉末用羰基法、气相还原法制取的粉细小(不超过几微米)，主要用于一些特殊的用途和制备难熔金属材料，如羰基铁粉用于制造铝铁钴磁铁，气相还原的钼粉用于制取钼丝、钼带等。其他大量使用的粉末冶金材料一般要求的粉末平均粒度均在几十微米左右，例如，常用的铁基结构材料的铁粉(雾化铁粉、电解铁粉、海绵铁粉、还原铁鳞)的平均粒度均在 50～60μm 以上；常用的镍铬合金粉的粒度范围在 40～147μm 之间；常用的铜、青铜、黄铜等粉末的粒度组成中几十微米以上的颗粒也占有相当的比例。这说明了常用的金属粉末的平均粒度一般要比特种陶瓷粉末的平均粒度大些。

陶瓷材料制品，只能用粉末烧结方法制造，无法用其他制造方法来代替。特种陶瓷尤其是结构陶瓷，只有采用超微细的粉末，并烧结成高致密的多晶材料，才能具有较高的强度、高的硬度和较低的脆性，从而使用于特定的场合，满足耐磨、耐腐蚀、耐高温和承受一定应力的要求。功能陶瓷也只有晶粒尺寸小于某一范围，才能使其电学、热学、力学、光学和耦合等物理学能满足使用要求。近年来，随着现代科学技术的发展，也要求功能陶瓷粉末原料的粒度更加微细化，达到亚微米级。这种对粉末粒度的不同的实际要求，同样也影响到材料的制备工艺和成形工艺。

3. 粉末颗粒的形状和表面状态

粉末颗粒的形状愈不规则，表面愈粗糙，相互间位移愈困难，因而松装密度较低，流动性差，而表面平滑而形状等轴性高的粉末流动性好。形状不规则的粉末由于模腔的充填性不好，并易产生拱桥效应，容易使成形坯体出现密度不均匀现象，特别会在坯体的边、角等处造成低密度区域。但不规则形状的粉末比还原法、雾化法制得的粉末易于压制成坯体，且坯体强度也较高。

总之，粉末的密度、组成、松装密度、颗粒形状和表面粗糙度对粉体的流动性、压制性、成形性以及坯体的致密度和强度产生的影响是综合性的，往往是交互作用的。另外，还要结合成形后续工序，最重要的就是烧结工序的要求来统一考虑。一般而言，从粉末冶金和陶瓷材料制品的使用性能考虑，希望制品的微观结构均匀、晶粒细小、物理力学性能较高。当采用粒度细小、粒度组成均匀性高的粉末，不仅有利于降低烧结温度，而且制品具有细致均匀的微观结构和较高的物理力学性能。

4. 粉末颗粒的表面物理化学性质

粉末颗粒的表面物理化学性质，主要是颗粒表面的带电性质、与水等液体的相互润湿性质、对电解质离子或表面活性剂的吸附性质等，对成形坯料的性能产生相当程度的影响，从而影响到成形的质量。例如，注浆成形时要求粉末颗粒在水中有良好的悬浮性和分散性，浆料才具有较低的黏度和良好的流动性。

5. 粉末的氧化性

除少数几种贵金属外，绝大多数金属和合金的粉末都会在空气中发生不同程度的氧化，不少金属粉末在常温空气中就会氧化，钼、钨等难熔金属的粉末在空气中于

400℃左右氧化,各种金属粉末随着温度的升高氧化的程度迅速加剧。这决定了金属粉末成形坯体只能在还原气氛、惰性气氛或真空中烧结。并且,在雾化制粉、机械粉碎以及制备成形坯料等过程中,都需要采取相应的措施以防止和减少氧化。

而在目前应用的结构陶瓷和功能陶瓷中,由氧化物组成的陶瓷占有绝大多数的比例。其粉末原料的成分要么是简单的金属氧化物,要么就是由两种或两种以上的金属氧化物形成的矿物相,所以可以不考虑氧化问题,这些陶瓷的烧结一般都是在空气中进行。对于非氧化物陶瓷,所用的主要原料为非氧化物(如碳化物、氮化物、硼化物等)粉末,在较高的温度下才能发生氧化。所以,非氧化物陶瓷只能在氮气、氩气或真空中烧结。非氧化陶瓷烧结材料通常能在1000℃以上氧化气氛中使用。不过,非氧化物陶瓷粉末的表面如果存在氧化膜,将会阻碍材料烧结时的致密化。所以,非氧化物陶瓷粉末的防氧化物问题,只是在粉末合成制备过程中和烧结过程中(一般均在很高温度下进行)需要予以重视;而在常温下的机械粉碎、坯料制备和成形等过程中不必担心粉末的氧化。

5.3.2 对坯料流动性和水分的要求

1. 干坯料的流动性和水分

对压制成形、轧制成形等使用的干坯料,由于水分、塑化剂以及润滑剂的含量很少,坯料的流动性一方面与粉末的性能有关。另一方面,坯料的流动性还与制备干坯料的造粒工序相关。造粒制得的团粒,是一种颗粒的集合体,它通常由几十个或更多的原始粉末颗粒、水、粘结剂以及颗粒间的气孔所组成。

团粒的大小、粒形对成形时干坯料的流动性起着主要的影响作用,将直接影响到充填速度和均匀性。粉末经过造粒后,团粒状粉料的松装密度增大,球形的团粒形状和适当的团粒粒度组成有利于增加流动性,并能提高松装密度。团粒内的结合力很弱,在成形压力作用下会大部分遭到破坏,仍然是依靠原始粉末颗粒的相互位移、重新排列以及变形等作用来实现成形。一般用喷雾干燥法造粒,容易获得球形和适当粒度组成的团粒,干坯料的流动性好,并且造粒的生产效率和自动化程度高。而普通造粒和预压造粒不利于得到球形的团粒,而且生产效率低,劳动强度大。

干坯料的团粒之中的存在着少量水分(一般为3%~6%),它有助于坯料的成形性并影响到坯体的致密度。当成形压力较大时要求水分较少,成形压力较小时要求水分稍多。但无论水分多少,水分在坯料中的分布都应均匀,局部过干或过湿均会造成成形困难,引起坯体密度不均匀甚至变形或开裂。为此,干坯料造粒后通常需密闭存放一定时间,即经陈化处理,使水分充分扩散,达到分布均匀。由于金属粉末容易与水作用发生氧化,压制成形粉末冶金制品用的干坯料一般不含水分。粉末冶金所使用的成形剂和润滑剂有的直接以粉末状态与金属粉末混合,有的先溶于水或汽油、酒精等有机溶剂以溶液形式加入金属粉末中,最后经干燥处理,使水或有机溶剂挥发。

2. 浆料的流动性和水分

注浆成形要求料浆具有良好的流动性、适当的触变性和良好的悬浮性。良好的流动性有利于浆料的充填，可通过控制浆料的黏度来控制其流动性。而浆料的黏度与水分、电解质或表面活性剂的种类和添加量、料浆的 pH 值以及温度等因素有关。浆料具有一定的触变性，即使之能较快稠化以有利于成坯，从而达到一定的坯体强度。悬浮性则有利于成形时固相粉末颗粒不易分层，并便于料浆的输送和贮存。在保证流动性和成形性能的前提下，浆料中水分越少越有利于缩短成形时的吸浆时间，并且减少坯体干燥的收缩率。

5.3.3 对坯料流变性的要求

添加成形剂的主要目的是使粉末的混合坯料具有较好的流变性能，成为可塑性坯料，从而完成挤制、轧膜、热压注等成形过程。成形剂的物理化学性质和用量对坯料的成形性能和坯体的性能有显著的影响。

可塑性坯料是一个由固相（粉末）、液相（成形剂溶液）和气相所组成的粘塑性系统，具有弹性-塑性流动性质。坯料在受到应力作用时，先产生弹性变形；随着应力增大，达到流变极限时，坯料则出现不可逆的假塑性变形。这种假塑性变形是由塑化成形剂的塑性变形和粉末颗粒的相对位移所致。当成形压力达到某一最大值，坯料会开裂出现裂纹。衡量可塑性坯料的成形性能，一般用流变极限应力与出现裂纹前的最大变形量的乘积（即所谓塑性指示）来评价。坯料应有足够高的流变极限应力，以避免成形坯体遭遇偶然的外力而产生变形，从而使坯体形状稳定；同时坯料也应有足够大的最大变形量，使得成形过程中避免在变形时出现裂纹。塑性指标愈大，坯料的成形性能愈好。塑性指标中这两个参数的具体要求，还应根据成形方法而定。例如，对挤制成形，由于挤制应力相对较大，成形的坯体长度也较长，因此坯料的流变极限应力应高些，以确保坯体形状的稳定性。而对轧膜成形，坯料要轧成极薄的膜片，流变极限可低些，而最大变形量可较高。

除增塑作用外，成形剂还应具有较强的粘结作用，以使坯体保持一定的强度。增塑剂、粘结剂都应溶于溶液中，然后再与粉末混合。为改善成形剂与粉末的表面吸附状况，还常加入少量的表面活性剂。另外，可塑性坯料的增塑剂、粘结剂、溶剂和表面活性剂均不能与粉末发生化学作用，并应在成形坯体被加热至烧结温度之前全部分解、挥发掉，且残留于粉末中的灰分越少越好。要使可塑性坯料达到良好的成形性能，除了选择适合的成形剂和适当的用量外，成形剂与粉末混合的均匀度是至关重要的。因此，可塑性坯料必须经过仔细的混合，并尽量排除坯料中的气体。

5.3.4 粉末成形前原料的准备

成形前原料准备的目的是要制备具有一定化学成分和一定粒度，以及具有合适的其他物理化学性能的混合。

(1) 退火

金属粉末的预先退火可使氧化物还原、降低碳和其他杂质的含量,提高粉末的纯度,同时还可消除粉末的加工硬化,稳定粉末的晶体结构。用还原法、机械研磨法、电解法、雾化法等制备的粉末都要经过退火处理。此外,为了防止某些超细粉金属粉末的自燃,需要将其表面钝化,也要作退火处理。经过退火后的粉末压制性得到改善,压坯的弹性后效相应减小。退火温度取决于金属粉末的种类,一般退火温度可按下式计算:$T_{退}=(0.5\sim0.6)T_{熔}$。有时,为了进一步提高粉末的纯度,退火温度也可选择更高的值。

退火一般用还原性气氛,有时也可用惰性气氛或真空。要求清楚杂质和氧化物,即进一步提高粉末化学纯度时,要采用还原性气氛(氢、离解氨、转化天然气或煤气)或真空退火。

金属在产生一定的塑性变形后会不同程度地发生冷变形强化现象而阻碍继续变形。因此,金属粉末在制取过程和成形过程中如果产生了冷变形强化,必须要通过退火处理来消除。例如,机械粉碎的金属粉末经退火后,可塑性提高,便于压制或轧制;压制或轧制的成形坯体经退火后,可以复压或再次轧制。陶瓷粉末由于在常温下不产生塑性变形,也不发生冷变形强化。

(2) 混合

混合是指将两种或两种以上的不同成分的粉末混合均匀的过程。将成分相同而粒度不同的粉末进行混合,这称为合批。混合效果的好坏,不仅影响成形过程和压坯质量,更会严重影响烧结过程的进行和最终制品的质量。

混合的基本方式有两种:机械法和化学法,其中应用广泛的是机械法。常用的混料机有球磨机、V型混合器、锥形混合器、酒桶式混合器、螺旋混合器等。机械法混合又可分为湿混和干混。湿混的液体介质为酒精、汽油、丙酮等。化学混料是将金属或化合物粉末与添加金属的盐溶液均匀混合,或者是各组元全部以某种盐的溶液混合,然后经过沉淀、干燥和还原等处理而得到均匀分布的混合物。

(3) 筛分

筛分的目的在于把不同颗粒大小的原始粉料进行分级,而粉末能够按照粒度大小分为更窄的若干等级。通常用标准筛网制成筛子或振动筛进行粉末筛分。

(4) 制粒

制粒是将小颗粒的粉末制成大颗粒或团粒的工序,常用来改变粉末的流动性。在硬质合金生产中,为了便于自动成形,使粉末能顺利充填模腔,则必须先进行制粒。常用滚筒制粒机、圆盘制粒机和擦筛机等制粒,有时也用振动筛制粒。

(5) 加润滑剂

在成形前,粉末混合料中常常要添加一定量物质改善成形过程,通常称为润滑剂或成形剂。另外,也可在烧结中添加能够造成一定孔隙的造孔剂。要求润滑剂在烧结时能够挥发干净,所以可选用石蜡、合成橡胶、樟脑以及硬脂酸(或硬脂酸盐)作为添加剂。

5.4 粉末成形坯体的结构与性质

5.4.1 粉末成形坯体的结构

粉末冶金与陶瓷材料的成形坯体的结构从总体上说是一个含固、气、液相的多相体系，即占坯体质量绝大多数的固相粉末颗粒、相当数量的气孔以及颗粒之间的粘结剂和液体成分(热压注、注射成形的坯体不含水分或其他液体)。与成形前的粉末体相比，成形后坯体中粉末颗粒的堆积变得较为紧密，相应地气孔体积大为减小。因此，无论采用何种成形方法，成形坯体的体积密度均大于粉末的松装密度和震实密度。

成形时坯料所受到的作用力有本身的重力、内部摩擦力、成形机械和模具所施加的机械力、毛细管力、液体的表面张力、压强差产生的压力、粘结剂的粘结力等。正是借助于这些众多力的作用，使粉末颗粒移动、重新排列、破碎和变形，最终造成成形坯体中粉末颗粒堆积的致密度增大，并形成所需要的形状。依靠成形坯体中粉末颗粒的互相咬合，部分颗粒之间的形成接触平面、达到原子间距时产生引力，加上吸附在颗粒表面的粘结剂的粘结力或水膜的表面张力等作用，成形坯体在脱模或去除成形作用力后仍能保持着其中粉末颗粒的相对位置，并且能够保持住所需的形状。

一般而言，从坯料到成形坯体的过程几乎不发生化学上变化，只是一个从没有固定形状变为具有一定形状并能保持其形状，粉末颗粒的堆积致密度增大，孔隙率减小的物理过程。由于颗粒的互相咬合和其他各种因素所产生保形作用，成形坯体具有一定的强度，能承受本身的重力和后续工序处理过程中适当大小的作用力，在完成烧结前不致损坏。

5.4.2 粉末成形坯体性能

能否达到所需的成形坯体的性能是衡量成形质量高低的依据。成形坯体的性能应包括以下几个主要方面：①坯体的致密度或孔隙率；②坯体致密度或孔隙分布的均匀性；③坯体强度；④坯体外形完整性和表观质量以及几何尺寸。要想达到这些性能，除在成形时正确选择成形方法、采用适当的成形机械或装置、精确控制成形工艺参数外，还必须对成形坯料提出特定的要求。另一方面，成形坯体的性能也对后续制造工艺过程以及制品的性能能否达到生产要求有重要影响。

5.5 粉末成形方法

5.5.1 粉末成形方法分类

对于陶瓷制品的粉末成形，本书主要涉及特种陶瓷或工业用陶瓷，而不包括普通陶瓷。陶瓷粉末成形工艺流程举例如下：

① 粉末原料→配比、混合→湿法球磨→喷雾干燥造粒→干式等静压成形→第一次烧结(素烧)→检验→施釉→第二次烧结(釉烧)→检验→火花塞瓷件；

② 粉末原料→配比、混合→干法球磨→压块→预烧合成→湿法球磨粉碎→干燥→过筛→造粒→压片成形→烧结→被银金属化→焊接引线→浸塑包封→检验→陶瓷介质电容器；

③ 粉末原料→配比、混合→湿法球磨→料浆除铁→压滤→真空混炼→陈腐处理→坯管挤制→车削伞形→干燥→施釉→干燥→烧结→检验→粘结金属件→陶瓷绝缘子。

制备粉末冶金制品的典型工艺流程如图5-6所示。

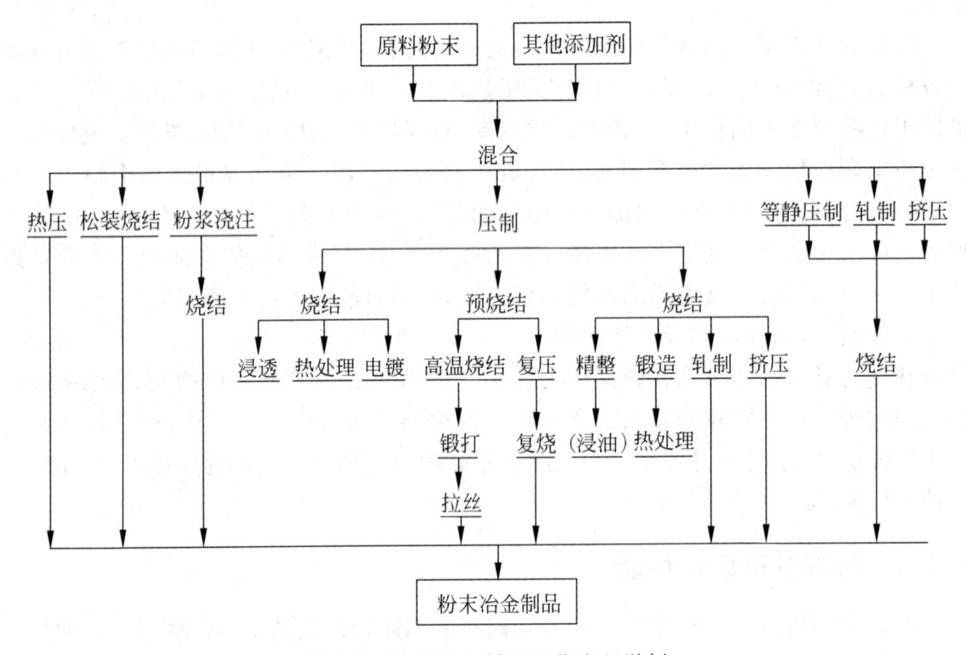

图5-6 粉末冶金制品工艺流程举例

从上述粉末成形的实例可见，尽管工艺流程、成形方法、烧结后的处理以及制品的性能和用途各异，但粉末加工与处理、成形和烧结这三个工序是至关重要的基本工序。其中，成形是粉末冶金和陶瓷制品的制备工艺流程中十分重要的环节。

粉末成形方法多种多样，各具特点。近二三十年来，随着科学技术的进步，除了应用成熟的传统方法正在不断完善、改进和发展外，新的成形方法也不断涌现出来，以适应现代工业应用的需求。粉末成形方法可以从以下若干方面加以分类。

1. 按粉末材料的类别分类

粉末冶金制品、陶瓷制品和部分高分子材料制品虽然都是使用粉末作为原料，且制备工艺流程基本相似，但所用的粉末材料的性质有本质的区别。

有些成形方法同为粉末成形通用，如压制成形、等静压成形、挤制成形、注浆成形等；也有一些成形方法却有特殊用途，如粉末轧制、楔形压制、粉末锻造只用于金属或合金粉末的成形；而热压注成形、轧膜、流延法、原位凝固法等成形方法则适用于陶瓷材料的成形而开发的。

2. 按坯料的特性分类

粉末原料均需经过加工处理来制成适合于一定成形方法的坯料。可按坯料的特性，主要是坯料的流动、流变性质，将成形方法分为三类：干坯料成形、可塑性坯料成形和浆料成形。

(1) 干坯料成形　所谓干坯料是指将粉末粉碎、磨细至一定粒度后混合均匀制成基本不含水分或含量很少(一般小于6%～7%)的坯料。干坯料所含的其他成形剂或润滑剂也极少(不超过1%～2%)，坯料呈现出固相颗粒的流动特征。以干坯料成形的方法有压制成形、等静压成形、轧制成形、楔形压制等。

(2) 可塑性坯料成形　可塑性坯料中所含的各种成形剂的量较干坯料要多，但一般不超过20%～30%。水在与粉末颗粒润湿的情况下也是一种成形剂，而且其他的成形剂中有相当一部分都必须溶于水后才能发挥增加坯料可塑性和粘结颗粒的作用。坯料呈半固态，具有一定的流变性，有良好的可塑性，在成形后或成形再冷却后能够保持形状。挤制成形、轧膜成形、热压注成形、注射成形等方法可归属于这类。注射成形主要是针对超细致粉末的成形方法，粉末比表面大，所用成形剂量超过30%，但从坯料的流变性和触变性来看仍属于这一类成形方法。

(3) 浆料成形　除粉末颗粒外，成形浆料中主要含水分，而且含有极少量的分散剂，一般水的含量为28%～35%。粉末颗粒依靠分散剂的作用呈分散状态悬浮于水中，形成固-液两相混合的浆料，呈现出一定粘性流体的流动特征。采用这一类形坯料的成形方法有注浆成形和原位凝固成形。

3. 按成形的连续性分类

(1) 连续成形　有些成形方法能成形出连续的坯体，坯体截面尺寸一致，呈带状、棒状或管状等。在成形后(或用连续式烧结炉烧结后)，将坯体切割成所需的定尺长度。这类成形方法主要包括粉末轧制成形、挤制成形、楔形压制、轧膜成形及流延法成形等。

(2) 非连续成形　除了上述连续成形以外的成形方法均属于非连续成形。

4. 按有无模具分类

(1) 有模成形　压制成形、等静压成形、注浆成形、原位凝固成形、热压注成形、注射成形等方法均属于有模成形。采用有模成形工艺制备的坯体的形状和尺寸由模具所决定。最为常用的模具材料是金属材料，有时也使用非金属材料，如注浆成形可采用石膏模或多孔塑料模，冷等静压成形则可采用橡胶模或塑料模。

(2) 无模成形　上述属于连续成形的成形方法均可归为无模成形。

5.5.2 常用的粉末成形方法

在目前工业上广泛使用的各种粉末成形方法中,虽然有些方法是粉末冶金材料、陶瓷材料或高分子材料都可使用的,但是由于如上述材料在粉末性质和成形工艺特点上存在着差异,从生产成本的经济性和制品使用性能要求等方面综合考虑,粉末冶金材料、陶瓷材料以及高分子材料所用的各种成形方法在应用的广泛性上仍存在着不同之处。

压制成形是粉末冶金材料迄今应用得最广的成形方法,它不仅用于制造致密度高、力学性能高、尺寸要求精确的各类制品,能够适应的粉末品种、制品形状和尺寸的范围较大,而且也可用于制造多孔材料和特殊性能材料。只有在制品形状极其复杂或粉末塑性很差的情况下才应用其他的成形方法。轧制成形在制造厚度较薄的带、板状粉末冶金材料方面,具有其他成形方法难以逾越的优势,应用的广泛性也较大。增塑冷挤制法、注浆法、注射法等非干坯料成形方法通常只用于一些特定的场合,应用范围很有限。热压注、轧模一般不用于金属及合金粉末的成形。

对于特种陶瓷材料,压制法主要适合于制造要求高致密度、较高力学性能、尺寸精确的形状简单的制品,如高度较小的片状、块状、圆环等,而且尺寸也有一定的限制。其他几种成形方法(除粉末轧制外)都有相当规模程度的应用。例如,挤压成形主要用于管、棒、长条状等截面形状一致的制品的成形;轧膜成形和流延成形大量用于厚度非常薄的电子陶瓷元器件的制造;热压注成形用于形状复杂、尺寸精确的小件的大批量生产,近年来随着粉末微细化和致密度要求的提高,热压注成形有被注射成形逐步取代的趋势;注浆成形在制造较大尺寸、外形复杂的陶瓷零部件方面也有其独特的优势。

大多数聚四氟乙烯塑料(PTFE)粉末成形原料平均粒度为10～50μm。可采用冷压烧结技术。对于PTFE薄板、高度小的棒材和管材一般采用单向加压成形;而在成形棒材、管材之类直径小而高度大的制品时,必须采用双向加压的方法。双向加压就是压制时在预成形压力达到约2/3规定压力后泄压,移去模套下垫块,使外模浮动,然后重新加压,上下阳模同时运动达到双向压制的效果,见图5-7。

等静压成形的成形坯体在致密度、密度均匀性、强度以及形状复杂性方面优于压制成形,特别是干式自动等静压机在生产效率和成形尺寸精确性方面更具特色,并且能同时适用于粉末冶金材料和陶瓷材料,在对制品性能要求较高的场合下其应用正日益增多(图5-8)。

总之,随着粉末成形技术的发展和成形装备水平的提高,现有成形方法的应用范围也将发生变化。

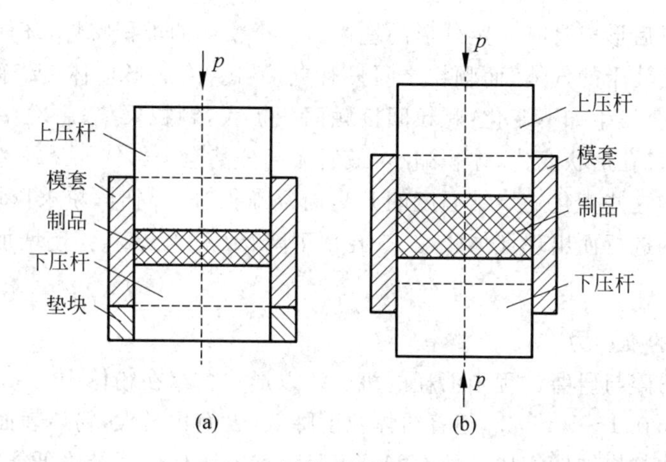

图 5-7 压制成形加压过程

(a) 单向加压过程；(b) 双向加压过程

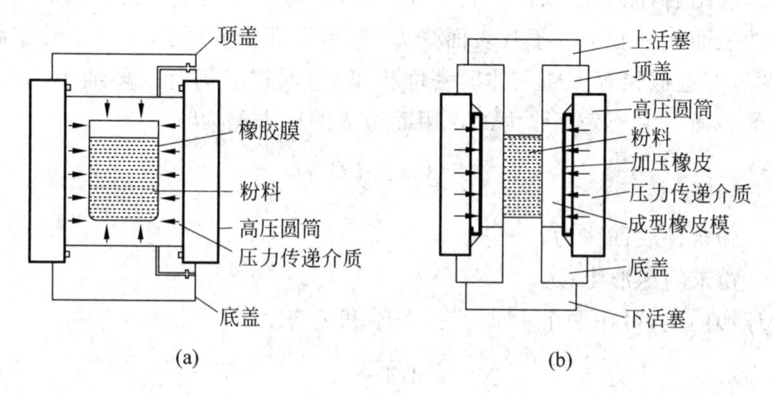

图 5-8 等静压工艺示意图

(a) 湿式等静压；(b) 干式等静压

5.6 烧　　结

5.6.1 材料的烧结过程

1. 烧结的定义与特征

烧结是制造粉料成形制品的一个重要工序，其目的是把粉状物料转变为致密体。烧结过程最终确定了材料的显微结构。从宏观上看，一种或多种固体粉末冶金和陶瓷粉末经过成形，在加热到一定温度后开始收缩，在低于熔点温度下变成致密、坚硬的烧结体的过程称为烧结。从微观上看，烧结过程是由于固态中分子(或原子)的相互吸引，通过加热，使粉末体产生颗粒粘结，经过物质迁移使粉末体产生强度并导致致密化和再结晶的过程。

粉料成形后形成具有一定外形的坯体。由于粉体的堆积特性,坯体并不致密,一般包含百分之几十的气体,而颗粒之间只有点接触。将成形坯体(又称生坯)在高温下进行加热,会发生如下变化:颗粒间接触面积扩大,颗粒聚集,颗粒中心距逼近,逐渐形成晶界,气孔形状变化,体积缩小,最后大部分甚至全部气孔从坯体中排除,烧结过程中发生的这些变化随烧结温度的升高而逐渐推进。同时,粉末压块的性质也随着烧结过程的进行而出现坯体收缩、气孔率下降、致密度提高、强度增加、电阻率下降等变化。

2. 烧结的推动力

粉料在粉碎与研磨过程中消耗的机械能以形式贮存在粉体中。一般微米级以上的粉体表面积在 $1\sim10m^2/g$,随着粉体粒度降低,表面积增大,粉体表面能增大,活性提高。粉末体与烧结体相比是处在能量不稳定状态。任何系统降低能量是一种自发趋势。近代烧结理论认为,粉体的表面能大于多晶烧结体的晶界能,这就是烧结的推动力。粉体烧结后,晶界能取代了表面能,是多晶材料稳定存在的原因。

固体的表面能一般不等于其表面张力,但当界面上原子排列无序或在高温下烧结时,这两者可近似相等。粉末体紧密堆积以后,颗粒间仍有很多细小气孔通过,在这些弯曲的表面上由于表面张力的作用而造成的压力差为

$$\Delta p = \frac{2\gamma}{r} \tag{5-5}$$

式中:γ——粉末体表面张力;

r——粉末的球形半径。

若为球形曲面,可用两个主曲率半径 r_1 和 r_2 表示:

$$\Delta p = 2\Big/\left(\frac{1}{r_1} + \frac{1}{r_2}\right) \tag{5-6}$$

以上两个公式表明,弯曲表面上的附加压力与球形颗粒(或曲面)的曲率半径成反比,与粉料表面张力成正比。由此可见,粉料愈细,由曲率而引起的烧结动力愈大。

3. 烧结机理

烧结过程实际上是物质迁移,填充颗粒间气孔的过程。根据物质迁移的方式,烧结可分为蒸发-凝聚、扩散传质、流动传质、溶解-沉淀传质等。前两种机制没有液相参加,为固态烧结;后两种机制由于发生了部分物质的熔融,有液相参与,属液相烧结。在液相烧结过程中,液相在冷却时常常转变为玻璃相存在于显微结构中。

可以将粉体颗粒看成是等径球体,认为粉末压块是等径球体的堆积体。随着烧结的进行,各球体接触点处开始形成颈部,并逐渐扩大,最后烧结成一个整体。由于各颈部所处的环境和几何条件相同,所以只需确定两个颗粒形成的颈部的成长速率,就基本代表了整个烧结初期的动力学关系(图5-9)。

在烧结后期,颈部的成长已基本完成,粉体颗粒间的接触变成了晶粒间的面接

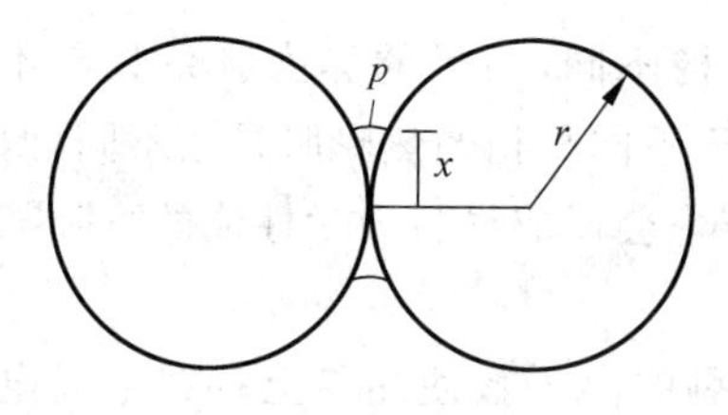

图 5-9 粉体烧结的双球模形

触,形成了晶界。由于弯曲晶界两边物质的吉布斯自由能存在差异,使界面向曲率中心移动,产生晶粒生长,小晶粒生长为大晶粒,界面面积和界面能降低。如果成形时生坯密度高,粉体颗粒间接触紧密,则有利于物质的迁移和颈部的填充,有利于气孔的排除和坯体的致密化。

5.6.2 粉末烧结材料的显微结构特征

粉末烧结材料的显微结构特征主要包括晶相、晶界、玻璃相及气孔几种组织结构。每种组织具有不同的结构和特征,对材料的性能起着不同的作用。

1. 晶相

晶相是粉末烧结材料显微结构中最重要的部分。粉末冶金材料和陶瓷材料都是多晶材料,显微结构的基本组成是无数个微小的小晶体,即晶粒。由于各种材料组成、原料和制备工艺不同,晶粒形成和生长时的物理化学条件各有不同,导致所形成的晶相种类、形状及数量差异很大。有的晶粒发育完整,而有的晶粒则发育部分完整或不完整。对于晶体结构为各向异性的材料,晶粒的取向一般是随机的。

粉末冶金材料和陶瓷材料中晶相的性质决定了材料的基本性质,如锆钛酸铅陶瓷中四方相钙钛矿结构的晶胞自发极化决定了该材料具有铁电性能,碳化硅材料中碳化硅的强共价键晶体结构决定了碳化硅材料优良的高温力学性能。

粉末冶金材料和陶瓷材料中,晶粒的尺寸和分布对材料的性能有很大影响。尺寸均匀分布的细晶结构对材料的性能是非常有利的,可以提高材料的强度、韧性及其他性能。

为了形成均匀的细晶结构,需要对制备材料的原料和工艺进行严格的控制。粉体原来应当有很细的粒度和较窄的粒度分布;成形时坯体各部分的密度应当均匀,烧结过程中应对温度进行控制,并加入晶粒生长抑制剂,防止晶粒的过分长大和二次再结晶。同时,应防止晶粒内包裹气孔和夹杂物。

2. 晶界

晶粒的接触界面即为晶界。晶粒愈小则晶界所占比例愈大。按晶界两边原子的连贯性可将晶界分为共格晶界、半共格晶界和非共格晶界三种。共格晶界两边的原子排列是连续的,半共格晶界两边的原子排列是部分连续的,而非共格晶界两边的原子排列是混乱和不连续的。晶界往往是杂质的富集区域,晶界上杂质的存在形式有三种,即分散沉积、扩散沉积和粒状沉积。晶界相可以是晶相,也可以是玻璃相。

晶界相虽然很薄,却有与晶相不同的一系列特点。首先,由于晶界处原子的排列比较疏松,晶界处原子的扩散和传质比晶粒内部快得多。因此,晶界是原子扩散和气孔排除的快速通道。其次,由于晶界相和晶相的结构不同,两者的热膨胀系数亦不同。这一差异使晶界产生应力。对于多相材料,由于不同晶相的热膨胀系数不同,两者之间的界面上晶界应力尤其重要。过大的晶界应力会造成材料力学性能的下降甚至开裂。

此外,离子晶体点阵中的缺陷浓度和晶界上过剩的离子数使晶界上存在空间电荷,晶界玻璃相的存在使得晶界的熔融温度低于晶粒。

由于晶界的以上特点,使它对材料性质产生很大的影响。如钛酸钡陶瓷,通过掺杂和工艺调整调节晶界的电性能,可以使之具有不同的结构和性能,用于制备晶界层电容器和正温度系数热敏电阻(PTC)等不同用途。改善材料的晶界性能可以提高材料的整体性能。

3. 玻璃相

陶瓷材料中常常存在着非晶态物质,即玻璃相。玻璃相是材料的某些组分和烧结添加剂形成的低共熔物,在高温下形成液相,液相冷却后形成的非晶态物质即为玻璃相。玻璃相可以是包裹在经历周围的很薄的一层,即晶界玻璃相;也可以是连续和大片地分布在显微结构中。玻璃相在高温下黏度的下降会降低材料的高温力学性能,而它的低介电常数和高介质损耗对材料的电学性能也是不利的。因此,在材料的制备中,应当尽量避免产生玻璃相或尽可能少地产生玻璃相。当材料在高温烧结过程中产生玻璃相时(如氮化硅材料),可通过适当的热处理使玻璃相晶化。

4. 气孔

粉末冶金材料和陶瓷材料烧结后,大部分气孔被排出体外,材料致密度大大提高,但烧结体中不可避免地还存在着少量未被排除的气孔。气孔分为开口气孔和闭口气孔,开口气孔又分为连通气孔和不连通气孔。气孔的数量有时虽然很少,但对材料的性能却有很大影响。

气孔的存在对材料的性能是极为不利的。研究表明,随着气孔率的增加,材料的弹性模量急剧下降。也有一些多孔材料是利用材料的气孔实现某些功能,这时需要对材料的气孔率进行调控,使气孔的种类、分布、数量等满足要求。如保温材料要求材料中有大量的闭口气孔,而过滤用材料则要求材料中的气孔是连通的,其气孔大小和分布与被过滤物有关。

多孔材料中气孔的形成不仅与烧结工艺有关,还与成孔剂的种类和数量、成形工艺等因素有关。

5.7 粉末成形对后续加工工艺的影响

成形工艺不仅对成形前的坯料提出了各项要求,而且对成形后的工艺直至最终制品的性能也有着极其重要的影响。

5.7.1 对干燥工艺的影响

成形工艺对后续干燥工艺的影响，主要表现在对干燥收缩的均匀性和干燥缺陷的产生。使用可塑性坯料的挤制成形、轧膜成形和注浆成形，成形坯体中含有相当数量的水分或其他液相，而水分主要存在于粉末颗粒之间的大小不等的毛细孔内，或被吸附于颗粒的表面。当成性坯体置于干燥介质中时，表面的水分率先蒸发，坯体内部的水分通过扩散迁移至表面而后蒸发，干燥速率取决于表面汽化的速率和内部扩散的速率。在整个干燥过程中，干燥速率经历着最初由小增大，直至干燥速率恒定，然后再下降的三个阶段。随着坯体中毛细孔内水分的排出，颗粒靠拢，坯体产生收缩，形成内应力。若内应力分布不均，将导致坯体变形。当内应力超过坯体的干燥强度时，则会引起坯体产生开裂。如果由于成形工艺不当造成受力不均匀，或者造成坯料密度和水分分布不均，即使在干燥加热比较缓慢的情况下也极易导致坯体产生收缩变形甚至开裂。因此，必须根据坯体的收缩的特点来确定坯体干燥工艺制度。

挤制成形的坯体存在着颗粒的定向排列，坯体的径向和轴向的干燥收缩率有明显差别。即使在同一轴向距中心轴线不同的部位的收缩率也不一致，距中心轴线愈远的部位所受挤制压缩愈大，致密度较高，干燥收缩比中心轴线处小。轧膜成形在轧辊宽度方向上坯体不均匀，在干燥时其宽度方向的收缩要比厚度方向大。注浆成形坯体在靠近石膏模吸浆面的部位较为致密，而远离吸浆面的部位较为疏松，同时这两个部位的水分也不相同，前者水分较少而后者水分较多，上述原因均可导致坯体不同的部位有不同的干燥收缩。如果石膏各处的吸水性有差别，干燥收缩的不均匀性则更为严重。粘结剂可以增加成形坯体的干燥强度，故使用适量的成形粘结剂可减少干燥开裂的概率。

对于压制成形、等静压成形、轧制成形所获得的成形坯体，由于采用的是干坯料，成形坯体中所含水分或其他液体很少，干燥收缩一般较小。干坯料成形的形状也相对简单，故极少产生干燥变形，一般不需专门的干燥工艺处理就可直接进行烧结。由于特种陶瓷压制成形坯料中含有3%～7%的用于溶解成形剂的水或其他溶剂，如果坯料中的液相分布不均匀，或在压制时装料不均，则会使坯体密度不均匀，会使坯体在干燥后容易发生缺角或塌边。通常，注浆成形、挤制成形、轧膜成形及流延成形的坯体容易发生干燥变形。

5.7.2 对烧结的影响

烧结是粉末冶金和特种陶瓷材料制品工艺流程中重要的基本工序之一。在烧结过程中，成形坯体经历加热至高温并保持适当时间，通过物质迁移和一系列物理化学变化，完成粉末颗粒间的增强结合、晶粒长大、气孔和晶界减少这样一个致密化过程，最终形成坚固的、具有所要求的显微结构和物理、化学、力学等性能的多晶烧结体。一般表现为烧结体的致密度增大、孔隙率减小，坯体总体积收缩，内部形成由晶相、晶界、晶界相和气孔组成的显微结构。烧结体具有很高的强度和其他特定的物理、化学性能。除了烧结工艺本身的烧结方法、烧结制度(温度制度、气氛、压力等)等外,粉末原料的性质(化学和晶相组成、粒度及其组成等),粉末坯料加工与处理、成形等烧结前的各道工艺均对烧结体的性质有着不同程度的影响。而且烧结工艺的各项参数往往要根据前面各道工艺的结果来加以一定的调整。

1. 成形方法的影响

对制备致密的粉末烧结材料而言,一般要求烧结体致密度高,气孔率尽量小。成形坯体中粉末颗粒的相对密度虽然比起松装粉末的相对密度有了很大的提高,但仍不同程度地低于理论致密度,即存在着相当数量的气孔。这些成形坯体中的气孔在烧结过程中不断缩小、迁移,数量减少,最终形成少数分布于与晶界交汇处和晶内的孤立气孔,材料成为晶粒互相紧密结合的、高致密度的多晶体。进一步提高烧结温度和延长保温时间,残余的气孔不仅不能完全消失,致密度不能继续增大,反而会导致晶粒的异常长大和晶内气孔的增多。因此,一般粉末烧结材料总有一定的气孔率,对同一材料、相同烧结工艺条件,成形坯体的相对密度越高,最终烧结体的致密度越高。

不同的成形方法所得到的坯体的相对密度有高有低。通常等静压、压制、轧制等成形方法,由于成形时坯料所受的成形压力较大,粉末颗粒在较大的压力下得到更紧密的排列,咬合面多,发生碎裂或塑性变形,坯料中大量气孔在成形中被排除和得到填充;加之坯料中成形剂、润滑剂含量少,在分解汽化后留下的气孔也少,所得到的坯体相对密度高。因而烧结体的致密度也高,气孔率很小,甚至有时可能获得相对密度达99%以上的高致密制品。尤其是等静压成形,各方向的压力相同,基本不含成形剂或含量极少,成形坯体的致密程度最高且又均匀,烧结后致密度和强度也最高。而挤制、轧膜、热压注、注浆等成形方法,一方面坯料中粉末颗粒收到的压力或其他作用力小,颗粒排列不如以上集中成形方法紧密,一般还有定向排列和密度不均的问题;加上所用的成形剂量较多,留下的气孔也多。在烧结中气孔的缩小和数量减少的程度必然低于等静压、压制和轧制成形的,最终烧结体的致密度也较低。

当然,选择何种成形方法制造粉末冶金和陶瓷材料制品,一方面要考虑成形方法对烧结的影响,更重要的还应结合粉末的性质、制品的形状特点、生产的效率与成本以及最终满足制品的使用性能来综合考虑。因为,采用挤制、轧膜、热压注、注浆等成形方法时,它们所具有的成形坯体的特定形状、生产的效率与低成本等优点是等静压、压制等方法所不及的,并且可以通过烧结工艺参数的调整,使制品最终的性能满足使用要求。

2. 成形压力的影响

一般情况下,成形压力越大,所得坯体的相对密度越高,气孔率越低,烧结后体积收缩越小,致密度也越高。如前已述,等静压、压制、轧制等成形方法由于成形压力要比挤制、轧膜、热压注、注浆等方法大,所得到的最终烧结体的致密度较高。对同一种成形方法，成形压力对烧结体致密度也产生同样的影响。研究表明，成形压力越大，坯体中的气孔率越小，表现出在经相同的温度和保温时间烧结处理后残余气孔也越少，坯体密度越大。另外，当成形压力较大时，坯体密度随烧结温度升高而增加的幅度变小，这是因为在较大的成形压力下，成形坯体中气孔较少，当然在烧结致密化过程中气孔的减少幅度也相对较小，坯体密度的改变也就较小。由此可以得到这样的启示：在保证致密化的前提下，采用较大的成形压力和较低的烧结温度，与采用较小的成形压力和较高的烧结温度可以达到相同的烧结密度。这也说明了成形压力能够影响烧结工艺制度。所以，对挤制、轧膜、热压注、注浆等成形方法，只要成形工艺与烧结工艺控制恰当，同样也能得到较高致密度的烧结体。普通注浆成形时吸浆过程的推动力只是浆体与模形间的压力差，来源于石膏模壁的毛细管力，因而成形坯体的相对密度较低，坯体强度也较低，烧结收缩率较大。但如果采用外力增大压力差，如真空注浆、压力注浆、离心注浆方法，不仅成形吸浆时间大大缩短，效率提高，而且可以减少坯体中残留水分，提高坯体的相对密度和强度，增加烧结致密度。

成形压力并非在任何情况下都是越大越好。例如压制成形时，伴随着粉末颗粒的重新排列和互相咬合，还要使颗粒间的气体排出。如果成形压力过大，过早使颗粒紧密咬合，封闭了部分气体流动排出的通道，部分气体被暂时压缩、封闭在坯体的微小气孔内。虽然成形坯体的气孔率很小，但在加热烧结时这些受压气体将会急剧膨胀，反使气孔体积扩大，阻碍坯体的致密化进程，严重时甚至会破坏附近颗粒间的结合，产生裂纹，即所谓层裂。这种现象在粉末颗粒愈细时愈容易出现。对于粒度很细的粉末或坯料中有粘结剂可能妨碍气体排出的，在成形时一是要选择适当的成形压力，而是要主意加压速度，使气体能较多地排出；同时注意在烧结过程中缓慢升温，使气体在气孔被封闭前扩散至表面排除。这样才能获得致密度高的烧结体。

3. 成形坯体密度均匀性的影响

成形坯体密度均匀性对烧结的影响主要表现在影响烧结体收缩的均匀程度和烧结致密度的均匀性。

常用的成形方法中，除等静压成形获得的坯体的密度分布均匀外，用其余成形方法成形的坯体密度均存在着不同程度的分布不均匀性。例如，压制成形由于单轴向加压、粉末与模壁摩擦力的作用，在坯体的高度方向（平行于加压方向）和横截面方向（垂直于加压方向）的密度是不相同的，即使在同一方向也存在着密度的差异。这将给烧结后各部位的收缩带来显著的影响。一般垂直方向的收缩率要大于平行方向的收缩率。

在采用挤制、轧膜、注浆等成形方法时，由于成形方式的特点，颗粒的排列有定向性，坯体的密度分布也相应地呈现差别，不仅造成不同部位的干燥收缩率有差别，而且烧结收缩率也表现出差别。由于挤制成形的特点，距中心轴线愈远的部位所受挤制压缩比愈大，致密度愈高，在轴向方向的干燥收缩、烧结收缩和总收缩均比中心轴线处愈小。挤制管状坯体时，一般直径收缩大于壁厚收缩，又大于长度收缩。轧膜成形的片坯成形时在宽度方向所受的轧压程度比厚度、长度方向要小得多,因此必然烧结后在宽度方向的收缩要大。而注浆成形的坯体,在靠近和远离吸浆模壁的两种部位颗粒紧密堆积程度不一致,干燥、烧结的收缩率也不一致。

事实上,这种在成形过程中产生的坯体密度不均匀性,除了与成形方法、成形工艺参数有关外,也与粉末的性质、成形坯料的加工以及坯体形状设计等因素有关。总之,成形坯体密度的不均匀性会使烧结体的密度分布不均匀,从而使制品的内在性能不一致;另一方面,由此而造成的烧结收缩的不均匀性,往往会在坯体内部形成应力分布不均匀,造成某些部位有应力集中。当应力分布不均匀程度较大时,在宏观上则表现为坯体在烧结后发生变形,严重时甚至开裂。由成形坯体密度的不均匀性而造成的烧结体密度的不均匀性,一般无法通过调整烧结工艺参数来改变。

5.7.3 对机械加工的影响

成形对后续机械加工的影响主要是影响总收缩率和烧结体尺寸的稳定性,进而影响到机械加工余量。一般对粉末冶金和特种陶瓷制品不仅要求具有特定的使用性能,还要求达到一定的形状、几何尺寸、尺寸精度和表面粗糙度,所以,常常要对烧结坯体进行机械加工。对于采用金属粉末的粉末冶金烧结坯体,当孔隙率$\leqslant 5\%$时,具有较高的强度和塑性,可与致密金属材料一样直接进行各种机械加工,如车削、铣削、钻孔、磨削等。当孔隙率有所增加时,由于孔隙破坏了材料的完整性,机械加工中会引起冲击、断屑,应采用更锋利的刀具、高的切削速度和小的进给量。另外,孔隙率大于10%时,也不能用水乳浊液来冷却,否则容易发生加工零件的锈蚀。多孔粉末冶金材料,当孔隙率较大、材料的强度和韧性较低时,由于承受不了切削力的作用也不能用普通方法进行机械加工。对铁基、铜基等塑性较好的粉末冶金材料,有时也可以在第一次烧结后再进行复压、复烧或精整加工,以进一步提高材料的致密度、强度和使尺寸更接近于最终的要求、减少机械加工量,甚至无需加工。但对高硬度、无塑性、脆性大的特种陶瓷材料的烧结体,一般只能用金刚石砂轮和锯片来进行磨削和切割加工。陶瓷材料的机械加工难度一直是制约特种陶瓷广泛应用的瓶颈。这种机械加工难题,不仅使制造成本增大,而且由于用磨削和切割去除加工余量时切削力的冲击作用,容易引起硬脆材料产生裂纹、崩缺而造成废品。有些潜藏于内部的微裂纹等缺陷不易被发现,却会严重降低材料的性能。因此,对粉末烧结材料,希望经成形、烧结后的坯体尺寸,尽可能地接近最终制品所要求的尺寸,使机械加工余量尽量小。

如前所述,成形后的坯体尺寸,在干燥(需要干燥处理)或脱胶(需要排除塑化剂的)处理后尺寸发生收缩,在烧结后又要发生一次收缩。成形坯体的尺寸应根据烧结后要求的尺寸来进行放大,俗称放尺。干燥或脱线收缩率、烧结线收缩率分别为

干燥或脱胶的线收缩率

$$S_{LD}=\frac{L_O-L_D}{L_O}\times 100\% \tag{5-7}$$

烧结线收缩率

$$S_{LT} = \frac{T_O - L_S}{L_O} \times 100\% \tag{5-8}$$

式中：L_O——试样成形后的线尺寸(可为外径、内径、长度、宽度、高度等)；

L_D——试样在相同位置干燥或脱胶后的线尺寸；

L_S——试样在相同位置烧结后的线尺寸。

若以成形后尺寸、烧结后尺寸分别作为始、终尺寸，得到的收缩率称总线收缩率。

总线收缩率

$$S_{LT} = \frac{T_O - L_S}{L_O} \times 100\% \tag{5-9}$$

总收缩为干燥或脱胶收缩与烧结收缩的叠加作用，但在收缩率上并非简单的相加，因为各个收缩率的线尺寸基准不同。如果是等静压、压制、轧制等方法成形的坯体，由于不含水分或含量极少，干燥收缩率极小，可以忽略，可用烧结线收缩率作为总线收缩率来考虑成形坯体尺寸的放尺。一般情况下，对于特定坯料、特定成形方法和工艺、特定干燥或脱胶处理工艺、特定烧结工艺，需要掌握这些条件下的坯体各主要部位的干燥或脱胶线收缩率和烧结线收缩率的有关数据，由烧结后的线尺寸倒推计算出相应的成形坯体的尺寸，来设计模具、挤制嘴等，并控制好各成形工艺参数，如调节轧辊间距、成形压力等。鉴于影响因素众多，且各个方向的线收缩率并不一致，烧结后的尺寸不可能在各个方向上都与最终制品的尺寸相等，总是要预留出一定的机械加工余量才行。

为了尽量减少最终的机械加工余量，必须要使烧结后的尺寸稳定，使其波动控制在尽量小的范围。因此，除了要严格控制烧结工艺制度、保持稳定的烧结收缩率外，还要要求干燥或脱胶后的尺寸稳定；严格控制干燥或脱胶的工艺制度，保持稳定的干燥或脱胶收缩率。而要做到这一点，前提就是不仅成形坯体的尺寸具有稳定性，而且成形坯体的密度及密度分布也需维持稳定。只要这一系列的尺寸和收缩率稳定，即使不可避免地存在着各方向的收缩率不完全一致，也有规律可循，从而能确定出模具的放尺。如果，成形工艺一旦控制不严，成形后的尺寸变化不定，或是坯体的密度时高时低，势必引起干燥或脱胶收缩率和烧结收缩率的不规则变化，最终烧结坯体的尺寸就难以保证。金属制成的模具、挤制口等一经确定尺寸并完成制造后，一般较难改变。烧结坯体的尺寸或小或大，不是因尺寸不够而报废，就是造成机械加工量的增大。

这种成形对烧结体尺寸的稳定性、进而对机械加工余量的影响，对于大规模工业化生产来说尤需重视。特别是特种陶瓷制品由于机械加工成本高、难度大，保持尺寸的稳定性、减少机械加工余量，是一个长期努力的目标。近十多年间发展起来的原位凝固成形新技术，其目的一是提高成形坯体的致密度和密度的均匀性，二是实现近净尺寸成形、减少机械加工余量。

5.8 粉末成形技术的发展

传统的粉末成形方法是采用模具成形,而模具往往采用钢制模具,但压机能力和压模的设计是限制压坯尺寸和形状的重要因素。所以传统的粉末成形件的尺寸较小,单重较轻,形状也比较简单。随着科学技术的发展,对粉末成形材料性能及制品提出了更高的要求。近年来,出现了各种非钢模成形方法,除了前面所述的等静压成形外,还有连续成形(粉末轧制、粉末挤压)、无压成形和爆炸成形等特种粉末成形技术。

原位凝固成形是陶瓷制造领域近几年来发展起来的一种新型胶态成形技术。它将陶瓷粉体和分散介质、有机聚合物或生物酶以及催化剂等混合均匀制成前驱体,在一定的温度和催化条件下发生反应,将浆料中的水分子包裹,使浆料失去流动性,达到原位凝固和成形的目的,从而获得高强度的坯体,是一种以较低成本制备高可靠性、复杂形状陶瓷部件的有效方法。目前,该方法已经获得广泛的应用。

快速成形技术(rapid prototyping technology)是汇集了计算机辅助设计(CAD)、计算机辅助制造(CAM)、计算机数字控制(CNC)及精密伺服驱动技术、激光和材料科学等于一体的新技术。快速成形技术即可以用激光束选择性地固化一层层的液态树脂,或烧结一层层的粉末材料,或用喷射原理选择性地喷射一层层的粘结剂或热熔材料,形成零部件的各截面轮廓,并逐步叠加成三维产品。通过快速成形技术,可以快速和精确地直接将设计思想转变为产品,大大缩短了产品的研制周期。其中,粉末材料选择烧结技术(selected laser sintering,简称 SLS)是一种粉末烧结材料的成形新技术,并在金属与陶瓷的许多材料上得到应用。烧结材料是 SLS 技术发展的关键环节,它对烧结件的成形速度和精度及其物理力学性能起着决定性的影响,直接影响到烧结件的应用。

目前,已经开发出多种激光烧结材料,按材料性质可分为以下几类:金属基粉末材料、陶瓷基粉末材料、覆膜砂、高分子基粉末材料等。金属基粉末材料主要有两大类:一类是用聚合物作粘结剂的金属粉末,这类金属粉末在激光烧结过程中,金属颗粒被有机聚合物粘结在一起,形成零件生坯,生坯再经过高温脱除有机聚合物、渗铜等处理,可制得密实的金属零件和金属模具;另一类是不含有机粘结剂的金属粉末,这类金属粉末可用大功率的激光器直接烧结成致密度较高的功能性金属零件和模具。陶瓷材料的烧结温度很高,难以直接用激光烧结成形。因此,用 SLS 工艺的陶瓷基粉末材料是加有粘结剂的陶瓷粉末。在激光烧结过程中,利用熔化的粘结剂将陶瓷粉末粘结在一起,形成一定的相撞,然后再通过后处理以获得足够的强度。

高分子材料与金属和陶瓷材料相比,具有较低的成形温度,烧结所需的激光功率小,且其表面能低,熔融黏度较高,没有金属粉末烧结时较难克服的“球化”效应,因此,高分子粉末是目前应用最多也是应用最成功的 SLS 材料,在 SLS 成形材料中占有重要地位，其品种和性能的多样性以及各种改性技术为其在SLS方面的应用提供了广阔的空间。以聚苯乙烯为基体的粉末烧结材料具有烧结温度低、烧结变形小、成形性能优良等特点，更加适合熔模铸造工艺。尼龙是一种结晶性聚合物，其粉末经激光烧结能制得致密的、高强度的烧结件，可以直接用作功能件，因此受到广泛关注。高分子粉末烧结不仅能制作塑料功能件，换能制作具有橡胶特性的功能件，经激光烧结可制造汽车蛇形管、密封垫、密封条等柔性制品。

电泳沉积(electrophoertic deposition，简称EPD或ED)的基本原理是在直流电厂的作用下使分散于悬浮液中的带电粒子向电极移动，最终沉积在电极上形成薄膜，因此电泳沉积是一种制备薄膜或涂层材料的方法，可以用来制备层状复合材料、生物陶瓷、纤维/晶须增强陶瓷复合材料、功能陶瓷及梯度材料等各种材料，具有广阔的应用前景。

自蔓延技术全称为自蔓延高温合成技术(self-propagating high-temperature synthesis，简称SHS)是利用外部提供必要的能量诱发放热化学反应体系局部发生化学反应(点燃)，形成化学反应前沿(燃烧波)，此后化学反应在自身放出热量的支持下继续进行，表现为燃烧波蔓延至整个体系，最后合成所需要的材料(粉料或制品)。用SHS技术制备产品，它既是一种材料合成技术，又是一种成形技术，同时也是一种烧结技术。用SHS技术可以从粉体原料直接得到致密的烧结体，具有工艺简单、反应时间短、反应过程消耗外部能量少等特点，有利于得到高纯度的产品。

纳米材料有着传统材料无法比拟的特殊性能。用于粉末烧结的纳米材料是纳米材料的一个分支，研究重点集中在材料制备、坯体成形和烧结等方面。为了适合于纳米粉的成形特点，对传统成形工艺必须进行改进，典型的工艺有超高压成形、冷等静压成形和离心注浆成形等。

复习思考题

1. 什么叫粉末成形？粉末成形通常采用什么材料？
2. 粉末影响成形的主要工艺因素有哪些？
3. 什么是烧结？常见的粉末烧结材料有哪些？
4. 试分别叙述粉末体和粉末孔隙的性质。
5. 试述粉体的几何性能及常见的测试方法。
6. 试述粉体的工艺性能；其决定因素是什么？
7. 什么是粉体的压制性？其影响因素是什么？
8. 成形前，粉末的处理包括哪些内容？
9. 试述粉末成形坯体的结构特征和特点。
10. 简述粉末成形方法的分类，常见成形方法有哪些？
11. 什么是原位凝固成形？

12. 试分别简述 SLS、EPD(或 ED)和 SHS 三种技术及特点。

参考文献

1 党新安,葛正浩等.非金属制品的成型与设计.北京:化学工业出版社,2004,4
2 刘军,佘正国.粉末冶金与陶瓷成型技术.北京:化学工业出版社,2005,8
3 史玉生,李远才,杨劲松.高分子材料成型工艺.北京:化学工业出版社,2006,7
4 杨东洁.塑料制品成型工艺.北京:中国纺织出版社,2007,3
5 王盘鑫.粉末冶金学.北京:冶金工业出版社,2006,6
6 张彦华.工程材料与成型技术.北京:北京航空航天大学出版社,2006,10
7 钱继锋等.热加工工艺基础.北京:北京大学出版社,2006,8
8 严绍华.材料成形工艺基础(金属工艺学热加工部分).北京:清华大学出版社,2005,1
9 魏华胜.铸造工程基础.北京:机械工业出版社,2005,8
10 P N Rao. Manufacturing Technology: Foundry, Forming and Welding, Second Edition. Singapore:McGraw-Hill,2000

6 高分子材料成形方法

6.1 高分子材料成形概述

高分子材料分子量大,为 $10^4 \sim 10^6$,由许多相同的、简单的结构单元通过共价键重复连接而成。虽然自然界中存在天然的高分子材料,但为了获得可控的使用性能,工程中往往要对天然高分子材料进行改性或通过人工合成的办法获得高分子聚合物(简称高聚物)。与金属材料、陶瓷材料相比,高分子材料具有密度小、易于成形加工、品种多、适于自动化生产、成本低等特点,被广泛应用于工农业生产和人们日常生活中。

根据性能特征不同,高分子材料通常被分为塑料、橡胶、化学纤维等几类。

6.1.1 塑料

塑料以合成或天然树脂为主要成分,辅以填充剂、增塑剂和其他助剂,在一定温度和压力下可以加工成形,其中的树脂可为晶态或非晶态。

塑料的种类很多,按照受热后的性能表现,可分为热塑性塑料和热固性塑料两大类。热塑性塑料在一定温度范围内受热后软化、熔融,制成一定形状后冷却硬化定形,再次加热仍可软化、熔融,反复多次加工。热固性塑料则在未成形前受热软化、熔融,可塑制成一定形状,继续加热或在硬化剂作用下,一次硬化定形。定形后的热固性塑料受热不再熔融,而是达到一定温度后分解破坏,无法反复加工。热塑性塑料和热固性塑料成形前的原料均为线性分子结构,热塑性塑料在成形过程中保持线性分子结构,而热固性塑料则由线性分子转变为交联网络结构,从而丧失了从固态到熔融态转变的能力。图 6-1 表示了几种高分子材料的分子形态。

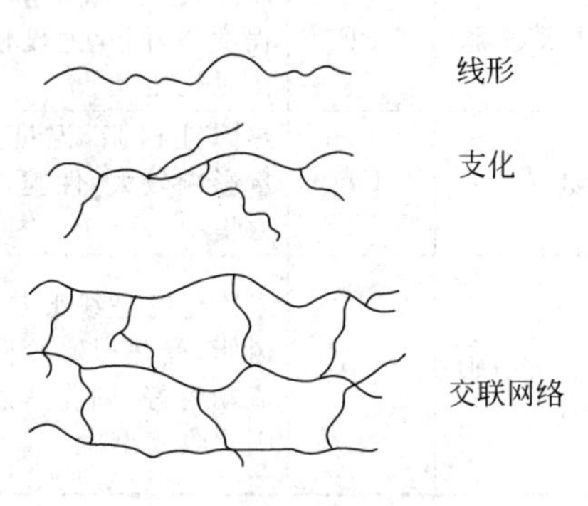

图 6-1 高分子材料的分子形态

如果按使用特性分类,塑料又可分为通用塑料、工程塑料和特种塑料。通用塑料一般作为非结构性材料,主要有聚乙烯、聚丙烯、聚氯乙烯、酚醛塑料和氨基塑料等。工程塑料则是指可作为工程结构材料的塑料,能在较广的温度范围内承受机械应力和较为苛刻的化学和物理环境。这类塑料主要有聚酰胺、聚碳酰酯、聚甲醛、ABS塑料、聚苯醚、聚砜等。特种塑料则在特种环境下,体现出某一方面的特殊性能,如医用塑料、光敏塑料、导磁塑料、高耐热塑料等。

表6-1列出了常见的塑料及成形特征、性能和用途。

表6-1 常见的塑料及其特征和用途

塑料类别	英文简称	成形特征	性能特征	用途举例
聚氯乙烯	PVC	热塑性,吸湿性小,流动性差,易分解,成形温度范围窄,可注塑、挤出、压延、吹塑	化学稳定性高,电绝缘性能好	防腐管道、管件、离心泵、鼓风机、插座、开关、日用品等
聚乙烯	PE	熔融态黏度适中,加工容易,收缩大	无毒、价廉	包装袋、容器、电线电缆等
聚丙烯	PP	吸湿性小,流动性好,易于成形,冷却速度快,收缩大	化学稳定好,机械性能好,表面硬度高,耐热性好	电子器件框架,管道、容器、法兰、齿轮、接头、泵的叶轮等
聚苯乙烯	PS	吸湿性小,流动性好,成形好,尺寸稳定性好,性脆易裂	无味、无毒,透明度高,有一定的机械强度和化学稳定性,耐热性、韧性、抗冲击能力差	灯罩、玩具、日用品、电器零件等
聚酰胺	PA	吸湿大,热稳定性差,熔点高,熔融温度范围窄,皱缩大,冷却速度对结晶性和性能影响大	坚韧耐磨,摩擦系数低,自熄、化学稳定性好,吸湿,尺寸稳定性差	机械、汽车、仪表的轴承、齿轮、衬套、蜗轮、蜗杆等
聚碳酸酯	PC	热塑性,非结晶塑料,热稳定性好,熔融温度高,熔体黏度大	力学性能优良,冲击强度优异,尺寸稳定性高,耐疲劳强度低	抗冲击的透明件,高强度及耐冲击的零部件
ABS塑料	ABS	熔融温度较低、收缩小,使用多种成形方法	具有坚韧性、质硬、刚性的工程材料	家用电器的零部件、机械工业零件、日用品等
酚醛树脂	PF	热固性,收缩率和取向程度高,固化速度慢,固化时放热	较高的力学强度、硬度高、耐磨、耐热、阻燃、耐腐蚀、电绝缘性好	齿轮、轴承、钢盔、电机、通讯器材配件等
氨基塑料	UF	热固性树脂,温度对质量影响较大,性脆,易应力集中	力学性能和电绝缘性能较好	电器绝缘零件、日用品等
环氧树脂	EP	未固化时是线形热塑性树脂,受热时黏度降低,流动性好,固化速度快,固化收缩小	经玻璃纤维增强的环氧树脂强度高、抗冲击性好、尺寸稳定	纤维增强塑料,烧结塑料,粘合剂,可用于制造电器开关、仪表盘、电路板、化学贮藏罐、飞机升降舵等

丰富多样的塑料材料为其广泛应用打下了基础。在许多领域，塑料替代传统材料，带来了性能和成本的优化(表 6-2)。

表 6-2 塑料替代传统材料的例子

用　途	传统材料	塑　料
汽车油箱	钢	聚乙烯
汽车保险杠	钢	聚丙烯、聚碳酸酯/聚酯合金
汽车照明灯	玻璃	聚丙烯酸酯
汽车进气管	金属	聚碳酸酯、纤维增强尼龙
计算机壳	金属	ABS、PVC、PPE 等
建筑窗户框	金属、木材	PVC、ABS
电熨斗壳体	金属	酚醛树脂
液体槽罐	金属	聚丙烯、聚乙烯
饮料瓶	玻璃	聚碳酸酯、聚氯乙烯、聚酯

6.1.2 橡胶

橡胶是一类室温下具有粘弹性的高分子化合物，具有典型的高弹性，在很小的作用力下，可产生很大的形变，外力除去后，能恢复原状。自然界存在的天然橡胶是从植物中采集的，典型的如巴西橡胶树。天然橡胶为不饱和橡胶，常温下具有较好的弹性，并且具有优异的加工工艺性，易于进行塑炼、混炼、压延、压出、模压成形和粘贴成形等，目前是轮胎等高级橡胶制品的主要原料。

除了天然橡胶外，将有些低分子化合物单体通过聚合、共聚、缩聚等反应可以得到合成橡胶。合成橡胶可以分为通用合成橡胶、特种合成橡胶、功能性橡胶、热塑性橡胶等。其中常见的通用合成橡胶有丁苯橡胶、异戊橡胶、顺丁橡胶、氯丁橡胶、乙丙橡胶、丁基橡胶等。

在橡胶的组分中，生橡胶和填料占的比例最大。所谓生橡胶是指尚未与交联剂(硫化剂)发生交联反应的橡胶，是橡胶成形的原料。填料加入到生橡胶中，不仅能够改善橡胶制品的耐磨性、撕裂强度、拉伸强度、弹性模量、刚度等力学性能，还在一定程度上改善胶料的压延和压出的加工性能，并且降低制品的成本。

常见的填料有炭黑类、白炭黑、硅酸盐、碳酸盐、金属氧化物等，图 6-2 所示为加入不同填料后橡胶的弹性能变化，弹性能是指橡胶被扯断时消耗的功，弹性能大，说明填料对橡胶的“补强”效果好。

从生胶到熟胶的转化需要进行硫化反应。硫化是橡胶产品定型的一个工艺过程，橡胶在硫化过程中，各种性能随硫化时间的增加有一定规律的变化(图 6-3)。硫化剂是一类使橡胶由线型长链分子转变为网状大分子的物质，橡胶工业中多用硫磺粉作为硫化剂。

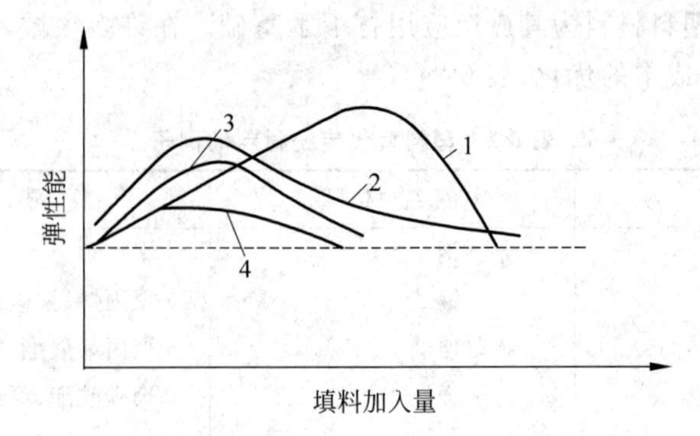

图 6-2 填料对橡胶弹性能的影响

1—炭黑；2—ZnO；3—陶土；4—碳酸钙

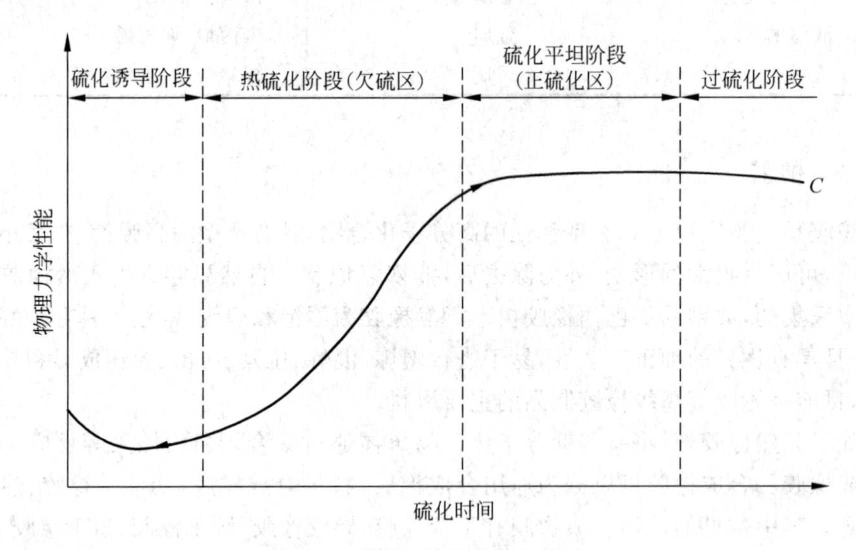

图 6-3 硫化对橡胶性能的影响

为了为后续橡胶成形加工准备合适的原材料，需要对生胶和各种混合物进行塑炼和混炼工艺。塑炼是为了使橡胶分子链断裂，降低大分子长度，增加生胶的可塑性。而混炼则是将生胶与各种添加物均匀混合的过程。经过塑炼和混炼后的胶料可以进行后续的成形加工。

6.1.3 高分子复合材料

高分子复合材料是一种应用非常广泛的复合材料。其中以树脂为基体，纤维作为增强相的复合材料用量最大。根据纤维的长度，可分为长纤维增强复合材料和短纤维增强复合材料。

1. 高分子复合材料的性能

高分子复合材料的性能具有以下优点：

(1) 比强度、比模量高　表 6-3 列出了几种常见材料与高分子复合材料的性能比较，从中可以看到纤维/树脂基复合材料具有优良的比强度和比模量，此类材料在各种装备上的应用有利于轻量化。

表 6-3　常见材料与复合材料的比强度比模量比较

材　　料	密度 /g·cm^{-3}	抗拉强度 /10^4 MPa	弹性模量 /10^6 MPa	比强度 /10^4 m	比模量 /10^7 m
钢	7.8	10.10	20.59	0.13	0.27
铝	2.8	4.61	7.35	0.17	0.26
钛	4.5	9.41	11.18	0.21	0.25
玻璃钢	2.0	10.40	3.92	0.53	0.21
Ⅱ碳纤维/环氧树脂	1.45	14.71	13.73		0.21
Ⅰ碳纤维/环氧树脂	1.6	10.49	23.54		1.5
芳纶纤维/环氧树脂	1.4	13.73	7.85		0.57
硼纤维/环氧树脂	2.1	13.53	20.59		1.0
硼纤维/铝	2.65	9.81	19.61		0.75

(2) 抗疲劳性能好　在交变载荷情况下，裂纹形成和扩展会造成低应力破坏，与普通金属相比，纤维复合材料中纤维与基体的界面能有效阻止裂纹扩展，从而提高材料的抗疲劳性能。

(3) 减震性好　复合材料中纤维与基体的界面有吸振能力，振动阻尼高，可避免共振造成的破坏。

(4) 耐化学腐蚀　多数树脂具有高的化学稳定性，从而使以树脂为基体而制备的复合材料也耐化学腐蚀。

2. 高分子复合材料的基本组成

高分子复合材料的基本构成包括：

1) 高聚物

在高分子复合材料中，高聚物不可缺少，其物理、化学性能对复合材料的综合性能具有重大影响。通常高聚物应具有：

(1) 良好的综合性能　根据复合材料的性能要求，以及填料的特性，高聚物应具有相应的力学性能、热性能、电性能、耐化学腐蚀性等。

(2) 与填料的相容性　复合材料中，高聚物应与填料粘结成一个整体，从而获得更优的性能。常见的高分子复合材料中纤维或颗粒作为填料。无论是长纤维还是短纤维、颗粒，单独存在均具有自己的弱势，例如长纤维具有很高的轴向抗拉强度，但不能承受压缩和弯曲载荷。短纤维及颗粒填料无法独立作为承载材料，必须由高聚物将填料联结成一个整体。为了提高高聚物对填料的粘附能力，有时需要对填料进行表面处理。

(3) 良好的工艺性能　高聚物的成形特性直接影响复合材料的成形过程。为了简化成形工艺,需要在保证符合材料性能要求的前提下,合理选择高聚物的种类。除了考虑高聚物黏度、固化时间等工艺特性以外,还要考虑高聚物和填料的收缩特性差异,如果差异过大,会在成形收缩时产生比较大的界面应力。

2) 填料

不同复合材料的填料形态各不相同,可能是纤维状、也可能是粉状、粒状。高分子复合材料中应用非常广的一种增强纤维填料是玻璃纤维,玻璃纤维长丝由玻璃熔融拉丝制成,直径一般 6～10μm,玻璃纤维比有机纤维具有抗拉强度高、弹性模量大、耐热性和绝缘性能优良等优点,但表面光滑,不易与高聚物粘合。

纤维填料中长纤维可以加工成各种纤维制品,如合股并加捻制成纱,由纱织成布、带或拧成绳。也可以不加捻直接合股成无捻粗纱。这些纤维制品在不同的复合材料成形中分别加以利用。如果将纤维截成几毫米至几十毫米长短,即制成短纤维。短纤维可以与聚合物混合成为压制或注射用料。

通过合理的控制,长纤维可以实现纤维分布的方向性,短纤维则在混合料中多呈无规则分布,但在某些成形方法中,短纤维会出现一定的分布取向性。纤维的定向可以获得相应方向更好的增强效果。

6.2 高分子材料的加工特性

6.2.1 高分子材料物理形态的转变温度

为了对高分子材料进行成形加工,需要利用其不同物理形态及相互之间的转化关系,进行工艺方法的设计和控制。在各种工艺方法中,与成形加工关系最大的是高分子材料的温度特性,特别是其发生物理特性转变的几个关键温度点。

大致上,可以把高分子材料随温度升高发生的形态变化分为四个阶段:玻璃态、过渡态、高弹态(或称橡胶态)和粘流态(图 6-4)。

在玻璃态,高分子材料为坚硬的固体,弹性模量高,受外力作用的变形很小。超过玻璃态转变温度,高分子材料逐步进入高弹态,弹性模量下降,小的外力就可以获得较大的变形,而且变形是可逆的。当高分子温度达到粘流态转变温度时,高分子材料就具有流动能力,加载力后,物料就会出现不可逆转的形变。

各种高分子材料都具有其特定的玻璃化转变温度 T_g,对于非晶态高分子化合物,玻璃化转变温度的高低决定了它在室温下所处的状态,以及适合作橡胶还是塑料等。玻璃化转变温度高于室温的高聚物常称为塑料,而低于室温的高聚物常称为橡胶。高弹态转变为粘流态的温度叫粘流化温度,用 T_f 表示。对于结晶高分子材料而言,从固态到液态则存在一个固定的熔点,用 T_m 表示。

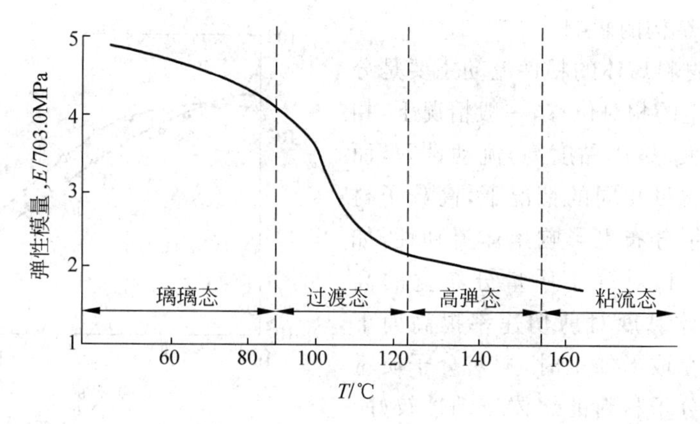

图 6-4 弹性模量随温度变化曲线

高分子材料成形方法一般包括两个过程:首先使原材料产生变形或流动,获得所需要的形状,然后使其固化得到相应的制品。按照加工成形时被加工材料所处的物理状态,可采用相应的加工手段(图 6-5)。

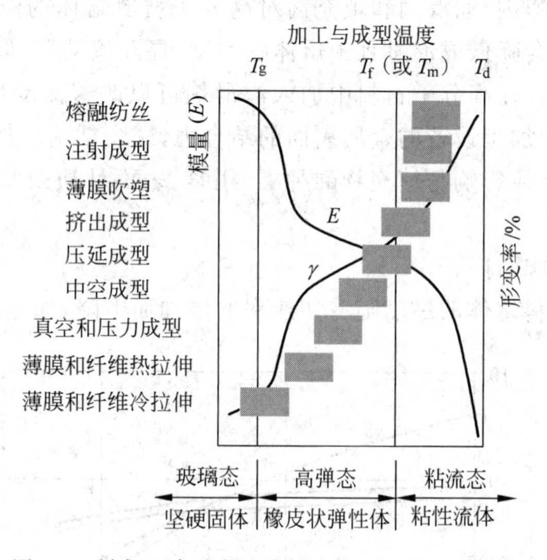

图 6-5 被加工高聚物聚集态与加工工艺的关系图

6.2.2 高分子材料熔体的流动

高分子材料的成形加工多数是在熔融状态下进行的,因此在熔融状态下,其流动性是影响其成形加工的重要性能。在常见的高分子材料成形条件下,大多数热塑性高分子材料熔体呈现假塑性的流变行为。黏度是反映液态物质流动时内摩擦力大小的一种指标,在高分子材料成形过程的粘性剪切流动中,熔体的黏度受剪切速率、温度、静压力、高分子材料分子结构、添加剂等因素的影响。

1）分子结构的影响

高分子材料熔体的粘性流动主要是分子链之间发生的相对位移，一般情况下，相对分子质量大，熔体黏度高，流动性差，而在相对分子质量相同的情况下，高分子材料内相对质量分布也影响熔体流动性，如图6-6所示。相对分子质量分布宽的高分子材料熔体黏度对剪切速率提高而下降更敏感。在成形加工时，相对分子质量分布宽的高分子材料的熔体流动性较好。相对分子质量相同时，高分子材料分子链是否支化以及支化的程度也会影响熔体黏度。

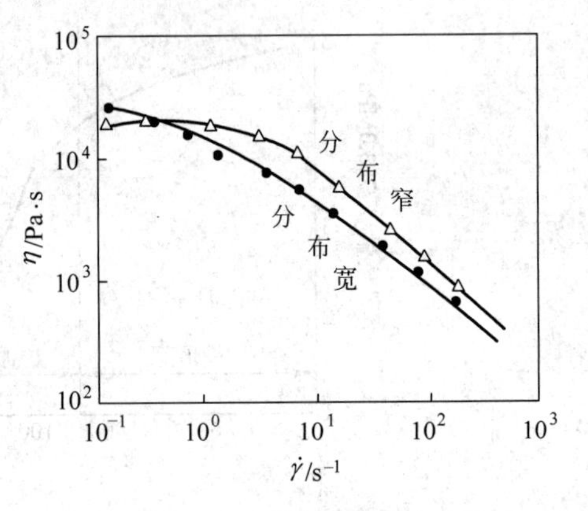

图6-6 相对质量分布对高分子材料熔体黏度的影响

2）添加剂的影响

添加剂中的增塑剂、润滑剂和填充剂对高分子材料熔体的流动性都会产生显著影响。加入增塑剂会降低成形过程中熔体的黏度，提高流动性，但制品的力学性能及热性能会随之改变。在高分子材料中加入润滑剂可以改善流动性，不仅熔体的黏度降低，也降低熔体与加工设备的金属表面的结合力，减少粘附。加入填充剂一般会降低熔体的流动性，具体影响与填充物的种类、用量、表面性质及与高分子材料基体之间的界面作用有关。

3）剪切速率的影响

多数高分子材料熔体的黏度随剪切速率的增加而下降，如图6-7所示。

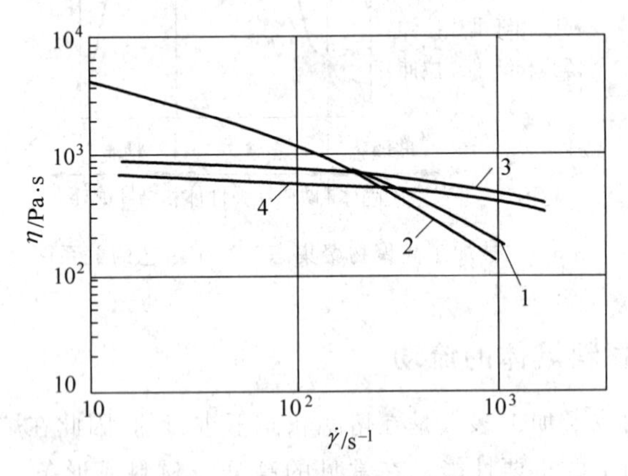

图6-7 高分子材料熔体黏度与剪切速率的关系

1—低密度聚乙烯(210℃)；2—聚苯乙烯(200℃)；3—聚砜(375℃)；4—聚碳酸酯(315℃)

一般橡胶熔体的黏度对剪切速率的敏感性比塑料大，不同塑料的敏感性有明显区别。了解和掌握高分子材料熔体黏度对剪切速率的敏感性，可以在成形加工中，通过改变剪切速率调整熔体黏度，从而使熔体充型变得更容易。

4）温度的影响

随着温度的升高，高分子材料分子间的相互作用力减弱，熔体的黏度降低，流动性增大，如图 6-8 所示。高分子材料熔体的黏度对温度的依赖性与其活化能有关，活化能是高分子材料熔体流动时用于克服分子间作用力而需要的能量。活化能越大，通过提高熔体温度来提高熔体流动性的效果越明显。

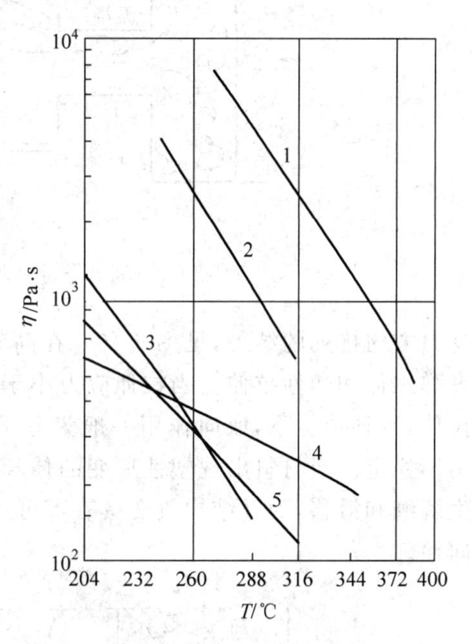

图 6-8 高分子材料熔体黏度与温度的关系

1—聚砜；2—聚碳酸酯；3—聚苯醚；4—高密度聚乙烯；5—聚苯乙烯

5）压力的影响

在高压成形时，高分子材料熔体将产生明显的体积压缩，从而使熔体内分子间距减小，导致流体黏度增加，流动性降低。研究表明，增加压力和降低温度对熔体的黏度影响是等效的。一般高分子材料的压力和温度对黏度的影响的等效换算因子 $(\Delta T/\Delta p)_\eta$ 为 0.3～0.9℃/MPa，也就是说每增加 1MPa 压力对熔体黏度的影响相当于降低熔体温度 0.3～0.9℃ 的影响效果。由于增压引起熔体黏度增加的特性，在高聚物熔体充型过程中，单纯通过增大压力来提高熔体的流量是不恰当的，过大的压力会提高熔体黏度而造成功率的过大消耗和设备的更大磨损。

6.2.3 高分子材料加工的取向结构

在外力作用下，高分子材料的分子链会沿着外力作用方向择优排列，形成取向结构。取向结构对材料的力学、光学、热性能有显著影响。在常见的高分子材料成形工艺中，材料一般受到剪切力和拉伸力的影响，相应的取向作用分为两类。

1）流动取向

流动取向指在高分子熔体流动过程中，分子链、链段或其他添加剂，沿剪切流动的运动方向排列，见图 6-9。在剪切流动中，由于流动截面上存在速度梯度，蜷曲状长链分子逐渐沿流动方向舒展伸直而取向。同时，由于熔体温度高，分子热运动剧烈，也存在解取向作用。

2）拉伸取向

当高分子材料成形中受到拉伸力作用时，分子链、链段、微晶等结构会出现沿

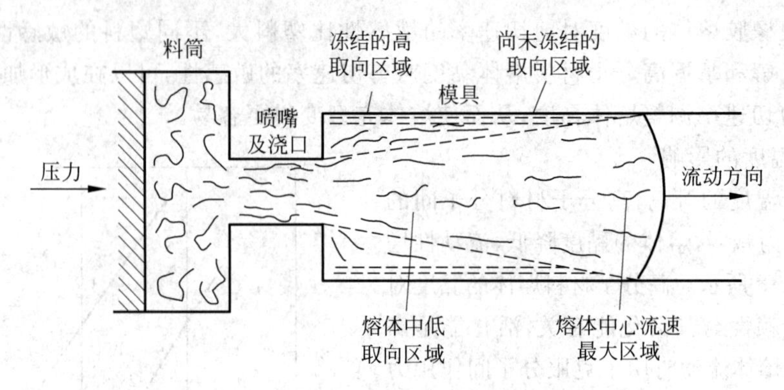

图 6-9 高分子材料在成形过程中的流动取向

受力方向排列的结果，见图 6-10。在高分子材料的玻璃化温度 T_g 附近，可以进行高弹拉伸和塑性拉伸。当拉伸应力小于材料的屈服应力时，对材料的拉伸是高弹拉伸，这种情况下，取向作用一般为分子链段的形变和位移，取向程度低，取向结构不稳定。当材料出现塑性形变的伸长时，材料中的大分子作为独立结构单位发生解缠和滑移，而且结构改变具有不可逆性，因此能获得稳定的取向结构和高的取向性。

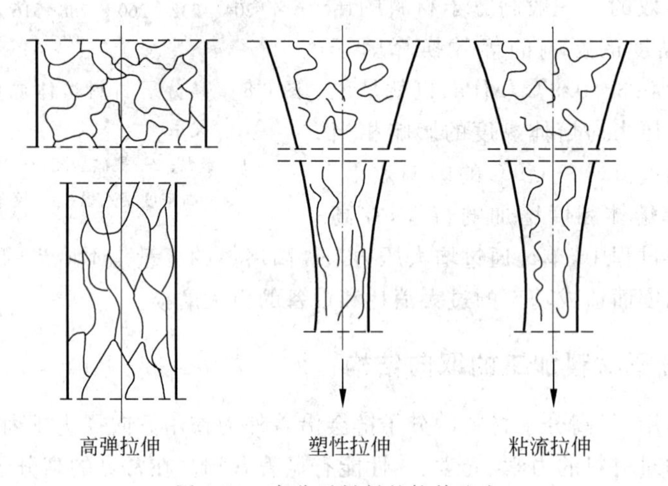

图 6-10 高分子材料的拉伸取向

当材料的温度上升到粘流化温度后，高分子材料的拉伸称为粘流拉伸。由于温度高，大分子活动能力强，取向作用和解取向作用都很显著。通过快速冷却取向后的粘流体，可以获得有应用价值的取向结构。

影响高分子材料成形中取向作用的因素有：

(1) 分子结构和低分子化合物的影响 分子链结构简单，柔性大，相对分子量低，则高分化合物有利于取向，相应的解取向也容易。能结晶的高分子材料取向时比非晶态高分子材料需要更大应力,但取向结构稳定。在高分子材料中加入溶剂或增塑剂等低分子材料,能够使高分子材料的玻璃化温度和粘流性温度降低,有利于取向,同样也增大了解取向的趋势。

(2) 温度　高分子材料分子的取向和解取向过程都与分子链的松弛有关,温度升高,大分子运动加剧,松弛时间缩短,促进了取向和解取向作用的发生,但两者变化的速度并不一样,高分子材料的有效取向取决于两个过程的平衡。

(3) 拉伸比　拉伸比是指在一定温度下高分子材料被拉伸的倍数。拉伸比与高分子化合物的结构和物理性能有关,取向度随拉伸比增加而增大。

取向对高分子材料性能会产生影响,非晶态聚合物取向后,沿应力作用方向取向的分子链大大提高了取向方向的力学强度,垂直于取向方向的力学强度则显著下降。结晶态高分子材料的力学性能主要由连接晶片的伸直链段所贡献,其强度随取向后伸直分子链段增加而增大,通常,随取向度提高,材料的密度和强度都相应提高,而伸长率则逐渐下降。

6.2.4 高分子材料的结晶性

在高分子材料成形加工中,聚合物分子可能进行有序的排列而形成晶态结构,而保持分子无序排列的则称为无定形状态。结晶过程中分子链的敛集作用使聚合物体积收缩,密度增加。通常,密度和高分子材料的结晶度存在线性关系。由于分子结构的变化,导致性能出现明显差异,比如,结晶态的材料通常不透明,熔点范围小,收缩大,化学稳定性好,而无定形态材料通常透明,软化温度范围宽,收缩小,对溶剂敏感。

通常将高分子材料在等温条件下的结晶过程称为静态结晶过程,但实际的加工过程,结晶往往要受到多种因素的影响,包括:

(1) 冷却速度　高分子材料的冷却速度决定了晶核生成和晶体生长的条件,从而决定了其在加工过程中能否形成结晶、结晶的速度、晶体的形态和尺寸等。在冷却速度慢的情况下,制品中容易出现大的球晶,而使制品发脆,力学性能下降,并且冷却速度慢,生产周期长,成形加工一般不采用。适中的冷却速度有利于晶核生成和晶体生长,晶体比较完整,结构比较稳定,并且生产周期较短,在高分子材料加工中常采用。在高冷却速度下,高分子材料结晶时间缩短,结晶度降低,不利于结晶。过快的冷却速度在生产中也不易实现和控制。

(2) 熔融温度和熔融时间　高分子材料的熔融温度对熔体内残留晶核的数量有影响,熔融温度高时,高分子材料中原有的结晶结构破坏多,残存的晶核数量少。同样道理,熔融时间长时,原固态物中的聚集态结构也受到较大破坏,减少了异相核心,从而使熔体结晶速度变慢,结晶尺寸较大。而熔融温度低和熔融时间短,由于异相晶核多,结晶尺寸小而均匀,有利于提高制品的力学强度和抗热变性能力。

(3) 应力　在高分子材料加工过程中,材料受到剪切或拉伸应力,高应力下熔体取向会诱发晶核生成,使生核时间大大缩短,晶核数量增加。在应力作用下,高分子材料的结晶度随应力和应变的增大而提高。应力对晶体的结构和形态也有影响,随应力或应变速率增大,晶体中伸直链含量增多,晶体熔点升高。在成形加工时,要注意这种变化,熔点升高会导致熔体提前出现结晶,而导致流动阻力增大使成形困难。

(4) 分子结构与低分子物质　高分子材料分子结构与结晶过程有密切联系,分子量越高,大分子和链段的结晶重排越困难,结晶能力也越低。大分子的链结构简单、规整的高分子材料易结晶,结晶度高。一般的高分子材料制品中都要加入溶剂、增塑剂等低分子物质,以及在熔体中存在的一些固体杂质,这些成分在一定条件下会影响聚合物的结晶过程,构成晶核,大大加快结晶速度。

6.2.5 高分子材料的降解

高分子聚合物的相对分子质量降低的变化称为降解。轻度的降解会形成一些比原始聚合物分子质量低且聚合度不同的分子,使材料带色,严重的降解将使聚合物分解而破坏。某些材料热稳定性差,成形加工温度和热分解温度非常接近,确定和控制这种材料的加工温度范围就非常重要。某些高分子聚合物的加工温度和分解温度见表6-4。

表6-4　部分高分子聚合物的加工温度和分解温度　℃

聚　合　物	热分解温度	加工温度	聚合物	热分解温度	加工温度
聚苯乙烯	310	170～250	聚丙烯	300	200～290
氯化聚醚	290	180～270	聚甲醛	220～240	195～220
聚碳酸酯	380	270～320	尼龙－6	360	230～290
高密度聚乙烯	320	220～280	天然橡胶	198	＜100

高分子聚合物的降解首先与其分子结构有关,大多数聚合物分子以共价键结合起来,当加工过程提供的能量大于键能时,会造成共价键的断裂。不同分子结构的共价键能不同,分子的稳定性也不同。

在高分子材料成形加工中,往往要进行加热,过高的加热温度和过长的加热时间会引起聚合物的降解,降解反应的速度随温度升高而加快。在制订加工工艺时,往往要绘制聚合物加工温度范围图,见图6-11。

除了加热以外,高分子聚合物在成形加工过程中往往还会反复受到应力作用,由此导致大分子键角和键长改变并产生拉伸形变,当变形的能量超过分子键能时,会出现大分子断裂降解。应力对聚合物降解的影响与聚合物的化学结构和所处的物理状态有关,大分子中含有不饱和双键的聚合物和分子量较高的聚合物的降解对应力较敏感。

在高温高压下,微量水分也会加速某些聚合物降解过程,特别是含有以下结构的高分子聚合物。

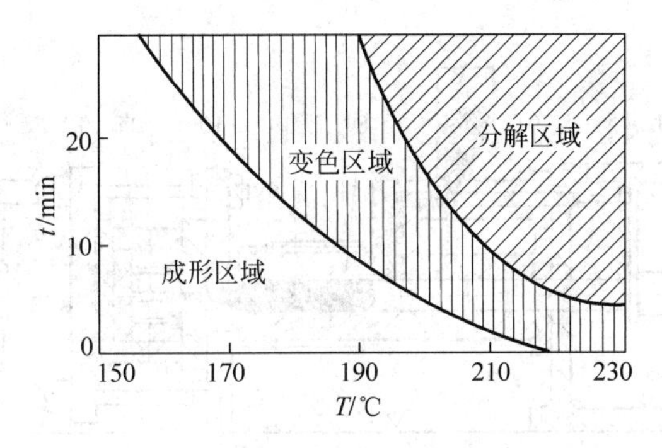

图 6-11 高分子聚合物加工图

$$-\overset{\overset{\displaystyle O}{\|}}{C}-NH- \text{、} -\overset{\overset{\displaystyle O}{\|}}{C}-O- \text{、} -\overset{\overset{\displaystyle O}{\|}}{C}H-O- \text{和} -C-O-C-$$

因此在加工前，要对高分子聚合物原料进行严格干燥处理，特别是聚酰胺、聚酯、聚醚等材料。

6.3 注射成形

注射成形是通过注射机和注射模具配合实现的。注射机的基本功能是加热注射材料，使其达到熔融状态(塑化)，然后对熔体施加高压，使其射出而充满型腔。

注射成形是高分子材料成形加工中的一种应用十分广泛而又非常重要的方法，可以应用于绝大多数的热塑性塑料、部分热固性塑料以及某些橡胶。根据不同类型、不同品种的高分子聚合物的物理化学性能不同，对注射成形设备、模具、工艺条件和操作过程的要求有很大差别。

6.3.1 注射成形设备

注射成形的关键设备是注射机，提供注射动力的机构主要有两种：柱塞和螺杆。图 6-12 是卧式柱塞式注塑机的结构示意图。柱塞在料筒中往复运动。注射前，将塑料原料加入料筒中，而料筒配有加热装置，通过精确控制温度，使塑料原料由固态转化为具有合适流动能力的熔体，然后柱塞施加压力，完成注型。

在加热装置通过料筒加热内部物料的过程中，如果加热时间不足，则出现物料塑化不均匀的问题，影响制品质量。为此，在柱塞式注塑机料筒的前端，安装有分流梭，见图 6-12 中部件 9。分流梭的基本结构如图 6-13，分流梭上有突出的筋，紧贴料筒内壁，起到定位的作用。由于有分流梭，物料在此处被分流，降低了料层厚度，提高了物料温度的均匀度。

另外一种常见的注射机是螺杆式注射机，它的结构如图 6-14 所示。

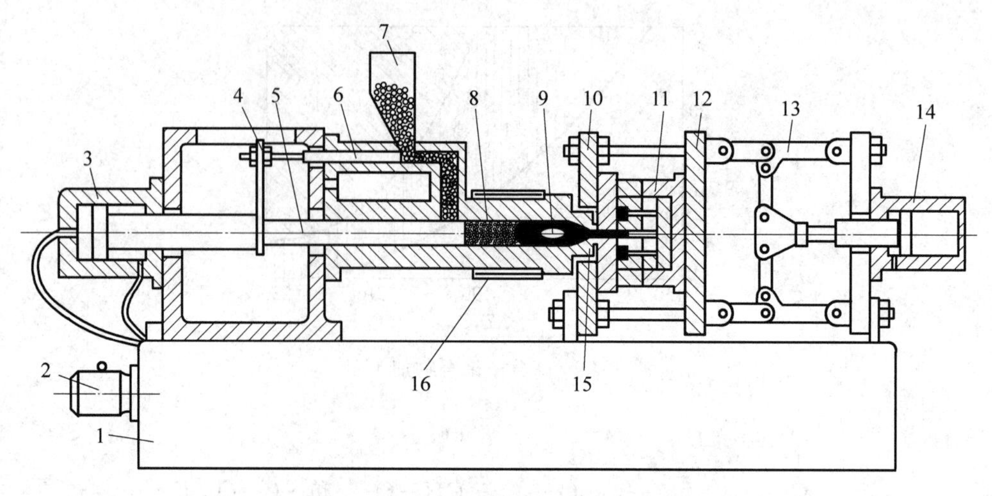

图 6-12 卧式柱塞注射机结构示意图

1—机座；2—电机；3—注射油缸；4—加料调节装置；5—注射料筒柱塞；6—加料筒柱塞；7—料斗；8—料筒；9—分流梭；10—定模板；11—模具；12—动模板；13—锁模装置；14—锁模油缸；15—喷嘴；16—加热装置

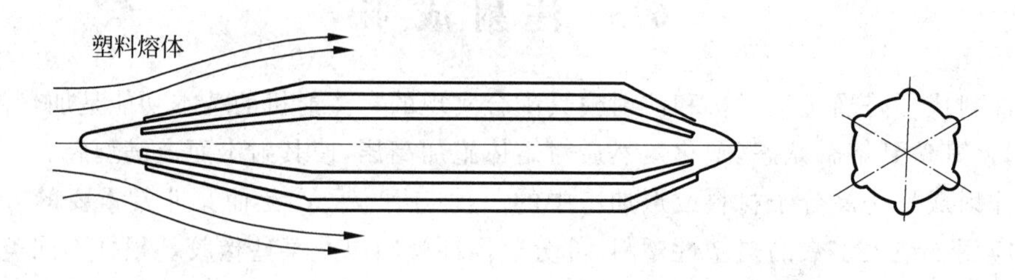

图 6-13 分流梭结构示意图

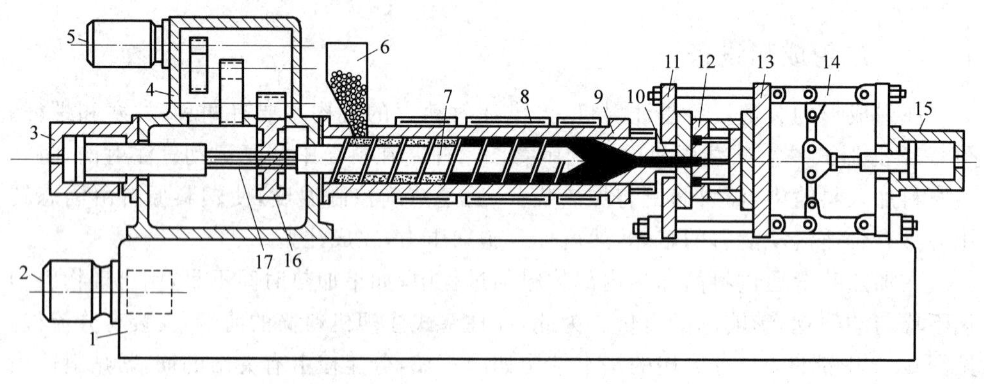

图 6-14 卧式螺杆注射机结构示意图

1—机座；2—电机；3—注射油缸；4—齿轮箱；5—螺杆驱动电机；6—料斗；7—螺杆；8—加热器；9—料筒；10—喷嘴；11—定模板；12—模具；13—动模板；14—锁模装置；15—锁模油缸；16—螺杆传功齿轮；17—螺杆花键槽

螺杆式注射机的工作过程如图 6-15 所示，螺杆式注射装置利用螺杆在料筒中转动，将从料斗中落入的物料沿螺杆槽向前推进。同时，料筒上的加热装置对物料进行加热，加之其被剪切产生的热量，使物料温度升高成为熔融状态。随着加热料筒前端物料贮存到一定量(取决于一次注射量)，螺杆停止转动。待注塑模具合模准备好后，进入注射工序。此时注射油缸向螺杆施力，在高压下，螺杆将熔融物料从喷嘴注入注射模内。模内材料冷却后，即可取出制得的塑料制品。整个注射周期包括注射、冷却和制品顶出，见图 6-16。

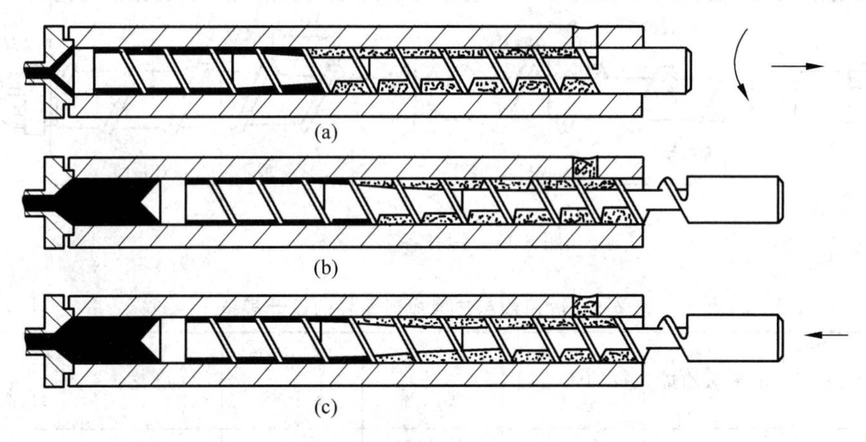

图 6-15 往复式螺杆工作流程

(a) 注射准备阶段；(b) 保温阶段；(c) 注射阶段

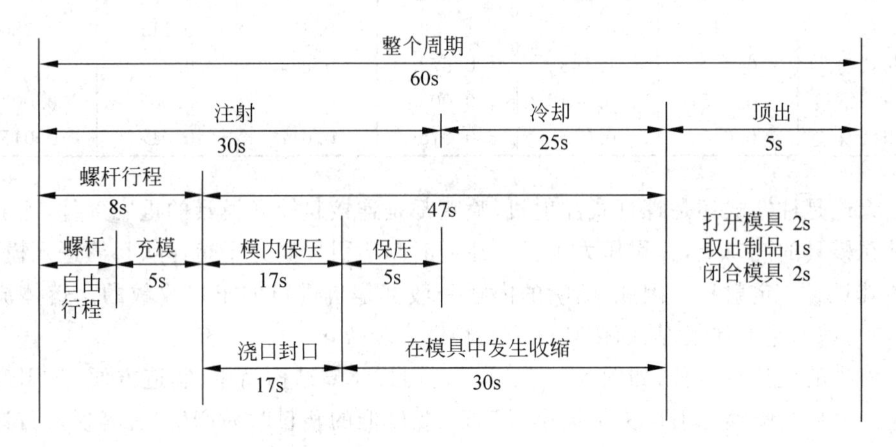

图 6-16 注射成形周期示例

螺杆式注射装置由螺杆、料筒、喷嘴和驱动装置构成。由于螺杆在料筒中对注射原料进行搅拌，并且物料位于螺杆螺纹槽和料筒壁之间，料层比较薄，因此传热效率高，塑化均匀。

在螺杆注射机的设计中，螺杆是重要的部件，必须特别加以关注。螺杆的主要作用是对塑料原料进行压实、塑化,并传递注射压力,其结构见图6-17。一般分为加料、压缩、计量三段,其中加料段和计量段的螺杆根径恒定,而压缩段的螺杆根径呈一定锥度。一般压缩比为2～3,长径比为16～18。为了防止熔体射出后通过螺杆的螺纹槽逆流到后部,需在螺杆的端部装止逆阀。螺杆的结构与加工物料的塑化特性有关,针对不同的材料,适宜的螺杆结构如表6-5。

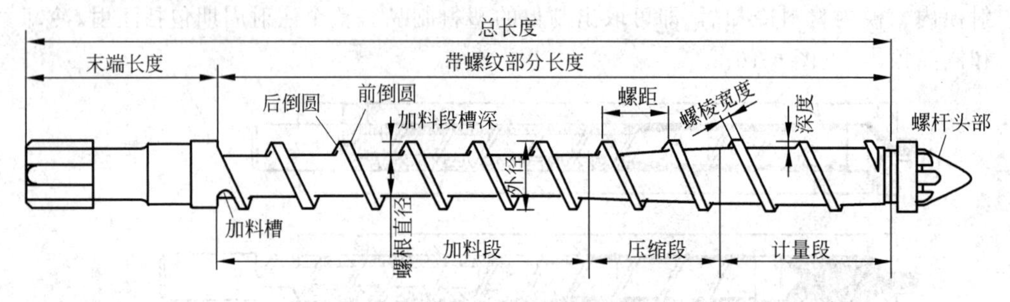

图6-17　螺杆各部位名称

表6-5　通用塑料注射成形螺杆的设计规范

尺寸/m	硬聚氯乙烯	抗冲苯乙烯	低密度聚乙烯	高密度聚乙烯	尼龙	醋酸/丁酸纤维素
直径	0.114	0.114	0.114	0.114	0.114	0.114
总长度	2.286	2.286	2.286	2.286	2.286	2.286
加料段	0.343	0.686	0.572	0.914	1.715	0
压缩段	1.943	0.456	1.143	0.457	0.114	2.286
计量段	0	1.143	0.572	0.914	0.457	0
计量段深度	0.005	0.004	0.003	0.004	0.003	0.003
加料段深度	0.015	0.015	0.015	0.017	0.017	0.015

无论是柱塞式还是螺杆式注射机,喷嘴都是连接料筒和模具的重要部件,注射前紧贴在模具的浇口上,并靠压力锁紧。注射时喷嘴引导高分子熔体从料筒进入模具,并使其具有一定射程。因此,喷嘴的内径一般都是自进口向出口收敛的。熔体流过喷嘴时,剪切速率加大,从而使高分子原料进一步塑化。

喷嘴的设计有多种,如图6-18所示。通用式喷嘴结构简单、制造方便,应用最为普遍。通用式喷嘴注射压力损失小,但加工黏度低的塑料时易产生"流涎现象",弹簧针阀式喷嘴可以解决该问题。弹簧针阀式喷嘴具有自锁功能,结构复杂,制造困难,注射压力损失较大。当加工高黏度塑料时,可在喷嘴上安置加热装置。通过提高喷嘴温度,降低注射压力损失,有利于高黏度塑料熔体完整充填模具型腔。

图6-19是一个典型的注射模具。注射模具直接决定了高分子制品的形状和尺寸,并且对成形效率等有重要影响。注射模具的主要组成部分包括:成形部件、导向机构、顶出脱模机构、温度调节结构等。

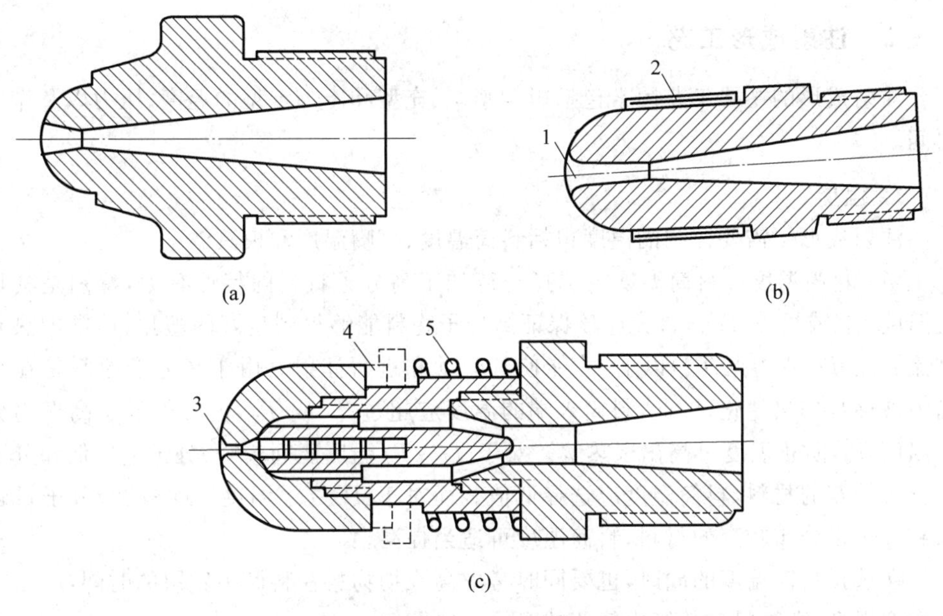

图 6-18 不同喷嘴形式

(a) 通用式喷嘴；(b) 延伸式喷嘴；(c) 弹簧针阀式喷嘴

1—喇叭口；2—电热圈；3—顶针；4—导杆；5—弹簧

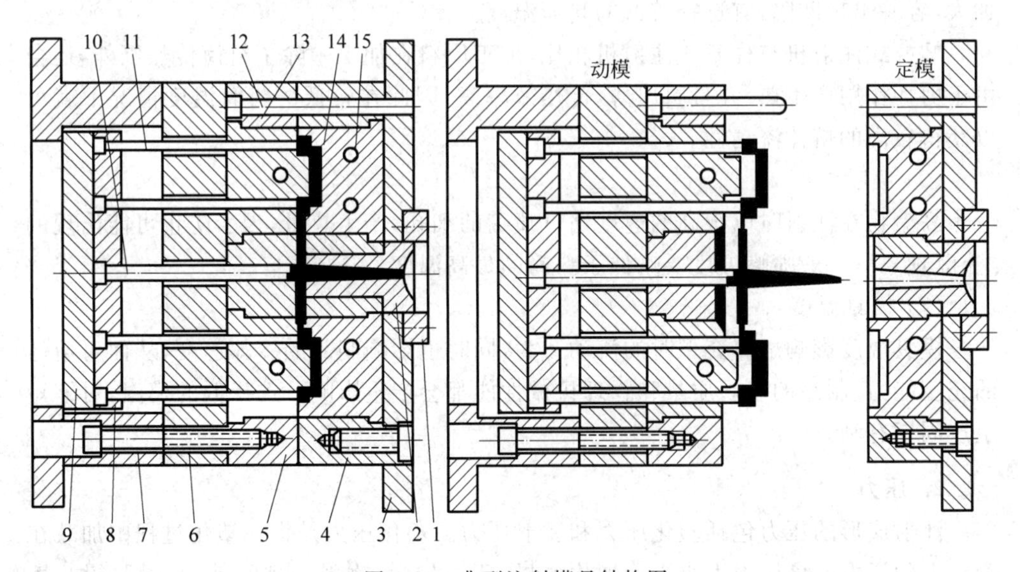

图 6-19 典型注射模具结构图

1—定位环；2—主流道衬套；3—定模底板；4—定模板；5—动模板；6—动模垫板；

7—模座；8—顶出板；9—顶出底板；10—回程杆；11—顶出杆；12—导向柱；

13—凸模；14—凹模；15—冷却水通道

6.3.2 注射成形工艺

注射成形的主要工艺因素包括影响塑炼、充型和冷却定型的温度、压力以及作用时间。

1. 温度

注射成形中需要控制的温度包括料筒温度、喷嘴温度和模具温度。

(1) 料筒温度 料筒温度的选择与待加工高分子材料的特性有关,特别是其粘流温度 T_f(或熔点 T_m),首先应该保证高分子物料能够得到良好的塑化,通常加热到粘流温度 T_f(或熔点 T_m)以上,才能使其流动和进行注射。由于高分子原料是在料筒中被逐步加热塑化,因此,料筒末端的温度应超过 T_f 或 T_m,但必须低于高聚物分解温度 T_d,防止温度过高出现热解。对于 $T_f \sim T_d$ 温度区间较窄、分子量较低和分子量分布较宽的材料,料筒温度应选择低值。而对于 $T_f \sim T_d$ 温度区间较宽、分子量较高和分子量分布较窄的材料,料筒温度可适当提高。

在选择料筒温度的同时,也要同时考虑高聚物物料在料筒中停留的时间,一般料筒温度提高,则物料在料筒中停留的时间相应缩短。

料筒的温度还与制品及模具的结构特性有关,对于薄壁及难以充型的结构,可以通过提高料筒温度加强熔体的流动性,改善充型条件。而对于厚件,料温高,则收缩加大,容易出现凹陷,宜选择较低的料筒温度。

螺杆式注射机与柱塞式注射机相比,加工原料在加工中除了料筒传热以外,还会由于剪切作用产生热,并且料层薄,传热效率高,因此在较低的料筒温度情况下就可以获得较高的熔体流动性。

(2) 喷嘴温度

高聚物在注射时以很高的速度通过喷嘴的细孔,产生热量,为了防止可能出现的"流涎现象",一般喷嘴温度要略低于料筒的最高温度。

(3) 模具温度

模具温度影响熔体充型时的流动行为,同时也影响制品的冷却速度,从而对熔体的充型能力、制品的表观质量和物理机械性能都会产生影响。选择低的模温,对缩短生产周期有利。

2. 压力

注射成形的压力包括塑化压力和注射压力。塑化压力是指在塑化过程中加载在物料上的压力。该压力大小影响塑化效果,压力越大,物料受到的剪切作用增加,熔体温度升高,塑化均匀性好。

注射压力是柱塞或螺杆推动高分子材料熔体流动并使其注满模腔所施加的压力。注射压力的作用是给予熔体足够的充型速度,并对熔体进行压实,以保证制品的质量。注射压力的大小与注射机的类型、模具结构、被加工物料类型和注射工艺有关。

在注射过程中，高分子材料熔体流经注射机料筒、喷嘴、模具流道、浇口和型腔时，因受到阻力而引起压力下降，见图 6-20。到达型腔时的压力是实际的成形压力，对制品的注射质量直接起作用。

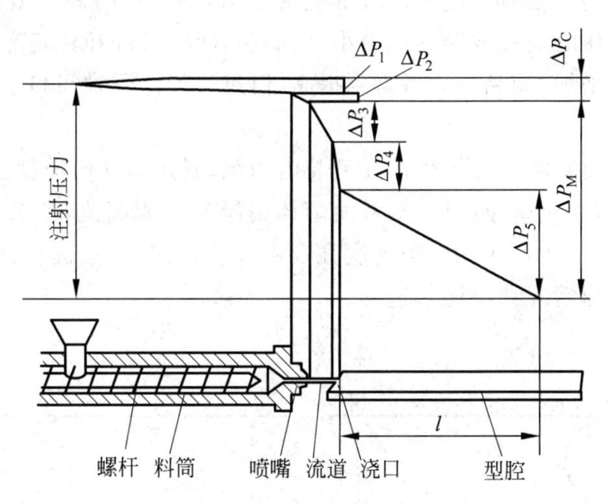

图 6-20 注射成形时熔体压力损失

ΔP_1—注射机中的压力降；ΔP_2—喷嘴处的压力降；ΔP_3—模具流道中的压力降；ΔP_4—浇口处的压力降；ΔP_5—模腔中的压力降；ΔP_C—注射系统的总压力降；ΔP_M—模具型腔中的压力降

在其他工艺条件不变的情况下，注射压力增大，熔体的充型速度加快，流动长度增加。尺寸大、形状复杂、薄壁、熔体黏度大的制品成形时，宜采用较高的注射压力。但注射压力大会引起制品的内应力提高，制品可能需要退火处理。

在注射成形的工艺制订中，注射压力和高聚物的熔体温度是相互关联的，料温高时注射压力减小，反之注射压力加大。图 6-21 为注射压力和料温的成形图，反映了在实际控制中合理处理料温和压力的情况。

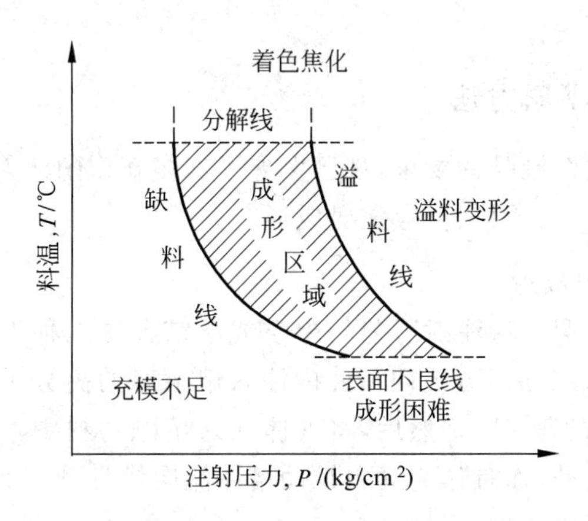

图 6-21 注射成形面积图

3. 保压时间和充型速度

熔体充入型腔后,冷却时会产生体积收缩。在收缩的开始阶段,熔体会进一步被压入型腔而保持压力不变,直到浇口处的熔体凝封住,这时的模腔内的压力叫凝封压力。改变保压时间和模具温度可以改变凝封压力,而保压时间和凝封压力影响制品的质量。如果保压时间短或凝封压力小,则制品容易出现凹陷、气泡等缺陷。保压时间长和凝封压力增加,制品的质量得到提高,但过长的保压时间和过大的凝封压力导致制品内应力增加。

注射速度主要影响高分子熔体在型腔内的流动行为,注射速度慢,可能造成有些制品充型不完整,而充型速度快,则常使熔体由层流变成湍流,严重时引起喷射而带入空气,如图 6-22。生产中的注射速度往往由实验确定,一般先低压慢速注射,然后再根据制品的成形情况调整注射速度。

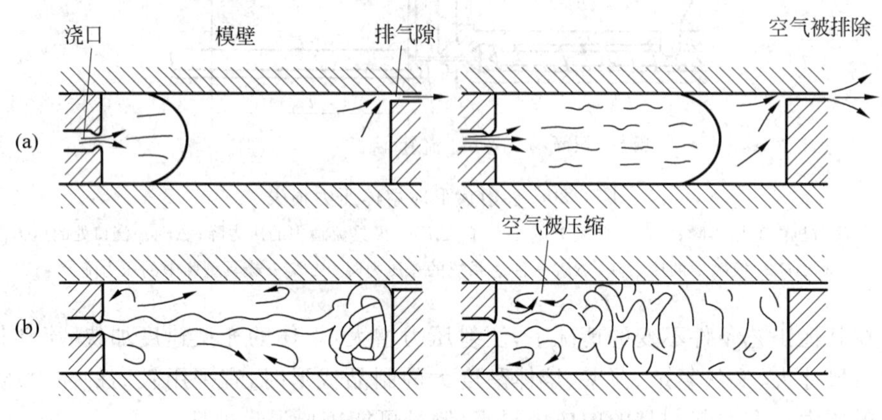

图 6-22 注射成形熔体充型示意图

(a) 充型速度慢;(b) 充型速度快

选择合适的工艺条件是获得高质量制品的前提,表 6-6 列出了常见的塑料注射工艺条件。

6.3.3 其他注射成形方法

为了满足不同注射制品的要求,现已发展了许多新型的注射成形技术,如气体辅助注射成形、多组分注射成形、反应注射成形等。

1. 气体辅助注射成形

气体辅助注射成形是将注射工艺与中空成形结合的一种工艺,它的基本工艺过程见图 6-23。首先采用注射方式向型腔内注入熔融态的高分子物料,与传统注射成形不同,熔融料并不充满模腔。然后,将气体注入熔融物料中,气体在熔体的包围下沿阻力最小的方向流动,而且作为动力推动熔体流向模具型腔的各个部位,然后保持压力待高分子材料固化成形。

表 6-6 常见工程塑料注射成形工艺条件

工艺条件			塑料名称				
			ABS	尼龙 1010	聚甲醛	聚碳酸酯	聚砜
注射温度/℃	料筒温度	后	150～170	190～210	160～170	210～240	250～270
		中	165～180	200～220	170～180	230～280	280～330
		前	180～200	210～230	180～190	240～285	310～330
	喷嘴温度		170～180	200～210	170～180	240～250	290～310
	模具温度		60～70	室温	80～120	90～110	130～135
注射压力/MPa			60～100	40～100	80～130	80～130	80～200
时间/s	注射时间		20～90	20～90	20～90	20～90	80～90
	高压时间		0～5	0～5	0～5	0～5	0～5
	冷却时间		20～120	20～120	20～60	20～90	30～60
	总周期		50～220	45～220	50～160	40～190	65～160
螺杆转速/$r \cdot min^{-1}$			30	48	28	28	28
成形收缩率/%			0.4～0.7	1～2.5	2～3	0.5～0.8	0.6～1.0

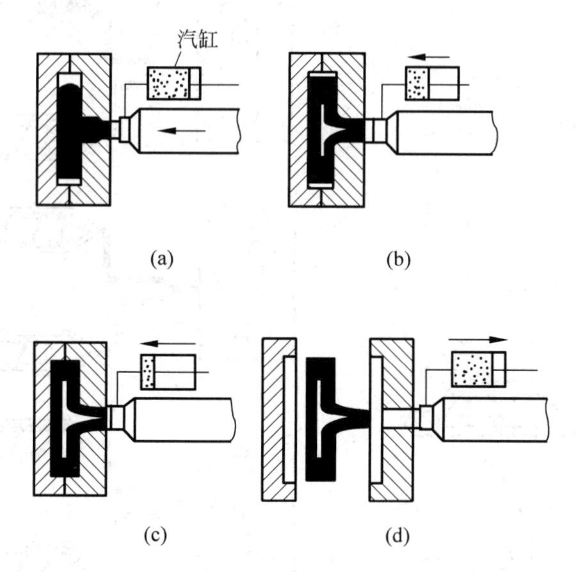

图 6-23 气体辅助注射成形

(a) 注入熔体；(b) 注入气体；(c) 保压冷却；(d) 制品脱模

气体注射成形工艺的优点包括：

(1) 有利于成形壁厚差异大的制品　传统的注射成形方法在生产厚壁件时，往往会因为材料体积收缩而产生凹陷，采用气体辅助注射成形时，气体被注入到熔体的内部，熔体内的气压就可以克服制品冷却时的体积收缩。在生产壁厚差异大的制品时,可以通过注入气道的设计,使厚壁处形成中空,从而防止了由于制品壁厚不均匀出现的收缩缺陷和变形。

(2) 降低注射压力　气体辅助注射成形中,由于采用“缺料”注射充形,因此所需要的注射压力较低,相应的模具锁模力也可以较低。

(3) 提高制品的刚度和强度　采用气体辅助成形,可以利用中空结构,在不增加制品重量的情况下,通过气道设计增加制品截面的惯性矩,从而增强制品的强度和刚度。图6-24是一些气体加强筋的截面形状。

按照气体辅助注射成形的思路,一种水辅助注射成形技术被开发出来,水代替空气辅助熔体流动充模,最后用压缩空气将水从空腔中排出,缩短了成形周期。

2. 多组分注射成形

多组分注射成形采用两个或多个注射室,将不同物料注入同一个模腔内而获得多组分的制品。在这种成形方法中,可以对不同组分的高分子物料分别加以控制,使其达到所需要的加工温度,然后按照设计好的工艺流程,依次注入模具,见图6-25,由此生产出“夹心”或“三明治”特征的制品。

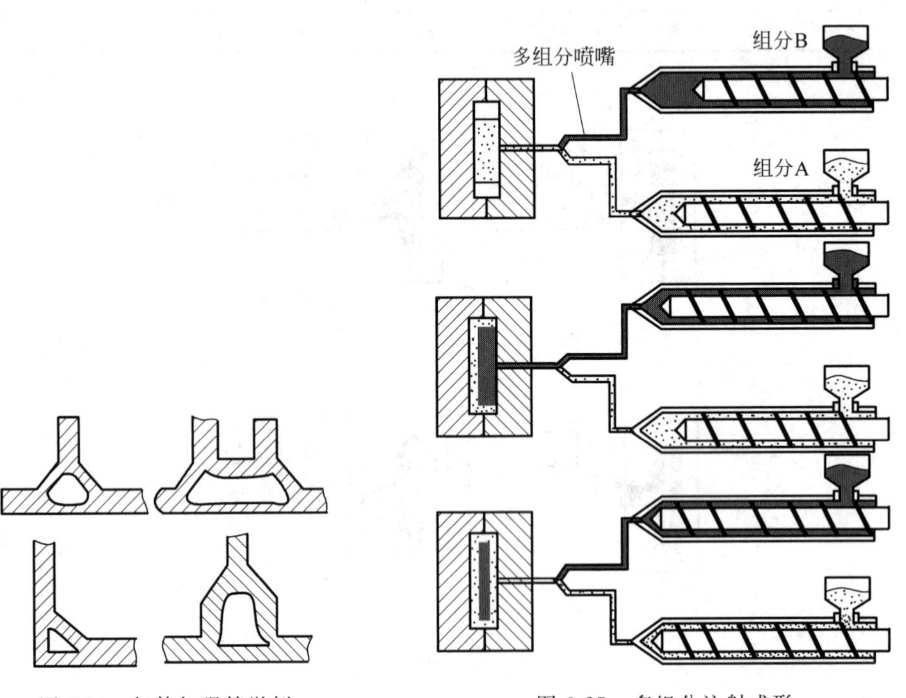

图6-24　气体加强筋举例

图6-25　多组分注射成形

多组分注射成形也可以采用独立的注射单元通过不同的浇口将几种熔体同时注入型腔,制品固化时,不同熔体融合在一起,但这样生产的制品不能对结合面的形成进行准确控制。如果采用更换模具或调整模腔而生产多组分注射制品,则可以按照先后顺序先注射形成第一种物料的制品,然后作为镶嵌件置于新的型腔内,注入下一种物料并固化，依次实现多组分在制品中合理分布。由于每次都是依靠模具成形，所以不同组分的界面受控。

3. 反应注射成形

反应注射成形利用了某些高分子单体或聚合度比较低的材料在混合状态下会通过交联等反应固化的特性，通过在注射器中混合，在型腔内最终固化的方式制得产品。

反应注射成形中，由于混合料黏度低，充型压力小，模温低，所以能耗小。典型的应用是聚氨酯反应注射成形，制品可用于汽车内外饰件，如方向盘、仪表盘、保险杠等。

反应注射成形需要严格控制原料的储存、定量和混合工艺。反应注射成形中所使用的原料混合在一起，将发生化学反应而固化，因此在成形前要妥善保管。考虑到反应物加入量对化学反应过程的影响比较大，必须要准确计量参与混合的物料的数量，严格控制配比。

反应性物料混合在一起，随着反应过程的进行，物料的物理属性发生变化，见图 6-26。

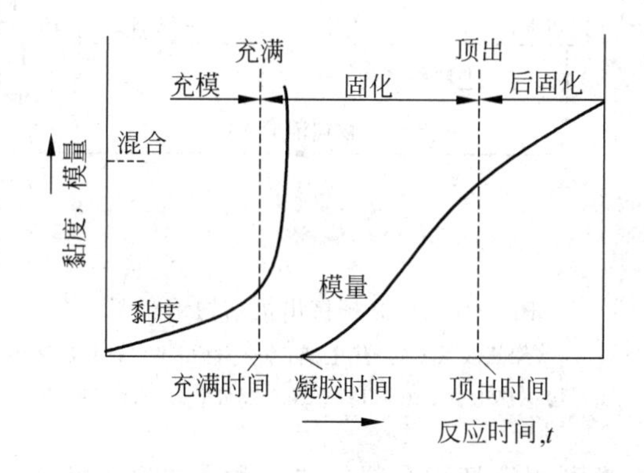

图 6-26　反应性注射成形中物料的黏度和模量变化

从图中可以看出，物料黏度的变化随反应时间逐渐加快，充型时应选择合适的黏度范围，过高的黏度流动性差，而黏度过低则容易卷气。在实际生产中，可以添加一些反应抑制剂，以保证在化学反应迅速开始前有足够的充型时间。

6.4　挤出成形

挤出成形是指在挤出机中通过加热、加压而使高分子材料以流动状态连续通过口模成形的方法。一般应用于管材、板材、丝、薄膜等成形。挤出成形几乎适用于所有热塑性塑料，也可用于部分热固性塑料和橡胶制品生产。

6.4.1 挤出成形设备

挤出成形设备分螺杆挤出机和柱塞挤出机两大类。柱塞挤出机间歇式工作,对物料没有搅拌混合作用,生产中使用比较少,但因为柱塞没有产生比较大的推挤压力,有利于挤出熔融黏度很大的高分子聚合物,如生产聚四氟乙烯和硬聚氯乙烯塑料管材。

与柱塞式挤出机相比,螺杆挤出机可以连续挤出原料,塑化和成形过程集成在一起,生产效率高。采用单螺杆的螺杆挤出机在生产中应用最为广泛。

挤出设备中,挤出系统是关键部分,直接关系到挤出成形的产品质量和产量。挤出系统主要包括加料装置、料筒、螺杆、机头和口模等几部分,见图6-27。

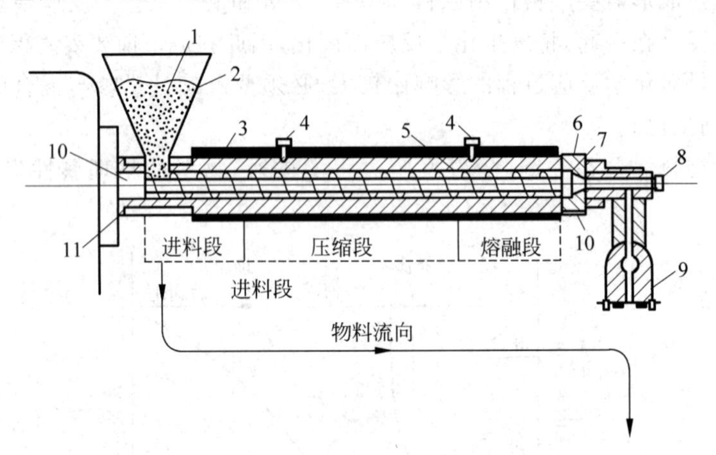

图6-27 单螺杆挤出机结构示意图

1—原料;2—料斗;3—加热装置;4—热电偶;5—料筒;6—衬套加热器;7—多孔板;8—熔体热电偶;9—口模;10—螺杆;11—冷却夹套

注射机和挤出机都利用螺杆配合料筒进行原料的塑化和输送,两者的不同之处在于挤出成形的压力要求较低,并且挤出过程是连续的。挤出成形的压力范围通常是1.4～10.4MPa,而注射压力高达14～210MPa。

在挤出机中可以采用双螺杆结构,双螺杆挤出与单螺杆挤出在物料的传送方式、流动速度场、停留时间分布方面都存在差异。在高分子聚合物混合和混炼过程中,双螺杆挤出机有利于不同物料在两个螺杆的共同作用下依靠扩散、对流、剪切的方式得到良好的分散和混合。在成形加工中,双螺杆挤出机在低转速下具有较高的输送能力,在较高的温度和较大的静摩擦因数范围内具有可控性,并且能确定挤出速率,允许低温操作,产生较少的摩擦热,特别是在热敏性高分子聚合物的成形中具有优势。

采用双螺杆形式设计的挤压机,在螺杆的安排上有多种选择,见表6-7。

表 6-7 双螺杆组合安排

啮合情况		系统	反向转动螺杆	同向转动螺杆
啮合	全部	纵、横向封闭	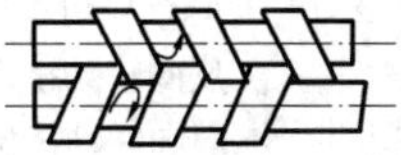	理论上不可能
		纵向开放、横向封闭	理论上不可能	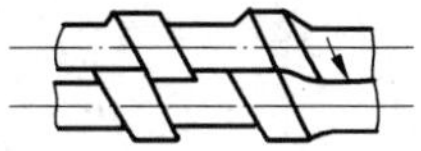
		纵、横向开放	理论上可能，实践上不可行	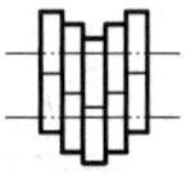
	部分	纵向开放、横向封闭		理论上可能
		纵、横向开放	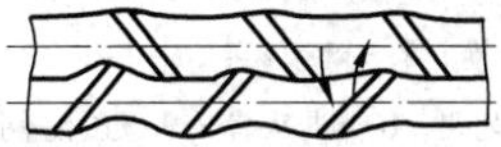	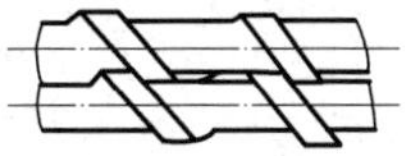
			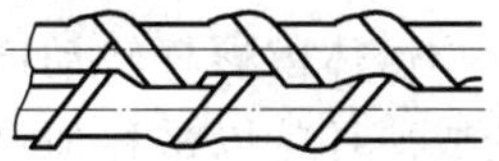	
非啮合		纵横、向开放	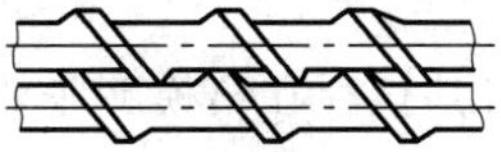	

表中的横、纵向开放或封闭是指在螺杆之间垂直或平行于螺杆棱柱方向是否存在物料从一根螺杆流向另一根螺杆的通道。两根螺杆的安排除了可以是啮合或非啮合外，还有反方向转动和同方向转动的区别。非啮合双螺杆的工作原理类似于单螺杆机构。而啮合式双螺杆的工作原理则比较复杂，反向啮合型双螺杆挤出机具有滚压式啮合，同向双螺杆挤压机具有滑动时啮合的特点。

双螺杆挤出机的结构不同，用途也不同，图 6-28 列出了不同双螺杆挤压机的用途：配料或者制备型材。

挤出机的成形模具为机头(包括口模)。机头的基本机构见图 6-29。

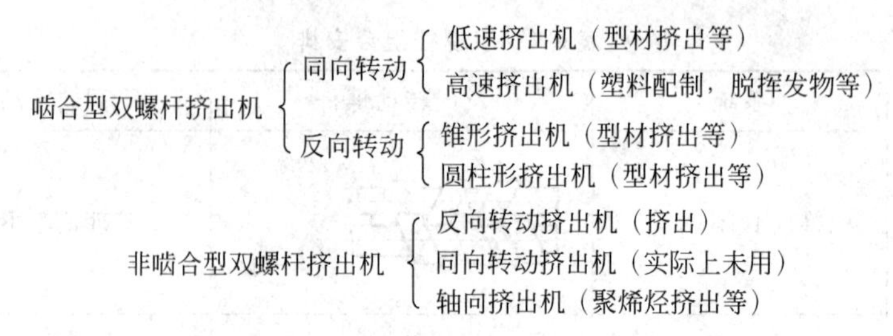

图 6-28　双螺杆挤出机的选用

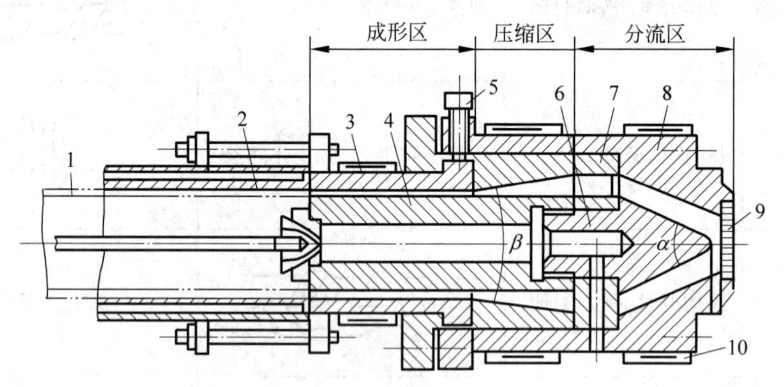

图 6-29　挤出机头结构示意图

1—管材；2—定型模；3—口模；4—芯棒；5—调节螺钉；6—分流器；
7—分流器支架；8—机头体；9—过滤网；10—电加热圈

在机头中，口模和芯棒分别成形制品的外表面和内表面，二者配合决定了制品的截面形状。过滤网可以将高聚物熔体由螺杆转动产生的螺旋运动转变为直线运动，而分流器使通过的熔体分流变成薄环状以平稳地进入成形区，同时进一步加热和塑化。为了保证高聚物熔体在机头中的正常流动和挤出成形质量，机头上一般设有温度调整系统。

聚合物熔体从口模中挤出时，存在离模膨胀效应，也就是出口后截面积比口模的截面积大，如图 6-30 所示。

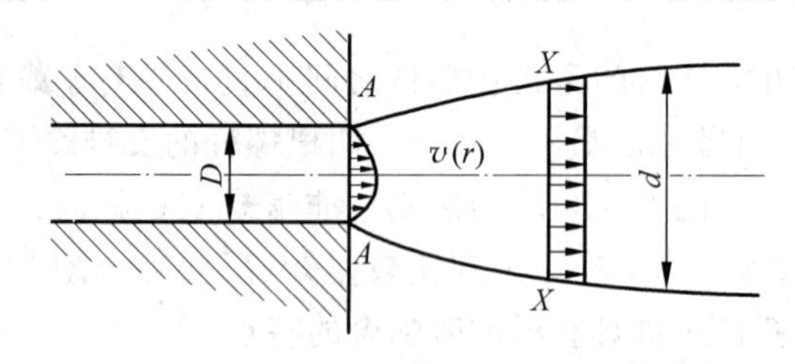

图 6-30　高分子熔体从口模挤出的离模膨胀效应示意图

设计口模截面形状时要考虑挤出膨胀变形的影响，图 6-31 列出了口模截面与挤出制品截面的关系。

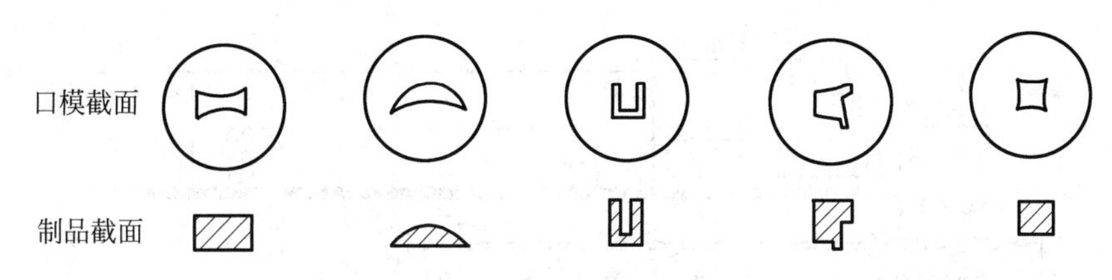

图 6-31 实心制品挤出断面变形示意图

6.4.2 挤出成形工艺

挤出成形的工艺流程主要包括:原料的准备和预处理、挤出成形、制品定形和冷却、制品牵引和后处理等。

(1) 原料的准备和预处理

挤出成形前,要对使用的高分子聚合物原料进行预处理。如果原料中含有水分,将会影响成形过程,造成制品质量不良。通过预热和干燥可以有效地去除水分,原料中的其他杂质也应尽可能去除。

(2) 挤出成形

预热后的高分子聚合物原料可以加入到挤出成形机中。应根据所加工物料的特性和挤出机口模结构特点调整料筒各加热段温度。挤出过程的工艺条件对制品的质量影响很大,特别是原料在料筒内受热和剪切作用下的塑化情况,直接影响制品的机械性能和外观。料筒加热和螺杆运动带来的剪切作用产生的摩擦热共同加热物料,料筒中物料温度升高时黏度降低,有利于塑化,同时熔体流量加大,挤出物出料加快。但当机头和口模温度过高时,挤出物的形状稳定性差,制品收缩率增加,甚至引起制品发黄、出现气泡,使挤出不能正常进行。当降低熔体温度时,其黏度提高,机头压力增大,挤出制品形状稳定性好,但离模膨胀比较严重。温度过低会引起高聚物原料塑化不良。提高螺杆转速能强化对物料的剪切作用,有利于物料的混合和塑化,降低大多数高分子聚合物熔体的黏度,并提高料筒中物料的压力。

(3) 制品定形和冷却

热塑性高分子聚合物挤出型材在离开口模后,应进行冷却定形,如果处理不及时,会出现变形。对于板材和片材,可以通过压辊压平来定形,对于管类,常采用在管坯内外形成压力差的办法,使管坯紧贴定径套并冷却,从而保持挤出后的形状,如图 6-32。

(4) 牵引和后处理

挤出成形可以连续生产,生产出的制品需要一定的装置提供连续而均匀的牵引。牵引时,牵引速度应与挤出速度配合。为了消除离模膨胀对尺寸的影响,一般牵引速度略大于挤出速度,从而对制品进行适度的拉伸。

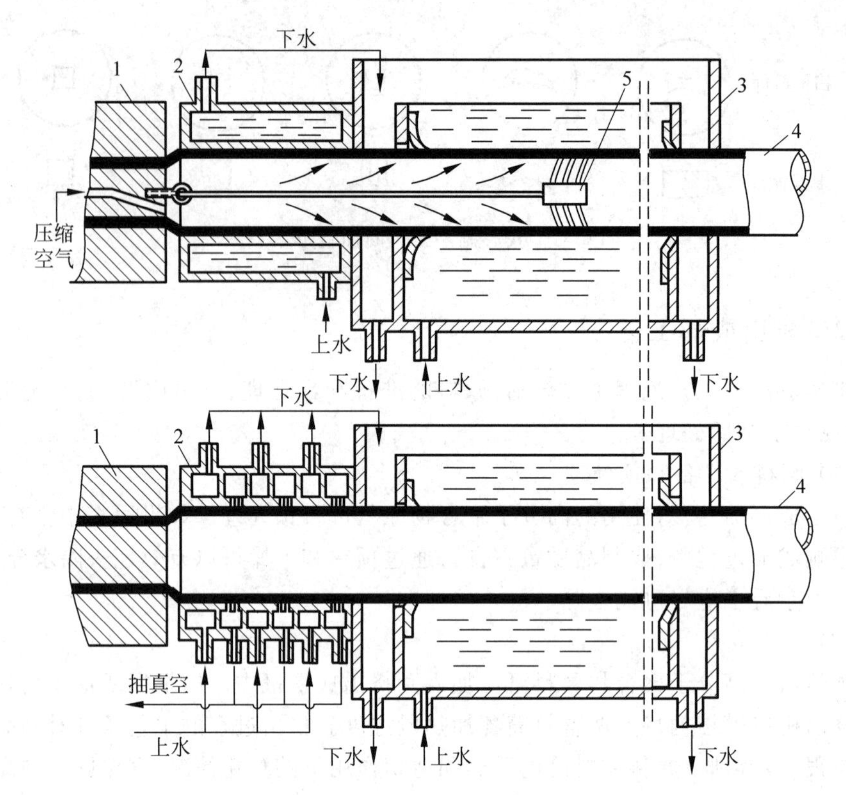

图 6-32 两种挤出圆管的定径套

(a) 内压空气定径法；(b) 外真空定径法

1—机头；2—定径套；3—冷却水槽；4—管状制品；5—密封套

6.5 其他常见的高分子材料成形方法

6.5.1 中空成形

中空成形是生产空心塑料制品的一个重要方法，空心塑料制品是塑料应用的一个重要组成部分，例如各种液态物质的包装容器——瓶、壶、桶等。中空成形过程利用气压将处于粘弹性的高分子材料形坯吹胀，使其贴合在闭合的模具型腔而形成了外形受控的空腔结构。

中空成形也称中空吹塑成形，一般要先制得一个型坯。型坯可以通过注射或挤压方式获得，由此得到的工艺称为注射—吹塑(图 6-33)和挤出—吹塑(图 6-34)。

注射—吹塑需要两套模具，一套模具用于型坯的注射成形，而另一套模具用于吹塑，将型坯置于其中，芯模开口端吹出的压缩空气将型坯吹胀而复印在吹塑模的内壁。由于通过注塑模具获得的型坯形状准确、壁厚均匀、没有接缝，吹塑后的制品形状精度也比较好。该方法的缺点是注塑和吹塑分别需要不同的模具，设备投资大；

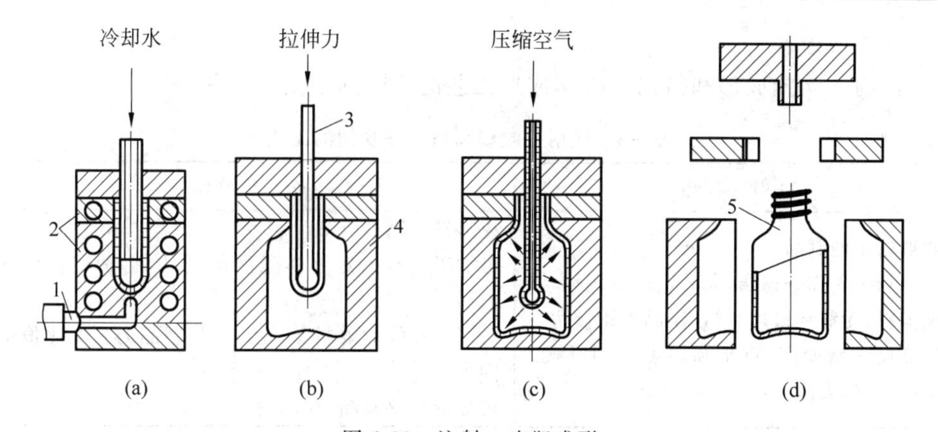

图 6-33　注射—吹塑成形

(a) 注射型坯；(b) 拉伸型坯；(c) 吹塑型坯；(d) 制品脱模

1—注射机喷嘴；2—注射模；3—拉伸型芯；4—吹塑模；5—制品

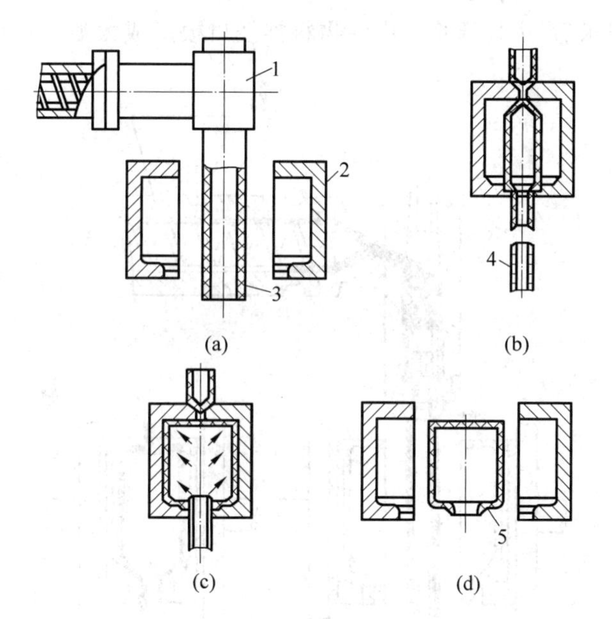

图 6-34　挤出—吹塑成形

(a) 挤出型坯；(b) 闭合模具；(c) 吹胀；(d) 制品脱模

1—挤出机头；2—吹塑模；3—管状型坯；4—压缩空气吹管；5—制品

另外注射时型坯的成形温度高，吹胀后的制品冷却时间长，成形周期长；注射成形所获得的型坯内应力较大，生产复杂形状和尺寸较大的制品时容易出现应力开裂，因此制品形状和尺寸受到限制。

挤出—吹塑和注射—吹塑的主要区别在于型坯的制备方式不同，挤出工艺依靠口模成形，不需要单独准备型坯模具，在图 6-34 中所示的挤出型坯为开口管状，然后利用吹塑模具将管坯切断并将型坯的一端开口焊合，然后插入吹管，利用压缩空气将型坯吹胀成形。

注射—吹塑成形和挤出—吹塑成形工艺的比较列于表6-8中。

表6-8 注射—吹塑和挤出—吹塑的比较

注射—吹塑	挤出—吹塑
成形较小的制品 可以加工大部分树脂,尤其适合聚丙烯 无溢料,无截坯口边角料,制品不用修边 制品尺寸精度高,重量和厚度控制准确,重复性好,表面光洁	成形较大制品 可加工具有一定熔体强度的制品,特别适合聚氯乙烯 对制品性能的限制少,允许成形制品的长宽比值范围大 可成形双壁制品、异形制品等

采用挤出—吹塑制备大型中空制品时,需要快速提供制品所需数量的熔体,以减少大管坯下坠和缩径。为此可在挤出机后增加储料缸,先使挤出的熔体进入储料缸,当物料量达到要求后,由柱塞将缸中的物料推经口模形成大型中空制品所需要的型坯,见图6-35。

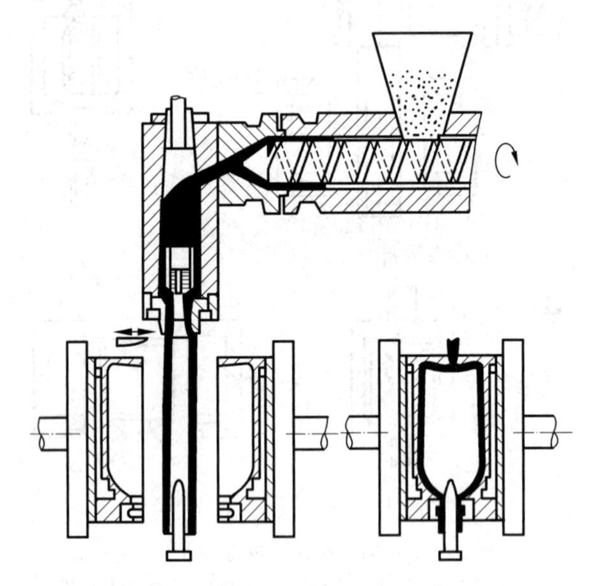

图6-35 带有储料缸的挤出—吹塑过程

将型坯用机械方法进行轴向拉伸,然后再横向吹胀,这样所得制品具有大分子双轴取向的结构,从而使制品的物理和力学性能得到改善,该工艺称为拉伸—吹塑。拉伸—吹塑成形能够使某些高聚物在强度不减的情况下壁厚变薄,减轻重量,节约成本。吹塑工艺还能针对多层材料粘合在一起的型坯进行吹胀,而获得不同层复合的中空制品。

在不同的型坯制备方法下,吹塑空气的压力各不相同,通常注射—吹塑的空气压力为0.55～1MPa，挤出—吹塑为0.21～0.62MPa，拉伸—吹塑一般采用较高的气压，达4MPa。

6.5.2　模压成形

模压成形是指高分子聚合物在一定型腔内，通过加压并且通常需要加热的成形方法，一般用来生产热固性高聚物制品，具有生产效率高、制品尺寸精确、表面光洁、成本低等优点，适合于大批量的中小件生产。

压机和压模是模压成形的主要设备和工装，压机一般采用液压驱动，并带有加热装置。压模按结构可分为溢料式、不溢式和半溢式三种，见图6-36。

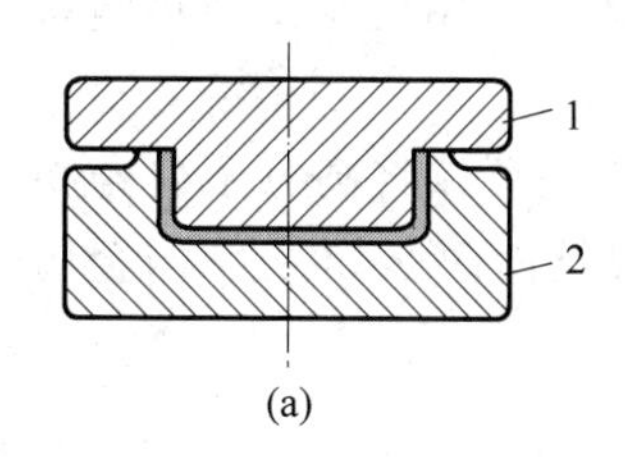

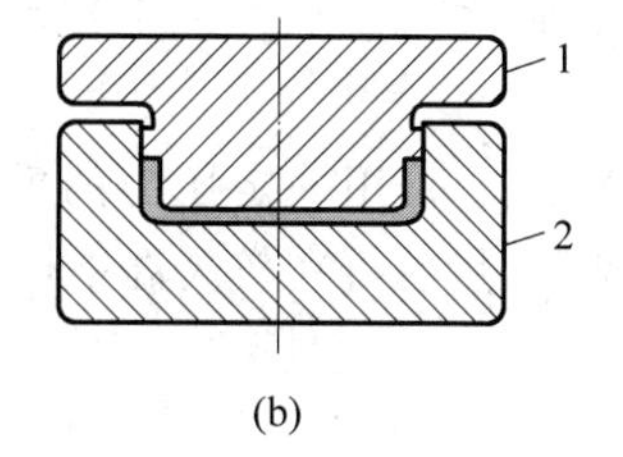

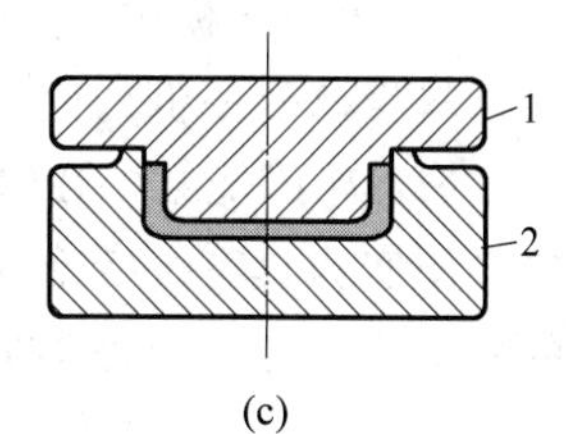

图6-36　压模基本结构

(a) 溢料式；(b) 不溢式；(c) 半溢式

1—阳模；2—阴模

溢料式压模在成形时允许过量的物料以飞边形式溢出模具型腔，该模具简单，适合扁平制品或低精度大型薄壁制品。不溢料式压模在生产时，压机载荷作用在物料上，获得紧实度高的制品，对流动性差的高分子聚合物成形有利。半溢出式压模指闭模时允许少数过量的物料溢出，然后封闭型腔，将所有压力载荷传递到压制物料上，适合加工流动性好的高分子材料和形状较复杂的制品。

与其他压力下成形的工艺类似，模压的主要工艺参数包括：模压温度、模压压力和模压时间：

(1) 模压温度　模压温度是指模压时模具的温度，对于热塑性高聚物而言，模具温度对可塑性和流动性有影响，一般高于粘流态温度，而低于热分解温度。对于热固性高聚物加工，模具温度则与高聚物的交联温度直接相关。物料在不同的温度下成形，则相应的模压压力和时间也有所不同。

(2) 模压压力　模压压力是迫使高聚物充满型腔并进行固化而施加在高聚物物料上的压力。一般情况下，提高压力，可以改善高聚物的成形性，并使制品更加密实，收缩率下降。

(3) 模压时间　模压时间是物料成形受压作用的时间，与物料充型和固化过程有关，增加模压时间，一般可以减少制品的收缩和变形。模压时间长不但影响生产周期，当物料固化失去流动性和弹塑性的情况下，加压也已失去了意义。

模压成形也广泛应用于各种橡胶制品的生产中，在加工过程中，橡胶材料的硫化反应在模压成形中完成。橡胶制品的成形可分为模型制品和非模型制品两大类,依靠模具而定型并硫化的称为模型制品。在橡胶的模型制品中,模压方法采取得最多。

用模压方法生产热塑性高聚物制品时,由于热塑性材料成形需要较长的保压、冷却、定型时间,因此一般较少采用。但模压技术可用来生产一些特殊制品,比如:

(1) 层压制品　层压是指借加热、加压将相同或不同材质的多层物料结合成一体的方法,比如将一定规格的PVC板和金属板叠在一起,在层压过程中成为一体。

(2) 发泡制品　模压发泡是将含有发泡剂的可发性高聚物放在模型内,借助加热、加压使其发泡的成形方法,得到一些轻质及保温材料。

(3) 热挤冷压　将模压与挤出工艺结合,可以先利用挤出方法获得塑化好的型坯,然后置于压模中,通过模型进一步成形,在一定程度上解决了用模压生产热塑料性材料生产效率低的问题。

(4) 冷压烧结　在室温情况下,采用一定压力的模压方法可以将高分子聚合物原料压实为具有一定形状的型坯,然后再在较高温下熔融烧结而固形,该方法与金属的粉末冶金方法原理类似。

6.5.3　压延成形

压延成形是生产高分子材料薄膜和片材的主要方法,它的基本原理是将接近粘流温度的高分子原料通过一系列相向旋转着的平行辊筒的间隙,使其受到挤压和延展作用,成为具有一定厚度和宽度的薄片状制品。图6-37显示了物料在两个辊筒作用下受到挤压变形的情况。

压延适用于橡胶和热塑性塑料的成形,在压延过程中,可以将布、纸、其他薄膜、金属箔等同高聚物材料一同在辊筒中通过,而将粘流态的高聚物材料附着其上,形成人造革、涂层布(纸)、复合薄膜等。

1) 压延的设备与工艺

压延机是压延成形的主要设备,压延机主要由压延辊筒、制品厚度调整机构、传动设备、辅助设备等组成。

(1) 辊筒　辊筒是压延机的主要部件,在辊筒的旋转摩擦和挤压作用下,物料发生塑性流动和形变,以达到成形的目的。因此辊筒应有足够的刚度和强度、足够的表面硬度、好的耐磨性和耐腐蚀性,工作表面加工精度高、导热性良好。为了控制成形中物料的温度,在辊筒内部布有加热和冷却系统以调整表面温度。

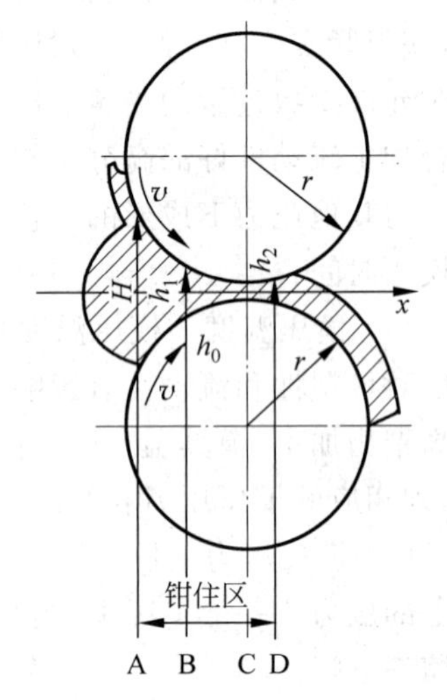

图6-37　高分子材料熔体在压延过程中受辊筒挤压的情况

A—始钳住点;B—最大压力钳住点;C—中心钳住点;D—终钳住点

(2) 制品厚度调整机构　压延成形中，制品的厚度由辊筒轴距来调整。

压延的工艺控制参数包括辊温、辊速、速比、存料量、辊距等。

(1) 辊温　具有一定温度的辊筒的加热作用，以及物料摩擦生热使被加工物料熔融塑化，而物料压延时倾向于附着在高温和高速的辊筒上，为了使物料依次贴合辊筒，不同辊筒之间设定一定的温度差，越往后接触的辊筒温度越高。随着摩擦生热，还要控制辊温，防止局部温度过高出现高分子聚合物降解。

(2) 辊速和速比　压延机辊筒的辊速由物料种类和制品厚度决定。速比是指相邻两辊筒线速度之比。根据薄膜的厚度和辊速不同，速比一般为1∶1.05～1∶1.25之间。相邻两辊形成速度差的目的是使压延物料依次粘辊、使物料受到剪切，能更好塑化，并取得一定的延伸作用。

(3) 辊筒间距　压延中各辊筒之间的间距调节是为了适应不同厚度制品的要求，辊筒间距越小，粘流态物料在两辊筒间所受的压力越大，一般沿物料前进方向，各组辊筒间距越来越小。

2) 橡胶的压延成形

压延是橡胶制品生产的主要工艺之一。压延前，橡胶胶粒需先在开炼机上翻炼，以提高胶粒的均匀性和可塑性。翻炼后的胶料供压延工序使用。橡胶的压延包括：压片、压型、挂胶、贴合等。

(1) 压片　利用压延机可以将预炼好的胶料压制成一定厚度和宽度的胶片。压片时，辊温应根据胶料的性质而定，胶料弹性大时，辊温高些，反之辊温应低些。为了使胶片在不同辊筒间顺利转移，根据胶片附着辊筒的能力与辊温的关系，设置前后辊筒的温度差。辊筒间的速比也与胶片质量有关，速比大有助于排出胶片中的气泡，但容易造成胶片表面不光。

(2) 压型　压型是指将热炼后的胶料压制成具有一定断面形状或表面具有某种花纹的胶片的工艺过程。胶片的花纹由辊筒上的花纹复印而成，为了防止压延后的花纹变形，往往在橡胶成分中添加填充剂、软化剂或再生胶，压延后快速冷却，使花纹定型。胶鞋底、轮胎面等橡胶制品都可以采用该工艺制得。

(3) 挂胶　挂胶是指在纺织物上挂上一层薄胶，以作为橡胶制品的骨架。挂胶可以采用贴胶或擦胶的方式。贴胶时，薄胶片和纺织物在两个等速转动的辊筒间隙中通过，在辊筒的压力下完成胶层与纺织物的结合。如果两个辊筒转动速度不同，胶片和纺织物共同通过间隙时，除了受到辊筒的压力，还受到剪切力，这种挂胶工艺叫擦胶。擦胶时胶料对纺织物纤维间的渗透力大，但易损坏纺织物。

(4) 贴合　贴合的目的是将分层的薄胶片在压延作用下贴合成一层较厚的胶片，或将不同胶粒组成的胶片组合在一起。

6.5.4 热成形

热成形是一种二次成形的方法，它的原材料是具有一定形状的片状热塑性高分子聚合物材料，通过加热到具有高弹性变形能力，然后施压使其贴合在模具型面，冷却固形后获得成形制品。

在热成形中,对板材的加压方式多种多样,常用的是气体压力,在真空或加压情况下,高弹性的板材受迫随模具型面发生变形而贴合。图6-38是利用真空热成形加工片材的原理图。

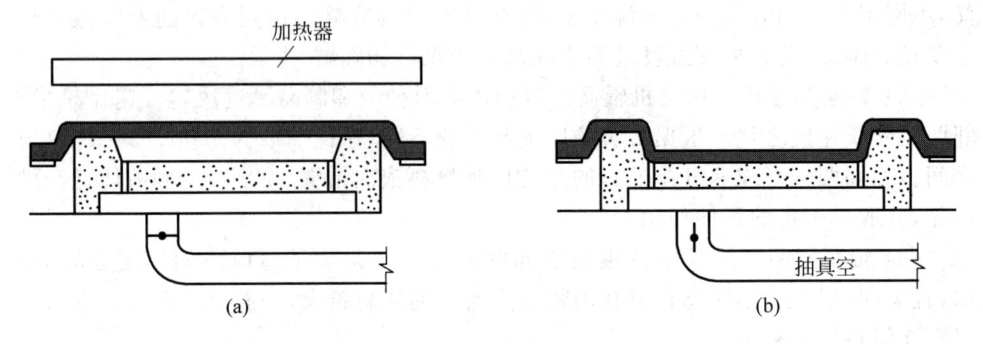

图6-38 真空热成形示意图

(a) 加热片材;(b) 抽真空成形

采用对模也可以将适合温度下的板材压制成形,如图6-39。

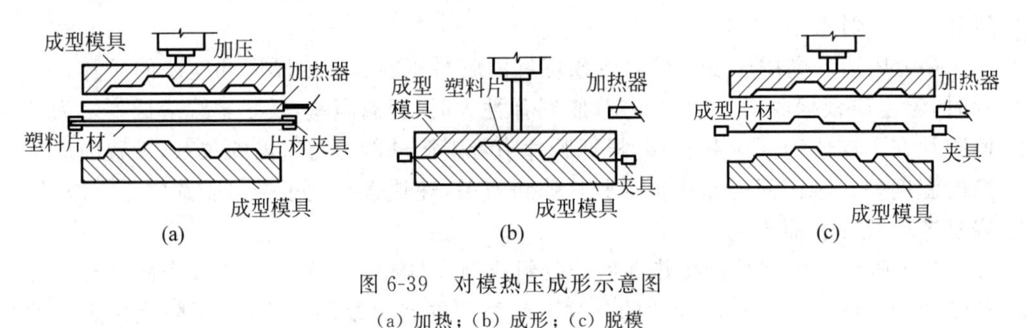

图6-39 对模热压成形示意图

(a) 加热;(b) 成形;(c) 脱模

采用双片叠合在模具内,在热成形过程中,利用气体将两片材料分别吹向上、下模而成形,从而形成了具有内腔结构的制品,如图6-40。

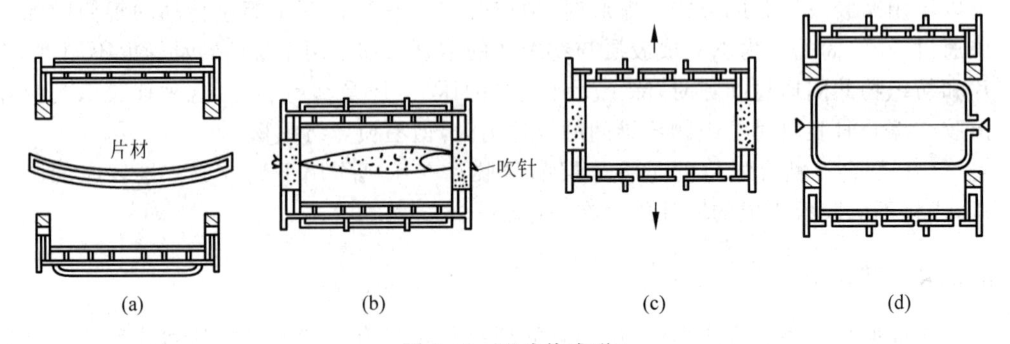

图6-40 双片热成形

(a) 两片材叠合准备;(b) 吹入压缩空气;(c) 抽真空;(d) 脱模

影响热成形质量的主要工艺因素包括:成形温度、加热时间、成形速度和成形压力。

(1) 成形温度 图 6-41 显示了不同聚合物伸长率和抗拉强度随成形温度变化的规律,从中可以看出,随温度升高,伸长率先是上升,然后出现下降,而抗拉强度一直下降。为了获得好的成形效果,一方面,材料在成形温度下,应具有较高的伸长率,另一方面,还应具有适当的强度而防止变形应力过大引起制品破坏。

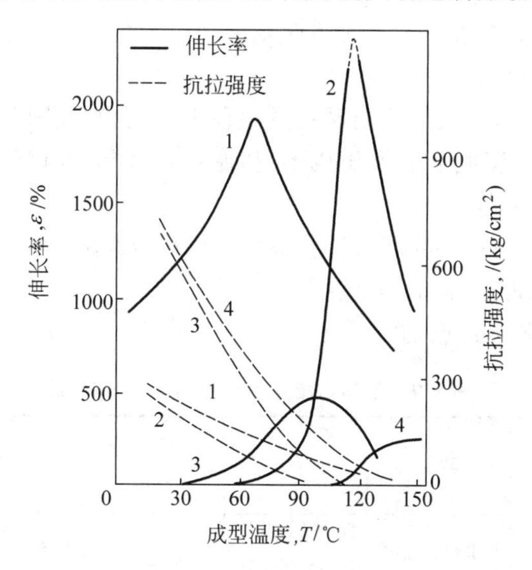

图 6-41 热塑性塑料热成形温度和伸长率的关系

1—聚乙烯; 2—聚苯乙烯; 3—聚氯乙烯; 4—聚甲基丙烯酸甲酯

(2) 加热时间 一般高分子聚合物的导热性比较差,为了在物料变形前获得均匀的温度分布,应保持足够的加热时间。

(3) 成形速度 成形速度与成形温度有一定关系,如果成形温度低,应采取慢速成形,成形温度提高,成形速度也可以较快。

(4) 成形压力 在一定的成形温度下,成形压力应能保证使物料产生足够的形变,不同材料的弹性模量不同,并对温度有不同的依赖性,因此针对不同高分子材料须采用不同的成形压力。

6.6 树脂基复合材料成形

树脂基复合材料成形的三要素为赋形、浸渍、固化。赋形的根本问题是如何使增强材料在基体中达到均匀,或按照设计进行有序布置。在树脂基复合材料的成形中,往往先对增强材料进行预成形,然后再依靠模具进行最终成形。

浸渍的过程是将增强材料间的空气置换为基体树脂,浸渍受到基体树脂的黏度、基体与增强材料的配比,以及增强材料的品种、形态影响。

固化是获取最终制品的工艺过程,固化引发树脂发生化学反应,分子形态由线型结构转变为网状结构。

树脂基复合材料成形工艺可以分为三大类:

(1) 接触成形　接触成形包括手糊成形、喷射成形,以及真空袋成形、压力袋成形、高压釜成形等,前两种成形方法基本上是在一个模型面上通过手糊或者喷射一定厚度的制品材料而获得制品,后几种方法则是进一步在制品固化过程中施压,获得更高和更均匀的性能。

(2) 对模成形　对模成形是指制品的整体形状由模具获得,而接触成形并没有完整的模具型腔。对模成形有模压成形、树脂传递成形(RTM)、注射成形、冷压成形、结构反应注射成形等。

(3) 其他成形　还有一些获得树脂基复合材料的方法,例如纤维缠绕成形、拉挤成形法、连续板材成形法、离心铸型法。

以上成形方法各有特点,见表6-9。

表6-9　各种树脂基复合材料的成形特点

种类	手糊	喷射	袋压	SMC/BMC模压	纤维缠绕	树脂传递模塑
工艺方法	在模具上用树脂和纤维铺糊	切断纤维的同时和树脂一起喷在模具上	在模具内层铺物料,用橡胶袋加压或减压的方式施加压力	用金属模具和压机,加温加压成形	粗纱通过树脂槽浸渍,然后缠在芯模上	在装有预成形纤维结构的封闭模具里注压树脂后固化
成形温度/℃	25～50	25～50	25～40	100～150	25～120	20～100
成形周期	0.5～24h	0.5～24h	0.5～24h	1～10min	0.5～30kg/h	20～90min
成形压力/MPa	0	0	0.1～0.5	SMC3～20 BMC1.8～14	取决于缠绕力	0.1～2
优点	尺寸无限制;模具材料便宜	比手糊效率高;可现场施工	单面光洁,但外观良好,气泡少,制品性能良好	适于大批量生产,质量稳定,可成形复杂形状	充分发挥纤维增强特性,可机械化成形	可成复杂形状,纤维在制品中的分布可控
缺点	人员操作对质量影响大,单面光洁	与手糊类似	生产效率低	设备相对较贵,被加工物料需妥善保存	设备贵,制品多限于回转体	需控制树脂对纤维的浸渍效果

6.6.1 几种接触成形方法

手糊成形是通过手工在预先涂好脱模剂的模具上先涂或喷上一层按配方混合好的树脂，然后铺上一层增强材料。排除气泡后重复上述操作，直至达到要求的厚度，最后固化脱模，必要时再经过加工和修饰而获得树脂基复合材料制品。目前经常使用的树脂是常温固化的不饱和聚酯树脂和环氧树脂。

手糊成形的模具是单面模，通过树脂和增强材料，如纤维的粘合、固化获得随模形状，也可以根据制品设计，调整不同位置的厚度。该工艺操作简单，制品的尺寸、形状不受限制，所以被广泛应用。手糊成形的缺点是效率低，产品质量受人为因素影响大，手工作业的环境差。

同样利用单面模，还可以采用喷射成形的方法制成树脂基复合材料。喷射成形工艺是利用喷枪将纤维切断、喷散，雾化树脂，并使两者混合后，喷射沉积到模具表面上，然后用压辊压实的一种成形方法。喷射成形工艺过程见图 6-42。

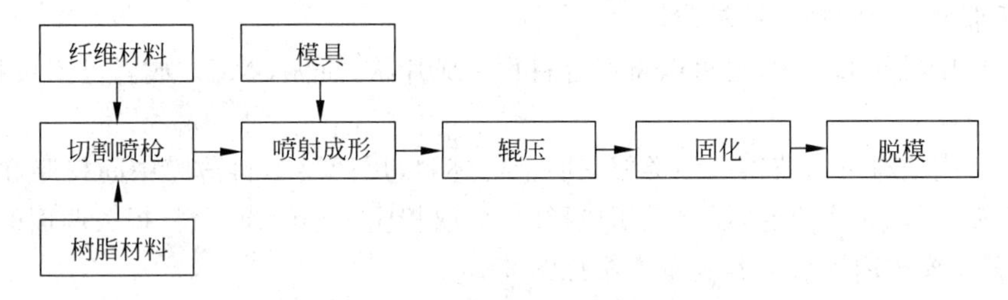

图 6-42 喷射成形工艺过程

与手糊成形相比，喷射成形借助了机械化的喷枪设备，生产效率得到提高。另外，手糊成形所用的增强纤维要先纺成织物，而喷射成形直接采用粗纱，成本有所降低。影响喷射质量的工艺因素比较多，包括纤维选形、树脂含量、胶液黏度、喷射量、喷射角度、喷射压力等。要想获得质量稳定的制品，必须严格控制操作构成的各项工艺参数。

利用橡皮袋可以自由变形的能力，结合单面模具，对其间的纤维和树脂混合料进行加压固化，被称为袋压法。采用袋压法时，先在成形模具表面预置好浸渍过树脂的纤维材料，然后施以压力，在加压或与加温共同作用下，使预浸料敷贴模具表面而成形。

袋压法有真空袋压、加压袋压、热压罐等方法，如图 6-43 和图 6-44 所示。

6.6.2 复合材料模压成形技术

模压成形技术是将模压料置于金属对模中，利用模具合模时挤压模压料成形。树脂基复合材料的模压料一般经过预混或预浸。

预混时，将增强材料切成短纤维，与树脂搅拌均匀，制备成预制模压料，预混料中纤维无一定方向性，压制时流动性较好，但纤维强度降低较多。预浸指将纤维束预先

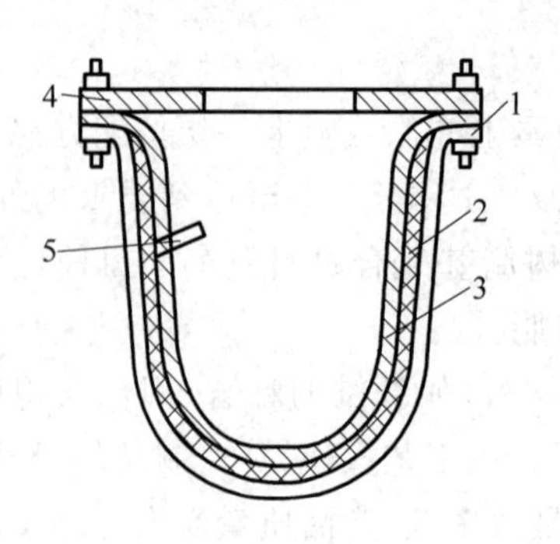

图 6-43　真空袋压法示意图

1—阴模；2—铺叠物；3—橡皮袋；4—夹具；5—抽气口

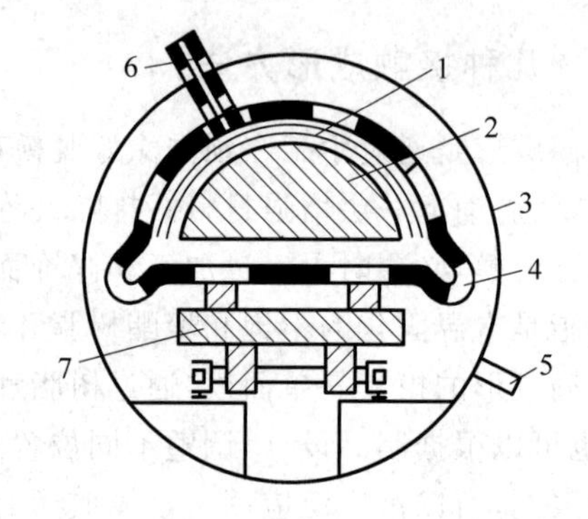

图 6-44　热压釜法示意图

1—铺叠物；2—阳模；3—热压釜；4—橡皮袋；5—进气口；6—抽气口；7—小车

经过树脂浸渍，烘干后再切短，这样获得的模压料中纤维强度损失较小，缺点是流动性和纤维束之间的粘结性较差。

在模压料的准备中，也可以将混合料预制成片状(简称 SMC)，或者呈团块状(简称 BMC)。

片状模塑料可以获得一种类似三明治的坯料，用两层塑料薄膜中间树脂和纤维的混合料，可以收集成卷，需要模压成形时，剪取相应大小的模压料，揭去两面的塑料薄膜，置于模腔内即可。其制备方法见图 6-45。

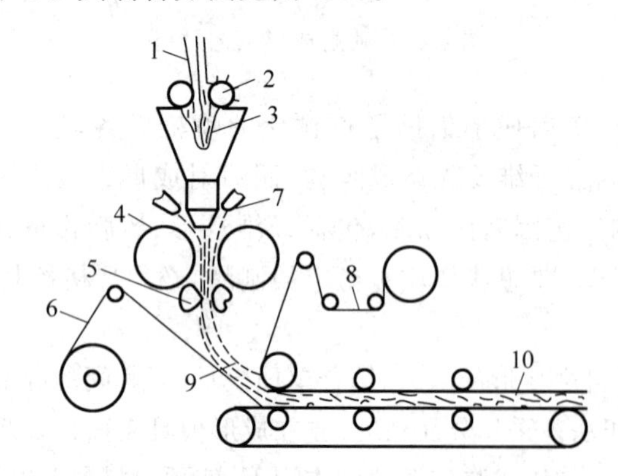

图 6-45　纤维增强复合材料预制片材方法

1—粗纱；2—切割器；3—短纤维；4—浸渍辊；5—擦拭辊；6—薄膜；7—树脂糊；8—薄膜；9—混合物；10—成品预制片材

为了获得具有取向性的增强效果，可以在预制混合料树脂-纤维混合料时控制纤维的分布，从而制得取向性预制料，如图 6-46 所示，纤维被切成定长的短纤维或直接用长纤维定向排布在树脂中。

与普通高分子聚合物的模压相比，纤维与树脂复合的模压料流动性较差，且易出

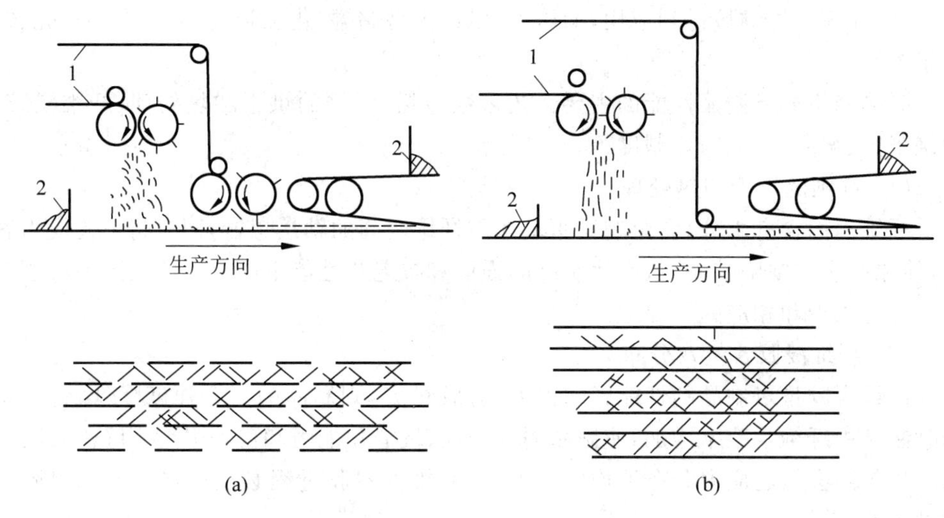

图 6-46　方向性片状预制料制备
(a) 定长纤维预制料；(b) 连续纤维预制料
1—粗纱；2—树脂糊

现树脂与纤维在制品中分布不均匀，在模具狭窄及薄截面成形时易产生纤维的流动取向。

6.6.3　缠绕成形

缠绕成形是在控制纤维张力和预定线形的条件下，将连续的纤维粗纱或布带浸渍树脂胶液连续地缠绕在对应于制品内腔尺寸的芯模或内衬上，然后在室温或加热条件下固化制成一定形状制品的工艺方法。

纤维缠绕技术按工艺特点可以分为：

(1) 干法缠绕成形

干法缠绕所用的纤维浸渍树脂后，经过烘干，并制成纱锭，这样获得的制品质量比较稳定，工艺过程容易控制。

(2) 湿法缠绕成形

湿法缠绕是将连续的纤维粗纱或布带浸渍树脂后直接用于缠绕。纱带的质量波动大，并且在树脂胶液中存在大量溶剂，固化时容易产生气泡，缠绕过程中纤维的张力不易控制。

(3) 半干法缠绕成形

与湿法缠绕成形相比，增加了烘干工序。

缠绕成形获得的制品中增强纤维是主要承载物，而树脂是支撑和保护纤维的基体，并在纤维间起着分布和传递载荷的作用。缠绕成形的树脂基复合材料具有强度高的优势，并且通过对纤维缠绕方案的设计，可让制品实现等强度结构。该技术在化工、运输和军工等领域得到应用,如压力容器、大型储罐、化工管道、火箭发动机壳、雷达罩等。

影响缠绕成形制品性能的主要工艺参数包括:纤维的烘干和热处理、纤维浸胶、缠绕张力、缠绕速度、固化制度等。

(1) 纤维的烘干和热处理

纤维表面含有水分,会影响树脂基体与纤维之间的粘接想能,同时将引起应力腐蚀,使原有裂纹缺陷扩展,从而使制品的强度和抗老化性能下降。因此成形前必须对纤维进行烘干和相应的热处理。

(2) 纤维浸胶含量及分布

纤维含胶量对制品的性能影响很大,含胶量大,则制品的复合强度降低,含胶量低时制品中纤维空隙率增加,使制品的气密性、抗老化能力和剪切强度下降。胶液含量不均匀还会引起应力分布不均匀。因此,纤维的浸胶过程必须严格控制。浸胶方式见图6-47。

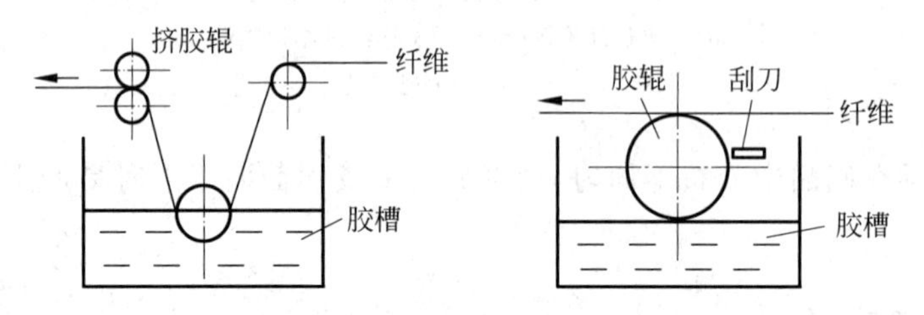

图6-47 浸胶方式示意图

在浸胶过程中,胶液黏度、缠绕张力及刮胶机构对控制浸胶质量非常重要。

(3) 缠绕张力

缠绕张力大小、纤维束间以及各缠绕层间纤维张力的均匀性对缠绕制品质量的影响非常大。张力过小,制品强度偏低,内衬所受压缩应力较小,其疲劳性能低。张力过大,则纤维磨损大,还可能造成内衬失稳。如果纤维张力不均匀,则在承受载荷时,纤维不能同时受力,导致各个击破,使纤维增强作用的发挥大受影响。

另外,张力对制品的密实度也有影响,缠绕中,纤维张力大,则制品的空隙率低,制品强度得到提高。

缠绕张力的变化还会引起缠绕制品中胶液含量的变化,这些变化最终都会体现在制品的性能指标中。

(4) 缠绕速度

缠绕速度应控制在一定范围内,速度低则生产效率低,而获得高的缠绕速度受到工艺中其他因素的限制。如在湿法成形中,纱线速度过快时,胶液在离心力的作用下会溅洒。干法成形中预浸纤维通过加热装置使胶层熔融到所需的黏度,这个过程无法过快。

(5) 固化制度

根据基体树脂的特点,缠绕后的制品固化有常温固化和加热固化两种。加热固化时,要控制加热温度、升温速度、保温温度和时间等参数。

加热固化可以使固化反应比较完全,比常温固化的制品强度高。升温和降温阶段要平稳,避免固化过程产生较大的应力而开裂。

在生产厚度较大的制品时,需采用分层缠绕固化工艺,这样减少了由于一次缠绕过厚出现的纤维张力、制品应力不均匀的情况。

6.6.4 树脂传递模塑成形

在树脂基纤维增强复合材料的成形中,可以采用前面介绍的模压成形技术以及类似于传统注射成形技术的方法成形,但这两种方法都存在纤维取向难以控制的问题。采用缠绕技术可以控制纤维的走向,但成形形状受到限制。如果将纤维预制成一定形状,放置在型腔内,然后再通过注射的办法将基体树脂材料注入,并使树脂在型腔内和纤维预制结构浸润,然后固化获得最终的制品,这种方法就成为树脂传递模塑(resin transfer molding,RTM)技术。

RTM 技术的成形工艺过程如图 6-48 所示。

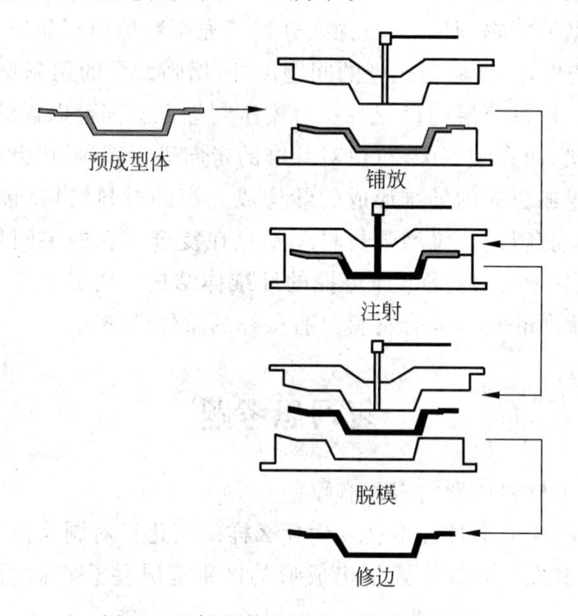

图 6-48 树脂传递模塑成形技术原理

在该成形工艺中,主要解决的问题是注射的胶液与预置纤维料坯的浸渍问题。只有预置料坯内的空气体积充分被树脂所替代,才能形成孔隙率小的复合材料制品。为了解决这个问题,在上述工艺过程的基础上,又出现了真空辅助的 RTM 工艺——VARTM。即在树脂注射时,通过对型腔抽气,建立腔内的真空或一定的负压,从而改善树脂在型腔内的流动性和浸渍性。

影响 RTM 成形效果的工艺参数包括:注射压力、注射温度和注射速度等。

(1) 注射压力

注射压力受制于模具材料及设备的合模力大小。RTM 工艺希望在较低的注射压力下完成树脂注入。在保证充型的前提下降低注射压力,可以从降低树脂黏度、调整模具的注射口和排气口设计,以及适当设计纤维排布等方法实现。

(2) 温度

注射温度会影响树脂的黏度,从而影响树脂对纤维的浸润性。为了达到好的浸渍效果,选择低的树脂黏度是必要的,也就是应选择树脂黏度最低时的温度为注射温度。但同时,树脂黏度的变化会影响到制品的力学性能。因此必须综合考虑各种因素确定注射温度和注型温度。

(3) 注射速度

树脂的注射速度取决于树脂对纤维的润湿性和树脂的表面张力和黏度,受树脂的活性期、注射设备的能力、模具刚度、制品尺寸和纤维含量的制约。

注射压力、温度、速度等参数之间互相影响,人们在确定这些参数时,主要的目的是要在保证树脂充型和浸润纤维的前提下,提高生产效率。为了更好地了解这些工艺因素对充型质量的影响,研究人员深入开展了充型数值模拟研究工作。

在 RTM 工艺里,除了树脂充型的问题以外,增强纤维的预制型坯加工技术也是人们关注的热点。通过分层铺设、编织、对模压制等方法都可以使纤维或纤维织物形成一定的几何形状,而在编织中,可以对纤维的走向进行控制,因此特别引人注目。

编织是由两组或更多的纤维形成的纱构成互锁的材料结构,包括二维编织和三维编织。二维编织获得的二维增强材料总是存在复合材料的层间界面问题,而三维编织则直接编织出一个三维完整而可控的纤维体结构。将其置于 RTM 模具中,再完成树脂传递过程所获得的复合材料具有很好的整体性能。

复习思考题

1. 影响高分子材料成形的因素有哪些?

2. 高分子材料在成形过程中会发生什么样的变化?对制品性能有什么影响?

3. 螺杆式注射成形和螺杆式挤出成形的区别有哪些?它们用到的螺杆有什么差异?

4. 注射—吹塑和挤压—吹塑有什么差异?

5. 采用模压方法可以生产哪些高分子材料制品?不同物料的生产工艺要点有什么差异?

6. 纤维加入到树脂中对成形过程有什么影响?解决纤维与树脂的结合有哪些办法?

7. 树脂传递模塑成形技术有什么优势？主要的工艺参数有哪些？

8. 请列举一些与高分子材料成形方法原理相似的金属成形方法，并对比两者的异同。

参考文献

1 吴生绪. 橡胶成形工艺技术问答. 北京:机械工业出版社,2007

2 骆骏延,张丽丽. 塑料成型模具设计. 北京:国防工业出版社,2007

3 埃弗里杰克著,信春玲,杨小平译. 塑料成型方案选择. 北京:化学工业出版社,2004

4 黄家康,岳红军,董永琪主编. 复合材料成型技术. 北京:化学工业出版社,1999

5 周达飞,唐颂超主编. 高分子材料成型加工. 北京:中国轻工业出版社,2005

6 詹姆士 F 斯蒂文森编著. 刘延华,张弓,陈利民等译. 聚合物成型加工新技术. 北京:化学工业出版社,2004

7 王贵恒. 高分子材料成型加工原理. 北京:化学工业出版社,1982

8 孙广平,迟剑锋. 材料成型技术基础. 北京:国防工业出版社,2007

9 林师沛,塑料配制与成型. 北京:化学工业出版社,2004

10 刘敏江. 塑料加工技术大全. 北京:中国轻工业出版社,2001

11 刘亚青. 工程塑料成型加工技术. 北京:化学工业出版社,2006

12 闫刚,樊晓斌,张笑梅等. RTM 成型工艺对复合材料制品性能的影响. 材料开发与应用. Vol. 23(2): 27～30

13 杨卫民,丁玉梅,谢鹏程等. 注射成型新技术. 北京:化学工业出版社,2008

14 拉德 C D,朗 A C,肯德尔 K N 等著. 王继辉,李新华译. 复合材料液体模塑成型技术. 北京:化学工业出版社,2004

15 史玉升,李远才,杨劲松. 高分子材料成型工艺. 北京:化学工业出版社,2006

机械零件成形方法的选择

机械零件成形方法的选择实际上始于零件的设计阶段。在零件设计时，零件的服役条件、生产条件、生产批量、使用要求及综合成本等因素是工程技术人员进行零件结构设计、材料选择、工艺设计等重点考虑的内容，其中成形方法的选择是零件设计的重要内容之一，关系到成形方法与零件的结构、材料、零件质量、生产周期、成本、生产条件以及批量等内容是否相适应，需要以工程思维的方式在综合分析和统筹考虑的基础上进行选择和评价。

7.1　机械零件成形方法的选择原则和依据

在选择机械零件成形方法时，首先要考虑材料的物理化学性能、力学性能和工艺性能，另外还要考虑零件的结构、尺寸要求、生产批量、生产条件、生产性质以及环保节能等因素，以此为基础选出经济合理的方案。因此，零件成形方法选择应该从适应性、经济性、生产条件、环境相容性、能源和资源消耗等多方面综合考虑。

7.1.1　机械零件的总体要求

机械零件是装备系统的主体，而任何机械零件都是通过材料成形来制造的，因此零件设计、材料及成形技术之间是协调发展的关系。机械零件首先要满足装备系统的使用要求，这是材料和成形工艺选择的重要依据。因此，确定成形工艺是一项综合性较强的应用研究，需要综合应用多方面的知识来解决。

(1) 零件的效能分析　零件的效能是指零件整体及各个部分在规定条件下达到规定使用目标的能力。在选择材料和成形方法时要进行效能分析，以优化制造过程，使零件充分发挥其效能。

(2) 寿命周期费用预测　寿命周期费用是在零件预期的寿命周期内，为零件的论证、研制、生产、使用保障和退役所付出的一切费用之和。零件的效能不仅取决于其性能，而且有还与其可靠性、可修复性、保障性和安全性等因素有关，这些因素同时决定了其寿命周期费用,其中成形工艺也是不可忽略的影响因素。

(3) 零件的可靠性与可修复性　零件的可靠性是指在规定的条件下和规定的时间内,零件满足服役条件的能力。可靠性要求零件在长期反复使用过程中不出或少出故障。零件的可靠性与其结构、材料及成形方法有直接关系,决定了零件的质量和使用寿命。

零件的可修复性是指在规定的条件下和规定的时间内,按规定的程序和方法对零件进行修复后,零件保持或恢复到规定状态的能力。可修复性是研究零件是否能够或容易修复再制造的问题,其目的是有效提高资源的再利用率。面向可修复性的设计应考虑到零件可能的损坏与修复方式,其中成形方法选择对零件修复的可行性和修复成本有较大的影响。

(4) 零件的结构完整性　机械零件在研制和使用过程中需要考虑两个问题:一是零件损伤的可能性及发生概率;二是一旦零件损伤,其后果的严重程度和损失大小。损伤程度是零件可能产生潜在问题的征兆。零件的损伤与其外部及内部结构的完整性密切相关,保证结构的完整性是降低零件损伤的前提。材料及成形质量是结构完整性的基础,因此必须从防范角度对材料及成形技术予以重视。

7.1.2 选择成形方法的一般原则和依据

适应性原则主要指应满足零件的使用要求及对工艺性的适应。不同零件对使用的要求是不同的,在选择成形工艺时就会有所差别;即使同一类零件,因使用要求的不同,确定的成形工艺也可能完全不同。在满足零件使用要求的前提下,经济性是必须考虑的因素。经济性原则主要是指使零件的总成本降至最低。

(1) 材料的性能　一般而言,对于比较简单的零件,当其材料选定以后,其成形工艺就可以大致确定出来。例如对于铸铁件,则应选择铸造成形;对于薄板类零件,则应选择塑性成形或塑性成形与焊接复合成形工艺。然而,材料的各种性能往往会对零件的成形工艺有特定的要求,需要仔细权衡材料的力学性能、使用性能、工艺性能和特殊性能,以选择合适的成形方法。

(2) 生产批量　零件的生产批量是选定成形方法应考虑的一个重要因素。对于单件小批量生产,尽量选用通用的设备和工具,可以考虑低精度低生产率的成形方法,但对于要求高的零件可以选择快速成形工艺。例如,加工铸件可选用手工砂型铸造方法,加工锻件可以选择自由锻或胎膜锻方法,焊接则以手工焊为主,薄板零件则采用钣金钳工成形方法等,可以缩短毛坯生产周期和生产准备事件,降低工艺装备的设计制造费用。对于大批量生产,应选用专用、自动化设备和工装,以及高精度、高生产率的成形方法。例如,可选用机器造型、压铸、模锻及自动焊等方法。在大批量生产材料成本所占比例较大时,尽量考虑采用近终成形工艺。

(3) 零件的形状及尺寸精度

① 零件的形状及复杂程度　形状复杂的金属零件,特别是内腔形状复杂件,

如箱体、泵体、缸体、阀体等可选用铸造工艺；形状复杂的工程塑料制品多选用注塑工艺；形状复杂的陶瓷制品多选用注浆工艺；而形状简单的金属制件可选用压力加工、焊接成形工艺，亦可选用铸造成形工艺；形状简单的工程塑料制品可选用吹塑、挤压成形或模压成形工艺；形状简单的陶瓷制品多选用模压成形工艺。对于具有特殊性能要求形状复杂的金属零件，亦可选用铸造-焊接、铸造锻造等复合工艺。

② 零件的尺寸精度要求　若制品为铸件，则普通砂型铸造件尺寸精度较低，而熔模铸造、消失模铸造、压力铸造、低压铸造、挤压铸造等成形件的尺寸精度高，甚至可以做到少、无余量加工。若制品为锻件时，则自由锻件的尺寸精度低于模锻和挤压成形件。若制品为塑料制品，则中空吹塑件的尺寸精度低于注塑成形件。

(4) 现有生产工艺　在选择成形方法时，首先应考虑企业现有的生产条件，例如设备状态、技术水平、管理水平、自动化水平及外协加工能力等。当不能满足产品生产要求时，再考虑毛坯种类、成形方法，最后考虑对设备进行适当的技术改造、扩建厂房、更新设备，通过厂间协作解决等办法。单件生产大、重形零件时，一般工厂往往不具备重形和专用设备。此时可采用板材形材焊接，将大件分成小的铸件、锻件或冲压件，再选择铸-焊、冲-焊联合成形的工艺。

(5) 经济性　在保证产品质量的前提下，应充分考虑成形方法的经济性。例如制造一种机械零件，在单件小批量生产时，可用自由锻件或用钢来切削成形，但在大批量制造时，考虑到加工费用在零件总成本中占很大比例，应采用模锻制坯后切削成形方法制造，这样会降低总成本，提高机械性能和生产率。

(6) 新工艺、新技术和新材料　随着现代工业的发展，机械零部件逐渐向着高致密性、精密成形、轻量化、高集成、低成本及节能环保等方向发展，同时产品的类型更新、生产周期更短。因此选择成形方法时不应仅限于传统工艺，还可考虑新工艺、新技术和新材料的应用。典型的成形工艺包括：半固态铸造、挤压铸造、高真空压铸、精密锻造、精密冲裁、冷挤压、特种轧制、超塑性成形、等静压成形、复合材料成形及快速成形等，对于要求高的零件还可以采用锻造、铸造、焊接复合工艺成形。

(7) 适应环保和节能要求　环境变化和能源枯竭不仅阻碍生产发展甚至危及人类生存。因此人们在发展工业生产的同时，必须考虑环保和节能问题，力求做到如下要求：

① 尽量减小能量消耗。在选择制品的成形方法时，应考虑选择能耗少的成形加工方法并选择适用于低能耗成形加工方法的材料，合理进行工艺设计、尽量采用少、无切削加工的新工艺生产。

② 少用或不用燃油作为加热燃料，减少 CO_2 气体排放。

③ 在满足制件要求的前提下，尽量采用普通原材料，减少贵重材料的用量。

④ 采用加工废弃物少、容易再生处理、能够实现回收的材料。

总之，在选择材料成形方法时，应具体问题具体分析，在保证要求的前提下，力求做到质量好、成本低和制造周期短。

7.1.3 其他应考虑的问题

(1) 零件的制造工程性分析 零件的制造工程性分析即零件用何种材料及成形工艺制造出来。其中，正确地选择成形方法对材料性能、零件加工难易程度、生产成本、生产效率、产品的外观和内在质量有重要作用。对于所选用的成形工艺，还应考虑零件的服役期限、使用过程中的检查和维护、报废零件的处理方法以及使用过程中零件失效所造成的后果等。这些都是结构效能、寿命周期费用、可靠性与维修性等方面的具体体现。

(2) 对所选择的成形工艺进行评估 成形工艺的选择需要经过反复试验和验证才能确定。工作重点是评估所选材料对相关工艺的适用性，以及成形件性能对工艺参数的敏感性，同时也要分析可能出现的缺陷，确定检验的方法、标准及缺陷的修复方案等。

(3) 对零件进行测试和验证 对于重要的承力结构件，要按设计要求进行全尺寸或缩比模拟件的验证试验，以考核结构承受载荷与环境的能力。关键结构件要装机在真实工况下进行综合考核试验，以最终确定材料及成形工艺的可行性。

另外，在零件预研阶段，应加强材料成形物理模拟与数值模拟研究，通过成形加工过程模拟掌握材料成形规律。这对优化结构设计、合理选择材料和成形工艺具有指导作用，并有利于降低试制成本，大大提高工程技术人员的工作效率。

7.2 典型装备制造中成形工艺的应用

7.2.1 成形技术的发展

机械零件的加工，首先要制造毛坯，再经切削、磨削等工序，才能得到符合设计要求的产品。从毛坯到产品的传统的加工方法，材料、能源、时间等消耗都很大，还会产生大量的废屑、废液及噪声污染。而精密成形技术可极大的改变这种状况。

精密成形技术是指零件成形后，仅需少量加工或不再加工（近净成形技术 near net shape technique，或净成形技术 net shape technique），就可直接用作机械构件的成形技术。精密成形技术是现代技术（计算机技术、新材料技术、精密加工与测量技术）与传统成形技术（铸造、锻压、焊接、切割等）相结合的产物。不仅可以提高材料的利用率，减轻污染，还可使零件材料获得传统方法难以获得的化学成分与组织结构，从而提高产品的质量与性能。精密成形技术包括近净形铸造成形、精确塑性成形、精确连接、精密热处理、表面改性等专业领域，是新工艺、新材料、新装备以及各项新技术成果的综合集成技术。精密成形的发展趋势是：产品的复杂化、精密化和质量优化；工艺设计的模拟化、准确化；模具模样设计制造技术的CAD/CAM一体化。精密成形技术通过与先进工艺设备、检测手段配合，已形成不同档次的精密成形制造单元，是传统的成形工艺及技术的发展方向。

成形技术的发展反映在以下几个方面：

(1) 为了改善人类生存环境，绿色制造成形也在不断发展。人们力求在制造成形过程中，最大限度地减少对环境的污染。为了日益扩大人类活动范围，各种水下切割与连接，以及表面改性技术获得发展与应用，已可在水下200m深处进行操作。随着航空、航天事业的发展，在空间进行连接与改性已有必要，这方面也取得突破性进展。

(2) 由于激烈的市场竞争，生产方式将由大批量单品种向多品种变批量转变。为快速响应市场以及满足成形的高速度，各类传感器技术、计算机技术、信息和控制技术的发展支撑着精密成形装备从单机到系统的自动化、柔性化、集成化。

(3) 成形技术的一个重要发展趋势是工艺设计由经验判断走向定量分析，即应用数值模拟于铸造、锻压、焊接、热处理等工艺设计中，并与物理模拟和专家系统结合，来确定工艺参数、优化工艺方案、预测加工过程中可能产生的缺陷及采取有效防止措施、控制和保证加工工件的质量。代表性的技术有虚拟铸造技术，虚拟锻压技术，焊接、热处理工艺过程模拟及质量预测、组织性能预测，成形工艺-模具-产品CAD/CAM一体化技术。

(4) 成形工艺正在向新型加工方法以及复合工艺方向发展。激光、电子束、离子束、等离子体等多种新能源及能源载体的引入，形成多种新型成形与改性技术，一些特殊材料(如超硬材料、复合材料、陶瓷等)的应用造就了一批新型复合工艺的诞生，如超塑成形/扩散连接技术。

(5) 精密成形生产向清洁生产方向发展。清洁生产技术是协调工业发展与环境保护矛盾的一种新的生产方式，是21世纪制造业发展的重要特征。精密成形清洁生产技术有如下主要意义：① 高效利用原材料，对环境清洁；② 以最小的环境代价和最小的能源消耗，获取最大的经济效益；③ 符合持续发展与生态平衡。

(6) 各种精密成形工艺必须依靠先进的装备予以实现。自动化的生产过程应当是系统本身具有决策和适应的能力，这往往需要装备有能够感知加工对象状况和外部环境条件的传感器，在对各种信息的处理后自动修正系统输出，以抵抗干扰并消除误差，同时采用各种先进控制手段，以达到预定的加工质量并实现高效、低成本生产的目的。主要包括新型成形与改性设备(单机与生产线)自动化技术、成形与改性工艺过程智能控制技术、成形与改性柔性生产线单元和系统技术、成形与改性过程集成制造系统等。

(7) 新型材料(零件)的成形技术是解决新型材料(高强铝合金、铝锂合金、钛合金、金属间化合物、各类复合材料、超导材料和形状记忆合金等功能材料)在变成制品时成形过程的特殊困难的技术，包括铸造、塑性成形、连接与材料改性等技术。新型材料成形技术是先进制造技术的重要组成部分，是许多先进结构或元器件不可缺少的重要制造技术。

（8）人类正向水下、太空领域进一步开拓自己的活动领域，核能的发展也要求制造技术保证核能装备在核辐射条件下的各种性能。特殊条件下的成形与改性技术主要针对上述水下、微重力、超真空、核辐射条件下的切削、连接以及表面保护技术。

7.2.2 飞机制造中的成形工艺

先进成形工艺是现代飞机结构设计的有力保证。飞机结构成形工艺包括超塑成形/扩散连接、等温锻造、热等静压、超塑成形、大尺寸变厚数控加工、铝合金多层次立体化铣、大型整体壁板喷丸成形、超长蒙皮的滚弯成形、整体油箱密封、强化工艺、激光加工、粉末注射和自动铆接装配等。无余量成形或近无余量成形技术已经在飞机制造中受到极大的重视。

飞机广泛采用模锻件，且尽量采用精锻件，近无余量锻造在飞机承力构建中正在得到应用。机身加强框、机翼主梁和起落架等部件均采用锻造成形工艺。多向锻造、等温锻造和粉末锻造、热等静压等特种锻造成形工艺在飞机结构件的制造中有应用前景。锻造成形是飞机机轮、轮缘、起落架半轮叉和壳体等多种零件的制造工艺。常用材料有铝、镁、钛合金、钢及铸铁。现代飞机零件的锻造成形工艺正在向大型、薄壁、整体、高精度、少切削、无余量和高质量的方向发展。

钣金成形工艺是飞机零件的主要成形工艺，钣金件的厚度一般不超过5mm，飞机用钣金件多为铝及铝合金、不锈钢和钛合金等。飞机的覆盖及骨架零件均为钣金件，零件数量约占飞机零件总量的50%以上。主要的成形方法有拉伸、拉形、胀形、橡皮成形，悬崖、喷丸、爆炸成形和超塑成形等。超塑成形/扩散连接组合工艺可显著减轻结构的质量，在钛合金复杂形状零件的成形中得到成功应用。

现代飞机结构正在不断扩大焊接结构的应用范围。钛合金构件的氩弧焊、电子束与激光焊、等离子电弧焊和感应钎焊等先进工艺，具有减轻质量、提高结构的整体性等优势。新型战斗机的承力框、带筋壁板采用焊接结构可降低加工制造成本。

高性能发动机制造大力发展精确铸造、粉末冶金、定向凝固、快速凝固、等温锻造、摩擦焊和电子束焊等成形技术，积极采用整体结构以减少零件数量并减轻结构质量，提高航空发动机的推重比。

整体结构具有连接数目少、传力直接和疲劳性好等特点，在飞机结构中得到越来越多的应用。整体结构有机身、机翼、尾翼等整体壁板、梁、接头等。整体结构成形加工方法主要是数控、化铣、精密锻造、挤压、铸造与焊接等。

复合材料结构可根据使用要求和受力情况进行材料的设计与剪裁，目前已扩大应用到飞机主承力结构上。与一般金属结构相比，复合材料构件的比强度、比刚度高,耐腐蚀,抗疲劳,但损伤不易检测与修理。主要成形法有:热压灌成形、缠绕成形、编织成形和RTM法等。其中RTM法即树脂传递模塑,是在一定温度及压力下,将低黏度的树脂体系注入置有预成形坯的模具中,而后加热固化。该法具有工艺简单、制件表面质量和尺寸精度高、成形周期短等特点,是目前正在发展的复合材料成形方法。

7.2.3 宇航结构制造中的成形工艺

航天器的发展要求不断采用新材料,新结构和先进的成形技术。成形加工是运载火箭与导弹、卫星、航天飞机和空间站等航天结构的主要制造工艺。

焊接技术在航天器制造中得到广泛的应用。如长征三号运载火箭推进剂贮箱的焊缝总长近600m,螺旋管式喷管焊缝总长820余米。搅拌摩擦焊也受到航天工业的关注,已经用于制造铝合金航天飞机油箱、火箭推进剂的贮箱等。变极性等离子弧焊(VPPA)用于焊接铝锂合金外贮箱,比气体钨极电弧焊(GTA)质量高、成本低。

旋压成形或接近成形是重复使用运载火箭成形工艺中的关键技术。成形时通过预制件旋压成形获得所要求的无缝薄壁圆筒。航天飞机固体助推器壳体可用这种方法制造。这种成形技术的优点是结构件的显微组织经过热处理后得到细小的、均匀的等轴晶粒,节省了加工时间,降低了加工成本。采用近成形挤压蒙皮行条,可减少加工量15%,降低加工费85%以上,直接挤压成最后零件尺寸。

7.2.4 装甲结构制造中的成形工艺

铸造成形主要用于制造坦克炮塔体、金属履带与挂胶履带板体。坦克炮塔体结构复杂,材料为铸造装甲钢,壁厚变化大,技术要求高,可采用砂型铸造,也可采用金属型铸造和树脂砂型铸造。金属履带板使用条件恶劣,要求有较高的综合性能,常用的铸造方法有砂型铸造和制芯。挂胶履带板体形状较复杂,壁薄,尺寸要求较严格,铸造方法主要有树脂砂壳型铸造、熔模精密铸造和砂型铸造。

坦克装甲车金属负重轮及履带板挂胶也是装甲结构成形加工工艺之一。金属负重轮挂胶是在其轮圈上用硬度较高的胶料以缠绕法或压注法制成实心轮胎;履带板挂胶是用胶粘剂将橡胶与履带的金属部分进行硫化粘接。

坦克车体和炮塔多采用装配焊接工艺。坦克车体装配焊接工艺包括:发动机机座、散热器顶盖和蓄电池室等中小部件的装配焊接;车首、后桥、车底、左右侧装甲板和车体顶装甲板等大部件的装配焊接;车体(车壳体)的装配焊接;行动部分支架在车体上的装配焊接;各种支架、附座等在车体内部的装配焊接;驾驶员窗口盖及传动、动力部分顶盖在车体上的装配焊接等。铸造炮塔装配焊接工艺包括炮塔顶板、底板等在炮塔体上的装配焊接等。车体和炮塔的焊缝尺寸大,焊接变形也大。为了保证良好的尺寸及几何形状精度,一般都配备有精度高、刚性好的大型装配台,装焊中需要采取措施控制焊接变形。

复合装甲的成形是在钢装甲间夹着按一定比例和厚度配置的陶瓷、铝合金和纤维等抗弹材料组成的多层结构。各层材料、厚度、连接方式、细微结构和形状等的不同组合可获得不同的防护效果。如玻璃钢用于复合装甲有三种主要形式:①夹层复合装甲,即在面板与背板之间有玻璃钢夹层,当破甲弹引爆后,射流将穿过双层板结构,产生的冲击波在双板之间反复反射和透射而发生振荡,从而使背板沿法线方向发生弯曲变形,对射流产生持续的侧向干扰作用,使射流的侵彻能力大大降低;②蜂窝复合装甲,玻璃钢为基体,基体内的钢筋呈椭圆形截面,此种钢筋起到进一步阻止弹丸侵彻的作用;③多层复合装甲,第一层的细钢丝网层可以剥去弹丸的外壳,第二层的高模量钨丝网可使弹芯破裂,并由后三层装甲大量吸收收能丸的能量,以阻止弹丸侵彻。

7.2.5 船舶结构制造中的成形工艺

船舶结构是板材和骨架的组合结构。水面舰艇主体由船体外板及甲板形成水密外壳,潜艇艇体为密封壳体结构。板料成形与焊接是船舶制造的主要工艺。

1. 板料成形

水火弯板是氧、乙炔焰对板材(或型材)进行局部线状加热并用水进行跟踪冷却,使板材产生局部塑性变形,从而将工件弯成所要求的曲面形状的一种加热工方法。由于水火弯板时,加热火焰的移动速度较快,故在加热处工件的厚度方向存在较大的温差,加热面的温度高于背面的温度。这种热场的局部性,使加热面金属在膨胀时受到周围冷金属的限制,因而在加热区产生压缩塑性变形;热源移去后,在板厚方向产生收缩变形的同时,钢板加热面产生拉应力,这相当于作用在平板上的外加弯矩,结果使板件产生变形。水火弯板就是利用板材在局部加热冷却过程中会产生变形和横向收缩变形这一特点来达到弯曲成形的目的。用水跟踪冷却的作用在于加大这种变形,增加其成形效果。

水火弯板工艺是我国各类船厂目前使用最为广泛的弯板工艺方法之一,90%以上的复杂曲度船壳板都可以用该法进行弯曲加工。发展方向是开发数控水火弯板、激光成形等技术,以期实现板件成形自动化,提高劳动生产效率,减轻劳动强度,彻底改变手工操作面貌。

2. 焊接成形

船体钢材经预处理、号料、成形后,便可以开始进行船体装配与焊接工作。船体装焊工作量一段要占船体建造总工时的一半以上。现代造船普遍采用分阶段装焊的工艺,把船体装焊作业分为几个工艺阶段。首先将零件装焊成部件或组件,然后装焊成分段或总段,最后进行船体总装。这种分阶段装焊的造船方法称为“分段建造法”。

在现代造船中,焊接是一项很关键的工艺。它不仅对船舶的建造质量有很大的影响,而且对提高生产率、降低成本和缩短造船周期起着很大的作用。焊接工时在整个船体建造中约占30%~40%。因此,研究、改进焊接技术对提高造船生产能力有着重大的意义。船体结构由板材和型材利用焊接方法连接而成。根据焊接件的结构,大致可以分为板材和板材的焊接、板材与构架的焊接以及构架间的焊接三种。各种焊接结构的主要接头形式有对接接头和角接接头两种,从船体接缝总长度来看,尤以角接接头形式为多。

常见的焊接形式为对接焊接和角焊接。船体结构焊缝中还有一种特殊焊缝,称塞焊焊接。它通常用于两块钢板叠合的连接或板材与构架连接,或用在构架一面难以进行焊接的场合,如导流管、流线型舵以及小型尖底船的首尾处构架与外板的连接。

7.2.6 汽车结构制造中的成形工艺

汽车的生产是一个复杂的系统工程。汽车是由许多零件、部件、分总成等装配而成。

汽车用铸件的主要特点是薄壁、形状复杂、尺寸精度高、质量轻、可靠性好、生产批量大等。铸件一般占汽车自重的20%左右,就材质而言,包括:铸铁、铸钢、铸铝、铸镁和铸铜等。在汽车铸件的生产中,砂型铸造所生产的铸件占整个汽车铸件的90%左右,其余采用特种铸造工艺。典型的铸件包括活塞环、活塞、汽缸套、汽缸体、汽缸盖、变速箱壳体、进排气歧管、刹车钳、转向节、曲轴、连杆、轮毂等。

锻件的强度及可靠性高,广泛应用于汽车发动机、变速器、转向器、行走部分总成等零件。除传统的锻造工艺外,锻造中也引入了轧、挤等方法,如用滚锻方法生产连杆,用挤压方法生产发动机气阀、汽车转向轴等,这样便扩展了锻造领域,提高了毛坯质量和生产率。

汽车制造中焊接生产具有批量大、生产速度快、自动化程度高、对被焊零件的装配焊接精度要求高等特点,生产中广泛采用自动焊机和弧焊机器人工作站。

冲压工艺在汽车工业有着广泛的应用。汽车车身是由覆盖件、结构件等组焊而成的全金属薄壳结构,车身本体的零件基本上是采用冲压工艺生产出来的,汽车车身对其冲压件的尺寸精度和表面质量的要求高,只有合格的冲压件才能焊装出合格的白车身,因此冲压件的质量是汽车车身制造质量的基础,也是汽车车身制造的关键技术。

汽车工业中使用的各类粉末冶金零件,已占粉末冶金总产量的70%~80%。由于零部件的高强度化、高精度化和低成本化,使粉末冶金零件在汽车上的使用量越来越多,如汽车发动机气门座、粉末冶金链轮、皮带轮等。

注射成形在汽车塑料制品生产中所占比例很大,如保险杠、通风栅格、仪表板、座椅靠背、护风圈、空调机壳等大型零件,以及各种开关、把手、结构件、装饰件、减摩耐磨件、轮罩、护条等小型零件。

7.3 成形质量与检验

成形质量是指成形件满足装备结构的使用价值及其属性，体现为成形件的内部和外观的各种质量指标。成形件的质量特性除具有一般产品的共有特性外，还应满足理化性能、使用时间、适用性、经济性以及安全特性等特殊要求。

7.3.1 成形质量检验方法

成形件质量的检验分为外观质量检验和内部质量检验。外观质量主要包括成形件的几何尺寸、形状和表面状况等项目的检验；内部质量检验主要是指成形件化学成分、宏观组织、微观组织及力学性能等项目的检验。成形外观质量检验一般属于非破坏性的检验，通常用肉眼或低倍放大镜进行检查，必要时也采用无损探伤的方法。而内部质量的检验，由于其检查内容的要求，有些必须采用破坏性检验，也就是通常所讲的解剖试验，如低倍检验、断口检验、高倍组织检验、化学成分分析和力学性能测试等；有些则也可以采用无损检测的方法，如内部缺陷检验。为了更准确地评价成形件质量，破坏性试验方法与无损检测方法往往结合起来使用。为了从深层次上分析成形件的质量问题，进行机理性的研究工作还要借助于透射型或扫描型的电子显微镜、电子探针等仪器。

1. 宏观组织检验

宏观组织检验就是采用目视或者低倍放大镜(一般倍数在 30×以下)来观察分析材料的低倍组织特征的一种检验。对于成形件的宏观组织检验常用的方法有低倍腐蚀法(包括热蚀法、冷蚀法及电解腐蚀法)、断口试验法和硫印法。低倍腐蚀法用以检查结构钢、不锈钢、高温合金、铝及铝合金、镁及镁合金、铜合金、钛合金等材料成形件的裂纹、折叠、缩孔、气孔偏析、白点、疏松、非金属夹杂、偏析集聚、流线的分布形式、晶粒大小及分布等。只不过对于不同的材料显现低倍组织时采用浸蚀剂和浸蚀的规范不同。断口试验法用以检查结构钢、不锈钢(奥氏体型除外)的白点、层状、内裂等缺陷，检查弹簧钢成形件的石墨碳及上述各钢种的过热、过烧等，对于铝、镁、铜等合金用来检查其晶粒是否细致均匀，是否有氧化膜、氧化物夹杂等缺陷。而硫印法主要应用于某些结构钢的大型成形件，用以检查其硫的分布是否均匀及硫含量的多少。除结构钢、不锈钢成形件用于低倍检查的试片不进行最终热处理外，其余材料的成形件一般都经过最终热处理后才进行低倍检验。断口试样一般都进行规定的热处理。

2. 微观组织检验

微观组织检验法则是利用光学显微镜来检查各种金属材料成形件的显微组织。检查的项目一般有本质晶粒度，或者是在规定温度下的晶粒度，即实际晶粒度，非金属夹杂物,显微组织如脱碳层、共晶碳化物、金属间化合物以及各种微观组成相,过热、过烧组织及其他要求的显微组织等。

3. 力学性能检验

力学性能的检验则是对最终热处理的成形件或试片加工成规定试样后利用拉力试验机、冲击试验机、持久试验机、疲劳试验机、硬度计等仪器来进行力学性能及工艺性能数值的测定。

4. 化学成分

化学成分的测试一般是采用化学分析法或光谱分析法对材料的成分进行分析测试,对于光谱分析法而言,新出现的光电光谱仪不仅分析速度快,而且准确性也大大地提高了,而等离子光电光谱仪的出现更大大地提高了分析精度,其分析精度可达10^{-6}级,这对于分析高温合金成形件中的微量有害杂质(如Pb、As、Sn、Sb、Bi等)是非常有效的方法。

5. 无损检测

对于成形件的质量检验所采用的无损检测方法一般有:射线检验法、磁粉检验法、渗透检验法、涡流检验法、超声波检验法等,主要特点如下:

(1) 射线检验法:利用X射线、γ射线或中子射线穿透物体,并在穿透物体过程中受到吸收和散射而衰减的性质,在感光材料上获得与材料内部结构和缺陷相对应、黑度不同的影像,从而探明物质内部缺陷种类、大小及分布状况,并作出评价的无损检验方法。

(2) 磁粉检验法(磁粉探伤):是对铁磁性工件予以磁化,然后向被监测工件表面上喷洒磁粉或磁悬浮液进行探伤。磁粉检验法广泛地用于检查铁磁性金属或合金成形件的表面或近表面的缺陷,如裂纹、发纹、白点、非金属夹杂、分层、折叠、碳化物或铁素体带等。该方法仅适用于铁磁性材料成形件的检验,对于奥氏体钢制成的成形件不适于采用该方法。

(3) 渗透检验法(渗透探伤):利用黄绿色的荧光渗透液或红色的着色渗透液对窄狭缝的渗透,经过渗透、清洗和显示处理后,对显示放大了的探伤显示痕迹,用目视法观察,对缺陷性质和尺寸作出适当的评价。渗透法除能检查磁性材料成形件外,还能检查非铁磁性材料成形件的表面缺陷,如裂纹、疏松等。一般只用于检查非铁磁性材料成形件的表面缺陷,不能发现隐在表面以下的缺陷。

(4) 涡流检验法(涡流探伤):利用电磁感应原理进行探伤,即当工件接近一个带有交变磁场的测量线圈时,这个磁场在工件中产生漩涡状的感应电流。工件中的缺陷会影响涡流磁场的变化,因而通过涡流磁场的变化量的测试可检查导电材料的表面或近表面的缺陷。

(5) 超声波检验法(超声波探伤):利用超声波射入金属材料,对不同截面发生反射的特点来检查缺陷,通过收到反射波的高度、形状来判定缺陷的大小和性质。超声波探伤主要用以检查成形件内部缺陷如缩孔、白点、心部裂纹、夹渣等，该方法虽然操作方便、快捷且经济，但对缺陷的性质难以准确地进行判定。

随着无损检测技术的发展，现在又出现了诸如声振法，声发射法、激光全息照相法、CT法等新的无损检测方法，这些新方法的出现及在成形件检验中的应用，必将使成形件质量检验的水平得以大大地提高。

在实际工程应用中，究竟选用那些检测方法或运用何种检测手段，应根据成形件的类别和规定的检测项目来进行。在选择试验方法和测试手段时，既要考虑到先进性，又要兼顾到实用性和经济性。无论哪种检验或试验均必须依据规定的试验方法或标准进行试验或检验。

7.3.2 成形质量检验过程

为了确保产品质量，成形生产过程中进行三个阶段的检验，即成形前的检验、成形过程的检验和成形后的检验。

1. 成形前的检验

成形前的检验主要是预先防止和减少在成形加工时产生缺陷的可能性。其主要内容包括原材料和辅助材料、成形设备、模具与夹具等。

2. 成形过程中的检验

成形过程中检验的主要目的是及时发现各种缺陷或问题以控制或稳定成形质量。成形过程中检验除了对工艺参数、工艺制度的监控外，更主要的是在线检测手段的应用，如铸造生产中化学成分、温度、熔体处理效果的在线检测。

3. 成形后的检验

成形后的检验可根据产品的要求按照规定的标准和方法进行，主要内容包括：外观检验和测量、致密性检验、力学性能检验、内部缺陷检验、微观组织状态评定等。

7.3.3 成形件质量控制

成形件质量检验结果的准确性不但取决于所选择的试验方法和测试技术，而且取决于如何对其进行正确的分析和判断。各种试验方法在分析过程中是相辅相成的，以此为基础对各个检验结果进行综合分析才有助于对产品质量特征及属性进行正确的辨别和判断，并提出相应的改进措施及防止对策。

另外，成形件缺陷的产生往往受到多种因素的影响，而且这些因素大多是相互作用的。如外购材料、工艺操作、工艺参数、设备性能等相关因素的变化是随机的，而且这些随机可变的因素都有可能使成形件的质量产生波动，甚至造成废品。因此，成形质量波动不能完全归结于某种具体原因，需要对成形工艺过程进行全方位的跟踪、调查、分析和评估。以生产周期为时序，以成形质量为目标，对成形工艺进行连续跟踪和数据采集，采用统计分析的方法寻找成形件质量与可变性因素之间的关系，通过稳定可控因素的方法寻找成形缺陷产生的主因,进而达到有效防止缺陷和控制成形质量的目的。

7.4 机械零件的失效、修复与再制造

装备及其零件或构件都有其特定的功能。装备及其零件或构件由于某种原因丧失其特定功能的现象称为失效。失效分析与预防是武器装备研制及使用的重要组成部分。在一定条件下,对发生破裂、表面材料损失以及材质或几何形状改变的成形件进行修复,可以恢复装备的性能,延长使用寿命,保证结构的完整性与战备完好性,降低全寿命周期费用。

7.4.1 机械零部件的失效

1. 失效的类型

机械零部件的失效即失去设计要求的功能,表现形式有几种:①完全不能工作;②虽然仍能工作,但已不能完成指定的功能或工作低效;③有严重损伤,不能确保安全工作。根据零件或构件丧失功能的原因,可将失效分为以下四种类型。

1) 断裂

断裂是构件在外力作用下,当其应力达到材料的锻炼强度时而产生的破坏。根据断裂机理可以把断裂分为脆性断裂、疲劳断裂、塑性断裂和蠕变断裂。实际金属构件发生断裂常常是几种断裂机制的复合形式。

(1) 脆性断裂　随着新材料与新结构的应用和发展,不断的涌现高速运转、高压承载、高温或低温使用的大型设备和复杂的装备结构。但是,从军用的火箭、导弹、舰艇、高速战机和核反应堆装置,到民用的轮船、桥梁、锅炉、交通工作、电站设备和化工高压容器等,其工作条件往往符合设计要求,满足常规性能指标,然而却不断出现脆性断裂事故,造成了严重的损失。

脆性断裂的主要特征如下:①脆性失效时的工作应力一般并不高,破坏应力往往低于材料的屈服强度,或低于设备的许用应力。在该名义应力下工作,往往被认为是安全的,但是却发生失效,因此人们也把脆性断裂称为“低应力脆性断裂”。失效时测定材料的常规力学性能通常是合乎设计要求的。②脆性断裂一般在比较低的温度下发生,因此人们也把脆性断裂称为低温脆性断裂,与面心立方金属比较,体心立方金属随温度的下降,其延性将明显下降,而伴随着屈服强度升高。根据系列冲击试验可以得到材料从延性向脆性转化的温度。低于脆性转化温度下工作的结构,可能发生脆性断裂。③脆性断裂时,裂纹一旦产生,就迅速扩展,直至断裂,脆性断裂总是突然间发生的,断裂之前宏观变形量极小,使人们在断裂之前看不到断裂的征兆。④脆性断裂通常在体心立方和密排六方金属材料中出现,而面心立方金属只有在特定的条件下,才会出现脆性断裂。

(2) 疲劳断裂　在交变循环应力多次作用下发生的断裂称为疲劳断裂。疲劳断裂失效是机器零件中常见的失效方式。各种装备中,因疲劳失效的零件达到失效总数的60%～70%以上。金属材料在低于拉伸强度极限的热胶变应力反复作用下,裂纹缓慢产生和扩展导致的突然断裂,称为热疲劳断裂,也称热疲劳。热疲劳断裂符合疲劳断裂的一般规律,但也具有高应变、低周疲劳、高温蠕变损伤和氧化腐蚀、温度循环变化影响显微结构变化等特点,基本上是以高温高应变疲劳断裂。金属零件疲劳断裂实质上是一个累计损伤过程。大体可划分为滑移、裂纹成核、微观裂纹扩展、宏观裂纹扩展、最终断裂几个过程。典型宏观疲劳断口分为三个区域,疲劳源(或称疲劳核心)、疲劳裂纹扩展区和瞬时断裂区。

(3) 塑性断裂　在外力作用下,构件的某一区域因剧烈滑移而产生明显塑性变形,最终导致分离称为塑性断裂(或称为韧性断裂)。塑性断裂往往是因材料受到较大的负载或过载引起的断裂。金属构件发生塑性断裂后,可观察到明显的塑性变形。

(4) 蠕变断裂　材料在温度、应力的长时间作用下引起的塑性变形称为材料的蠕变;由于这种变形而最后导致材料的断裂称为蠕变断裂。蠕变断裂是在温度、应力作用下发生晶界滑动或晶界局部熔化而在晶界交叉点上形成显微孔洞的核心、显微孔洞扩散和滑移儿扩大成裂纹,并沿晶界扩展而引起沿晶开裂。

2) 表面损伤

表面损伤是构件由于应力或温度的作用而造成的表面材料损耗,或者是由于构件与介质产生不希望有的化学或电化学反应而使金属表面损伤。表面损伤的主要形式又分以下三种。

(1) 磨损　装备构件相对运动(滚动或滑动)时,由于摩擦力的作用,表面发生复杂的物理和化学变化过程,材料呈微粒状脱落,致使构件的尺寸和质量逐渐减少,这种现象称为磨损。根据摩擦面之间的相互作用的性质,表面层变化和损坏特征,可把磨损分为磨粒磨损、粘着磨损和腐蚀磨损等类型。

(2) 腐蚀损伤　装备构件的表面在介质中发生化学或电化学作用而逐渐损坏的现象称为腐蚀损伤。应力和温度将加速腐蚀的进行,并且使腐蚀损伤复杂化。腐蚀对构件的损坏表现为:因腐蚀失重,使有效面积减少;腐蚀破坏了构件的表面状态,使之不能继续使用;腐蚀裂纹发展到临界尺寸,诱导疲劳裂纹的扩展或发生突然的脆性损坏。腐蚀损伤主要包括均匀腐蚀、电化学腐蚀、摩擦腐蚀、空蚀、应力腐蚀和高温腐蚀等。

(3) 接触疲劳　接触疲劳是滚动轴承或齿轮的接触面由于反复的滚动接触而产生的一种介于疲劳和摩擦之间的破坏形式。接触疲劳相当于周期脉动压缩加载情况。它既有疲劳裂纹的起源和逐渐扩展,最后形成剥落的过程,又有疲劳极限等。这些与一般疲劳相似,但是它还存在着摩擦现象,其表面发生塑性变形,存在氧化磨损以及润滑介质的作用等情况。接触疲劳损伤包括表面麻点、亚表面麻点和剥落等。

3) 过量变形

过量变形是金属构件在使用过程中产生超过设计配合要求的过量形变。过量变形主要有以下两种。

(1) 过量弹性变形　工程上通常用弹性模量来表示材料受力后产生弹性变形的能力。弹性模量是材料对弹性变形的抗力指标,是衡量材料刚度的参数。弹性模量愈大,材料的刚度愈大,在一定应力作用下产生的弹性变形就愈小。金属构件在实际应用中需要限制过量弹性变形,要求具有足够的刚度,因此刚度是零件和结构设计的重要问题之一。零件或结构的刚度除取决于材料的弹性模量外,还与零件或结构的尺寸和形状有关。

(2) 过量塑性变形　过量的塑性变形(即永久变形)是构件失效的重要方式,轻则使装备工作状态恶化,重则使装备不能继续运行,甚至失效。构件的设计是不允许有永久变形的。塑性变形对材料内部组织结构及外部各种因素均十分敏感。不仅材料的成分、组织结构不同时塑性变形能力不同,而且温度、加载速度、表面状态和应力状态等外界条件不同时对塑性变形抗力也有很大的影响。

4) 材质变化失效

材质变化失效是由于冶金因素、化学作用、辐射效应和高温长时间作用等引起材质变化,使材料性能降低而发生的失效现象。

以上几种失效形式中,以断裂失效危害最大。特别是脆性断裂,对装备结构工作的威胁最大。脆性断裂总是突然发生的,往往引起所谓"灾难性"的破坏。表面损伤往往是断裂的前奏,表面损伤处常常是裂纹的策源地,最后导致构件的断裂。过量变形影响构件的配合精度,使构件不能使用,或者加速构件的失效。

2. 失效原因

装备结构失效的原因是多方面的,是外部因素(应力、温度、环境介质)和内部因素(构件的结构、表面状态及材料的特性)相互作用的结果。导致结构失效的因素大致有以下几个方面。

1) 设计因素

设计不合理和设计时考虑不周密是构件失效的重要原因之一。成形件的突然直角过渡,过小的内圆角半径、尖角、棱角和棱边等均是应力集中的部位,在这些应力集中区是易发生破坏的部位。构件的截面形状是构件本身所需要的,如果设计考虑不周到,没有充分考虑到这些形状对截面的削弱和应力集中问题,或者位置安排不合理,都将造成结构的早期破坏。

2) 材料选择

设计时所选择的材料不符合构件的性能要求,或者设计者不能正确地使用材料的性能数据,或者没有充分考虑各种材料的性能特点都能导致失效。例如:材料的缺口敏感性、韧-脆性转变温度、材料的工艺性能等特点,都可能导致构件的早期破坏。

3）工艺过程

金属构件的工艺过程包括冶金过程和成形过程。

（1）冶金质量　材料的冶金质量的好坏是构件能不能正常工作的重要因素。材料在冶金过程中存在的冶金缺陷，例如夹杂物、气孔、疏松、白点、残余缩孔、成分偏析和严重带状组织等是构件的内伤，对裂纹的萌生及扩展均产生严重的影响。

（2）成形缺陷　每个构件都是经过一系列加工而制成的。每一道加工工艺（铸造、锻造、焊接、热处理、切削加工、磨削等）过程，如果控制不当而形成一系列制造工艺缺陷，都可能成为构件失效的原因。

4）装配精度

装备结构装配精度不够，易引起构件之间的撞击和产生噪声，将加速构件的失效过程。烘套（烧嵌）构件如果烘套不当，将产生咬蚀，促进破坏的产生。紧密配合构件如果有微小的相对运动，将产生摩擦腐蚀。构件运转磨损后又影响装配精度，加速失效过程。

5）服役条件

金属构件的服役条件包括受力情况和工作环境。

（1）受力情况　装备结构的失效与作用力（或载荷）密切相关，不同方式的载荷可以诱发不同的失效形式。结构的受力情况主要考虑载荷类型、载荷性质和速度以及载荷大小等。

（2）工作环境　包括介质环境，如水、油、大气、蒸汽、泥沙、腐蚀介质（酸、碱、盐）等；以及物理环境，如低温、室温、高温、核辐射等。

6）使用维护状态

装备的使用和维护状况也是失效分析必须考虑的一个方面。装备在使用过程中，如果超载运行，润滑不良，洁净不好，腐蚀生锈，表面碰伤，在共振频率下使用，违反操作规程，出现偶然事故，没有定期维修或维修不当都会造成早期失效。

以上是导致构件失效的因素，也是进行失效分析、寻找破坏原因的途径。但结构的失效往往不是单一因素引起的，而是各方面的因素复合的结果。

3. 失效分析

1）失效分析的目的

任何装备都必须保证预期的功能和使用寿命，保证安全可靠，并且技术先进，价格低廉。为此，产品必须遵循一套完整的生产规程和科学的质量管理。从装备设计开始，经材料选择、成形加工（包括锻、铸、焊、热处理、机加工等）、零件检验及可靠性与耐久性试验、装配等生产过程，最终制成质量合格的产品。然而每个生产环节，诸如设计、材料和工艺是否合适，只有产品在实际服役过程中才能被发现。如果在服役过程中发生故障，便要进行失效分析。通过失效分析，找出失败原因，提出防止失效的措施，然后反馈到产品设计、制造部门，以提高产品的质量、可靠性与耐久性。

2）失效分析的基本内容

装备结构失效分析的基本内容主要包括：

(1) 确定分析对象　装备结构的失效往往起源于某一部位或零件，失效分析的首要任务就是确定破坏的起始部位或首先失效件。找出破坏的起始部位或首先失效件是确定失效原因的关键。

(2) 失效情况调查　确定了失效的起始部位或首先失效件后，就要对失效结构的背景材料、失效现象和现场使用情况进行重点调查。调查内容包括有关图纸、设计资料、工艺文件、操作记录和出现的异常现象，以及累积使用寿命及服役条件等。

(3) 失效模式与机理分析　失效模式和机理分析是失效分析的主体。通过对失效构件及其失效起始部位形状、尺寸、颜色及宏观特征的分析鉴别，确定其失效模式。对失效件的设计、制造、材质及工作环境、载荷条件等因素进行系统深入分析，揭示其失效机理。如前述的火箭发动机爆裂的实效模式分析证明，燃烧室外壁系脆性破裂。失效模式及机理的分析可以引导人们逐渐深化对失效问题的认识。

(4) 判明失效原因　在对失效问题进行全面、系统与综合分析的基础上，找出与失效相关的因素，从而判明失效的原因。如有必要，还可以通过失效的模拟试验，再现失效行为，以验证失效分析结论的正确性。

(5) 改进和预防措施　根据失效分析结果，提出防止结构失效的改进和预防措施。失效分析所提供的结果不仅可以作为修改原设计的根据，还可以对新设计有启迪作用。预防失效应当从设计、选材、制造和使用等方面进行考虑，目的是保证装备的可靠性与经济性。

对于断裂失效分析，检验失效结构的首先破坏件或断裂起始部位是确定失效原因的关键。针对不同的失效模式，采用合适的检验技术，有助于快速得出正确的结论，分析内容包括：宏观分析、材质分析、断口分析、力学分析以及模拟试验等。

7.4.2　机械零部件的修复与再制造

随着社会经济的高速发展与人们购买力的逐渐提高，制造业的发展极为迅速，但与此同时，工业制造过程中也造成了大量的资源浪费与严重的环境污染。在这种困境下，修复与再制造应运而生。修复与再制造是一种利于环保、节约资金并且满足可持续发展要求的系统工程。修复与再制造技术致力于材料的增值、产品附加值的提取，追求人力资源与物力资源的投入减少，并与材料的循环利用紧密联系并且形成了一个新的闭合制造系统，这对全球环境污染的降低与废物的减少是一个有效的途径。

修复与再制造技术充分考虑了全寿命周期内产品性能维护，以资源与环境为核心概念，在保证资源利用率最高的情况下，使产品达到最佳服役性能。这些无疑是实现资源优化配置与资源再生的最佳途径。

表面工程技术是实现产品修复与再制造的关键技术。虽然表面工程技术的发展已经取得了一定的成果，但很多新型的表面工程技术还有待得到广泛应用，如纳米涂层技术、超音速电弧喷涂技术、复合表面工程技术等。随着社会的发展,计算机在制造业上的作用变得日益重要,在修复与再制造工程中也一样。主要表现在产品的失效分析与寿命预测及产品的可拆卸设计上。

1. 修复与再制造的特征

早在1983年,美国的Lund等人就对修复与再制造过程进行了定义:在工厂里,通过一系列的工业过程,将已经服役的产品进行拆卸,不能使用的零部件通过修复与再制造技术进行修复,使得修复以后的零部件的性能与寿命期望值具有或者高于原来的零部件。这一定义严格地将修复与再制造的维修技术与传统的修复操作与回收利用划分开来,充分考虑了能源、材料、环境等诸多因素。

一个完整的修复与再制造过程可以划分为3个阶段:①第1个阶段是拆卸阶段,将装置的单元机构拆散为单一的零部件;②第2个阶段是将已拆卸的零部件进行检查,将不可继续使用的零部件进行修复与再制造维修,并进行相关的测试、升级,使得其性能能够满足使用要求;③第3个阶段是将维修好的零部件进行重新组装,一旦发现装配过程中出现不匹配等现象,还需进行二次优化的过程。这3个阶段的任何一个阶段都与其他2个阶段紧密相连、互相制约。

1998年,Lund等人提出了可进行修复与再制造产品的7条标准,分别是:①耐用产品;②功能失效的产品;③标准化的产品与可互换性的零件;④剩余附加值较高产品;⑤获得失效产品的费用低于产品的残余增值;⑥生产技术稳定产品;⑦修复与再制造产品生成后,满足消费者要求。

修复与再制造过程与传统的制造过程有着明显的区别,表现出很大的灵活性,传统的制造方法不适用于修复与再制造系统。另外,修复与再制造与再循环有很大的区别,修复与再制造能够充分利用并提取产品的附加值,而再循环只是提取了材料本身的价值。

2. 修复再制造工艺

修复再制造过程具有很大技术难度和特殊约束条件,修复与再制造过程中包含着产品的质量升级,通过表面工程等一系列的先进技术对报废产品加以维修,这样能与先进的科技知识显著结合,将先进的科学知识有机地运用到修复与再制造产品中。

(1) 修复焊接技术　修复焊接技术是指利用焊接工艺进行构件的修补或在构件表面制备抗磨、防蚀等涂覆层的一种修复技术。应当注意的是修复焊接时仅对构件进行局部的加热,不可避免地会产生内应力、变形、裂纹和气孔等缺陷。构件在焊接后进行机械加工时,内应力的释放还会影响加工精度。

当焊接技术用于修补零件局部缺陷时称为补焊。它主要应用于修理已失效的零件(如因断裂、破损、产生裂纹等而不能继续使用的零件)和挽救有缺陷的毛坯件(如有缩孔、夹砂的铸件及有夹层的锻件等)。另外,堆焊在零件或结构的修复中也具有广泛的应用。

(2) 热喷涂技术　热喷涂技术可修复在各种条件下工作和具有不同要求的零件。喷涂材料范围异常广泛,几乎包括所有固体材料,如金属、合金、塑料、陶瓷、金属陶瓷及复合材料等,而且不受工件尺寸和施工场合的限制。热喷涂涂层厚度可在较大范围内变化,从几十 μm 到几 μm。喷涂过程中零件温度可小于 300℃,零件不会发生变形和组织变化。另外,热喷涂生产效率较高,零件修复时间短,且修复效果好,不仅可以恢复零件的尺寸和性能,而且可以改善其性能,延长其使用寿命。

(3) 电镀修复技术　电镀修复是利用电解的方法,使电解液中的金属离子在零件表面上还原成金属原子并沉积在零件表面上形成具有一定结合力和厚度镀层的一种修复方法。利用这种修复技术,可获得满足工程上许多特殊要求的表面修复层,常用于修复磨损失效的零件并赋予工作表面一定的耐磨性、防腐性及一些其他的性能。

由于电镀修复过程是在低温(一般都远低于 100℃)条件下进行的,基体金属的性质几乎不受影响,原来的热处理状况不会改变,零件也不会受热变形,镀层的结合强度高,这是常规热喷涂(焊)、焊接维修所不能比拟的。其缺点是镀层的力学性能随厚度的增加而变化,镀层沉积速度慢。但随着许多电镀修复新技术的出现,这些缺点都在逐步被克服,因此电镀修复技术在维修中的应用显示出日益强大的生命力。

(4) 变形零件的校正　变形零件的校正是将变形失效的各种零件采取合适的工艺方法恢复其原有的形状与相互位置要求的过程,主要有局部加热和机械校正方法。

(5) 粘补与粘接　把被损坏或磨损的零件表面用粘合的方法进行修复的工艺称为粘补或粘接,这种工艺可部分代替焊修与铆接,用于密封和恢复尺寸。常见的粘接方法有热熔粘接法、溶剂粘接法和胶粘接法。前两种方法主要用于塑料;而胶粘接法可以粘接各种材料,如金属与金属粘接、非金属与非金属粘接、金属与非金属粘接等。

目前,全球再制造工程主要用于汽车、电力、机械等领域,但是一些不发达国家,因为工业技术等原因,还没有在工业中得到很好的应用。我国的再制造工程的实施还刚刚起步,所以发展以及如何发展再制造工程显得极为迫切与重要。

复习思考题

1. 在选择机械零件成形方法时主要考虑哪些因素?

2. 简述精密成形技术及其发展趋势。

3. 试列举飞机结构成形工艺中采用的新工艺、新技术。

4. 简述复合装甲的成形特点以及玻璃钢在复合装甲中的应用。

5. 试分别列举汽车结构制造中通过铸造、锻造、冲压、粉末冶金、注塑等成形方法制造的典型零部件。

6. 试述成形件无损检测的方法及特点。

7. 试述构件断裂失效的类型及特征。

8. 简述修复与再制造的特征及标准。

参考文献

1 张彦华.工程材料与成型技术.北京:北京航空航天大学出版社,2006,10

2 钱继锋等.热加工工艺基础.北京:北京大学出版社,2006,8

3 王怀林.汽车典型零部件的铸造工艺.北京:北京理工大学出版社,2003,8

4 曾东建等.汽车制造工艺学.北京:机械工业出版社,2007,8

5 Zalensas Donna L. Aluminum Casting Technology, 2nd Edition. American Foundrymen's Society inc,1997